中 国 手 工 纸 文 库

Library of Chinese Handmade Paper

国家出版基金项目
NATIONAL PUBLICATION FOUNDATION

# 中国手工纸文库

Library of Chinese Handmade Paper

汤书昆
总主编

# 安徽卷·上卷

# Anhui I

汤书昆　黄飞松
主编

中国科学技术大学出版社
University of Science and Technology of China Press

**图书在版编目（CIP）数据**

中国手工纸文库.安徽卷.上卷/汤书昆，黄飞松主编.—合肥：中国科学技术大学出版社，2021.5
国家出版基金项目
“十三五”国家重点出版物出版规划项目
ISBN 978-7-312-04637-7

Ⅰ.中… Ⅱ.①汤… ②黄… Ⅲ.手工纸—介绍—安徽 Ⅳ.TS766

中国版本图书馆CIP数据核字（2018）第300897号

中国手工纸文库

安徽卷·上卷

项目负责 伍传平 项赟飚
责任编辑 高哲峰 杨振宁 田 雪
艺术指导 吕敬人
书籍设计 敬人书籍设计
吕 旻+黄晓飞

出版发行 中国科学技术大学出版社
地址 安徽省合肥市金寨路96号
邮编 230026
印 刷 北京雅昌艺术印刷有限公司
经 销 全国新华书店
开 本 880 mm×1230 mm 1/16
印 张 43.5
字 数 1328千
版 次 2021年5月第1版
印 次 2021年5月第1次印刷
定 价 1980.00元

# 总 序



造纸技艺是人类文明的重要成就。正是在这一伟大发明的推动下，我们的社会才得以在一个相当长的历史阶段获得比人类使用口语的表达与交流更便于传承的介质。纸为这个世界创造了五彩缤纷的文化记录，使一代代的后来者能够通过纸介质上绘制的图画与符号、书写的文字与数字，了解历史，学习历代文明积累的知识，从而担负起由传承而创新的文化使命。



中国是手工造纸的发源地。不仅人类文明中最早的造纸技艺发源自中国，而且中华大地上遍布着手工造纸的作坊。中国是全世界手工纸制作技艺提炼精纯与丰富的文明体。可以说，在使用手工技艺完成植物纤维制浆成纸的历史中，中国一直是人类造纸技艺与文化的主要精神家园。下图是中国早期造纸技艺刚刚萌芽阶段实物样本的一件遗存——西汉放马滩古纸。

西汉放马滩古纸残片
纸上绘制的是地图
1986年出土于甘肃省天水市
现藏于甘肃省博物馆

Map drawn on paper from
Fangmatan Shoals
in the Western Han Dynasty
Unearthed in Tianshui City,
Gansu Province in 1986
Kept by Gansu Provincial Museum

# Preface

Papermaking technique illuminates human culture by endowing the human race with a more traceable medium than oral tradition. Thanks to cultural heritage preserved in the form of images, symbols, words and figures on paper, human beings have accumulated knowledge of history and culture, and then undertaken the mission of culture transmission and innovation.

Handmade paper originated in China, one of the largest cultural communities enjoying advanced handmade papermaking techniques in abundance. China witnessed the earliest papermaking efforts in human history and embraced papermaking mills all over the country. In the history of handmade paper involving vegetable fiber pulping skills, China has always been the dominant centre. The picture illustrates ancient paper from Fangmatan Shoals in the Western Han Dynasty, which is one of the paper samples in the early period of papermaking techniques unearthed in China.

# 一
# 本项目的缘起

从2002年开始，我有较多的机缘前往东邻日本，在文化与学术交流考察的同时，多次在东京的书店街——神田神保町的旧书店里，发现日本学术界整理出版的传统手工制作和纸（日本纸的简称）的研究典籍，先后购得近20种，内容包括日本全国的手工造纸调查研究，县（相当于中国的省）一级的调查分析，更小地域和造纸家族的案例实证研究，以及日、中、韩等东亚国家手工造纸的比较研究等。如：每日新闻社主持编撰的《手漉和纸大鉴》五大本，日本东京每日新闻社昭和四十九年（1974年）五月出版，共印1 000套；久米康生著的《手漉和纸精髓》，日本东京讲谈社昭和五十年（1975年）九月出版，共印1 500本；菅野新一编的《白石纸》，日本东京美术出版社昭和四十年（1965年）十一月出版等。这些出版物多出自几十年前的日本昭和年间（1926~1988年)，不仅图文并茂，而且几乎都附有系列的实物纸样，有些还有较为规范的手工纸性能、应用效果对比等技术分析数据。我阅后耳目一新，觉得这种出版物形态既有非常直观的阅读效果，又散发出很强的艺术气息。

## 1. Origin of the Study

Since 2002, I have been invited to Japan several times for cultural and academic communication. I have taken those opportunities to hunt for books on traditional Japanese handmade paper studies, mainly from old bookstores in Kanda Jinbo-cho, Tokyo. The books I bought cover about 20 different categories, typified by surveys on handmade paper at the national, provincial, or even lower levels, case studies of the papermaking families, as well as comparative studies of East Asian countries like Japan, Korea and China. The books include five volumes of *Tesukiwashi Taikan* (*A Collection of Traditional Handmade Japanese Papers*) compiled and published by Mainichi Shimbun in Tokyo in May 1974, which released 1 000 sets, *The Essence of Japanese Paper* by Kume Yasuo, which published 1 500 copies in September 1975 by Kodansha in Tokyo, Japan, *Shiraishi Paper* by Kanno Shinichi, published by Fine Arts Publishing House in Tokyo in November 1965. The books which were mostly published between 1926 and 1988 among the Showa reigning years, are delicately illustrated with pictures and series of paper samples, some even with data analysis on performance comparison. I was extremely impressed by the intuitive and aesthetic nature of the books.

我几乎立刻想起在中国看到的手工造纸技艺及相关的研究成果，在我们这个世界手工造纸的发源国，似乎尚未看到这种表达丰富且叙述格局如此完整出色的研究成果。对中国辽阔地域上的手工造纸技艺与文化遗存现状，研究界尚较少给予关注。除了若干名纸业态，如安徽省的泾县宣纸、四川省的夹江竹纸、浙江省的富阳竹纸与温州皮纸、云南省的香格里拉东巴纸和河北省的迁安桑皮纸等之外，大多数中国手工造纸的当代研究与传播基本上处于寂寂无闻的状态。

此后，我不断与国内一些从事非物质文化遗产及传统工艺研究的同仁交流，他们一致认为在当代中国工业化、城镇化大规模推进的背景下，如果不能在我们这一代人手中进行手工造纸技艺与文化的整体性记录、整理与传播，传统手工造纸这一中国文明的结晶很可能会在未来的时空中失去系统记忆，那真是一种令人难安的结局。但是，这种愿景宏大的文化工程又该如何着手？我们一时觉得难觅头绪。



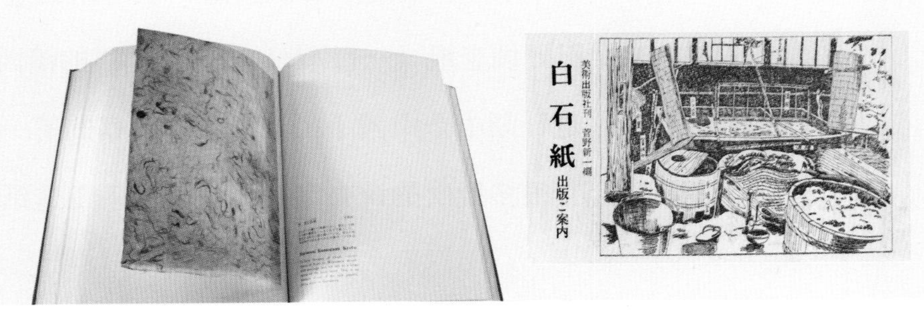


《手漉和纸精髓》
附实物纸样的内文页
A page from *The Essence of Japanese Paper* with a sample

《白石纸》
随书的宣传夹页
A folder page from *Shiraishi Paper*

The books reminded me of handmade papermaking techniques and related researches in China, and I felt a great sadness that as the country of origin for handmade paper, China has failed to present such distinguished studies excelling both in presentation and research design, owing to the indifference to both papermaking technique and our cultural heritage. Most handmade papermaking mills remain unknown to academia and the media, but there are some famous paper brands, including Xuan paper in Jingxian County of Anhui Province, bamboo paper in Jiajiang County of Sichuan Province, bamboo paper in Fuyang District and bast paper in Wenzhou City of Zhejiang Province, Dongba paper in Shangri-la County of Yunnan Province, and mulberry paper in Qian'an City of Hebei Province.

Constant discussion with fellow colleagues in the field of intangible cultural heritage and traditional craft studies lead to a consensus that if we fail to record, clarify, and transmit handmade papermaking techniques in this age featured by a prevailing trend of industrialization and urbanization in China, regret at the loss will be irreparable. However, a workable research plan on such a grand cultural project eluded us.

2004年，中国科学技术大学人文与社会科学学院获准建设国家“985工程”的“科技史与科技文明哲学社会科学创新基地”，经基地学术委员会讨论，“中国手工纸研究与性能分析”作为一项建设性工作由基地立项支持，并成立了手工纸分析测试实验室和手工纸研究所。这一特别的机缘促成了我们对中国手工纸研究的正式启动。

2007年，中华人民共和国新闻出版总署的“十一五”国家重点图书出版规划项目开始申报。中国科学技术大学出版社时任社长郝诗仙此前知晓我们正在从事中国手工纸研究工作，于是建议正式形成出版中国手工纸研究系列成果的计划。在这一年中，我们经过国际国内的预调研及内部研讨设计，完成了《中国手工纸文库》的撰写框架设计，以及对中国手工造纸现存业态进行全国范围调查记录的田野工作计划，并将其作为国家“十一五”规划重点图书上报，获立项批准。于是，仿佛在不经意间，一项日后令我们常有难履使命之忧的工程便正式展开了。

2008年1月，《中国手工纸文库》项目组经过精心的准备，派出第一个田野调查组（一行7人）前往云南省的滇西北地区进行田野调查，这是计划中全中国手工造纸田野考察的第一站。按照项目设计，将会有很多批次的调查组走向全中国手工造纸现场，采集能获

In 2004, the Philosophy and Social Sciences Innovation Platform of History of Science and S&T Civilization of USTC was approved and supported by the National 985 Project. The academic committee members of the Platform all agreed to support a new project, "Studies and Performance Analysis of Chinese Handmade Paper". Thus, the Handmade Paper Analyzing and Testing Laboratory, and the Handmade Paper Institute were set up. Hence, the journey of Chinese handmade paper studies officially set off.

In 2007, the General Administration of Press and Publication of the People's Republic of China initiated the program of key books that will be funded by the National 11th Five-Year Plan. The former President of USTC Press, Mr. Hao Shixian, advocated that our handmade paper studies could take the opportunity to work on research designs. We immediately constructed a framework for a series of books, *Library of Chinese Handmade Paper*, and drew up the fieldwork plans aiming to study the current status of handmade paper all over China, through arduous pre-research and discussion. Our project was successfully approved and listed in the 11th Five-Year Plan for National Key Books, and then our promising yet difficult journey began.

The seven members of the *Library of Chinese Handmade Paper* Project embarked on our initial, well-prepared fieldwork journey to the northwest area of Yunnan

取的中国手工造纸的完整技艺与文化信息及实物标本。

2009年，国家出版基金首次评审重点支持的出版项目时，将《中国手工纸文库》列入首批国家重要出版物的资助计划，于是我们的中国手工纸研究设计方案与工作规划发育成为国家层面传统技艺与文化研究所关注及期待的对象。

此后，田野调查、技术分析与撰稿工作坚持不懈地推进，中国科学技术大学出版社新一届领导班子全面调动和组织社内骨干编辑，使《中国手工纸文库》的出版工程得以顺利进行。2017年，《中国手工纸文库》被列为“十三五”国家重点出版物出版规划项目。



## 二
## 对项目架构设计的说明

作为纸质媒介出版物的《中国手工纸文库》，将汇集文字记

调查组成员在香格里拉县
白地村调查
2008年1月

Researchers visiting Baidi Village of Shangri-la County
January 2008

Province in January 2008. After that, based on our research design, many investigation groups would visit various handmade papermaking mills all over China, aiming to record and collect every possible papermaking technique, cultural information and sample.

In 2009, the National Publishing Fund announced the funded book list gaining its key support. Luckily, *Library of Chinese Handmade Paper* was included. Therefore, the Chinese handmade paper research plan we proposed was promoted to the national level, invariably attracting attention and expectation from the field of traditional crafts and culture studies.

Since then, field investigation, technical analysis and writing of the book have been unremittingly promoted, and the new leadership team of USTC Press has fully mobilized and organized the key editors of the press to guarantee the successful publishing of *Library of Chinese Handmade Paper*. In 2017, the book was listed in the 13th Five-Year Plan for the Publication of National Key Publications.

## 2. Description of Project Structure

*Library of Chinese Handmade Paper* compiles with many forms of ideography language: detailed descriptions and records, photographs, illustrations of paper fiber structure and transmittance images, data analysis, distribution of the papermaking sites, guide map

录与描述、摄影图片记录、样纸纤维形态及透光成像采集、实验分析数据表达、造纸地分布与到达图导引、实物纸样随文印证等多种表意语言形式，希望通过这种高度复合的叙述形态，多角度地描述中国手工造纸的技艺与文化活态。在中国手工造纸这一经典非物质文化遗产样式上，《中国手工纸文库》的这种表达方式尚属稀见。如果所有设想最终能够实现，其表达技艺与文化活态的语言方式或许会为中国非物质文化遗产研究界和保护界开辟一条新的途径。

项目无疑是围绕纸质媒介出版物《中国手工纸文库》这一中心目标展开的，但承担这一工作的项目团队已经意识到，由于采用复合度很强且极丰富的记录与刻画形态，当项目工程顺利完成后，必然会形成非常有价值的中国手工纸研究与保护的其他重要后续工作空间，以及相应的资源平台。我们预期，中国（计划覆盖34个省、市、自治区与特别行政区）当代整体的手工造纸业态按照上述记录与表述方式完成后，会留下与《中国手工纸文库》伴生的中国手工纸图像库、中国手工纸技术分析数据库、中国手工纸实物纸样库，以及中国手工纸的影像资源汇集等。基于这些伴生的集成资源的丰富性，并且这些资源集成均为首次，其后续的价值延展空间也不容小视。中国手工造纸传承与发展的创新拓展或许会给有志于继续关注中国手工造纸技艺与文化的同仁提供

to the papermaking sites, and paper samples, etc. Through such complicated and diverse presentation forms, we intend to display the technique and culture of handmade paper in China thoroughly and vividly. In the field of intangible cultural heritage, our way of presenting Chinese handmade paper was rather rare. If we could eventually achieve our goal, this new form of presentation may open up a brand-new perspective to research and preservation of Chinese intangible cultural heritage.

Undoubtedly, the *Library of Chinese Handmade Paper* Project developed with a focus on paper-based media. However, the team members realized that due to complicated and diverse ways of recording and displaying, there will be valuable follow-up work for further research and preservation of Chinese handmade paper and other related resource platforms after the completion of the project. We expect that when contemporary handmade papermaking industry in China, consisting of 34 provinces, cities, autonomous regions and special administrative regions as planned, is recorded and displayed in the above mentioned way, a Chinese handmade paper image library, a Chinese handmade paper technical data library, a Chinese handmade paper sample library, and a Chinese handmade paper video information collection will come into being, aside from the *Library of Chinese Handmade Paper*. Because of the richness of these byproducts, we should not overlook these possible follow-up

更多元的机遇。

毫无疑问，《中国手工纸文库》工作团队整体上都非常认同这一工作的历史价值与现实意义。这种认同给了我们持续的动力与激情，但在实际的推进中，确实有若干挑战使大家深感困惑。

## 三
## 我们的困惑和愿景

困惑一：

中国当代手工造纸的范围与边界在国家层面完全不清晰，因此无法在项目的田野工作完成前了解到中国到底有多少当代手工造纸地点，有多少种手工纸产品；同时也基本无法获知大多数省级区域手工造纸分布地点的情况与存活、存续状况。从调查组2008~2016年集中进行的中国南方地区（云南、贵州、广西、四川、广东、海南、浙江、安徽等）的田野与文献工作来看，能够提供上述信息支持的现状令人失望。这导致了项目组的田野工作规划处于“摸着石头过河”的境地，也带来了《中国手工纸文库》整体设计及分卷方案等工作的不确定性。



developments. Moving forward, the innovation and development of Chinese handmade paper may offer more opportunities to researchers who are interested in the techniques and culture of Chinese handmade papermaking.

Unquestionably, the whole team acknowledges the value and significance of the project, which has continuously supplied the team with motivation and passion. However, the presence of some problems have challenged us in implementing the project.

## 3. Our Confusions and Expectations

Problem One:

From the nationwide point of view, the scope of Chinese contemporary handmade papermaking sites is so obscure that it was impossible to know the extent of manufacturing sites and product types of present handmade paper before the fieldwork plan of the project was drawn up. At the same time, it is difficult to get information on the locations of handmade papermaking sites and their survival and subsisting situation at the provincial level. Based on the field work and literature of South China, including Yunnan, Guizhou, Guangxi, Sichuan, Guangdong, Hainan, Zhejiang and Anhui etc., carried out between 2008 and 2016, the ability to provide the information mentioned above is rather difficult. Accordingly, it placed the planning of the project's fieldwork into an obscure unplanned route,

困惑二：

中国正高速工业化与城镇化，手工造纸作为一种传统的手工技艺，面临着经济效益、环境保护、集成运营、技术进步、消费转移等重要产业与社会变迁的压力。调查组在已展开了九年的田野调查工作中发现，除了泾县、夹江、富阳等为数不多的手工造纸业态聚集地，多数乡土性手工造纸业态都处于生存的“孤岛”困境中。令人深感无奈的现状包括：大批造纸点在调查组到达时已经停止生产多年，有些在调查组到达时刚刚停止生产，有些在调查组补充回访时停止生产，仅一位老人或一对老纸工夫妇在造纸而无传承人……中国手工造纸的业态正陷于剧烈的演化阶段。这使得项目组的田野调查与实物采样工作处于非常紧迫且频繁的调整之中。

困惑三：

作为国家级重点出版物规划项目，《中国手工纸文库》在撰写开卷总序的时候，按照规范的说明要求，应该清楚地叙述分卷的标准与每一卷的覆盖范围，同时提供中国手工造纸业态及地点分布现

贵州省仁怀市五马镇
取缔手工造纸作坊的横幅
2009年4月

Banner of a handmade papermaking mill in Wuma Town of Renhuai City in Guizhou Province, saying “Handmade papermaking mills should be closed as encouraged by the local government”
April 2009

which also led to uncertainty in the planning of *Library of Chinese Handmade Paper* and that of each volume.

Problem Two:
China is currently under the process of rapid industrialization and urbanization. As a traditional manual technique, the industry of handmade papermaking is being confronted with pressures such as economic benefits, environmental protection, integrated operation, technological progress, consumption transfer, and many other important changes in industry and society. During nine years of field work, the project team found out that most handmade papermaking mills are on the verge of extinction, except a few gathering places of handmade paper production like Jingxian, Jiajiang, Fuyang, etc. Some handmade papermaking mills stopped production long before the team arrived or had just recently ceased production; others stopped production when the team paid a second visit to the mills. In some mills, only one old papermaker or an elderly couple were working, without any inheritor to learn their techniques... The whole picture of this industry is in great transition, which left our field work and sample collection scrambling with hasty and frequent changes.

Problem Three:
As a national key publication project, the preface of *Library of Chinese Handmade Paper* should clarify the standard and the scope of each volume according to the research plan. At the same time, general information such as the map with locations of Chinese handmade

状图等整体性信息。但由于前述的不确定性，开宗明义的工作只能等待田野调查全部完成或进行到尾声时再来弥补。当然，这样的流程一定程度上会给阅读者带来系统认知的先期缺失，以及项目组工作推进中的迷茫。尽管如此，作为拓荒性的中国手工造纸整体研究与田野调查就在这样的现状下全力推进着！

当然，我们的团队对《中国手工纸文库》的未来仍然满怀信心与憧憬，期待着通过项目组与国际国内支持群体的协同合作，尽最大努力实现尽可能完善的田野调查与分析研究，从而在我们这一代人手中为中国经典的非物质文化遗产样本——中国手工造纸技艺留下当代的全面记录与文化叙述，在中国非物质文化遗产基因库里绘制一份较为完整的当代手工纸文化记忆图谱。

汤书昆

2017年12月



papermaking industry should be provided. However, due to the uncertainty mentioned above, those tasks cannot be fulfilled, until all the field surveys have been completed or almost completed. Certainly, such a process will give rise to the obvious loss of readers' systematic comprehension and the team members' confusion during the following phases. Nevertheless, the pioneer research and field work of Chinese handmade paper have set out on the first step.

There is no doubt that, with confidence and anticipation, our team will make great efforts to perfect the field research and analysis as much as possible, counting on cooperation within the team, as well as help from domestic and international communities. It is our goal to keep a comprehensive record, a cultural narration of Chinese handmade paper craft as one sample of most classic intangible cultural heritage, to draw a comparatively complete map of contemporary handmade paper in the Chinese intangible cultural heritage gene library.

Tang Shukun

December 2017

# 编撰说明

1

关于类目的划分标准，《中国手工纸文库·安徽卷》（以下简称《安徽卷》）在充分考虑安徽地域当代手工造纸高度聚集于泾县一地，而且手工纸的历史传承品种相对丰富的特点后，决定不按地域分布划分类目，而是按照宣纸、书画纸、皮纸、竹纸、加工纸、工具划分第一级目类，形成“章”的类目单元，如第二章“宣纸”、第三章“书画纸”。章之下的二级类目以造纸企业或家庭纸坊为单元，形成“节”的类目，如第二章第一节“中国宣纸股份有限公司”、第四章第三节“潜山县星杰桑皮纸厂”。

2

《安徽卷》成书内容丰富，篇幅较大，从适宜读者阅读和装帧牢固角度考虑，将其分为上、中、下三卷。上卷内容为第一章“安徽省手工造纸概述”、第二章“宣纸”；中卷内容为第三章“书画纸”、第四章“皮纸”、第五章“竹纸”；下卷内容为第六章“加工纸”、第七章“工具”以及“附录”。

3

《安徽卷》第一章为概述，其格式与先期出版的《中国手工纸文库·云南卷》（以下简称《云南卷》）、《中国手工纸文库·贵州卷》（以下简称《贵州卷》）等类似。其余各章各节的标准撰写格式则因有手工纸业态高度密集的县级区域存在，所以与《云南卷》《贵州卷》所用的单一标准撰写格式不同，分为三类撰写标准格式。

第一类与《云南卷》《贵州卷》相近，适应一个县域内手工造纸厂坊不密集、品种相对单纯的业态分布。通常分为七个部分，即“××××纸的基础信息及分布”“××××纸生产的人文地理环境”“××××纸的历史与传承”“××××纸的生产工艺与技术分析”“××××纸的用途与销售情况”

## Introduction to the Writing Norms

1. Referring to the categorization standards, *Library of Chinese Handmade Paper: Anhui* will not be categorized based on location, but the paper types, i.e. Xuan Paper, Calligraphy and Painting Paper, Bast Paper, Bamboo Paper, Processed Paper and Tools, due to the fact that papermaking sites in the region cluster around Jingxian County, and the diverse paper types historically inherited in the area. Each category covers a whole chapter, e.g. Chapter II “Xuan Paper” Chapter III “Calligraphy and Painting Paper”. Each chapter consists of sections based on different papermaking factories or family-based papermaking mills. For instance, first section of the second chapter is “China Xuan Paper Co., Ltd.”, and the third section of Chapter IV is “Xingjie Mulberry Bark Paper Factory in Qianshan County”.

2. Due to its rich content and great length, *Library of Chinese Handmade Paper: Anhui* is further divided into three sub-volumes (I, II, III) for convenience of the readers and bookbinding. *Anhui* I consists of Chapter I “Introduction to Handmade Paper in Anhui Province”, Chapter II “Xuan Paper”; *Anhui* II contains Chapter III “Calligraphy and Painting Paper”, Chapter IV “Bast Paper” and Chapter V “Bamboo Paper”; *Anhui* III is composed of two chapters, i.e. Chapter VI “Processed Paper”,Chapter VII “Tools”, and “Appendices”.

3. First chapter of *Library of Chinese Handmade Paper: Anhui* is introduction, which follows the volume format of *Yunnan* and *Guizhou*, which have already been released. Sections of other chapters follow three different writing norms, because of the concentrated distribution of county-level handmade papermaking practice, and this is different from two volumes that have been published.

First type of volume writing norm is similar to that of *Yunnan* and *Guizhou*: each section consists of seven sub-sections introducing various aspects of each kind of handmade paper, namely, Basic Information and Distribution, The Cultural and Geographic

"××××纸的品牌文化与习俗故事""××××纸的保护现状与发展思考"。如遇某一部分田野调查和文献资料均未能采集到信息，则将按照实事求是原则略去标准撰写格式的相应部分。

第二类主要针对泾县宣纸与书画纸企业以及少数加工纸企业的特征，手工造纸厂坊在一个小地区聚集度特别高，或者纸品非常丰富，不适合采用第一类撰写格式时采用。通常的格式及大致名称为："××××纸（纸厂）的基础信息与生产环境""××××纸（纸厂）的历史与传承情况""××××纸（纸厂）的代表纸品及其用途与技术分析""××××纸（纸厂）生产的原料、工艺与设备""××××纸（纸厂）的市场经营状况""××××纸（纸厂）的品牌文化与习俗故事""××××纸（纸厂）的业态传承现状与发展思考"。

第三类主要针对当代世界最大的手工造纸企业——中国宣纸股份有限公司，由于其从业人数多达1 300余人，工艺、产品、制度与文化的丰富性独具一格，因此专门设计了撰写类目形式，分为："中国宣纸股份有限公司的基础信息与生产环境""中国宣纸股份有限公司的历史与传承情况""中国宣纸股份有限公司的关键岗位和产量变更情况""'红星'宣纸制作技艺的基本形态""原料、辅料、人员配置、工具和用途""'红星'宣纸的分类与品种""'红星'宣纸的价格、销售、包装信息""社会名流品鉴'红星'宣纸的重要掌故""中国宣纸股份有限公司保护宣纸业态的措施"。

4

《安徽卷》专门安排一节讲述的手工纸的入选标准是：（1）项目组进行田野调查时仍在生产；（2）项目组田野调查时虽已不再生产，但保留着较完整的生产环境与设备，造纸技师仍能演示或讲述完整技艺和相关知识。

考虑到竹纸在安徽省历史上曾经是大宗民生产品，而其当代业态萎缩特别明显，处于几近消亡状态，因此对调查组所能够找到的很少的竹纸产地中的泾县竹纸放宽了"保留着较完整的生产环境与设备"这一项标准。

5

《安徽卷》调查涉及的造纸点均参照国家地图标准绘制两幅示意图：一幅为造纸点在安徽省和所属县的地理位置图，另一幅为由该县县城前往造纸点的路线图，但在具体出图时，部分节会将两图合一呈现。在标示地名时，均统一标示出

Environment, History and Inheritance, Papermaking Technique and Technical Analysis, Uses and Sales, Brand Culture and Stories, Preservation and Development. Omission is also acceptable if our fieldwork efforts and literature review fail to collect certain information. This writing norm applies to the handmade papermaking practice in the area where factories and papermaking mills are not dense, and the paper produced is of single variety.

The second writing norm is applied to Xuan paper, and calligraphy and painting paper factories in Jingxian County, and a few processed paper factories, which all cluster in a small area, and produce diverse paper types. In such chapter, sections are: Basic Information and Production Environment; History and Inheritance; Representative Paper and Its Uses and Technical Analysis; Raw Materials, Papermaking Techniques and Tools; Marketing Status; Brand Culture and Stories; Current Status of Business Inheritance and Thoughts on Development.

The third writing norm is applied to China Xuan Paper Co., Ltd., which boasts the largest handmade papermaking factory around the world. It harbors over 1,300 employees and unique papermaking techniques, products, and colorful management system and culture. In this chapter, sections are listed differently: Basic Information and Production Environment of China Xuan Paper Co., Ltd.; History and Inheritance of China Xuan Paper Co., Ltd.; Key Positions and Production Profile of China Xuan Paper Co., Ltd.; "Hongxing" (Red Star) Xuan Papermaking Techniques; Types and Varieties of "Hongxing" Xuan Paper; Celebrities and "Hongxing" Xuan Paper; Preservation of Xuan Paper by China Xuan Paper Co., Ltd.

4. The handmade paper included in each section of this volume conforms to the following standards: firstly, it was still under production when the research group did their fieldwork. Secondly, the papermaking equipment and major sites were well preserved, and the handmade papermakers were still able to demonstrate the papermaking techniques and relevant knowledge, in case of ceased production.

县城、乡镇两级，乡镇下一级则直接标示造纸点所在村，而不再做行政村、自然村、村民组之区别。示意图上的行政区划名称及编制规则均依据中国地图出版社、国家基础地理信息中心的相关地图。

6

《安徽卷》原则上对每一个所调查的造纸厂坊的代表纸品，均在珍稀收藏版书中相应章节后附调查组实地采集的实物纸样。采样量足的造纸点代表纸品附全页纸样；由于各种限制因素，采样量不足的则附2/3、1/2、1/4或更小规格的纸样；个别因近年停产等导致未能获得纸样或采样严重不足的，则不附实物纸样。

7

《安徽卷》原则上对所有在章节中具体描述原料与工艺的代表纸品进行技术分析，包括实物纸样可以在书中呈现的类型，以及个别只有极少量纸样遗存，可以满足测试要求而无法在“珍稀收藏版”中附上实物纸样的类型。

全卷对所采集纸样进行的测试参考了中国宣纸的技术测试分析标准（GB/T 18739—2008），并根据安徽地域手工纸的多样性特色做了必要的调适。实测、计算了所有满足测试分析标示足量需求的已采样的手工纸中的宣纸类、书画纸类、皮纸类的厚度、定量、紧度、抗张力、抗张强度、撕裂度、湿强度、白（色）度、耐老化度下降、尘埃度、吸水性(数种熟宣未测该指标)、伸缩性、纤维长度和纤维宽度共14个指标；加工纸类的厚度、定量、紧度、抗张力、抗张强度、撕裂度、色度、吸水性共8个指标；竹纸类的厚度、定量、紧度、抗张力、抗张强度、色度、纤维长度和纤维宽度共8个指标。由于所采集的安徽省各类手工纸样的生产标准化程度不同，因而若干纸种纸品所测数据与机制纸、宣纸的标准存在一定差距。

8

测试指标说明及使用的测试设备如下：

（1） 厚度 ▸ 所测纸的厚度指标是指纸在两块测量板间受一定压力时直接



Because bamboo paper used to be mass produced in Anhui Province, while the practice shrank greatly or even is lingering on extinction in current days, the research team decided to omit the requirement of comparatively complete preservation of production environment and equipment.

5. For each handmade papermaking site, we draw two standard illustrations, i.e. distribution map and roadmap from the county center to the papermaking sites (in some sections, two figures are combined). We do not distinguish the administrative village, natural village or villagers' group, and we provide county name, town name and village name of each site based on standards released by Sinomaps Press and National Geomatics Center of China.

6. For each type of paper included in Special Edition, we attach a piece of paper sample (a full page, 2/3, 1/2 or 1/4 of a page, or even smaller if we do not have sufficient sample available) to the corresponding section. For some sections, no sample is attached for the shortage of sample paper (e.g. the papermakers had ceased production).

7. All the paper samples elaborated on in this volume, in terms of raw materials and papermaking techniques, were tested, including those attached to the special edition, or not attached to this volume due to scarce sample which only enough for technical analysis.

The test was based on the technical analysis standards of Chinese Xuan paper (GB/T 18739—2008), with modifications adopted according to the specific features of the handmade paper in Anhui Province. All paper with sufficient sample, such as Xuan paper, calligraphy and painting paper, bast paper, was tested in terms of 14 indicators, including thickness, mass per unit area, tightness, resistance force, tensile strength, tear resistance, wet strength, whiteness, ageing resistance, dirt count, absorption of water (several processed Xuan paper was not tested on the indicator), elasticity, fiber length and fiber width. Processed paper was tested in terms of 8 indicators, including thickness, mass per unit area, tightness, resistance force, tensile strength, tear resistance, whiteness,

测量得到的厚度。根据纸的厚薄不同，可采取多层指标测量、单层指标测量，以单层指标测量的结果表示纸的厚度，以mm为单位。

所用仪器▶长春市月明小型试验机有限责任公司JX-HI型纸张厚度仪、杭州品享科技有限公司PN-PT6厚度测定仪。

（2） 定量▶所测纸的定量指标是指单位面积纸的质量，通过测定试样的面积及质量，计算定量，以$g/m^2$为单位。

所用仪器▶上海方瑞仪器有限公司3003电子天平。

（3） 紧度▶所测纸的紧度指标是指单位体积纸的质量，由同一试样的定量和厚度计算而得，以$g/cm^3$为单位。

（4） 抗张力▶所测纸的抗张力指标是指在标准试验方法规定的条件下，纸断裂前所能承受的最大张力，以N为单位。

所用仪器▶杭州高新自动化仪器仪表公司DN-KZ电脑抗张力试验机、杭州品享科技有限公司PN-HT300卧式电脑拉力仪。

（5） 抗张强度▶所测纸的抗张强度指标一般用在抗张强度试验仪上所测出的抗张力除以样品宽度来表示，也称为纸的绝对抗张强度，以kN/m为单位。

《安徽卷》采用的是恒速加荷法，其原理是使用抗张强度试验仪在恒速加荷的条件下，把规定尺寸的纸样拉伸至撕裂，测其抗张力，计算出抗张强度。公式如下：

$$S=F/W$$

式中，$S$为试样的抗张强度（kN/m），$F$为试样的绝对抗张力（N），$W$为试样的宽度（mm）。

（6） 撕裂度▶所测纸张撕裂强度的一种量度，即在测定撕裂度的仪器上，拉开预先切开一小切口的纸达到一定长度时所需要的力，以mN为单位。

所用仪器▶长春市月明小型试验机有限责任公司ZSE-1000型纸张撕裂度测定仪、杭州品享科技有限公司PN-TT1000电脑纸张撕裂度测定仪。

（7） 湿强度▶所测纸张在水中浸润规定时间后，在润湿状态下测得的机械强度，以mN为单位。





and absorption of water. Bamboo paper was tested in terms of 8 indicators, including thickness, mass per unit area, tightness, resistance force, tensile strength, whiteness, fiber length and fiber width. Due to the various production standards involved in papermaking in Anhui Province, the data might vary from those standards of machine-made paper and Xuan paper.

8. Test indicators and devices:

(1) Thickness: the values obtained by using two measuring boards pressing the paper. In the measuring process, single layer or multiple layers of paper were employed depending on the thickness of the paper, and its measurement unit is mm. The thickness measuring instruments employed are produced by Yueming Small Testing Instrument Co., Ltd., Changchun City (specification: JX-HI) and Pinxiang Science and Technology Co., Ltd., Hangzhou City (specification: PN-PT6).

(2) Mass per unit area: the sample mass divided by area, with the measurement unit $g/m^2$. The measuring instrument employed is 3003 electronic balance produced by Shanghai Fangrui Instrument Co., Ltd.

(3) Tightness: mass of paper per volume unit, obtained by measuring the mass per unit area and thickness, with the measurement unit $g/cm^3$.

(4) Tensile strength: the resistance of sample paper to a force tending to tear it apart, measured as the maximum tension the material can withstand without tearing. The resistance force testing instrument (specification: DN-KZ) is produced by Gaoxin Technology Company, Hangzhou City and PN-HT300 horizontal computer tensiometer by Pinxiang Science and Technology Co., Ltd., Hangzhou City.

(5) Unit tensile strength: the resistance of one unit sample paper to a force, with the measurement unit kN/m. In *Library of Chinese Handmade Paper: Anhui*, constant loading method was employed to measure the tensile strength. The sample's maximum resistance force against the constant loading was tested, then we divided the maximum force by the sample width. The formula is:

$$S=F/W$$

$S$ stands for tensile strength (kN/m) for each unit, $F$ is resistance force (N) and $W$ represents sample width (mm).

(6) Tear resistance: a measure of how well a piece of paper can

所用仪器▸长春市月明小型试验机有限责任公司ZSE-1000型纸张撕裂度测定仪、杭州品享科技有限公司PN-TT1000电脑纸张撕裂度测定仪。

(8) 白（色）度▸白度测试针对白色纸，色度测试针对其他颜色的纸。白度是指被测物体的表面在可见光区域内与完全白（标准白）的物体漫反射辐射能的大小的比值，用百分数来表示，即白色的程度。所测纸的白度指标是指在D65光源、漫射/垂射照明观测条件下，以纸对主波长475 nm蓝光的漫反射因数表示白度的测定结果。

所用仪器▸杭州纸邦仪器有限公司ZB-A色度测定仪、杭州品享科技有限公司PN-48A白度颜色测定仪。

(9) 耐老化度下降▸指所测纸张进行高温试验的温度环境变化后的参数及性能。本测试采用105 ℃高温恒温放置72小时后进行测试，以百分数（%）表示。

所用仪器▸上海一实仪器设备厂3GW-100型高温老化试验箱、杭州品享科技有限公司YNK/GW100-C50耐老化度测试箱。

(10) 尘埃度▸所测纸张单位面积上尘埃涉及的黑点、黄茎和双浆团个数。测试时按照标准要求计算出每一张试样正反面每组尘埃的个数，将4张试样合并计算，然后换算成每平方米的尘埃个数，计算结果取整数，以个/$m^2$为单位。

所用仪器▸杭州品享科技有限公司PN-PDT尘埃度测定仪。

(11) 吸水性▸所测纸张在水中能吸收水分的性质。测试时使用一条垂直悬挂的纸张试样，其下端浸入水中，测定一定时间后的纸张吸液高度，以mm为单位。

所用仪器▸四川长江造纸仪器有限责任公司J-CBY100型纸与纸板吸收性测定仪、杭州品享科技有限公司PN-KLM纸张吸水率测定仪。

(12) 伸缩性▸指所测纸张由于张力、潮湿，尺寸变大、变小的倾向性。分为浸湿伸缩性和风干伸缩性，以百分数（%）表示。

所用仪器▸50 cm × 50 cm × 20 cm长方体容器。



withstand the effects of tearing. It measures the strength the test specimen resists the growth of any cuts when under tension. The measurement unit is mN. Paper tear resistance testing instrument (specification: ZSE-1000) is produced by Yueming Small Testing Instrument Co., Ltd., Changchun City and computer paper tear resistance testing instrument (specification: PN-TT1000) produced by Pinxiang Science and Technology Co., Ltd. , Hangzhou City.

(7) Wet strength: a measure of how well the paper can resist a force of rupture when the paper is soaked in the water for a set time. The measurement unit is mN. Paper tear resistance testing instrument (specification: ZSE-1000) is produced by Yueming Small Testing Instrument Co., Ltd., Changchun City and computer paper tear resistance testing instrument (specification: PN-TT1000) produced by Pinxiang Science and Technology Co., Ltd., Hangzhou City.

(8) Whiteness: degree of whiteness, represented by percentage, which is the ratio obtained by comparing the radiation diffusion value of the test object in visible region to that of the completely white (standard white) object. Whiteness test in our study employed D65 light source, with dominant wavelength 475nm of blue light, under the circumstances of diffuse reflection or vertical reflection. The whiteness testing instrument (specification: ZB-A) is produced by Zhibang Instrument Co., Ltd., Hangzhou City and whiteness tester (specification: PN-48A) produced by Pinxiang Science and Technology Co., Ltd., Hangzhou City respectively.

(9) Ageing Resistance: the performance and parameters of paper sample when put in high temperature. In our test, temperature is set 105 degrees centigrade, and the paper is put in the environment for 72 hours. It is measured in percentage(%) . The high temperature ageing test box (specification: 3GW-100) is produced by Yishi Testing Instrument Factory and ageing test box (specification: YNK/GW100-C50) produced by Pinxiang Science and Technology Co., Ltd., Hangzhou City.

(10) Dirt count: fine particles (black dots, yellow stems, fiber knots) in the test paper. It is measured by counting fine particles in every side of four pieces of paper sample, adding up and then calculate the number (integer only) of particles every square meter. It is measured by the number of particles/$m^2$. Dust tester (specification: PN-PDT) is produced by Pinxiang Science and Technology Co., Ltd., Hangzhou City.

(13) 纤维长度/宽度▶所测纸的纤维长度/宽度是指从所测纸里取样，测其纸浆中纤维的自身长度/宽度，分别以mm和μm为单位。测试时，取少量纸样，用水湿润，用Herzberg试剂染色，制成显微镜试片，置于显微分析仪下采用10倍及20倍物镜进行观测，并显示相应纤维形态图各一幅。

所用仪器▶珠海华伦造纸科技有限公司生产的XWY-VI型纤维测量仪和XWY-VII型纤维测量仪。

9

《安徽卷》对每一种调查采集的纸样均采用透光摄影的方式制作成图像，以显示透光环境下的纸样纤维纹理影像，作为实物纸样的另一种表达方式。其制作过程为：先使用透光台显示纯白影像，作为拍摄手工纸纹理透光影像的背景底，然后将纸样铺平在透光台上进行拍摄。拍摄相机为佳能5DIII。

10

《安徽卷》引述的历史与当代文献均以当页脚注形式标注。所引文献原则上要求为一手文献来源，并按统一标准注释，如"[宋]罗愿.《新安志》整理与研究[M].萧建新，杨国宜，校.合肥:黄山书社,2008:371.""民国三年（1913年）泾县小岭曹氏编撰.曹氏宗谱[Z].自印本.""魏兆淇.宣纸制造工业之调查:中央工业试验所工业调查报告之一[J].工业中心,1936(10):8."等。

11

《安徽卷》所引述的田野调查信息原则上要求标示出调查信息的一手来源，如："据访谈中刘同烟的介绍，星杰桑皮纸厂年产5 000多刀纸，年销售额约100万元""按照访谈时沈维正的说法，以他为核心的这个团队专注造纸新技术的研发和传统技艺的保护"等。

(11) Absorption of water: it measures how sample paper absorbs water by dipping the paper sample vertically in water and testing the level of water. It is measured in mm. Paper and Paper Board Water Absorption Tester (specification: J-CBY100) is produced by Changjiang Papermaking Instrument Co., Ltd., Sichuan Province, and Water absorption tester (specification: PN-KLM) produced by Pinxiang Science and Technology Co., Ltd., Hangzhou City.
(12) Elasticity: continuum mechanics of paper that deform under stress or wet. It is measured in percentage(%), consists of two types, i.e. wet elasticity and dry elasticity. Testing with a rectangle container (50cm×50cm×20cm).
(13) Fiber length and width: analyzed by dying the moist paper sample with Herzberg reagent, and the fiber pictures were taken through ten times and twenty times objective lens of the microscope, with the measurement unit mm and μm. We used the fiber testing instruments (specifications: XWY-VI and XWY-VII) produced by Hualun Papermaking Technology Co., Ltd., Zhuhai City.

9. Each paper sample included in this volume was photographed against a luminous background, which vividly demonstrated the fiber veins of the sample. This is a different way to present the status of our paper sample. Each piece of paper sample was spread flat-out on the light table giving white light, and photographs were taken with Canon 5DIII camera.

10. All the quoted literature are original first-hand resources and the footnotes are used for documentation with a uniform standard. For instance, "[Song Dynasty] Luo Yuan. *Xin'an Records* [M]. Proofread by Xiao Jianxin and Yang Guoyi. Hefei: Huangshan Publishing House, 2008:371." and "*Genealogy of The Caos* [Z]. compiled by the Caos in Xiaoling Village of Jingxian County, 1913. Self-printed." and "Wei Zhaoqi. *Investigation of Xuan paper industry: One of the national industrial investigation report series* [J]. Industrial Center, 1936 (10):8" etc.

11. Sources of field investigation information were attached in this volume. For instance, "According to Liu Tongyan, annual output of Xingjie Mulberry Bark Factory exceeded 5,000 *dao* each year, with annual sales about one million RMB." "According to Shen Weizheng,

12

《安徽卷》所使用的摄影图片主体部分为调查组成员在实地调查时所拍摄的图片，也有项目组成员在既往田野工作中积累的图片，另有少量属撰稿过程中所采用的非项目组成员的摄影作品。由于项目组成员在完成全卷过程中形成的图片的著作权属集体著作权，且在调查过程中多位成员轮流拍摄或并行拍摄为工作常态，因而全卷对图片均不标示项目组成员作者。项目组成员既往积累的图片，以及非项目组成员拍摄的图片在图题文字或后记中特别说明，并承认其个人图片著作权。

13

考虑到《安徽卷》中文简体版的国际交流需要，编著者对全卷重要或提要性内容同步给出英文表述，以便英文读者结合照片和实物纸样领略全卷的基本语义。对于文中一些晦涩的古代文献，英文翻译采用意译的方式进行解读。英文内容包括：总序、编撰说明、目录、概述、图目、表目、术语、后记，以及所有章节的标题，全部图题、表题与实物纸样名。

"安徽省手工造纸概述"为全卷正文第一章，为保持与后续各章节体例一致，除保留章节英文标题及图表标题英文名外，全章的英文译文作为附录出现。

14

《安徽卷》的名词术语附录兼有术语表、中英文对照表和索引三重功能。其中收集了全卷中与手工纸有关的地理名、纸品名、原料与相关植物名、工艺技术和工具设备、历史文化等5类术语。各个类别的名词术语按术语的汉语拼音先后顺序排列。每条中文名词术语后都以英文直译，可以作中英文对照表使用，也可以当作名词索引使用。



he played a key role in the team which focused on papermaking techniques R&D, and preserving the traditional skills".

12. The majority of photographs included in the volume were taken by the researchers when they were doing fieldworks of the research. Others were taken by our researchers in even earlier fieldwork errands, or by the photographers who were not involved in our research. We do not give the names of the photographers in the book, because almost all our researchers are involved in the task and they agreed to share the intellectual property of the photos. Yet, as we have claimed in the epilogue or the caption, we officially admit the copyright of all the photographers, including those who are not our researchers.

13. For the purpose of international academic exchange, English version of some important chapters is provided, so that the English readers can have a basic understanding of the volume based on the English parts together with photos and samples. For the ancient literature which is hard to understand, free translation is employed to present the basic idea. English part includes Preface, Introduction to the Writing Norms, Contents, Introduction, Figures, Tables, Terminology, Epilogue, and section titles, figure and table captions and paper sample names.

Among them, "Introduction to Handmade Paper in Anhui Province" is the first chapter of the volume and its translation is appended in the appendix part, apart from the section titles and table and figure titles.

14. Terminology is appended in *Library of Chinese Handmade Paper: Anhui*, which covers five categories of places, paper names, raw materials and plants, techniques and tools, history and culture, etc., relevant to our handmade paper research. All the terms are listed following the alphabetical order of the first Chinese character. The Chinese and English parts in the Terminology can be used as check list and index.

# 目 录
# Contents

# 第一章
# 安徽省手工造纸概述

# Chapter I
# Introduction to Handmade Paper in Anhui Province

# 第一节 安徽省手工造纸的历史沿革

# Section 1 History of Handmade Paper in Anhui Province







## 一 安徽地域工艺文化的特点

## 1 Features of Craft Culture in Anhui Province

在中国早期的文化历史版图上，安徽省域地处南北东西文化汇融之地，东南连吴越，北邻中原，西接楚境，春秋时称“吴头楚尾”。长江、淮河、新安江东流入海，古运河横贯南北，水路四通八达，文化的流动性与融合性特征相当典型。

安徽自古科技与工艺文化就独树一帜。春秋时期，楚国令尹（宰相）孙叔敖在楚都寿春（今安徽寿县）主持修建了中国古代四大水利工程之一的芍陂（即今日之安丰塘），距今已有2 600多年的历史，是中国有记载的大型水利工程的鼻祖，从汉代开始的文献就有对其工程经验的系列描述。

西汉淮南王刘安集门客著奇书《淮南子》，记载了丰富的古典技艺与科技妙想。传奇的豆腐据说就是刘安与门客发明并传向世界的，至今淮南故地每年仍在举办盛大的豆腐节。而出生于皖北亳州的一代神医华佗传下了五禽戏、八段锦、麻沸散以及诸多的神医妙手故事。

华佗小像
Portrait of Hua Tuo

三国两晋时期，安徽的农田水利建设著称于农史，著名的圩田开发形成了大面积连通的圩区网，旱涝保收，显著提升了农业生产力，以致到宋代时，宋京十大粮仓皆由江淮所运，被誉为“实近古之上法，将来之永利”[1]。

[1]
[元]王祯.王祯农书[M].杭州:浙江人民美术出版社，2015:8.

隋唐时期，衔接南方运送财货往洛阳和长安的古运河横贯安徽南北，南方的物产和贡品源源不断地由长江流域经运河运往淮河与黄河流域，由此湖南长沙的窑瓷器、浙江越窑的秘色瓷、安徽新安与宣城的贡纸以及江南各地的茶叶、丝绸等流通天下。

宋元时期，旌德县令王祯著大型农学专著《农书》，并采用宋朝布衣毕昇发明的活字印刷术排印了该书，成为全世界活字印刷的第一次大规模实践。《农书》后附有王祯自撰的《造活字印书法》，记述用木活字印书的体会和技术。

明清时期，王子朱载堉作十二平均律，开现代乐律之先河；方以智的《物理小识》、梅文鼎的《中西数学通》和《古今历法通考》、程大位的《算法统宗》、黄成的《髹饰录》、程君房的《程氏墨苑》、方于鲁的《方氏墨谱》、胡正言的《十竹斋书画谱》等，均为中国古代科技与工艺的高峰标志，广传海内外，影响深远。

上述彪炳史册的工艺名家，或为安徽人士，或其宦游、寄迹于安徽，其著述均属流通极广、福泽海内外的中华工艺文化经典。统观安徽工艺文化特质，可简明概括为高水平原创、快速传播与流行、影响面深广三点。这与安徽地域襟江带淮，水路四通八达，北人频频南迁，南货源源北上，中原与江南的荆楚吴越文化充分交融创新是相吻合的。

胡正言《十竹斋书画谱》
*Ten Bamboo Studio Manual of Painting and Calligraphy* by Hu Zhengyan

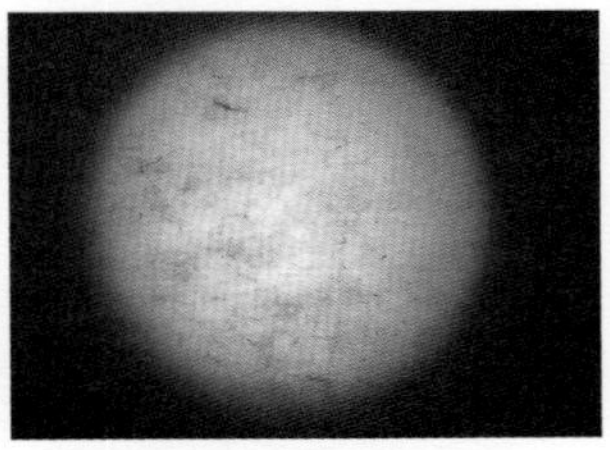

岳西桑皮纸透光图
A photo of mulberry bark paper made in Yuexi County seen through the light

而作为安徽工艺文化的特色样式，以宣纸、桑皮纸（标志品牌“汉纸”）和徽池古纸（标志品牌“澄心堂”）为代表的手工造纸行业自然也体现了上述交融创新的文化特质。

中国手工纸文库

Library of Chinese Handmade Paper

安

徽 卷·上卷 | Anhui I

History of Handmade Paper in Anhui Province

江淮分水岭古代遗存的山间道路
Relic of country road in Jianghuai watershed area

抄造『红星』三丈三大宣纸
Making 3-zhang-3-chi large-sized Xuan paper of Red Star

# 二 安徽手工造纸业态的起源与发展

# 2 Origin and Development of Handmade Papermaking Industry in Anhui Province

由于社稷变换、朝代更替、政区分合、隶属关系频繁更换，安徽析置范围不断变化。综合能够获得的安徽现今区域的古今文献资料、安徽历代地方史志和其他乡土文献的记述，以及本调查组田野调查所得资料进行分析，可将安徽手工造纸自晋代开始的脉络大致梳理成以下五个主要历史阶段。

## （一）安徽手工造纸业态的发端与初始演进

安徽地域自古就是长江中下游著名的“鱼米之乡”。以长江为界，广袤的皖北平原与江淮丘陵地带既是历代中国的粮仓，也是自古南北征战的战略要地；秀美的皖南山区在从事农耕的同时，也因山川灵秀和人文荟萃而拥有颇多工艺文化创造，如著名的文房四宝、徽州四雕、徽派建筑、芜湖铁画，手工纸当然也是其中的代表性品种。安徽地域的手工纸到底源于何时，至安徽卷调查时间截止时（2017年8月）的研究与记述均没有形成具有共识性的定论。

据田野研究获得的有关潜山和岳西两县桑皮纸的乡土技艺信息，地方别称“汉纸”（有大汉纸、中汉纸、小汉纸诸称谓）的这一造纸脉系民间口传源于东汉王朝。调查中，两位桑皮纸制作技艺国家级传承人刘同烟、王柏林及岳西县文化馆的桑皮纸研究人员汪淳均表示，该地桑皮纸祖上就说源于汉代，但是调查组没有发现任何古代信史或乡土文献有这方面的记录。位于大别山腹地的这一造纸地原为古皖国的核心区，本土文化发育虽早在汉以前，而且为上古名人伯益族裔的活动区域，但此地山高水深，属于典型的深山区，造纸村落的水陆交通至调查时仍相当不便。如果汉代造纸术发明与传播不久即已传入古皖国旧地，那确实是个很令人惊讶的工艺文化传播现象。

虽然尚未有确凿的信史依据，但安徽为三国故地，在隋唐时期农业经济已高速发展、水运四通八达、官商人士南北流动频繁，根据这些发展特征分析，安徽手工造纸起步于魏晋时期的可能性是存在的。其线索如下：

一是东汉首都在河南洛阳，因蔡伦所造“蔡侯纸”很快流传的原因，当时的洛阳是造纸术集大成之地，而曹魏故都许昌紧邻洛阳。安徽皖北平原与洛阳、许昌一带本为相邻的中原地域，当时领袖天下的曹氏家族及知识界精英如嵇康诸人就有不少出自今皖北亳州一带。中原文化的融通，家乡营建的需要，作为重大文化创新的手工造纸先进技术惠及皖北

潜山县官庄镇的造纸村
A papermaking village in Guanzhuang Town of Qianshan County

岳西县毛尖山乡的造纸村
A papermaking village in Maojianshan Town of Yuexi County



实属正常，例如，曹操家乡亳州当时即建有大型的运兵道与曹氏家族墓群。当年，中原所造的纸在安徽北方流通使用是无疑的，因而上述因素促使造纸技术流入皖北地区落地生产的可能性也是存在的。早期纸的原料多为麻类，而皖北平原也是富产麻桑之地，因此造纸原料这一要素的优势是具备的。

二是西晋永平元年至光熙元年（291～306年），北方八王之乱，造成北方士族整建制、大范围南迁到江南地区，晋元帝司马睿迁都南京，中原的精英文化与先进生产力的代表——工艺技术及工匠也随之南迁，其中有若干北方的世家大族迁入古新安（即后来的徽州一带）。关于这一进程，宋代新安进士罗愿所著《新安志》、明人所著《新安名族志》

和《新安大族志》等均有脉络较清晰的历史朔源。南京地区紧邻皖南，中原王朝政治文化中心的南移带来了当地的用纸需求，加上长江以南地区丰富多样而又充足的造纸原料供给，给造纸术的广泛传播与发展带来大的契机和影响。当时南迁世家大族最密集的江苏、浙江、安徽等长江以南区域应是最早受其惠泽的地区。

安徽的特殊地理位置和造纸资源伴随着东晋王朝和南朝的划江鼎立，为手工纸制作带来了很大的发展空间，主要原因包括：一是北方造纸供给线中断，近地的消费需求迅速上升；二是皖南丰富的原材料供给，各种原辅材料的尝试使用促进了造纸技术的发展；三是便利的水路交通使当时先进的工艺技术传入较快，农耕时期的技术融通与交流促进了手工纸的业态发育；四是皖南地区独特的区位优势和地理条件吸引了多种文化及掌握先进工艺人群的进入，造成了农耕文明和手工技艺的快速进步。唐五代时期作为贡纸开始享誉全国的徽（歙州）池（池州）古纸、宣州纸等所具有的高水平造纸体系不可能一蹴而就，应该是在这一阶段起源并逐步发展成型的。

由于这一时段缺乏安徽手工造纸的文献记载，因此目前尚难以判断及描述安徽手工造纸第一阶段的细貌，有待进一步的文献探索与考古发现的启发。

### （二）安徽手工造纸的高品质与多样性在唐五代已很典型

隋唐时期，以安徽江南地区歙州（基本相当于宋代后的古徽州辖区）、宣州、池州为代表的手工制纸已呈现出高品质和多样性的特色，在中国中古手工造纸文化中崭露头角。据唐代李吉甫等撰《元和郡县图志·卷二六》、杜佑撰《通典》及宋代宋祁、欧阳修等撰《新唐书·地理志》的记载，唐代贡纸地区有十一州，其中今安徽地域有宣、歙、池三州。天宝二年（743年），江西、四川、皖南、浙东均向朝廷贡纸，其中“宣州宣城郡望土贡银、铜器、绮、白纻、丝头红毯、兔褐、簟、纸、笔、署预、黄连、碌青”[2]。

[2] [宋]欧阳修,宋祁,等.新唐书[M]. 北京: 中华书局, 1975: 1066.

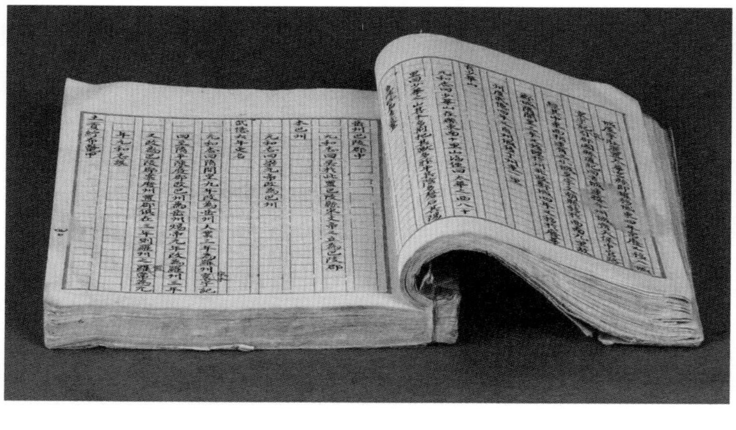

《新唐书·地理志》书影
A photo of *The New Book of Tang: Geographical Chronicles*

据《旧唐书·卷一百五十》记载，陕西太守韦坚代萧炅在天宝三年（744年）组织上贡，“宣城郡船载空青石、纸、笔、黄连”。[3]唐代李林甫等撰的《唐六典·卷二十八》则记载有“宣、衢等州之案纸、次纸”。[4]以上记载说明唐代宣州和歙州所造纸即因品质出众，成为按例上贡朝廷的贡纸。

[3]
[后晋]刘昫，等.旧唐书·第十册：卷一百五十·列传第五十五[M].北京：中华书局，1975:3223.

[4]
[唐]李林甫，等.唐六典：卷二十八[M].陈仲夫，点校.北京：中华书局，1992:545.

曾任安徽舒州刺史的唐代著名绘画理论家张彦远所著的《历代名画记》记载：“江南地润无尘，人多精艺。好事家宜置宣纸百幅，用法蜡之，以备摹写。古时好拓画，十得七八，不失神采笔踪。”[5]

[5]
[唐]张彦远.历代名画记[M]俞剑华注释.上海：上海人民美术出版社，1964:40.

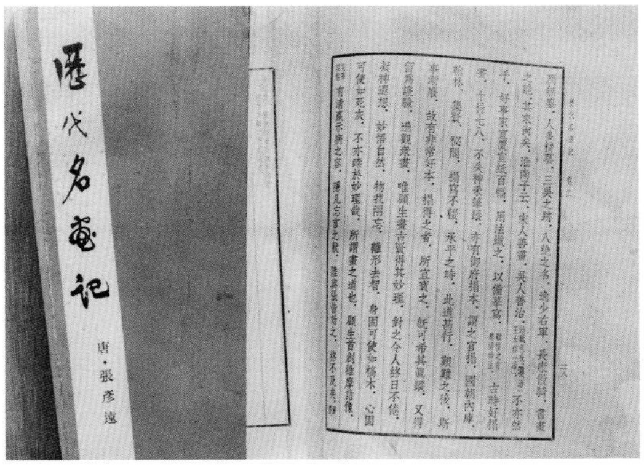


《历代名画记》书影
A photo of *Famous Paintings in the Past Dynasties*

由于摹拓书画用纸要求薄而透明，纸质紧密，因此需要“用法蜡之”，也就是经过研光、拖浆、填粉、打蜡、施胶之类工艺环节，便可“不失神采笔踪”。张彦远的细致描述反映了当时作为加工纸的唐代“宣纸”质量是很高的。

清代嘉庆年间编撰的《嘉庆宁国府志》记载：“纸在宣（城）、宁（国）、泾（县）、太（平），皆能制造，故名宣纸。”[6]由此记载可见，“宣纸”一名主要是因产地而得名的，同时也反映了仅以宣州纸而言，其分布的地域是相当广泛的，古代宣州（其辖区大略相当于明清时期的宁国府）辖区内多个县都造纸。

[6]
[清]施晋，等.中国地方志集成 安徽府县志辑·嘉庆宁国府志[M].南京：江苏古籍出版社，1998:579.

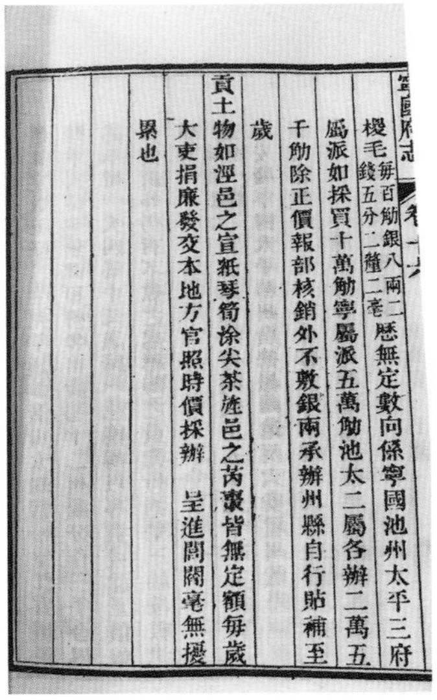


《嘉庆宁国府志》书影
A photo of *The Annals of Ningguo Prefecture During Jiaqing Reign*

唐五代至两宋时期，安徽以皖南多州县为支撑的造纸业的繁荣，为纸在多方面的应用创造了条件。纸除了用于书法、绘画、制伞、纸扇、印刷、纸币（如宋代纸质货币“交子”）等常规用途外，还创造性地发育了若干特殊的使用领域——例如制造作战用的纸甲以及纸衣。

纸甲，从现有文献研究来看，在唐代中晚期已出现。据欧阳修、宋祁等编撰的《新唐书·卷一百一十三》记载，唐宣宗时，徐商被唐宣宗任命为巡边使，并同时任河中节度使。“突厥残种保特峨山，以千帐度（渡）河自归，诏商绥定。商表处山东宽乡，置备征军，凡千人，襞纸为铠，劲矢不能洞。”[7]元代脱脱（1314～1355年）等撰的《金史·卷

[7]
[宋]欧阳修，宋祁，等.新唐书·第十三册：卷一百一十三·列传第三十八[M].北京：中华书局，1975:4192.

一百三十二》记载："萧怀忠追撒八不及，皆坐诛，遂夷其族，虐之甚也。平章政事襄对曰：是时臣在军中，忽土、赜有精甲一万三千有余，贼军虽多皆胁从之人，以毡纸为甲，易与也。忽土等恇怯迁延，贼乃遁去。"[8]

[8] [元]脱脱.金史·第八册:卷一百三十二·列传第七十·逆臣:卷一百三十二[M].北京:中华书局,1975:2825.

南唐至北宋，淮南等地流行造纸甲供军队使用。据宋代司马光（1019～1086年）所撰的《资治通鉴 · 卷二百九十三》记载，南唐时后周（周世宗）军队骚扰淮南，当地人"相聚山泽，立堡壁自固，操农器为兵，积纸为甲，时人谓之白甲军，周兵讨之屡为所败"。[9]说明纸甲坚固，能在当时的战争中起到很不错的防护作用。

[9] [宋]司马光.资治通鉴:卷二百九十三[M].北京:中华书局,1956:9548.

元人脱脱等撰的《宋史 · 卷一百九十七》记载："元年四月，诏江南、淮南州军，造纸甲三万给陕西防城弓手。"[10]这说明当时安徽造纸甲的技术较为发达，所造纸甲供应给陕西驻军。南宋吕祖谦（1137～1181年）所编的《宋文鉴 · 卷二十二》记载："曾见南兵苦，征辽事亦如。金疮寒长肉，纸甲雨生蛆，山小畲霜骨，河枯臛腐鱼，黎元无处哭，丁户日相疏。"[11]该文献指出战争环境的恶劣，在阴雨天气中，纸甲的缺陷就充分暴露出来了。



[10] [元]脱脱,等.宋史:卷一百九十七[M].北京:中华书局,1977:4911.

[11] [宋]吕祖谦.宋文鉴:卷二十二[M].上海:上海古籍出版社,1992:321.

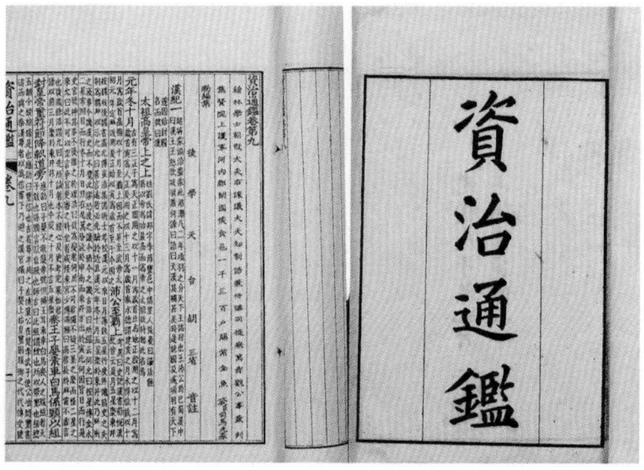


《资治通鉴》书影
A photo of *Comprehensive Mirror to Aid in Government*

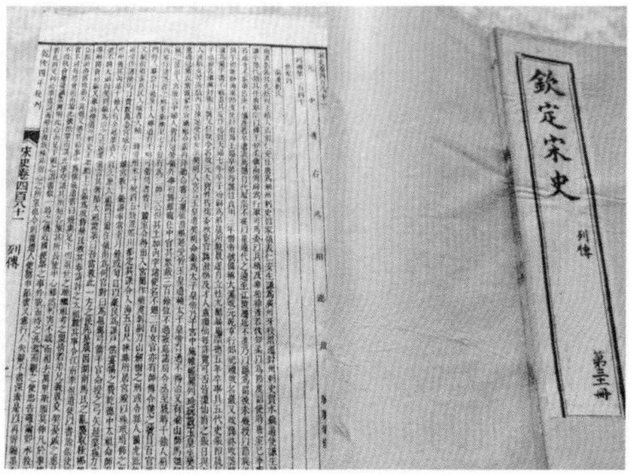


脱脱等撰《宋史》书影
A photo of *The History of Song* by Tuotuo in the Yuan Dynasty



南宋著名史学家李焘（1115～1184年）所撰的《续资治通鉴长编·卷一百三十二》中记载："故得戎冠屏息，不敢窥边。臣前通判江宁府，因造纸甲得远年账籍，见曹彬攻江南日，和州逐次起，饷猪肉数千斤以给战士。"[12]说明南唐末至北宋初年的江宁府造纸甲。五代至宋初的江宁府既包括了属于今江苏南京市所辖的若干县，如江宁、句容、溧水，也包括了今属安徽省的当涂、芜湖、繁昌、广德、铜陵、青阳等县。

[12] [宋]李焘.续资治通鉴长编:卷一百三十二[M].北京:中华书局,1979:3136.

李心传（1166～1243年）所撰的《建炎以来系年要录·卷三十》记载："金人侵安吉县，知县事曾绰聚乡兵往石郭守隘，或视其矢曰金人也，乡兵皆弃纸甲、竹枪而遁，金人入县遂焚之。"[13]《建炎以来系年要录 · 卷五十七》又记载："中书言：东南州县乡兵，多因私置纸甲而啸聚作过，熙宁编敕令有若私造纸甲五领者绞，乞著为令，从之。"[14]前者是指安吉县地方部队用纸甲、竹枪武装；后者是指东南州县官府为维持政局稳定，对私制纸甲的人严惩。从地域来说，今属浙江省管辖的安吉县与今属安徽省管辖的广德县紧密接壤。

[13] [宋]李心传.建炎以来系年要录:卷三十[M].北京:中华书局,2016:5.

[14] [宋]李心传.建炎以来系年要录[M].上海:商务印书馆,1936:995.

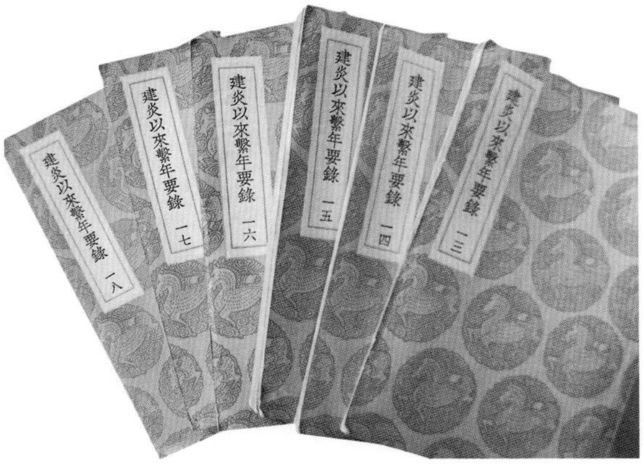


《建炎以来系年要录》书影
A photo of *Major Events from the First Year of Jianyan Reign*



明代著名军事家郑若曾（1503～1570年）在其著作《江南经略》中记载："长枪、刀、月斧、铁盔、铁甲、皮挨牌、纸甲、弩、弓箭，太仓州取弓匠来造……兵器府佐一员专督之。"[15]将纸甲直接归为兵器类别。

[15]
[明]郑若曾.江南经略：卷二[M].傅正,宋泽宇,李朝云,点校.合肥：黄山书社，2017:113.



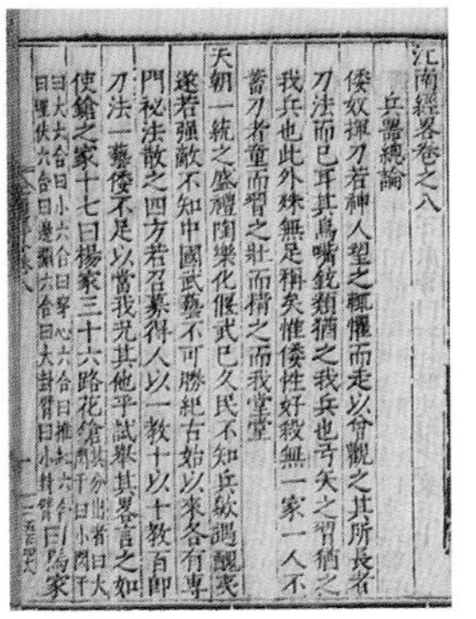

古版《江南经略》书影
A photo of *Jiangnan Jinglue* (old version)

从上述记载来看，唐宋时期纸甲的品质是很高的，不仅纸甲的军事应用较为普遍，制造纸甲的技术也已相当高超出色。而当时安徽境内的淮南与皖南均为纸甲的重要产地。

关于纸甲的制造方法，据张秉伦、吴孝铣等在《安徽科学技术史稿》中说，在明人茅元仪所著号称中国古代军事学百科全书的240卷《武备志》中有专门论述。该书记载的制作方法是：纸甲是用柔软的纸与绢布间隔，叠成厚1～3寸（1寸合3.33厘米），用钉钉实制成，是宋代重要的防身装置，不仅步兵使用，也是水军所需要的装备，因为纸甲有助于士兵面对"锋镝"而立于不败。

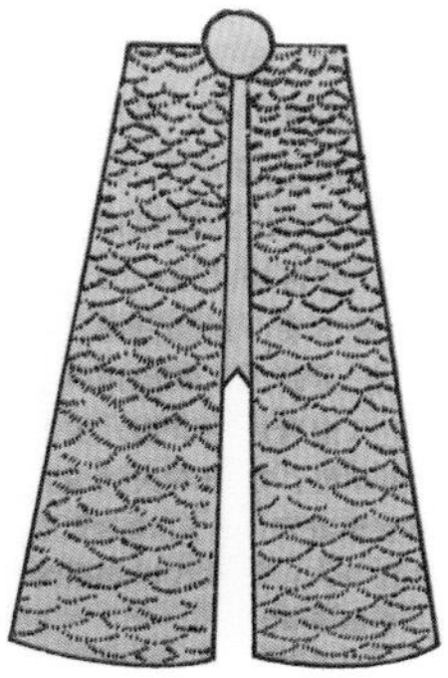

茅元仪在《武备志》中绘制的纸甲
Paper Armour depicted in *A Corpus of Military Equipments* written by Mao Yuanyi





纸甲的制作方法也有规定，宋代华岳所著的《翠微南征北录合集·卷七》记载："造甲之法，步军欲其长，马军则欲其短，弩手欲其宽，枪手则欲其窄，其用不同，其制亦异。否则，拘于定式，昧于从变，肥者束身太紧……"[16]对于不同兵种，制作纸甲的形制也有所不同。当时，在南方使用纸甲比铁甲还要优越，因为"南方地形险陷，固多用步（兵），步驰难以负重，天雨地湿，铁甲易生锈烂，必不可用矣"[17]。这也是南方流行使用纸甲的主要原因之一。

[16]
[宋]华岳.翠微南征北录合集：卷七[M].马君骅,点校.合肥：黄山书社，2014:220.

[17]
[明]戚继光.纪效新书[M].北京：中华书局，2017:7.

除纸甲这类特殊产品外，隋唐五代年间安徽也留下了其他特色名纸的记载。

中晚唐至北宋初，中国已出现了诸多“加工纸”名品，如产自蜀地成都的“薛涛笺”，出自浙地的谢景初“十色笺”等染色纸。五代南唐时，主要出产于江南歙州的“澄心堂纸”名闻天下。澄心堂本为南唐烈祖李昪任节度使时宴居之所的名称，至南唐后主时，由于李煜擅长诗词书画，视安徽歙州一带所产宜书宜画的纸如珍宝，特在金陵的皇宫里辟澄心堂来储存，并设局令承御监造这种纸，故名“澄心堂纸”。

不过当时“澄心堂纸”属皇帝自用的专贡纸，不要说普通读书人，就是王公大臣也很难一睹真容。《十国春秋·卷三十二》记载：“李廷珪工造墨，与父超自易水来江南，定居歙州，初姓奚，后赐姓李氏，廷珪弟廷琸子文用皆袭其业，然多不及廷珪。江南以澄心堂纸、龙尾砚及廷珪墨为文房三宝，当其时有贵族尝误遗廷珪墨一丸于池中，疑为水所坏，因不复取。既逾月临池，饮偶坠金器，乃令善泅者下取之，并所得遗墨，光色不变，表里若新，缘是世多知宝藏云。”[18]罗愿（1136～1184年）在《新安志》又记：“昔李后主留意翰墨，用澄心堂纸、李廷珪墨、龙尾砚三者为天下冠。”[19]明代文学家、书画家李日华（1565～1635年）在其《六研斋笔记·卷四》中专门提到：“宋谢公暨知徽州，于理庙有椒房之戚，贡新安四宝澄心堂纸、汪伯立笔、李廷珪墨、羊斗岭旧坑砚。”[20]

[18] [清]吴任臣.十国春秋：卷三十二[M].北京：中华书局,2010:458.

[19] [宋]罗愿.《新安志》整理与研究[M].萧建新,杨国宜,校.合肥:黄山书社,2008:371.

[20] [明]李日华.六研斋笔记：卷四[M].南京：江苏凤凰出版社,2010:78.

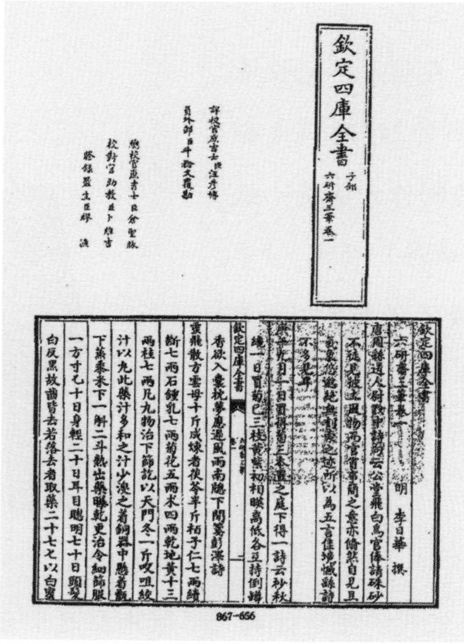
欽定四庫全書　子部
六研齋三筆卷一
詳校官庶吉士臣汪彥博
員外郎臣牛稔文覆勘
總校官庶吉士臣倉聖脉
校對官助教臣卜維吉
謄錄監生臣繆　漁

欽定四庫全書
六研齋三筆卷一　明　李日華　撰
唐周繇道人尉遲中詩勝云公堂飛白鳥官俸請硃砂
不徒見被立風物而官首蕭閒之意亦倚然自見且
[illegible]所以為五言佳境[illegible]
不多見耳
[illegible]之庭下得一詩云秒秋
繞一日買菊已三枝黃紫初相映高低各互持倒蹲
香破入囊枕夢息退風雨南飄下閒篆彭澤詩
霞飛散方雲母十斤成煉者茯苓半斤柏子仁七兩續
斷七兩石鍾乳七兩菊花五兩朮四兩乾地黃十三
兩桂七兩凡九物治下篩訖以天門冬一斤吹咀絞
汁以丸此藥汁多和之汁少溲之着銅器中懸着甑
下蒸黍米下一斛二斗熟出藥曝乾更治令細篩服
一方寸匕十日身輕二十日耳目聰明七十日頭髮
白反黑故齒皆去若落去者取藥二十七匕以白蜜
867-656

《六研斋笔记》扫描书影
Scanning record about *Notes from Liuyan Studio*

明代陈耀文（1573～1619年）所著的《天中记·卷三十八》记载：“唐人诗中多用蛮笺字，亦有谓也，高丽岁贡蛮纸，书卷多用为衬；日本国出松皮纸，又南番出香皮纸，色白，纹如鱼子；又苔纸以水苔为之，名侧理纸。薛道衡诗：昔时应春色，引绿泛青沟；今来承玉管，布字转银钩。又扶桑国出芨皮纸，今中国惟有桑皮纸、蜀中藤纸、越中竹纸、江南楮皮纸，南唐以徽纸作澄心堂纸得名，若蜀笺、吴笺皆染捣而成，蜀笺重厚不佳，今吴笺为胜。”[21]文中直接指出澄心堂纸由徽纸加工而成，从中也彰显出安徽区域手工纸在晚唐五代时期的地位。

[21] [明]陈耀文.文渊阁四库全书:卷三十八[M].台北:台湾商务印书馆,1966:766.

### （三）安徽手工造纸在宋元时期已成优质纸代表

南唐灭亡后，“澄心堂纸”才打破了皇室垄断的局面，冲破内府落到北宋的一些文人墨客手中，一时被推为珍宝，争相作诗传颂。北宋史学家刘敞（1019～1068年）曾从宫中得“澄心堂纸”百枚，情不自禁地作诗云：“当时百金售一幅，澄心室中千万轴……流落人间万无一，我从故府得百枚。”[22]后来刘敞赠送给欧阳修10枚，欧阳修得此纸后和诗云：“君家虽有澄心堂，有敢下笔知谁哉……君从何处得此纸，纯坚莹腻卷百枚。”[23]欧阳修又转赠梅尧臣两轴，梅尧臣赋诗云：“往年公赠两大轴，于今爱惜不辄开……文高墨妙公第一，宜用此纸传将来。”[24]可见南唐“澄心堂纸”落入年代相隔不远的北宋文人手中仍然视若珍宝，连欧阳修这样的一代文宗和政坛领袖都不敢轻易下笔。这固然与南唐后主对“澄心堂纸”的垄断及战乱使其成稀世之物有关，但更主要的是由它出类拔萃的质量决定的。

宋代皖南地区除仿制“澄心堂纸”多种纸品以外，还有很多的纸品纸样。据李焘《续资治通鉴长编》记载，宋熙宁七年（1074年）六月，朝廷“诏降宣纸式下杭州，岁造五万番，自今公移常用纸，长短广狭，毋得用宣纸相乱”。[25]说明在当时“宣纸”的使用有一定的规制，一边由朝廷督促宣纸加大产量，一边又规定官署间的文书不能随便使用“宣纸”。当然，这里所说的“宣纸”是宋代造的宣州纸，与后代“青檀树皮+沙田稻草”造出的“宣纸”应该是有区别的。

据罗愿所撰的《新安志》（1173年）记载，宋代新安仅“上供纸”就有常样、降样、大抄、京运、三抄、京连、小抄七种，号称七色，岁贡达一百四十四万八千六百三十二张；“而纸亦有麦光、白滑、冰翼、凝霜之目。歙县、绩溪界中有地名曰龙须者，纸出其间，故世号曰龙须纸”。并指出新安出佳纸的原因是“大抵新安之水清澈见底，利以沤楮，故纸之成，振之似玉雪者，水色所为也。其岁晏敲冰为之者，益坚韧而佳”；同书还说宋朝新安“贡表纸、麦光、白滑、冰翼纸……中贡白滑纸千张”。[26]

《续资治通鉴长编》书影
*A photo of A Sequel to Comprehensive Mirror to Aid in Government*

明代弘治年间修撰的《徽州府志》（1502年）中也说到宋代纸品：“则有所谓进劄、殿劄、玉版、观音、京帘、堂劄之类……皆出休宁虞芮、和睦、良安三乡。”[27]所载贡纸与《新安志》所载基本相同。其中玉版纸，南宋陈槱所著《负暄野录》中记载得更为详

[22] [宋]刘敞.公是集[O].合肥：安徽省图书馆藏书(清武英殿聚珍丛书本).

[23] [宋]欧阳修.欧阳文忠公全集：卷五(册二)[O]上海：中华书局(聚珍仿宋版),1927:13.

[24] 周义敢，周雷.梅尧臣资料汇编[M].北京：中华书局,2007:8.

[25] [宋]李焘.续资治通鉴长编：卷二五四(第十册)[M]北京：中华书局,2004 :6212.

[26] [宋]罗愿.《新安志》整理与研究[M].萧建新，杨国宜，校.合肥:黄山书社,2008:61.

[27] [明] 澎泽，汪舜民，等.徽州府志：卷二·食货一·土贡篇[M].上海：上海古籍书店，1964:53.

细：“新安玉版，色理极细白，然质性颇易软弱，今士大夫多糨而后用，既光且坚，用得其法，藏久亦不蒸郁。”[28]可见宋时新安纸品丰富，而且有若干纸品达到了“贡品”水平。

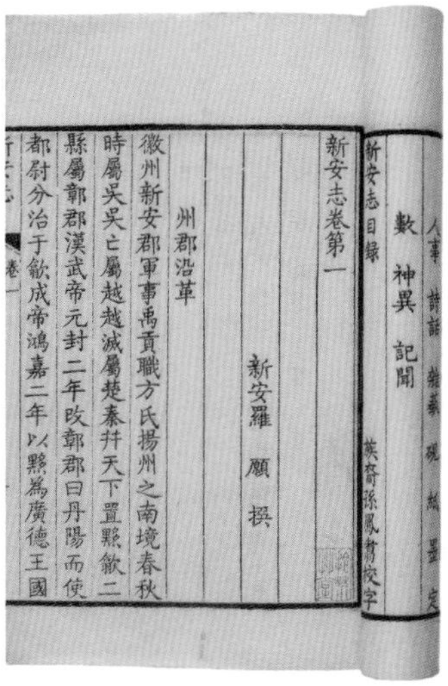
新安志目録
數　神異　記聞
新安志卷第一
新安羅　願　撰
州郡沿革
徽州新安郡軍事禹貢職方氏揚州之南境春秋時屬吳吳亡屬越越滅屬楚秦幷天下置黟歙二縣屬鄣郡漢武帝元封二年改鄣郡曰丹陽而使都尉分治于歙成帝鴻嘉二年以黟為廣德王國

旧版《新安志》书影
A photo of *The Annals of Xin'an* (old version)

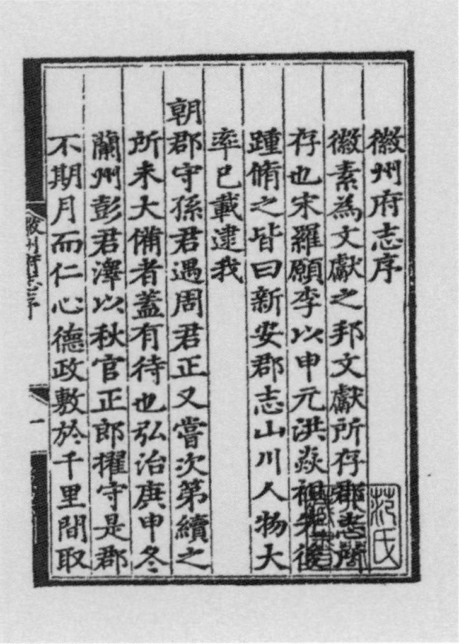
徽州府志序
徽素為文獻之邦文獻所存[illegible]
存也宋羅願李以申元洪焱祖先後
踵脩之皆曰新安郡志山川人物大
率已載逮我
朝郡守孫君遇周君正又嘗次第續之
所未大備者蓋有待也弘治庚申冬
蘭州彭君澤以秋官正郎擢守是郡
不期月而仁心德政敷於千里閭取

弘治年《徽州府志》扫描书影
Scanning records about *The Annals of Huizhou Prefecture* during Hongzhi Reign

非常值得注意的是，宋时黟、歙一带已能生产巨幅匹纸，这在宋人苏易简的《文房四谱》中有明确的记载：“黟、歙间多良纸，有凝霜、澄心之号。复有长者，可五十尺为一幅。”生产这样大的纸张，用普通的纸帘和纸槽是无法进行的，操作者也必须要有高度熟练的技巧以及多人协作能力，才能保证纸的厚薄均匀。其制法是：“盖歙民数日理其楮，然后于长船中以浸之，数十夫举抄以抄之，傍一夫以鼓而节之，于是以大熏笼周而焙之，不上于墙壁也。由是自首至尾，匀薄如一。”[29]足见当时古歙州黟县与歙县纸工的出色智慧。研究者张秉伦、吴孝铣由此提出：宋朝全国的长规格匹纸多造于黟、歙一带；明清时期宣纸中的“丈二宣”“丈六宣”，应是宋代匹纸之遗制。[30]

宋代徽州地区还以纸制衣，苏易简等在《文房四谱·卷四》中记载：“山居者常以纸为衣，盖遵释氏云‘不衣蚕口衣’者也。然服甚暖，衣者不出十年，面黄而气促，绝嗜欲之虑，且不宜浴。盖外风不入，而内气不出也。亦尝闻造纸衣法：每一百幅用胡桃、乳香各一两煮之，不尔，蒸之亦妙。如蒸之，即恒洒乳香等水，令热熟阴乾，用箭干横卷而顺蹙之，然患其补缀繁碎。今黟、歙中有人造纸衣段，可如大门阖许。近士大夫征

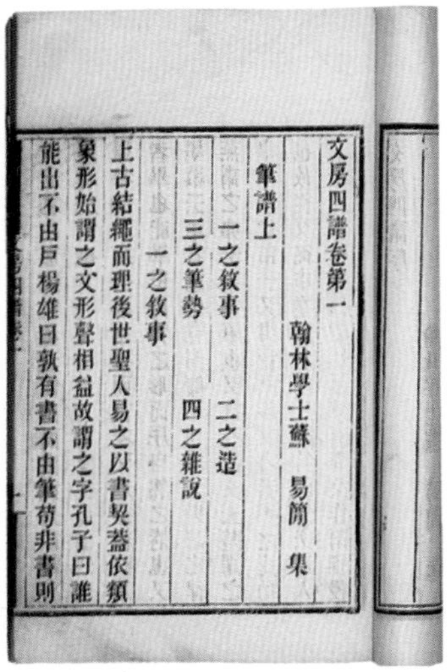
文房四譜卷第一
翰林學士蘇　易簡　集
筆譜上
一之敘事　二之造
三之筆勢　四之雜說
一之敘事
上古結繩而理後世聖人易之以書契蓋依類象形始謂之文形聲相益故謂之字孔子曰誰能出不由戶楊雄曰孰有書不由筆苟非書則

古本《文房四谱》书影
A photo of *Four Treasures of the Scholar's Study* (old version)

[28]
[宋]赵希鹄.洞天清录.外五种[M].上海：上海古籍出版社,1993:40.

[29]
[宋]苏易简,等.文房四谱[M].朱学博整理点校.上海：上海人民出版社,2015:56.

[30]
张秉伦,吴孝铣,等.安徽科学技术史稿[M].合肥：安徽科学技术出版社,1990:100.

[31]
[宋]苏易简,等.文房四谱[M].朱学博,整理点校.上海:上海人民出版社,2015:58.

行亦有衣之，盖利其拒风于凝冱之际焉。”[31]说明当时黟、歙一带已经制造如大门一样大小的纸衣服。这种制衣法后来传到日本，近现代国外在艺苑中使用的纸衣，其渊源当可追溯到宋代皖南传统制纸衣方法。

安徽宋代池州地域制作的“池纸”也已经很有名气，北宋宰相王安石在《临川先生文集·卷十一》作《次韵酬微之赠池纸并诗》：“微之出守秋浦时，椎冰看捣万毂皮，波工龟手咤今様，鱼网肯数荆州池。霜纨夺色贾不售，虹玉丧气山无辉，方船稳载献天子，善价徐取供吾私。”[32]

[32]
[宋]王安石.临川先生文集[M].北京:中华书局.1959:168.

当时，除了仿制南唐时的“澄心堂纸”外，宣州府的泾县有“金榜、画心、路王、白鹿、卷帘”，歙州、徽州府有“碧云春树笺，龙凤印边三色内纸、印金团花”及“各色金花笺”等；池州有“池纸”，无为县则有闻名于世的“细白佳纸”；绩溪县仍继续生产在唐时即已知名的“龙须纸”。[33]

[33]
穆孝天,李明回. 中国安徽文房四宝[M].合肥:安徽科学技术出版社, 1983:11.

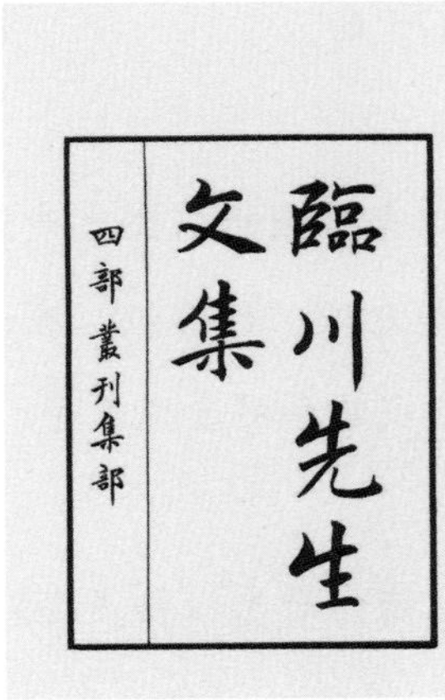


《临川先生文集》扫描书影
Scanning records about *Linchuan Gentleman Anthology*

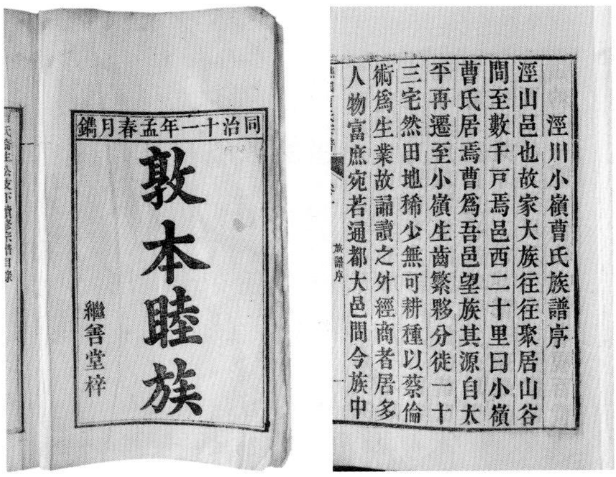


清同治十一年（1873年）继善堂刊印《曹氏族谱》书影
Photos of *Genealogy of the Caos* printed by Jishantang in the eleventh year of Tongzhi Reign in the Qing Dynasty (1873)

元代也是宣纸产业早期发展的重要时期，一方面，以泾县小岭曹氏家族为代表的造纸世家通过对宣纸原料（檀皮和稻草混合配比）和加工工艺的持续创新，提供了适宜中国水墨画发育的优质用纸。另一方面，以王蒙、黄公望、吴镇、倪瓒“元四家”为代表的画家，冲破传统宫廷绢本和熟纸绘画材质与技法的约束，提倡写意山水和泼墨表现的技法，晕墨性能与分色性能均突出的宣纸为此画法提供了淋漓发挥和自由想象的广阔空间。而纸本水墨写意绘画在明清两朝成为主流，确实大大促进了宣纸产业的持续发展，一个中国书画用纸的新时代在元代开启了转换。

以制作宣纸著称于世界的泾县，从信史文献来看，至少从宋末元初即已进入传承有序的家族生产状态。泾县小岭曹氏家族于民国初年重修的《曹氏宗谱》序言所说：“宋末争攘之际，烽燧四起，避乱忙忙。曹氏钟公八世孙曹大三，由虬川迁泾，来到小岭，分徙十三宅，见此系山陬，田地稀少，无可耕种，因贻蔡伦术为业，以维生计。”[34]这说明世

[34]
民国三年(1913年)泾县小岭曹氏编撰.曹氏宗谱[Z].自印本.

代以制造宣纸为业的小岭曹氏家族于宋末元初已开始在泾县的宣纸重要产地——小岭村一带造纸为生了，这也是宣纸技艺有较明晰的传承谱系的见证之一。

一个很值得关注的资料是晚清叶德辉所撰的《书林清话》的记载："唐张彦远历代名画记亦称，好事家宜置宣纸百幅[35]用法蜡之，以备摹写，则宣城诸葛氏亦或精于造纸也。"叶德辉推测宣纸早期制作或许还有当年的宣州毛笔制作的代表性家族诸葛氏家族参与过制作，不过不知叶德辉的推论依据是什么。

[35] [清]叶德辉. 书林清话附书林馀话[M]. 吴国武，桂枭，整理. 北京：华文出版社，2012：164.

整个宋代，无论是全国统一的北宋，还是皇室南渡后的南宋，安徽造纸产地和纸的品种都大大超过了前代，在国内造纸业中的地位越来越显著。一个很典型的例子是宋代徽纸、池纸远渡千山万水销往四川。元代费著《笺纸谱》记载："蜀笺体重，一夫之力仅能荷五百番，四方例贵川笺，盖以其远，号难致。然徽纸、池纸、竹纸在蜀，蜀人爱其轻细，客贩至成都，每番视川笺价几三倍。范公在镇二年，止用蜀纸，省公帑费甚多，且怪蜀诸司及州县缄牍必用徽、池纸。"[36]徽池古纸以高价远销造纸重地四川，这与当时徽池造纸工人的精湛技术和皖南精良的原料及水源是分不开的。

[36] [宋]苏易简.文房四谱:外十七种[M]//顾宏义.宋元谱录丛编.上海:上海书店出版社,2015:274.

元代虽然社会生产力一度遭到较大破坏，但当时徽州仍然盛产纸张。据李则纲所撰的《安徽历史述要》记载，元代徽州仅贡纸就有赴北纸、行台纸、廉访司纸等种类，岁贡达22万张；另外还有诸衙门的和买纸、常课日纸，以及和买金文纸等，动辄以百万计[37]。

[37] 李则纲. 安徽历史述要[M] 合肥:.安徽省地方志编纂委员会(内部发行),1982：183.

关于元代徽州造纸方法，明代弘治版《弘治徽州府志·物产志》中说："造纸之法，荒黑楮皮率十分割粗得六分，净溪沤灰腌，暴之，沃之，以白为度。瀹灰大镬(锅)中，煮至糜烂，复入浅水沤一日，拣去乌丁黄眼，又从而腌之，捣极细熟，盛以布囊。又于深溪用辘轳推荡，洁净入槽。乃取羊桃藤捣细，别用水桶浸挼，名曰滑水。倾槽间与白皮相和，搅打匀细，用帘抄成张，榨经宿，干于焙壁，张张推刷。然后截沓解官，其为之不易，盖如此。"[38]不仅将造纸工艺写的清清楚楚，而且还明确提到用杨桃藤汁(即野生猕猴桃枝的汁)作纸药。宋元时期造纸质量的显著提高，与广泛使用植物纸药应有直接关系。

[38] [明]澎泽,汪舜民,等.弘治徽州府志:卷二　食贷一·土贡篇[M].上海:上海古籍书店,1964:53.

## （四）明清：以泾县宣纸业态为代表的引领与突破

明清时期，尤其是明代，安徽印刷业和印刷技术高速发展，官刻和私刻几乎遍及全省。徽州是坊刻较为集中的地区，既有雕版印刷，又有套色“饾版”和无色“拱花”印刷，还有木活字、泥活字、锡铸版印刷，其规模之大、印刷之精良，在安徽历史上是空前的。

明代万历年间（1573～1620年），徽州一跃成为全国印刷中心之一，究其原因，除了经济发达、文化繁荣以及盛产优质木材、墨和纸等理想印刷材料外，还有两点不容忽视：一是徽州版画刻工独步一时，据当时统计，明清仅徽州有名可考的刻工即达400余人，时称“新安刻工”；“明时杭州最盛行雕版画，殆无不出歙人手，绘制皆精绝”[39]。二是资金雄厚，徽商从明代成化年间（1465～1488年）进入鼎盛时期，商贾巨子辈出，其中不乏文人、学者，刻书、藏书蔚然成风。以吴勉学（1368～1644年，徽州歙县人）、汪廷讷（1573～1619年，徽州休宁人）、胡正言（约1570～1671年，徽州休宁人）为代表，校刻经、史、子、集数百种。其中汪廷讷著有《环翠堂集》、胡正言著有《印存玄览初集》《胡氏篆草》等，为后世同业发展作出了较大贡献。

[39] 张海鹏.明清徽商资料选编[M].合肥：黄山书社.1985:206.

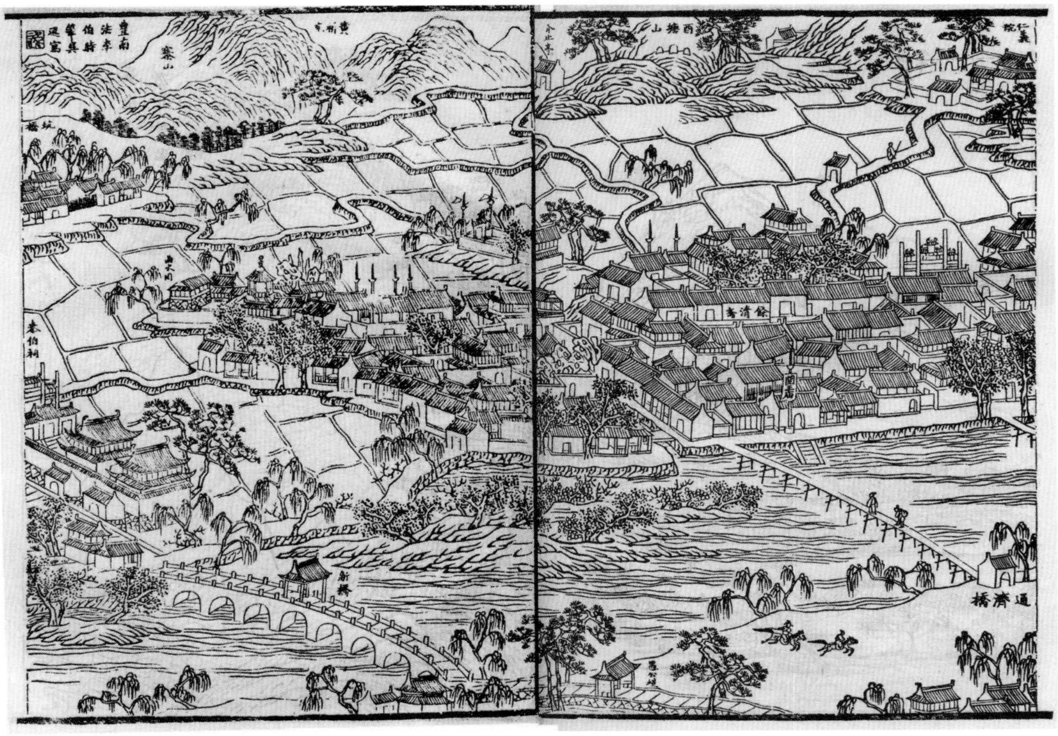


明代徽派版画——《丰南图》
Hui style woodcut in the Ming Dynasty: *Fengnan Illustration*

其时，宣城、泾县、宁国、繁昌、贵池、六安、桐城、太和、和州、凤阳等地也有不少有名的私家刻书。在活字版印刷方面，元代即有旌德县令王祯创制木活字3万余个，并印成自撰的《农书》。清代，祖籍徽州的程伟元用木活字印制《红楼梦》（即后来的程甲本、程乙本）；六安晁贻端用木活字印制大型丛书《学海类编》；泾县翟金生在毕昇的泥活字基础上创制被人称为“坚贞如骨角”的泥字坯，并印制《修业堂集》《泾川水东翟氏宗谱》。清乾隆二十五年（1760年），歙县程敦印《秦汉瓦当文字》系采用锡浇铸翻印，是目前我国唯一锡铸版印刷存世品。由活字印刷术的大盛可以印证的是，明清皖南一带的造纸业态发展除了丰富的综合原料供给外，本土纸张品质的优越也催生出使用的多样性。

清代皖南木活字遗存
The remains of Wooden Movable Words in Southern Anhui in the Qing Dynasty

明代，安徽的泾县宣纸生产进入重要的发展阶段，材料与工艺日趋完善定型，品种花色日愈增多，赞誉宣纸的诗文屡见不鲜。明沈德符在《飞凫语略》中曾说：“泾县纸，粘之斋壁，阅岁亦堪入用，以灰气且尽，不复沁墨。”[40]明文震亨《长物志》记载：“国朝连七、观音、奏本、榜纸俱不佳……吴中洒金纸，松江潭笺，俱不耐久，泾县连四最佳。”[41]明末清初方以智《物理小识》指出：“永乐于江西造连七纸，奏本出铅山，榜纸出浙之常山、庐之英山。宣德五年（1430年）造素馨纸，印有洒金笺、五色金粉、磁青蜡笺。此外，薛涛笺则矾潢云母粉者，镜面、高丽则茧纸也。后唐澄心堂纸绝少，松江潭笺或仿宋藏经笺，则荆川连芨褶蜡砑者也。宣德陈清款，白楮皮厚，可揭三四张，声和而有穰。其桑皮者，牙色矾光者可书，今则绵推兴国、泾县。”[42]从上述文献记载可以看出，当时文人士绅较普遍地认为泾县宣纸（连四）质量上佳。

明吴景旭在《历代诗话》中记载：“宣纸至薄能坚，至厚能腻，笺色古光，文藻精细，有贡笺，有棉料，式如榜纸，大小方幅，可揭至三四张。边有宣德五年造素馨纸印。”[43]说明当时的宣纸品种已经开始丰富，既有高档的贡纸，也有普通的棉料，还有特殊品种夹宣。清查慎行在《人海记》中基本继承了吴景旭的说法：“宣德纸有贡笺、有棉料，边有宣德五年造素馨纸印，又有白笺、洒金笺、五色粉笺、金花五色笺、

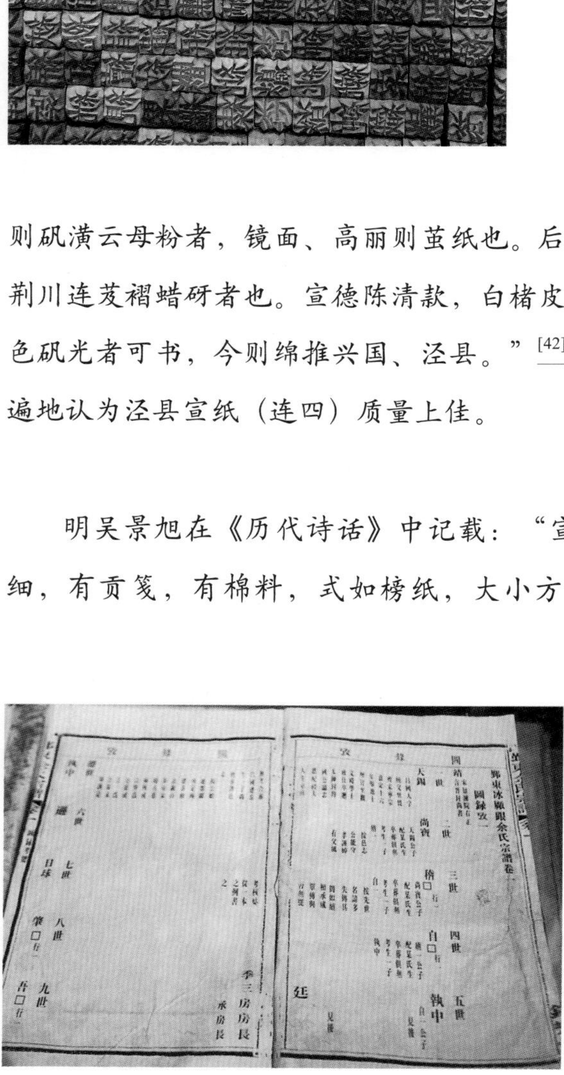

旧本查慎行《人海记》书影
A photo of *Renhai Ji* (old version) written by Zha Shenxing in the Qing Dynasty

[40] [明]沈德符.飞凫语略[M]//屠隆.丛书集成初编.上海:商务印书馆,1937:8.

[41] [明]文震亨.长物志[M].汪有源.胡天寿,译.重庆:重庆出版社.2008:338.

[42] 胡文穆.影印文渊阁四库全书:子部一七三·杂家类[M].台北:台湾商务印书馆,867-901.

[43] [清]吴景旭.历代诗话[M].北京:中华书局,1958:1204.

五色大帘纸、磁青纸，以陈青款为第一。”[44]

[44] [清]查慎行.人海记[M].北京：北京古籍出版社,1989：74.

对多地所造的纸进行对比分析，更能体现出宣纸的品质。据学术界的另一种说法，宣纸在明代也被以皇帝年号称为“宣德纸”，与“宣德炉”“宣德窑”并称，说明明代“宣纸”制造无论是棉料（生宣）还是贡笺（加工宣）都达到很高水平，较全国各地其他纸张显得出类拔萃。

清金农在其《冬心画竹题记》中有“宣德年丈六宣”的记载。清乾隆十八年（1753年）修撰的《泾县志》记载：康熙戊戌年（1718年）以后，宫廷的内差采买泾县宣纸，最大规格的称为路王，有一丈六，传说是明代潞王藩传下来的制式。这说明明代宣德年间已开发出丈六大纸。清康熙内府采买沿用明朝制式，因此世称丈六大宣纸为“露皇”或“潞王”。

宣纸在清代发展很快，在康乾时期进入盛世。康熙进士储在文宦游泾县时作长篇诗赋《罗纹纸赋》，应属专门写泾县宣纸早期十分的难得的文献，因此全文记录如下：

若夫泾素群推，种难悉指。山棱棱而秀簇，水汩汩而清驶。弥天谷树，阴连铜宝之云；匝地杵声，响入宣曹之里。精选则层岩似瀑，汇征则孤村如市。度来白鹿，尺齐十一以同归；贡去黄龙，篚实万千而莫拟。固已轶玉版而无前，驾银光而直起。及有浚仪华胄，天水名流。卑白州之刺史，薄好畤之通侯。化先民之旧轨，焕一己之新猷。竭智虑、运神谋，驱布脚、屏麻头。缅疏密而设想，依绨缀以凝眸。几徘徊于五夜，遂获效于三秋，界道纷纷，不见亦显；方空朗朗，不圆亦转。映日则星星彩烂，疑辰宿之周攒；临风则缕缕丝横，恍晶簾之欲卷。杂翻鸿而比象无藻缋之繁；较蝉翼以殊观独巧，有玲珑之辨。岂天孙之机杼，抑小玉之刀剪，何体洁而性贞，竟腾花而散茧，使其披绣箧、解汀函、缝短褶、缉长衫。衣婀娜之小婢，饰秾粹之娇鬟，试柘枰而宁异，永色一笈以奚间。譬彼秋云，入奁不弃；等诸文被，设座而非凡。尔乃四库王孙，百城公子，挟风吞篆之俦，夺锦掷鳌之士，和风乍拂，午梦初醒。茗瓷未燥，沉水留馨。倚绮疏而搔首，排竹户以抽扃。或神来于舞剑，或机到于随形，或千缗之乞赋，或万疋之求铭。时则黄陈金线，乌磨玉玦。目睆沐漓，心摹工拙。舒皓腕以将挥，蘸青镂而还辍。陋古田之过小，怪素段之滥裁，于是兴虽暂遏，意岂遂忘。格必臻科超脱，品乃异于寻常。致贵华而不缛，理欲透而弥光。寓天然之黼绣，备自在之文章。几净窗明，欲敌情于楮甸；似纨非谷，应索最于猷疆。爰乃舟泛青翰，驹乘白鼻。帆收柳暗之津，障卸肩摩之地。持铸砾，搜新异。呼阛阓、研真伪。越枫坑而西去，咸夸小岭之轻明；渡马渎以东来，并说曹溪之工致。[45]

[45] [清]李德淦,洪亮吉,等.嘉庆泾县志：卷三，嘉庆十一年刊本影印[M]//《中国地方志集成》编辑委员会.中国地方志集成·安徽府县志辑·46.南京：江苏古籍出版社,1998:617-618.

《罗纹纸赋》详尽记述了300年前泾县制作宣纸的盛况。由储在文的实地考察体验来看，康熙年间泾县已成为相当有规模的高端纸品制作基地。

除宣纸的高度繁盛之外，徽池古纸在宋代已名声大显，到元明之际依然呈现传承有序的态势。

宋代名将刘汲（？～1128年）在《嵩山集》中云：“近得徽纸，似佳辄进三百并三碑恐或须之所幸台察。”[46]

[46] 曾枣庄，刘琳.全宋文：第211册[M].上海：上海辞书出版社,2006:322.

元代文学家顾瑛（1310～1369年）与友人合作的《玉山名胜集》言：“余以蜜梅、徽纸二束寄赠玉山，辱以诗谢用韵填廓聊复雅意。”[47]顾瑛还在其《草堂雅集》中作诗《送徽纸吕园梅且索和》：“玉色畴能比硬黄，酸辛敢拟出青房。品题奕奕归年少，惭愧华颠作漫郎。”[48]上述文献中均谈到当时的徽纸被当作礼品联络感情。

[47] [元]顾瑛.玉山名胜集[M].北京：中华书局,2008:11.

[48] [元]顾瑛.草堂雅集：中卷[M].北京：中华书局,2008:663.

祝穆（?～1255年）在《方舆胜览》的“器用类”专门列举了“曾文清竹纸（绍兴）、白居易琵琶行（江州）、白居易紫台笔（宁国）、白居易红线毯（宁国）、王介甫寄谢池纸（池州）、黄鲁直清江纸（池州）”[49]。南宋桑世昌在《兰亭考》中云：“简斋（宋诗人陈与义号）用池纸临中阙痛字。”[50]这些文献都分别提到池纸的早期应用。徽、池纸之外，明清时期皖南其他县域的手工造纸记述也较多，如民国年间编撰的《宁国县志》记载：“宁地多山，所产竹木纸料丰富，初无业此者。清光绪年间，二都、四十都国吴二姓仿江西造纸法创设纸厂，始办时制纸无多，后则渐推广，现全境计大小纸厂四十多家，出品名目曰表芯，曰万高，曰千古等类，行销境内及芜湖、宣城、高淳、东坝各处，每年约计在两万担之谱。迩来价廉销滞，歇业者多，今各纸业又放大改良或不致衰落。”[51]

[49] [宋]祝穆.方舆胜览[M].北京：中华书局,2016:6.

[50] [宋]桑世昌.兰亭考：卷十一[M].台湾商务印书馆影印文渊阁.四库全书本.

[51] [民国]李丙麐.宁国县志[M]//《中国地方志集成》编辑委员会.中国地方志集成安徽府县志辑·54:卷八.南京：江苏古籍出版社,1998:160.

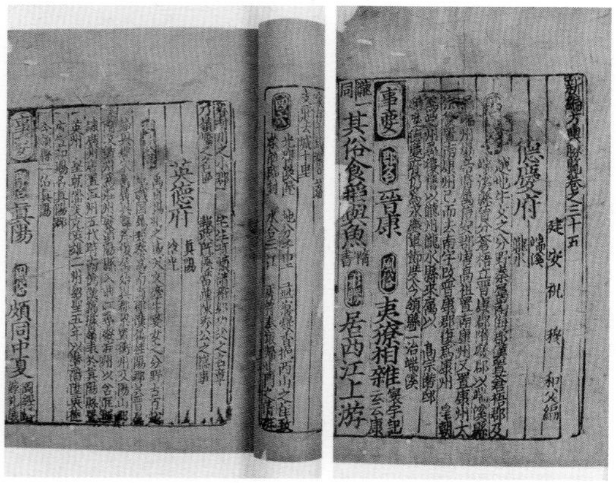

旧版南宋祝穆《方舆胜览》书影
Photos of *Fangyu Shenglan* (old version) written by Zhu Mu in Southern Song Dynasty

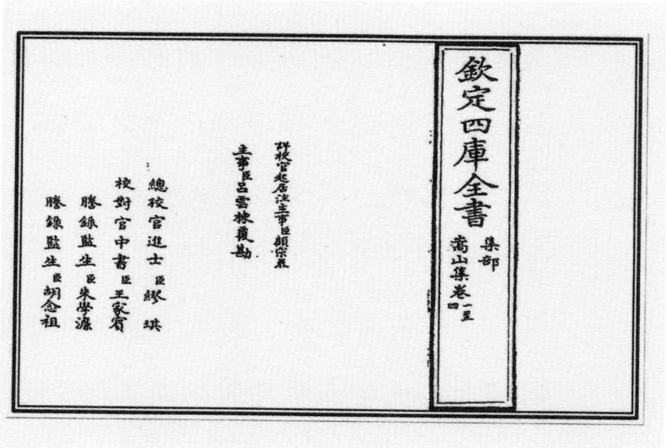


『四库』本刘汲《嵩山集》扫描书影
Scanning records about *Songshan Ji* written by Liu Ji in the Song Dynasty (included in *The Complete Library in the Four Branches of Literature*)

清代康熙年间宁国贡士鲍明发《文脊山记》记县内文脊山造优质皮纸：“文脊隙地多树楮，取其皮制纸，甚绵密，岁有额解入京师充御用，似此亦与宣泾贡纸并重矣。”[52]

[52] [民国]李丙麐.宁国县志[M]//《中国地方志集成》编辑委员会.中国地方志集成安徽府县志辑·54:卷十二.南京：江苏古籍出版社,1998:269.

近代南陵籍著名学者、藏书家徐乃昌（1869～1943年）所著《南陵县志》记：“坑纸出于山南乡二十一都一，大者谓之皮纸，小者谓之净皮纸，还出产伞纸，并载明檀皮‘数岁一刈，其枝取皮可以为纸’。”[53]

[53] 徐乃昌.南陵县志[M].台北：成文出版社,1970:209.

1905年，《江西官报》刊登《选报：宝业彙志：皖纸改良（录南洋官报）》一文，其中提及："皖贵池县开元乡刘某现因该处纸业日渐减色，于生计颇受折亏，擬改仿日本手工漉纸之法恢复纸业从新改良，特先造屋一百余间，一俟房屋落成，即聘洋匠开办。"[54]

[54]
选报：实业彙志：皖纸改良（录南洋官报）[J].江西官报,1905(10):52.

清代道光年间增修本《繁昌县志》卷六《食货志·物产部》记载："繁昌产纸，品种有潞王、白鹿、画心、卷连、连四、公单、学书、伞纸（以树皮为主）、千张纸、火纸、下包纸、高衣纸。"[55]

[55]
[清]曹德赞.繁昌县志[M]//《中国地方志集成》编辑委员会.中国地方志集成·安徽府县志辑·41.南京：江苏古籍出版社,1998:98.

类似的乡土史志文献记载还不少，可见当时安徽皖南一带手工纸生产分布的广泛度与丰富度仍较突出。

歙县的造纸小村——六合村
A small papermaking village in Shexian County: Liuhe Village

北宋苏易简（958～996年）《文房四谱·卷四》曾记："雷孔璋曾孙穆之，犹有张华与其祖书，所书乃桑根纸也。"[56] 张华生于公元232年，这说明桑皮纸的生产历史至少已有1 700多年。明代嘉靖三十三年（1574年）《安庆府志·食货志·产》记载：潜山，多茶，有漆，有纸。当代编撰的《安庆地区志》"造纸、印刷"条目云："岳西、潜山、太湖、贵池等地有生产土汉皮纸、谱纸、白麻纸、书画纸的历史。1949年岳西县有纸槽191张，产量为71吨。"[57]

[56] [宋]苏易简等著，朱学博整理点校.文房四谱[M].上海：上海人民出版社2015:55.

[57] 安庆市地方志编纂委员会编《安庆地区志》(安徽省地方志丛书)[M].合肥：黄山书社. 1995:648.

### （五）晚清民国到当代安徽手工造纸的业态发展状况

在清末及民国年间，泾县宣纸开始在品牌传播上大放光彩，其表现是在各种国际展会上频频获奖。如：1908年，宣纸在上海商品陈列比赛大会上荣获第一名；1910年，"白鹿"宣纸在南洋第一次劝业会上荣获"最优等文凭奖"；1910年，泾县"鸿记"宣纸在南洋国际第一次劝业会上获"超等文凭奖"；1915年，"桃记"宣纸在巴拿马太平洋博览会上获金奖；1926年，"汪六吉"宣纸、"曹兴泰"宣纸在美国费城举办的"世博会"上获金奖；等等。

由于宣纸屡屡在国际展会上大放光彩，自然成为中外文化联系的重要纽带。如20世纪30年代，鲁迅寄信给西谛（郑振铎）时写道："用纸，我认为不如用宣纸……较耐久，性亦柔软，适于订成较厚之书"[58]。此外，鲁迅还曾向一位苏联木刻家毕斯凯莱夫赠送了宣纸，后来他收到一批画家回赠的苏联版画。这位苏联木刻家对宣纸的评价是："印版画，中国宣纸第一，世界无比，它湿润、柔和、敦厚、吃墨、光而不滑、实而不死、手拓木刻，它是最理想的纸。"[59]

[58] 潘吉星.中国的宣纸[J].中国科技史料,1980(2):99.

[59] 魏兆淇.安徽之宣纸[J].实业部月刊,1937(2):6.

随着宣纸声名大显，宣纸的调查与研究也逐步走向殿堂，胡韫玉在《朴学斋丛书·纸说》中谈到"纸之制造，首在于料"，首先提出原料在纸张中的地位。1936年，中国造纸研究所开展了对宣纸业的调查活动。同年，魏兆淇发表了《宣纸制造工业之调查》，主要涉及宣纸原料及纸槽之分布情形、当地产纸情况、纸厂设备情形、制造方法、宣纸之种类名称、成本约计、纸张之运销情形等内容。1937年，张永惠发表了《安徽宣纸工业之综述》，文中除介绍宣纸生产的檀皮、稻草、助料水、黏液、石灰、碱、漂白剂等原辅材料外，还就宣纸的皮料制造程序、草料制造程序、抄纸、榨纸、焙纸、检纸等程序和制法做了比较细致的描述，特意提出："专制纸料，以供给所有宣纸槽户之用。制纸部分，不妨维持旧有手工制造法，略加改良，如此不特品质渐臻优良之域，其价格亦可减低不少"。[60]这种提法现已被宣纸业中广泛使用。

[60] 张永惠.安徽宣纸工业之调查：中央工业试验所调查报告之一[J].工业中心,1937(6):358-369.

与此同时，由于宣纸的美誉度提高，国外也出现了一些对宣纸的记载。先后有：日本内阁印刷局造纸部派遣標原陈政于19世纪后期到中国，调研后公开出版了《中国制纸业》，其中专门说到宣纸制作。光绪九年（1883年），一位日本人写成《清国制纸取调巡回日记》，记载了宣纸制作工艺。20世纪初，日本的内山弥左卫门于光绪三十二年（1906年）写成《宣纸的制造》一文，刊登在《日本工业化学杂志》第9编第98号上。经研究表明，这些文章实际上都涉及采集宣纸经济技术情报的初衷。

[61] 魏兆淇.安徽之宣纸[J].实业部月刊,1937(2):6.

据魏兆淇在《安徽之宣纸》[61]中记载，“宣纸在民国初期，以芜湖为据点，主要销往上海、北平，其次江浙，然后是汉口等地”，生意兴隆繁盛。随着1937年抗日战争的全面爆发，上述关键宣纸商业的中转营销城市均成为沦陷区，宣纸的通商渠道受到严重干扰，宣纸的价格起伏很大，有的地方甚至一天一变。再加上现代机制纸的冲击，纸栈形态的宣纸销售陷入严重危机，泾县的宣纸生产也因此变得难以为继。1949年中华人民共和国成立前夕，宣纸行业几乎全面停产，宣纸匠人流离失所，纷纷被迫改谋生路。

[62] 李德宣.安徽省宣纸工业之概况及其改进[J].中国经济(南京),1937,5(4):120.

[63] 李德宣.安徽省宣纸工业之概况及其改进[J].中国经济(南京),1937,5(4):114.

据民国二十六年（1937年）李德宣调查宣纸产业时统计，小岭当时只有“23槽户”[62]，除了民国时期宣纸生产厂家肩负着繁重的苛捐杂税之外，宣纸厂家面对机械制纸的冲击“卒以资本不能集中，未能改用机器造纸，使工人坚守，成本减轻，生产效率增加，实为该业不能改进之主因，近以东邻日本仿造成功，昔日洋庄及东北省之销路，悉被侵夺，营业隧日有衰落之势”[63]。当地人回忆，新中国成立以前，国民政府经济崩溃，通货膨胀，纸币日益下跌，无法经营，加上纸乡田地少，工人没有食粮，造成工厂纷纷倒闭，宣纸生产一落千丈，生产设备毁坏，厂房倒塌，宣纸原料荒芜，到新中国成立前夕只剩下破旧的几个纸槽，而且全部停产。宣纸工人只能依靠砍柴度日。

在宣纸产销两旺的同一时期，安徽境内其他纸业也随着社会的发展而发展起来。

[64] 工商要闻:工业情报:皖省婺源之造纸工业[J].国货研究月刊,1932,1(10),:106-107.

1932年，《国货研究月刊》刊登了《工商要闻·工业情报:皖省婺源之造纸工业》，文中说道：“中国为制纸工业之发源地，其手工造纸，遍布全国，徽省徽宁两属，亦为国内产纸最丰之区，除泾县精制之宣纸著称中外，婺源（当时属徽州）所产皮纸京仿，亦并称于鄂赣。”[64]

1943年，李荫五在《安徽政治》上发表《怎样发展皖西造纸工业》一文，提及：

“手工造纸为皖西造纸特殊技术，其主要产区为潜山、岳西、立煌（今金寨县）、舒城、六安、霍山等县，产量最多者，为潜山、岳西、立煌、舒城四县，次为六安、霍山，其他各县产量较少。制纸种类，在抗战以前，以皮纸、花尖纸、仿毛边纸、表芯纸、烧纸等为主要产品，供给本省各地购用外，并运销上海、安庆、豫南等地。抗战发生后，所

[65]
李荫五.怎样发展皖西造纸工业[J].安徽政治,1943,6(6):39-42.



有纸槽户，大都停歇，迨至省会迁移立煌……现为适应社会需要，多改制工报纸、仿毛边纸、信封书面纸等。据笔者之调查，皖西各县造纸情形，如下表（表1.1）。”[65]

表1.1　1943年皖西各县造纸情形
Table 1.1　Papermaking status of various counties in Western Anhui in 1943

| 类别 | 纸厂 | | 槽户 | | 产品种类 | 年产量 | 备注 |
|---|---|---|---|---|---|---|---|
| | 厂数 | 纸槽架数 | 厂数 | 纸槽架数 | | | |
| 潜山 | 三 | 一二 | 四三〇 | | 尺四纸、土报纸、仿宣纸、书画纸等 | 一、三二六、〇〇〇 | 纸槽架数未详 |
| 岳西 | | | 二二〇 | | 同前 | 六六〇、〇〇〇 | 纸槽架数未详 |
| 立煌 | 六 | 三一 | 一三三 | 一五〇 | 土报纸、镇江纸、夹连纸、仿宣纸等 | 五四三、〇〇〇 | |
| 舒城 | 五 | 一九 | 五〇 | | 土报纸、皮纸、花尖纸等 | 二〇七、〇〇〇 | 纸槽架数未详 |
| 六安 | 四 | 一九 | 二〇 | | 土报纸、仿宣纸、标语纸等 | 一一七、〇〇〇 | 同前 |
| 霍山 | 四 | 一三 | 一一 | 一一 | 土报纸、皮纸、花尖纸等 | 七二、〇〇〇 | |
| 合计 | | | | | | 二、九二五、〇〇〇 | |

1949年，中华人民共和国建立后，在政府和行业组织的持续努力下，流离转行的宣纸工人逐步归位，在原宣纸业主的带领下，逐步恢复宣纸生产。此后，从20世纪50年代中期开始，泾县宣纸生产历经“联营”“公私合营”“国营”几个阶段，作为宣纸行业领头雁的安徽省泾县宣纸厂（现为中国宣纸股份有限公司）在保持20世纪50～60年代最初十多年的独家经营后，到21世纪初依然一家独大，不过宣纸之乡的泾县也逐步发展出了百花齐放的多元化模式。到调查组在泾县调查期间的2015～2016年，泾县拥有宣纸生产企业近20家，在泾县之外的黄山市黄山区（原太平县）有1家从泾县迁移过去的黄山白天鹅宣纸厂；由宣纸派生的书画纸、加工纸生产企业300余家；由泾县到全国各大中城市从事以宣纸、书画纸、加工纸为主的纸品店和文房四宝店多达上千家，泾县既成为全国最大的手工纸产地，也因“家有厂，外有店”的经营模式，缔造了手工纸行业存续的一种较为典型的“泾县现象”。

2016年调查时在安庆市潜山县官庄镇坛畈村和岳西县毛尖山乡板舍村有桑皮纸活态生产；构皮纸活态生存厂家为歙县深渡镇棉溪村江祖术家纸坊和黄山市休宁县海阳镇晓角行政村的休宁三昕纸业公司。其他纸种调查时在安徽其他地区分布较散、活态生存较少。

调查组走访泾县原古艺宣纸厂旧址
Researchers visiting the former Guyi Xuan Paper Factory in Jingxian County

调查组考察泾县原湖山坑宣纸厂遗址
Researchers visiting the relics of former Hushankeng Xuan Paper Factory in Jingxian County

调查组在岳西县金丝桑皮纸厂访谈
Researchers investigating Jinsi Mulberry Bark Paper Factory in Yuexi County

调查组在潜山县星杰桑皮纸厂访谈
Researchers interviewing Xingjie Mulberry Bark Paper Factory in Qianshan County

调查组在歙县棉溪村构皮纸作坊调查（二）
Researchers investigating Mulberry Bark Paper Mill in Mianxi Village of Shexian County (2)

调查组在歙县棉溪村构皮纸作坊调查（一）
Researchers investigating Mulberry Bark Paper Mill in Mianxi Village of Shexian County (1)

# 第二节 安徽省手工造纸的当代生产现状

# Section 2 Current Production Status of Handmade Paper in Anhui Province





## 一 安徽手工造纸现代生产格局——复苏与消亡并存

## 1 The Modern Production Pattern of Handmade Paper in Anhui Province: Coexistence of Recovery and Extinction

安徽手工造纸业态因为有丰富的原料供给、技艺积累和文化消费支持，从唐代开始即有较快较好的发育，使用各种原料造纸在实践尝试中应运而生，所生产的手工纸作为文化艺术的承载，遍布到每个百姓家庭，信札文书、书画载体、契约凭证、祭祀用具、生活用纸无不涉及。

截止到中华人民共和国成立前，安徽手工纸生产有以青檀皮和沙田稻草为原料、主要供给于书画艺术的宣纸，有以桑皮、构（楮）皮制作的生活、民俗和文化用纸，有以竹子和山草为原料用于民俗、文化、日常消费生活方面的竹纸与草纸，生产区域几乎遍布安徽地域各县的乡村，但以位于皖南、皖西山区的县为主要产地。宣纸、构皮纸、桑皮纸等纸种除了远销全国各地之外，还出口海外。晚清民国年间，来自境外的工业间谍为窥探宣纸等纸种的奥秘，多次深入产纸区域，明察暗访，形成带有情报价值的文字记录，成为这些纸种较早的调查、研究文献。

中华人民共和国成立之前的20世纪30～40年代，由于战争导致时局和消费经济不稳，以宣纸为代表的外向型经济纸种因运输和通货膨胀等原因，大面积停产。一些用于普通百姓日常消费的手工纸的生产没有受到较大的影响。1949年后，在国家的重视、使用群体的关注与支持、行业自身的奋发努力下，泾县的宣纸生产迅速恢复。20世纪50年代，宣纸行业经历了由私营到公私合营再到国有的体制变迁后，集中到乌溪、小岭两地联动，从而由作坊式生产纳入国营经济的工厂体制；1978年改革开放后，又由国营独家体系迅速发展至民营造纸企业与作坊百花齐放的局面，泾县也由此被中国文房四宝协会等机构认定为“中国宣纸之乡”。2002年，泾县被批准为“宣纸原产地域”（2005年国家质量监督检验检疫总局将“原产地域保护产品”更名为“地理标志保护产品”）；2006年，宣纸制作技艺被公布为首批中国国家级非物质文化遗产代表作；2009年，宣纸制作技艺被联合国教科文组织列入人类非物质文化遗产代表作名录。

桑皮纸、构皮纸曾经是安徽古代享誉全国的著名纸品，1949年后，经历了一段时间的集体所有制后，多方面原因导致其生产逐步萎缩，部分区域业态完全绝迹。21世纪初叶，中国书画艺术的发展，加上有关部门对古文献、古遗迹修复力度加大，带来对各种不同材料制作的手工纸的新需求，桑皮纸、构皮纸的制作也因此而获得复兴的空间。2008年，安徽潜山、岳西两县的手工桑皮纸制作技艺被列入国家级非物质文化遗产代表作名录。

安徽竹纸制作在农耕社会时期较为兴盛，皖南有据可考或遗址现存的以歙县、泾县、宁国、旌德、南陵诸县为主，但从历代地方志书的记载来看，几乎所有出产毛竹的县区均有手工竹纸制作的历史。皖西地区的金寨县、霍山县等地为手工竹纸的制作中心地，但与皖南地区使用嫩竹造纸不同，这些地区习惯以成竹为原料造纸。

由于安徽竹纸基本都用作祭祀、卫生纸等方面的消费，从文献记载和田野调查中均未见到竹纸的高端用途。因此，虽然不排除有少量的竹纸用作纪事载体，但随着社会的发展与造纸技术的发展，机制卫生纸、火烧纸、书写纸的大量出现，手工竹纸的传统功能快速淡化，失去了绝大部分的市场消费基础。机制竹纸的出现，使手工竹纸因制作成本高、外形难以区分，加上安徽境内的手工竹纸基本用于祭祀和厕纸，手工竹纸被机制竹纸替代几乎成了前景难以逆转的潮流，制作点迅速消亡。截止到2017年8月田野调查时，调查组在安徽境内尚未发现保持常态生产的手工竹纸作坊。当代安徽手工纸分布信息如表1.2所示。

泾县竹纸旧日的原料林
Bamboo in Jingxian County

金寨县龙马村废弃的竹纸煮料窑
Abandoned bamboo paper steaming kiln in Longma Village of Jinzhai County

表1.2 当代安徽手工造纸点分布信息简表（据调查组田野样品采集与实验分析汇总）
Table 1.2 Current Distribution of Handmade Paper in Anhui Province (information gathered from field collected samples and technical analysis)

| 地点 | 造纸企业与作坊 | 种类 | 田野样品采集/实验分析 | 纸种/品牌名 | 原料 | 状态 |
|---|---|---|---|---|---|---|
| 泾县榔桥镇乌溪村 | 中国宣纸股份有限公司 | 宣纸 | 采集并实验分析 | “红星”特种净皮 | 青檀皮80%、稻草20% | 生产 |
| | | | | “红星”净皮 | 青檀皮60%、稻草40% | |
| | | | | “红星”棉料 | 青檀皮30%、稻草70% | |
| 泾县泾川镇茶冲村 | 泾县汪六吉宣纸有限公司 | 宣纸 | 采集并实验分析 | “汪六吉”净皮 | 青檀皮70%、稻草30% | 生产 |
| | | | | “汪六吉”棉料 | 青檀皮40%、稻草60% | |
| | | | 田野样品采集 | “汪六吉”特种净皮 | 青檀皮80%、稻草20% | |
| | | | | “汪六吉”料半 | 青檀皮50%、稻草50% | |
| 泾县丁家桥镇后山村 | 安徽恒星宣纸有限公司 | 宣纸 | 采集并实验分析 | “恒星”净皮 | 青檀皮70%、稻草30% | 生产 |
| | | | 田野样品采集 | “恒星”特种净皮 | 青檀皮80%、稻草20% | |
| | | | | “恒星”棉料 | 青檀皮40%、稻草60% | |
| | | 书画纸 | 采集并实验分析 | “恒星”御品贡宣 | 青檀皮15%、龙须草85% | |
| | | | | “恒星”精品书画纸 | 青檀皮20%、龙须草80% | |
| 泾县汀溪乡上漕村 | 泾县桃记宣纸有限公司 | 宣纸 | 采集并实验分析 | “桃记”棉料 | 青檀皮40%、稻草 60% | 生产 |
| | | | 田野样品采集 | “桃记”特种净皮 | 青檀皮80%、稻草20% | |
| | | | | “桃记”净皮 | 青檀皮70%、稻草 30% | |
| 泾县泾川镇古坝村 | 泾县汪同和宣纸厂 | 宣纸 | 采集并实验分析 | “汪同和”特种净皮 | 青檀皮80%、稻草20% | 生产 |
| | | | 田野样品采集 | “汪同和”棉料 | 青檀皮30%、稻草70% | |
| | | | | “汪同和”净皮 | 青檀皮70%、稻草30% | |
| 泾县泾川镇城西工业集中区 | 泾县双鹿宣纸有限公司 | 宣纸 | 采集并实验分析 | “双鹿”净皮 | 青檀皮60%、稻草40% | 生产 |
| | | | | “曹光华”特种净皮 | 青檀皮80%、稻草20% | |
| | | | 田野样品采集 | “曹光华”棉料 | 青檀皮40%、稻草60% | |
| | | | | “曹光华”净皮 | 青檀皮60%、稻草40% | |

续表

| 地点 | 造纸企业与作坊 | 种类 | 田野样品采集/实验分析 | 纸种/品牌名 | 原料 | 状态 |
|---|---|---|---|---|---|---|
| 泾县丁家桥镇工业园区 | 泾县金星宣纸有限公司 | 宣纸 | 田野样品采集 | “金星”特种净皮 | 青檀皮80%、稻草20% | 生产 |
| | | | 采集并实验分析 | “金星”净皮 | 青檀皮70%、稻草30% | |
| | | | 田野样品采集 | “金星”棉料 | 青檀皮40%、稻草60% | |
| | | 书画纸 | | “兰亭”书画纸 | 青檀皮20%～40%、龙须草60%～80% | |
| | | 皮纸 | 采集并实验分析 | “金星纸业”构皮纸 | 构皮70%～90%、木浆20%～30% | |
| | | | 田野样品采集 | “金星纸业”楮皮纸 | 楮皮70%～90%、木浆20%～30% | |
| | | | | “金星纸业”雁皮纸 | 雁皮80%～90%、木浆10%～20% | |
| | | | | “金星纸业”仿古构皮纸 | 构皮60%～80%、木浆20%～40% | |
| | | 机械纸 | | “聚星”机械纸 | 木浆50%、竹浆50% | |
| 泾县丁家桥镇枫坑村 | 泾县红叶宣纸有限公司 | 宣纸 | 采集并实验分析 | “红叶”净皮 | 青檀皮60%、稻草40% | 停产整理 |
| | | | 田野样品采集 | “红叶”棉料 | 青檀皮70%、稻草30% | |
| | | | | “红叶”特种净皮 | 青檀皮80%、稻草20% | |
| 泾县丁家桥镇枫坑村 | 安徽曹氏宣纸有限公司 | 宣纸 | 田野样品采集 | “曹氏”棉料 | 青檀皮60%、稻草40% | 生产 |
| | | | | “曹氏”净皮 | 青檀皮70%、稻草30% | |
| | | | | “曹氏”特种净皮 | 青檀皮80%、稻草20% | |
| | | | 采集并实验分析 | “曹氏”玉版宣 | 青檀皮50%、稻草50% | |
| | | | | “曹氏”麻皮宣纸 | 黄麻10%～20%、楮皮10%～20%、稻草60%～80% | |
| 泾县丁家桥镇小岭村 | 泾县千年古宣宣纸有限公司 | 宣纸 | 田野样品采集 | “千年古宣”特种净皮 | 青檀皮80%、稻草20% | 生产 |
| | | | | “千年古宣”净皮 | 青檀皮60%、稻草40% | |
| | | | 采集并实验分析 | “千年古宣”棉料 | 青檀皮40%、稻草60% | |
| | | | | “宣和坊”特种净皮 | 青檀皮80%、稻草20% | |
| 泾县丁家桥镇小岭村 | 泾县小岭景辉纸业有限公司 | 宣纸 | 田野样品采集 | “泾上白”棉料 | 青檀皮40%、稻草60% | 生产 |
| | | | | “泾上白”净皮 | 青檀皮60%、稻草40% | |
| | | | 样品采集并实验分析 | “泾上白”特种净皮 | 青檀皮80%、稻草20% | |
| | | 加工纸 | 田野样品采集 | 古法煮硾纸 | 净皮宣纸、糯米、中药白芨 | |
| 泾县丁家桥镇李园村 | 泾县三星纸业有限公司 | 宣纸 | 田野样品采集 | “三星”棉料 | 青檀皮40%、稻草60% | 生产 |
| | | | | “三星”净皮 | 青檀皮60%、稻草40% | |
| | | | | “三星”特种净皮 | 青檀皮80%、稻草20% | |
| | | | 采集并实验分析 | “三星”极品宣 | 青檀皮80%、稻草20% | |
| 泾县丁家桥镇工业园区 | 安徽常春纸业有限公司 | 宣纸 | 田野样品采集 | “明星”棉料 | 青檀皮40%、稻草60% | 生产 |
| | | | | “明星”净皮 | 青檀皮70%、稻草30% | |
| | | | 采集并实验分析 | “明星”品特种净皮 | 青檀皮80%、稻草20% | |
| | | 喷浆书画纸 | | “明星”喷浆雁皮纸 | 雁皮30%、龙须草70% | |
| | | | | “明星”喷浆檀皮纸 | 青檀皮30%、龙须草70% | |
| | | | 田野样品采集 | “明星”云龙皮纸 | 构皮80%、木浆20%% | |
| | | | | “明星”楮皮纸 | 楮皮80%～90%、木浆10%～20% | |
| 泾县丁家桥镇李园村 | 泾县玉泉宣纸纸业有限公司 | 宣纸 | 采集并实验分析 | “玉泉”净皮 | 青檀皮65%、稻草35% | 生产 |
| | | | 田野样品采集 | “玉泉”特种净皮 | 青檀皮75%、稻草25% | |
| | | 书画纸 | | “玉泉”书画纸 | 青檀皮20%～40%、龙须草60%～80% | |

| 地点 | 造纸企业与作坊 | 种类 | 田野样品采集/实验分析 | 纸种/品牌名 | 原料 | 状态 |
|---|---|---|---|---|---|---|
| 泾县泾川镇上坊村 | 泾县吉星宣纸有限公司 | 宣纸 | 田野样品采集 | “日星”棉料 | 青檀皮40%、稻草60% | 生产 |
| | | | | “日星”净皮 | 青檀皮70%、稻草30% | |
| | | | | “日星”特种净皮 | 青檀皮80%、稻草20% | |
| | | 本色宣纸 | 采集并实验分析 | “吉星”本色特种净皮宣纸 | 青檀皮80%、稻草20% | |
| | | | 田野样品采集 | “吉星”本色棉料宣纸 | 青檀皮40%、稻草60% | |
| | | | | “吉星”本色净皮宣纸 | 青檀皮70%、稻草30% | |
| 泾县榔桥镇大庄村 | 泾县金宣堂宣纸厂 | 宣纸 | 田野样品采集 | “星月”棉料 | 青檀皮30%、稻草70% | 生产 |
| | | | | “星月”净皮 | 青檀皮60%、稻草40% | |
| | | | | “星月”特种净皮 | 青檀皮80%、稻草20% | |
| | | | | “金宣堂”棉料 | 青檀皮30%、稻草70% | |
| | | | | “金宣堂”净皮 | 青檀皮60%、稻草40% | |
| 泾县丁家桥镇小岭村金坑村民组 | 泾县小岭金溪宣纸工艺厂 | 宣纸 | 采集并实验分析 | “九岭”净皮 | 青檀皮60%、稻草40% | 生产 |
| | | | 田野样品采集 | “九岭”特种净皮 | 青檀皮80%、稻草20% | |
| | | | | “玉鹤”棉料 | 青檀皮40%、稻草60% | |
| 黄山市黄山区新明乡、耿城镇 | 黄山白天鹅宣纸文化苑有限公司 | 书画纸 | 田野样品采集 | “白天鹅”书画纸 | 青檀皮20%～40%、龙须草60%～80% | 生产 |
| | | 宣纸 | | “白天鹅”棉料 | 青檀皮30%、稻草70% | |
| | | | 采集并实验分析 | “白天鹅”净皮 | 青檀皮60%、稻草40% | |
| | | | 田野样品采集 | “白天鹅”特种净皮 | 青檀皮80%、稻草20% | |
| 泾县泾川镇城西工业集中区 | 泾县载元堂工艺厂 | 书画纸 | 采集并实验分析 | “载元堂”牌“画仙纸” | 龙须草70%、木浆10%、竹浆10%、皮料10% | 生产 |
| 泾县丁家桥镇小岭村 | 泾县小岭强坑宣纸厂 | 书画纸 | 采集并实验分析 | “曹友泉”高级书画纸 | 青檀皮30%、龙须草70% | 生产 |
| | | 宣纸 | 田野样本采集 | “曹友泉”檀皮稻草精品宣 | 青檀皮15%～20%、稻草80%～85% | |
| | | | | “曹友泉”檀皮稻草宣 | | |
| 泾县丁家桥镇李园村 | 泾县雄鹿纸厂 | 宣纸 | 田野样本采集 | “雄鹿”特种净皮 | 青檀皮80%、稻草20% | 生产 |
| | | | | “雄鹿”净皮 | 青檀皮60%、稻草40% | |
| | | | | “雄鹿”棉料 | 青檀皮30%、稻草70% | |
| | | 书画纸 | 采集并实验分析 | “徽墨轩”书画纸 | 青檀皮15%～20%、龙须草80%～85% | |
| 泾县丁家桥镇后山村 | 泾县紫光宣纸书画社 | 书画纸 | 采集并实验分析 | “皖南紫光”绿杨宣书画纸 | 青檀皮40%、龙须草60% | 生产 |
| 泾县丁家桥镇小岭村 | 泾县小岭西山宣纸工艺厂 | 书画纸 | 采集并实验分析 | “曹柏胜”古法檀皮宣 | 青檀皮80%、稻草20% | 生产 |
| | | 宣纸 | 田野样本采集 | “曹柏胜”特种净皮 | 青檀皮80%、稻草20% | |
| | | 加工纸 | | “徽家纸号”仿古打印纸 | 稻草、仿古色水性颜料 | |
| 泾县黄村镇九峰村 | 安徽澄文堂宣纸艺术品有限公司 | 书画纸 | 采集并实验分析 | “红星”一星书画纸 | 青檀皮10%、龙须草90% | 生产 |
| | | | | “红星”二星书画纸 | 青檀皮20%、龙须草80% | |
| | | | | “红星”三星书画纸 | 青檀皮30%、龙须草70% | |
| 泾县泾川镇园林村 | 泾县守金皮纸厂 | 皮纸 | 采集并实验分析 | “守金”构皮本色云龙纸 | 构皮60%～80%、木浆20%～40% | 生产 |
| | | | 田野样本采集 | “守金”仿古本色皮纸 | | |
| | | | | “守金”构皮纸 | | |
| | | | | “守金”楮皮纸 | 楮皮60%～80%、木浆20%～40% | |
| | | | | “守金”雁皮纸 | 雁皮80%～90%、木浆10%～20% | |
| | | | | “守金”构皮茶叶云龙纸 | 构皮60%～80%、木浆20%～40%、茶叶片10%～20% | |

| 地点 | 造纸企业与作坊 | 种类 | 田野样品采集/实验分析 | 纸种/品牌名 | 原料 | 状态 |
|---|---|---|---|---|---|---|
| 泾县丁家桥镇小岭村 | 泾县小岭驰星纸厂 | 皮纸 | 采集并实验分析 | "忆宣"雁皮罗纹纸 | 雁皮40%、木浆60% | 生产 |
| | | | 田野样本采集 | "忆宣"三桠皮纸 | 三桠皮40%、木浆60% | |
| | | | | "忆宣"楮皮纸 | 楮皮40%、木浆60% | |
| | | | | "忆宣"构皮纸 | 木浆40%、构皮60% | |
| 安庆市潜山县官庄镇坛畈村 | 潜山县星杰桑皮纸厂 | 皮纸 | 采集并实验分析 | "紫烟"艾条纸（医用） | 桑皮90%、艾叶10% | 生产 |
| | | | 田野样本采集 | "紫烟"纯桑皮纸 | 桑皮100% | |
| | | | | "紫烟"桑皮纸 | 桑皮80%、文化纸20% | |
| | | 书画纸 | | "紫烟"书画纸 | 桑皮10%、龙须草60%、竹浆20%、木浆10% | |
| 安庆市岳西县毛尖山乡板舍村 | 岳西县金丝纸业有限公司 | 皮纸 | 田野样本采集 | "毛尖山"桑皮纸 | 桑皮80%、文化纸20% | 生产 |
| | | | | "毛尖山"三桠皮纸 | 三桠皮40%、木浆60% | |
| | | | 采集并实验分析 | "毛尖山"纯桑皮纸 | 桑皮100% | |
| 黄山市歙县深渡镇棉溪村 | 歙县深渡镇棉溪村 | 皮纸 | 采集并实验分析 | "江祖术"（人名）构皮纸 | 皮浆50%、废纸边50% | 生产 |
| 黄山市休宁县海阳镇晓角村 | 黄山市三昕纸业有限公司 | 皮纸 | 采集并实验分析 | "三昕"楮皮纸 | 楮皮90%、木浆10% | 生产 |
| | | | | "三昕"民芸纸（又称颜色纸） | 楮皮80%、木浆20% | |
| | | | | "三昕"强制纸 | 楮皮80%、木浆20% | |
| 黄山市歙县杞梓里镇六合村 | 歙县六合村 | 皮纸 | 采集并实验分析 | "郑火土"（人名）手工构皮纸 | 构皮100% | 生产 |
| | | | 田野样本采集 | 六合村构皮纸 | 构皮100% | |
| 黄山市歙县青峰村 | 歙县青峰村 | 竹纸 | 采集并实验分析 | 歙县竹纸 | 毛竹100% | 停产整理 |
| 泾县昌桥乡孤峰村、泾川镇古坝村、黄村镇九峰村 | 泾县孤峰村 | 竹纸 | 采集并实验分析 | 泾县竹纸 | 毛竹（嫩竹）100% | 停产整理 |
| 金寨县燕子河镇龙马村/燕溪村 | 金寨县燕子河镇 | 竹纸 | 采集并实验分析 | 金寨竹纸 | 毛竹（老竹）100% | 停产 |
| | | | 田野样本采集 | 黄表纸 | 毛竹（嫩竹）100% | |
| 巢湖市黄麓镇 | 安徽省掇英轩书画用品有限公司 | 加工纸 | 采集并实验分析 | "掇英轩"泥金笺 | 皮纸、仿金粉、胶 | 生产 |
| | | | 田野样本采集 | "掇英轩"绢本宣 | 绢、特种净皮、浆糊 | |
| | | | | "掇英轩"木版水印笺 | 特种净皮、梨木板、国画色 | |
| | | | | "掇英轩"流沙笺 | 特种净皮、浆糊、颜料 | |
| | | | | "掇英轩"金银印花笺 | 书画纸、特种净皮、颜料、感光胶、透明纸 | |
| | | | | "掇英轩"粉蜡笺 | 特种净皮、粉、蜡、颜料、动物胶、矾、金箔、银箔、金粉、银粉 | |
| 泾县琴溪镇赤滩街道 | 泾县艺英轩宣纸工艺品厂 | 加工纸 | 采集并实验分析 | "艺英轩"天然古法草木染色宣 | 特种净皮、染料 | 生产 |
| | | | | "艺英轩"水纹笺 | 特种净皮、染料 | |
| | | | | "艺英轩"古法熟煮硾纸 | 净皮宣纸、糯米、中药白芨 | |
| 泾县泾川镇城西工业集中区 | 泾县艺宣阁宣纸工艺品有限公司 | 加工纸 | 采集并实验分析 | "艺宣阁"粉彩笺 | 书画纸、染料 | 生产 |
| | | | | "艺宣阁"蜡染笺 | 木浆60%、构皮40%、染料 | |

续表



| 地点 | 造纸企业与作坊 | 种类 | 田野样品采集/实验分析 | 纸种/品牌名 | 原料 | 状态 |
| --- | --- | --- | --- | --- | --- | --- |
| 泾县泾川镇城西工业集中区 | 泾县宣艺斋宣纸工艺厂 | 加工纸 | 采集并实验分析 | “宣艺斋”米黄洒银加工纸 | 特种净皮、铝箔 | 生产 |
| | | | 田野样本采集 | “宣艺斋”粉彩纸笺 | 特种净皮、染料 | |
| | | | | “宣艺斋”全熟仿古色宣 | 特种净皮、染料 | |
| | | | | “宣艺斋”洒金洒银纸笺 | 特种净皮、铝箔 | |
| | | | | “宣艺斋”冷金宣 | 特种净皮、染料 | |
| | | | | “宣艺斋”万年红纸 | 特种净皮、染料 | |
| | | | | “宣艺斋”色宣 | 特种净皮、染料 | |
| 泾县黄村镇紫阳村 | 泾县贡玉堂宣纸工艺厂 | 加工纸 | 采集并实验分析 | “贡玉堂”虎皮宣 | 特种净皮、染料 | 生产 |
| | | | | “贡玉堂”墨流宣 | 特种净皮、染料 | |
| | | | 田野样本采集 | “贡玉堂”手工洒金 | 特种净皮、金箔 | |
| | | | | “贡玉堂”染色笺 | 特种净皮、染料 | |
| 泾县丁家桥镇小岭村 | 泾县博古堂宣纸工艺厂 | 加工纸 | 采集并实验分析 | “博古堂”粉彩套色笺 | 书画纸、染料 | 生产 |
| | | | 田野样本采集 | “博古堂”色宣 | 书画纸或宣纸、染料 | |
| | | | | “博古堂”雅光 | 书画纸或宣纸、染料 | |
| | | | | “博古堂”素彩 | 书画纸或宣纸、染料 | |
| 泾县泾川镇曹家村 | 泾县汇宣堂宣纸工艺厂 | 加工纸 | 采集并实验分析 | “汇宣堂”泥银笺 | 书画纸或宣纸、银粉 | 生产 |
| | | | | “汇宣堂”泥金笺 | 书画纸或宣纸、铜金粉 | |
| | | | 田野样本采集 | “汇宣堂”粉彩笺 | 书画纸或宣纸、染料 | |
| | | | | “汇宣堂”蜡染笺 | 书画纸或宣纸、汰白粉、动物蜡、中草药 | |
| 泾县泾川镇五星村 | 泾县风和堂宣纸加工厂 | 加工纸 | 采集并实验分析 | “风合堂”硬黄纸 | 原纸（构皮、狼毒、竹浆），定制 | 生产 |
| | | | | “风合堂”磁青竹纸 | 福建将乐县西山竹纸、染料 | |
| | | | 田野样本采集 | “风合堂”碎瓷纹粉蜡笺 | 宣纸、染料 | |

## 二 安徽手工宣纸业态中的鲜明特点——不断演化出的复杂性

## 2 The Distinctive Feature of Anhui Handmade Xuan Paper Industry in Anhui Province: Evolving Complexity

在安徽所有的手工纸品类中，以中国书画为生存基础的泾县宣纸的名声可谓最显赫，除在清代末年和民国初年获得一批高等级展会与竞赛的荣誉外，在当代也囊括了传统工业产品能获得的几乎所有荣誉，使宣纸既成为全中国手工纸行业争相模仿的对象，也成为全中国手工纸冒名营销的重点对象。

当代泾县作为宣纸的原产地和主产区，在1978年后借改革开放的政策优势，各种体制、不同大小、品种各异的宣纸与书画纸厂家在20世纪80～90年代如雨后春笋一样迅速发展。截至2015年年底的数据，泾县宣纸、书画纸生产企业有400多家（其中包括获得宣纸地理标志产品认证的宣纸生产企业16家，生产宣纸企业19～20家，而2016年调查时实际生产宣纸企业7家，其余为书画纸与加工纸厂家），年产宣纸约1 000吨，年产书画纸10 000余吨，全县年销售收入10亿元左右。泾县既是中国乃至世界最大的手工纸产地，也是全国手工纸业态最为复杂的区域。

中国宣纸集团公司『上海世博会纪念宣纸』
Shanghai World Expo Commemorative Xuan Paper, by China Xuan Paper Co., Ltd.

泾县县城中心区的荷花塘冬景
Winter view of the lotus pond located at the central area of Jingxian County

泾县宣纸、书画纸企业在小区域很强的产品竞争中，创建品牌的意识日趋增强，品牌建设在全国手工造纸行业里成效显著。截至2015年年底的调查数据，泾县中国宣纸股份有限公司生产的“红星”宣纸商标被认定为中国驰名商标，“汪六吉”等10户造纸企业的商标被评为安徽省著名商标。全县宣纸行业以中国宣纸股份有限公司为首开发出的各种纪念宣纸逐步走向高端收藏领域，特制邮票印制宣纸、宣纸制作奥运会获奖证书内页、宣纸硬笔书写特制纸，以及正在实验完善中的宣纸打印复印纸等，为拓展宣纸应用领域开拓了新的疆土。

泾县的宣纸行业在经营渠道建设上的特点是一直将开拓市场的投资放在全国各大、中城市。从晚清至民国年间各大商业中心城市开埠，上海、北平、武汉、杭州、天津等地就是泾县纸商的落脚地。1949年后开始转为政府统购统销的体系，私营纸商几乎销声匿迹。

20世纪80年代初期，泾县本地只有一家文房四宝经营户，但截至2015年年底的数据，泾县以经营宣纸为主的文房四宝商铺就有100余户，主要分布在县内绿宝商业街片区、荷花塘片区、宣纸城片区等区域，是全国县级城市中经营文房四宝商铺最多的县。

泾县本土宣纸商业的繁荣，带动了这个历史上一直交通不便的小县城第三产业的悄然兴起，宣纸经贸产业链逐步形成，再加上用工体制与劳动力市场的多元化开放，泾县围绕宣纸产业的经济态势变得更为繁荣，带来了以宣纸产业为中心的旅游、餐饮、住宿、房产等服务产业的兴起。

但繁荣和开放同时也导致了一系列新问题、新挑战，如劳动力、原料、产品、工具等方面的成本呈逐年快速上升趋势，繁荣的市场与贸易导致年轻的"纸二代""纸三代"不愿继承和从事艰苦的手工造纸材料加工与造纸工艺，而是对互联网或社交工具，如微信的纸品销售等更有兴趣，给宣纸产业带来了相当大的可持续发展压力。



## 三 与泾县宣纸业态相关的民俗、禁忌类文化事象

## 3 Folklores, Customs and Taboos Related to Jingxian Xuan Paper Industry



### （一）与宣纸制作技艺相关的民间传说

#### 1. 孔丹发明宣纸的传说[66]

[66] 黄飞松，王欣．宣纸[M]．杭州：浙江人民出版社，2014：128-129.

相传东汉末年，纸祖蔡伦的徒弟孔丹想为去世的师傅造出一种质地更好更白的纸为其画像，但苦于一直未得其门。一日，孔丹偶然在山间发现一棵倒伏在溪水边的青檀树，树皮经过流水浸泡、冲刷，已经变得发白，从中受到启发而产生灵感，想到用其造纸可能会不错。经过反复试验，孔丹终于造出新的纸品——洁白、绵柔的宣纸。



传说，由于初期的工艺不完善，生产时必须捞一张纸晒一张纸，既费工又费时，大家很苦恼。一日，一位鹤发童颜的老者，拄着拐杖来到造纸工棚，说：你等一群后生在此愁容满面是为何故？孔丹见此老者似乎面熟，却又想不起来在哪儿见过，观其外表似乎有些来历不凡，于是如实回答说：老师傅，我等为造纸之事正在发愁。老者又问：有何难事说出来我听听，造纸之事我也略懂一二。孔丹回道：不瞒老师傅说，这捞出的湿纸不能重叠，一旦重叠就分不开，必须捞一张晒一张，工效极低，如何解决此事，您老有何高见？老者听后哈哈一笑，说：此有何难！随即用拐杖在浆槽内顺搅三下，又反搅三下，说：行

了，你等再试试看。孔丹和工友们将捞出的湿纸重叠起来堆成一垛，再榨压出水分，就很顺利地一张张揭开了。

传说白胡子老头指导试验成功后就不知所踪了，这老者就是祖师爷蔡伦显灵来点化弟子的。泾县当地的一种说法，“单宣”实际上就是纪念孔丹，也可称之为“丹宣”，如：四尺单也可称为四尺丹。

### 2. 大纸“潞王”的传说

相传百余年前，泾县生产一种幅面特大的宣纸，名曰潞王（又名露皇），俗称丈六宣，是当时按照尺幅大小来算的纸中之王，习惯上每年只有夏季生产一次，时间很短。有一年因为有特殊需要，想破季捞制潞王大纸，虽然工人们会很辛苦，但为了尊重纸厂老板，加上自己也能多赚钱，还是进行捞制了。

一天，槽坊中突然出现一位须发银白的老人，手柱古木拐杖，怒目而视，顷刻隐去。工人们以为是蔡伦祖师出现，大为惊恐，便以沉香等做供品，燃放鞭炮祭祀谢罪。此后，泾县纸坊再也不敢随便破季捞制这种巨型宣纸了，相沿成俗。访谈时了解到，1964年，当年的泾县宣纸厂在捞制丈六宣时，一位惴惴不安的老纸工还曾暗地烧香叩拜蔡伦，但被视为迷信而遭阻止。

## （二）蔡伦会与蔡伦祠

### 1. 蔡伦会的作用和祭蔡伦

在旧日的宣纸行业中，蔡伦会的精神作用左右着行业。表现在三个方面：一是每年农历三月十六日（传说此日为蔡伦诞辰）全行业停产，由业主率领纸工携带各色供品、香烛前往小岭村许湾的蔡伦祠拜祭。二是每年农历的九月十八日（传说此日为蔡伦的忌日）集体停产，由业主宴请雇工，听取雇工对纸作坊的意见，也包括雇工劳资和伙食等方面的问题，靠近许湾小村的从业者，则多前往蔡伦祠上香祭祀。三是由业主们自行集会，商谈雇工们提出的劳资、原料收购和产品售价等问题。据调查中了解的情况，民国年间泾县宣纸业成立了宣纸行业公会，由公会负责人召集上述蔡伦会活动；在20世纪中期，由于“文化大革命”的冲击，与祭蔡伦和蔡伦会有关的行业习俗中断；2016～2017年，由泾县丁桥镇政府，小岭曹氏造纸宗族协同恢复了蔡伦祭和祭奠始祖曹大三的活动，并新塑了曹大三像。

旧版《曹氏宗谱》上的曹大三画像
Portrait of Cao Dasan in *Genealogy of the Caos* (old version)

蔡伦会将宣纸从业体系连成一个整体，对各纸坊起到相互制约、相互促进等作用。在2016年访谈中了解到一则较特别的信息：蔡伦会对雇工人群好像没有形成直接的约束。比如，业主要在规定的时间内专门祭祀蔡伦，祈求纸祖在新的一年里的佑护，而匠人只是在每年的年夜饭之前的祭祀中，摆上蔡伦、土地神、祖先等供位，进行祭拜，属于自愿自选的活动。



关于传统宣纸行业祭蔡伦的做法，根据文献研究和访谈的描述，还包括以下的典型习俗：

（1）一般匠人在遇到技术性难题时，首先想到的还是祭奠蔡伦，如捞纸工在从事一段时间后，手势把控会发生一些波动，这波动如同人在成长时期要变声一样，形成一个坎，这个坎的时间有长有短，在过坎时自然会想到要祭蔡伦。这种祭祀方式是个人单独进行的，通常是晚上在家或背人的地方，烧上数量不等的纸钱，在烧纸钱时，需要在纸钱内燃上一炷香，并在心中请求纸祖佑护顺利过坎，烧完后跪拜感恩。

（2）纸坊遇上制作特殊品种的宣纸时，通常会由业主带领着工人设香案、烧香、叩拜、烧纸钱，场面较大。因为平时业主较少露面，作坊里的生产全由管棚负责，只是阶段性地将生产什么品种的纸、生产多少量等要求，告诉给管棚，由管棚具体落实。只有在落实新品种的生产时，业主须亲自出面祭奠蔡伦。在清末及民国年间，宣纸产业由于受到战争的影响，很少开发新的宣纸品种，因此各作坊也几乎没有大规模的祭祀活动，但此文化习惯一直延续下来，形成业内的认知自觉。访谈中知晓到一个例子，那是1957年，泾县宣纸厂在恢复生产丈六宣纸——潞王大纸时，由于已中断其生产很多年，操作难度又高，虽然当年的政治形势与文化要求不容许，但是仍有工人自发在家烧纸钱祭拜蔡伦。



## 2. 蔡伦祠

据泾县地方文史学人及宣纸研究专家考证，泾县的蔡伦祠建于明代，位于今小岭村许湾村民组的深潭山麓斗室庵之东，祠为砖木结构，有大厅、边屋，占地面积约300 $m^2$。大厅内供奉蔡伦神像。祠周翠竹环拱，大门石阶旁松柏参天，青檀葱郁，溪水潺潺，白云萦绕。祠东数十株牡丹，春来竞放，香飘山谷。该蔡伦祠曾于民国二十四年（1935年）秋重修，竖《重修汉封龙亭侯蔡公祠记》石碑。从事宣纸制造的曹氏子孙于每年农历三月十六日（传说此日为蔡伦诞辰）停产，由业主率领纸业工人携各色供品、香烛前往祭祀。蔡伦祠在“文化大革命”中作为“四旧”被毁。现原址仅存一座《重修汉封龙亭侯蔡公祠记》石碑，碑文抄录如下：

大凡事之废弛也，宜乎振兴，物之摧也，宜乎葺修。溯汉代龙亭侯发明造纸流传于世者，殆遍全球。惟我族居泾西小岭，崇山峻岭，所出宣纸为他纸冠，尤为吾皖特产，故人民共食力于宣纸也，得度生机者，其恩至深且远。先人恩酬德泽，建庙深潭之上，并塑神

蔡伦祠遗址（现该地仅剩一座寺庙）
The Relics of Cai Lun Temple (Only One Temple Left)

像于兹，为永建奉祀之资。迄今庙宇颓圮，不足以壮瞻。援我族父老集议重修，以意先人遗志。幸赖仁人善士，慷慨乐输。特于斗室之东经之营之。鸠工庀材，焕然一新。虽无栌薄节棁之华丽，幸有山水苍翠之雄胜。且白云环绕，仍伏藩篱，碧山拱照，视作屏障，朝晖夕阳，气象万千，此为庙之胜概者。同尔罄竹难述也。今适新庙告成，勒诸贞民，以暲圣德。非有意留名以耀当时者记，惟斯后人追昔人。兴感之由，喻怀弗志，矢守弗，以垂千秋不朽云尔。

中华民国二十四年一月　旦立

### （三）劳动号子

宣纸生产中部分工序在操作时有唱劳动号子的场面，既能辅助发力，又能使动作规范与统一，较为典型的是“数棍子”，又叫“划棍子”“划夜槽”。打槽是宣纸传统制浆时必需的工序之一，自1958年宣纸制浆系统开始使用打浆机以后，已逐步淡出人们的视线。这道工序是碓打、舂清洗后的皮料浆和草料浆混合并使之充分融合成为熟料的操作，“数棍子”由4～5人组合，动作须完整一致。为了协调动作，操作时，由领班唱号子。

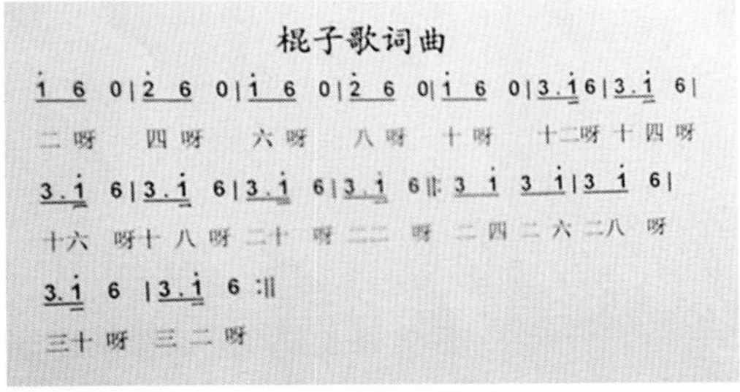

棍子歌
Work song: Stick Song

### （四）语言的多样性导致不同社区的技艺表述有差异

泾县地方语种为泾县话，属汉语吴语方言区宣州片，谱系关系为：汉藏语系→汉语族→吴语支→泾县语种。因地处吴语区跟归类独特的徽州语区以及江淮官话交界处，东部地区与西部地区泾县话有较大差异。县民一般称东部地区所使用的泾县话为“东乡话”，西部地区所使用的为“西乡话”，其中西乡话中融入了较多的徽语词素和语音，东、西乡语言互相交流略有困难。

按照传统的业态发育，宣纸技艺主要在泾县西乡一带传承，东乡少有传承，而古代宣纸技艺在传承中很少会有文字记载，包括历代地方志书和乡邦文献中也同样如此。1949年前后，一些零星的记载才逐步出现。在文字表述中，由于东、西乡语言的差异导致宣纸的加工器具和相关品种在传承中出现不少表述差异。比如，抄纸的帘架，东乡称帘床，西乡称帘槽；抄纸中的梢部较厚时，西乡称为坐梢，东乡称为驮梢或拖梢。这些细微的区别造成宣纸技艺及文化表述的差异，丰富了宣纸制作技艺的技术社区文化内容。

## （五）“敬惜字纸”的文化传统

“敬惜字纸”是中国古代乡土文化中对知识及其载体表达敬重的一种形式，调查中了解到，在泾县这一习俗的表现曾经非常典型。传统时期，凡是写有字迹的纸张一律要焚毁，不容许随便扔弃，不少乡村专门设有“惜纸庐”。此炉高约两米，分上中下三层，凡有“惜纸庐”的地方，带有字迹的纸张一律送进此炉焚烧。据访谈老辈人获知的信息，泾县的茂林、南容、城关等地直到20世纪50年代还保存有“惜纸庐”，形态大小不一，可惜在“文化大革命”期间均被摧毁。据2016年调查时了解的信息，泾县全境已无一座“惜纸庐”。

## （六）与造纸相关的民俗[67]

[67] 黄飞松，王欣. 宣纸[M]. 杭州：浙江人民出版社，2014：132-134.

泾县风俗崇尚古朴，有“风俗柔和之境，衣冠文物之域”之称，除传统婚丧嫁娶和时令节日习俗外，还有过会、办春酒、关门酒等具有纸乡特色的习俗，择要记载如下。

### 1. “办春酒”

春酒又称开工酒，是泾县宣纸行业纸坊造纸业态中传习已久的行规，在20世纪50年代中期宣纸生产组织形态成为公有制工厂化模式后一度消失。比较特别的现象是，作为中国最著名的手工造纸之乡，此行业习俗在当地志书或文献上却缺少记录，调查组只能通过田野调查获知相关信息，记录整理如下：

（1）“办春酒”的形式

“办春酒”的时间通常根据宣纸作坊业主的自身情况而定，较多业主会选择春节过后的第一天开槽捞纸。这一天，业主出钱开办筵席，宴请的对象是所有上一年在纸坊工作的纸工，以及全村没有开办纸作坊的家庭按每户一人限额参加。在筵席开始前，业主要带领纸工祭祀纸祖蔡伦。祭祖的方式各纸坊不同，讲究的业主在自家堂前设香案，带着纸工摆香炉烧香、磕头，礼毕后烧冥纸，燃鞭炮后开席。不太讲究的业主，露天烧上一些冥纸，就可直接鸣放鞭炮开席。

（2）“办春酒”的作用

业主开办春酒，主要作用是宣布新的一年正式开始了，希望本作坊在全体纸工的努力下，同时在全村老少的帮助和纸祖蔡伦的佑护下，全年财源广进。另一作用是每户一人参加筵席，希望能得到邻居的帮助。

旧时宣纸作坊的软肋是水和火。所用水源都是山沟里的水，在干旱时枯竭，业主只能从深山里接水，工具是毛竹，在接水时，将毛竹劈成两半，打通竹节，一根根毛竹连接后将水接至作坊。当年没有电，在交通不便的情况下，宣纸产地也没有煤供应，木柴是作坊必需的燃料，晒纸一天要消耗几千公斤。因此，作坊业主最忌讳别人暗中破坏，而破坏者大多会是村邻。村邻中如有人嫉恨业主，会在晚上点火烧掉宣纸业主的木柴或原料，或者将业主家接水的毛竹扔掉几节，等业主发现时，水已经断流并影响产品品质了。因此，业主会利用开办春酒的方式，笼络村邻，希望在一年中能得到他们的支持，友好相处。

毛竹接水设施
Bamboo equipment for transporting water

### 2. "关门酒"

每年的"关门酒"也是宣纸作坊业态的习俗，在20世纪50年代中期宣纸生产组织形态成为公有制工厂化模式后一度消失。与"办春酒"一样，调查组在当地找不到与"关门酒"相关文字资料的记述，也是通过调查访谈中得知习俗信息后记录整理如下：

(1) "关门酒"的表现形式

"关门酒"是宣纸行业在每年岁末放年假时，由业主举办的一种仪式，具体时间不定，但最迟不能迟于每年的农历腊月二十三日，当地民谚所谓"长工短工，不过腊月二十三，全部要散工"。在散工的这一天，业主要请所有的纸工吃宴席。席中，业主与雇工们交流并总结一年的工作，业主也可对雇工说明来年工作的方向以及年后开工时间，纸工们可以畅所欲言。

讲究的业主，在筵席开席之前会祭纸祖，祭祀方式与"办春酒"时差不多。不讲究的业主，在吃晚饭的时候直接开席。吃完宴席后，业主或纸工此时可能会有个别交流，中心内容是个别纸工去留的问题。比如，业主要想解雇一个雇工，会单独对他说："明年我可能要减产，所以可能不需要那么多人了。"雇工自然知道老板是什么意思，也会主动向老板请辞。还有一种就是雇工自己不想在这个作坊做了，对老板说："我家有个亲戚，来年叫我到他那边去做。”业主要想挽留，便说：“这一年我做得不好，请直接说，来年改正。”或者说：“要过年了，带几斤肉回去。”如果这位纸工还想继续留下，便直接对老板说哪里有什么问题，或者坦然接受老板的馈赠，并说明来年愿意留下。

（2）“关门酒”的作用

“关门酒”实际上是纸坊的年终总结，表达了希望营造宣纸技艺社区业主与雇工间劳资和谐关系的意愿。访谈中，有老纸工回忆：旧日在“关门酒”仪式结束后，村中有时会有个别困难户找上业主，对业主说“某某老板，开过年来，我想卖点柴火给你家”，或“某某老板，开过年来，我想卖点檀皮给你家”。这时，业主通常会主动拿出两块大洋，用红纸封了包给此人。否则，业主家的木柴库或檀皮库失火，往往与这类困难户或无赖户有关。两块大洋基本可以保证此人一家过春节的费用。按照规矩，开年后，此人会象征性地挑上几担木柴或一些檀皮给业主，当然如果不提供，业主也不追究。



### 3. 纸乡俗语

通过调查收集，泾县纸乡与造纸直接相关的俗语择要有以下几种：

一是行当俗语，如：称宣纸厂为纸棚，造宣纸的工人为“棚花子”。

二是技艺操作俗语，如：头遍水靠边，二遍水破心；头遍水要响，二遍水要平；梢手要松，额手要紧；抬帘的要活，掌帘的要稳；放帘要做筒，起额要做平；掀帘要像一块板，传帘要像筲箕口。

三是感叹造纸生涯的俗语，如：“剪纸的先生，捞纸匠，晒纸的伢儿不像样。”“好汉不当宣纸郎，讨不起老婆养不起娘。”

# 第三节
# 安徽省手工造纸的保护、传承与研究现状

Section 3
# Preservation, Inheritance and Current Research of Handmade Paper in Anhui Province







## 一 安徽省手工造纸业态现存资源特征

1
## Characteristics of the Existing Resources of Handmade Paper Industry in Anhui Province





相比全中国其他省级区域而言，安徽区域手工纸业态呈现出一地独秀而全省业态堪忧的局面。从本调查组2013～2017年对安徽省多轮田野调查与文献研究获知的信息判断，以泾县宣纸和书画纸为代表的手工纸业态，掩盖和冲淡了安徽手工纸区域分布严重失衡、多区域快速消亡的剧烈演化现状。现状特征概述如下。

### （一）手工造纸一地独大——产量位居全国首位是典型特征

在农耕社会时期，安徽区域的手工造纸业曾经分布很广，晚清民国年间的安徽区域各县志上大多有手工纸生产信息。20世纪60年代，北京工商大学造纸专家刘仁庆就开始着手研究以宣纸为代表的安徽手工纸，曾于“文化大革命”前夕对安徽手工纸的生产进行过较

深入的调查。而2015～2017年本调查组再次对安徽区域进行大规模田野调查所了解到的信息是：除业态高度聚集的泾县外，只有黄山区(原太平县)、潜山县、岳西县、巢湖市（县级市）、休宁县和歙县等地有手工纸活态生产，而且几乎都是一家厂坊在孤立造纸，聚集的手工产业已经不复再见。

当代安徽所有手工纸生产区域，以泾县为代表的宣纸和书画纸生产集群的超强度聚集，不仅淹没了整个安徽区域的业态和品牌，而且也成为全国书画艺术用纸的品牌象征。高峰时期，泾县所产的手工纸占据了全国手工纸的半壁江山。直到21世纪初，中国大陆地区（未包括台湾省产量）手工纸总产量在3万吨左右，而泾县一地年产量仍能达到1万多吨，成为全国无可争议的最大的手工纸生产区域，这是区域手工造纸业态非常典型的一地独大现象。

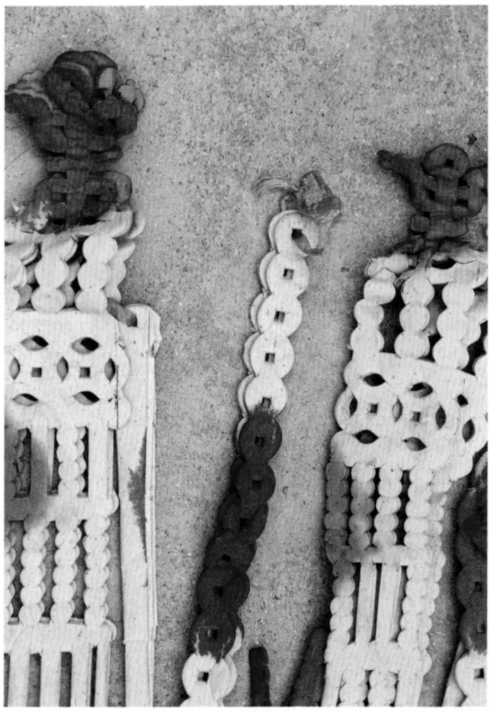

歙县皮纸作坊的染色纸钱
Dyed joss paper in a bast paper mill of Shexian County

## （二）业态的多样性、丰富性与复杂性均十分突出

在安徽区域所有手工纸中，以树皮为原材料所造的纸最为出名，如泾县的宣纸、构皮纸，潜山、岳西县的桑皮纸，徽州区域休宁、歙县的构皮（楮皮纸）与雁皮纸等。但是到进行本轮调查时，实际产量最大的却是外购龙须草浆板为主原料的书画纸。在调查组截至目前已经进行的全国约16个省级区域的手工纸生产业态田野调查中，泾县区域的宣纸、书画纸品种丰富和复杂度最高，主要体现在以下几个方面。

### 1. 正宗的宣纸品种依然非常丰富

宣纸技艺在泾县历代相沿，因取材于青檀树皮和沙田稻草两种原料的不同配比，加上规格、厚薄、帘纹的变化及后加工，宣纸品种丰富多样。在传统的分类方面，宣纸有按照配料、规格、帘纹、厚薄等四种较为成熟的分类方法。不过，这四种分类方法也不是一成不变的。在20世纪50年代以前，按配料分为棉料、皮料、黄料三大类，按厚薄分为单宣、夹宣、双层、三层贡等，按规格分为四尺、五尺、六尺、七尺、八尺、丈二、短扇、长扇、二接半、三接半、京榜（白面）、金榜等，按纸纹分为单丝路、双丝路、罗纹、龟纹等。50年代以后，黄料、短扇、长扇、二接半、三接半、京榜（白面）、金榜等品种逐步淡出市场，行业内根据市场需求对宣纸的分类方式进行了调整。如：按配料分为棉料、净皮、特种净皮（以下简称“特净”）三大类，按厚薄分为单宣、夹宣、二层宣、三层宣等，按规格分为四尺、五尺、六尺、八尺、丈二、丈六、丈八、两丈、三丈三以及各种特殊规格等，按纸纹仍分为单丝路、双丝路、罗纹、龟纹等。这四种分类法，相互搭配后形成的宣纸品种可多达几百种，一般消费者很难区分明白。



### 2. 宣纸、书画纸业态喜忧兼呈

2002年，泾县在获得全国独一无二的“宣纸原产地域”称号后，全县宣纸、书画纸厂坊得到迅猛发展，但企业与企业之间、企业与品牌之间、企业与技工之间缺少整体的规划与规范。通过调查组2013～2017年多轮的田野调查与文献研究，以及对多位泾县手工造纸资深从业者和研究者的访谈，发现有下述四个方面的现状与发展现象比较引人关注：

一是地域聚集度很高，生产企业户数量大。截至2015年年底，泾县手工生产宣纸、书画纸和加工纸企业有400多家，在全国的首位度遥遥领先（其中获得地理标志产品认证的宣纸生产企业16家，2015年调查时实际长年开槽生产宣纸企业有7家左右）。全县年产宣纸950余吨，年销售收入3亿元左右；年产书画纸10 000余吨，年销售收入4亿元左右；宣纸与书画纸加工行业，年销售收入1亿余元。2015年，全县手工纸行业年销售收入约8亿元。

二是业态兴旺难掩从业者后继乏人。手工纸生产苦、脏、累工种多，劳动强度大，习艺周期长，技术要求高，职业寿命短，且易患腰椎间盘突出、腰肌劳损、关节炎、皮肤病等职业病，导致熟练技工流失情况时有发生，难以吸引新一代的年轻人从事一线的造纸技艺工种。在造纸企业和地方政府多方尝试仍未能获得有效解决方案的情况下，兴旺的业态更加映衬出核心技艺人才后继乏人的危机。

三是宣纸优质原料供给问题没有长效解决方案。由于水稻杂交高产品种的覆盖性替代，传统本地沙田长杆水稻的种植基本消失，获得长杆沙田稻草的机会已相当不易；青檀树皮原料基地虽然逐步建成，但由于加工方式没有发生根本改变，加工能力仍然低下，加上乡村劳动力的匮乏，原料收购成本居高不下，直接抬高了成品宣纸的生产成本。

四是行业自律机制未能有效构建。第一方面的表现是宣纸与书画纸行业中均存在典型的独立运营、各自为政局面，企业相互依存、相互促进共谋发展的协同度不紧密；第二方面的表现是假冒宣纸、假冒名牌等现象在宣纸行业中屡有发生，以书画纸冒充正宗宣纸推广营销的现象较普遍存在，本为书画纸而冒贴宣纸地理标志保护产品和国家非物质文化遗产、人类非物质文化遗产标志现象也时有发生；第三方面是贴牌营销现象开始出现，从四川夹江、眉山等地购进低价书画纸，贴上泾县的品牌标签对外营销成为一股潜流，在一定程度上已经扰乱了市场秩序，影响了泾县宣纸品牌体系的正常运转。

### 3. 加工纸体系品种丰富而混乱

从古代纪事需求中发现，如果直接用抄制的原纸书写，常发生走墨、洇彩等现象。原因是无论用什么材料和手工技艺制作的纸，其微观结构中的纤维间都存在较大的空隙，有较粗放且不规则的毛细系统，造成水和墨上去后难以控制。为便于书写，晋唐时人们普遍采取加工技术来降低纤维之间的空隙，堵塞纸张上的毛细系统，降低走墨程度，以利书写。

最早的方法是采用光滑的石块摩擦纸的表面，将空隙处压紧，古称研光，现代人又称抛光，是初期加工纸采用的办法。后来逐渐演变成用粉浆将纸润湿，再用木槌反复捶打，以达到将纸纤维中的空隙压紧的效果。更为有效的措施是施胶，最初的胶料是淀粉糊，后来演变成动物胶，用这些材料增加纸对液体透过的阻抗力。

加工宣纸中流行的有玉版、蝉衣、云母、冰雪、煮锤、洒金、洒银等60多种传统加工纸，加工的技法主要有打蜡、研光、施胶（拖矾）、洒金、洒银、描绘、印花等。这些都是将生纸（原抄纸）通过研光、打蜡、填胶、染色、装潢等方式进行改性、改型的工艺。

调查时发现，上述多种加工纸的方式在安徽省均有较高的流行度，其中以泾县规模最为聚集。在泾县，各种规模的加工纸企业层出不穷，据2016年初调查组的调查统计，生产企业约有上百家。其运营特征是：稍有规模的通常会既有厂名也有独立商标名，有一定的自主研发能力；规模小微的企业则一般采取模仿为主的生产路径，哪一种加工纸在市场上走俏就模仿哪一种。

纸张通过加工后，原纸的特性已经完全掩盖或部分掩盖，因此，在行业自律机制不健全以及低端加工纸充溢市场的情况下，作为加工纸集聚中心的泾县，存在采用机制书画纸或购自四川夹江、洪雅、眉山等地最低档书画纸进行加工的新现象，导致国内加工纸市场的混乱程度比原纸市场更为严重。

尽管有若干负面干扰，但泾县加工纸产品的丰富程度仍然可用琳琅满目来形容。据调查组2015～2017年多轮连续访谈获知的信息，泾县加工纸在全国有影响的企业相当多，具

染过色的加工纸
Dyed processed paper

泾县『艺宣阁』加工纸的洒金车间
Processing workshop of Gold-sprinkled Xuan Paper in "Yixuange" of Jingxian County

有代表性的如："艺宣阁""徽宣堂""艺英轩""沁墨堂""凤和堂""翰云轩""玉文轩""云龙轩"等。

据调查中了解的发展状态信息，在安徽省加工纸生产企业中，以生产高端产品著称的为坐落于巢湖市（县级市）黄麓镇的掇英轩书画用品有限公司，而生产体量则以泾县艺宣阁宣纸工艺品有限公司最有代表性。这些企业既创建了自己的独立品牌，拥有独具一格的加工技术，同时也作为调查时全国最具代表性的加工纸生产企业而著称于行业及艺林。其中，巢湖市的"掇英轩"是第二批国家级非物质文化遗产保护项目"纸笺加工技艺"全国的唯一保护单位，2008年入选国家级非物质文化遗产代表作名录。据调查组2016年3月和8月实地调查得知：掇英轩书画用品有限公司的加工纸种类繁多，具有代表性的如：粉蜡笺、绢本宣、泥金笺、木板水印笺、金银印花笺，其中特别要提及的是粉蜡笺。粉蜡笺诞生于中国唐代，是一种名贵的加工纸。其在"掇英轩"的制作方式是：以宣纸为原料，经过染色、拖粉、加蜡、砑光等复杂工艺，再施以泥金、泥银，用金银粉勾描各种吉祥图案，最后制作而成名贵加工纸。粉蜡笺融合了吸水的"粉"和防水的"蜡"两种材料，既精美华丽，又平滑细密，富有光泽，是质量上乘的书画材料。

安徽省省级"宣纸制品加工技艺"的传承保护单位是泾县艺宣阁宣纸工艺品有限公司，2014年已入选安徽省级非物质文化遗产代表作名录。

『掇英轩』的真金手绘粉蜡笺
Powder wax paper decorated with authentic gold in "Duoyingxuan"

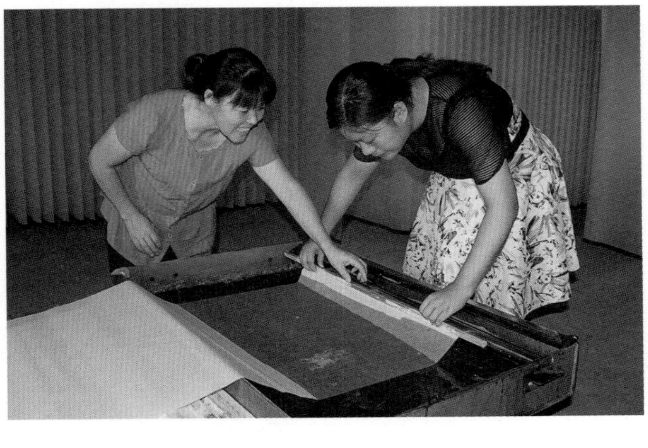

调查组成员在『艺英轩』体验工艺
A researcher experiencing papermaking process in "Yiyingxuan"

### 4. 皮纸与竹纸生产业态的消长状况

安徽区域手工纸传统上以皮纸为主，但竹纸也曾经是十分普及的大宗民生消费品。随着消费市场的巨变以及浙江、四川手工与机制竹纸业态在当代的发展，遍及安徽全省各地域的竹纸生产迅速萎缩，至调查时的2015～2017年初，所获得的信息是：大别山腹地的金寨县、歙县等深山区尚有少量低端用途竹纸孤立造纸点存在，但几乎都处于歇业与半歇业状态；泾县20年前在昌桥乡孤峰村尚有活态生产，但2015年调查中也只剩旧日的遗迹；其他县域在调查中尚未获得竹纸活态生产的信息。

歙县青峰村造纸老人家的访谈
Interviewing old papermakers in Qingfeng Village of Shexian County

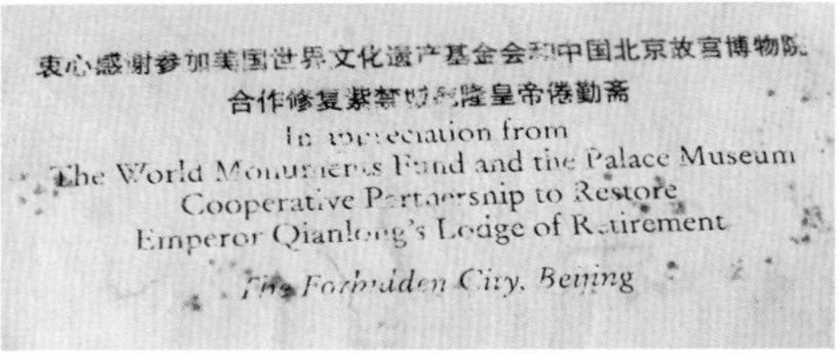


乾隆『倦勤斋』修复工程纪念
The Souvenir for Restoration of "Juanqinzhai", Emperor Qianlong's Lodge of Retirement

安徽皖西地区的桑皮纸是历史悠久的传统手工名纸，其具有代表性的生产聚集地是潜山县和岳西县，那里曾经有相当大规模的聚集业态。至20世纪末，皮纸业态急剧萎缩而接近消亡。2003～2004年，因北京故宫博物院急需“高丽纸”为乾隆晚年休憩的倦勤斋修复通景壁画，通过对全国桑皮纸产地以及韩国等地的反复考察比较，故宫的修复工作小组最终确定潜山与岳西的桑皮纸最为接近当年的御用纸而下订单定制，一时新闻报道连篇累牍，从而强力带动了潜山和岳西两县桑皮纸业态的绝境复苏，使两县的桑皮纸名声大震，品牌远播。2008年6月，“桑皮纸制作技艺”入选第二批国家级非物质文化遗产保护名录，2009年6月，岳西县的造纸工匠王柏林和潜山县的造纸工匠刘同烟获得第二批国家级非物质文化遗产项目桑皮纸制作技艺代表性传承人的称号。2015年10 月和2016年3月，调查组分别入潜山县坛畈村和岳西县板舍村实地调查时，所看见的生产状态是有两户造纸人的纸坊在造纸，正是两位国家级传承人的纸坊，可见现有两县桑皮纸的生产业态虽然品牌已远播，但传承实际上相当单薄。

潜山县造纸人刘同烟持国家级非遗传承项目牌匾
National intangible cultural heritage inheritance project plaque held by Liu Tongyan, a papermaker in Qianshan County

岳西县造纸人王柏林的国家级非遗传承人证书
Certificate of National Intangible Cultural Heritage Inheritor by Wang Bolin in Yuexi County

除泾县宣纸和皖西桑皮纸体系之外的皮纸生产在安徽的历史也很长，早在三国时期，包括安徽南部在内的江南地区的构树皮纸或楮树皮纸即已相当出名。约1 800年前三国吴人陆玑在《毛诗草木鸟兽虫鱼疏》中记载：“榖，幽州人称榖桑或曰楮桑，荆、扬、交、广谓之榖，中州人谓之楮，殷中宗时桑楮共生是也。今江南人绩其皮以为布，又捣以为纸，谓之榖皮纸。长数丈，洁白光辉，其里甚好，其叶初生可以为茹。”[68]榖，即是构树（楮树）。唐宋时期，无论是驰名的宣州纸还是徽池古纸，构树（楮树）皮都是流行的主要造纸原料。

[68] [晋]陆玑.毛诗草木鸟兽虫鱼疏(及其他一种)[M].北京：中华书局,1985:29-30.

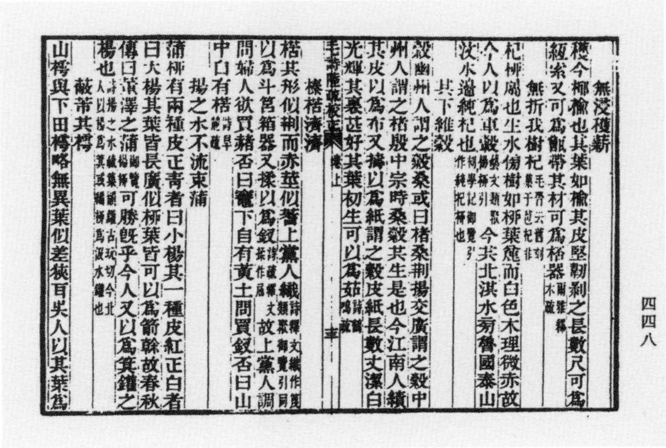
無浸穫薪
穫今椰榆也其葉如榆其皮堅韌剝之長數尺可爲
絙索又可爲甑帶其材可爲栝器
無折我樹杞
杞柳屬也生水傍樹如柳葉麄而白色木理微赤故
今人以爲車轂 今共北淇水旁魯國泰山
汶水邊純杞也
其下維穀
穀幽州人謂之穀桑或曰楮桑荊揚交廣謂之穀中
州人謂之楮殷中宗時桑穀共生是也今江南人績
其皮以爲布又擣以爲紙謂之穀皮紙長數丈潔白
光輝其裏甚好其葉初生可以爲茹
毛詩陸疏校正 卷上
榛楛濟濟
楛其形似荊而赤莖似蓍上黨人織
以爲斗筥箱器又揉以爲釵 故上黨人調
問婦人欲買赭否曰竈下自有黃土問買釵否曰山
中自有楛
揚之水不流束蒲
蒲柳有兩種皮正青者曰小楊其一種皮紅正白者
曰大楊其葉皆長廣似柳葉皆可以爲箭幹故春秋
傳曰董澤之蒲可勝既乎今人又以爲箕鑵之
楊也
蔽芾其樗
山樗與下田樗略無異葉似差狹耳吳人以其葉爲
四四八

《毛诗草木鸟兽虫鱼疏》的记载
A photo of *The Annotations on Animal and Plant Life mentioned in The Book of Songs*

2015～2017年调查时，构树皮造纸在业态分布上有在泾县的若干专门生产皮纸的厂家，如守金皮纸厂、驰星皮纸厂、雄峰皮纸厂等；也有既生产宣纸或书画纸，也阶段性生产皮纸的厂家，如明星宣纸厂、金星宣纸厂、玉泉宣纸厂等。而潜山与岳西县的两家桑皮纸坊也会用构皮为原料造纸，都是既有纯构皮纸，也有混合原料纸。较为特别的是歙县深渡镇棉溪村江组术户的纯构皮纸作坊，该村已有至少百年以上的纯构皮纸生产历史。且调查时获知，在约40年前的20世纪70～80年代，造构皮纸曾经是棉溪村内几乎家家户户的重要生计来源。棉溪村皮纸以当地产的柳构为原料，所产为多用途的包装纸，调查时所见的其中一大用途是销往浙江金华等地作蚊香用纸。

歙县棉溪村柳构生长环境
Growing environment for local paper mulberry tree in Mianxi Village of Shexian County

黄山市三昕纸业有限公司附近的新安江上游
Upper Xin'an River near Sanxin Paper Co., Ltd. in Huangshan City

除构皮之外，安徽也有采用三桠树（学名结香，别名黄瑞香；拉丁文学名*Edgeworthia chrysantha*）、雁皮树（学名毛花荛花；拉丁文学名*Wikstroemia pilosa* Cheng）的皮所造的纸，在泾县、潜山县与岳西县调查中均有三桠皮纸及少量的雁皮纸生产。相当特别的是黄山市（休宁县）三昕纸业有限公司，该厂原先是在苏州太仓，后于2002年迁移到新安江源头的黄山市休宁县，调查中述说的缘由是日本客户希望寻求到更优质的水源生产出更好的纸。三昕纸业有限公司一直专做日本和纸的订单，因此原料采用雁皮(雁皮树的皮)为多，因为日本和纸生产中雁皮为特色型的传统原料，不过这是一个当代特殊演化的例子。

此外，调查组在2014～2016年的调查中了解到：一个很特别的阶段性生产体系建立于1988～1999年，由歙县“文房四宝公司”在歙县投资并注册了以“澄心堂”为品牌的手工纸厂，其中包括宣纸的生产，是由原泾县小岭宣纸厂选派技术人员到歙县培训当地人员并指导建立了整个生产体系，厂址设在今歙县国税局新址的附近，有6个槽的生产规模。产品除原纸外，大量以加工纸的方式对外销售，专门建有水印加工车间，有水印、洒金、描金、染色等系列工艺。1988年建厂前，造纸工人还曾短期在当时的棉溪乡杨村学习造纸。1999年该企业“改制”后歇业，库存纸整批卖给了韩国客商。

## （三）安徽区域手工纸原生活态保护面临较严峻挑战

安徽区域手工纸的业态与全国其他地区一样，原生型活态传承面临严峻挑战，主要体现在以下方面：

（1）小型机械化造纸对手工造纸的冲击在安徽区域表现明显。第一波冲击是19世纪末20世纪初西方木浆机械纸的迅速崛起，造成安徽区域曾经分布十分广泛的手工纸生产点大量消亡，这虽是全国普遍现象，但安徽的特征是皖北、皖中占全省2/3地域的手工造纸业态大面积绝迹。第二波冲击是以竹纸为代表的民俗用纸，尽管在消费习惯上，人们普遍认同传统手工竹纸的品质和亲和感，但随着20世纪90年代小型机械化竹浆纸的流行，民俗用纸以低廉的价格快速将手工竹纸挤出了安徽的历史舞台。第三波冲击是以安徽泾县、四川夹江、浙江富阳、河南安阳为主的机械草、竹浆板材料书画纸在20世纪末至21世纪初的兴起，大批廉价浆板原料纸迅速占领了低档书画用纸的市场。因大众消费者鉴别能力与消费适应性等原因，中高档书画用纸市场受到冲击，原汁原味的手工书画用纸产量迅速下降。

（2）一线从业人员已经后继乏人。安徽区域经济在中国东中部地区发展曾经相对滞后，20世纪80～90年代的改革开放第一阶段曾引发了大量的劳工输出，对手工纸生产聚集区从业人群形成了第一次挑战，致使当时的手工纸产量锐减。进入21世纪初期以后，因人口滞涨，城市化牵引趋势成型，加上安徽区域的经济改善和交通的快速畅通，就业门径在本地迅速拓宽，一些由农耕文化过渡而来的传统产业人员务工选择另寻他径而变得更自主方便，造成传统乡土产业务工人员缺口加大，手工纸行业因地处乡间、习艺期长和工作辛苦诸因叠加而首当其冲。调查组2015～2016年访谈中了解的情况是：以泾县宣纸行业为例，特别辛劳的工种如宣纸行业中抄纸、烘纸、皮草加工等，年轻人多不愿学，学会的也有较高比率转业他行，后继无人现象已特别严重。在泾县区域，手工纸一线从业人员平均年龄在45岁以上，如果没有新的拓展型举措来构成新的支撑，前景已不容乐观。相类似的情况在桑皮纸行业也同样出现，岳西与潜山活态生产的2家纸坊在调查中均未见有40岁以下的一线从业者。

（3）传统手工纸生产的基础业态已不同程度地出现变形。例如，仅由原料来看，由于水稻优良品种的推广，标准宣纸生产所需的核心原料长杆沙田稻草的种植已锐减并越来越少；另一核心原料青檀树皮的供给虽然已采取了若干扶持保障措施，如地方政府统筹规划多处青檀树种植基地，但仍有不敷供应之虞，以及因劳力缺乏导致毛皮收购价日高的无奈。

（4）由于经济性与工时效益的权衡，多种现代机械设备和化工产品正在取代传统工艺流程中的不少加工器具和用料，使入选人类非物质文化遗产保护名录、最需要保护的原生技艺特色的宣纸传统工艺面临压力。

（5）由于主要来自泾县本地、四川夹江等地的各种赝品“宣纸”和劣质“宣纸”充斥市场，以网络和微信为主的渠道，以远低于正宗宣纸价格的低价销售，这给传统宣纸行业造成了相当大的压力。加上2014年以来的书画用纸市场急剧的波段性收缩，以及造纸户自身经营不善等原因，2016年初调查组在泾县访谈时发现，在仅有的16家宣纸国家地理标志保护企业中，已有2家生产知名品牌的宣纸厂完全歇业，一批宣纸生产厂家转产以生产其他纸品为主，宣纸生产则在有订单时买料来造；仍坚持长年生产的6～7家宣纸厂坊有若干也已处于较艰难的产销状况。

## 二 安徽省对手工造纸进行的保护与研究工作概述

## 2 Preservation and Research of Handmade Paper in Anhui Province

### （一）宏观政策促进、制度建设与社区参与的协同

#### 1. 法律、法规保护方面的既有工作

（1）《保护非物质文化遗产公约》(以下简称《公约》)视野下的保护。2009年，宣纸制作技艺已列入联合国教科文组织公布的“人类非物质文化遗产代表作名录”，宣纸制作技艺的保护已进入全人类共同保护的视野。

『人类非物质文化遗产代表作名录』证书
Certificate of "Human Intangible Cultural Heritage List of Masterpiece"

《安徽省非物质文化遗产保护手册》
Handbook for the Protection of Intangible Cultural Heritage in Anhui Province

（2）2014年8月21日，安徽省第十二届人民代表大会常务委员会第十三次会议通过《安徽省非物质文化遗产保护条例》，同年10月1日起施行，该条例以地方法规形式正式在全省颁布实施。相比若干更早颁布该条例的省区，安徽的实施路径特点是在本省区域内非物质文化遗产保护环境较为成熟后开始实施该条例，主要目标是约束非物质文化遗产保

护工作进一步在法规层面规范运行。

(3) 2013年5月31日，中共安徽省委、安徽省人民政府关于印发《文化强省建设实施纲要》，明确安排专项资金对省域内的非物质文化遗产传承保护工作进行扶持。

(4) 宣纸之乡——泾县于2005年颁布实施了《促进宣纸、宣笔产业行动计划》，成立了宣纸协会。但该行动计划对于如何统筹管理宣纸、书画纸、宣笔企业，以及行业的规范运营、履约监督等方面涉及较少。

### 2. 政府引领、社会与社区力量跟进的模式

(1) 宣纸制作技艺是泾县深厚悠远的地方文化记忆，多级地方政府采用“政府补贴、民众参与”的办法，及时拯救在传承中变异或遗失的技艺及相关资料，建设若干公益性设施，对保存历史性的生产图片、资料、实物等起到了较强的引领作用。代表性的示例之一是由中国宣纸股份有限公司牵头建设的中国宣纸博物馆的开放。

(2) 泾县政府将宣纸文化保护工作纳入本级国民经济和社会发展规划，引导性保护经费由政府划拨，动员龙头企业如中国宣纸股份有限公司积极参与，宣纸传统生产社区如小岭村、书画纸重镇丁桥镇等多渠道筹资出力，辅以社会捐助和捐赠，积极推动宣纸文化生态保护区的建设，为国内其他手工纸聚集区的保护提供了一个较好的案例。

### 3. 利用纸乡文化资源撬动旅游，品牌化传播宣纸文化

(1) 2006～2009年，宣纸制作技艺先后被列入“国家级非物质文化遗产名录”和“人类非物质文化遗产代表作名录”，以及2008年宣纸技艺在北京奥运会开幕式表演后，对旅游产业的品牌传播效应快速显现。首先，国内外游客慕纸而光顾泾县的数量大增，游览领略宣纸制作技艺及其文化生态，使得宣纸制作技艺、宣纸文化的传播升级增量。其次，唤起学术界体验、感悟、研讨宣纸技术与文化的动力，使宣纸制作技艺的传承与保护有了较好的社会文化氛围和传播路径。其三，宣纸制作技艺的自身活力和与旅游产业融合力均得以提升。

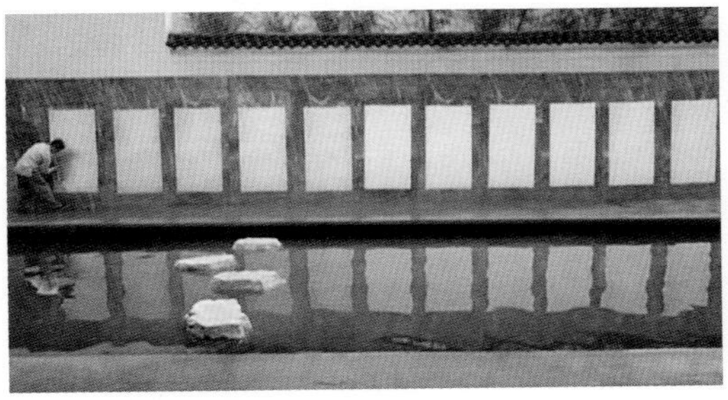

2008年北京奥运会开幕式宣纸晒纸表演（截屏图）
Performance of Xuan Paper Drying Process in 2008 Beijing Olympics Opening Ceremony (screen shot)

## （二）宣纸行业技艺传承保护的标志性建设成果

（1）从20世纪80年代开始，由泾县人民政府牵头，中国宣纸集团公司（原安徽省泾县宣纸厂）实施，按照“钱跟苗走”的办法，投入资金或农用物资，以补贴方式在泾县的汀溪、爱民、蔡村、北贡等乡村建设了约33.3 $km^2$青檀林基地。但由于土地使用权限没有转，企业没有自控权，基地实际保障效果并不理想。2013年开始，中国宣纸集团公司（2013年12月6日起改名为中国宣纸股份有限公司）结合国家农业综合开发项目，整体推进宣纸原料基地建设，至调查组调查时（2016年初），已经完成青檀林基地约10 $km^2$的建设，完成原料加工基地约0.2 $km^2$的建设，基本保证了中国宣纸股份有限公司自身宣纸原料的来源与加工需求。

中国宣纸股份有限公司原料基地
Raw material base of China Xuan Paper Co., Ltd.

（2）2000年，由泾县人民政府牵头，县质量技术监督局为申报主体，中国宣纸集团公司完成了宣纸原产地域保护申报工作。同年8月，泾县被国家原产地域保护办公室批准为宣纸原产地。其保护范围为泾县，保护名称为宣纸。调查组在访谈中发现存在的问题是：虽然有在地理标志保护名录内的企业已经完全改变了经营的纸品，且多年不再生产宣纸，但“能上不能下”的运管机制导致名存实亡的例子时有出现。

（3）泾县获得宣纸原产地保护后，经中国标准化委员会批准，2002年将宣纸行业推荐性标准升格为强制性国家标准，改标准号QB/T 3515—1999为GB 18739—2002。2008年再次修订，加入原料产地等要求。宣纸行业强制性国家标准是中国手工造纸行

『宣纸国家标准』封面
Cover of *National Standards of Xuan Paper*

业的首例，具有行业科学标准建设的重要示范意义。



(4) 1998年，中国宣纸集团公司组织申报中国驰名商标，1999年1月“红星”宣纸商标被国家商标局认定为“中国驰名商标”。进入21世纪后，“汪六吉”“汪同和”等先后有11件宣纸商标被评为安徽省著名商标。

(5) 为了便于宣纸行业制作技艺资料的搜集、整理、归档及收藏、研究和开放展示，1993年，中国宣纸集团公司投资兴建了中国宣纸博物馆，收藏、陈列了不同年代的宣纸产品、宣纸制品；展示了宣纸制作技艺操作模型，以及相关的图片、书画作品等资料。2000年移交给泾县文化部门管理后基本处于关闭状态。2006年，中国宣纸集团公司兴建宣纸文化园（同时也是宣纸制作技艺传习基地），2011年重新规划开工建设新的宣纸博物馆，2015年12月开馆。建成后的宣纸博物馆总建筑面积超过10 000 $m^2$，主体分三层：一层由宣纸印象、若水一脉、雪月风华、白云深处、星光灿烂五部分构成，主要展示宣纸的历史、技艺、文化等；二层主要展示宣纸的古纸、旧纸实物和与宣纸结缘的书画名家作品实物；三层为临时展厅，主要为临时策展而用。

中国宣纸文化园
China Xuan Paper Cultural Park

(6) 2005年，泾县成立宣纸协会，尝试引入行业自律的办法对产业进行管理。次年创办了《中国宣纸》会刊，同时进行宣纸制作技艺传承、行业发展等方面的研究，会刊为季刊，每年发行4期，至2016年4月调查时已发行了41期。

《中国宣纸》杂志
Magzine of *China Xuan Paper*

(7) 为解决宣纸制作技艺后继乏人的现状，中国宣纸股份有限公司、泾县中国宣纸协会联合宣城市工业学校开办宣纸工艺班，探索技艺传承新模式。

从2012年开始，中国宣纸集团公司为稳定一线员工队伍，先后颁布实施了《中国宣纸集团公司技师、高级技师评聘办法》《中国宣纸集团公司人才管理激励办法》，对国家承认的全日制普通高校专科以上学历和中级以上专业技术人员及公司评定的技师、高级技师，建立了明确的人才培养、使用和成长的激励机制。

### （三）安徽省手工造纸研究现状综述

研究安徽省手工造纸的现、当代工作高度集中在泾县宣纸及书画纸行业，这与安徽手工纸在这一历史时期宣纸业态一木独秀的发育特征是相匹配的。现将宣纸研究分为以下几个阶段。

#### 1. 近代最初的宣纸研究与日本国的探寻

（1）胡韫玉在自刊本《朴学斋丛刊》第3册（1923年）上撰写的《纸说》中，专门有一个专辑谈宣纸，国内学术界有人将此文定位为首开中国人宣纸研究的先河。

（2）1878年，日本内阁印刷局造纸部派遣楢原陈政到中国，其回国后公开发表了《中国制纸业》专文，其中重点谈到宣纸。

（3）1883年，日本出版《清国制纸取调巡回日记》中谈到宣纸。

（4）20世纪初，日本人内山弥左卫门撰《宣纸的制造》一文，刊登在《日本工业化学杂志》第9编第98号上。

在20世纪初以前，除了日本以外，其他国家对宣纸的调查几乎没有，这主要还是来自于日本国对宣纸的需求量较大，探求宣纸的技术秘密是在市场需求基础上进行的。抗日战争期间，日本占领军曾于20世纪30～40年代在泾县小岭带走不少宣纸技工到日本，计划在日本本土生产宣纸。一是因为这些工人爱国、爱家、爱宣纸的观念强，以消极怠工的方式集体抵制强迫性传授技术；二是日本当地缺少宣纸生产的自然环境、水质和原料等基本条件，最终没能造出品质如意的宣纸，无奈之下日本才将这些技工放回安徽省泾县。

#### 2. 1949年前中华本土学人与党派的宣纸研究

严格意义上的宣纸研究，目前看到的材料是从1923年开始的。到1949年前，国内以造纸学界为主的专家对宣纸的研究与调查包括：

（1）宣纸的理论与历史研究方面。1923年泾县籍著名学者胡韫玉著《纸说》一文，该文依据史料就宣纸发展的历史做了言简意赅的叙述，同时，胡韫玉在文中提出了“纸之制造，首在于料”的观点。



（2）对宣纸业态的调查方面。民国时期对宣纸业的调查有两次：第一次是中国造纸研究所的调查，调查开展于1936年。调查结束后，魏兆淇于1936年发表了《宣纸制造工业之调查》一文；张永惠则于1937年发表了基于田野工作的《安徽宣纸工业之调查》一文。

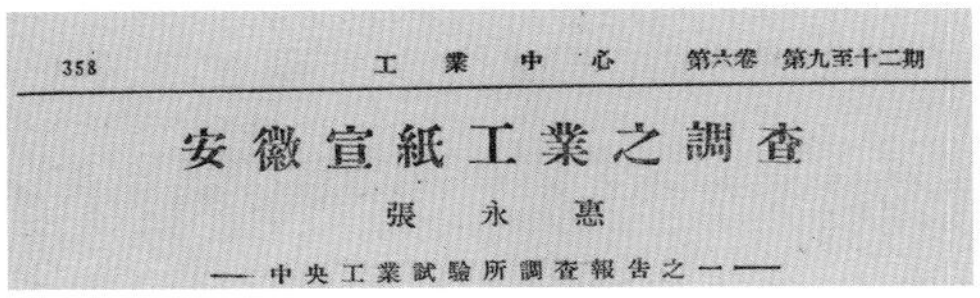
358 工業中心 第六卷 第九至十二期

安徽宣紙工業之調查

張永惠

——中央工業試驗所調查報告之一——

张永惠《安徽宣纸工业之调查》原刊书影
Cover of *The Research of Anhui Xuan Paper Industry* written by Zhang Yonghui

魏兆淇的调查报告记有当时宣纸原料及纸槽之分布情形、当地产纸情况、纸厂设备情形、制造方法、宣纸之种类名称、成本约计、纸张之运销情形等内容。在结论部分，作者提出：宣纸具有“① 制造纸料时间过长，不合于工业经济原则。② 药品运用不甚得法。③ 蒸煮用开口锅，热力损失太多，洗料及天然漂白所损失之纤维甚多。④ 材料不匀，因旧制纸无筛浆设备”[69]等不足。

[69] 魏兆淇.宣纸制造工业之调查：中央工业试验所工业调查报告之一[J].工业中心,1936(10):8.

张永惠于1936年从德国留学归国，奉中国造纸研究所之命，到泾县调查宣纸生产情况，形成《安徽宣纸工业之调查》一文，于1937年发表。张氏通过调查提出：宣纸产地人对宣纸生产方法“绝对保守秘密，但目下情势已变，加以洋纸及仿制之宣纸充塞市场，予真正宣纸在产销方面，均受极大冲击。该业自知不图改进，使成本减轻，产量增加，万难与洋纸及仿制者竞争，而维持久远。故尤对调查人员特表好感，申述营业之现状，愿将制法协同研究，俾得挽回既往之损失”。

《安徽宣纸工业之调查》记录了当时小岭产纸有“双岭坑、方家门、许家湾等十余坑，纸槽约有十七八家，共四十余单位槽。产量约占全县的80%”，“槽户为免除纠纷及销售竞争起见，于枫坑设立宣纸公会。凡槽户出售产品，需该处集中，经检定价格后，始可运出”等重要史料。

张氏文中除介绍檀皮、稻草、助料水、黏液、石灰、碱、漂白剂等宣纸生产的原辅材料外，还就宣纸的皮料制造程序、草料制造程序、抄纸、榨纸、焙纸、检纸等程序和制法做了较为详细的叙述。记载详尽而全面。在结论中，张永惠对当时宣纸质量滑坡的原因做了总结：“宣纸原料（檀皮）太贵，纸料不匀，产料率太低，制造工具不良，槽主及技工知识之落伍，造料时间过长及药品应用，亦不甚得法，此则均为宣纸失败之症结。再加以仿制宣纸之竞争，洋纸用途逐渐增加，宣纸之一蹶不振，理之当然。”为此建议一定要“利用科学之制造方法”。建议建立一规模较大的碱法制浆厂，“专制纸料，以供给所有宣纸槽户之用。制纸部分，不妨维持旧有手工制造法，略加改良如此不特品质渐臻优良之域，其价格亦可减低不少”。[70]

[70] 张永惠.安徽宣纸工业之调查:中央工业试验所调查报告之一[J].工业中心.1937,6(9):358-369.

张永惠的调查报告与魏兆淇的调查报告两者相得益彰，互为补充，都是不可多得的田野研究资料。从这两份调查报告开始，宣纸才有了经济学意义上的统计资料。

（3）另一种特别的研究来自新四军展开的对宣纸业现状的调查。1938年8月，新四军军部进驻到泾县云岭乡罗里村，距宣纸主产地小岭村只有5 km。新四军军部曾成立了一个军部政治部农村经济调查委员会，委员会地址设在泾县的中村。该委员会的任务以调查社会各阶段、阶层的经济地位和政治倾向、封建迷信道会门的活动，以及地主、富农、高利贷者对农民的剥削和敲诈等情况为主。调查以后，由专人撰文，分别在《抗敌》杂志上发表。代表性的分析如：

第一段：“泾县原以产纸闻名，但在战前，一般的纸棚生产数量却在日趋萎缩，除肖岭（应为‘小岭’）所产连史纸有其特殊的销路外，其余出产表芯纸等比较粗劣的纸棚，则有很多停业。战后纸价飞涨，粗劣纸张也被抬高了地位，用途日广，市价上升，不可遏止，过去一担（一担等于146刀）大表芯纸（火纸）仅值七八元，战后因洋纸输入减少，市价曾一度涨至二十四元一担，现在则经常徘徊于十四五元一担，除肖岭的连史纸，因市场丧失（京、沪、平津）而销路停顿，纸业停业外，其余制造粗劣的纸棚则大都获利。”认为宣纸生产由盛而衰的原因，主要是由于日本侵华而阻滞了宣纸的销路，其他土纸的由衰而盛也是由于日本侵华使洋纸输入减少造成的。

第二段：指出在抗战以前皖南宣纸等小商品生产，一度繁荣发达和抗战以来又陷入萎缩的根本原因。认为“小商品生产（如烟叶、宣纸、蚕丝、麻布袋等）相当发达，但这是帝国主义造成的”。从清末民初到第一次世界大战后再到全面抗战前，宣纸发展出现了一个黄金时期，这一状况与我国当时经济发展的整体情况是基本一致的。新设纸棚的增多，投资总额的增大，纸棚的外迁等，都说明了资本主义生产关系已渗透到宣纸行业中，刺激着宣纸业向商品生产的发展。还有一个原因是宣纸作为一种特种手工艺，在一定程度上抵制着外国商品纸和本国同行业的市场竞争。1931年“九一八”事变后宣纸生产渐呈颓势，1932年“一二八”事变中上海商务印书馆被炸，使宣纸销路大减。1935～1937年卢沟桥事变前泾县宣纸曾有过大发展，但在抗日战争全面爆发后宣纸业又都萎缩。

[71]
新四军军部政治部农村经济调查委员会.新四军军部政治部农村经济调查委员会调查报告[M]//曹天生.中国宣纸发祥地:丁家桥镇故事.合肥:安徽人民出版社,2011:147-148.

第三段：指出小岭宣纸业主当时的发展特征是集棚主、纸商与地主三者于一身。“泾县肖林（小岭）一带的土地，很多集中于宣纸商兼地主手中。”“肖林（小岭）的纸商，也是占有巨量的土地的大地主。”[71]这些内容表达了特定历史语境下中国共产党人的分析逻辑，具有珍贵的史料价值。



3. 1949～1976年时段的宣纸研究

从1949年10月到1976年“文化大革命”结束，此时期，对宣纸的研究人员比中华人民共和国建立前略有增多，重要论文和报道也有所增多，概述如下：

（1）喻凯深入泾县产地考察报道了20世纪50年代初宣纸恢复生产的情况。1954年6月29日《安徽日报》所刊载的喻凯的《历史悠久驰名全国的宣纸制造业》一文，较为详细地报道了1949年后至1954年上半年时段内宣纸生产如何恢复，并不断组织扩大生产的过程，是研究中华人民共和国成立初期这一阶段宣纸史不可多得的史料。

（2）姜世襄关于改进宣纸质量和生产方法的研究。1956年，姜世襄发表了《改进宣纸质量和生产方法的商讨》一文，该文是1949年后宣纸技术革新的开拓性论著。作者写道：“解放以来，宣纸生产和其他手工业一样，在产量与劳动生产率方面逐年都有提高，但是宣纸生产还是落后于社会实际需要。因为其全部生产过程都停留在手工操作上，且生产工序繁多、生产周期冗长；造成产量低、浪费大、成本高和劳动生产率低；特别是产品质量波动大，远不及清朝末年和民国初年的质量水平。”“据宣纸重要用户文化部所属美术出版社和荣宝斋的反映，当前宣纸在质量上的主要问题是：① 纸面粗糙和纸中杂质多，致使印刷时有掉毛、掉渣和印出的线条不清楚的情况；② 纸浆中残氯较多，致使纸质脆弱和印刷品变色；③ 书画时的润墨性差，影响我国古典艺术作品的复制质量和水彩水墨画的表现效果。”



作者进一步记述了原中央地方工业部派员会同安徽省工业厅等有关单位组成工作组，在泾县宣纸厂进行改进宣纸质量及其生产方法的试验工作情况，并做了“除稻草的蒸煮、漂白试验还存在一定问题须待继续研究外，檀皮的蒸煮、漂白试验是相当成功的，抄出的宣纸质量已赶上并超过30年前的汪六吉宣纸。经荣宝斋试印和一些画粗线条画和喜欢润墨性好的书画家试用后认为：这种宣纸基本上能满足需用量较大的木版水印印刷和某些绘画的使用要求，还不能满足那些喜欢润墨性小、画细线条画的画家们的要求，而必须从其他地区供应皮纸（如桑皮纸、构树皮纸和竹麻纸等）来满足这种需要”等总结。[72]

[72]
姜世襄.改进宣纸质量和生产方法的商讨[J].造纸工业,1956(12):410.

（3）陈彭年关于宣纸生产改革的研究。1957年陈彭年在所撰《关于宣纸问题》中开

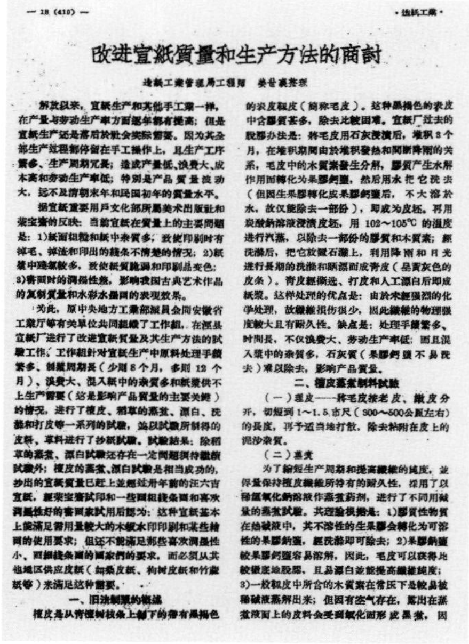
— 18 (410) — ·造紙工業·

改进宣紙質量和生产方法的商討

造紙工業管理局工程師　姜世襄整理

姜世襄《改进宣纸质量和生产方法的商讨》原刊书影
The original record of *Discussion on Improving Quality and Production of Xuan Paper* written by Jiang Shixiang

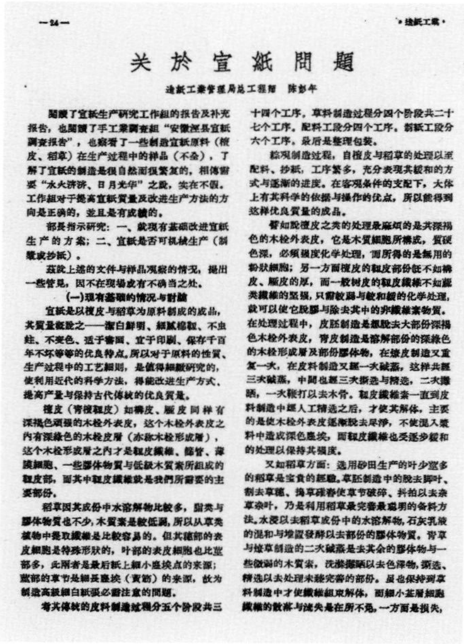
—24— ·造紙工業·

关 於 宣 紙 問 題

造紙工業管理局总工程師　陈彭年

陈彭年《关于宣纸问题》原刊书影
The original record of *Problems About Xuan Paper* written by Chen Pengnian

明宗义指出："今利用近代的科学方法，若能改进生产方式、提高产量与保持古代传统的优良品质，意义更大。""综观制造过程，自檀皮与稻草的处理以至配料、抄纸，工序繁多，充分表现其缓和的方式与逐渐的进度。在客观条件的支配下，大体上有其科学的依据与操作的优点，所以能得到这样优良质量的成品。"[73]

[73] 陈彭年.关于宣纸问题[J].造纸工业,1957(2):24-27

陈彭年提的原则性建议概括起来主要有：在皮坯与草坯制造时，对于原料上不易处理反而有害的东西，必须加强去之尽净，使后阶段省却不必要的工序；从皮坯与草坯分别制成皮料与草料的工作，包括漂白在内（不包括打浆），必须注意到原先的反复处理，不但达到纤维的均匀洁白，同时也提高纤维的纯度而不受损伤；将宣纸生产在现基础上的改进重点放在纸浆的制造与打浆工作上。

陈彭年对于生产工艺和应用工具方面的建议性意见，在皮料浆的制造方面包括：① 有计划地培植檀树，合作生产，试行只用水塘浸沤办法，省却水蒸工序；② 采用石灰液蒸煮方法以更好地维护纤维的强度，为改进旧时原料蒸煮时蒸而不煮的生产方式，必须有适量的液体，并必须使液体循环，使之收到蒸煮的效果，为此他还设计了一个自然循环蒸煮锅；③ 研究设计烧碱溶液蒸煮、漂粉液处理、稀烧碱液处理与漂白处理四个工序，来代替原来的方法以达到同样的目的。在稻草浆的制造方面：改水浸工序为水蒸煮，稻草浆精制由过去的传统加工方式改为烧碱液处理、漂粉液处理、稀烧碱液处理与漂白四道工序。他预测，宣纸生产中的纸浆工段机械化是比较容易实现的，用打浆机也是可能的，最困难的是抄纸工段。

（4）周乃空对宣纸原料——制浆的研究。1958年，泾县宣纸厂的技术革新能手周乃空发表了《宣纸原料——稻草的制浆方法》一文，文中分别就草坯的制造过程、青草的制造过程、燎草的制造过程做了研究和介绍。

（5）胡玉熹对宣纸原料——青檀各年枝韧皮纤维的研究。1964年，胡玉熹就青檀各年枝韧皮纤维的比较解剖发表见解，所撰《青檀各年枝韧皮纤维的比较解剖》一文，是宣纸韧皮纤维专门研究的第一篇论文。作者根据不同树龄的青檀枝条树皮（主要为韧皮部）的解剖，说明各种韧皮纤维的分布及其形态特征，并由韧皮纤维和其他组织数量的变化关系，来说明过幼或过老树皮不适于造宣纸的缘故。还对不同枝龄的韧皮纤维进行了比较研究。文中附有青檀皮横切面图，“青檀各年枝皮组织结构的比较表”，“青檀各年枝韧皮纤维与木纤维形态特征比较表”。

（6）陈志蔚等人展开对宣纸的吸附性、变形性、寿命性能的研究。1964年，陈志蔚等人指出宣纸“质量的鉴定，还是沿用目测、手摸的老经验，缺乏科学的方法和具体的指标，以检查宣纸的质量。而画家对宣纸的评价往往是敏锐的，一经挥毫，即能用画家的术语（行话）来判断纸质的优次。但是，这些术语只能领会其精神，不能作为宣纸成品检验的标准”。为此，他们“认真地听取了画家们的意见，结合各种机制纸的测定标准，寻找出较为合适的质量指标与测定方法，以便判断宣纸的质量，展开研究工作”。

在经过实验研究后，发表《宣纸的吸附性、变形、寿命性能的研究》一文，其前言部分指出：“从造纸角度来看，宣纸采用檀皮与稻草作原料，特别是采用传统的制浆工艺，如长期水浸灰腌、日光漂白等，做出了一张张具有良好吸附性、变形小、寿命长的纸，颇值得探究其科学依据与工艺优点，并为近代用草类纤维，扩大草类纤维的使用范围作参考，达到古为今用的目的。”[74]

[74] 陈志蔚，等.宣纸的吸附性、变形性、寿命性能的研究[M]//刘仁庆.宣纸与书画.北京：中国轻工业出版社，1989:4.

根据实验做出结论性意见，指出影响宣纸吸附性的因素有：① 纤维的总表面积愈大，细胞壁吸附的颗粒愈多；② 纤维与纤维间的空隙愈多，毛细管的吸引作用愈大，吸附墨液的量也愈多，但孔隙也不宜过大；③ 纤维经过缓和制浆处理，损伤很小，纸中氧化纤维素和水化纤维素的含量也少，吸附性最大；④ 浆料的打浆度愈低，水化度愈低，则吸附性愈高；⑤ 要慎重地选用植物胶料，填料碳酸钙能使宣纸具有晕状扩散的优点，但如果颗粒较大或含量超过３%以上，就会影响墨色，使之发灰。

影响宣纸变形性的因素有：① 纤维与纤维间的空隙愈多，纤维间的结合力愈小，则变形愈小，这是减少变形的重要因素；② 半纤维素含量愈大，纸的变形愈大；半纤维素是纤维中最易润胀的部分，要求含量愈少，变形愈小；稻草浆含半纤维素较多，所以对造宣纸的草浆处理，需采取水浸、灰腌的生产过程以减少半纤维素含量；③ 填料与植物胶料对变形的影响：碳酸钙微粒在纤维与纤维间起了隔开的作用，减少了收缩时纤维结合力的变化；④ 储存可以降低纸的干收缩变形。

影响宣纸寿命的因素有：① 虫蛀，其结论是，宣纸如保管不良，照样是会被蠹虫蛀食的，以往人们关于传统制法宣纸不被虫蛀的说法是不能成立的；② 宣纸具有耐久性且不翻色，其原因是传统的宣纸中金属离子含量极微，含有钙盐，呈微碱性；③ 传统的宣纸用料纤维在制浆的处理过程中损伤愈小则愈耐热、耐光、耐老化，因而具有耐久的特性。

陈文全篇均有实验的具体数据支持观点，学术性、专业性强。

（7）日本前松陆郎等人对宣纸的化学成分等的研究。长期以来，日本的文人学士喜用的书画纸之一就是中国的宣纸，虽然日本产优质和纸，但当年不少日本书画家认为，其终究比不上中国的宣纸，为此，日本人曾千方百计从中国搜集关于宣纸的情报并利用先进的科学技术对宣纸进行研究。日本前松陆郎等人1957年采集檀皮试样和关义城所给予的宣纸样品，对之进行了多方面的研究，并分别于1962年、1975年和1975年发表了《檀皮的化学成分》《青檀的纤维形态》《檀皮纤维的长度及宽度》三份研究报告。檀皮的化学成分第一次在异国被揭示出来，研究者通过大量的比较研究，获得大量数据，在此基础上得出结论：宣纸纤维的长度为1.5～5.7 mm，平均为2.9 mm；纤维宽度为3～15 μm，平均为8.3 μm。纤维长宽比平均为278%。

不可否认，日本学者在这一时期对宣纸的深入实验性研究，在宣纸材料研究的历史上是占有一席之地的。

## 4. 1977～1999年底时段的宣纸研究

这一阶段是宣纸研究全面深入的阶段，涌现出了许多宣纸研究人物与研究成果，代表性的有：

（1）潘吉星对宣纸技术的研究。在所著《中国造纸技术史稿》（文物出版社，1979年）、《中国科学技术史·造纸与印刷卷》（科学出版社，1998年）、《中国古代四大发明：源流、外传及世界影响》（中国科学技术大学出版社，2002年）等著作中，论述了宣纸在造纸技术史上的地位、产地、原料、泾县宣纸的起始时间等。特别引人注意的是，潘吉星认为《新唐书·地理志》载有“宣州贡纸”，而“宣纸”一名可能就起源于此。

《中国造纸史》书影
A photo of *The History of Papermaking in China*

（2）穆孝天对宣纸历史的研究。穆孝天长期在安徽省博物馆工作，他在《安徽文房四宝史》（上海美术出版社，1962年）中对宣纸的发展历史做了初步的探讨。其后与李明回合著《中国安徽文房四宝》（安徽科学技术出版社，1983年），其中，书中的第一部分“宣纸”是他个人的著述，既探讨了宣纸史，又论述了宣纸的用料和制造、宣纸编帘与研纸版刻艺术以及宣纸与中国书画的关系等。



[75]
葛兆铣.宣纸帘艺初探[J].安徽文博,1981(1).

（3）葛兆铣对宣纸纸帘编制工艺的首次披露。葛兆铣的主要论文有《宣纸帘艺初探》[75]，发表于1981年第1期《安徽文博》上。作者长期在泾县工作，曾多次深入宣纸产地小岭，走访宣纸编帘工人，仔细了解宣纸编帘工人家族的迁沿史、编帘工艺过程、编帘原料、宣纸帘规格、编帘家族的传统习俗等。

（4）刘仁庆等人对宣纸润墨性、耐久性、变形型、抗虫性等的研究。关于宣纸的润墨性，刘仁庆在1985年第2期《中国造纸》上，与国家档案局的瞿耀良合作发表《宣纸润墨性之研究》，从宣纸的吸附性能、纤维形态和内含成分等三个方面探讨了宣纸润墨效果及其最佳润墨性的原因。在进行大量比较实验研究，取得一系列科研数据的基础上得出以下结论：① 青檀皮韧皮纤维的匀整性好，壁薄，柔软适度，尤其是经自然干燥以后，韧皮纤维细胞壁上分布有许多与纤维长轴平行的皱纹，是制造宣纸的理想原料，也是润墨性佳的重要条件；② 利用现代分析手段，证实了宣纸中存在结晶碳酸钙和无定形二氧化硅两种主要的内含物，指出宣纸的润墨性取决于青檀韧皮纤维细胞壁上皱纹间积留的碳酸钙，而二氧化硅至多只能起到辅助作用；③ 宣纸润墨效果主要表现在纸面吸墨后扩散而呈现纵横向差、吸墨深浅度和浓淡分明的层次性，特种净皮宣纸的润墨性最好，主要是含有青檀皮较多的原因。

继润墨性研究之后，刘仁庆又同瞿耀良合作，对宣纸耐久性进行了研究，在1986年第6期《中国造纸》上发表了他们的研究成果。文中就他们研究过程中的取材、不同温度下的老化试验、预测“寿命”的老化试验等做了详细研证，最后得出的结论是：① 宣纸的耐久性最好，它的寿命（模拟人工老化时间）可达1 050年以上；② 宣纸耐久性好的原因与纸的pH值有密切关系，因此建议为提高宣纸的耐久性，应考虑发展碱性造纸工艺，多生产碱性纸为宜。

刘仁庆先后出版了较多研究宣纸及手工纸的著作，包括《宣纸与书画》（中国轻工业出版社，1989年）、《中国书画纸》（中国水利水电出版社，2007年）、《造纸趣话妙读》（中国轻工业出版社，2008年）、《简明中国手工纸（书画纸）及书画常识辞典》（中国轻工业出版社，2008年）、《中国古纸谱》（知识产权出版社，2009年）、《国宝宣纸》（中国铁道出版社，2009年）等。

（5）严家宽对宣纸性能的改造研究。严家宽曾执教于湖北大学艺术教研室，从一个美术工作者的眼光来研究宣纸，用一个美术家的智慧来改造宣纸，这是一个新视角。严家宽认为，“使用大量长纤维和少量短纤维交织而成的宣纸性能优良”。宣纸是中国“历代书画家选用的主要绘画材料。因为宣纸的质地柔韧，洁白平滑，吸水性好，润墨性强，松而不弛，紧而不实。中国画家针对其性能，创造过工笔、写意、粗笔、减笔、勾勒、湿笔、干笔、渴笔、枯笔、焦笔、颤笔、没骨、泼墨、积墨、宿墨、点簇、渲染、铺水、渍水、六彩……诸技法。这些技法是难以在其他绘画材料上施展开的”；“宣纸的性能是由于宣纸纤维的柔软性和特殊的纵横排列而使它具有亲水性，中国传统画家千百年来的艺术实践证明宣纸性能优良，其他纸张不可取代”。

严家宽也认为宣纸有一些缺陷：纸虽久而不逾千年等，“其原因是宣纸在与环境的接触中随着空气湿度的变化而变化，经年累月而使纸质变脆，易腐、易破损”。基于这些认识和分析，提出了利用生宣纸施胶改造宣纸的办法，其目的是使宣纸具有防湿、防潮、防腐、防虫蛀、耐光、耐久等优点，并保留生宣纸的多空结构和亲水性能。[76]

[76] 严家宽.宣纸的性能及其改造[J].湖北大学学报(自然科学版),1992(1):99-103.

为了检验生宣纸施胶的效果，严家宽曾于1990年8月使用改造后的生宣纸创作完成

刘仁庆著《中国书画纸》等书书影
*Chinese Calligraphy and Painting Paper* and other books written by Liu Renqing

《中国古纸谱》日文版书影
Japanese copy of *A Collection of Ancient Chinese Paper* written by Liu Renqing

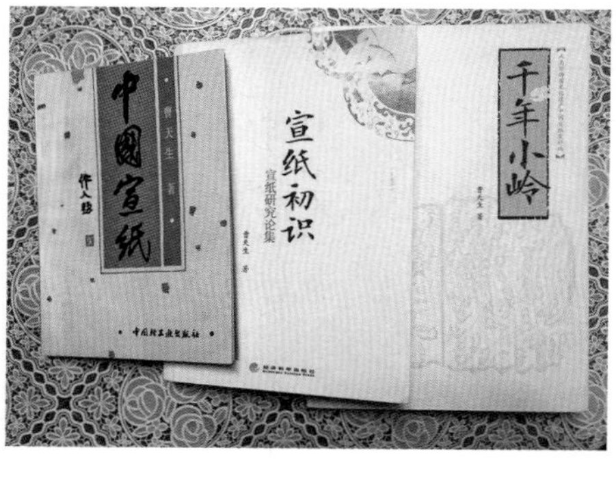


曹天生著《中国宣纸》等书书影
*Chinese Xuan Paper* and other books written by Cao Tiansheng

“澳洲沙漠组画”30幅，并于1990年10月和1991年10月在中国北京画院展览馆和澳大利亚南昆士兰大学举办画展，其融实验性目的的创作效果得到国内外专家的关注。

（6）曹天生对宣纸的研究。曹天生出生于泾县小岭宣纸世家，从20世纪80年代就开始研究宣纸，先后出版了《中国宣纸》（中国轻工业出版社，1993年）、《中国宣纸》（中国轻工业出版社，2000年第2版）、《中国宣纸史》（中国科学技术出版社，2005年）。在

自己的著作中，曹天生提出了自己关于宣纸的一系列观点，如：宣纸源于徽纸的观点，提出宣纸的完整定义，提出宣纸真纸的概念，系统研究外国旧时窃取宣纸技艺的来龙去脉，对宣纸研究的起始进行了界定，对宣纸研究进行了全面的梳理，全面系统研究曹氏家族对宣纸业的历史贡献等。其研究以理论研究和体系架构见长而受到学术界的关注。

（7）吴世新对宣纸的研究。吴世新自1983年起，在各类各级的刊物上发表了宣纸学术研究和有关文章十余篇，内容涉及宣纸历史、现状、传统工艺、现代工艺、原料、品种、人物、掌故等。代表作有：《中国的宣纸》（载《文献》1986年第1期）、《中国特有的宣纸艺术——对传统宣纸生产工艺与奇特宣纸润墨性之研究》（载《中国宣纸艺术国际研究讨论会论文选编》）等。他在《中国的宣纸》中就宣纸的定义提出了自己的见解，认为："现在大家习惯所称的宣纸，其实应称之为'泾纸'或'泾县纸'更符合实际情况。"在《中国特有的宣纸艺术——对传统宣纸生产工艺与奇特宣纸润墨性之研究》中则对宣纸的传统工艺做了较为详细的叙述，探讨了传统工艺与宣纸润墨性之间的关系。

（8）徐国旺对宣纸历史的研究。徐国旺对纸史素有研究，尤对宣纸研究更加用力。其《泾县是中国宣纸的发祥地》一文，利用史籍资料说明某些史籍提及的唐宣纸是泛指唐时宣州一带所产的纸；正本清源，把宣纸界定为必须是以青檀皮为主要原料加工制成的；从造纸技术史的角度排除了南宋以前存在真正宣纸的可能性。

（9）戴家璋等对宣纸历史的研究。由戴家璋主编的《中国造纸技术简史》（中国轻工业出版社，1994年）第八章中专设一节，以较大篇幅就宣纸起源、宣纸主要产地、宣纸品种和规格、宣纸用途、宣纸原料、宣纸制造技术等进行了论述，对一些存在争论的学术问题，提出了作者们自己的认识。同时，还挖掘出了以前一般读者所没有见到过的若干材料。

（10）黄河对宣纸历史的研究。黄河曾任中国造纸学会纸史委员会副主任，并长期担任《中国造纸》杂志"纸史专栏"的责任编辑和《纸史研究》学术专刊主编之职。黄河关于宣纸的著述主要有：《造纸史话》（中华书局，1979年第2版）、《古今纸与古今宣纸综议》（载《中国宣纸艺术国际研究讨论会论文选编》）等。其关于宣纸的主要观点是："第一，宣纸源于唐徽纸，系因地（古宣州府）得名。此说有新、旧唐书等历史文献可考；第二，从多年来的科学实践及对与纸史有关的文献史料考证中，我们发现，……宣纸在一千余年的发展变革中，随着不同历史时期所采用的原料、生产工艺、产品性能与使用价值的演变，宣纸也存在着'古宣纸'与'今宣纸'之别；第三，'古宣纸'与'今宣纸'的重要区别在于唐、宋时期用于书画的'古宣纸'，主要是以楮皮等韧皮纤维（长纤维）为原料，生产出的宣纸表面致密、平滑、拉力较强，但润墨等性能较差，使书画艺术的发挥受到限制；而后世出现的‘今宣纸’（即泾县纸）则是创用青檀皮（韧皮纤维——长纤维）与沙田稻草（草类纤维——短纤维）等为原料，采用了日光漂白、自然干燥和浆内施胶等独特工艺，生产出的宣纸表面平匀、拉力适中、润墨等性能极佳，使书画家不受限制地挥毫、泼墨，尽情发挥中国书画的艺术特色成为可能；第四，‘古宣纸’‘今宣纸’是中国宣纸史上两个不同历史阶段的产物，不可笼统地混为一谈。”[77]

[77] 黄河.古今纸与古今宣纸综议[Z]//载安徽省泾县人民政府办公室编印.中国宣纸艺术国际研究讨论会论文选编.1995.//曹天生.中国宣纸研究百年[J].合肥师范学院学报. 2012(1):45-46.

（11）21世纪初的主要研究者及其成果、主要代表性人物及著作有：

曹天生的《中国宣纸》（中国轻工业出版社，2000年第2版）、《中国宣纸史》（中国科学技术出版社，2005年）、《千年小岭》、《宣纸初识》（中国科学技术出版社，2014年）；

张秉伦、樊嘉禄等的《造纸与印刷》（大象出版社，2005年）；

《造纸与印刷》书影
A photo of *Papermaking and Printing*

樊嘉禄的《造纸（续）·制笔》（大象出版社，2015年）；

王夏斐的《中国传统文房四宝》（人民美术出版社，2005年）；

潘祖耀的《宣纸制造》（中国林业出版社，2006年）；

刘仁庆的《中国书画纸》（中国水利水电出版社，2007年）、《国宝宣纸》（中国铁道出版社，2009年）；

黄飞松的《漫谈宣纸》（中国文联出版社，2008年）、《宣纸》（浙江人民出版社，2014年）、《走走停停》（知识产权出版社，2014年）等；

吴世新的《中国宣纸史话》（中国国际出版社，2009年）；

周乃空的《中国宣纸工艺》（香港银河出版社，2009年）；

汤书昆的《图说中国古代四大发明——造纸术》（浙江教育出版社，2015年），其中对产自安徽的宣纸、澄心堂纸有专门介绍；该书在2016～2018年间已出版了中文繁体字版、英文版、马来文版、僧伽罗文版、德文版、俄文版、阿拉伯文版。

《图说中国古代四大发明——造纸术》
Different versions of *Illustrated Four Great Inventions of Ancient China: Papermaking* by Tang Shukun

2017年12月，调查组在《中国手工纸文库·安徽卷》书稿统稿过程中，获知由泾县地方志编纂委员会编撰的《宣纸志》已完成评议稿。该专业志书为宣纸行业有史以来的第一本通志，以详今溯古、通合古今方式记述，按志书体例志、记、传、图、表、录等诸体并用。全志共设10卷，卷下不分章节，以类目贯之。前冠以序言、概述、大事记，后缀以附录，据编撰方的信息，《宣纸志》已于2019年由方志出版社出版。

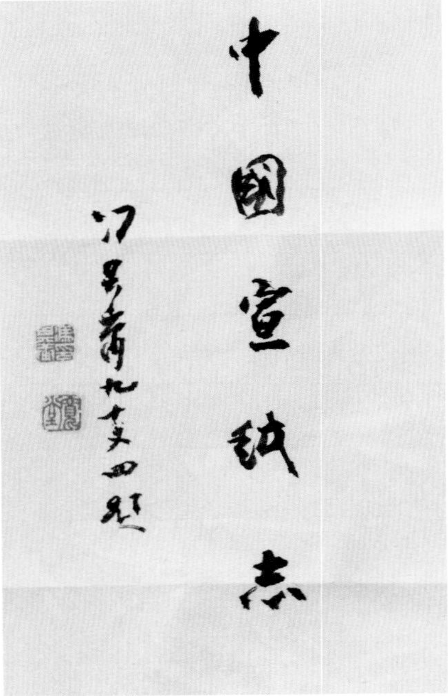


《宣纸志（评议稿）》题词
The inscription of *Record of Xuan Paper*

# 第二章
# 宣纸

Chapter Ⅱ
Xuan Paper

# 第一节

# 中国宣纸股份有限公司

安徽省
Anhui Province

宣城市
Xuancheng City

泾县
Jingxian County

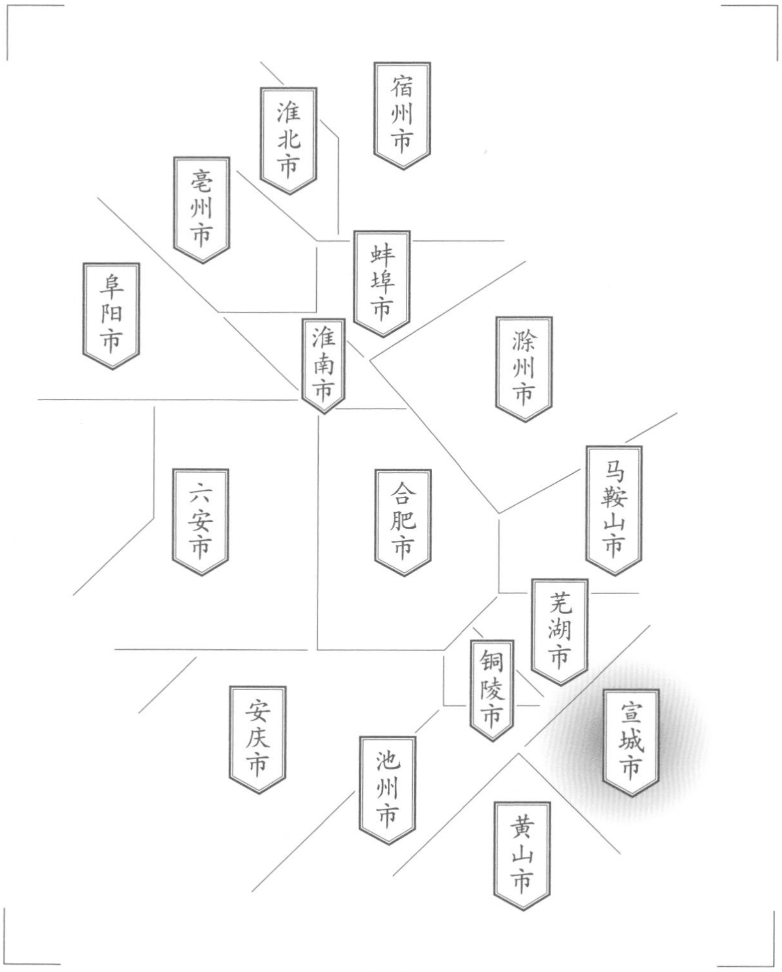


**调查对象**

榔桥镇 中国宣纸股份有限公司 宣纸

Section 1
## China Xuan Paper Co., Ltd.

**Subject**

Xuan Paper
of China Xuan Paper Co., Ltd.
in Langqiao Town

# 一

# 中国宣纸股份有限公司的基础信息与生产环境

## 1
## Basic Information and Production Environment of China Xuan Paper Co., Ltd.

中国宣纸股份有限公司位于泾县境内205国道乌溪段附近，是中国最大的手工纸生产企业。生产基地主体部分归属于泾县榔桥镇乌溪行政村行政区划内，地理坐标为东经118° 31′ 47″、北纬30° 25′ 42″。公司成品宣纸生产基地有位于乌溪关猫山的542分厂和位于荆竹坑（原乌溪乡姚村，调查时已并入榔桥镇乌溪村）的312分厂；原料生产基地位于榔桥镇乌溪村的灰坑、吴家坦、板坑及榔桥镇的郑村，设有板坑、灰坑、郑村3个原料加工厂。公司本部占地面积约为5 $km^2$。

⊙1

从销售渠道布局看,公司本部设有宣纸文化园销售点,泾县县城设有“红星阁”销售分部，北京琉璃厂西街设有“红星宣纸旗舰店”，在淘宝网上设有“红星宣纸官方直销店”。“红星”宣纸是中华人民共和国成立后最早恢复宣纸生产时创设的宣纸品牌。2002年泾县被批准为宣纸原产地域，2006年宣纸入选第一批国家级非物质文化遗产名录，2009年宣纸入选人类非物质文化遗产代表作名录。这些荣誉的取得，都是由中国宣纸股份有限公司作为领衔申报企业进行的。

中国宣纸股份有限公司的前身创建于1951年，历经私营合股、公私合营、国营、股份制4种所有制类型，先后启用过5个企业名称，但在产品品牌上则始终使用“红星”商标。为保护宣纸

⊙1
中国宣纸股份有限公司鸟瞰图
A airscape of China Xuan Paper Co., Ltd.

⊙1

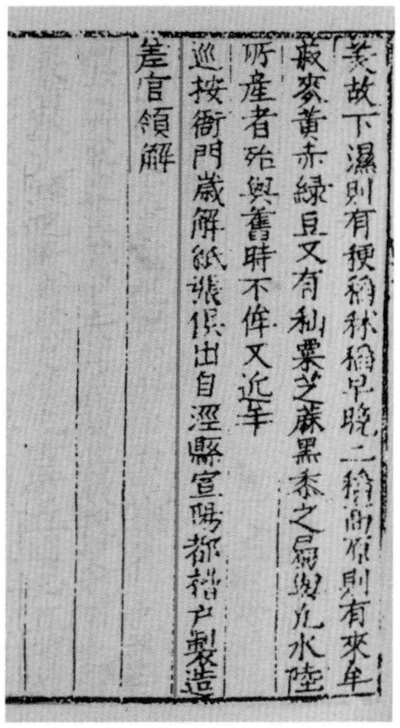

菱故下濕則有粳稻秋稻早晚二稻尙有則有來年
蕎麥黃赤綠豆又有秈粟芝麻黑黍之屬與凡水陸
所產者殆與舊時不侔又近年
巡按衙門歲解紙張俱出自涇縣宣陽都槽户製造
差官領解

⊙2

文化资源，先后完成了以“红星”为主、其他名称为辅的商标群国内及部分国际商标的注册。60多年来，“红星”宣纸始终依靠乌溪一地为生产基地。

乌溪，位于泾县城东、榔桥镇北部，当地人旧称其为关猫山，地方古志则称之为关门山。根据《泾县志》[1]《泾县文化志》[2]转述记载，晋代名臣桓彝（276～328年）墓葬于乌溪。《江南通志·卷三十四》记载：“桓公城，《旧通志》云：在泾县东四十里乌溪岭；《南畿志》云：在桓公岭下，晋桓彝讨苏峻筑此。”时任宣城内史的桓彝为平东晋时期的“苏峻之乱”，在乌溪岭修筑工事抵抗，后被攻破防线，逼进泾城。桓彝死守城池，城破，桓彝被叛军所杀，葬于乌溪。《大清一统志·卷一百一十八》[3]记载：“乌溪在泾县东三十五里，源出慈坑，入赏溪；又南香涧，在县东五十里，源出黄沙岭，西入乌溪。”

根据地理方位研判和旧史志资料分析，乌溪在明代应属于宣阳都*，宣阳都的上级建制是由道乡。明嘉靖三十一年（1552年）编纂的《泾县志·坊都》记载：“由道乡：县东，宋分二十二里，今分为二都。”根据古今地名对照分析，由道乡为现泾川镇、汀溪乡、榔桥镇三乡（镇）交汇处2 000余户村落范围。又嘉靖版《泾县志·土产》记载：“巡按衙门岁解纸张俱出自泾县宣阳都槽户制造，差官领解。”清代乾隆年间《泾县志·山水》记载：“游马山，由百花尖山中出而北趋至此，高险不可升，旁有枫树坪，广数百亩，周围以石垒寨（相传晋桓彝建，尝屯军于

⊙3

⊙1
乌溪水景
Waterscape of Wuxi area

⊙2
明嘉靖版《泾县志》书影
A photocopy of *The Annals of Jingxian County* printed in Jiajing Reign of the Ming Dynasty

⊙3
《大清一统志》中『乌溪』的记载
Records of Wuxi area in *Geographical Situation of the Qing Dynasty*

[1] 泾县方志编纂委员会.泾县志[M].北京:方志出版社,1996.
[2] 泾县文化局.泾县文化志[M].铅印本,1986.
[3] 穆彰阿,潘锡恩,等.大清一统志[M].上海:上海古籍出版社,2008.

* 古代行政单位。《萧山县志》记载：改乡为都，改里为图，自元始。

上）。相连有桃花洞，上悬绝壁，下临清泉，暮春桃花波绿，溪山回映，不减武陵。甘坑、窑坑二水出焉（取甘水以造纸，莹洁，光腻如玉，泾纸称最）达乌溪。”随后的嘉庆年版《泾县志》也提到乌溪所制之纸为泾县最佳[4]。由此可见，乌溪一地制纸历史至少在明代中叶就开始了。

泾县最早于宋代嘉定年间修志，元代没有续修，明代的永乐、宣德、嘉靖三次修志，清代于顺治、乾隆、嘉庆、道光年间四次修志，还有多次补志。历代泾县志、补志多有散佚，只留存了嘉靖、顺治、乾隆、嘉庆完整版泾县志，而这四个时期的县志中均有乌溪制纸为泾县最佳的记载。由此可见，“红星”宣纸作为高级艺术用纸能够驰名于世，除因其为1949年后最早恢复生产的宣纸，且品牌60余年一以贯之，形成了很强的品牌影响外，无疑也与其所处地理位置所形成的优质造纸小环境有密切关系。

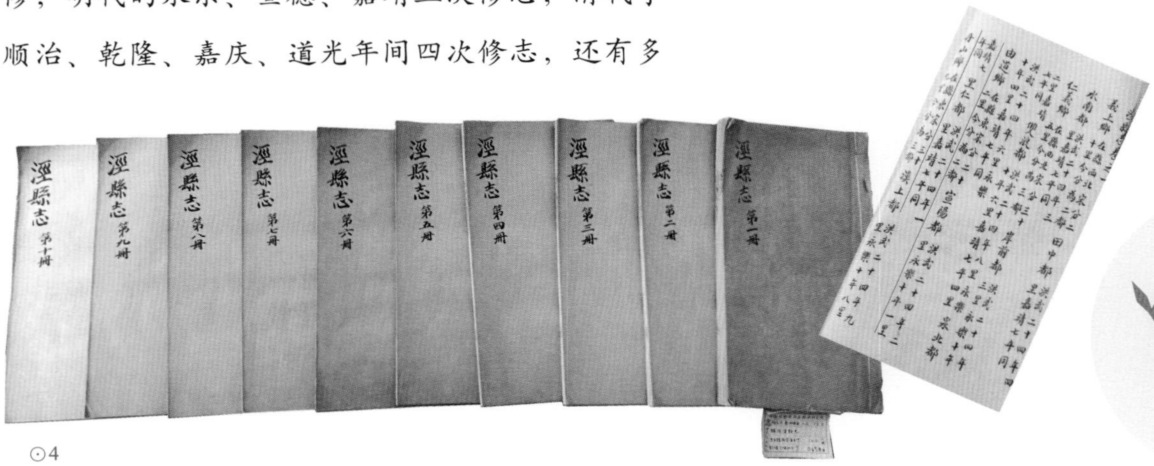


⊙4

⊙5

2016年4月，调查组前往调查时复核的生产数据为：中国宣纸股份有限公司共有106个手工造纸槽位，其中三丈三纸槽1个、二丈纸槽1个、八尺纸槽1个、六尺纸槽15个、尺八屏纸槽4个、60 cm × 180 cm纸槽1个、四尺纸槽84个。2016年因受行业波动影响，保持正常生产的有63个纸槽，其中542分厂34个，312分厂26个，宣纸文化园3个。2014年调查组预调查时，所有四尺、六尺、尺八屏、60 cm × 180 cm纸槽均呈满负荷生产状态，当年年产宣纸710余吨。

截至2016年10月，中国宣纸股份有限公司拥有国内注册商标8个，其中，除主商标“红星”外，还有“鸡球”品牌、“皇冠”品牌、“乌溪(星红)”品牌、“红星宣”品牌、“红星墨液”品牌、“神龙祥云”品牌、“千秋檀神”品牌；公司先后在澳大利亚、中国香港、中国台湾、韩国、日本、美国、新加坡等国家和地区完成了“红星”商标的注册。此外，受泾县地方政府委托，代为管理的商标有原泾县小岭宣纸厂的“红旗”品牌。

“红星”宣纸产品销售分国（境）外与国（境）内两种渠道，外销出口对象主要是日本、韩国等国家和地区，最高出口年份达400余万美元；国内以层级代理方式销售，其中设一级代理20多家，二级代理100余家，三级代理则数量更大，遍布全国（含香港）大中城市及部分宣纸需求量大的小城市，最高年销售收入21 490余万元。

[4] [清]李德淦,洪亮吉.泾县志[M].汪渭,童果夫,点校.合肥:黄山书社,2008:129.

⊙4 明嘉靖版《泾县志》书影 A photocopy of *The Annals of Jingxian County* printed in Jiajing Reign of the Ming Dynasty

⊙5 『红旗』牌商标图案 Logo of "Red Flag" Brand

路线图

泾县县城

↓

中国宣纸股份有限公司

Road map from Jingxian County centre to China Xuan Paper Co., Ltd.

# 中国宣纸股份有限公司位置示意图

# Location map of China Xuan Paper Co., Ltd.

考察时间
2016年4月

Investigation Date
Apr. 2016

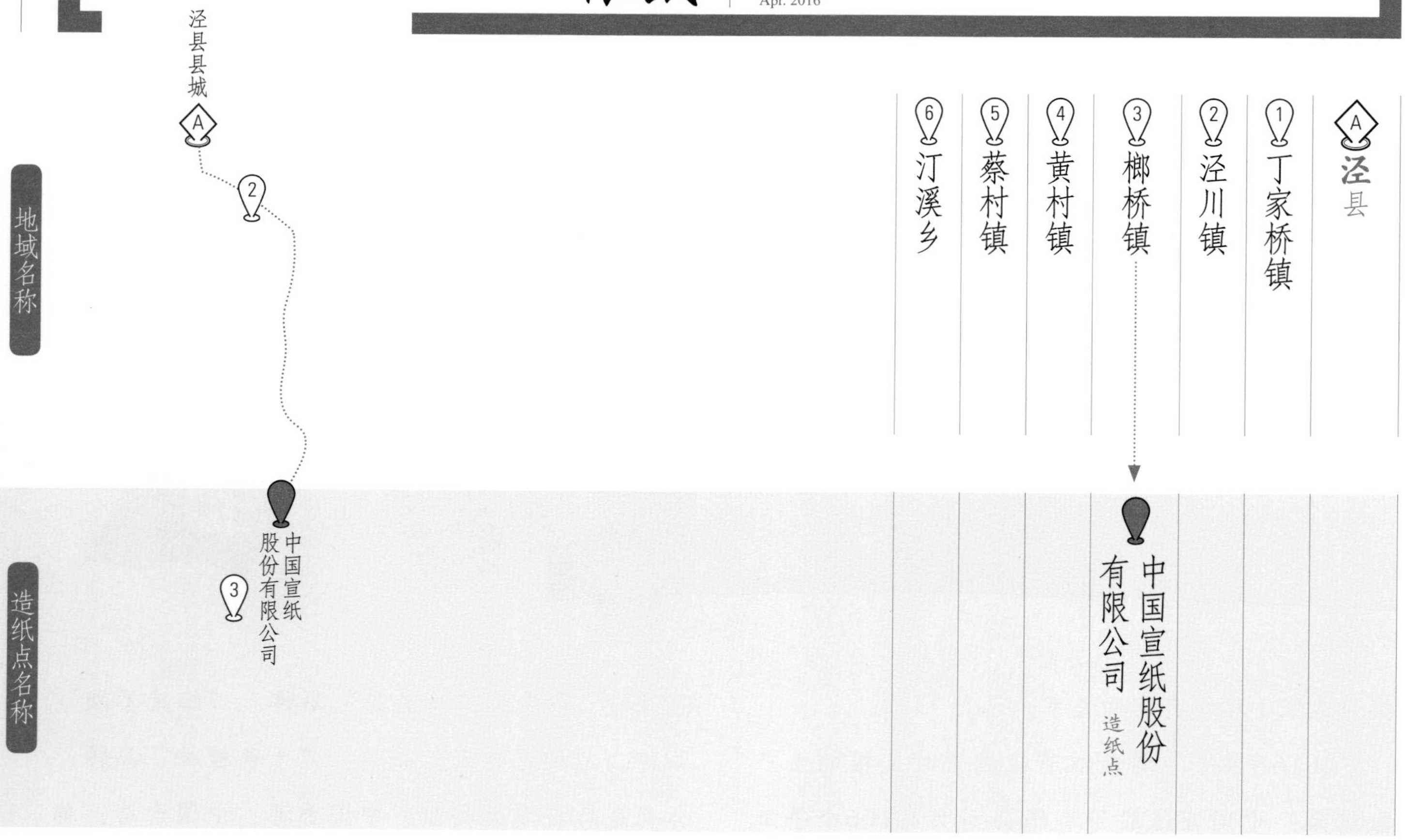


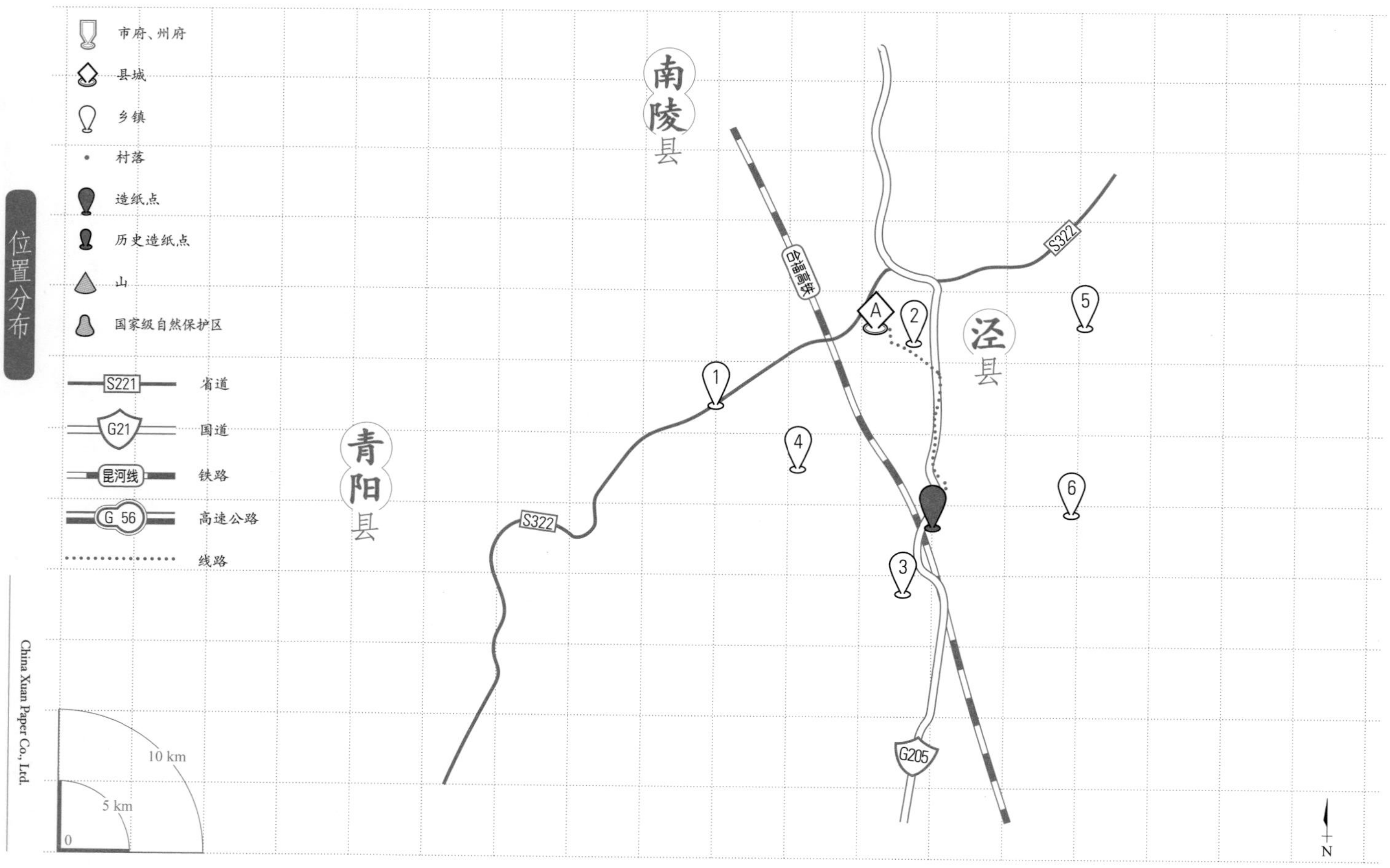

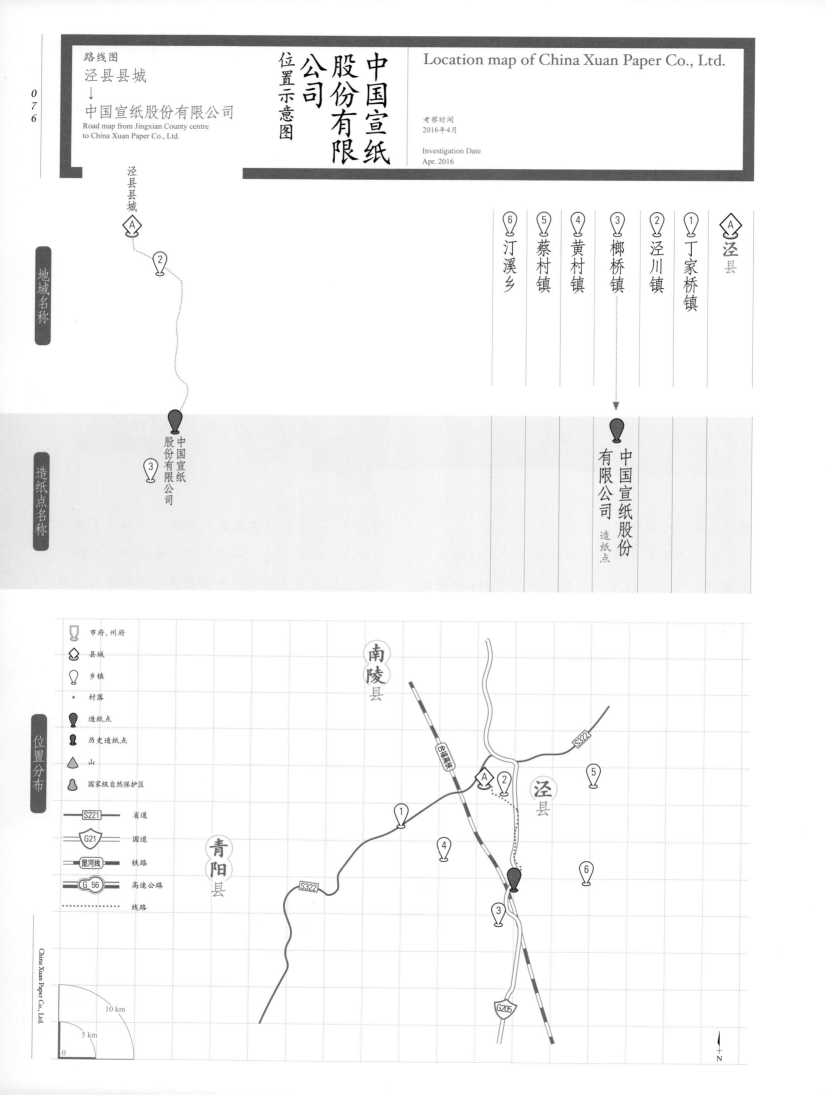

# 二
# 中国宣纸股份有限公司的历史与传承情况

# 2
# History and Inheritance of China Xuan Paper Co., Ltd.

## (一)
## 传承历史[5]

### 1. 背景

1949年4月，中华人民共和国泾县地方政府开始对全县含宣纸行业在内的工商业进行全面摸底分析。当年9月16日内部印制的《泾县宣纸报呈》记载:“中华民国十年（1921年）至抗战前夕为宣纸业的全盛时期，其时有槽户三四十家，主要分布在小岭、东乡一带，纸槽120余帘，连年产纸700余吨，时值70余万银元，造纸工人2 000余人，原料采制工人3 000余人，直接或间接依宣纸为生者约近两万人之多。”[6]另据泾县宣纸厂于1956年对全县宣纸业的调查记录，抗日战争前全县有40余家槽户的宣纸厂家，144帘槽的宣纸生产，年产宣纸700吨。尽管此次调查开展方只是公司前身的泾县宣纸厂，而且调查时间截点也不一样，但其调查结果与1949年9月泾县地方政府的调查数据还是比较接近的。

抗日战争全面爆发后，泾县地方经济日益萧条，据民国二十九年（1940年）十一月的泾县地方政府统计：“只有24帘槽生产，以后还逐年减少，主要原因：宣纸生产厂家肩负着繁重的苛捐杂税，因战乱交通常有堵塞，运输时间拖长，厂家资金周转困难，货物积压，工人没有生计，生活难以维持，无心生产，少量的宣纸生产也是粗制滥造，廉价出售，工厂亏本。再因建国前国民政府经济崩溃，通货膨胀，纸币日益下跌，无法经营，加上纸乡田地少，工人没有食粮，造成工厂纷纷倒闭，宣纸生产一落千丈，生产设备毁坏，厂房倒塌，宣纸原料荒芜，到建国前夕只剩下破旧的几个纸槽，而且全部停产。宣纸工人只能依靠砍柴度日。”[7]表2.1为《泾县志》记载的1948年10月各旬纸价的巨大价格浮动，更能直观反映当时的社会经济状况。

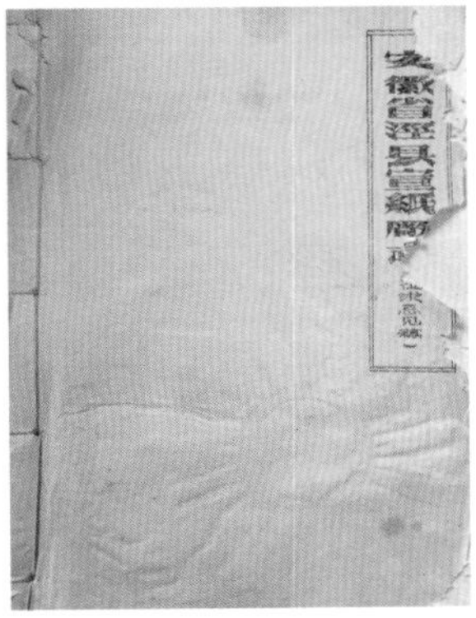
⊙1

⊙1 打字油印版《泾县宣纸厂志》
A mimeograph of *Records of Xuan Paper Factory in Jingxian County*

[5] 泾县宣纸厂志[Z]打字油印版，1986:20.
[6] 泾县宣纸厂志[Z]打字油印版，1986:21.
[7] 泾县宣纸厂志[Z]打字油印版，1986:21.

表2.1 民国三十七年（1948年）十月极不稳定的宣纸价格（《泾县志》1996年版第259页）
Table 2.1 The unstable prices of Xuan paper in 1948 (printed in *The Annals of Jingxian County* in 1996, page 259)

| 品名 | 计价单位 | 价格（金圆券：元） | | | |
|---|---|---|---|---|---|
| | | 月平均价格 | 上旬价 | 中旬价 | 下旬价 |
| 料半（4尺单） | 刀 | 16 | 5 | 15 | 30 |
| 科举（5尺单） | 刀 | 33.5 | 4.6 | 46 | 50 |
| 6尺疋（6尺单） | 刀 | 46.7 | 7 | 42 | 91 |
| 四尺夹连 | 刀 | 40.4 | 4.3 | 47 | 70 |
| 五尺夹连 | 刀 | 50.2 | 6.5 | 64 | 80 |
| 六尺夹连 | 刀 | 71.1 | 8.9 | 85 | 120 |
| 黄料半 | 刀 | 12.6 | 2.8 | 7 | 28 |

1949年中华人民共和国成立后，流落在外乡的造纸工人逐渐回到家乡，散失在全县各地的宣纸工人生活也相对安全稳定。1949年11月，有3家造纸企业开始恢复生产：乌溪关猫山曹康乐等人，利用原怀远庄宣纸厂旧厂，由14户投资时价320担大米的资金，恢复了2帘槽的生产。其中：固定资金时值约20担大米，流动资金时值约300担大米。曹康乐任经理，曹世舜任副经理，商号为“新生宣纸厂”。这是当时泾县最大的宣纸生产厂家。古坝村的中郎坑开设了“民生宣纸厂”，曹民甫任经理，曹先登任副经理。小岭村的元龙（牛笼）坑开设了“三合成宣纸厂”，曹世进任经理，曹慕陶任副经理。1950年至1951年9月间，先后又有曹清和在小岭村组织了“曹兴泰宣纸厂”，曹康乐在小岭村金溪（坑）开办了“曹允吉宣纸厂”，曹宁志在小岭村开办了“工友宣纸厂”。以上这些厂坊都是槽户以合资形式建立的，除此之外，曹康松、曹耿生二人还分别组织了“宣纸生产小组”。

独资形式的厂有：曹元忠在小岭村许湾组织了“曹恒吉宣纸厂”；曹世进在坝头村东坑组织了“曹宝发宣纸厂”。还有一些小厂在较短时间里自行开槽，时间不久就歇业，因时间短、规模小，没有资料记录。在宣纸加工方面，陈廷驹在小岭村的大成开设了“陈廷记色宣加工坊”。据当年的资料记载，当时直接从事宣纸生产的从业人员有300余人，先后有15帘槽生产。

由于政局初定，信息沟通、交通运输不畅，加上各新厂资金不足，产品销售困难，基本都以当地及周边地区民用为主，少量的宣纸通过渠道外销，且价格低廉。厂家只是利用原积压的原料（燎皮、燎草）生产并销售一些纸，用回笼资金来维持工人最低的生活，总体还是入不敷出，处

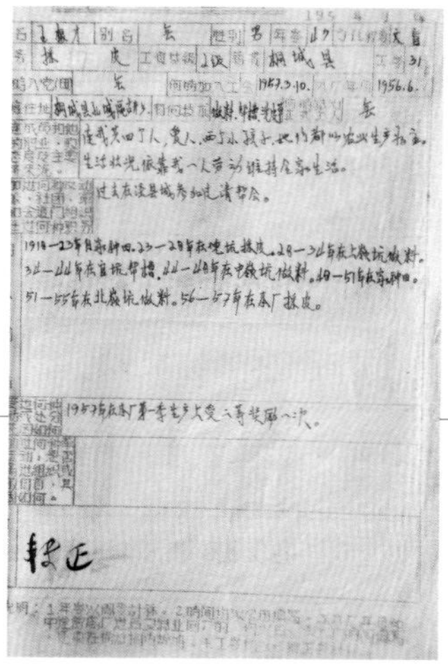
⊙1

⊙2

于生产了要亏本，不生产又无来源的两难之中，时常出现这边生产、那边歇业的波动状况。

1950年，泾县人民政府根据厂家情况而发文：因宣纸是装饰品工业，受淘汰、价格低廉、

⊙1 旧日的泾县宣纸厂工人履历表
Resume of a worker from Xuan Paper Factory in Jingxian County in old days

⊙2 皖南泾县宣纸联营处使用的印戳（上）、徽章（下）
Seal (upper) and badge (lower) of Xuan Paper Joint Business Department in Jingxian County of Southern Anhui

不够成本，准予歇业4户。1951年12月，据泾县油纸专业公会的报表记载：宣纸厂家原有5户，新开2户，歇业4户并入泾县宣纸联营处，现有3户。这3户分别为宣纸联营处和2户宣纸生产小组（1952年歇业）。1951年宣纸产量按季度统计分别为：一季度249件*，二季度195件，三季度45件。总体状况是开业后逐渐歇业，产量猛降，宣纸工人处于动荡不安的失业或半失业状态中。

## 2. 联营[8]

1949年9月15日，泾县人民政府政治处上报皖南区宣城行署文，述及：“宣纸产于泾西小岭及东乡一带，第以累世相沿，子孙恪守旧法，虽有前进，职工屡欲因时改进，因限于经济力量及科学工具，而鲜有成功。按小岭自然环境，四面环山，绝少田地，居民有四五千人，无论男女老幼，胥赖制造宣纸原料及宣纸以维生计，近十数年来，国内频于战争，交通不便，关于宣纸运输费用太高，益以捐税，负担太重，宣纸产额非特不见增加，甚且日有减少，抗战以后，宣纸生产事业逐渐失败，事所必然。胜利后虽有少数槽户继续营业生产，亦朝不保夕，勉强维持，迨至皖南解放以后，社会经济现状全面紧缩。宣纸既非日常生活必需用品，所有成品，势成无从倾销。因此，资金来源形成中断现象，益以食粮缺乏，不能全部停工，以至今日且有少数槽户工资尚不能如数清偿。目前秋谷登场，凡属宣纸工业劳资两方迫于生计，渴欲复业，经再四研讨，同业中均无力独资经营，拟采用劳资合作共同生产为复业原则，一方面呈请人民政府予以经济上扶助，一方面研讨联合生产统一运销计划，以解决五千失业职工之生活问题。”

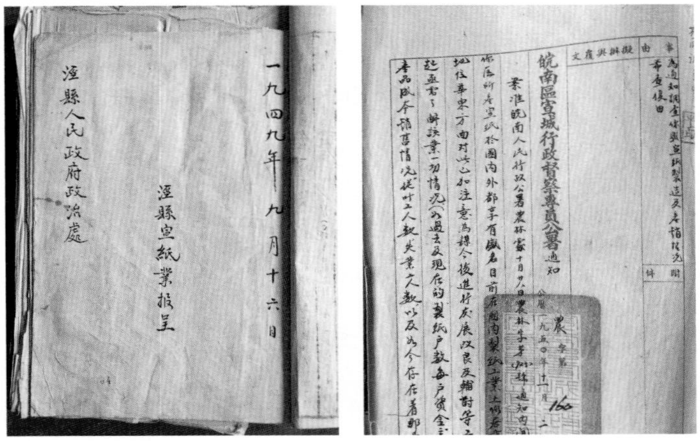

⊙3

皖南区宣城行政督察专员公署于1950年11月2日下发通知，转专员冯金池亲笔信：泾县人民政府《调查你县宣纸制造及产销情况》。文内并叙：“查你区所产宣纸于国内外都享有盛名，目前在国内制造工业上仍居重要地位，华东方面对此已加注意，为谋今后进行发展、改良及辅导等工作，亟须了解该业的一切情况。希望与合作社土产公司协同详查，于十一月三十日前见告，以便呈报华东农林部等，因希于即日内派专人去调

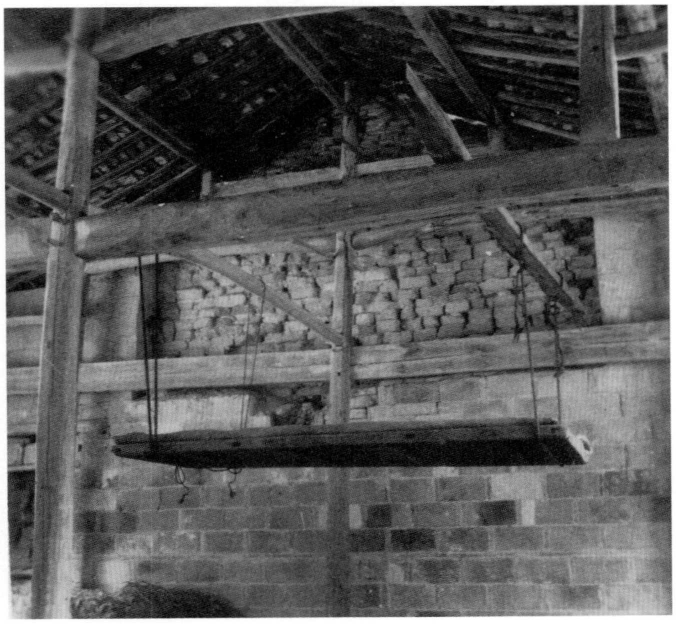
⊙4

* 件：宣纸行业计量单位。按四尺宣纸计算，当时一件为20～25刀宣纸；改用纸箱为宣纸外包装后，一件为9～10刀。

[8] 泾县宣纸厂志[Z]打字油印版，1986:22.

⊙3 泾县宣纸业报呈（左）、冯金池专员回函（右）
Report of Xuan Paper in Jingxian County (left) and Commissioner Feng Jinchi's Reply (right)

⊙4 联营期间工人睡觉吊床旧照
An old photo of hammock for workers during the joint venture period

查了解，连同你县所有过去的材料系统整理报来为荷。”有此鼓励，泾县人民政府于1950年11月14日重新组织调查，调查重点就是历代生产宣纸较为集中的产地——小岭区域。

泾县人民政府于1951年7月委派县工商科副科长高峰、县油纸公会主任戴少鹞二人到小岭进行发动、组织调查事项，并在小岭曹氏宗祠召开会议，参加会议的有小岭、许湾、簮缨三个自然村的村干部（村长、农会主任、治安员、民兵队长）和原大厂的经理、资方人员。后期又在曹世舜家由曹康乐主持召开了两次会议，所有有纸槽的人家都参与。会议汇报了“合作”准备工作，讨论了宣纸业联合的组织名称，会上由曹人则提议叫“泾县宣纸联营处”，并取得了一致同意。各自然村推选出15人任联营处筹备董事，组成了筹备委员会董事会，公推曹康龄为董事长，曹俊仁为副董事长。生产地点选择了乌溪关猫山、小岭许湾、汪宜坑、元龙坑四个地方。选址考虑的主要原因是这些地方自然水源充足，有旧厂房、生产人员离家近，原料运输方便。

1951年9月恢复了5帘纸槽的生产，职工人数108人。联营处为各地商人方便联系，便于来往信件的及时投递，将办公地点设在县城，临时租用泾县北大街72号的门面，管理人员有正、副经理各1人，职员3人，工人1名，1951年10月正式开业，启用1.5 cm×5.7 cm、2 cm×8 cm两方长印戳。联营处下属4个宣纸厂，2个原料加工组，管理上实行经理负责制。

### 3. 合营[9]

1951年8月，政府对宣纸生产做出统筹安排，将分散于全县各地的70多户旧宣纸厂主，由各厂家联合共同组成一个董事会，董事会在县城下设“宣纸联营处”，共组织了5帘槽分4个厂进行宣纸生产，分别是：一厂在乌溪，2帘纸槽生产；二厂在许湾，1帘纸槽生产；三厂在汪宜坑，1帘纸槽生产；四厂在元龙坑，1帘纸槽生产。每厂配1个管棚（类似工头）来管理生产，设副经理、业务销售各1名，另设有主办会计、会计、出纳和采购员若干名。“宣纸联营处”统一经销宣纸，但由于销路不畅，不久就停了1帘槽。1952年6月，在泾县召开安徽皖北、南京市、芜湖专区及泾县

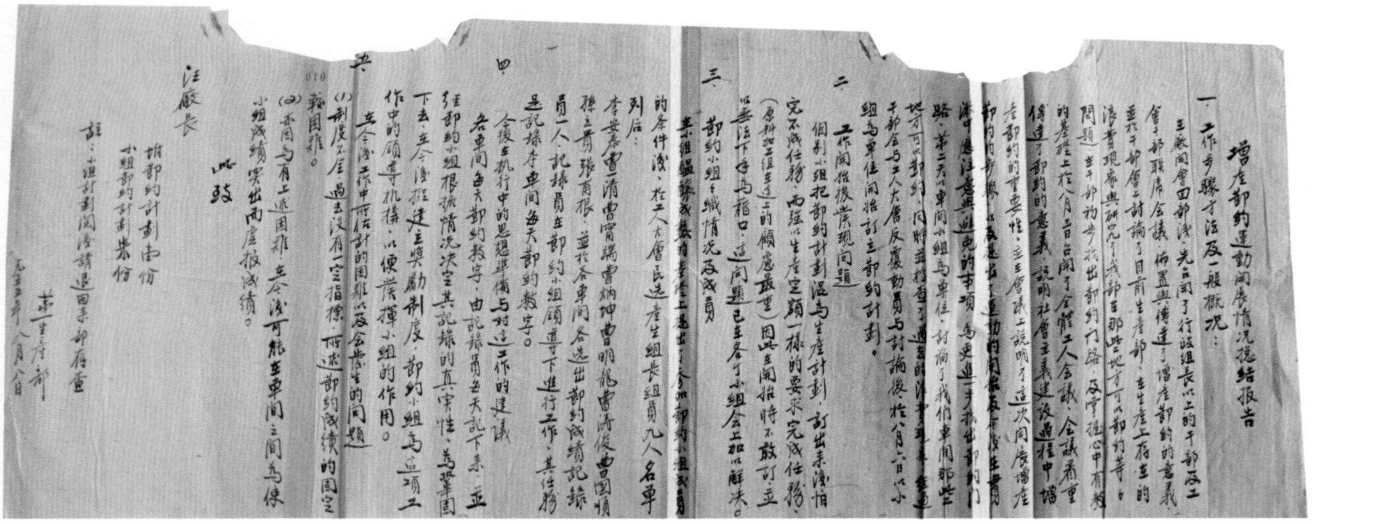


⊙1

⊙1 联营期间的增产节约总结报告
Financial report of increased production and reduced cost during the joint venture period

[9] 泾县宣纸厂志[Z]打字油印版，1986:24.

城乡物资交流会，交流会的举办给宣纸销售带来了契机，使宣纸产销达到一定的平衡，维持了5帘槽的宣纸生产。联营期间，由于宣纸生产大多使用新中国成立前已加工的原料，也是新中国成立初期各厂单独生产挑剩下的，原料品质大多低劣，还有的槽户使用生料制作，使所产宣纸质量急剧下滑。当时宣纸生产陷入的困境是：若各厂自行制作新原料，则大量缺少资金。

1953年12月28日，“宣纸联营处”以书面方式向泾县油纸公会、泾县工商联、泾县工商科、泾县人民政府报告，提出公私合营并要求政府派员领导。次日，“宣纸联营处”董事会推举当时的经理曹康龄为资方代理人，作为私股的全权代表，筹备合营事务。届时，恰逢北京荣宝斋经理侯凯、业务员田宜生应中央领导急用宣纸，持中宣部公函到安徽了解宣纸生产情况，安徽省委责成省工业厅派员参加调查。调查组到泾县后，正值泾县工商科科长高峰等谋划筹建“公私合营泾县宣纸厂”。侯凯、田宜生为促进宣纸生产，为筹建合营向上反映情况而往返于合肥、泾县一个

⊙2

⊙2 公私合营私股领息凭证
Stock interest receipt of the joint venture

多月时间。因侯凯等人的公正协调和向前推进，安徽省人民政府于1954年1月27日进行了批复，得知批复后，侯凯二人才返回北京。对于投资问题，安徽省财政厅批复：“在华东尚未分配我省公私合营资金年度预算前，该款先由我厅拨付三亿五千万元（旧币）。”随即芜湖地委、芜湖专署、泾县人民政府正式派员联系“宣纸联营处”董事会商共同组建事宜。

1954年2月18日，泾县小岭村成立“公私合营泾县宣纸厂”筹备处，开始清理财产。20日召开了私股董事会，会议认为曹康龄对联营无投资，不具有代表性，推选为私股代表不妥。遂改推选曹子荣为私股代表，建立了私股筹备合营委员会，委员由曹世定、曹元忠、曹康沅、曹松寿、曹康龄、曹俊臣、曹良志7人组成，确定当天为财产清理交接日。21日，召开了公私合营泾县宣纸厂筹委会，私方代表全部出席会议，讨论了财务、政务交接事宜，成立了由公方、私方共同组成的行政组和财务组。28日，联营董事会又推举曹子荣为私方代表在合营协议书上签字。3月2日正式签署了《公私合营泾县宣纸厂协议书》，议定事项：公方投资3.5亿元（旧币），私方投资1.144亿元（联营处的固定资产、原料、成品等折价，不含流动资金64.89万元），下设3个生产部，公方确定正厂长1名，为行政领导；私方推举曹康龄任副厂长，负责生产。3月16日，泾县人民政府派陈建华为公方代表就任泾县宣纸厂历史上第一任厂长。陈建华到任后，县政府先后于3月、4月、10月派来3人分别任工务股、会计、生产等部门负责人。自此，“公私合营泾县宣纸厂”开始了正常的生产、经营和管理工作。

### 4. 国营[10]

1966年9月23日，中共中央批转了国务院财贸办公室和国家经济委员会《关于财政贸易和手工业方面若干政策问题的报告》（以下简称《报告》）后，泾县于1966年10月23日在泾县大会堂召开大会，全文宣读《报告》。次日，公私合营泾县宣纸厂根据《报告》精神，具文上报给泾县

[10] 泾县宣纸厂志[Z]打字油印版，1986.

县委，要求将“公私合营”转为“国营”，主要内容有：①“公私合营泾县宣纸厂”改为“国营泾县宣纸厂”，废除一切旧印、信，使用“国营泾县宣纸厂”的新印、信；②撤销私方代表并撤除资方代表曹康龄副厂长职务，另行安排工作；③暂时停止支付资本家的定息。1966年11月28日，安徽省轻工业厅发“〔66〕轻办字第21号”文件，批准“公私合营泾县宣纸厂”改为“安徽省泾县宣纸厂”，并颁发新公章，于1967年1月1日正式启用，完成了公私合营到国营的转换。

### 5. 隶属变化

中国宣纸股份有限公司因时代、体制等关系，其隶属关系也在不断发生变化（表2.2）。宣纸联营期间，泾县宣纸厂属于泾县管理。公私合营期间，泾县宣纸厂的隶属关系多次发生变化：1961年10月之前，先后为泾县工商科、公交科、商业局、工业局管理；1961年11月，由芜湖专区商业局过渡，转至安徽省手管局管理；1964年5月，转至安徽省轻工业厅管理。1966年，经安徽省轻工业厅批准，将“公私合营泾县宣纸厂”更名为“安徽省泾县宣纸厂”，属于省级地方国营

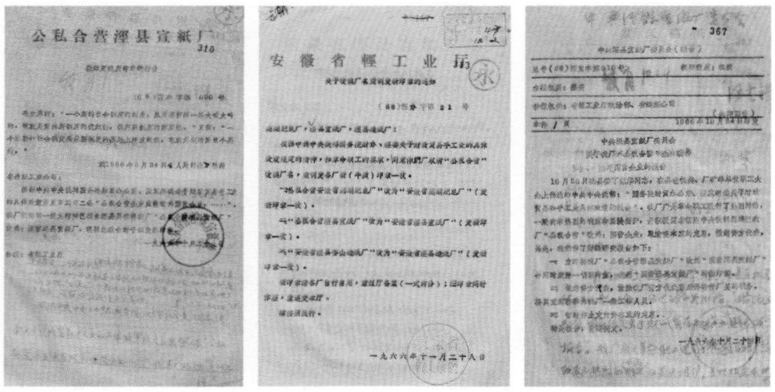


⊙1

表2.2　隶属关系变化表
Table 2.2　Change of affiliation

| 主管机关 | 起讫年月 | 备注 |
|---|---|---|
| 泾县油纸专业公会 | 1951.10～1954.2 | |
| 泾县工商科 | 1954.3～1954.12 | |
| 泾县工业科 | 1955.1～1957.9 | |
| 泾县公交科 | 1957.10～1958.3 | |
| 泾县商业局 | 1958.4～1961.6 | |
| 泾县工业局 | 1961.7～1961.10 | 从1961年起，系芜湖专区管理企业 |
| 芜湖专区商业局 | 1961.11～1961.12 | |
| 安徽省手管局 | 1962.1～1964.4 | 直属厂，性质为省级地方国营管理 |
| 安徽省轻工业厅 | 1964.5～1968.7 | |
| 泾县生产指挥组 | 1968.8～1970.12 | |
| 泾县工业局 | 1971.1～1980.4 | |
| 泾县经济委员会 | 1980.5～1984.12 | |
| 中国宣纸公司 | 1985.1～1986.12 | |
| 泾县宣纸工业局 | 1987.1～1992.2 | |
| 泾县经济委员会 | 1992.3～ | 泾县经济委员会曾先后改名为工业局、经济与信息化委员会 |

性质；1968年8月，隶属关系改成泾县生产指挥组至今，则一直归属于泾县地方管理。

### 6.集团化

1978年改革开放以来，泾县的宣纸产业蓬勃发展。为加强管理，1985年，泾县设立了中国宣纸公司，对全县宣纸行业的原料定价、收购范围进行了规范化管理；对各厂产品定价、年度任务、发售渠道也进行了计划管理。1987年，又成立了管理机

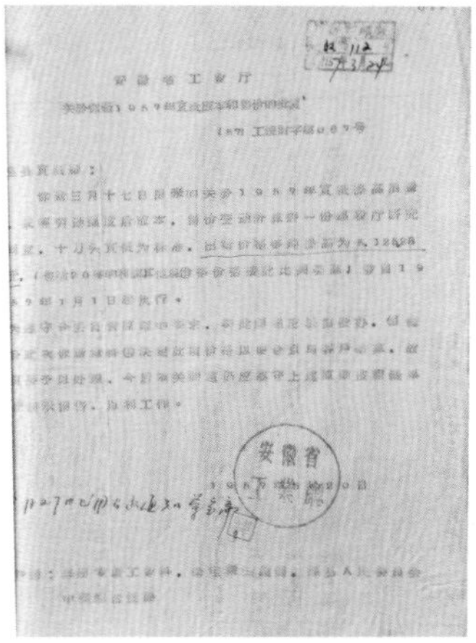

⊙2

⊙1
1966年形成国营体制的相关原文件
Original documents of forming state-owned enterprises in 1966

⊙2
1966年的安徽省轻工业厅文件
Document issued by Anhui Department of Light Industry in 1966

关——泾县宣纸工业局，重点对全民所有制宣纸企业泾县宣纸厂、泾县宣纸二厂，集体所有制企业泾县小岭宣纸厂进行人事、工资、行业自律等方面的管理与整体调控。

1992年，经安徽省人民政府批准，将国营安徽省泾县宣纸厂、泾县宣纸工业局、中国宣纸公司3家企事业单位合并，组建中国宣纸集团公司，继续使用“安徽省泾县宣纸厂”为从属名称。集团本部设立了二厂、五部、一室、一所、一堂、一司（即542厂、312厂，生产部、物资供应部、进出口经营部、计划财务部、人保部，办公室，宣纸研究所，县城销售宣纸的翰墨堂，劳动服务公司）；将泾县宣纸二厂、泾县小岭宣纸厂、泾县李元宣纸厂、泾县金星宣纸厂、泾县汪六吉宣纸厂等规模企业归属于集团公司紧密层企业，对紧密层企业重点扶持。

1993年10月，由中国宣纸集团公司投资兴建的宣纸大厦开业，内设红星大酒店（按三星级宾馆配置）、宣纸博物馆、商场。其中宣纸博物馆馆名由赵朴初题写；2000年管理权移交给泾县政府，由泾县文化局重新在水西管委会开辟地方布展，与泾县博物馆合署；2003年该博物馆被拆除。2015年12月，由中国宣纸股份有限公司在宣纸文化园内重建宣纸博物馆并开馆。2004年，中国宣纸集团公司施行企业改制，宣纸大厦所属资产作为辅体资产被整体剥离。

## 7. 上市

1996年，中国宣纸集团公司作为独家发起人，成立了安徽红星宣纸股份有限公司，总股本为5 000万股，其中社会公众股占34%。当年10月，中国宣纸集团公司在深圳证券交易所挂牌上市，共募集资金近1亿元。2000年，引进芜湖海螺型材科技股份有限公司为战略投资者，进行资产重组，上市壳资源归芜湖海螺型材科技股份有限公司所有，中国宣纸集团公司占海螺型材15%的股份。2004年，中国宣纸集团公司实行企业改制，为筹集改制资金，出让芜湖海螺型材科技股份有限公司15%的股份。

泾县人民政府文件

泾政发(1992)29号

关于决定成立“中国宣纸集团公司”的通知

宣纸集团公司筹备领导组：

宣纸是我县独特的工艺珍品。为了加快发展宣纸产业，必须进一步深化改革，调整企业结构，促使生产要素合理流动，充分发挥宣纸企业的群体优势。宣纸集团公司经过一年多的积极努力，各项筹备工作已基本就绪，经研究，决定成立“中国宣纸集团公司”。

希抓紧做好申报、注册、登记和内部财务及机构设置等各项事宜，待上级批准后，即开展集团的生产经营活动。

一九九二年三月三十一日

抄送：县委、人大、政协办公室，经委、计委、乡企局、宣纸厂、宣纸局、宣纸公司

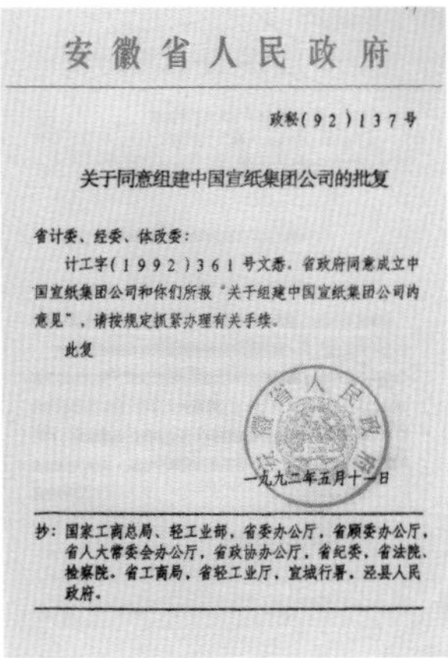

安徽省人民政府

政秘(92)137号

关于同意组建中国宣纸集团公司的批复

省计委、经委、体改委：

计工字(1992)361号文悉，省政府同意成立中国宣纸集团公司和你们所报“关于组建中国宣纸集团公司的意见”，请按规定抓紧办理有关手续。

此复

一九九二年五月十一日

抄：国家工商总局、轻工业部，省委办公厅，省顾委办公厅，省人大常委会办公厅，省政协办公厅，省纪委，省法院、检察院，省工商局，省轻工业厅，宣城行署，泾县人民政府。

⊙3

⊙4

## 8. 改制

2004年3月，泾县县委、县政府成立了中国宣纸集团公司改制指导组，进驻企业指导改制。5月，公司全面停产并采取了“先置换，后招聘”的改制方法，6月底将所有的职工身份置换完毕。7月份开始，新组建的中国宣纸集团公司分两次回招企业原职工，逐步恢复了全部宣纸生产。根据“精干主体，剥离辅体，减轻包袱，加快发

⊙3 关于组建中国宣纸集团公司的相关文件
Documents announcing the formation of China Xuan Paper Co., Ltd.

⊙4 『深交所』挂牌上市发布会现场
News Release Conference for listing in Shenzhen Stock Exchange

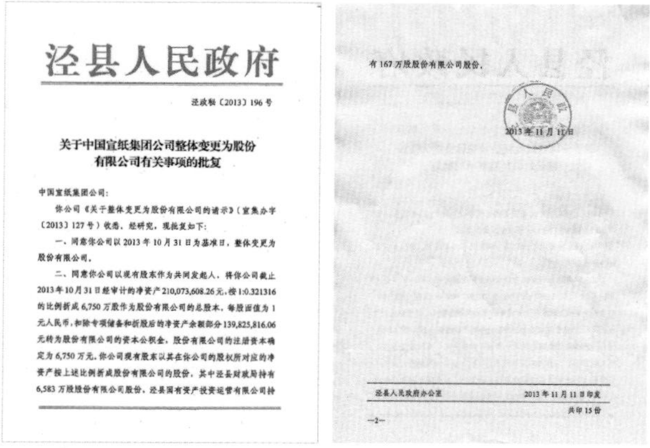

泾县人民政府

泾政秘〔2013〕196号

关于中国宣纸集团公司整体变更为股份有限公司有关事项的批复

中国宣纸集团公司：

你公司《关于整体变更为股份有限公司的请示》（宣集办字〔2013〕127号）收悉，经研究，现批复如下：

一、同意你公司以2013年10月31日为基准日，整体变更为股份有限公司。

二、同意你公司以现有股东作为共同发起人，将你公司截止2013年10月31日经审计的净资产210,073,608.26元，按1:0.321316的比例折成6,750万股作为股份有限公司的总股本，每股面值为1元人民币，扣除专项储备和折股后的净资产余额部分139,825,816.06元转为股份有限公司的资本公积金，股份有限公司的注册资本确定为6,750万元，你公司现有股东以其在你公司的股权所对应的净资产按上述比例折成股份有限公司的股份，其中泾县财政局持有6,583万股股份有限公司股份，泾县国有资产投资运营有限公司持有167万股股份有限公司股份。

2013年11月11日

泾县人民政府办公室　2013年11月11日印发

共印15份

—2—

⊙1

展”的总体要求，只保留了542厂、312厂、原料生产车间和红星药业的股份，将大酒店、商场、旅行社、加油站、工艺品厂、纸箱厂等辅体资产进行剥离并以拍卖方式处置。

改制后经过10年的发展，中国宣纸集团公司从年销售收入不到4 000万元发展到2014年的21 490余万元。2013年11月，中国宣纸集团公司引进中国通用投资咨询公司、科大讯飞股份有限公司为战略投资者，完成了新一轮股份制改造，整体改制为中国宣纸股份有限公司。

## (二)
## “红星”注册商标

中国宣纸股份有限公司的注册商标为“红星”，1999年被认定为中国驰名商标。其商标的命名来源于中华人民共和国成立前，宣纸的封刀印上部均要盖“官”字，表示已经官方登记。1949年后，“宣纸生产联营处”引用此前的文化习惯，但又认为使用“官”字已不合时宜，经过讨论，当时的宣纸工人一致建议用国旗上的“红星”替代旧的“官”字作为“封刀印记”，以示宣纸行业在政府的支持下的新生。1982年，中国实施了《商标法》，泾县宣纸厂将“红星”注册为商标。

⊙2

## (三)
## “红星”牌宣纸的地位和影响

中国宣纸股份有限公司一直是中华人民共和国成立后规模最大的传统文房四宝生产企业，生产的“红星”宣纸是手工造纸中唯一三次蝉联国家质量金奖的产品（1979年、1984年、1989年），1981年获出口免检权，1994年被国家技术监督局评为全国质量最佳企业，并获亚太地区国际博览会金奖。1998年“红星”宣纸商标被国家工商局商标局认定为中国驰名商标，2006年被批准为中华老字号。公司2009年被授予国家文化出口重点企业，2010年被授予“国家文化产业示范基地”和上海世博会特许生产商。

60余年来，“红星”宣纸一直是国际文房四宝行业中的名牌产品，在国内外市场上拥有很高的美誉度和影响力，生产的“’93泾县国际宣纸艺术节”“香港回归”“澳门回归”“建国50周年”“神龙祥云”“建军80周年”“建国60周年”“世博会”“奥运会”“人类非物质文化遗产”等重大题材纪念宣纸一直引领着高端书画纸的主流，成为

⊙1 变更为股份公司的文件
Document announcing the formation of China Xuan Paper Co., Ltd.

⊙2 『红星』品牌商标
The trademark of "Red Star" Brand

⊙3

国内外市场的热销产品。其中开发生产的二丈宣（又称千禧宣）和三丈三特种宣纸，分别于2000年、2016年被作为世界最大的手工纸登录吉尼斯世界纪录。

中国宣纸集团公司注重知识产权的保护。2002年8月6日，在中国宣纸集团公司的努力下，泾县被批准为中国宣纸原产地域，2005年宣纸被国家批准为中国原产地域保护产品。2006年，宣纸制作技艺被国务院公布为首批国家级非物质文化遗产代表作名录。2009年，宣纸传统制作技艺被联合国教科文组织公布为人类非物质文化遗产代表作名录，成为国际上第一个进入代表作名录的手工造纸类项目。

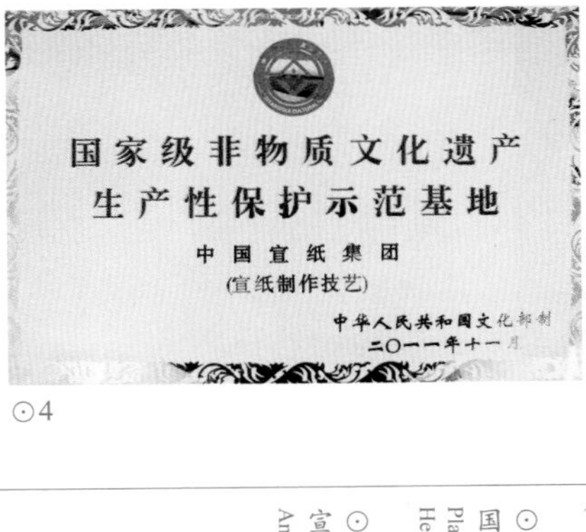

⊙4

## (四)
## 中国宣纸股份公司历史上的重大事件

### 1. 宣纸大厦

泾县宣纸厂属于独立工厂区，距泾县县城17 km，虽在县城一直设有办事处（“宣纸联营处”期间厂部曾设在县城），但在县城没有较为显著的位置与标志。1993年10月，中国宣纸集团公司投资1 700万元，在县城城北建成宣纸大厦，建成后的大厦主体为10层，设有酒店、宾馆、商场、博物馆、陈列馆及部分办事机构，成为当时泾县地标性建筑。2004年，企业实施改制时被剥离，宣纸大厦被县外企业竞买后停业，2010年被拆除。

⊙5

### 2. 宣纸协会成立

2005年，为振兴泾县的宣纸、宣笔传统产业，泾县县委、县政府颁布实施了《关于振兴泾县宣纸、宣笔产业行动计划》。当年11月，成立了泾县中国宣纸协会，协会名称由泾县籍北京大学教授、书法家吴小如题写。协会由中国宣纸集团公司法人代表任会长，从泾县乡镇企业局、丁家桥镇、中国宣纸集团公司抽调专人组建秘书

⊙3 中国驰名商标（上）与中华老字号（下）标识
Identification of Famous Trademark of China (upper) and China's Time-Honored Brand (lower)

⊙4 国家级非遗生产性保护基地牌匾
Plaque of National Intangible Cultural Heritage Preservation Base

⊙5 宣纸大厦旧照
An old photo of Xuan Paper Building

处。2006年，在泾县中国宣纸协会的主持下，创办了《中国宣纸》会刊，该刊为季刊，宗旨是“弘扬宣纸文化，传承宣纸技艺，做强宣纸产业，展示宣纸风采”，开设了专家论坛、纸乡论坛、纸乡动态、宣笔纵横、名牌风采等栏目，刊登研究宣纸、报道行业动态、宣传宣纸企业的文章。刊物以免费方式寄送给中国书法家协会、中国美术家协会、书画名家、艺术院校、学术团体等机构和个人。

⊙1

### 3. 宣纸文化园

2007年10月，由中国宣纸集团公司投资兴建的“中国宣纸文化园”开业，该园集生产与旅游为一体，展示宣纸技艺，传播宣纸文化，既是全国工业旅游示范基地，也是人类非物质文化遗产——宣纸技艺的传习基地。

### 4. 奥运开幕式

2008年，在北京奥运会开幕式上，由中国宣纸集团公司选派的4位技术工人展演的宣纸制作技艺拉开帷幕，世界见证了中国所讲述的故事是从一张宣纸开始，五千年的中华文明在一幅宣纸长卷上徐徐展开，是宣纸技艺展示和文化传播史上浓墨重彩的一页。

### 5. 中国美术家协会2015年度大会在泾县召开

2015年3月19日，中国宣纸股份有限公司承办了“2015年度中国美术家协会工作会议”，中国文学艺术界联合会、中国美术家协会、各省及直

⊙2

⊙3

⊙1 《中国宣纸》会刊 *China Xuan Paper* (a conference proceedings)

⊙2 宣纸博物馆和宣纸文化园鸟瞰图 An airscape of the Xuan Paper Museum and Xuan Paper Cultural Park

⊙3 中国美术家协会2015年度大会现场 China Artist Association Conference (2015)

辖市美术家协会的主要负责人参加会议。该会由中国美术家协会每年主办一次，各省、直辖市轮流承办，2015年度为首次在省会以下城市举办。

6. 中国宣纸博物馆开业

2015年12月6日，历时4年建设的中国宣纸博物馆建成并开馆。这是由中国宣纸股份有限公司斥资亿元投资兴建的展示宣纸技艺、历史、文化的专题馆，建成后的中国宣纸博物馆总面积超过10 000m²，是世界上最大的手工造纸专题博物馆。开馆仪式上，中国国家博物馆馆长吕章申、中国美术家协会主席刘大为、中国国家画院院长杨晓阳致辞。吕章申馆长代表中国国家博物馆向中国宣纸博物馆赠送清代宫廷古纸多箱。

## (五)

## 中国宣纸股份有限公司管理体制的演化

中国宣纸股份有限公司由皖南泾县宣纸联营处演变而来，规模由小变大，经营性质也不断发生变化，其内部管理由初期的私有单一化逐步发展，其变化过程见下列图示。

1951年10月～1954年2月内设机构图
Organization structure from Oct. 1951 to Feb. 1954

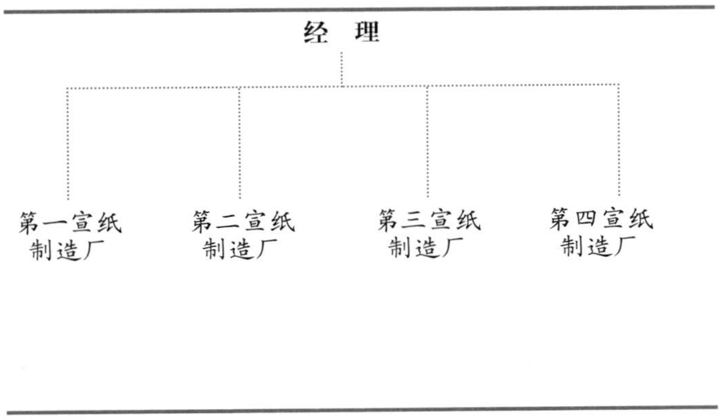


1954年3月～1959年12月内设机构图
Organization structure from Mar. 1954 to Dec. 1959

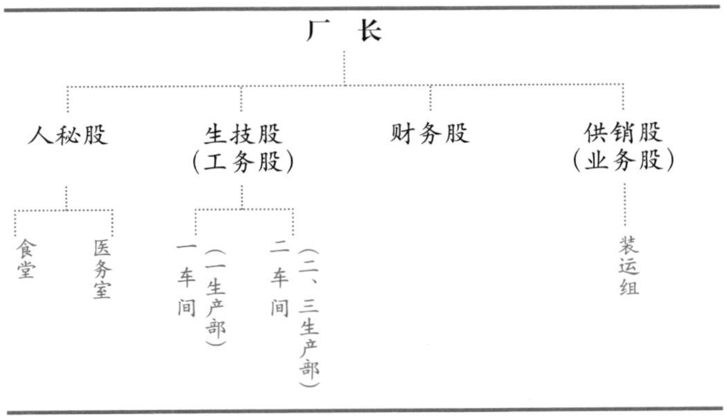


1960年1月～1963年5月内设机构图
Organization structure from Jan. 1960 to May 1963

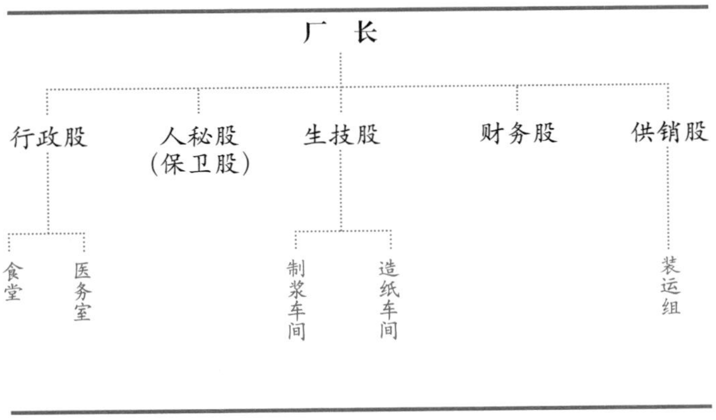


1963年6月～1966年3月内设机构图
Organization structure from June 1963 to Mar. 1966

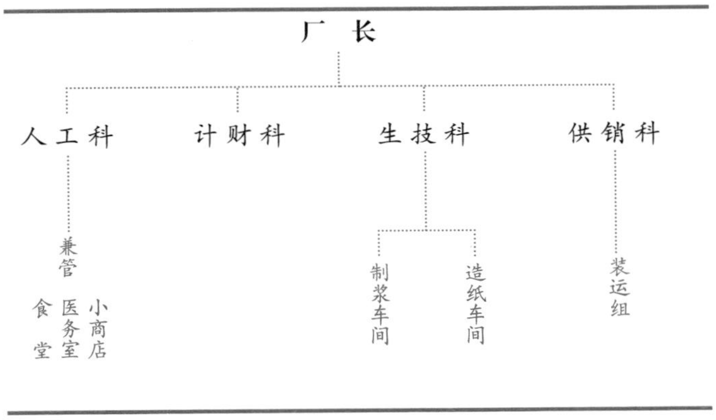

1966年4月～1970年2月内设机构图
Organization structure from Apr. 1966 to Feb. 1970

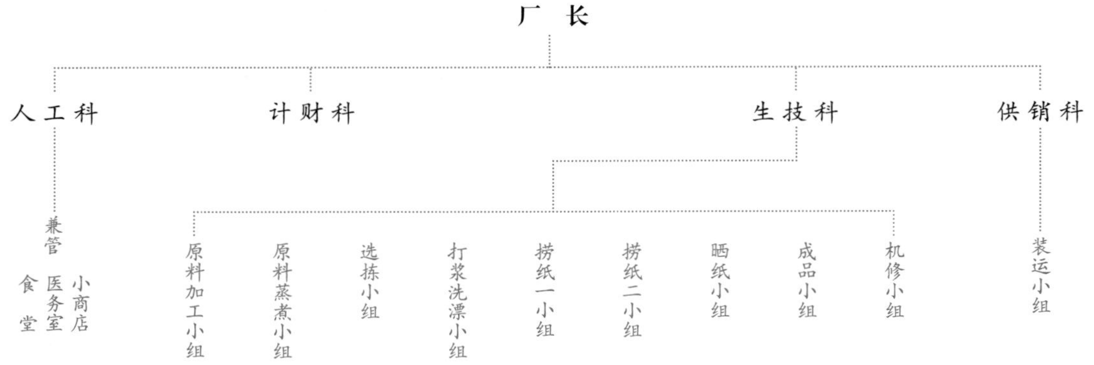


1970年3月～1973年2月内设机构图
Organization structure from Mar. 1970 to Feb.1973

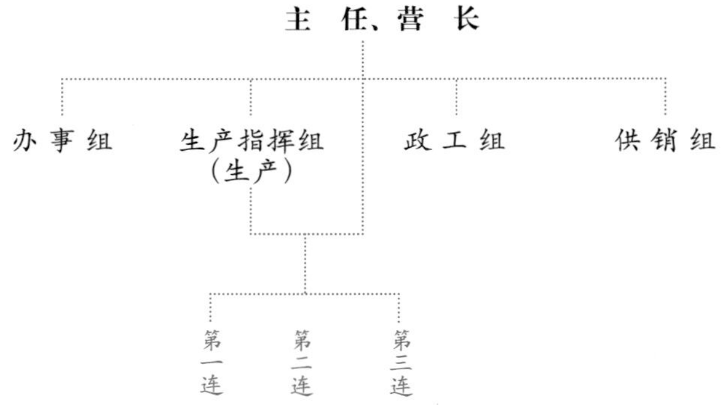


1973年3月～1979年9月内设机构图
Organization structure from Mar. 1973 to Sep.1979

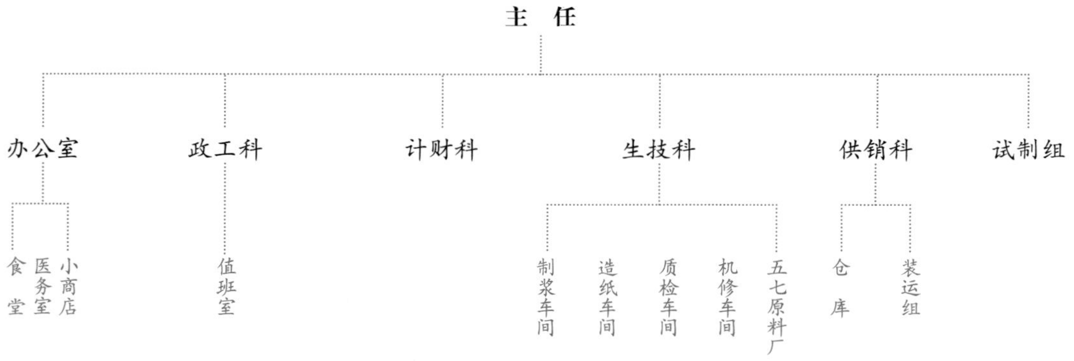

## 1979年10月～1983年12月内设机构图

Organization structure from Oct. 1979 to Dec. 1983

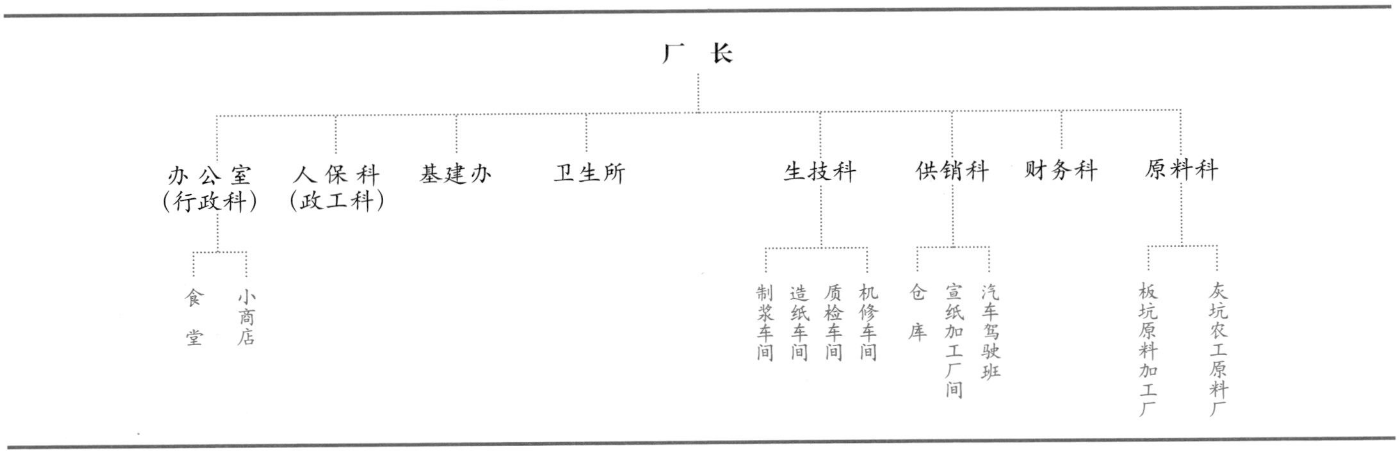


## 1984年1月～1987年6月内设机构图

Organization structure from Jan. 1984 to June 1987

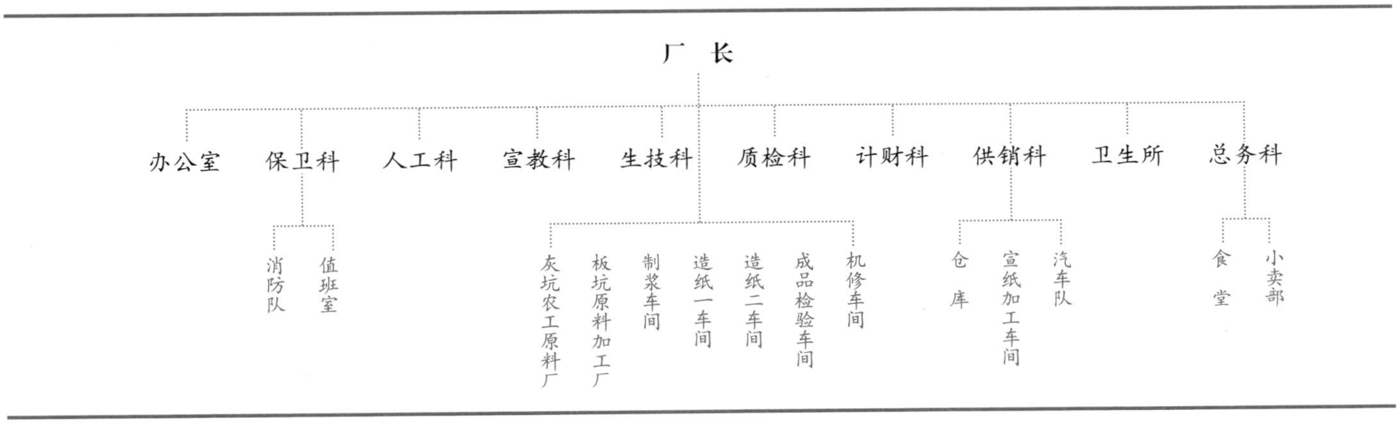


## 1987年7月～1993年6月内设机构图

Organization structure from July 1987 to June 1993

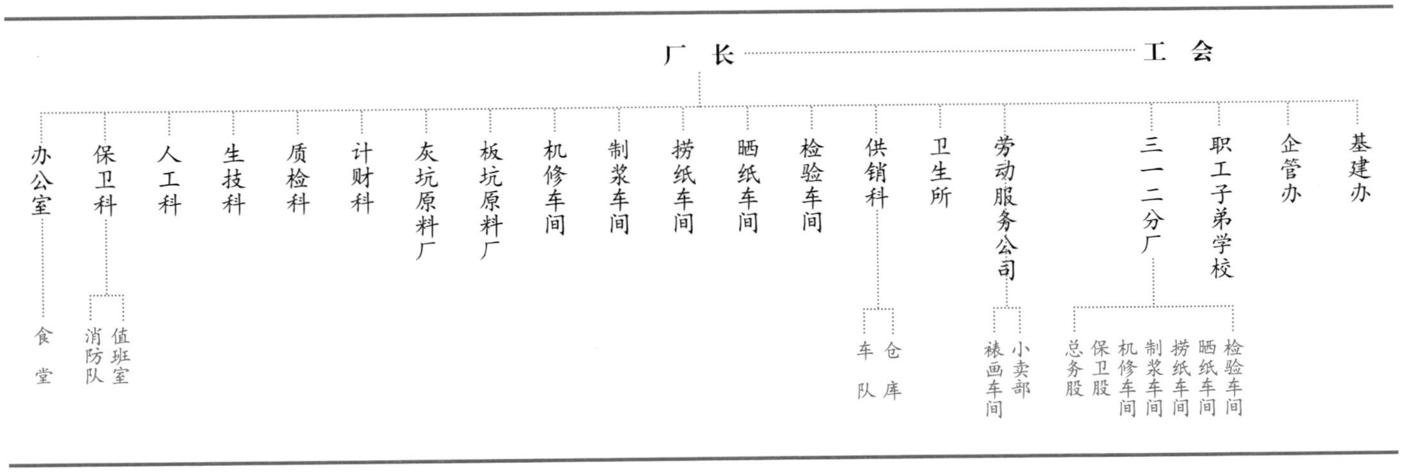

1993年6月～1996年10月内设机构图

Organization structure from June 1993 to Oct. 1996

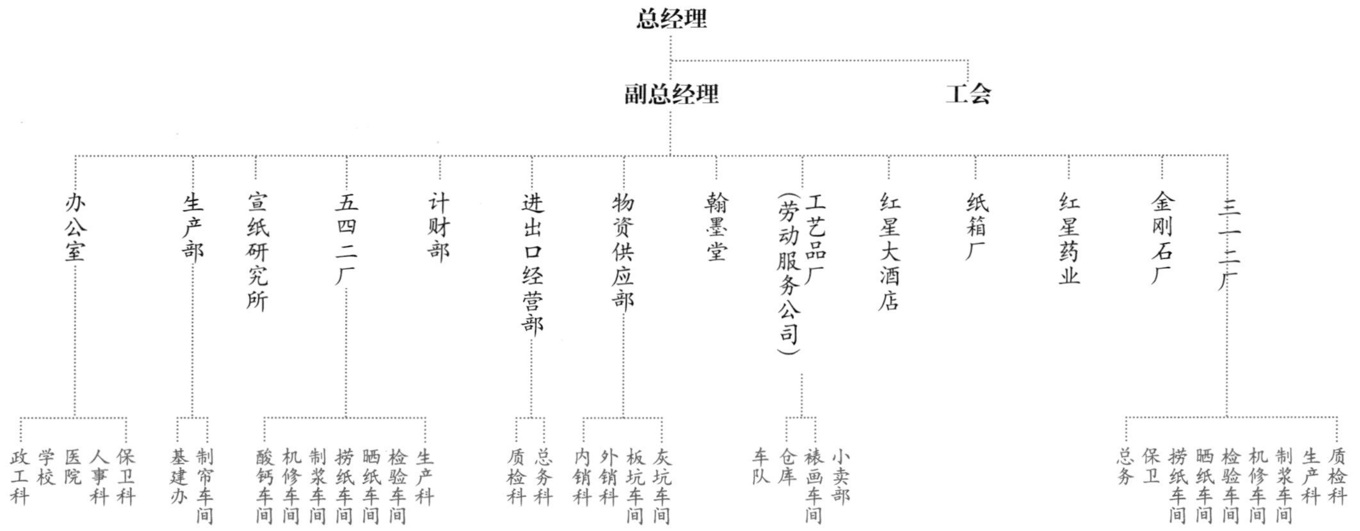


1996年10月～2004年9月内设机构图

Organization structure from Oct. 1996 to Sep. 2004

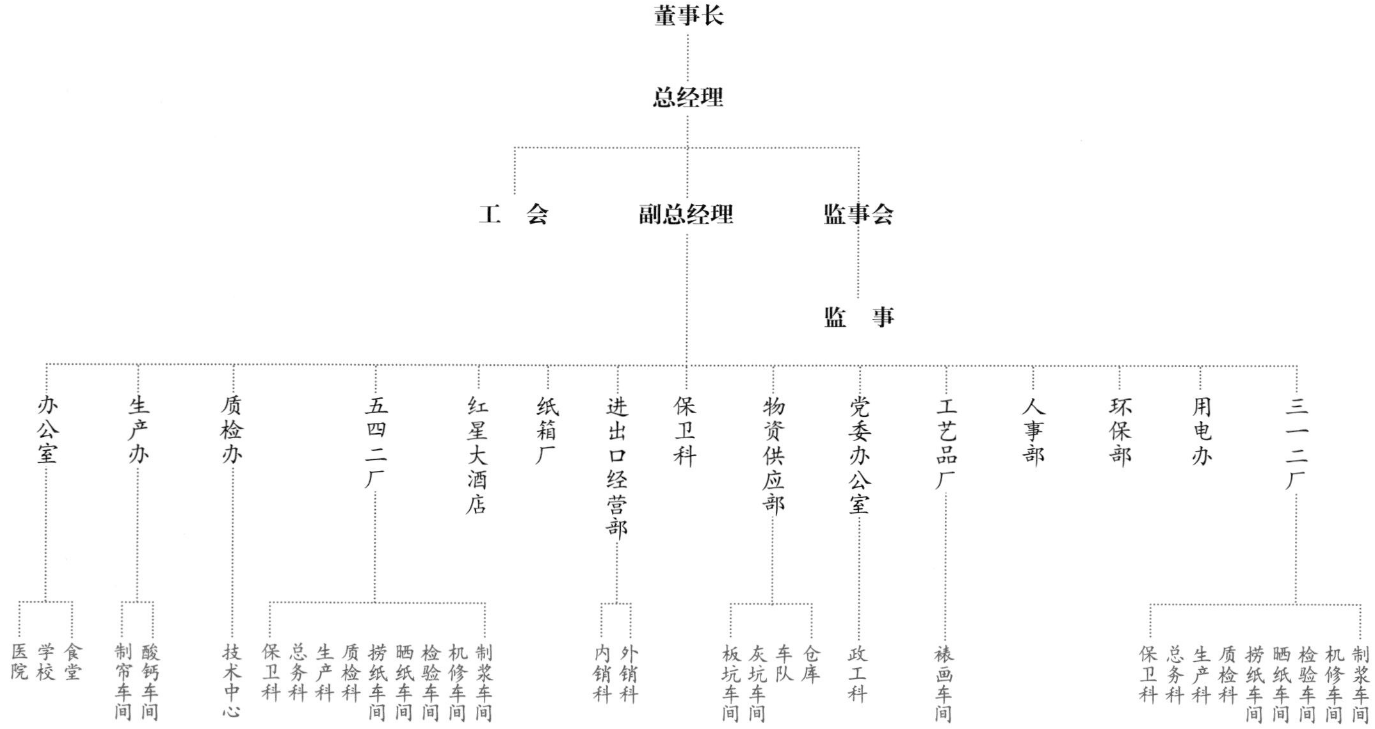

2004年10月～2009年10月内设机构图

Organization structure from Oct. 2004 to Oct. 2009

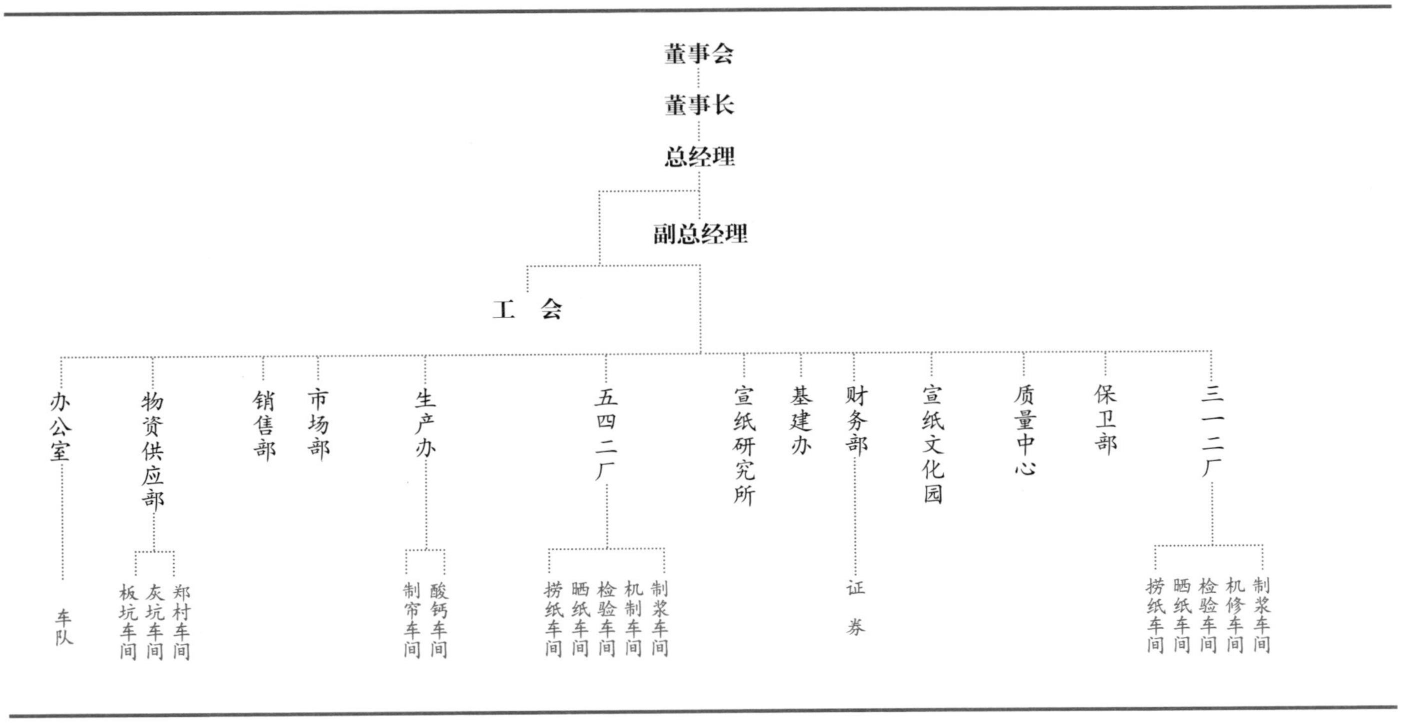


2009年10月后内设机构图

Organization structure after Oct. 2009

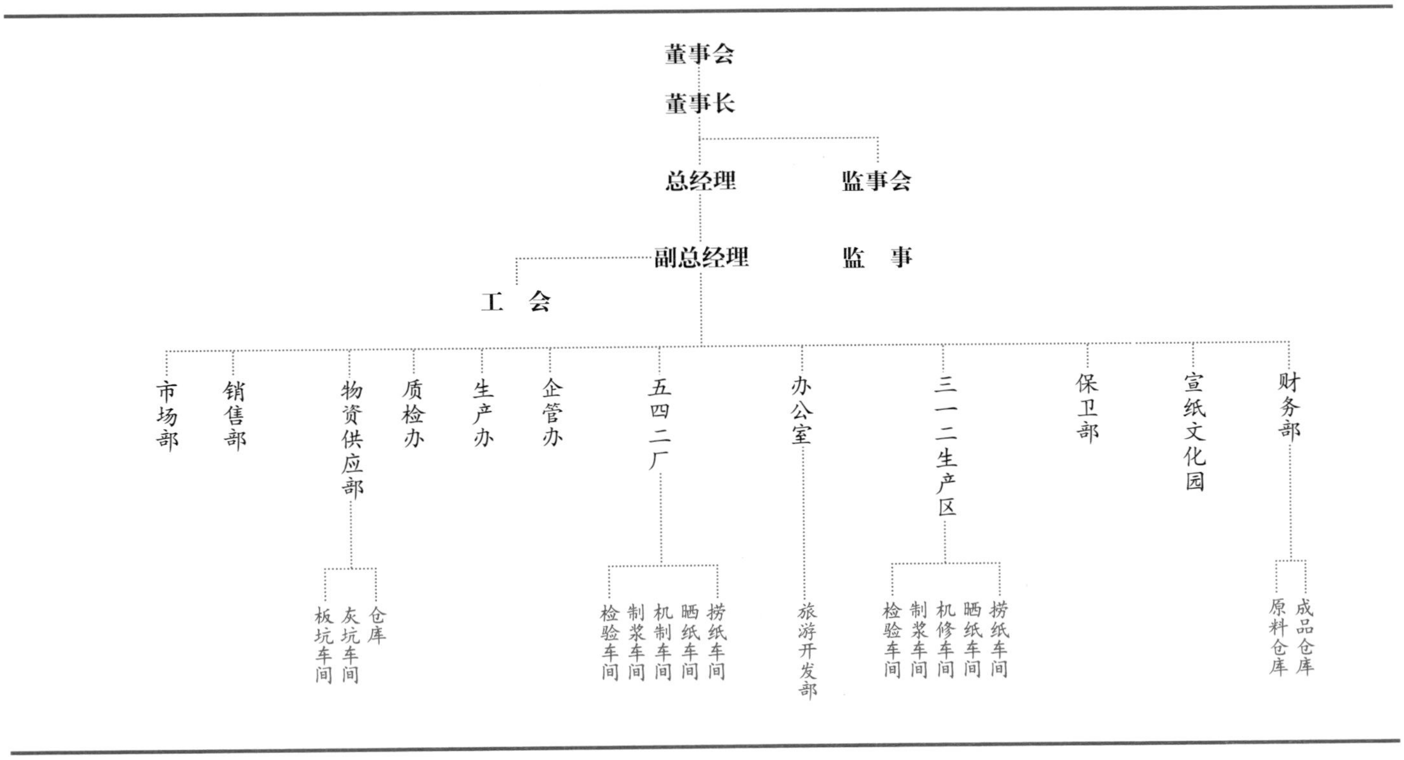

## 三 中国宣纸股份有限公司的关键岗位和产量变更情况

## 3 Key Positions and Output Variation of China Xuan Paper Co., Ltd.

中国宣纸股份有限公司经历了合股私营、公私合营、国营、股份制四个阶段，企业名称也由初期的皖南泾县宣纸联营处逐步过渡到今天的中国宣纸股份有限公司。除了1951～1954年合股私营阶段由业主推举企业主要负责人之外，从公私合营开始，企业主要负责人均由地方政府派任，只有在“文化大革命”期间，主要负责人出现空当，前后每一任负责人都有清晰的任职时间，详情可见表2.3、表2.4。

### （一）企业主要负责人履职情况

表2.3 历任泾县宣纸厂（中国宣纸集团公司）负责人

Table 2.3 Leading executives of Xuan Paper Factory (China Xuan Paper Co., Ltd.) in Jingxian County over the years

| 姓名 | 籍贯 | 职务 | 任免职时间 |
|---|---|---|---|
| 曹康龄 | 泾县 | 董事长 | 1951.9 |
| 曹俊仁 | 泾县 | 董事长 | 1951.10～1952.9 |
| 曹集志 | 泾县 | 董事长 | 1952.9～1952.12 |
| 曹俊仁 | 泾县 | 董事长 | 1953.1～1954.1 |
| 曹康乐 | 泾县 | 经理 | 1951.10～1952.1 |
| 曹康龄 | 泾县 | 经理 | 1952.4～1954.2 |
| 陈建华 | 泾县 | 厂长 | 1954.3～1956.9 |
| 韩寿德 | 广德 | 厂长 | 1957.4～1960.1 |
| 冯清奎 | 广德 | 厂长 | 1960.4～1960.9 |
| 袁怀义 | | 主任（未就职） | 1969.10～1970.2 |
| 俞伯清 | 泾县 | 主任 | 1969.12～1973.3 |
| 王承松 | 无为 | 主任 | 1974.12～1979.9 |
| 刘　墨 | 河北 | 厂长 | 1979.9～1981.3 |
| 崔保来 | 桐城 | 厂长 | 1981.8～1985.1 |
| 夏佩鑫 | 上海 | 第一副厂长 | 1985.3～1988.4 |
| 袁祖平 | 桐城 | 厂长 | 1988.4～1988.8 |
| 刘长印 | 桐城 | 厂长 | 1988.8～1992.4 |
| 曹皖生 | 怀宁 | 厂长（副书记） | 1990.5～1992.11 |
| 刘长印 | 桐城 | 党委书记、总经理 | 1992.5～1996.10 |
| 曹皖生 | 怀宁 | 董事长 | 1996.10～2004.7 |
| 刘保平 | 泾县 | 总经理 | 2000.3～2004.7 |
| 佘光斌 | 泾县 | 董事长 | 2004.7～2008.8 |
| 肖　阳 | 泾县 | 董事长 | 2008.7～2012.2 |
| 胡文军 | 泾县 | 总经理 | 2009.05～2012.03 |
| | | 董事长 | 2012.3～ |
| 朱大国 | 泾县 | 总经理 | 2012.3～ |

表2.4 历任泾县宣纸厂（中国宣纸集团公司）党委主要负责人
Table 2.4 Party Committee Secretary of Xuan Paper Factory (China Xuan Paper Co., Ltd.) in Jingxian County over the years

| 姓名 | 籍贯 | 组织形式 | 职务 | 任免职时间 |
|---|---|---|---|---|
| 陈建华 | 泾县 | 支部 | 书记 | 1955.4.5～1955.5 |
| 包龙祖 | 泾县 | 支部 | 兼书记 | 1955.5～1956.10 |
| 凤运乾 | 泾县 | 支部 | 书记 | 1956.10～1956.12 |
| 张金根 | 无为 | 支部 | 书记 | 1956.12～1958.7 |
| 刘志 | 河北 | 支部 | 书记 | 1958.7.11～1961.6 |
| 范传林 | 广德 | 支部 | 书记 | 1961.6.14（未就职） |
| 于有恒 | 山东 | 党委 | 书记 | 1963.2～1966.5 |
| 俞伯青 | 泾县 | 临时支部 | 书记 | 1970.7～1972.1 |
| 郝松年 | 江苏 | 党委 | 书记 | 1972.4～1972.12 |
| 王承松 | 无为 | 党委 | 书记 | 1974.12～1979.9 |
| 曹 廉 | 陕西 | 党委 | 书记 | 1979.9～1983.11 |
| 崔保来 | 桐城 | 党委 | 书记 | 1983.12～1985.1 |
| 许锦贤 | 绩溪 | 党委 | 书记 | 1985.3～1988.4 |
| 袁祖平 | 桐城 | 宣纸厂党委 | 书记 | 1988.4～1988.8 |
| 刘长印 | 桐城 | 宣纸厂党委 | 书记 | 1988.8～1992.6.10 |
| 曹皖生 | 泾县 | 宣纸厂党委 | 书记 | 1992.4～1992.11 |
| 刘长印 | 泾县 | 集团党委 | 书记 | 1992.5～1996.10 |
| 曹皖生 | 怀宁 | 党委 | 书记 | 1996.11～2004.7 |
| 佘光斌 | 泾县 | 党委 | 书记 | 2004.7～2008.7 |
| 肖阳 | 泾县 | 党委 | 书记 | 2008.7～2012.2 |
| 胡文军 | 泾县 | 党委 | 书记 | 2012.2～ |

## （二）

## 产量和基本数据变动情况*

中国宣纸股份有限公司的宣纸生产与国家政治、经济有着紧密关系。同时，因在创建初期处于计划供给制时代，其生产、售价均需上级相关部门的批准。在“文化大革命”期间，生产出现了极不正常现象。国民经济走向市场化后，企业有了自行定价的权利，生产量方随着市场大环境的变化而调整，主要经济数据见表2.5。

表2.5 64年红星宣纸企业年产量、产值与利润变化表
Table 2.5 Annual output, output value and profit variation of Red Star Xuan Paper Company in 64 years

| 年份 | 年产量（吨） | 企业人数 | 利润（万元） | 实现税收（万元） | 工业总产值（万元） |
|---|---|---|---|---|---|
| 1951 | 12.8 | 108 | | | 2.35 |
| 1952 | 34.2 | 127 | | | 6.29 |
| 1953 | 44 | 105 | 1.04 | 0.32 | 7.92 |
| 1954 | 38.3 | 115 | 0.61 | 0.64 | 6 063 |
| 1955 | 57.1 | 128 | 3.34 | 1.3 | 10.27 |
| 1956 | 85.5 | 188 | 3.66 | 2.69 | 22.23 |
| 1957 | 111.1 | 288 | 17.76 | 5.17 | 56.94 |
| 1958 | 153.2 | 358 | 19.98 | 6.84 | 78.54 |
| 1959 | 173.6 | 407 | 17.97 | 6.34 | 88.97 |
| 1960 | 115.2 | 374 | 5.03 | 5.02 | 59.04 |
| 1961 | 53.3 | 382 | －8.68 | 1.88 | 27.32 |
| 1962 | 74.1 | 327 | －3.96 | 5.85 | 37.98 |
| 1963 | 85.6 | 326 | 2.56 | 6.6 | 43.87 |
| 1964 | 104.1 | 359 | 12.41 | 7.45 | 53.35 |
| 1965 | 131.6 | 339 | 15.3 | 8.66 | 67.45 |
| 1966 | 144.1 | 343 | 13.21 | 8.7 | 73.8 |
| 1967 | 124.6 | 325 | 4.98 | 6.5 | 63.8 |
| 1968 | 39.8 | 319 | －11.65 | 3.71 | 20.4 |
| 1969 | 92.8 | 308 | －6.4 | 5.02 | 47.6 |
| 1970 | 56.9 | 286 | 15.89 | 4.83 | 29.2 |
| 1971 | 100.1 | 293 | 1.3 | 7.03 | 61 |
| 1972 | 139.1 | 320 | 10.3 | 8.25 | 84.8 |
| 1973 | 145.8 | 318 | 11.78 | 9.74 | 88.9 |
| 1974 | 178.1 | 328 | 18 | 13.4 | 108.6 |
| 1975 | 191 | 376 | 22.12 | 15.05 | 137.5 |
| 1976 | 191.1 | 408 | 16.05 | 14.53 | 137.6 |
| 1977 | 194.6 | 412 | 18 | 15.72 | 140.1 |
| 1978 | 200.8 | 391 | 25.36 | 16.97 | 144.6 |
| 1979 | 204.3 | 424 | 30.06 | 19.01 | 147.1 |
| 1980 | 212.1 | 547 | 37.99 | 20.28 | 129.4 |
| 1981 | 260.1 | 547 | 38.3 | 25.48 | 133.3 |
| 1882 | 280 | 537 | 46.47 | 32.55 | 252 |
| 1983 | 310 | 615 | 65.42 | 34.22 | 279.3 |
| 1984 | 320 | 643 | 65.06 | 42.02 | 288 |
| 1985 | 342 | 670 | 64.85 | 45.31 | 307.8 |
| 1986 | 366 | 581 | 123.5 | 131.8 | 329.4 |
| 1987 | 354 | 1 085 | 191.3 | 93.16 | 346.27 |
| 1988 | 426 | 876 | 253.8 | 385.3 | 500.63 |
| 1989 | 502.38 | | 964.5 | 352.25 | 649.54 |
| 1990 | 505 | | 912.8 | 366.64 | 726.03 |
| 1991 | 503.5 | | 702.5 | 322.75 | 1 318.75 |
| 1992 | 350 | | 702.9 | 333.73 | 875 |
| 1993 | 434.3 | | 789.52 | 550.46 | |
| 1994 | 330 | | 751.9 | 524.16 | |
| 1995 | 465.14 | | 1 062 | 1 008 | |
| 1996 | 498 | | 1 176 | 440 | |
| 1997 | 504 | | 1 200 | 430 | |
| 1998 | 505 | | 1 360 | 595 | |
| 1999 | 507 | | 1 260 | 591 | |
| 2000 | 508 | | 1 437 | 403 | |
| 2001 | 502 | | 315 | 823.57 | |
| 2002 | 503 | | 408 | 206 | |
| 2003 | 424 | | | 443 | |
| 2004 | 343.53 | | 197.4 | 306 | |

* ①1995年以前使用的是旧币，统一换算为现行人民币值。
②表中统计和计算方式没有考察前后出入问题。
③表中1985年前数据来源于《泾县宣纸厂志》（1986年油印版），其余数据均来自企业各年度年终总结。

续表

| 年份 | 年产量（吨） | 企业人数 | 利润（万元） | 实现税收（万元） | 工业总产值（万元） |
|---|---|---|---|---|---|
| 2005 | 536.33 | | 683 | 504 | |
| 2006 | 580.35 | | 570 | 1 680 | |
| 2007 | 639 | | 1 034 | 1 341 | |
| 2008 | 689.37 | | 1 089 | 1 039 | |
| 2009 | 620 | | 1 410 | 1 290 | |
| 2010 | 634 | | 2 100 | 2 220 | |
| 2011 | 665 | | 3 372 | 2 626 | |
| 2012 | 667 | | 3 844 | 3 496 | |
| 2013 | 700 | | 5 193 | 5 256 | |
| 2014 | 712 | | 5 414 | 4 860 | |

（三）

## 中国宣纸股份公司造纸技艺传承的代表人物

### 邢春荣

⊙1

高级工艺美术师。1954年生于泾县，第一批国家级非物质文化遗产宣纸制作技艺代表性传承人，2012年被评为安徽省工艺美术大师。2015年调查组入厂时在任泾县中国宣纸协会秘书长、常务副会长。主要简历如下：1973年，进入泾县宣纸厂晒纸车间学习晒纸，8个月后出师站槽（独立操作）；1985年，任泾县宣纸厂晒纸车间工段长；1987～1990年，任泾县宣纸厂312厂副厂长兼晒纸车间主任；1993年，任中国宣纸集团公司312厂厂长；1997年，任中国宣纸集团公司副总经理，分管生产；2005年，任中国宣纸集团公司副总经理兼宣纸研究所所长；2009年，任中国宣纸集团公司总工程师兼宣纸研究所所长。

### 周东红

1967年1月生于泾县。1986年2月进入泾县宣纸厂从事捞纸工作，为普通抄纸工人。因抄纸品质数十年保持全优的特殊成就，2015年获得全国劳动模范称号，同年成为中央电视台播出的第一批中国八位"大国工匠"之一。2016年获全国质量奖（个人奖）。

⊙2

### 朱建胜

1967年12月生于泾县。1987年6月招工进入泾县宣纸厂捞纸车间，从事捞纸工作至今。2008年8月，作为四位宣纸技艺杰出代表之一参加北京奥运会开幕式技艺展演。安徽省非物质文化遗产宣纸制作技艺代表性传承人。

⊙1 正在晒纸的邢春荣 Xing Chunrong drying the paper

⊙2 正在车间抄纸的周东红 Zhou Donghong making the paper

⊙3

## 孙双林

1967年9月生于泾县。1984年12月进入泾县宣纸厂捞纸车间，从事捞纸工作至今。2008年8月，作为四位宣纸技艺杰出代表之一参加北京奥运会开幕式技艺展演。安徽省非物质文化遗产宣纸制作技艺代表性传承人。

⊙4

## 汪息发

1971年10月生于安徽省宁国县。1991年6月进入泾县宣纸厂晒纸车间，从事晒纸工作至今。

⊙5

2008年8月，作为四位宣纸技艺杰出代表之一参加北京奥运会开幕式技艺展演。安徽省非物质文化遗产宣纸制作技艺代表性传承人。

## 郑志香

女，1970年12月生于泾县。1998年进入泾县宣纸厂检验车间，从事宣纸检验工作至今。2008年8月，作为四位宣纸技艺杰出代表之一参加北京

⊙6

⊙3 正在抄纸的朱建胜 Zhu Jiansheng making the paper

⊙4 正在抄纸的孙双林 Sun Shuanglin making the paper

⊙5 正在晒纸的汪息发 Wang Xifa drying the paper

⊙6 正在剪纸的郑志香 Zheng Zhixiang cutting the paper

奥运会开幕式技艺展演。安徽省非物质文化遗产宣纸制作技艺代表性传承人。

罗鸣

高级工程师。1972年8月生于泾县。毕业于西北轻工业学院造纸专业，1993年7月进入中国宣纸集团公司工作。安徽省工艺美术大师，安徽省非物质文化遗产宣纸制作技艺代表性传承人。历任中国宣纸集团公司环保办公室主任、生产办公室主任、542厂厂长。调查组入厂调查时在任中国宣纸股份有限公司副总经理，分管宣纸生产与质量控制。

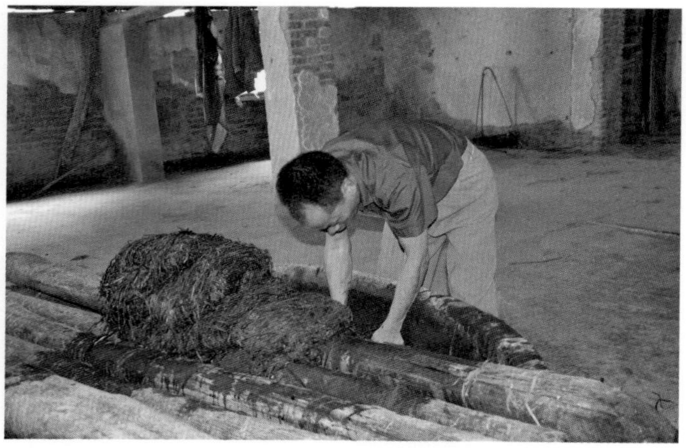
⊙1

张必跃

⊙2

1958年生于泾县。1977年5月进入泾县宣纸厂原料车间从事原料加工工作，1990年被评为全国轻工系统劳动模范。

赵永成

1966年5月生于泾县。1988年进入泾县宣纸厂晒纸车间工作，1996年被国家轻工业部评为全国轻工系统劳动模范，2000年被授予全国劳动模范，2008年成为北京奥运会火炬传递手。

⊙3

黄迎福

1966年3月生于泾县。1986年7月进入泾县宣纸厂工作，历任泾县宣纸厂质检办质检员、542厂副厂长兼车间主任、312厂厂长、542厂厂长、宣纸研究所常务副所长。安徽省工艺美术大师。调查组入厂时在任中国宣纸股份有限公司副总经理，分管物资供应、原料生产。

⊙4

⊙1 正在检原料的罗鸣 Luo Ming choosing the materials
⊙2 张必跃 Zhang Biyue, a papermaker
⊙3 正在揭纸的赵永成 Zhao Yongcheng peeling the paper down
⊙4 原料基地前的黄迎福 Huang Yingfu at the Raw Material Base

### 曹宁泰

⊙5

1911年6月15日～1998年8月3日。泾县宣纸厂老一代著名抄纸技工。1924年在本村的纸棚拜师学捞纸。1927～1935年先后在方家山、西山、汪义坑等纸棚捞纸。1951年，先在柏岭坑宣纸生产小组，后在小岭第四宣纸厂捞纸。公私合营后，转到泾县宣纸厂捞纸。1959年10月26日，作为全国工业界先进生产者参加在北京人民大会堂召开的“全国群英会”，参会代表包括王进喜、时传祥等工人劳动模范共6 500多人，刘少奇、周恩来、朱德、邓小平、宋庆龄等领导人出席会议。1958年，参加了安徽省手工业合作社第一届社员代表大会。1964年，当选为安徽省人民代表大会代表参加安徽省第三届人民代表大会。1963年参加安徽省手工业合作社第二届社员代表大会。

## 四
## “红星”宣纸制作技艺的基本形态

## 4
## Basic Pattern of Red Star Xuan Papermaking Techniques

### （一）
### 技艺基本形态描述

据前后数年多轮调查访谈中获取的信息，调查组将“红星”宣纸传统工艺的108道造纸工序分檀皮原料加工、稻草原料加工、制纸三个大的工艺环节来描述。当然，2015～2016年间，108道古法工序并非在所有宣纸制作时都能保持，已有相当部分的宣纸采用了改良型工艺。

⊙5
曹宁泰旧照
An old photo of Cao Ningtai

## 壹 砍条

1 ⊙1

每年的“霜降”到次年的“惊蛰”是青檀树的休眠期，应在此时对青檀枝条进行砍伐。砍伐时，从枝条的两边下刀，避免刀口紊乱，刀口形成元宝状，创口要内比外高，下雨时避免存水、腐烂。被砍伐后的青檀树，须进行修桩，清除残苗、细枝桠，以利于春季桩头发芽和生长。

⊙1



## 贰 选条

2

将砍下的青檀枝条除去小枝桠、死枝桠，并将长条、短条、粗条、细条、老条、嫩条分别归类，扎成每捆30 kg左右重的小捆。

## 叁 蒸煮

3

蒸煮青檀枝条的方法有竖蒸和横蒸两种。竖蒸也称“吊蒸”，将各小捆捆成大捆，竖立锅内，注入清水，用一个圆木桶罩住，桶底钻一小孔，插一根与小孔相仿的青檀枝条，然后烧火蒸煮（也称圆桶法）。蒸煮时可拔出小孔上的小枝条观察，如枝条刀口处的皮层收缩到露出枝条木杆，即知檀皮已蒸熟。

横蒸也称“睏蒸”“睡蒸”，即将扎成小捆的青檀枝条横放于锅内，注入清水，锅边设四角并立4根木柱，嵌以木板成为方形木桶，上方以木板盖住，在木桶的四面分别钻一小孔，各插一根与小孔相仿的青檀枝条，然后烧火蒸煮。蒸煮时，可拔出小孔上的小枝条观察，如4根枝条刀口处的皮层收缩到露出枝条木质部分，即皮已蒸熟。此法装锅量较圆桶法多，但由于杆子横放，蒸汽不像圆桶法那样能从枝条的杆、皮间隙驱入，加上容易漏气，蒸煮不匀，所以蒸煮时间较长。



## 肆 浸泡

4

将蒸煮好的青檀枝条从锅内取出，放入清水池中浸泡。这一阶段，时间不宜过长，只要青檀枝条冷却即可剥皮。

## 伍 剥皮

5 ⊙2

将已经冷却的青檀枝条从粗头起剥。一般根据个人习惯，可分成2～5条，一手抓住皮条，另一手抓住皮杆分开，也可用脚踩住皮杆，双手抓住皮条进行分开，将剥好的皮条整齐放好。

⊙2

⊙1 砍青檀枝条 Cutting *Pteroceltis tatarinowii* Maxim. branch

⊙2 村里路边剥皮忙 Stripping tree bark in the village

陆

## 晾晒

6

将剥好后的皮放在干净的地上（最好是鹅卵石河滩上）晾晒，晒干后扎成小把，称为毛皮。

柒

## 储存

7

将小把毛皮捆成大捆，堆放于通风条件好、防火设备齐全以及雨季排水畅通的仓库里备用。库内要有垛基，有一定的高度，便于防潮。

捌

## 浸泡

8 ⊙3

根据日产量，取出适量的青檀皮，整捆放入水池中浸泡约1小时。

⊙3

玖

## 解皮

9

将浸泡后的皮捆按原支解开，重新整理成支，每支重0.9 kg左右，（老秤0.75 kg），20支为一捆，支头扎结部松紧要均匀。整理时，要抽掉皮内骨柴，宽皮要撕开。选出碎皮后要整理成束，生皮、老皮另作处理。

拾

## 浆灰

10

将檀皮再下水浸1小时后，滤去水分，然后浆灰（又称为浆皮）。浆皮前，在地面撒上废草，泼上灰水。浆灰时不可拖灰浆，每根皮都要受力，折叠成几段后放在浆皮地上，一层一层向外堆放，边缘要码齐。无论走边还是堆放，完全靠手上功夫，不能用挑杆打，防止打伤。堆好后，四周要泼上石灰水，使整个皮堆形成一个整体，堆中不能流灰、冒风，进行静止发酵腌制。

拾壹

## 装锅

11

装锅前，锅内注入清水，做好假底，将腌制好的皮块按人字形一层套一层地松紧均匀地装入，碎皮装在锅头上，要通气洒水，防止干灰。用熟皮盖住锅头，蒸煮一夜后出锅踏皮。

拾贰

## 踏皮

12 ⊙4

出锅前先洒水后取皮，然后在蒸锅边穿鞋踩踏皮，除去皮壳，在踏时要踏得匀，防止干心，两头都要踏到，不能出黄鳝头。硬皮多踏，软皮少踏，踏过的皮堆成堆，堆放时一定要堆紧，然后盖上茅草，再堆置发酵。

⊙4

⊙3 浸泡剥下的毛皮 Soaking the stripped bark

⊙4 快乐踏皮的工人 Workers stamping the bark by feet happily

## 拾叁 洗皮坯

13 ⊙5

堆置10天左右，拆开皮堆将皮块挑入水里浸泡1小时，洗去灰渣。洗完后，须清理水池，收回碎皮，然后再下水浸泡到第二天，按原支在木凳上搓揉，将皮揉好后在清水中洗干净，放在水边滤水。

⊙5

## 拾肆 挑皮坯

14

将洗过的皮坯滤完水后，挑送至石滩轻放，并将脚下碎皮清理干净，放回皮堆。

## 拾伍 晾皮坯

15 ⊙6

将皮自上而下牵直，轻放摊开，见雨晒干后再翻。

## 拾陆 翻皮坯

16

从上翻下，将皮牵直抖松，见雨晒干即可收皮坯下滩。

⊙6

⊙5 流水里洗皮坯
Soaking and cleaning the bark materials in a stream

⊙6 晒滩上晾皮坯
Drying the bark on the drying ground

## 拾柒
## 收皮坯
17

皮坯要晒足干透后才能收，碎皮要清理干净。堆放皮坯的地方，要填衬堆脚，做好清洁工作。

## 拾捌
## 支皮坯
18

把原小支皮坯以5支扎成一大支，把灰渣抖干净，理齐扎紧，并将碎皮清理干净。

## 拾玖
## 汆皮
19

传统方式是在大桶里汆皮。操作时，将碱水加热，把大支皮坯放在热碱水中边浸边向外取。在此过程中，碱水的浓度随汆皮量增长而降低，要求操作工在碱水浓度降低时，将皮坯在碱水中适度浸泡后捞起。等碱水浓度低到一定程度时，要在锅内适量加碱，碱水快用完时，用碎皮把剩余碱水吸干，浸过碱液的皮坯要放在大桶里过一夜。

## 贰拾
## 装锅
20

⊙7

先从桶内取出全部汆过碱的皮坯，在蒸锅内注入清水，同时生火加热，将皮坯按人字路套装，每一层都要松紧一致。装完后密封好锅头，蒸通气后才能歇火，焖到次日出锅。

## 贰拾壹
## 洗涤
21

去掉锅头的密封物，按次序出皮料，边出边下清水池吐碱水，等皮中残碱吐清后，捞起来按顺序堆放在水岸边滤去水分。

## 贰拾贰
## 晒渡皮
22

此环节的皮坯称渡皮。将滤完水分后的渡皮挑送上石滩，边挑边清理碎皮，送上石滩的渡皮，要按次序轻放。

⊙7
装皮坯入蒸锅
Putting the bark materials into the steaming pot

贰拾叁

## 晾 渡 皮

23

按原小支渡皮牵直晾开，10天左右后翻晾一次。

贰拾肆

## 翻 渡 皮

24

从上而下翻渡皮，在翻动时脚不能踩在皮上，每支下面的碎皮随翻随包在皮支内，翻后10天左右收皮下滩。

贰拾伍

## 收 渡 皮

25

收渡皮时对天气要求不高。晴天，收干皮，须淋水后撕皮；雨天，收湿皮，可直接进行撕皮。无论天晴还是下雨，碎皮都要收清，避免浪费。

贰拾陆

## 撕 皮

26 ⊙8

收回的渡皮加水润湿后把原小支解开理齐，将皮从中间分撕成细条，晾挂在竹篙上，从上往下分开，每支的碎皮和骨柴都要过清，再把两小支合捻成一大支待摊晒。

⊙8

贰拾柒

## 摊 晒

27

经过撕选后的皮称为青皮，送到晒滩上进行摊晒。

贰拾捌

## 摊 青 皮

28

从上而下，从左到右，将原支青皮一块一块摊开，且要牵直摊平，厚薄均匀，四角分清齐缝摊放。

贰拾玖

## 翻 青 皮

29

经过一次雨淋晒干后的青皮，要翻动一次，就是将朝阳的一面通过翻动，翻到紧贴石滩，此过程也称翻滩。翻滩时，要从上翻下，每块皮下面的碎皮，随翻随清理放在翻后的青皮上，厚处要牵薄，薄处要牵匀，上下要整齐，左右要隔缝，经过第二次雨后，继续露晒一段时间即可。

叁拾

## 收 青 皮

30

收青皮时须选择晴天。皮内的垃圾及嫩枝，要边收边抽除。收回的青皮要放得长短齐整，便于捆紧，堆放地点要衬底，此衬底被称为衬脚。



⊙8 撕渡皮
Peeling the bark

## 叁拾壹
# 捏　　皮

31 ⊙9

将黏合在一起的青皮经过摔打、手捏后，再扯分散开，扎成把。

⊙9

## 叁拾贰
# 二　次　氽　皮

32

本环节在大桶边操作。与工序19“氽皮”相同，经过二次氽皮工序后的皮坯要放在大桶里过一夜。

## 叁拾叁
# 二　次　装　锅

33

先从桶内取出全部氽过碱的皮坯，在蒸锅内注入清水，同时生火加热，将皮坯按人字路套装，每一层都要松紧一致，装完后密封好锅头，蒸通气后才能歇火，焖到次日出锅。

## 叁拾肆
# 二　次　出　锅

34

将出锅后的皮坯直接挑上山摊晒，经此程序后的皮称为燎皮。

## 叁拾伍
# 翻　燎　皮

35

经过雨淋的燎皮天晴后须翻晒，自上而下翻，在翻动时脚不能踩踏到皮上，碎皮随翻随放在燎皮上。晒干后再次雨淋，天晴后再晒干即可收取燎皮。

## 叁拾陆
# 收　燎　皮

36 ⊙10

将燎皮从晒滩下部往山上收，扎捆后搬下山存放于仓库中。

⊙10

⊙9 捏青皮 Tearing the bark apart

⊙10 将燎皮背下山 Carrying the dried bark down the hill

## 叁拾柒
## 氽皮
37

根据日产宣纸耗用量，提出库存的燎皮，以稀碱水氽皮。

## 叁拾捌
## 装锅
38

用木棍架于锅上作假底，注入清水，装锅皮要直放，靠边装紧，便于通气，盖好锅，生火加热，等热气从蒸锅头上冒出时才能歇火。

## 叁拾玖
## 出锅
39

汽蒸后的皮于第二天闷锅一天，再烧1～2小时，补一下气，使皮更为柔软，到第三天方出锅。



## 肆拾
## 拍皮
40

出锅后就开始轻轻拍打，边拍边抖，抖去其中灰渣。拍一支清一支，抽掉骨柴，拍去灰渣，碎皮也要拍打。拍好的皮用水冲浇，洗去残碱，然后再洗皮。拍好的皮称为下槽皮。

## 肆拾壹
## 洗皮
41 ⊙11

大皮用棍子摆洗，碎皮用竹箩浮洗。棍子要摆得开，轻摆轻漂，边漂边起，边起边滤水，灰渣容易掉入水内。洗碎皮要两面洗，翻一次箩后，将竹箩框边转，边漂边浮，以洗去灰渣。洗完皮要先用大棍子后用小棍子将水池中的皮绒捞清，然后将皮长宽整齐地放在木榨上榨去水分。

⊙11



## 肆拾贰
## 选检
42 ⊙12

首先清洁工作场地，然后用竹刀开皮，边开边抖。择皮时手要离筛牵直，将皮头根、斑点、黄鳝头、骨柴和野垃圾等选剔出来，宽皮要撕开。选检好的皮料，自己复检一次，用手将皮提起，透光照过，才能放入桶内。

⊙12

⊙11 洗皮旧照
An old photo of cleaning the bark

⊙12 女工在选检皮料
Female workers choosing the high quality bark

⊙13

## 肆拾叁
## 调　　皮
43 ⊙13

又称碓皮。送检好的皮料洒上适量的水后，放进平板碓中打成皮饼。

## 肆拾肆
## 切　　皮
44 ⊙14

将碓好的皮饼条放在切皮凳上，用切皮刀依次切成细扁块。注意不宜切成三角块，三角块的最宽长纤维不容易切断。切皮时刀要保持锋利，刀不锋利，皮的刀口容易结死疙瘩。同时要注意保护刀口，每一刀切到底后，不能用刀向外推切下的皮，应任由被切下的皮往下掉，否则刀口容易受伤。

⊙14

## 肆拾伍
## 做　　皮
45 ⊙15

又称踩料。将切好的皮放入缸内，用手压紧，作为放水的标准，放水至该标准，隔夜后次日清晨踩料。踩料前，先用干净棍子将料撬松。踩约40分钟后，适量加水做第二遍水色，然后再做15分钟左右。做好的皮，不能有死皮索和皮疙瘩。

⊙15

## 肆拾陆
## 袋　　料
46 ⊙16

又称锻料。用棉布做料袋，先将料袋洗干净，然后将踩好的皮料用布袋装好，一般一缸料装2～3袋。将料袋挑至袋料池边，将整袋料放入池中浸泡，将袋口在袋料梁上系好，防止布袋滑入水池中，皮料流出。在袋料时，需将浸泡后的布袋从池沿拖出，放在袋料台上，用手牵着袋口防止皮料从袋内流出，双脚依次踩踏料袋，使袋中皮料成糊状。踩踏好后，将料袋重新拖入水池中，用一蘑菇型的扒头伸进袋内，将袋口在留有一尺（约33.3厘米）左右的位置系紧，开始在池内捣洗。袋料时，料袋的两个角必须勾到位清洗。袋皮时袋中要适当贯气，在每袋料袋清水后，要扎几个猛把（扒）方能起袋。

⊙16

⊙13 碓皮料 Beating the bark with pestle
⊙14 切皮 Cutting the bark
⊙15 踩料 Stamping the materials
⊙16 袋料扒 Bag used for cleaning the materials

## 肆拾柒
## 数　棍　子
47

又称划夜槽。每天捞纸工下班后，等槽水澄清后拔塞放水，收回槽底，浇清槽壁，然后向槽内注入清水，过袋，按品种进行皮草配比加料。操作工分站四边（也有分站四角），每人一根棍扒协作划动搅拌，要求每人都要一棍套一棍跟上旋，直至旋到见槽底，再反方向旋。而后再用小棍子各划半圈，直至将纸浆划融即可。划槽后要用水浇槽沿，用水要过袋，水向槽里浇；棍盘拿起来要打一下，以免流失浆料；捞取纸浆要复袋角，滤水要起袋角，不能在槽沿上两面擦。

# 草料加工

## 壹
## 选　草
1　⊙17

抓住稻草束草穗部倒举，根部松散后用力往下甩出枯草叶，再以脚踏住草穗或用双腿夹住草穗，用手梳去草叶，同时剔出粺草。将梳后的草束扎成小把，多把小把捆成大捆后，直立堆放于干燥不积水的石子地面或其他材料上，盖上草衣，地面四周挖掘水沟，以避免受潮、霉变和泛色。

⊙17

⊙17
选稻草
Choosing the straw

## 贰 破节

2

又称复草。打开原草大捆，把根部在地下捣齐，切除草穗后，将稻草从头向根又从根向头过碓打碎草节。经过破节的稻草，用两膝夹紧，取下原扎把处的稻草并掺进此把，用手两面拍打，除去剩余草衣，再扎成小把并汇集成大捆后浸泡。

## 叁 浸泡

3

将破节后的稻草捆，放在水潭内浸泡。冬季浸泡不易使草捆发酵。浸泡的方法有抛浸和埋浸两种。抛浸一般为静水，将草抛入水池中，草捆表面浮在水面上，需要阶段性翻捆。埋浸一般为活水，将草全部浸于水底，上压块石固定，此法比抛浸效果要好。

## 肆 滤水

4

打开水池内浸泡好的草捆，洗去草束上的污泥和草脂，顺序堆放于岸上，自然滤去水分。一般过夜后的第二天浆灰。

## 伍 浆灰

5

浆灰前，要在地面撒上废草，泼上石灰水，以防止成堆后的草堆堆脚腐烂。稻草束浸入盛有一定比例的石灰水的桶内，用挽钩将草束翻两遍身，使灰水均匀渗透草内，然后将草束靠桶边钩出堆放。

## 陆 堆放

6

浆过灰的草束堆放时，将性硬的草束放在中间，性软的放在边缘，每一束稻草都要贴紧上一束，以避免漏风、冒风腐烂。每一层的边缘一定要贴齐整，成堆后的草堆四周要浇上石灰水，进行静止发酵。发酵过程如掌握不当，极易造成断节、霉烂。同时，发酵时间与气温变化关系很大，因此，堆置发酵期间必须随时检查。

## 柒 翻堆

7

发酵一段时期（一般冬天30～40天，夏季7～10天），草堆里的草束变色后进行翻堆。时节不同，发酵变色也不同。一般冬天呈老黄色，夏天呈嫩黄色。翻堆前在草堆四周浇上石灰水，然后把边缘的草装在堆心，把堆中心的草翻到外面。翻堆后，草堆的四周再泼上石灰水，以增加温度，继续发酵，直至草的黄色减退且有光泽，草遇水后石灰即自行脱离，此时就应散堆洗涤，洗去灰渣。

## 捌 洗晒

8

洗涤时，要分清草堆，逐堆清洗，要边洗边上岸，按顺序排列滤水，洗完一个草堆要清理一次水池，收捞碎草，避免浪费。洗去石灰渣的草，滤去水分并过夜，第二天按顺序取草。取草时，用手扣住草头并朝上，轻取轻放后，挑送到晒场后摊晒。

## 玖 摊晒

9

摊晒此草要厚薄均匀，须过一遍雨，晒干后就进行翻草。翻草时，要将草抖松，以除去剩余灰渣，随翻随清理草块下面的碎草，掺放于翻后的草块上，经翻晒的草块再见一遍雨后晒干成草坯，可捆收下山。

## 拾
## 收　草　坯
10　⊙18

捆收草坯时，要清除自然掺入的其他杂物，拍抖草坯余灰，清理碎草。草坯要收拾干净，捆收下山的草坯，搬运至草坯堆场成堆储存，也可在干燥的地面上堆成锥形草堆储存备用。堆草坯堆时要填好堆脚，盖好堆头，堆脚基由碎石和河卵石铺成，要有一定高度，基面层也应有一定的坡度，垛基四周要挖好水沟，保证排水畅通，避免潮湿霉烂。

⊙18

## 拾壹
## 抖　草　坯
11

草坯是通过一次石灰脱胶的稻草，由于空气和水的作用，在草坯表面附有很多钙盐灰尘，不易洗净，需适宜抖除。晴天草坯干燥，灰渣容易抖除，因此，抖草坯适宜在晴天，阴雨天不宜于操作。抖草坯可分为抽心抖和放堆抖两种。

### 抽心抖
抽心抖（也可称作抽堆抖）是在劳动力不足的情况下，为不使剩余的草坯在野外因遇风雨天气造成损失而采取的工序。此工序由操作工在堆的周围采取抽心取草的方法，把草坯拉出来抖。其好处是不破坏堆头、堆脚，草坯抖不完，也不影响剩余草坯在野外储存。

### 放堆抖
放堆抖是在劳动力充足的情况下，从草坯堆的堆头按次取草，当天抖完整堆草，功效高，速度快。

## 拾贰
## 端　料
12　⊙19

取适量的碱（传统方法一直使用桐籽灰碱或草木灰，清末民初开始使用纯碱，20世纪60年代开始使用烧碱）置于桶中，加上适量的水，化成碱液。将抖好的草坯放在碱液内浸泡4～5分钟。将浸过碱液的草坯，沿料桶边拎起来，分三段折叠，盘放在端料桶上用木头搭成的草架上，四围走齐，不能露头，防止漏灰汤（灰汤即端过碱液的草上滤下来的碱水，汽蒸后蒸锅内的碱水，亦俗称为灰汤）。

⊙19

## 拾叁
## 装　锅
13

将端过的草坯装入蒸锅内汽蒸，先装灰汤草，再装下盆（每桶碱液的后半桶称下盆），而后装上桶。装锅前，锅内先装清水至锅上方第三块斜砖处，即距蒸锅脚15 cm处。装锅时应将草坯均匀堆叠成馒头形，中间要高，不能凹下去。如果草坯锅装得松紧不均，加热后蒸汽就强弱不均，装得紧的部位，就需打孔摧气。装完锅，等蒸锅四周均冒蒸汽了，就用麻袋将草盖好，然后用灰或泥密封。一直蒸煮到蒸汽由四周集中到蒸头成一股气时（需12～15小时）才能歇火，然后焖到第二天再出锅。

⊙18 收草坯 Piling the straw
⊙19 端料 Soaking the materials in alkali

⊙20

## 拾肆
## 出　锅
14　⊙20

将草从蒸锅中取出，清除泥灰，注意要轻取轻放，须将草按顺序堆放成堆。出完锅后，锅底的热碱液，又称灰汤，可以用来泡草。

## 拾伍
## 淋　洗
15

立即将出锅后的草堆盖上竹帘或麻袋，用清水淋浇，洗去残碱。开始淋浇时，水呈深褐色，一直淋浇到水变清为止。经过以上所述工序，草已变成嫩黄色或微白色。

⊙21

## 拾陆
## 挑　草　块
16　⊙21

淋洗后的草块，隔夜后挑送至石滩。无论是装草、挑草还是上滩，均要轻拿轻放，以防草断伤。

⊙20 草料出锅 Lifting the straw out of pot

⊙21 挑草块上滩 Carrying the processed straw on the drying ground

拾柒

## 剥草块

17

也称晒草块。将挑上滩的草块打开，顺草丝剥开摊晒，草丝要顺坡。

拾捌

## 翻草块

18

草块晒干后立即翻，翻时要从下往上翻，碎草收拾后放在翻后的草块上。

拾玖

## 收草块

19

等草晒干后收回，草要收得干，将原块4～5块卷折成一大卷，堆放于干燥的地方。

⊙22

贰拾

## 扯青草

20 ⊙22

收回的草块，俗称渡草。经过撕松、抖除余灰、清除其他杂物，再卷成草块，此草称为青草。

贰拾壹

## 端料

21

取适量的碱置于桶中，加适量的水化成碱液。将扯好的青草放在碱液内浸泡4～5分钟。将浸过碱液的青草，沿料桶边拎起来，分三段折叠，盘放在端料桶上用木头搭成的草架上，四围走齐，不能露头。

贰拾贰

## 装锅

22

将端过的青草装入蒸锅内汽蒸。装锅时应将草坯均匀堆叠成馒头形，中间要高，不能凹下去。如果草坯锅装得松紧不均，加热后蒸汽就会分布得强弱不均，装得紧的部位，就需打孔摧气。装完锅，等蒸锅四周均冒蒸汽了，就用麻袋将草盖好，然后用灰或泥密封，蒸煮到蒸汽由四周集中到蒸头成一股气时才能歇火，然后焖到第二天再出锅。

贰拾叁

## 出锅

23

须将青草按顺序出锅堆放成堆。

贰拾肆

## 淋洗

24

立即将出锅后的草堆盖上竹帘或麻袋，用清水淋浇，洗去残碱。

贰拾伍

## 挑青草

25

淋洗后的草块，隔夜后挑送至石滩。无论是装草、挑草还是上滩，均要轻拿轻放，以防草断伤。

贰拾陆

## 摊青草

26 ⊙23

要自上而下，从左至右地摊晒，不能乱拉乱摊，要摊得薄而均匀，四角成方，脚旁过清，每块草要齐边隔缝，不能搭缝，以免夹黄。

⊙23

⊙22 扯青草 Pulling the straw apart

⊙23 摊青草 Drying the straw

贰拾柒

## 翻青草

27

见雨后晒干翻一次，翻草一般从上翻下，四围齐边，要剔除混入草内的垃圾和嫩枝。见第二次雨后，继续露晒一个时期，至草呈嫩白色后收下山。

贰拾捌

## 端料

28

取适量的碱置于桶中，加适量的水化成碱液。将草放在碱液内浸泡4～5分钟后沿端料桶边拎起来，分三段折叠，盘放在端料桶上用木头搭成的草架上，四围走齐，不能露头，防止漏灰汤。

贰拾玖

## 装锅

29

将端过的草装入蒸锅内汽蒸，先装灰汤草，再装下盆（每桶碱液的后半桶称下盆），而后装上桶。装锅前，锅内先装清水至锅上方第三块斜砖处，即距蒸锅脚15 cm处。装锅时应将草坯均匀堆叠成馒头形，中间要高，不能凹下去。如果草坯锅装得松紧不均，加热后蒸汽就会分布得强弱不均，装得紧的部位，就需打孔摧气。装完锅，等蒸锅四周均冒蒸汽了，就用麻袋将草盖好，然后用灰或泥密封，蒸煮到蒸汽由四周集中到蒸头成一股气时才能歇火，然后焖到第二天再出锅。

叁拾

## 出锅

30

将草从蒸锅中取出，清除泥灰，注意要轻取轻放，须将草按顺序堆放成堆。出完锅后，锅底热碱液，又称灰汤，可以用来泡草。出锅后的草堆，上盖竹帘或麻袋，立即用清水淋浇，洗去残碱。开始淋浇时，水呈深褐色，一直淋浇到水变清为止。此环节后可称之为燎草了。

叁拾壹

## 挑燎草块

31

淋洗后的燎草块，隔夜后挑送至石滩。无论是装草、挑草还是上滩，均要轻拿轻放，以防草断伤。

叁拾贰

## 剥燎草块

32

将挑上滩的草块打开，顺草路剥开摊晒，草丝要顺坡。

叁拾叁

## 翻燎草块

33 ⊙24

草块晒干后立即翻摊。翻时要从上翻下，碎草收拾后放在翻后的草块上。

⊙24

⊙24 翻燎草块 Turning over the processed straw

叁拾肆

## 收　燎　草

34　⊙25

在晴天收燎草，在石滩上晒干的燎草含有大量沙石，收草时要退沙。可抽样通过人工抖除，求出含沙率进行扣除。

石滩在每次收草后、摊草前都必须清扫，回收碎草，既防浪费又可提高原料质量。

叁拾伍

## 鞭　干　草

35　⊙26

将整捆燎草平放在地上，顺草纹用大棍子抽打，抽打分散后，用棍子挑抖，抖去燎草中的硬质垃圾、沙石，拣去燎草中的骨柴和树叶，分堆一边。将用大棍子打好的燎草抱上草筛，摊开后用小棍子反复鞭打，边鞭打边抖去污沙、垃圾、草沫灰。等全部鞭打散开后，再将燎草卷成重约1.25 kg的草块。

⊙26

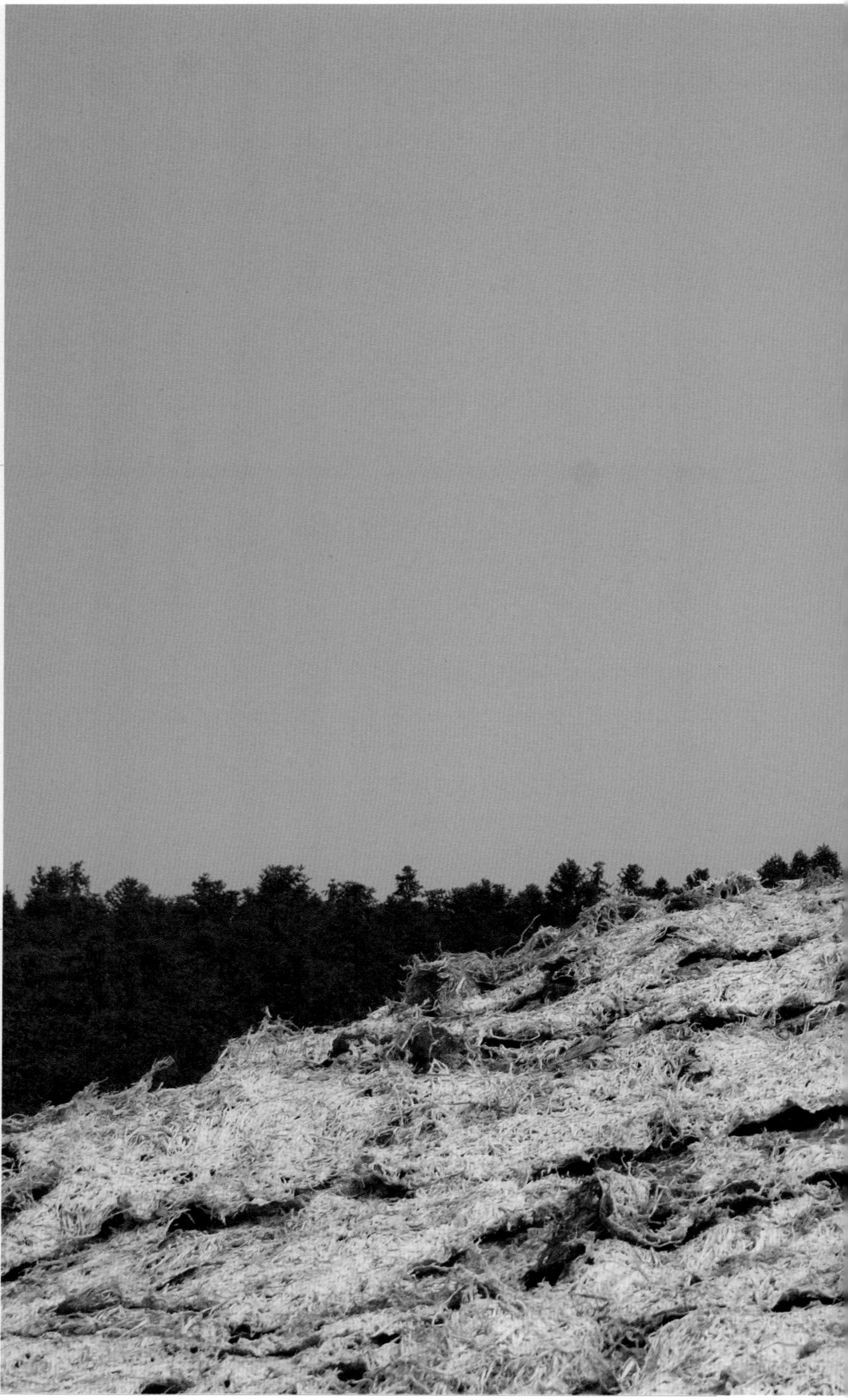

⊙25

⊙25
背燎草下滩
Carrying the processed straw

⊙26
鞭干草
Beating the dried straw

## 叁拾陆
## 洗　　草
### 36

⊙27

将鞭好的草块用竹丝编结的箩筐进行洗涤，每块草洗一箩。将草块在箩里摊开，连同箩放进水里，用手适度将草按进水，边按边转动箩筐。洗时一手转动（顺时针、逆时针均可，根据个人习惯而定）箩筐，另一手插进草内左右搅动，等箩筐边的石灰水稍少时便可翻箩。

⊙27

翻箩时，用两手分抓箩的两边框，将箩向自己身边颠簸。等草颠簸到一边时，将箩放在水池沿，两手拇指朝身边平抓向外翻，翻好后再洗。洗好后浮箩，浮箩时将箩靠身边的一边抵住水池，将箩内的水沥一下，再次将箩放进水里，草浮起来后迅速抽去箩，草漂浮在水面，再次将箩插入水里托住慢慢下沉的草。顺水力将箩端起，将一边靠在池沿，转动洗草箩，用手将湿草稍稍挤压，先将两边叠起，形成一定宽度的条状，再由身边起卷，形成圆柱状的草块。圆柱状草块的长度要几乎一样。

## 叁拾柒
## 压　　榨
### 37

将圆柱状的草块横放在草榨上排列，四边要整齐，盖上榨板，再上榨杆，将其榨干。

## 叁拾捌
## 选　　检
### 38

选检台又称皮草台。择草前，清洁工作场地，然后用竹刀开草，要抖动草使灰渣、杂质、部分草节从竹筛眼中掉到筛床上，开完草后选检，剔去草黄筋、杂物，清除蟋蟀窝等。

## 叁拾玖
## 舂　　草
### 39

⊙28

搞好碓臼圈、碓头、招牌及地面的清洁工作，然后放草开碓。燎草入碓臼要进行散筋，碓臼当中及两腮拉得空，使草容易翻动。散筋时要适量加水，做好水色，硬草碓得干一些，软草碓得潮一些，打到四成熟时要停碓取生，将招牌、碓臼圈和碓头上的草清理干净，放回生草桶内；打到七成熟时，酌情从碓后加入适量的水，使草易于翻动，待草成熟时要化看。促草分两次加水，头遍草40分钟左右，再进行取生，加水促二遍草，用竹板子将碓臼内的草拌均匀，并用板子撬5～10分钟，基本消灭了死渣圾（死料、料疙瘩），才能起臼。碓臼用水均需经布袋过滤，草起后在臼前后要准备好料缸、畚箕等装运工具，做好碓臼工具及工地的清洁工作，严防尘埃、泥沙及其他杂物混入。

⊙28

⊙27 洗草旧照 An old photo of cleaning the straw

⊙28 木碓舂草 Beating the straw with wooden pestle

## 肆拾 做料

40

将碓好的草放入料缸，加适量水，宜干不宜烂，每缸料的水要差不多，查看水色（加水在此称作水色）。要保持料缸的清洁，准备停当后再以木挽子盛水浇缸沿，每个缸沿只能浇半挽子水，盖好盖子过夜，次日清晨踩料。踩料前，先用干净棍子撬松后再下脚，踩约50分钟后，再次加水，加水量以不超过第一次为准，约半个小时后，第三次加水，然后再踩20分钟时间即可。

## 肆拾壹 做纸巾

41

做纸巾是单列工序，将晒纸、剪纸等工序后留下的废纸、纸边在此进行回笼处理。纸巾下缸要清除料灰，摘梢毛，水不能放多，以防因水量增多，磨擦系数减小，出现漏加工的小纸片。其动作与做皮、做草差不多。

## 肆拾贰 袋料

42 ⊙29

又称锻料。用棉布做料袋，先将料袋洗干净后装料。袋料前，每袋料先在水中湿一下水，用脚将袋里料踏开，使料呈糊状，然后扎把袋料。袋料时，料袋的两个角必须勾到位清洗。同时，注意袋草时袋中不能贯气，在每袋料袋清水后，要将袋扎猛把（扒）方能起袋。

⊙29

⊙30

## 肆拾叁 数棍子

43

又称划棍子、划夜槽。每天捞纸工下班后，等槽水澄清后拨塞放水，收回槽底，浇清槽壁，然后向槽内过袋注入清水，按品种进行皮草配比加料。操作工每人一根棍扒，协作划动搅拌，要求每人都要一棍套一棍地跟着旋，直至旋到见槽底，再反方向旋。而后再用小棍子各划半圈，直至将纸浆划融即可。划槽后要用水浇槽沿，用水要过袋，水向槽里浇，棍盘拿起来要打一下，以免流失浆料。

## 肆拾肆 混浆

44

将皮料浆和草料浆按照所配比例混合在一起，进行混浆。混浆程序参照“数棍子”。

## 肆拾伍 制药

45 ⊙30

将杨桃藤用手撅断成等分长短，用木槌锤破后全部浸泡在水中过夜，用弯钩拉动，药桶里的水牵丝澄清后用药袋过滤到药缸。

⊙29 袋料
Cleaning the materials with a bag

⊙30 木槌锤杨桃藤
Beating branches of *Actinidia chinensis* Planch. with a wooden hammer

肆拾陆

## 划单槽

46 ⊙31

按槽口取料，将料放进槽内后，捞纸抬帘工与划槽工分站纸槽两头，站丁字步，身体稍向前倾，双手持棍扒，左手在前撑稳，右手拉，其动作像磨磨一样，两人套起来搅拌。纸料搅拌好后，掺入药水，再用棍扒划匀，以免出现药花（纸药分布不匀）。药水不能一次性放多，以防药死槽。划好单槽后要清槽沿，每个槽口要打藻，开槽在半槽打藻，二、三槽在过槽后打藻，以此捞去双浆团或大皮块。

⊙31

制纸

壹

## 抄纸

1 ⊙32

又称捞纸。四尺、五尺、六尺宣纸由2人协同操作，1人掌帘，1人抬帘。班前首先检查所有工具，是否清洁，有无损坏；投料搅匀后，掌帘、抬帘工分站槽的两头，帘上帘床，夹紧帘尺，头帘水形成纸页，一帘水梢边要靠身整齐下水，额手要靠紧；二帘水是平整纸页，额手下水，梢手上托，要在两人的中间下水，额手要破心挽紧（从身体中间部位下水，以右臂为轴，向右匀速舀适量的浆料），倒水要平。提帘上档时用额手提帘，垂直往上提，避免拖帘（拖帘降低帘床芒杆使用时间）。上档时要丁字步，放帘要卷筒，掀帘要像一块板，送帘前宽后窄像畚箕口。

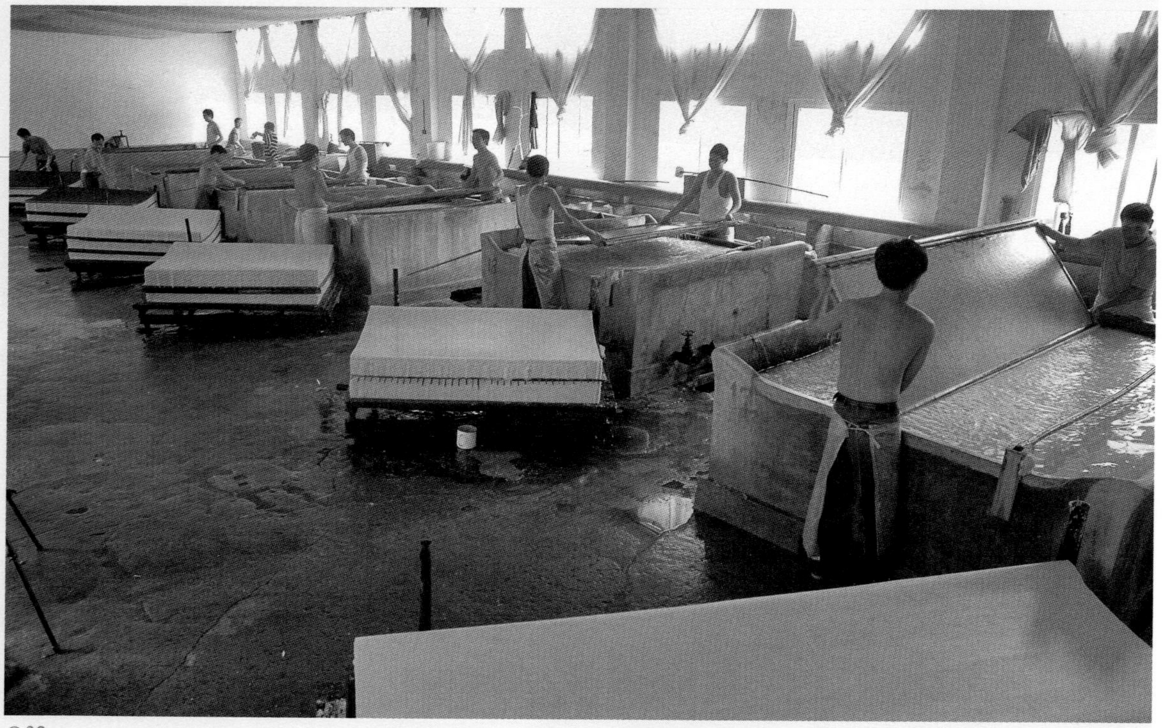
⊙32

⊙31 划单槽 Stirring the materials
⊙32 捞纸 Making the paper

捞二层或三层夹宣要退档，使丝线路交错成双丝路。掌帘在提帘下架时，抬帘的应用手舀槽水将帘床上的皮块冲掉，也可用手将皮块拣掉，并打计数算盘进行计数。

无论捞哪一种规格的宣纸，歇槽下班时，必须清洗纸帘，填盖帘每周清洗一次，帘床及其他工具要保持清洁。

**捞八尺宣纸**

由4人协同操作，1人掌帘，1人抬帘，1人管额，1人扶梢。

**捞丈二宣（又名白露）**

由6人协同操作，1人掌帘，1人抬帘，2人抬额，2人扶梢。

**捞丈六宣（又名露皇宣）**

由14人协同操作，1人掌帘，1人抬帘，5人掌额，5人扶梢，1人扶额角，1人扶梢角。操作时各有分工，扶额角和梢角的2个操作工人在槽上协助抬帘的送收帘床，上帖时负责拉绳；扶梢5人，其中4人负责提送帘、吸帘，另1人和掌帘及抬帘的负责上档；掌额5人，其中4人负责放帘管筒子，反边2人，顺边2人，另1人在顺边提帘。

贰

## 扳　　榨

2 ⊙33

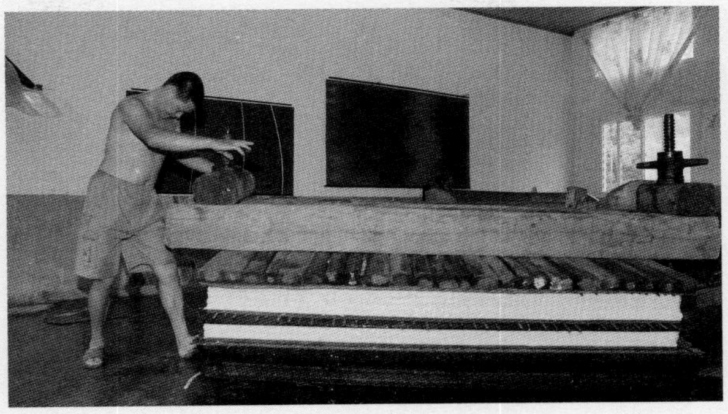

⊙33

扳榨前湿帖水分占90%～93%，停槽后半小时移帖盖上纸板，20分钟后上压榨棍。各个帖上完压榨棍后，按先后次序轮流扳榨。不能连续扳，每隔5～10分钟扳一下，以防挤破。压榨后的湿帖水分，不超过75%。

叁

## 抬　　帖

3

由扳榨工用两条抬帖杠分别将纸帖的稍、额两部架住，由两人分执轿杠的两头抬进焙房，交给晒纸工。湿帖送进焙屋。

肆

## 放　　槽

4

捞纸工下班后，待槽内残余纸浆自然沉底，槽水相对澄清后，留下的员工用棍子将槽楔子捣开。捣开后槽楔子自然上浮，在槽水冲出的前夕，须用料袋将头一口水接住（因头一口水有大量纸浆），等清水出来时，将袋口移开。等槽内清水放完时，再将料袋放进出水处接纸浆。槽内纸浆全部流入料袋后，先让其自然滤水。期间，用水浇冲槽的四周内外，如槽壁黏滑，需用刷把仔细擦洗。冲洗干净后，将槽楔子四周裹上较干纸浆，将槽底洞堵紧，放上清水，便于数棍子。

伍

## 挽　　帖

5

湿帖到焙屋，靠帖要垫梢，并防止破帖、起肚里筋等纸病。

⊙33 扳榨
Pressing and squeezing the paper

陆

## 烘　　帖

6

也称炕帖。烘帖一般有3种方式：一是晒纸工下班后，利用焙的余温，额上梢下将湿帖靠在纸焙旁，注意要保持焙脚的洁净；二是晒纸工上班时，将焙头打扫干净，将纸帖架在焙头，注意要随时注意黄帖等现象发生；三是如前两种方式不能将纸帖烘干，就架火烤干，注意火塘内火苗要用灰盖住明火，将纸帖架在火塘上，四周盖好壳纸，防透风，随时检查，以防出现烧帖、焦帖、黄帖等现象。一般来说，四尺、五尺、六尺等中小幅面的纸帖容易烤干，如遇大纸不便架上焙头，需要以火塘烤干。

柒

## 浇　　帖

7 ⊙34

不能从额浇，让出1寸（约3.3 cm）左右，水色要均匀，四周浇干净。浇水过多会引起水雀，过少纸则起焙，水浇得快容易起泡(俗称起乌龟)。浇帖时要洗梢，浇好的帖在焙屋过夜，靠在平整洁净的木板上，上面盖好壳纸。

⊙34

捌

## 鞭　　帖

8

帖上架后，进行鞭帖。鞭帖时，板子要平，鞭密，水鼓处不能鞭，以防激破。

玖

## 做　　帖

9

手靠架边紧，不离架做帖，以防额折和花破，开焙帖用刷筒打松，以免雀破。

拾

## 牵　　纸

10 ⊙35

用右手食指或中指点角，不能搭角，要牵三条线，牵纸要沿边，不能离额，断额不过1寸，不扯纸裤（废纸）。

⊙35

⊙34 浇帖 Watering the paper pile

⊙35 牵纸 Pulling the paper on a drying wall

## 拾壹
### 晒　纸
11

靠焙晒上，手要绷紧，刷路要均匀，起刷后的动作先后为吊角、托晒、抽心、半刷、破额角、挽刷、打八字、挽刷、破梢角、破掐角、收窗口。

## 拾贰
### 收　纸
12

先牵额角，身子站正，手心要挺，右手提高靠纸，梢、额掌稳并排往下撕，梢角不能落地。一般7张一收，9张一理，四周纸边理齐。
晒纸焙屋保持清洁，焙脚要干净，晒好的纸，每个帖梢、额和两头的火炮引屑要除干净，然后折捆。

## 拾叁
### 看　纸
13 ⊙36

此环节为检验，也与下道工序一起统称剪纸。在检验之前，先过秤、数纸，然后上剪纸薄。检验前要严格刷梢，看纸要用尺量，先看反面，后看正面。纸上的灰尘、垃圾要刷干净，表面双浆团（俗称扫马连子）和骨柴要扫尽。

## 拾肆
### 剪　纸
14 ⊙37

剪纸时要数好张数，放好套皮纸，以50张为一个刀口，掌刀要持平，压上干净石头，人要站成箭步，刀口要剪光滑整齐，成为元宝口。盖印时，手要掌稳印章，由下端呈竹节式往上端盖，要整齐、清晰。盖好刀口印后，正副牌分类堆放好。不同配料的纸巾不能混在一起，纸巾中严防包皮纸巾混入。

## 拾伍
### 成品打包
15 ⊙38

成件纸要注意两头平坦，夹上签子，按品种规格确定的刀数打包，内销包装有麻袋和竹篓两种，内用包皮纸成捆，包上箬叶片，再用竹片裹紧，然后打竹篓或用麻布包装成件。外销包装以纸箱为主，成件后即时标明品名及编号。

⊙37

⊙36

⊙38

⊙36 看纸检验 Choosing the high quality paper

⊙37 剪纸 Cutting the paper

⊙38 竹篓打包旧照 An old photo of packaging the paper with bamboo basket

# 五
# 原料、辅料、人员配置、工具和用途

5
Raw Materials, Accessories, Staffing, Tools and Usage

## （一）
## 主原料

### 1. 青檀皮

青檀皮是宣纸制造的特色原料之一。根据植物学分类，青檀属榆科落叶乔木，常生于山麓、林缘、沟谷、河滩、溪旁及峭壁石隙等处。在植物学分类尚未流行时，青檀用于制纸常被称为楮树，被造纸界称为“檀楮不分”。最早使用青檀名称的是明代徐光启（1562～1633年），他在《农政全书·卷五十六》中有这样的表述：“青檀树生中年南沙岗间，其树枝条纹细薄，叶形类枣微尖，艄背白而涩，又似白辛树，叶微小，开白花，结青子，如梧桐子。大叶味酸涩，实味甘酸。救饥：采叶煠熟水浸淘去酸味，油盐调食，其实成熟亦可摘食。”不仅描述了青檀的植物形态，还说明了青檀树叶可替代食物。

⊙1

青檀树为我国特产树种，广泛分布在长城以南地区，在石灰岩山地生长良好，也能生长在酸性花岗岩山地及河滩地、河谷溪旁、家前屋后。青檀萌芽力很强，枝皮富有纤维，茎皮优质，绵韧易剥，是制造宣纸、人造棉等的优质原料。青檀树一般6月开花，9～10月果实成熟。制造宣纸采取枝条砍伐方式。研究表明，宣纸所用的青檀皮，以北纬30°左右的为上品，而以泾县及周边地区生长的青檀树为最佳。

根据轻工业部科学研究院制浆造纸研究所对安徽泾县宣纸厂1～2年条的青檀皮和3年条的毛皮分析，青檀皮的成分构成如表2.6所示。

⊙1 单株青檀 *Pteroceltis tatarinowii* Maxim.

表2.6 泾县本地产青檀皮与加工后毛皮的成分构成表
Table 2.6 Ingredients of local *Pteroceltis tatarinowii* Maxim. bark and processed bark in Jingxian County

| 成 分 | | 青檀皮（%） | 毛皮（%） |
|---|---|---|---|
| 水 分 | | 8.94 | 7.90 |
| 灰 分 | | 4.98 | 4.55 |
| 溶液浸出物 | 冷 水 | 11.12 | — |
| | 热 水 | 15.47 | — |
| | 1% NaOH | 45.72 | 52.53 |
| | 苯醇（1：1） | 6.32 | 9.18 |
| 失水戊醣 | | 20.06 | 19.06 |
| 木 质 素 | | 7.06 | 8.00 |
| 果膠（果胶醣钙） | | 10.48 | 10.74 |
| 纤 维 素 | | 58.67 | 49.46 |
| a- 纤 维 素 | | 49.20 | 41.70 |

## 2. 沙田稻草

宣纸生产采用沙田产的籼、粳两种稻草。沙田稻草是生长在山区沙质土壤农田上的稻草，灌溉用水温度较低，水稻成长周期较长，一般为120天左右成熟。沙田稻草茎干柔韧，节稀叶少，木质素含量较低，纤维素含量较高，用作宣纸原料明显优于泥田稻草。不同土壤稻草的化学成分分析如表2.1.7所示。根据泾县宣纸行业的造纸实践，泥田稻草制成的草浆略呈红色，而沙田稻草较泥田稻草加工时的用碱量要低10%左右。如表2.7所示。*

表2.7 不同土壤稻草的化学成分分析
Table 2.7 Chemical composition of different kinds of straw

| 成 分 | 泥田稻草（%）（安徽泾县） | 沙田稻草（%）（安徽泾县） |
|---|---|---|
| 水 分 | 7.05 | 6.47 |

⊙2 泾县的沙田稻
Straw grown in the sands in Jingxian County

* 此表系轻工业部科学研究院制浆造纸研究所分析数据。

续表

| 成分 | | 泥田稻草（%）（安徽泾县） | 沙田稻草（%）（安徽泾县） |
|---|---|---|---|
| 灰分 | | 13.71 | 16.70 |
| 溶液浸出物 | 冷水 | 12.34 | 11.75 |
| | 热水 | 14.93 | 14.80 |
| | 1% NaOH | 45.16 | 47.11 |
| | 苯醇（1：1） | 3.10 | 4.33 |
| 失水戊醣 | | 32.40 | 28.91 |
| 木质素 | | 12.57 | 10.15 |
| 纤维素 | | 59.50 | 64.63 |
| a-纤维素 | | 41.70 | 44.30 |

（二）

## 主辅料

宣纸制作除了主原料外，还离不开泾县的自然资源，其中水是最重要的辅料。其他辅料主要有猕猴桃藤（杨桃藤）、石灰(CaO)、纯碱($Na_2CO_3$)、烧碱（NaOH）、漂白粉[$Ca(ClO)_2$]等。

### 1. 山泉水

自古以来，宣纸行业就流传“没有好水就不出好纸”的说法。宣纸制作首选山泉水，河水次

⊙1

⊙1 乌溪河水 River in Wuxi area

之，井水最次。所有宣纸企业在选址时首选水：一要出水好，二要来源丰富。乌溪水是泾县宣纸业界公认的较佳水源地之一，清代几次编纂的《泾县志》中多有记载。“红星”宣纸均由乌溪水所制，在用水调度上，制浆常用乌溪水，捞纸常用笕水涝的水。调查时现场实测乌溪河水pH为6.0～6.5，笕水pH为5.5～6.0。

2. 猕猴桃藤

在宣纸行业中，抄纸也称为捞纸。在捞制宣纸时，一直离不开纸药。自古宣纸行业一直使用野生猕猴桃藤（亦称为杨桃藤）汁为纸药。调查中，虽然泾县宣纸行业中有使用化学或其他植物纸药的，但首选还是野生猕猴桃藤。

## （三）人员配置

根据对中国宣纸股份有限公司用工状况的详细调查，并参考泾县传统宣纸行业的常规生产用工标准，总结各工序中人员与工时的配置关系如下：

1. 燎皮加工程序

皮坯加工部分用工指标

一个皮坯堆浆皮60捆，每捆20支，每支约重0.9 kg，总皮量约1 050 kg，出皮坯约630 kg，需工时约27.5个。主要工时分配如下：

| | |
|---|---|
| 解皮 | 8.5个工（每人日产7捆） |
| 浆皮 | 3个工 |
| 灰蒸装锅 | 1.5个工（包括挑水） |
| 烧锅 | 1.5个工 |
| 出锅踏皮 | 3个工（每人踏400块） |
| 洗皮 | 2个工 |
| 揉皮取坑 | 2个工 |
| 挑皮上滩 | 2个工 |
| 翻皮坯 | 1个工 |
| 收皮坯 | 1个工 |
| 杂工 | 2个工 |

从毛皮到皮坯的生产周期约80天。

皮坯的收获率约占毛皮的60%。

青皮加工部分用工指标

青皮锅每锅用皮坯约2 100 kg，计5 600块，每块约0.375 kg，总出青皮约1 365 kg，需工时约108.6个。主要工时分配如下：

| | |
|---|---|
| 支皮 | 5.6个工（每人每日支皮1 000块，每块0.375 kg） |
| 汆皮 | 5个工（汆5 600块，包括烧热碱） |
| 装锅 | 2个工 |
| 烧皮锅 | 1.5个工 |
| 出锅洗涤 | 7个工（包括上滩晾皮） |
| 翻渡皮 | 1.5个工 |
| 捡皮 | 4个工（每人每天捡1 400块） |
| 撕皮 | 56个工（每人每天100块，实际生产中按件算） |
| 摊青皮 | 17.5个工（每人摊320块） |
| 翻青皮 | 2.5个工 |
| 收青皮 | 3个工 |
| 杂工 | 3个工 |

从皮坯到青皮的生产周期约90天。

青皮收获率约占皮坯的65%，约占毛皮的39%。

燎皮加工部分用工指标

燎皮锅每锅用青皮约2 100 kg（约8 500块），约出青皮1 365 kg，从青皮到燎皮的生产周期约80

天，需工时约66.7个。主要工时分配如下：

| | |
|---|---|
| 拍皮 | 14.2个工（每人拍皮600块，每块0.25 kg） |
| 余皮 | 5个工（每人余皮1 700块，包括烧热碱） |
| 装锅 | 2个工 |
| 烧皮锅 | 1.5个工 |
| 出锅 | 2个工 |
| 摊燎皮 | 30个工（每人摊皮285块） |
| 翻燎皮 | 4个工 |
| 收燎皮 | 4个工 |
| 杂工 | 4个工 |

燎皮收获率约占青皮的85%，占檀皮的33%。

2. 燎草加工程序

草坯加工部分用工指标

一个草坯堆浆草45捆，每捆重32.5～35 kg，总重量约1 500 kg（未进行选草工序的原始毛稻草约2 000 kg），出草坯约1 065 kg，收获率约占稻草总量的71%，需工时约28个。主要工时分配如下：

| | |
|---|---|
| 打草（复草） | 7.5个工 |
| 浸草 | 埋沙浸1.5个工，抛潭浸0.5个工 |
| 捞草 | 1个工 |
| 浆草 | 3个工 |
| 挑石灰 | 1个工 |
| 翻堆 | 1个工 |
| 洗草坯 | 2个工 |
| 挑草坯 | 4个工 |
| 翻草坯 | 1个工 |
| 收草坯 | 2个工 |
| 砍草坯山 | 2～3个工 |
| 杂工 | 2个工 |

从稻草到草坯的生产时间约需140天。

青草加工部分用工指标

青草锅每锅用草坯约1 750 kg，出青草约1 225 kg，青草的收获率占草坯的68%～70%，占稻草的48%～50%，需工时约41个。主要工时分配如下：

| | |
|---|---|
| 抖草坯 | 5个工（每个工抖7捆，每捆40块，每块1.25 kg） |
| 端架 | 3个工 |
| 装锅 | 2个工（包括挑水） |
| 烧锅 | 1.5个工 |
| 出锅淋水 | 2个工 |
| 挑剥草块 | 4个工 |
| 翻草块 | 1.5个工 |
| 收草块 | 2个工 |
| 撕草（女工） | 4个工（每工撕6.5捆，每捆30块，每块1.5 kg） |
| 摊青草 | 6.5个工（每工摊4捆，每捆30块，每块1.5 kg） |
| 翻摊 | 2.5个工 |
| 收青草 | 3个工 |
| 杂工 | 4个工 |

从草坯到青草的生产时间约需90天。

燎草加工部分用工指标

燎草锅每锅用青草1 750 kg，出燎草约1 400 kg，燎草的收获率约占青草的80%，约占稻草的39%，需工时约41.5个。主要工时分配如下：

| | |
|---|---|
| 端架 | 3个工 |
| 装锅 | 2个工（包括挑水） |
| 烧锅 | 1.5个工 |
| 出锅淋水 | 2个工 |
| 挑剥青草块 | 4个工 |
| 翻青草块 | 1.5个工 |

| | |
|---|---|
| 收草块 | 2个工 |
| 撕草（女工） | 6个工（每人撕4.5捆，每捆30块，每块1.75 kg） |
| 摊燎草 | 8.5个工（每人摊3捆，每捆30块，每块1.75 kg） |
| 翻燎草 | 3个工 |
| 收燎草 | 4个工 |
| 杂工 | 4个工 |

3. 成纸部分人员配置

成纸部分是宣纸制作的核心技艺，人员配置较为固定。一般来说，传统作坊时期，原料工以家庭为单位进行加工，进入工业化生产后，按照上述燎皮加工程序和燎草加工程序的人员配置和分工计算。成纸部分工艺从燎草（下槽草）、燎皮（下槽皮）投入生产，一帘槽的人员配置以12个半人至13人，即：做料工1人、调皮工1人、捞纸工2人、晒纸工2人、剪纸工1人、碓草工1/4人、鞭草（皮）工1/2人、洗草（皮）工1/2人、蒸煮工1/2人、袋料工1人、杂工（含烧焙、踩碓等）3人。一般最佳配置是4帘槽，如蒸煮工可以配2人，既可以合作，又不浪费人员，如果碓草是由机碓或水碓操作，可1人管4个碓，不浪费人力。如果采用人工踩碓，1人踩1个碓，顺带掌握管理本碓。烧焙工在烧焙时，如用煤烧，可以1人烧4条焙，如用木材烧，1人可烧1条焙*。如果1个纸坊为4帘槽，那么人员可以由51人组成，即工人50人，加上管棚1人。如能保证正常生产，按槽单位产量每天800～1 000张纸计算，部分工艺的计量标准为：

| | |
|---|---|
| 鞭草 | 日产定额每人80个，每个草1.25 kg，鞭后损耗占燎草总量的25%～30%。 |
| 洗草 | 日产定额180个，洗草和洗检损耗为5%～7%。 |
| 管碓工 | 每人管4个草碓，一白草约重25 kg，约20个草，起白草的水分为68%～70%，打浆度为55° SR～60° SR。 |
| 调皮 | 燎皮日产16块。 |
| 袋料 | 每白草分3袋装，5块皮1袋洗。 |

以上数据也可根据生产品种而定核定标准，捞纸、晒纸、剪纸3个工种按照定额计算工资。

* 此工种兼上山砍柴、冬天为捞纸工、加热、换水等职责。

## （四）部分场地、器具及用途

### 壹 晒滩 1

晒滩是加工宣纸原料的主要场地之一。宣纸原料在晒滩上进行日晒雨淋露练，经受“日月光华”的自然洗礼，完成自然漂白过程。建设晒滩要选择背风向阳、缓坡山场，先将山上植被砍除，以山石铺底，铺筑成较为平整的晒场，晒场呈30°～60°的倾斜。从滩脚至滩顶，辟有梯形小道，便于工人上下。晒滩每隔数年翻滩一次，除去石缝残留的杂质（俗称滩屎），即将铺设在滩上的石块撬开，重新铺筑，便于原料在经受日晒雨淋时透气、沥水。

### 贰 蒸锅 2

制作原料的配套设备有蒸锅，又称甑锅、楻锅。将宣纸原料通过蒸锅蒸煮后，挑至晒滩摊晒。蒸锅由炉、锅、锅桶等部分组成。蒸锅的锅是特制的，直径超大，大翻沿，嵌入相配套的炉子上，锅上罩有木桶或铁桶，桶高1 m左右，既可以最大限度地装入原料，又便于人工操作。水泥进入人们生活后，锅上罩的桶逐步用以砖起边、以水泥加固的桶替代。此形制蒸锅不仅在原

⊙1
生产『红星』宣纸的一处晒滩
Drying ground for making "Red Star" Xuan paper

工 具 设 备

第二章
Chapter II

宣

纸

Xuan Paper

第一节

Section 1

中国宣纸股份有限公司

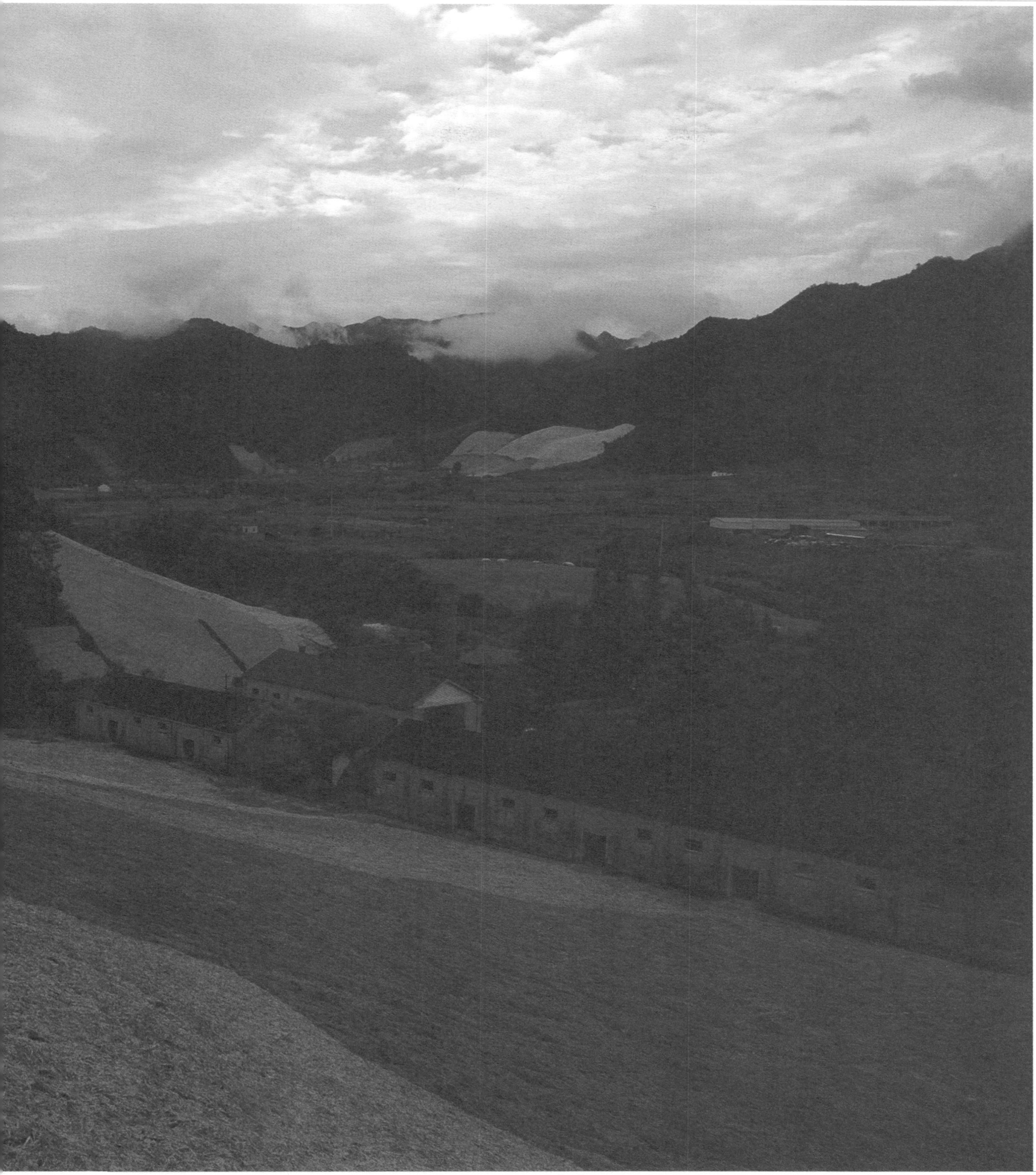

料加工阶段使用，在制浆过程中也使用，以除去檀皮纤维中的木质素及其他非纤维素，以利制浆等。

与晒滩、蒸锅相配套的设备或器具有：挽钩、挑框、扁担、绳索、铡刀、钉耙、冲担、打杵、柴刀、扫把等。

⊙1



## 叁 碓、碾 3

碓与碾都是传统打浆的设备，是将蒸煮、洗净的原料纤维束进行分解，完成其分丝帚化的设备。碓是最早出现在宣纸打浆工序中的设备，由碓头、碓基、碓杆等部分组成，根据原料加工对象又分为皮碓和草碓两种。皮碓的碓头为木制平口，碓基在整石块上凿以规则棱齿；草碓的碓头为铁铸凸口，碓基为人工开凿成容积率较大的凹石，也称为碓臼。

⊙2

自古以来，碓的传动由人力完成，被称为步碓；水源丰盈的地方，采用水力带动，被称为水碓。20世纪后，曾一度采用柴油机代替水力、人力，工厂或作坊通电后，开始采用电动机带动，采用这种传动方式的被称为机碓。其在宣纸制作中的主要功能是将皮料纤维切断、分散、疏解。

石碾作为分解宣纸檀皮原料的设备较为少见，多被使用在切断、分散、疏解燎草纤维束过程中。

与碾、碓相配套和延伸的设备或器具有：鞭草棍、鞭草桌、洗草箩、洗皮棍、木榨、选检台、竹刀、箩筐、锹、洒水把、刨子、木槌、耳塞、挡草帘（招牌）、撬棍、切皮刀、切皮凳、切皮桶、料缸、料袋、料缸、袋料池、袋料扒、料池等。



⊙1 生产『红星』宣纸所用的蒸锅
Steaming pot for making "Red Star" Xuan paper

⊙2 传统碓旧照
An old photo of the traditional pestle

## 肆 纸槽 4

纸槽是宣纸成型——捞纸的必需设备，不同规格的宣纸要选择相应的纸槽操作。传统纸槽有木制和石制两种，木制纸槽选择裁成相应厚度的木板，拼接成纸槽所需相应宽度，刨光并开凿好榫卯，安装后漆上桐油漆便可使用；石制纸槽需将相同厚度的青石板开凿榫卯，安装榫卯后便可使用。水泥进入人们生活后，就用混凝土浇铸成水泥板，也可在浇铸时撒上不同颜色的细石子。在浇铸水泥板时，直接将榫卯留好，再将水泥板打磨光滑后套上榫卯，形成纸槽。也有在制作纸槽时，直接用砖砌到规定的尺寸后，用水泥加固即可。调查时，泾县宣纸行业也有将表面光滑的瓷砖贴入纸槽的内壁和槽底，既降低了划槽的摩擦系数，也减轻了操作工的劳动强度。为降低浪费，又有将传统的平口槽改成凹口槽的做法。

⊙3

⊙3 纸槽 Papermaking trough

通用纸槽的规格有：四尺纸槽（亦可捞五尺纸）、六尺纸槽、八尺纸槽、丈二纸槽、丈六纸槽等，相应的纸槽规格数据如表2.8所示。规模较小的宣纸厂在制作六尺纸槽时，在抬帘一头的槽底留有方洞，称“酒坛口”，酒坛口内可以站人，在捞制四尺宣纸时，按照四尺槽的规格闸上一块木板；捞制六尺宣纸时，将闸板取下，填上酒坛口即可。这种多用纸槽可以分别捞制四尺、五尺、六尺不同规格的宣纸品种。

表2.8 传统纸槽规格数据表
Table 2.8 Specification data of traditional papermaking trough

| 纸槽名 | 内长（cm） | 内宽（cm） | 内高（cm） | 槽板厚（cm） |
|---|---|---|---|---|
| 四尺 | 197 | 176 | 71 | 7 |
| 六尺 | 231 | 176 | 71 | 7 |
| 八尺 | 312 | 236 | 62 | 8 |
| 丈二 | 426 | 236 | 62 | 8 |
| 丈六 | 557 | 277 | 62 | 8 |
| 三丈三 | 1 184 | 427 | 93 | 10 |

随着市场需求的改变，一是宣纸厂家陆续生产出超大规格宣纸，先后有两丈（千禧宣）、三丈、三丈三（明宣）等；二是书画纸厂为节约生产成本，生产“一改二”，主要用于以龙须草浆板原料为主的书画纸的捞制；三是一些纸厂引进喷浆纸制作，主要也用于书画纸捞制，所用纸槽与宣纸纸槽有所区别。

与纸槽相配套的设备或器具有：纸帘、帘床（西乡称帘槽）、梢额竹、额桩、衬桩、拦水棍、浪水棍、隔帘、垫盖帘、盖纸帘、纸板、盖纸板、榨、茅草、算盘（计数器）、猪毛把、水袋、药袋、椀子、挽钩、料池、药缸、药槌、扒头、棍子、抬帖杠等。

⊙1

## 伍 纸帘、帘床 5

帘床架是由嫩杉木制成的，床面铺穿芒杆。纸帘选择高大质硬、竹节间距长的苦竹为材料，经剖篾、抽丝后，用马尾编帘，以土漆漆帘后形成。丝线使用普及后，马尾编帘逐步退出。宣纸帘按宣纸品种规格分类，常用规格有四尺、五尺、六尺、八尺、丈二、丈六等；特殊规格有长扇、短扇、三接半、二接半、小六裁、尺六屏风、八尺屏风、九尺屏风、条头、金榜等。

“红星”宣纸常用纸帘规格数据见表2.9，相对应的帘床规格数据见表2.10。常用帘纹有单丝路、双丝路、罗纹、龟纹、扎花等；特殊帘纹的有丹凤朝阳、白鹿、龙纹等；具有特殊意义的帘纹有纪念宣纸、名人或机构定制宣纸等特制帘纹。

制作特殊纸帘和纪念宣纸帘时，先在单丝路纸帘上用粉笔或其他颜色的笔写（画）出需要的图案和文字，用丝线沿图案或文字绣出形状。特殊意义的帘纹主要分两类：

表2.9 “红星”宣纸常用纸帘规格数据表
Table 2.9 Specification data of “Red Star” Xuan papermaking screen

| 帘名 | 长（cm） | 宽（cm） | 篾丝距（mm） | 根/寸 |
|---|---|---|---|---|
| 四尺 | 161 | 85 | 1.95～2.06 | 30～31 |
| 五尺 | 174 | 100 | 2.0～2.1 | 25～26 |
| 六尺 | 206 | 112 | 2.0～2.1 | 24 |
| 八尺 | 282 | 143 | 2.0～2.1 | 20 |
| 丈二 | 400 | 162 | 2.0～2.1 | 19 |
| 丈六 | 530 | 219 | 2.0～2.1 | 17～18 |
| 三丈三 | 1 139.5 | 355 | 2.0～2.1 | — |

表2.10 “红星”宣纸常用帘床规格数据表
Table 2.10 Specification data of “Red Star” Xuan papermaking frame

| 帘名 | 长（cm） | 宽（cm） | 芒杆数 | 芒杆间距（mm） |
|---|---|---|---|---|
| 四尺 | 162 | 93 | 110～115 | 1.3～1.5 |
| 五尺 | 175 | 106 | 122 | 1.3～1.5 |
| 六尺 | 206 | 118 | 148～151 | 1.3～1.5 |
| 八尺 | 282 | 148 | 159 | 1.8～2.0 |
| 丈二 | 400 | 173 | 228 | 1.8～2.0 |
| 丈六 | 530 | 234 | 277 | 1.8～2.0 |
| 三丈三 | 1 158 | 393.5 | 579 | 2.0 |

一是纪念宣纸，帘纹以单丝路为主，帘面上另绣有“某某纪念宣纸”等字样，如泾县宣纸厂在1959年生产的“向伟大的建国十周年献礼”以及“建国60周年”纪念纸等；二是名家定制宣纸，帘纹也以单丝路为主，帘面上绣有“某某”斋号，如中国国家画院定制的“中国国家画院”、李可染定制的“师牛堂”等纸帘。

⊙1 宣纸帘床 Xuan papermaking frame

## 陆
## 纸焙
## 6

纸焙是晒纸所需的设备，由砖和石灰砌成中空墙，焙壁敷石灰与墨汁用铜镜压磨而成。捞出的湿纸，通过晒纸工一张张地贴在纸焙上烘干。宣纸技艺在传承过程中，先后有多种不同形制的纸焙出现。最早的纸焙是烧柴式焙，这种纸焙烧木柴提温。泾县传统流行的烧柴式焙的焙身长758 cm，高192 cm，焙身上宽53 cm，下宽76 cm，墙厚21 cm，火门上宽41 cm，下宽50 cm。煤

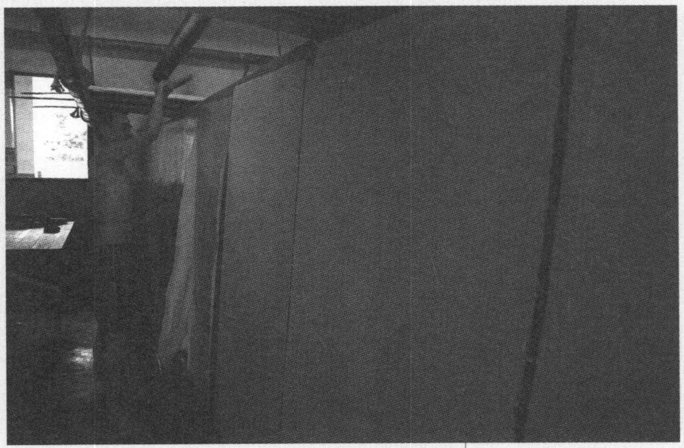

⊙2

作为燃料进入宣纸行业后，流行将纸焙改成烧煤吸风炉。这种纸焙焙身长860～900 cm，高192 cm，焙身上宽53 cm，下宽76 cm，墙厚20.5 cm，吸风炉胆长380 cm，高63 cm。三丈三超大宣纸的纸焙身长1 109cm，高399 cm，焙身上宽51.2 cm，下宽88 cm。20世纪90年代，大规模宣纸生产线开始将传统砖焙改成钢板焙，集中燃点，锅炉供气提温。单槽作坊式宣纸生产户使用的钢板焙中间蓄水，采用烧柴或煤将所蓄的水烧热，既可以提温又可以保温。钢板纸焙的使用，降低了热辐射对操作工的伤害，也使纸焙使用寿命从不到1年延长至6年左右，充气式钢板焙使用寿命可达30～50年。对尺寸一般没有特别规定。

与纸焙相配套的设备或器具有：纸架、纸桌、刷把、额枪、浇帖架、鞭帖板、水壶、掸把、架帖板等。

## 柒
## 宣纸剪刀
## 7

宣纸剪刀主要用于将检验合格后的宣纸进行裁边规整。其特征与民用剪刀大相径庭，外观长36 cm，其中刀刃长26 cm，手柄长10 cm；刀身宽9 cm，每把剪纸刀重0.8～0.85 kg，选用优质扁铁、工具钢为材料，经裁铁、出坯、雕弯、下钢、镶钢、压钢、打头片、打眼、打手柄、退火、开口、锉头片、上记号、淬火、敲口整形、磨口、制销子、钉铰、上油、雕花、整形等工序锻造而成。宣纸剪刀也被称为“天下第一剪”。

⊙3

与宣纸剪配套的设备或器具有：剪纸桌、油把、掸把、套指、尺子、印章、产品卡、过剪薄等。

⊙2 钢板焙
Iron drying boards

⊙3 『天下第一剪』
"Shears Second to None"

## (五)
## 技术分析

### 1. 代表纸品一：“红星”古艺宣

测试小组对采样自中国宣纸股份公司的“红星”古艺宣做了性能分析，主要包括厚度、定量、紧度、抗张力、抗张强度、撕裂度、湿强度、白度、耐老化度下降、尘埃度、吸水性、伸缩性、纤维长度和纤维宽度等。按相应要求，每一指标都需重复测量若干次后求平均值，其中定量抽取5个样本进行测试，厚度抽取10个样本进行测试，抗张力抽取20个样本进行测试，撕裂度抽取10个样本进行测试，湿强度抽取20个样本进行测试，白度抽取10个样本进行测试，耐老化度下降抽取10个样本进行测试，尘埃度抽取4个样本进行测试，吸水性抽取10个样本进行测试，伸缩性抽取4个样本进行测试，纤维长度测试200根纤维，纤维宽度测试300根纤维。对“红星”古艺宣进行测试分析所得到的相关性能参数见表2.11。表中列出了各参数的最大值、最小值及测量若干次所得到的平均值或者计算结果。

表2.11 “红星”古艺宣相关性能参数
Table 2.11 Performance parameters of “Red Star” traditional Xuan paper

| 指标 | | | 单位 | 最大值 | 最小值 | 平均值 | 结果 |
|---|---|---|---|---|---|---|---|
| 厚度 | | | mm | 0.110 | 0.090 | 0.101 | 0.101 |
| 定量 | | | g/m$^2$ | — | — | — | 32.2 |
| 紧度 | | | g/cm$^3$ | — | — | — | 0.319 |
| 抗张力 | 纵向 | | N | 24.2 | 20.1 | 22.2 | 22.2 |
| | 横向 | | N | 14.4 | 9.6 | 12.7 | 12.7 |
| 抗张强度 | | | kN/m | — | — | — | 1.163 |
| 撕裂度 | 纵向 | | mN | 490 | 450 | 472 | 472 |
| | 横向 | | mN | 680 | 640 | 662 | 662 |
| 撕裂指数 | | | mN·m$^2$/g | — | — | — | 16.4 |
| 湿强度 | 纵向 | | mN | 960 | 870 | 913 | 913 |
| | 横向 | | mN | 570 | 440 | 500 | 500 |
| 白度 | | | % | 69.7 | 69.0 | 69.4 | 69.4 |
| 耐老化度下降 | | | % | — | — | — | 2.7 |
| 尘埃度 | 黑点 | | 个/m$^2$ | — | — | — | 0 |
| | 黄茎 | | 个/m$^2$ | — | — | — | 52 |
| | 双浆团 | | 个/m$^2$ | — | — | — | 0 |
| 吸水性 | | | mm | — | — | — | 15 |
| 伸缩性 | 浸湿 | | % | — | — | — | 0.48 |
| | 风干 | | % | — | — | — | 0.50 |
| 纤维 | 皮 | 长度 | mm | 4.66 | 1.35 | 2.64 | 2.64 |
| | | 宽度 | μm | 20.0 | 14.0 | 18.0 | 18.0 |
| | 草 | 长度 | mm | 1.89 | 0.51 | 0.79 | 0.79 |
| | | 宽度 | μm | 11.0 | 1.0 | 6.0 | 6.0 |

由表2.11可知，所测“红星”古艺宣的平均定量为32.2 g/m$^2$。“红星”古艺宣最厚约是最薄的1.22倍，经计算，其相对标准偏差为0.005，纸张厚薄差异不大。通过计算可知，“红星”古艺宣紧度为0.319 g/cm$^3$。抗张强度为1.163 kN/m，抗张强度值较大。所测“红星”古艺宣撕裂指数为16.4 mN·m$^2$/g，撕裂度较大；湿强度纵横平均值为710 mN，湿强度较大。

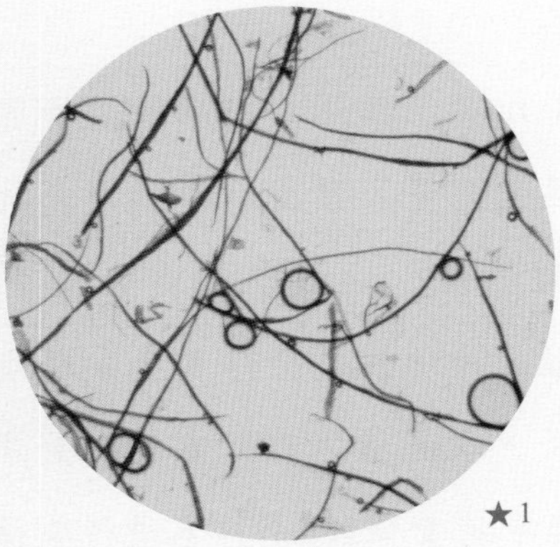
★1

★2
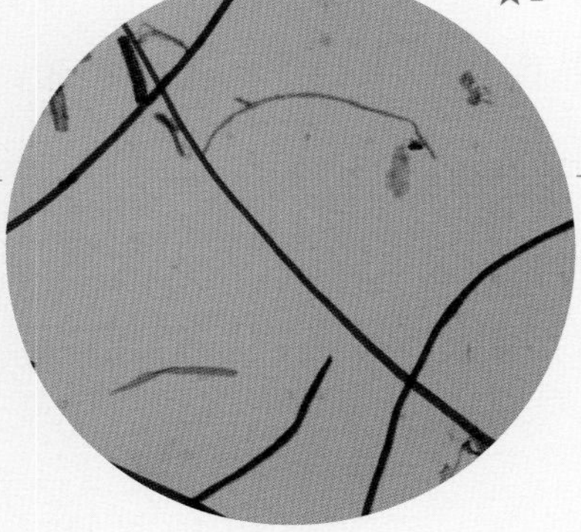

所测“红星”古艺宣平均白度为69.4%，白度较高。白度最大值是最小值的1.010倍，相对标准偏差为0.202，白度差异相对较小。经过耐老化测试后，耐老化度下降2.7%。

所测“红星”古艺宣尘埃度指标中黑点为0个/m$^2$，黄茎为52个/m$^2$，双浆团为0个/m$^2$。吸水性纵横平均值为15 mm，纵横差为2.8 mm。伸缩性指标中浸湿后伸缩差为0.48%，风干后伸缩差为0.50%。说明“红星”古艺宣伸缩差异不大。

“红星”古艺宣在10倍、20倍物镜下观测的纤维形态分别如图★1、图★2所示。所测“红星”古艺宣皮纤维长度：最长4.66 mm，最短1.35 mm，平均长度为2.64 mm；纤维宽度：最宽20.0 μm，最窄14.0 μm，平均宽度为18.0 μm；草纤维长度：最长1.89 mm，最短0.51 mm，平均长度为0.79 mm。纤维宽度：最宽11.0 μm，最窄1.0 μm，平均宽度为6.0 μm。“红星”古艺宣润墨效果如图⊙1所示。

⊙1

★1
『红星』古艺宣纤维形态图
(10×)
Fibers of "Red Star" traditional Xuan paper
(10× objective)

★2
『红星』古艺宣纤维形态图
(20×)
Fibers of "Red Star" traditional Xuan paper
(20× objective)

⊙1
『红星』古艺宣润墨效果
Writing performance of "Red Star" traditional Xuan paper

## 2. 代表纸品二：“红星”特净

测试小组对“红星”特净做了性能分析，主要包括厚度、定量、紧度、抗张力、抗张强度、撕裂度、湿强度、白度、耐老化度下降、尘埃度、吸水性、伸缩性、纤维长度和纤维宽度等。按相应要求，每一指标都需重复测量若干次后求平均值，其中定量抽取5个样本进行测试，厚度抽取10个样本进行测试，抗张力抽取20个样本进行测试，撕裂度抽取10个样本进行测试，湿强度抽取20个样本进行测试，白度抽取10个样本进行测试，耐老化下降抽取10个样本进行测试，尘埃度抽取4个样本进行测试，吸水性抽取10个样本进行测试，伸缩性抽取4个样本进行测试，纤维长度测试200根纤维，纤维宽度测试300根纤维。对“红星”特净进行测试分析所得到的相关性能参数见表2.12。表中列出了各参数的最大值、最小值及测量若干次所得到的平均值或者计算结果。

表2.12 “红星”特净相关性能参数
Table2.12 Performance parameters of “Red Star” superb-bark paper

| 指标 | | | 单位 | 最大值 | 最小值 | 平均值 | 结果 |
|---|---|---|---|---|---|---|---|
| 厚度 | | | mm | 0.072 | 0.060 | 0.065 | 0.065 |
| 定量 | | | g/m² | — | — | — | 33.2 |
| 紧度 | | | g/cm³ | — | — | — | 0.511 |
| 抗张力 | 纵向 | | N | 17.5 | 15.0 | 16.2 | 16.2 |
| | 横向 | | N | 12.0 | 10.3 | 11.1 | 11.1 |
| 抗张强度 | | | kN/m | — | — | — | 1.391 |
| 撕裂度 | 纵向 | | mN | 480 | 440 | 464 | 464 |
| | 横向 | | mN | 640 | 500 | 558 | 558 |
| 撕裂指数 | | | mN·m²/g | — | — | — | 15.0 |
| 湿强度 | 纵向 | | mN | 800 | 750 | 760 | 760 |
| | 横向 | | mN | 450 | 420 | 438 | 438 |
| 白度 | | | % | 75.0 | 74.5 | 74.8 | 74.8 |
| 耐老化度下降 | | | % | — | — | — | 3.3 |
| 尘埃度 | 黑点 | | 个/m² | — | — | — | 8 |
| | 黄茎 | | 个/m² | — | — | — | 48 |
| | 双浆团 | | 个/m² | — | — | — | 0 |
| 吸水性 | | | mm | — | — | — | 15 |
| 伸缩性 | 浸湿 | | % | — | — | — | 0.45 |
| | 风干 | | % | — | — | — | 0.63 |
| 纤维 | 皮 | 长度 | mm | 4.66 | 1.35 | 2.64 | 2.64 |
| | | 宽度 | μm | 20.0 | 14.0 | 18.0 | 18.0 |
| | 草 | 长度 | mm | 1.89 | 0.51 | 0.79 | 0.79 |
| | | 宽度 | μm | 11.0 | 1.0 | 6.0 | 6.0 |

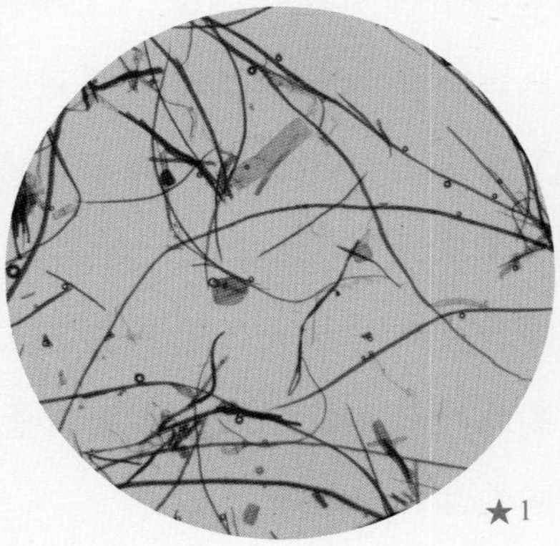

★1

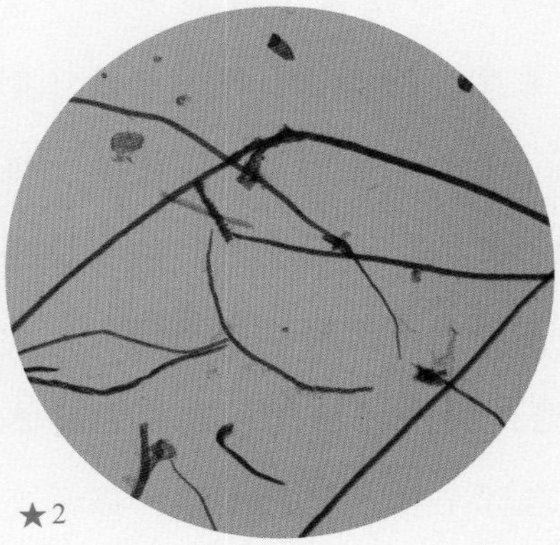

★2

由表2.12可知，所测“红星”特净润墨性的平均定量为33.2 g/m$^2$。“红星”特净最厚约是最薄的1.20倍，经计算，其相对标准偏差为0.001，纸张厚薄差异不大。通过计算可知，“红星”特净紧度为0.511 g/cm$^3$。抗张强度为1.391 kN/m，抗张强度值较大。所测“红星”特净撕裂指数为15.0 mN · m$^2$/g，撕裂度较大；湿强度纵横平均值为599 mN，湿强度较大。

所测“红星”特净平均白度为74.8%，白度较高。白度最大值是最小值的1.007倍，相对标准偏差为0.031，白度差异相对较小。经过耐老化测试后，耐老化度下降3.3%。

所测“红星”特净尘埃度指标中黑点为8个/m$^2$，黄茎为48个/m$^2$，双浆团为0个/m$^2$。吸水性纵横平均值为15 mm，纵横差为1.8 mm。伸缩性指标中浸湿后伸缩差为0.45%，风干后伸缩差为0.63%，说明“红星”特净皮伸缩差异不大。

“红星”特净在10倍、20倍物镜下观测的纤维形态分别如图★1、图★2所示。所测“红星”特净皮纤维长度：最长4.66 mm，最短1.35 mm，平均长度为2.64 mm；纤维宽度：最宽20 μm，最窄14 μm，平均宽度为18 μm；草纤维长度：最长1.89 mm，最短0.51 mm，平均长度为0.79 mm。纤维宽度：最宽11 μm，最窄1 μm，平均宽度为6 μm。“红星”特净润墨效果如图⊙1所示。

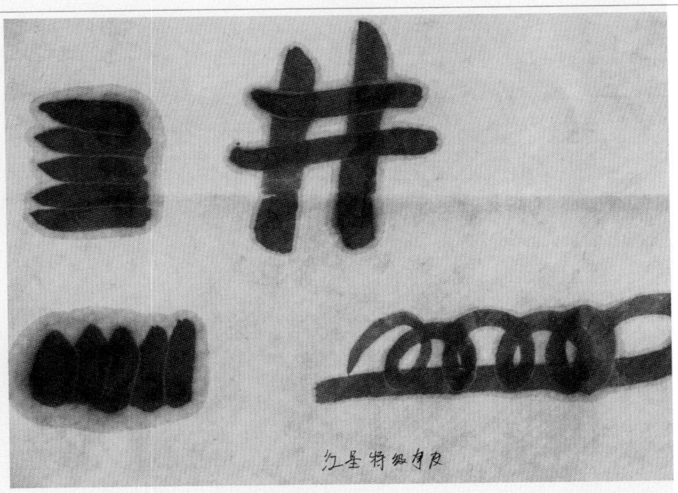

⊙1

★1
『红星』特净纤维形态图(10×)
Fibers of "Red Star" superb-bark paper (10× objective)

★2
『红星』特净纤维形态图(20×)
Fibers of "Red Star" superb-bark paper (20× objective)

⊙1
『红星』特净润墨性效果
Writing performance of "Red Star" superb-bark paper

### 3. 代表纸品三："红星"净皮

测试小组对"红星"净皮做了性能分析，主要包括厚度、定量、紧度、抗张力、抗张强度、撕裂度、湿强度、白度、耐老化度下降、尘埃度、吸水性、伸缩性、纤维长度和纤维宽度等。按相应要求，每一指标都需重复测量若干次后求平均值，其中定量抽取5个样本进行测试，厚度抽取10个样本进行测试，抗张力抽取20个样本进行测试，撕裂度抽取10个样本进行测试，湿强度抽取20个样本进行测试，白度抽取5个样本进行测试，耐老化下降抽取10个样本进行测试，尘埃度抽取4个样本进行测试，吸水性抽取10个样本进行测试，伸缩性抽取4个样本进行测试，纤维长度测试200根纤维，纤维宽度测试300根纤维。对"红星"净皮进行测试分析所得到的相关性能参数见表2.13。表中列出了各参数的最大值、最小值及测量若干次所得到的平均值或者计算结果。

表2.13 "红星"净皮相关性能参数
Table 2.13 Performance parameters of "Red Star" clean-bark paper

| 指标 | | | 单位 | 最大值 | 最小值 | 平均值 | 结果 |
|---|---|---|---|---|---|---|---|
| 厚度 | | | mm | 0.100 | 0.080 | 0.087 | 0.087 |
| 定量 | | | g/m² | — | — | — | 28.5 |
| 紧度 | | | g/cm³ | — | — | — | 0.328 |
| 抗张力 | 纵向 | | N | 18.4 | 13.0 | 14.8 | 14.8 |
| | 横向 | | N | 11.0 | 8.1 | 9.7 | 9.7 |
| 抗张强度 | | | kN/m | — | — | — | 0.817 |
| 撕裂度 | 纵向 | | mN | 410 | 350 | 372 | 372 |
| | 横向 | | mN | 490 | 450 | 472 | 472 |
| 撕裂指数 | | | mN·m²/g | — | — | — | 12.9 |
| 湿强度 | 纵向 | | mN | 1 070 | 870 | 983 | 983 |
| | 横向 | | mN | 660 | 550 | 612 | 612 |
| 白度 | | | % | 71.6 | 71.1 | 71.3 | 71.3 |
| 耐老化度下降 | | | % | — | — | — | 2.5 |
| 尘埃度 | 黑点 | | 个/m² | — | — | — | 16 |
| | 黄茎 | | 个/m² | — | — | — | 36 |
| | 双浆团 | | 个/m² | — | — | — | 0 |
| 吸水性 | | | mm | — | — | — | 16 |
| 伸缩性 | 浸湿 | | % | — | — | — | 0.43 |
| | 风干 | | % | — | — | — | 0.55 |
| 纤维 | 皮 | 长度 | mm | 4.66 | 1.35 | 2.64 | 2.64 |
| | | 宽度 | μm | 20.0 | 14.0 | 18.0 | 18.0 |
| | 草 | 长度 | mm | 1.89 | 0.51 | 0.79 | 0.79 |
| | | 宽度 | μm | 11.0 | 1.0 | 6.0 | 6.0 |

由表2.13 可知，所测“红星”净皮的平均定量为28.5 g/m$^2$。“红星”净皮最厚约是最薄的1.25倍，经计算，其相对标准偏差为0.007，纸张厚薄差异不大。通过计算可知，“红星”净皮紧度为0.328 g/cm$^3$。抗张强度为0.817 kN/m，抗张强度值较大。所测“红星”净皮撕裂指数为12.9 mN·m$^2$/g，撕裂度较大；湿强度纵横平均值为798 mN，湿强度较大。

所测“红星”净皮平均白度为71.3%，白度较高。白度最大值是最小值的1.007倍，相对标准偏差为0.177，白度差异相对较小。经过耐老化测试后，耐老化度下降2.5%。

所测“红星”净皮尘埃度指标中黑点为16个/m$^2$，黄茎为36个/m$^2$，双浆团为0个/m$^2$。吸水性纵横平均值为16 mm，纵横差为2.2 mm。伸缩性指标中浸湿后伸缩差为0.43%，风干后伸缩差为0.55%，说明“红星”净皮伸缩差异不大。

“红星”净皮在10倍、20倍物镜下观测的纤维形态分别如图★1、图★2所示。所测“红星”净皮纤维长度：最长4.66 mm，最短1.35 mm，平均长度

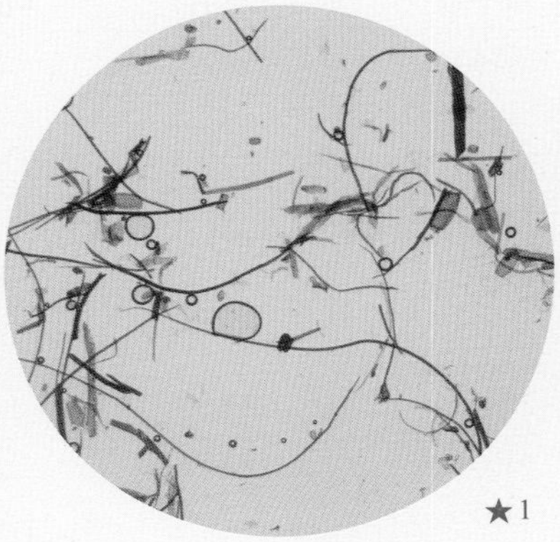

★1

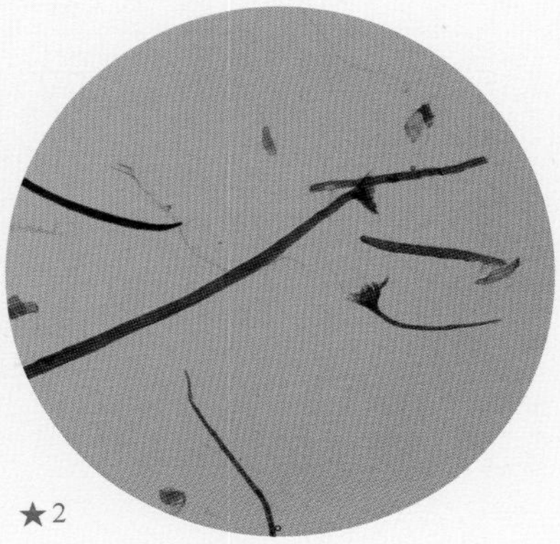

★2

为2.64 mm；纤维宽度：最宽20.0 μm，最窄14.0 μm，平均宽度为18.0 μm；草纤维长度：最长1.89 mm，最短0.51 mm，平均长度为0.79 mm。纤维宽度：最宽11.0 μm，最窄1.0 μm，平均宽度为6.0 μm。“红星”净皮润墨效果如图⊙1所示。

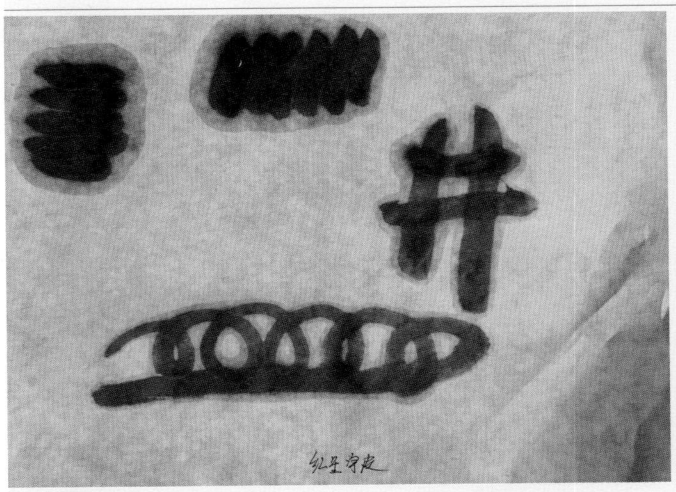


⊙1

★1
『红星』净皮纤维形态图(10×)
Fibers of "Red Star" clean-bark paper (10× objective)

★2
『红星』净皮纤维形态图(20×)
Fibers of "Red Star" clean-bark paper (20× objective)

⊙1
『红星』净皮润墨效果
Writing performance of "Red Star" clean-bark paper

4. 代表纸品四："红星"棉料

测试小组对"红星"棉料做了性能分析，主要包括厚度、定量、紧度、抗张力、抗张强度、撕裂度、湿强度、白度、耐老化度下降、尘埃度、吸水性、伸缩性、纤维长度和纤维宽度等。按相应要求，每一指标都需重复测量若干次后求平均值，其中定量抽取5个样本进行测试，厚度抽取10个样本进行测试，抗张力抽取20个样本进行测试，撕裂度抽取10个样本进行测试，湿强度抽取10个样本进行测试，白度抽取6个样本进行测试，耐老化下降抽取6个样本进行测试，尘埃度抽取4个样本进行测试，吸水性抽取10个样本进行测试，伸缩性抽取4个样本进行测试，纤维长度测试200根纤维，纤维宽度测试300根纤维。对"红星"棉料进行测试分析所得到的相关性能参数见表2.14。表中列出了各参数的最大值、最小值及测量若干次所得到的平均值或者计算结果。

表2.14 "红星"棉料相关性能参数
Table 2.14 Performance parameters of "Red Star" Mianliao paper

| 指标 | | | 单位 | 最大值 | 最小值 | 平均值 | 结果 |
|---|---|---|---|---|---|---|---|
| 厚度 | | | mm | 0.072 | 0.060 | 0.065 | 0.065 |
| 定量 | | | g/m² | — | — | — | 20.0 |
| 紧度 | | | g/cm³ | — | — | — | 0.308 |
| 抗张力 | 纵向 | | N | 16.2 | 13.9 | 15.0 | 15.0 |
| | 横向 | | N | 7.9 | 6.8 | 7.2 | 7.2 |
| 抗张强度 | | | kN/m | — | — | — | 0.747 |
| 撕裂度 | 纵向 | | mN | 230 | 200 | 218 | 218 |
| | 横向 | | mN | 290 | 240 | 264 | 264 |
| 撕裂指数 | | | mN·m²/g | — | — | — | 11.5 |
| 湿强度 | 纵向 | | mN | 1 380 | 1 200 | 1 300 | 1 300 |
| | 横向 | | mN | 660 | 550 | 568 | 568 |
| 白度 | | | % | 74.5 | 73.7 | 74.2 | 74.2 |
| 耐老化度下降 | | | % | — | — | — | 4.9 |
| 尘埃度 | 黑点 | | 个/m² | — | — | — | 20 |
| | 黄茎 | | 个/m² | — | — | — | 40 |
| | 双浆团 | | 个/m² | — | — | — | 0 |
| 吸水性 | | | mm | — | — | — | 14 |
| 伸缩性 | 浸湿 | | % | — | — | — | 0.78 |
| | 风干 | | % | — | — | — | 0.90 |
| 纤维 | 皮 | 长度 | mm | 4.66 | 1.35 | 2.64 | 2.64 |
| | | 宽度 | μm | 20.0 | 14.0 | 18.0 | 18.0 |
| | 草 | 长度 | mm | 1.89 | 0.51 | 0.79 | 0.79 |
| | | 宽度 | μm | 11.0 | 1.0 | 6.0 | 6.0 |

由表2.14可知，所测“红星”棉料的平均定量为20.0 g/m²。“红星”棉料最厚约是最薄的1.20倍，经计算，其相对标准偏差为0.001，纸张厚薄差异不大。通过计算可知，“红星”棉料紧度为0.308 g/cm³。抗张强度为0.747 kN/m，抗张强度值较大。所测“红星”棉料撕裂指数为11.5 mN·m²/g，撕裂度较大；湿强度纵横平均值为934 mN，湿强度较大。

所测“红星”棉料平均白度为74.2%，白度较高。白度最大值是最小值的1.011倍，相对标准偏差为0.092，白度差异相对较小。经过耐老化测试后，耐老化度下降4.9%。

所测“红星”棉料尘埃度指标中黑点为20个/m²，黄茎为40个/m²，双浆团为0个/m²。吸水性纵横平均值为14 mm，纵横差为2.0 mm。伸缩性指标中浸湿后伸缩差为0.78%，风干后伸缩差为0.90%，说明“红星”棉料伸缩差异不大。

“红星”棉料在10倍、20倍物镜下观测的纤维形态分别如图★1、图★2所示。所测“红星”棉料皮纤维长度：最长4.66 mm，最短1.35 mm，平均长度为2.64 mm；纤维宽度：最宽20.0 μm，最窄14.0 μm，平均宽度为18.0 μm；草纤维长度：最长1.89 mm，最短0.51 mm，平均长度为0.79 mm。纤维宽度：最宽11.0 μm，最窄1.0 μm，平均宽度为6.0 μm。“红星”棉料润墨效果如图⊙1所示。

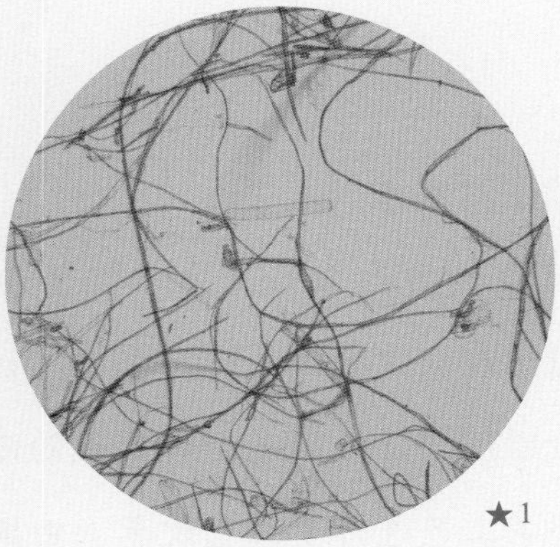
★1

★2
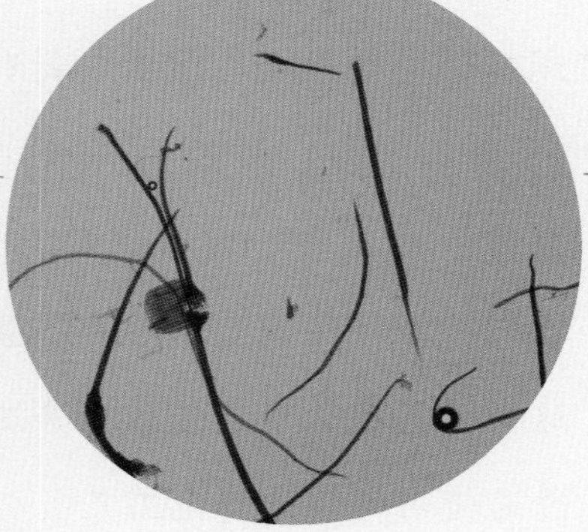

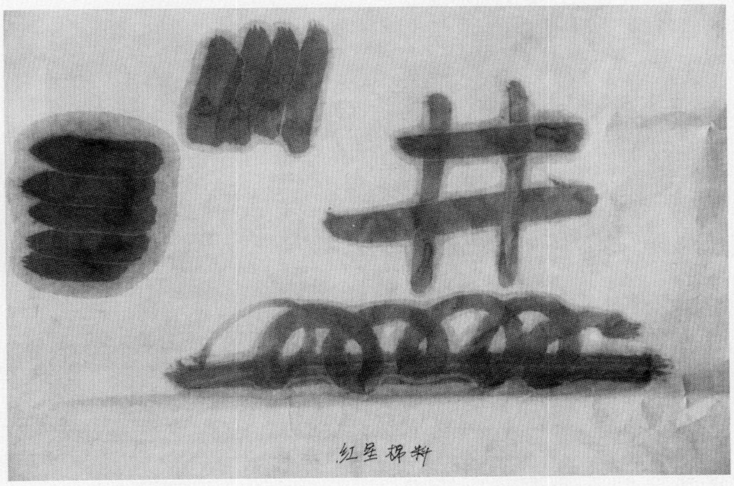

⊙1

★1
『红星』棉料纤维形态图(10×)
Fibers of "Red Star" Mianliao paper (10× objective)

★2
『红星』棉料纤维形态图(20×)
Fibers of "Red Star" Mianliao paper (20× objective)

⊙1
『红星』棉料润墨效果
Writing performance of "Red Star" Mianliao paper

(六)

## 技术改造

### 1. 皮料制浆工艺改革

传统的燎皮制作工艺工序非常复杂，需要将近一年时间才能加工完成，耗时费力。1956～1965年间，安徽省泾县宣纸厂先后对宣纸的燎皮制作工艺、部分制浆工艺进行了工艺改革，由国家轻工业部指导，厂部技术人员自行改造，投入10余万元，引入现代造纸工艺中的烧碱、漂白粉材料。进行工艺改革后的主要工序为：浸泡、蒸煮、清洗、选检、漂白、洗漂、打浆等，前后通常只需要3天左右的时间。2015～2016年调查组在泾县宣纸行业深入调研时，这套工艺是除古法宣纸生产工艺外，宣纸生产企业普遍使用的快速简化工艺。

### 2. 部分制浆工艺改革

宣纸的打浆系统原来以舂碓为主，比如草料用碓臼，皮料用碓板；清洗以人工布袋清洗，引入打草机、石碾、碎浆机、打浆机、洗漂机、振框筛、除砂器、圆筒筛、平筛、除砂器、旋翼筛、跳筛等小型机械后，积极的方面是确实减轻了劳动强度，节约了操作空间的面积。因为没有权威机构的数据，目前尚难以直接判定工艺改革对成纸品质和使用寿命等的影响有多大，无法进行负面评估。

### 3. 钢板焙的使用

宣纸传统干燥方法是用耐火砖砌一道火墙*，中间烧火加热，将湿宣纸以松毛刷刷在火墙上烘干。缺陷是火墙每隔一段时间就要重建一次。

1992年开始，以钢板替代原耐火砖搭建成火墙状，统一燃烧点，以锅炉供热气的方法加热。优点是降低了操作面的热辐射，节约了工业燃煤，整洁了操作面，节约了人力。缺点是宣纸的紧度增大，影响了润墨性。此项技术改造以中国宣纸集团公司为例，仅材料费就投入300余万元，均为自筹。调查时，该技术已被泾县所有宣纸与书画纸生产企业普遍使用。

### 4. 宣纸盘帖技术改造

由中国宣纸集团公司提出，先后投入12万元，采用锅炉尾气对宣纸晒纸盘帖技术进行革新。宣纸中的盘帖工艺一直采用湿帖架入焙房，等工人下班后，利用火墙的余温对其干燥，次日没干透的纸帖架上焙头再进行烘干。改进型技术将湿纸帖集中到一地，分层摆放，以镀锌管制作干燥设备，利用锅炉尾气和气流的作用进行干燥，比人工更易控温。2015年入厂调查时，此技术已申报了中国国家专利，并获安徽省的科技进步奖。

### 5. 邮票印制宣纸的研制

宣纸由于其原料具有细胞壁腔大、毛孔粗等特点，能存墨、润墨而备受书画家的喜爱与追捧，也正因为这个特点，宣纸难以作为现代印刷载体使用。2009年，由中国宣纸集团公司投资7万元，自

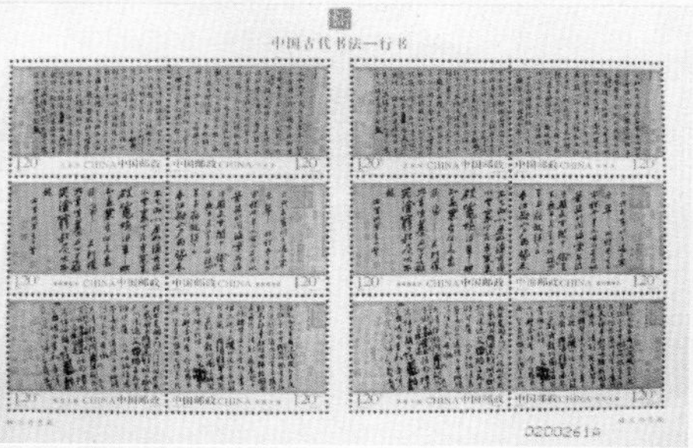


⊙1

* 就是晒纸焙。

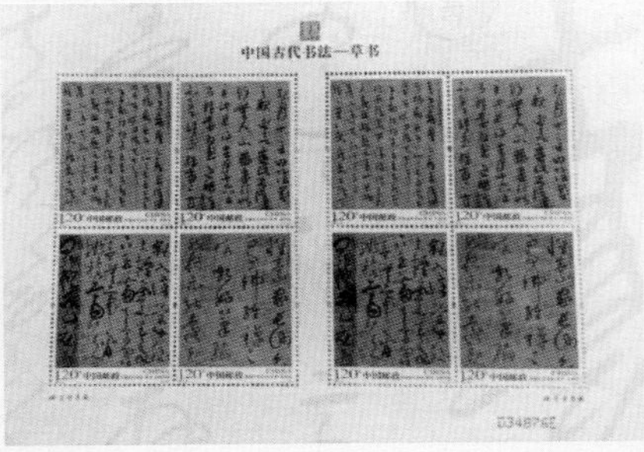


⊙2

⊙3

行研制出能印刷的宣纸，并与北京邮票印制局联合研制出邮票印制宣纸。2010年，历史上首枚宣纸邮票《中国书法·行书》发行，实现了“国宝宣纸”与“国家名片”完美结合。2011年，第二套宣纸邮票《中国书法·草书》，2014年，第三套宣纸邮票《宋词》先后发行。

宣纸前段加工与中后段生产工艺的技术改造是当代发生的较为复杂的工艺变化进程，其积极面与缺陷面都有待更完整深入地总结。



## 六 “红星”宣纸的分类与品种

## 6 Classification and Categories of “Red Star” Xuan Paper

宣纸的品种名目繁多，自古以来就有不同的分类办法，一般有配料、厚薄、规格、纸纹四种分法。并且，不同时期也有不同的细分办法，如：传统的宣纸民国年间按配料分为棉料、皮料、黄料三大类，按厚薄分为单宣、夹宣、双层、三层贡等，按规格可分为四尺、五尺、六尺、七尺、八尺、丈二、短扇、长扇、二接半、三接半、京榜（白面）、金榜等，按纸纹又可分为单丝路、双丝路、罗纹、龟纹等。20世纪50年代后期，黄料、短扇、长扇、二接半、三接半、京榜（白面）、金榜等品种逐步淡出市场，少量的黄料品种一直延续到80年代。当代，业内根据市场需求对宣纸的分类进行了调整，如按配料分为棉料、净皮、特净三大类，按厚薄分为单宣、夹宣、二层宣、三层宣等，按规格分为四尺、五

⊙1/3 宣纸邮票 Xuan paper stamp

尺、六尺、八尺、丈二、丈六以及各种特种规格等，按纸纹仍分为单丝路、双丝路、罗纹、龟纹等。20世纪50～60年代“红星”宣纸的主要品种规格如表2.15所示。

表2.15　20世纪50～60年代“红星”宣纸的主要品种规格*
Table 2.15　Specifications of “Red Star” Xuan paper during 1950～1960

| 类别 | 品　名 | 尺寸(mm) | 定量 | | 每吨刀数 |
|---|---|---|---|---|---|
| | | | 每刀重(kg) | g/m² | |
| 棉料类 | 四尺单 | 690×1 380 | 2.4 | 25 | 416.70 |
| | 五尺单 | 840×1 530 | 3.2 | 25 | 312.50 |
| | 六尺单 | 970×1 800 | 5.0 | 28.5 | |
| | 四尺夹 | 690×1 380 | 3.65 | 38 | 274.00 |
| | 五尺夹 | 840×1 530 | 5.15 | 40 | 194.20 |
| | 六尺夹 | 970×1 800 | 7.3 | 42 | 137.00 |
| | 四尺双夹 | 690×1 380 | 4.1 | 43 | 243.90 |
| | 五尺双夹 | 840×1 530 | 5.4 | 42 | 185.20 |
| | 六尺双夹 | 970×1 800 | 7.9 | 45 | 126.60 |
| | 四尺三层贡 | 690×1 380 | 5.55 | 58 | 180.20 |
| | 五尺三层贡 | 840×1 530 | 7.0 | 54.5 | 142.90 |
| | 六尺三层贡 | 970×1 800 | 10.0 | 57 | 100.00 |
| | 四尺四层 | 690×1 380 | 9.6 | 100 | 104.20 |
| | 重四尺单 | 690×1 380 | 2.95 | 31 | 339.00 |
| | 棉连 | 690×1 380 | 2.15 | 22 | 465.10 |
| | 新夹连 | 790×1 090 | 2.9 | 33 | 344.90 |
| 净皮类 | 四尺单 | 690×1 380 | 3.05 | 32 | 327.90 |
| | 五尺单 | 840×1 530 | 3.8 | 29 | 263.20 |
| | 六尺单 | 970×1 800 | 5.75 | 33 | 173.90 |
| | 四尺夹 | 690×1 380 | 4.3 | 45 | 232.60 |
| | 五尺夹 | 840×1 530 | 5.5 | 43 | 181.80 |
| | 六尺夹 | 970×1 800 | 7.75 | 44 | 129.00 |
| | 四尺双夹 | 690×1 380 | 4.5 | 47 | 222.20 |
| | 五尺双夹 | 840×1 530 | 6.0 | 47 | 166.70 |
| | 六尺双夹 | 970×1 800 | 8.9 | 51 | 112.40 |
| | 四尺三层 | 690×1 380 | 5.75 | 60 | 173.90 |
| | 五尺三层 | 840×1 530 | 7.25 | 56 | 137.90 |
| | 六尺三层 | 970×1 800 | 10.25 | 59 | 97.60 |
| | 棉连 | 690×1 380 | 2.45 | 26 | 408.20 |
| | 罗纹 | 690×1 380 | 2.15 | 23 | 465.10 |
| | 龟纹 | 690×1 380 | 2.15 | 23 | 465.10 |
| 特种净皮类 | 四尺单 | 690×1 380 | 3.05 | 32 | 327.90 |
| | 五尺单 | 840×1 530 | 3.8 | 29 | 263.20 |
| | 六尺单 | 970×1 800 | 5.75 | 33 | 173.90 |
| | 四尺夹 | 690×1 380 | 4.3 | 45 | 232.60 |
| | 五尺夹 | 840×1 530 | 5.5 | 43 | 181.80 |
| | 六尺夹 | 970×1 800 | 7.75 | 44 | 129.00 |
| | 四尺双夹 | 690×1 380 | 4.5 | 47 | 222.20 |
| | 五尺双夹 | 840×1 530 | 6.0 | 47 | 166.70 |
| | 六尺双夹 | 970×1 800 | 8.9 | 51 | 112.40 |
| | 四尺三层 | 690×1 380 | 5.75 | 60 | 173.90 |
| | 五尺三层 | 840×1 530 | 7.25 | 56 | 137.90 |
| | 六尺三层 | 970×1 800 | 10.25 | 59 | 97.60 |
| | 棉连 | 690×1 380 | 2.45 | 26 | 408.20 |
| | 罗纹 | 690×1 380 | 2.15 | 23 | 465.10 |
| | 龟纹 | 690×1 380 | 2.15 | 23 | 465.10 |
| | 扎花 | 690×1 380 | 1.5 | 16 | 666.67 |
| | 八尺疋 | 1 242×2 484 | 21 | 60 | 47.64 |
| | 丈二 | 1 449×3 657 | 37.5 | 70 | 26.67 |
| | 丈六 | 1 932×4 968 | 67.5 | 69 | 14.82 |

续表

* 大纸定量实际生产与规定定量相差30%左右，八尺为43 g/m²，丈二为50 g/m²，丈六为49 g/m²。

续表

| 类别 | 品 名 | 尺寸(mm) | 定 量 每刀重(kg) | g/m² | 每吨刀数 |
|---|---|---|---|---|---|
| 黄料类 | 黄十刀头 | 690×1 380 | 2.95 | 31 | 339.00 |
| | 短扇 | 730×1 420 | 2.6 | 25 | 384.60 |
| | 长扇 | 730×1 840 | 3.05 | 23 | 327.90 |
| | 三接半 | 800×1 850 | 3.65 | 25 | 274.00 |
| | 接半 | 830×1 890 | 3.8 | 24 | 263.20 |
| | 小六裁 | 620×964 | 1.2 | 20 | 833.30 |
| | 尺六屏风 | 550×2 277 | 3.15 | 25 | 317.50 |
| | 尺八屏风 | 620×2 346 | 3.65 | 25 | 274.00 |
| | 八尺屏风 | 655×2 484 | 4.15 | 26 | 241.00 |
| | 九尺屏风 | 690×2 794 | 4.9 | 25 | 204.10 |
| | 条头 | 483×2 070 | 2.5 | 25 | 400.00 |

根据配料分类法，其原料配比分别如下：

棉料类：燎草70%，檀皮30%；

净皮类：燎草40%，檀皮60%；

特净类：燎草20%，檀皮80%；

黄料类：青草70%，檀皮30%。

20世纪80年代以后，伴随传统的黄料品种彻底退出市场，一些超大规格的宣纸品种逐步出现，如2000年生产的千禧宣（2 162 mm×6 291 mm），入选该年度吉尼斯世界纪录；2015年生产的三丈三（3 600 mm×11 400 mm）超大宣纸，入选2016年吉尼斯世界纪录。调查时，中国宣纸股份有限公司执行的是红星宣纸分类销售体系中的2012年宣纸品类与价格表，这种分类法也是目前整个宣纸行业参照执行的分类标准。

## 七
## “红星”宣纸的价格、销售、包装信息

## 7
## Price, Sales and Package Information of “Red Star” Xuan Paper

### 1. 不同历史阶段的价格信息

2015～2016年调查了解到的数据：1952年泾县宣纸每吨定价1 800元，以十刀头（棉料重四尺单）为例，每刀100张只有5.29元。这一方面是由于当时的工人月工资只有18.2元，生产者成本低；另一方面是宣纸生产使用的原料是中华人民共和国成立之前留存的，在核算宣纸成本时估算过低，造成产品定价偏低。1953年、1954年生产的宣纸售价已提到每吨2 600元，而每次提价均需由厂方提出，按隶属关系逐级行文报相关部门批准后才能执行。1990年后，宣纸生产企业享有自主权，价格由厂家自定。进入21世纪后，宣纸出现多次价格较为混乱的阶段。中国宣纸股份有限公司由于品牌创建时间久、市场影响大，处于行业标杆地位，随着传播媒介的便捷，价格也相

对透明，价格浮动幅度不大。其历年宣纸价格表及部分年份的品种价格明细表分别如表2.16、表2.17、表2.18、表2.19所示。

表2.16　历年宣纸价格表
Table 2.16　Price list of Xuan paper over the years

| 时间 | 出厂价（元/吨） | 单价（以十刀头为例，元/刀） | 备注 |
|---|---|---|---|
| 1952 | 1 800 | 5.29 | 1952～1959年的应用不变价* |
| 1957.1 | 5 125.28 | 15.06 | 1957～1970年的应用不变价 |
| 1959 | 4 430 | 13.01 | |
| 1962.4 | 7 000 | 20.56 | |
| 1965.7 | 6 100 | 17.92 | 1971～1974年的应用不变价 |
| 1974.1 | 7 200 | 21.24 | 泾县革委会规定的1975～1979年的不变价 |
| 1978.11 | 9 000 | 26.55 | 是1982年以后的不变价 |
| 1981.10 | 10 152 | 29.95 | |
| 1983.10 | 16 637.28 | 49.08 | |
| 2012.3 | 227 784.44 | 672 | |

表2.17　宣纸价格表**（一）
1957年1月
Table 2.17　Price list of Xuan paper
Jan. 1957

| 类别 | 品种 | 单价（元/刀）（原价） | 单价（元/刀）（新价） |
|---|---|---|---|
| 棉料类 | 四尺单 | 7 | 10.5 |
| | 五尺单 | 9.45 | 14.4 |
| | 六尺单 | 14.5 | 21.8 |
| | 四尺夹 | 10.2 | 15.3 |
| | 五尺夹 | 14.5 | 21.8 |
| | 六尺夹 | 20 | 30 |
| | 四尺二层 | 12.2 | 18.3 |
| | 五尺二层 | 16.2 | 24.3 |
| | 六尺二层 | 28.3 | 42.5 |
| | 棉连 | 6.6 | 9.9 |
| | 十刀头 | 8.5 | 12.8 |
| | 四尺罗纹 | 8.3 | 12.5 |
| | 四尺净皮 | 10.2 | 15.3 |

续表

| 类别 | 品种 | 单价（元/刀）（原价） | 单价（元/刀）（新价） |
|---|---|---|---|
| 棉料类 | 新夹连 | 8.1 | 12.2 |
| | 四尺四层夹（吸墨纸） | 28 | 42 |
| 黄料类 | 黄四尺夹 | 7.8 | 11.7 |
| | 黄十刀头 | 6.4 | 9.6 |
| | 黄四尺单 | 6 | 9 |
| | 短扇 | 6.1 | 9.2 |
| | 长扇 | 7.5 | 11.3 |
| | 二接半 | 8 | 12 |

表2.18　宣纸价格表[11]（二）
1983年10月
Table 2.18　Price list of Xuan paper
Oct. 1983

| 类别 | 品种 | 零售价（元） |
|---|---|---|
| 棉料类 | 四尺单 | 29.12 |
| | 五尺单 | 37.81 |
| | 六尺单 | 59.08 |
| | 四尺夹 | 43.12 |
| | 五尺夹 | 60.87 |
| | 六尺夹 | 86.26 |
| | 四尺二层 | 51.27 |
| | 五尺二层 | 65.20 |
| | 六尺二层 | 93.34 |
| | 四尺三层 | 65.64 |
| | 五尺三层 | 82.72 |
| | 六尺三层 | 118.20 |
| | 绵连 | 27.05 |
| | 夹连 | 34.26 |
| | 罗纹 | 28.08 |
| | 龟纹 | 28.08 |
| | 蝉衣 | 49.81 |

* “不变价”是原国家计划委员会指定年限计算的可比工业总产值，不是所有年限的实际售价。

** ①此表原名“公私合营泾县宣纸厂各种宣纸出厂价目表”（现藏中国宣纸博物馆），摘录时对部分表述有所改动，如表中“四尺单”（4尺单）等，删除了没有价格的“三接半”。②删除了与前章节中重复的“尺码”（规格）、每刀容量、复制类等内容。③此表中“原价”指1957年元月之前的出厂价，“新价”指当时申报给上级部门的价格，最后执行的也是此价。

[11]泾县宣纸厂志[Z]打字油印版，1986.

续表

| 类别 | 品种 | 零售价（元） |
|---|---|---|
| 净皮类 | 四尺单 | 43.91 |
| | 五尺单 | 54.21 |
| | 六尺单 | 79.31 |
| | 四尺夹 | 58.05 |
| | 五尺夹 | 78.02 |
| | 六尺夹 | 107.98 |
| | 四尺二层 | 66.60 |
| | 五尺二层 | 86.71 |
| | 六尺二层 | 126.76 |
| | 四尺三层 | 84.99 |
| | 五尺三层 | 104.94 |
| | 六尺三层 | 145.33 |
| | 棉连 | 36.36 |
| | 重四尺单 | 49.08 |
| | 罗纹 | 34.35 |
| | 龟纹 | 36.55 |
| 特种净皮类 | 四尺单 | 50.53 |
| | 五尺单 | 63.38 |
| | 六尺单 | 90.50 |
| | 四尺夹 | 66.70 |
| | 五尺夹 | 89.90 |
| | 六尺夹 | 124.11 |
| | 四尺二层 | 46.56 |
| | 五尺二层 | 95.90 |
| | 六尺二层 | 139.04 |
| | 四尺三层 | 97.82 |
| | 五尺三层 | 120.85 |
| | 六尺三层 | 167.40 |
| | 棉连 | 43.53 |
| | 扎花 | 31.33 |
| | 重四尺单 | 56.39 |
| 其他类 | 复制*宣 | 44.79 |
| | 复制虎皮 | 50.99 |
| | 复制云母 | 48.19 |

续表

| 类别 | 品种 | 零售价（元） |
|---|---|---|
| 其他类 | 复制笺 | 67.19 |
| | 复制玉版 | 65.99 |
| | 复制蝉衣 | 49.81 |
| | 复制红纸 | 26.13 |
| | 黄料短扇 | 26.40 |
| | 黄料长扇 | 32.23 |
| | 黄料二接半 | 32.96 |
| | 黄料三接半 | 32.75 |
| | 八尺疋 | 369.72 |
| | 丈二白鹿 | 724.18 |

表2.19　宣纸价格表**（三）
2012年3月
Table 2.19　Price list of Xuan paper
Mar. 2012

| 类别 | 品种 | 规　格（cm） | 刀／箱 | 零售指导价（元／刀） |
|---|---|---|---|---|
| 棉料类 | 三尺单 | 69 × 100 | 14 | 416 |
| | 重三尺单 | 69 × 100 | 13 | 470 |
| | 三尺棉连 | 69 × 100 | 16 | 389 |
| | 四尺单 | 69 × 138 | 10 | 640 |
| | 棉连 | 69 × 138 | 13 | 601 |
| | 重四尺单 | 69 × 138 | 9 | 672 |
| | 四尺夹 | 69 × 138 | 9 | 824 |
| | 四尺二层 | 69 × 138 | 7 | 995 |
| | 四尺三层 | 69 × 138 | 5 | 1 177 |
| | 五尺单 | 84 × 153 | 7 | 730 |
| | 五尺夹 | 84 × 153 | 5 | 1 078 |
| | 五尺二层 | 84 × 153 | 4 | 1 114 |
| | 五尺三层 | 84 × 153 | 4 | 1 366 |
| | 六尺单 | 97 × 180 | 5 | 1 154 |
| | 六尺夹 | 97 × 180 | 4 | 1 575 |
| | 六尺二层 | 97 × 180 | 3 | 1 650 |

* 复制：加工纸。

** 此价格表参照中国宣纸集团公司生产的红星牌宣纸，2012年3月5日摘自http://www.hongxingxuanpaper.com.cn/display.asp?id=623。

续表

| 类别 | 品种 | 规格（cm） | 刀／箱 | 零售指导价（元／刀） |
|---|---|---|---|---|
| 棉料类 | 六尺三层 | 97×180 | 3 | 2 011 |
| | 尺八屏 | 53×234 | 7 | 883 |
| | 尺八夹 | 53×234 | 5 | 1 315 |
| | 尺八二层 | 53×234 | 4 | 1 540 |
| 净皮类 | 三尺单 | 69×100 | 12 | 467 |
| | 三尺罗纹 | 69×100 | 15 | 433 |
| | 三尺龟纹 | 69×100 | 15 | 449 |
| | 四尺单 | 69×138 | 9 | 720 |
| | 四尺三开 | 42×69 | — | 240 |
| | 四尺半切 | 34×138 | — | 360 |
| | 四尺对开 | 69×69 | — | 360 |
| | 棉连 | 69×138 | 10 | 606 |
| | 罗纹 | 69×138 | 12 | 666 |
| | 龟纹 | 69×138 | 12 | 692 |
| | 五尺单 | 84×153 | 6 | 821 |
| | 六尺单 | 97×180 | 4 | 1 323 |
| | 尺八屏 | 53×234 | 7 | 998 |
| | 神龙祥云 | 84×153 | 1刀 | 8 018 |
| | 四尺礼品盒（100张装） | 69×138 | 5盒 | 880 |
| | 四尺礼品盒（50张装） | 69×138 | 10盒 | 480 |
| | 四尺礼品盒（30张装） | 69×138 | — | 320 |
| 特种净皮类 | 三尺单 | 69×100 | 12 | 500 |
| | 四尺单 | 69×138 | 9 | 775 |
| | 四尺三开 | 42×69 | 20 | 258 |
| | 四尺半切 | 34×138 | — | 388 |
| | 四尺对开 | 69×69 | — | 388 |
| | 四尺精品宣（筒装） | 69×138 | 5刀 | 1 480 |
| | 四尺精品宣（盒装） | 69×138 | — | 1 680 |
| | 古艺宣（100张装） | 69×138 | — | 2 880 |
| | 棉连 | 69×138 | 10 | 659 |
| | 扎花 | 69×138 | 17 | 612 |
| | 五尺单 | 84×153 | 6 | 884 |
| | 六尺单 | 97×180 | 4 | 1 366 |
| | 八尺疋 | 124.2×248.4 | 1 | 11 317 |

续表

| 类别 | 品种 | 规格（cm） | 刀／箱 | 零售指导价（元／刀） |
|---|---|---|---|---|
| 特种净皮类 | 八尺疋二层 | 124.2×248.4 | 1 | 16 203 |
| | 丈二 | 144.9×367.9 | 0.5 | 40 663 |
| | 丈六 | 193.2×503.7 | 0.25 | 53 656 |
| | 丈八 | 206×566.7 | 0.2 | 135 107 |
| | 二丈 | 216.2×629.1 | 0.2 | 153 956 |
| | 文魁宣 | 2 m×2 m | 1 | 12 268 |
| | 2 m×2 m二层 | 2 m×2 m | 1 | 17 679 |
| | 1.6 m×1.6 m | 1.6 m×1.6 m | 1 | 7 137 |

## 2.“红星”宣纸的成品包装情况

成品宣纸的包装向来要求严格，1949年前采用外表一样、内里有别的包装办法。较大厂坊产品质量稳定，并有注册商标，在客户中有一定影响的包装更为考究。成捆前每刀纸内夹有彩色商标广告，上榨成件时先以包装纸四周上下垫好，再用夹板四面包严，两头中部贴上彩色商标，四角粘上各色印刷的厂号，而后用牛皮纸和箬叶拼裹紧，外加竹篾全封闭围捆成件，用猪棕或棕皮制成厂坊号印，沾上烟煤水将每件四周加盖厂号。一般厂家产品包装较为简单，只在成捆时用夹板夹严，后用箬叶拼裹紧，外加竹篾全封捆扎。

历史上，由于宣纸厂坊与品种繁多，规格重量不一，包装时刀数也不一致，所以按重量每件83 kg为标准节点计算。1949年中华人民共和国成立后，包装材料一度沿用过去篾篓成件方法，刀数减少，每件重量约为60 kg。1971年泾县宣纸厂改用麻袋布装，内装同篾篓一样，重量相同。1976年开始采用纸箱包装，每箱毛重25 kg左右，纸箱外有货号、品名、规格、数量、商标和厂名，内用腊纸隔潮。每刀成纸加盖各自的商标、厂名和品种名作为封刀印，不同的是1949年前加盖“官”字，表示已经官方登记，而1949年后的通行做法则不再盖“官”字，而是在传统的基础上多加盖了“洁白”“拣选”“玉版”等字样。中国

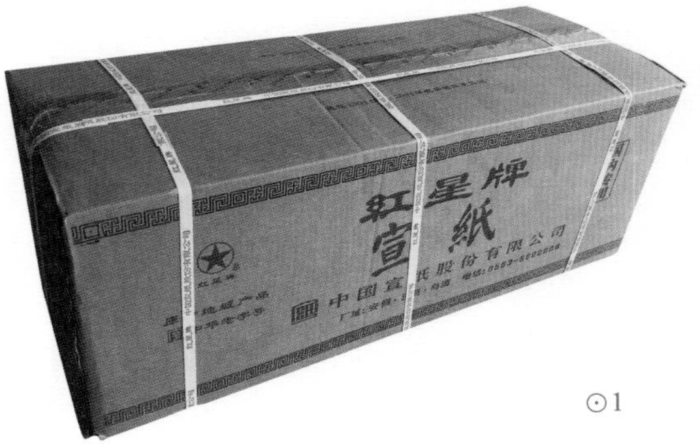


⊙1

⊙2

⊙1 纸箱包装好的成品『红星』宣纸
Packaged "Red Star" Xuan paper product

⊙2 特制纪念纸的外包装
Package for specially-made memorial paper

宣纸集团公司生产的“红星”宣纸是知名品牌，为了防伪，还在各印章加盖时规定了一定的间距标准，后来又另外加上一个防伪标识，其他厂家则较为随意。

从2005年开始，中国宣纸集团公司开始实行每刀用特制的牛皮纸包装，加一数字防伪标贴，客户可通过刮开涂层，获取16位制的防伪码，通过拨打电话方式确定真伪。此法使用后，在泾县宣纸行业形成纷纷效仿的做法。

从1990年代开始，为迎（庆）香港回归、澳门回归和中华人民共和国成立50周年，中国宣纸集团公司专门制作了纪念收藏纸，其包装除了产品卡，还新配有收藏卡，外用特制的包装，中有一木盒，采用仿古烤漆工艺，内用一彩绸包裹宣纸。此后在烤漆木盒基础上，不断进行包装更新，包装材料也在不断拓展，分别有木、竹、纸板等。

### 3.“红星”宣纸的销售沿革信息

1951年成立泾县宣纸联营处，开始展开新的销售业务。1953年6月泾县供销合作总社等单位组织“工农物资交流会”，宣纸产品受到来自皖南、皖北各县市以及南京等商界代表欢迎，开始建立较广地区的业务往来，产品逐步行销到京、津、沪、宁、苏州、武汉等地，出现产销两旺的局面。

1954年，实行公私合营后，宣纸产销纳入国家计划，北京荣宝斋为主要销售对象，同时行销上海、西安、重庆、武汉、广州、南京等地，黄料销售以苏州、杭州为主。

1957年，泾县宣纸由国家商业部统一包销，实行计划供应，具体业务由泾县供销总社办理，外销任务则由出口业务部下达任务，这一包销机制直到1968年终止；1969年国家轻工业部、商业部将年度生产和销售计划下达到厂，原来产、销不能直接见面和信息不通的状况得到改变。

⊙1

1984年，泾县成立“中国宣纸公司”，部分宣纸归公司统一销售，部分宣纸厂方自行经营，乡镇企业宣纸厂家产品自产自销。主体部分通过广州、深圳、上海等港口运往港澳地区、日本、东南亚和欧美各国。

1991年初，原泾县宣纸厂在深圳设立办事处，处理宣纸出口业务；1993年已更名的中国宣纸集团公司获自营进出口权后，自行向海外（主要是日本）销售宣纸，年创汇250万美元左右。2000年，中国宣纸集团公司又在日本设立一个代表处，负责联系日本客户，拓展国际市场营销。

国内客户主要以北京的故宫博物院、荣宝斋、中国书店，天津的杨柳青，上海的朵云轩，杭州的西泠印社等机构或老字号为主，一些具有一定规模私营的商家店铺也与泾县宣纸厂（中国宣纸集团公司）逐步建立了供销合作关系。从20世纪90年代初开始，中国宣纸集团公司向全国各大文房四宝商店、加工大户以授牌和优惠方式，建立“红星宣纸特约经销单位”。从2011年开始，在全国确立15个总代理，10个一级、二级直供店，9个直供区，总代理下设若干二级、三级经销商，实行配额供货逐级负责制。安徽因是宣纸原产地，取消层级代理，由中国宣纸集团公司直接配额供货。所有代理、直供关系的建立均由集团公司考评后确定，实行动态管理的机制。



⊙1 北京红星宣纸销售门店
Red Star Xuan Paper Store in Beijing City

# 八
# 社会名流品鉴“红星”宣纸的重要掌故

## 8
## Anecdotes of Celebrities Concerning “Red Star” Xuan Paper

中国宣纸股份有限公司是1949年后最早恢复宣纸生产的企业，一直是中国书画纸行业中的领军企业，同时也留下了若干值得铭记的文化轶事。

### 1. 元帅送耳塞

1963年10月16日，陈毅元帅陪同外交使团去黄山途经泾县时，抽空与夫人张茜专程来到泾县宣纸厂。在察看宣纸工人们的实地生产操作时，见水碓响声震耳，立即向安徽省的领导提出水碓声音太大，长期下来会影响工人的耳朵听觉和身体健康。回京后，陈毅立即向北京耳科专家咨询，并委托夫人张茜寄来五副耳塞子转交泾县宣纸厂打碓工人试用。

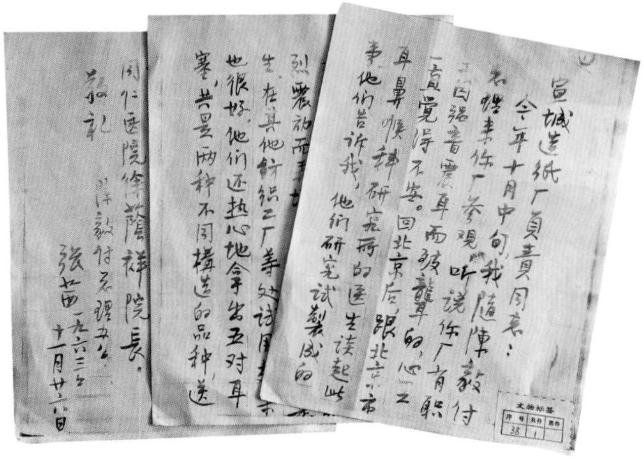
宣城造纸厂负责同志：
今年十月中旬，我随陈毅付
总理来你厂参观，听说你厂有职
工因碓音震耳而致聋的，心之
一直觉得不安。回北京后，跟北京市
耳鼻喉科研究所的医生谈起此
事，他们告诉我，
他们研究试制成的

⊙2

⊙2 张茜写给宣纸厂的信函原件照
A Letter to Xuan Paper Factory written by Zhang Xi

### 2. 书法家郭沫若的题词

1958年，书法家郭沫若在试用新生产的宣纸时，认为纸质上佳，便题下“中国宣纸样本”。1964年，郭沫若专程到泾县宣纸厂参观，在途经芜湖时，被急电召回北京参加重要会议。郭沫若回京后意犹未尽，专门为泾县宣纸厂题写了“宣

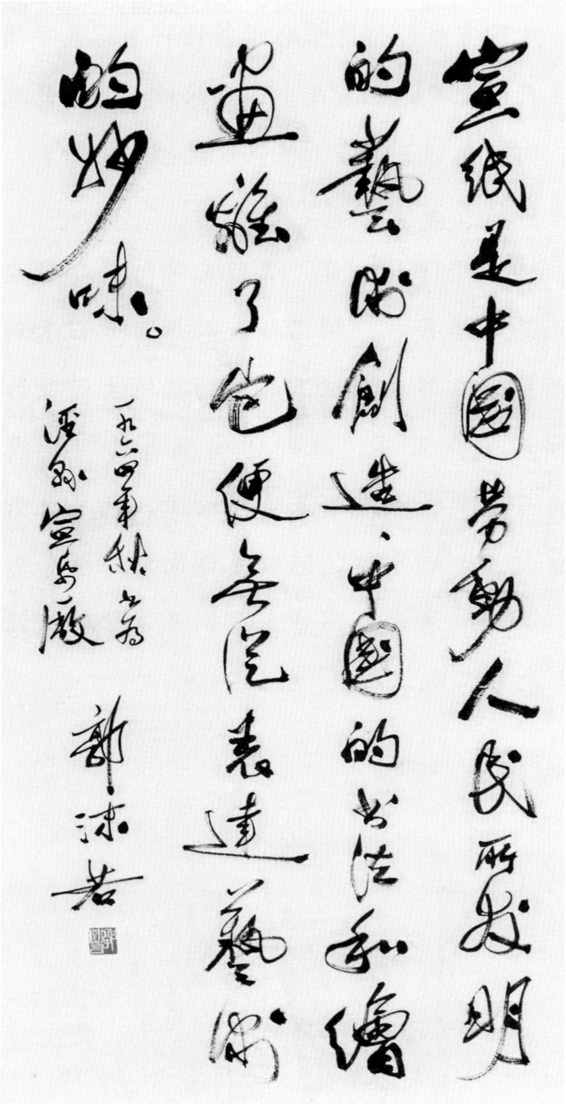

⊙1

⊙2



纸是中国劳动人民所发明的艺术创造，中国的书法和绘画离了它便无从表达艺术的妙味”的赞语。

### 3. 李可染的三鞠躬

1978年春，中国当代山水画大家李可染在时任安徽省美术家协会负责人陪同下抵达泾县宣纸厂，陪同人特意介绍：“可染老师是特地来看望大家的。”李可染立即补充说：“我不光是来看望大家的，我是特地来给你们谢恩的，我画了几十年的中国画，都是用的你们造的宣纸，你们是我的衣食父母，是我的恩人，没有你们就没有作为国画家的李可染，我是特地来谢恩的，我要给厂里画两张画，可仅仅送两张画还不能代表我的感激之情。画画之前，我先给大家鞠三个躬。”说完，不等别人劝阻，他已摘下帽子嘴中还大声地念着：“一鞠躬，二鞠躬，三鞠躬。”行了三个近乎九十度的鞠躬大礼。

⊙1 郭沫若的题词原件照
Autograph written by Guo Moruo

⊙2 李可染赠泾县宣纸厂的牧牛图原件照
Li Keran gives the cowherd as a gift to Xuan Paper Factory in Jingxian County

⊙3

⊙4

## 4. 刘海粟的题词

中国现代美术教育的开拓者刘海粟一生最爱黄山，以一生中十次登上黄山图写万变烟云而传佳话。1980年，在他第七次登黄山时，特意参观了泾县宣纸厂，并题下“纸寿千年，墨韵万变”八个字来表达对红星宣纸的多年使用感受，淋漓尽致地将宣纸最重要的两大特点耐久性和润墨性作了精练表达。

## 5. 吴作人题词

吴玉如、吴组缃、吴作人在不同的艺术领域取得了杰出的成就，被誉为“泾县三吴”。曾任中国美术家协会主席的吴作人对家乡与宣纸均有很深的感情,曾多次为家乡宣纸企业题词勉励。1985年4月27日，在参观泾县宣纸厂时题词“纸墨千秋”。

⊙3 刘海粟赠泾县宣纸厂题词原件照
Liu Haisu gives autograph as a gift to Xuan Paper Factory in Jingxian County

⊙4 吴作人赠泾县宣纸厂题词原件照
Wu Zuoren gives autograph as a gift to Xuan Paper Factory in Jingxian County

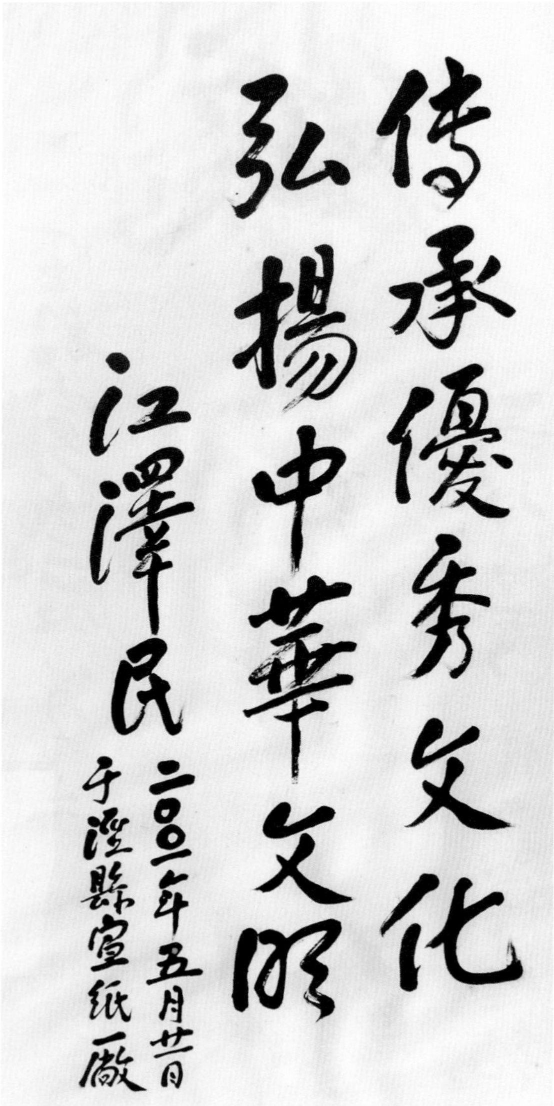

⊙1

## 6. 江泽民的题词

2001年5月21日，时任中共中央总书记、国家主席江泽民参观中国宣纸集团公司后题词“传承优秀文化，弘扬中华文明”，并在生产现场向宣纸工人说：“宣纸是国宝，一定要将宣纸技艺父传子，子传孙，一代一代永久传下去。”

⊙2

⊙1
江泽民赠题词原件照
Jiang Zemin gives autograph as a gift to Xuan Paper Factory in Jingxian County

⊙2
青檀林基地
*Pteroceltis tatarinowii* Maxim. Forest Base

# 九
# 中国宣纸股份有限公司保护宣纸业态的措施

# 9
# Measures Protecting Xuan Paper Industry by China Xuan Paper Co., Ltd.

调查中了解到：作为中国宣纸无可争议的领军组织,中国宣纸股份有限公司先后采取了一系列措施，对宣纸产业的业态进行积极保护。

## （一）
## 原料方面

### 1. 青檀林基地建设

从20世纪80年代开始，在泾县人民政府的支持下，安徽省泾县宣纸厂按照“钱跟苗走”的办法，投入资金或农用物资，以补贴方式在泾县的汀溪、爱民、蔡村、北贡等村镇建设了3.33 km$^2$青檀林基地。但由于土地使用权限没有流转，企业对青檀林基地没有自控权，基地的支撑效应逐渐名存实虚。进入21世纪初叶，宣纸核心原料之一的青檀皮存量再度告急，2005年，中国宣纸集团公司积极争取到国家农业综合开发资金，加上企业自筹共300万元，在泾县苏红乡（调查时已合并到汀溪乡）境内，以“返租倒包”抚育方式建设了3.33 km$^2$青檀林基地。但这一基地一是土地归属权仍在农户手中，二是后续管理脱节，三是无法制约农户高价出售，实际运行的成效依然不佳。

2011年，中国宣纸集团公司再次争取到农业综合开发扶持资金，与泾县东乡国有林场达成协议，采取公司投资，林场出山地，从栽种青檀幼苗开始，联合开发青檀林基地10 km$^2$。因时间较短，调查组调查期间，青檀林尚未到收益期。

### 2. 燎草基地建设

中国宣纸股份有限公司宣纸生产所用燎草在20世纪50年代的公私合营时就指定在泾县小岭村生产，1962年，泾县小岭原料合作社自行生产宣纸，红星宣纸生产所需燎草供应常接济不上。为此，当时的泾县宣纸厂在所在地——泾县乌溪，建设了第一个燎草生产基地，以此为中心，逐步发展了乌溪的板坑、吴家坦、外坑涝三个原料生产点，并专设原料车间，归当时的厂供销科调

⊙1

度。20世纪70年代，在燎草供应紧张时，泾县宣纸厂与当时的白华公社（部分地区今属乌溪乡管辖）在乌溪的灰坑开设农工商灰坑原料加工厂，由泾县宣纸厂派人管理，工人都是乌溪乡农民。2011年，中国宣纸集团公司在榔桥镇的郑村购0.2 km²山场，开始建设新的燎草基地。四片稻草加工原料生产基地的先后建成，已能够保证该公司宣纸的生产用稻草加工料之需。

### 3. 长杆沙田稻草收购方式的艰难探索

由于水稻高产优良品种的推广，长杆沙田稻草的种植已越来越少，再加上农业机械化程度提高，收割的稻草无法加工，宣纸生产所需的长杆



⊙1
厂部附近的燎草基地
Processed straw base near the factory area

沙田稻草选购出现了前所未有的困难。为此，中国宣纸集团公司于2007年在泾县东乡采用“返租倒包”方式，以每亩（666.67 $m^2$）年租900元的协议价格租用水田种植“小红稻”品种，稻草归公司所有，稻子归农民收益，因整体收益率不高，次年便停止了此做法。从2009年开始，中国宣纸集团公司购买了数台先进收割机，采取免费给农户收割水稻，完整的稻草归公司收购的新方式，这种做法在一定程度上缓解了稻草收购难问题。

## （二）宣纸品牌保护的努力与措施

### 1. 原产地域保护

2000年，由泾县人民政府牵头，县质量技术监督局为申报主体,中国宣纸集团公司完成了宣纸原产地域保护申报工作。2002年8月，泾县被国家原产地域保护办公室批准为宣纸原产地域（2005年，国家将“原产地域保护产品”更名为“地理标志保护产品”）。其保护范围为泾县，保护产品为宣纸。

### 2. 标准化实施历程

泾县宣纸厂于1981年颁布实行了宣纸的企业标准，当时的企业标准范围只有工艺过程部分。1987年，由当时轻工业部组织编写宣纸的行业标准，在轻工业部推行标准化时，加入了陈年宣纸分析结果，形成了宣纸的理化数据，再召集了泾县宣纸厂、泾县宣纸二厂、小岭宣纸厂等几家当时规模大的宣纸厂家，形成了行业专业标准，执

⊙2

⊙2
标准化颁布实施的文件
Documents of Xuan paper standardization

行的标准号为ZBY 32013—88。1999年，宣纸标准变更为行业标准，执行的标准号为QB/T3515—1999。在中国宣纸集团公司代表泾县人民政府积极申报与争取下，泾县于2002年被批准为宣纸原产地域保护后，经中国标准化委员会批准，将宣纸行业推荐性标准升格为强制性国家标准，改标准号QB/T3515—1999为GB18739—2002。2008年再次修订，加入原料产地等要求。

3. 非物质文化遗产保护的标志性事件

2005年，国家由文化部牵头开始对全国范围内实施非物质文化遗产保护。是年，文化部委派专家对全国范围内非物质文化遗产进行摸底调查，中国宣纸集团公司以泾县人民政府为申报主体，申报了“宣纸制作技艺”进入代表作名录工作。2006年，宣纸制作技艺入选第一批国家级非物质文化遗产代表作名录。2009年，由国家文化部与安徽省牵头，在中国宣纸集团公司的积极参与下，中国宣纸被联合国教科文组织公布入选为人类非物质文化遗产代表作名录。

⊙1

⊙1 宣纸入选国家非遗牌匾 Intangible Cultural Heritage Plaque of Xuan Paper

4. “红星”品牌保护的成果

1998年，中国宣纸集团公司组织申报中国驰名商标。1999年元月“红星”宣纸商标被国家商标局认定为“中国驰名商标”。2006年，中国宣纸集团公司被商务部批准为“中华老字号”。2009年，被商务部、文化部、广电总局、新闻出版总署联合授予“国家文化出口企业”“国家文化出口项目”。2010年，被文化部批准为“国家级非物质文化遗产生产性保护示范基地”“文化产业示范基地”。

5. 宣纸计量标准化的进展

在民国年间，宣纸行业的习惯是每刀宣纸没有足数，92张以上就能成为一刀纸。中华人民共和国成立后，在公私合营以后，就改成100张足数为一刀，并将原先的老秤、老尺*等量改为市斤与厘米（习惯上也称之为公分）。

6. 礼品宣纸的创新拓展

礼品宣纸一般从帘纹纸纹上体现，通常是为提升宣纸的附加值或单纯纪念某一项活动的特制纸。最早将这一纪念纸制创在宣纸上的是泾县宣纸厂。1959年，为纪念中华人民共和国国庆十周年，当时的公私合营泾县宣纸厂制作了特种纪念宣纸，在帘纹上制作出“向伟大的国庆十周年献礼”等字样，跳出了原先帘纹上的单丝路、双丝路、罗纹、龟纹、丹凤朝阳、双鹿等沿袭已久的格局，独创性地将重要的庆典纪念内容放在了宣纸及帘纹上。调查中了解的信息是：此后的三十多年中，没有出现过新的纪念宣纸产品。1993年，泾县首次举办了宣纸艺术节，中国宣纸集团公司制作了艺术节纪念版宣纸。从1997年开始，中国宣纸集团公司纪念宣纸制作进入高潮期，先后制作了香港回归、澳门回归、建国五十周年、抗战胜

* 老秤为16两制，每16两为一斤；老尺为16寸制，每16寸为一尺。

利六十周年、改革开放总设计师、人类非遗等纪念宣纸。这些纪念版宣纸的制作既丰富了宣纸产品，也使若干高端宣纸走向了新的礼品化用途。

### 7. 定制宣纸的创新拓展

定制宣纸古已有之。在泾县宣纸厂定制宣纸历史上，除了建国十周年纪念宣纸外，较有特色的是：1971年为当时的社会主义友好国家阿尔巴尼亚特意研制了“本色仿古棉连宣”；1982年为美国双子星版画社研制了版画纸，当时此纸的用法有四美兼备之誉（红星宣纸、杭州丝绸、中国印刷、版画设计）。20世纪80年代初，为国画大师李可染制作了特制的“师牛堂”帘纹宣纸，由于质优名高，此纸曾于21世纪初在宣纸交易市场上创出当年单刀纸超10万元人民币的“神话”，至调查时的2015～2016年，“师牛堂”品牌红星宣纸价格已远超“神话”价格，但基本上是无市也无价。当代，为重大纪念活动、书画家、机构定制纪念版宣纸不仅在中国宣纸股份有限公司，在其他宣纸企业也已屡见不鲜，优质的定制版宣纸和纪念版宣纸较显著地提升了宣纸的附加值。

⊙3

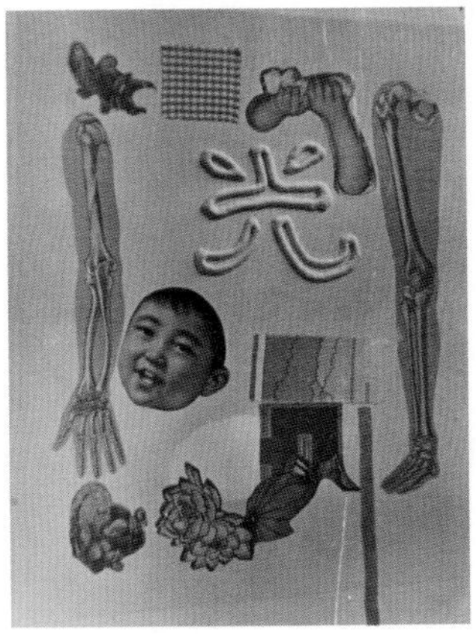
⊙2

## （三）

## 生产型保护方面的进展

### 1. 生产用水的建设性措施

随着红星品牌宣纸生产量的扩张，乌溪河水已无法满足生产的需求，为确保生产水源与水量，1998年，中国宣纸集团公司建设了红星水库，水库库容15万$m^3$，库区长达好几千米。红星水库可以完全满足红星宣纸企业当前生产及生活用水的需求。

### 2. 环境保护的主要工程

中国宣纸集团公司先后于2000年和2006年投资兴建了两座污水处理站，日处理污水6 000吨，2010年又对其进行了改造，处理能力进一步增强，有效地防止了生产用水的环境污染。对厂区的生产用锅炉也进行了改造，改燃煤为燃稻壳等废弃物，既有效地实施了循环经济，又大幅降低了二氧化硫等气体排放造成的大气污染。

⊙2 1982年为美国双子星版画社研制的版画纸 Paper made for Gemini Print Group (US) in 1982

⊙3 红星水库库区 Red Star Reservoir area

### 3. 宣纸生产中器具与工艺的改进

中国宣纸股份有限公司的前身从1951年创建以来，一直没有停止过对宣纸制作过程中的工艺器具进行改进。除了前面介绍的重大技术改造伴生的器具工艺改进之外，较为重要而又相对零散的器具工艺改进择要介绍如下。

（1）划槽工序采用机械手

宣纸技艺中捞纸工序中的划单槽，一直由两名操作工一人操一个长柄扒子在纸槽内搅动完成融浆程序。2011年，中国宣纸集团公司采用机械手替代了传统的划槽，既节约了操作时间，又降低了劳动强度。据调查中向厂方专业人员的求证，这一改进目前尚未发现对成纸品质有影响。

（2）塑料管替代帘床芒杆

红星宣纸捞纸的帘床一直使用的是禾本科芒杆，使用时间为3个月左右，成本高，耗损快，并且在后期使用时，也会影响产品质量。2011年中国宣纸集团公司开始用同型号的塑料管替代，在提高一次性投入产出比的同时，也提高了纸浆的洁净度。这一材料改进迅速被泾县范围内宣纸、书画纸企业推广使用。

⊙1

⊙1 塑料丝绳的帘床 Papermaking frame with plastic thread

### 4. 造纸工的生活与发展空间演化

（1）生活津贴的演化

宣纸行业古来传下这样的惯例，即造纸工人除了按计件领一份工资之外，因吃在老板家，所以每10天一次享受“吃犒”待遇，享受3个半斤（豆腐、肉、酒）犒劳，路远的“拼伙”，路近的带回家加餐。除此之外，每年的清明、端午、中秋、重阳、祭庙、冬至等节日也享受“吃犒”待遇。20世纪50年代初泾县宣纸行业公私合营后，提高了工人工资，取消了这种“吃在老板家”的做法，改成在职工食堂就餐，但每隔一段时间，食堂进行核算后，还会宴请在食堂吃饭的工人，称为“伙食尾子”。

20世纪60年代计划供给时期，国有性质的泾县宣纸厂的做法是根据工种不同，按甲、乙、丙三等额外供应给造纸工人不等的猪肉、鸡蛋、菜油、糖等保健食品。70年代，对部分工种发放营养费、食用油。除对全民所有制在职人员发放固定工资以外，按规定定量供应蔬菜、粮食、柴、食油、猪肉、食盐、黄烟、衣被及日用品（牙刷、毛巾、牙粉等）。80年代以后，计划供给制解体，泾县宣纸厂也不再发放实物，而是折换成粮食补、书报费、洗理费、营养费、水费、烤火费、降温费等，以现金方式纳入工资中发放给固定工；而中长期的临时工身份者到80年代中期后只享受一半的洗理费、粮食补、书报费，只有水费、烤火费、降温费按工种全额享受。进入21世纪后，相关补贴保留了烤火费、降温费、伙食补助费。

（2）住房制度的演化

20世纪50年代初宣纸联营处成立时，泾县小岭本乡的工人在家居住；乌溪的工人冬天住在焙房，夏天住在各生产车间。公私合营以后，开始建造一些简易房免费提供给工人居住，有的年轻住家户常有两户甚至多户住在一间简易房内，条件相当艰苦简陋。国有化后逐年改善，泾县宣纸厂几乎每年新建一批住房，对所有固定工提供住房，对临时工、单身汉提供集体宿舍，只收取极少量的房租。90年代后在国家推行住房改革后，中国宣纸股份有限公司除了留有少量的单身集体宿舍用房，已将所有住房全部分配给职工，由职工缴纳一定数额的购房款后，由泾县房管部门发放个人产权的房产证。

(3) 学徒制度的演化

20世纪50年代中期公私合营以后，泾县宣纸厂在招收新学员时，都签订《师徒合约》。由厂方负责招收学徒，向师傅学习技艺时，由厂方发放学徒工资，两年半后定级。此规定直到80年代中后期，将定级时间缩短至一年，无论是否定级，顶岗后按岗位定级最低工资支付。21世纪初以来，中国宣纸集团公司的做法是：学徒工（无论捞纸、晒纸还是其他工种）均按照2 000元/月发放，相当于全县职工最低工资的3倍（不含过节费、降温费、烤火费、年终奖、考勤奖）。红星宣纸企业历史上各个时期的学徒工均免费提供住宿、洗浴、水电等。

(4) 评级制度的演化

20世纪50年代开始泾县宣纸厂采取固定工资制后，除了国家普调工资外，少有升级机会。到70年代后期，泾县宣纸厂采取工效挂钩方式，对工人每年有一定比例的升级或浮动，具体做法是

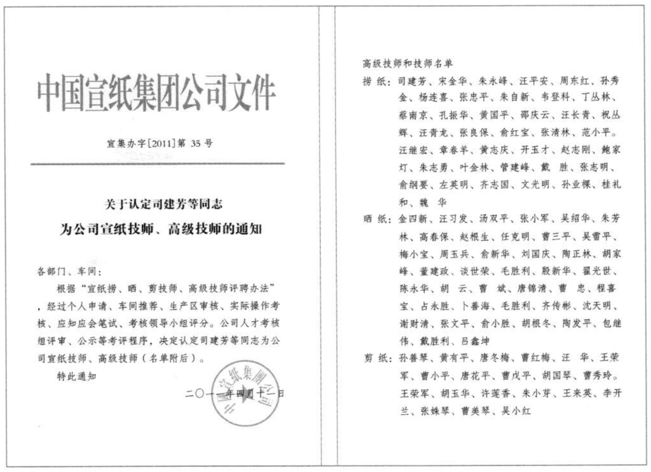
中国宣纸集团公司文件

宣集办字[2011]第 35 号

关于认定司建芳等同志

为公司宣纸技师、高级技师的通知

各部门、车间：

根据“宣纸捞、晒、剪技师、高级技师评聘办法”，经过个人申请、车间推荐、生产区审核、实际操作考核、应知应会笔试、考核领导小组评分。公司人才考核组评审、公示等考评程序，决定认定司建芳等同志为公司宣纸技师、高级技师（名单附后）。

特此通知

二〇一一年四月十一日

高级技师和技师名单

捞 纸：司建芳、宋金华、朱永峰、汪平安、周东红、孙秀金、杨连喜、张忠平、朱自新、韦登科、丁丛林、蔡南京、孔振华、黄国平、邵庆云、汪长青、祝丛辉、汪青龙、张良保、俞红宝、张清林、范小平。汪继宏、章春羊、黄志庆、开玉才、赵志刚、鲍家灯、朱志勇、叶金林、管建峰、戴 胜、张志明、俞纲要、左英明、齐志国、文光明、孙业稞、桂礼和、魏 华

晒 纸：金四新、汪习发、汤双平、张小军、吴绍华、朱芳林、高春保、赵根生、任克明、曹三平、吴雪平、梅小宝、周玉兵、俞新华、刘国庆、陶正林、胡家峰、董建政、谈世荣、毛胜利、殷新华、翟光世、陈永华、胡 云、曹 斌、唐锦清、曹 忠、程喜宝、占永胜、卜善海、毛胜利、齐传彬、沈天明、谢财清、张文平、俞小胜、胡根冬、陶发平、包继伟、戴胜利、吕鑫坤

剪 纸：孙善琴、黄有平、唐冬梅、曹红梅、汪 华、王荣军、曹小平、唐花平、曹戊平、胡国琴、曹秀玲。王荣军、胡玉华、许莲香、朱小芽、王来英、李开兰、张姝琴、曹美琴、吴小红

⊙2

⊙2 评聘技师的文件
Professional technicians listed in a document

集体评分后，由高到低按分数进行评定后确定是否能升级。80年代后期，改为每年都有一次普调工资的机会。90年代以后的市场经济环境下，企业根据自身效益决定是否调级。2004年7月以后，采取定员定岗定薪方式对员工计酬。2012年，为鼓励一线员工，按照一定的标准，对捞纸、晒纸、剪纸三个工种进行高级技师、技师的评聘，对技术高超又吃苦耐劳的一线员工通过此方式进行补助。这种企业内部评级方式，在宣纸行业中属于首创。

从20世纪50年代到21世纪10年代，前后有60余年，纵观中国宣纸股份有限公司（包括前身）在促进宣纸业态良性发展方面所进行的工作，确实取得了一定建设性成效，在有效防范宣纸制作技艺传承链断层以及努力保持宣纸产业业态繁荣上一直起着引领作用。

# 『红星』古艺宣

"Red Star" Traditional Xuan Paper



『红星』古艺宣透光摄影图
A photo of "Red Star" traditional Xuan paper seen through the light

# 『红星』净皮

"Red Star" Clean-bark Paper

『红星』净皮透光摄影图

A photo of "Red Star" clean-bark paper seen through the light

# 『红星』棉料

"Red Star" Mianliao Paper

『红星』棉料透光摄影图
A photo of "Red Star" Mianliao paper seen through the light

# 『红星』特净

"Red Star" Superb-bark Paper

『红星』特净透光摄影图
A photo of "Red Star" superb-bark paper seen through the light

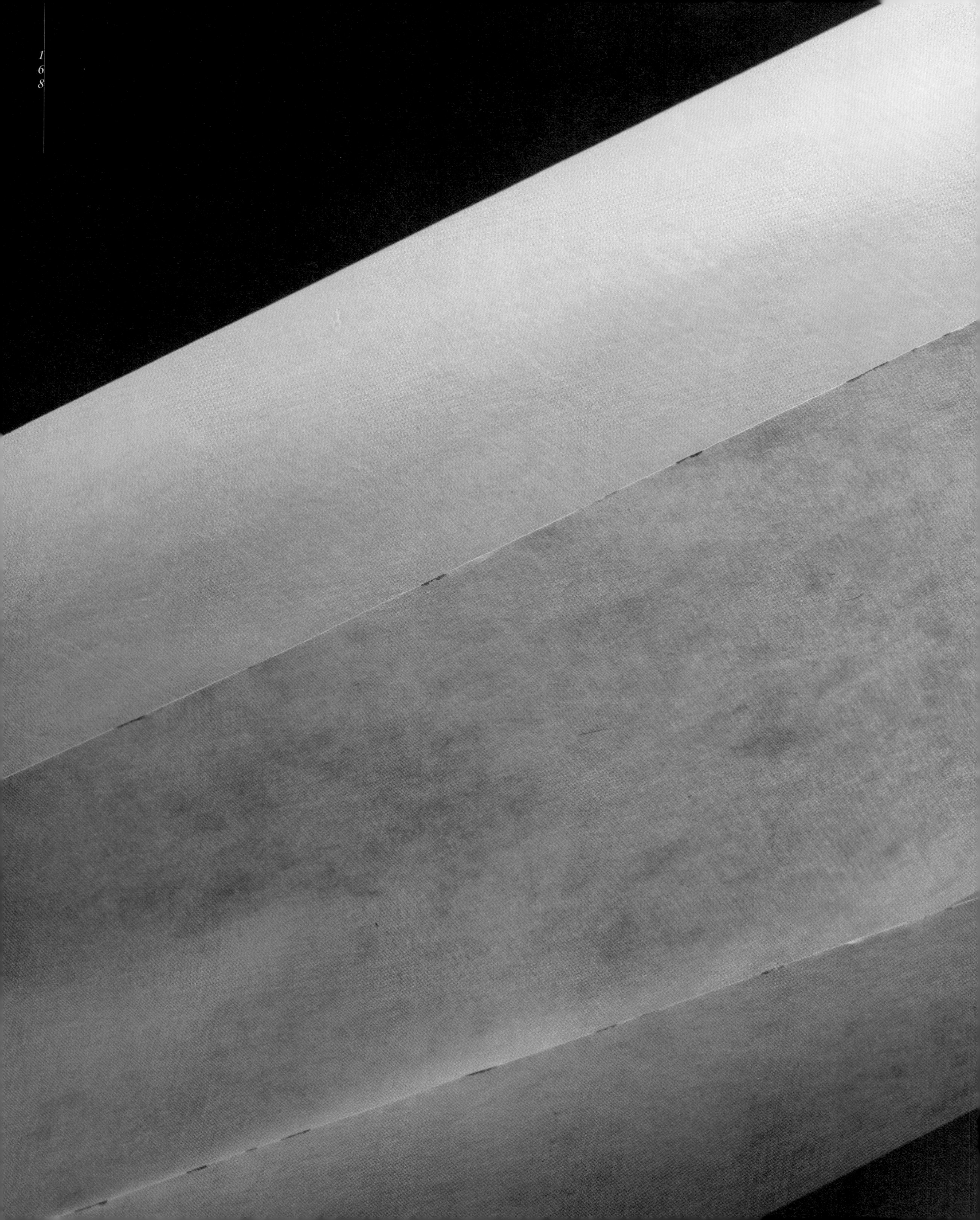

# 『红星』净皮四尺仿古宣

"Red Star" Four-chi Vintage Xuan Paper (Clean-bark)

『红星』净皮仿古宣透光摄影图
A photo of "Red Star" four-chi vintage Xuan paper (clean-bark) seen through the light

# 第二节

# 泾县汪六吉宣纸有限公司

安徽省
Anhui Province

宣城市
Xuancheng City

泾县
Jingxian County

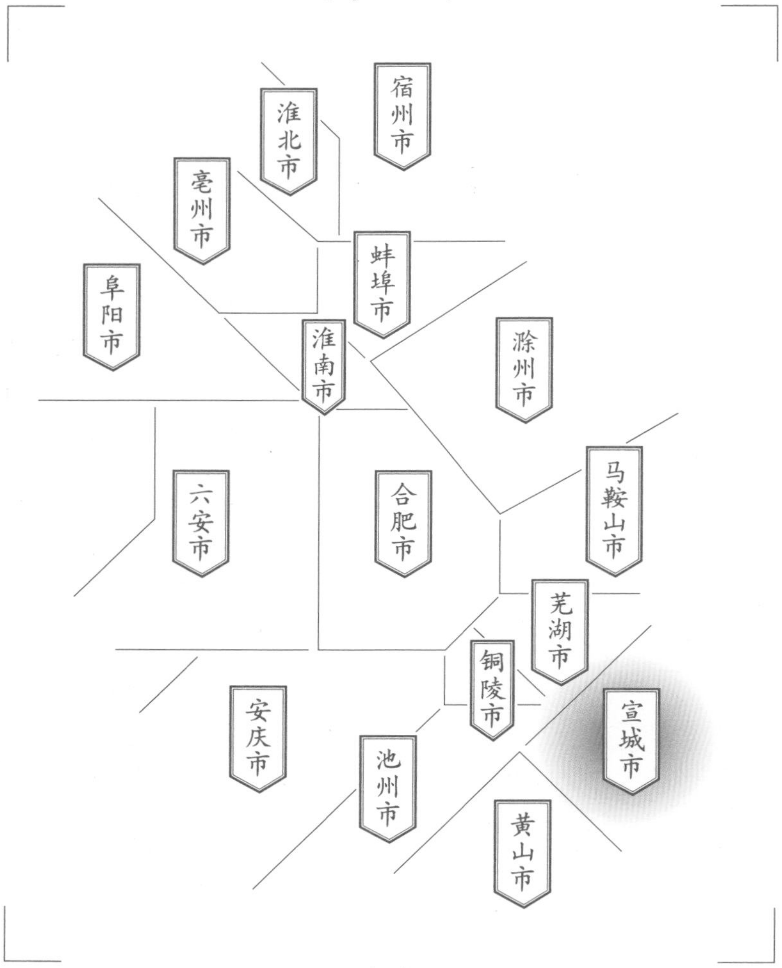


**调查对象**

泾川镇
泾县汪六吉宣纸有限公司
宣纸

## Section 2
## Wangliuji Xuan Paper Co., Ltd. in Jingxian County

**Subject**

Xuan Paper
of Wangliuji Xuan Paper Co.,Ltd.
in Jingxian County in Jingchuan Town

# 一
# 汪六吉宣纸有限公司的基础信息与生产环境

## 1
## Basic Information and Production Environment of Wangliuji Xuan Paper Co., Ltd.

汪六吉宣纸有限公司坐落于泾县泾川镇晏公社区茶冲村，地理坐标为东经118° 29′ 15″、北纬30° 38′ 44″。“汪六吉”为宣纸历史上的著名品牌，据民间的一种说法是始于明代，但未获文献依据支持。其在民国早期获得“上海国际纸张比赛会金奖”，1935年在伦敦国际博览会上获得金质奖章。民国中期原厂主汪墨林家因后人对企业及品牌改名经营和抗日战争冲击破产等缘由而实体传承中断。

“汪六吉”宣纸的当代品牌企业创建于1985年，调查时共有15帘*槽，帘分别为六尺槽2帘、尺八屏槽2帘、四尺槽9帘、丈二槽和八尺槽各1帘。2015年7月20日和2016年4月19日，调查组先后两次前往汪六吉宣纸有限公司进行现场调查。2015年第一次入厂调查时，汪六吉宣纸有限公司生产厂区有员工50多人，保持着3帘槽（2个四尺、1个六尺）的正常生产。调查时厂方提供的2014年宣纸年产量为50吨，约17 000刀。

泾县泾川镇晏公社区原为泾县晏公镇，2005年并入泾县泾川镇，位于泾县城东。2015年的统计数据为：社区辖4个居民小组，30个村民组，常住总人口4 997人，总户数为1 653。

⊙1

⊙2

⊙3

⊙1/2
汪六吉宣纸有限公司大门与内景
View of Wangliuji Xuan Paper Co., Ltd.

* “帘”作为槽数的计量单位，为行业用语，后文也有用“个”。

路线图
泾县县城
↓
泾县汪六吉宣纸有限公司
Road map from Jingxian County centre
to Wangliuji Xuan Paper Co., Ltd.
in Jingxian County

# 泾县汪六吉宣纸有限公司位置示意图

# Location map of Wangliuji Xuan Paper Co., Ltd. in Jingxian County

考察时间
2015年7月 / 2016年4月

Investigation Date
July 2015/Apr. 2016

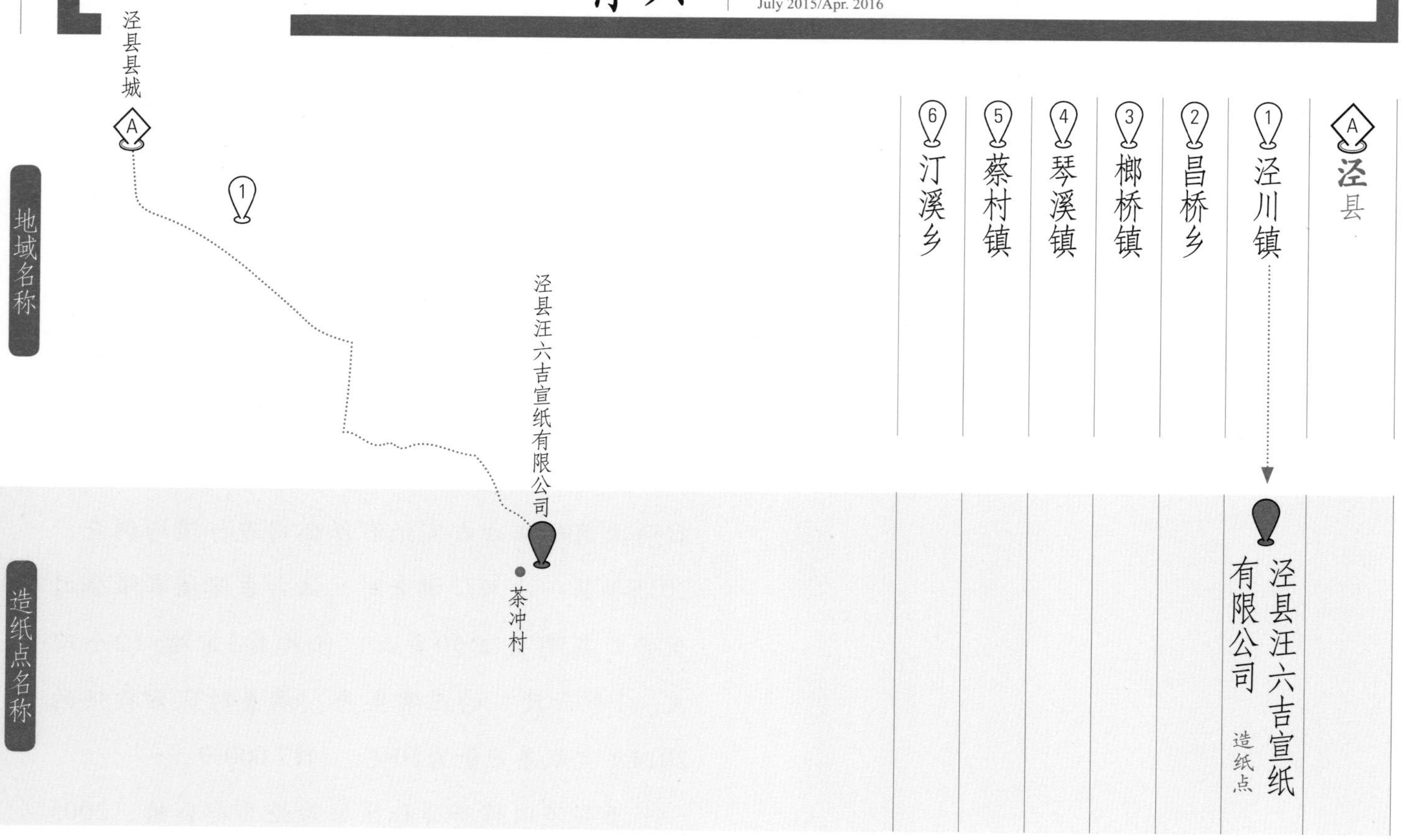


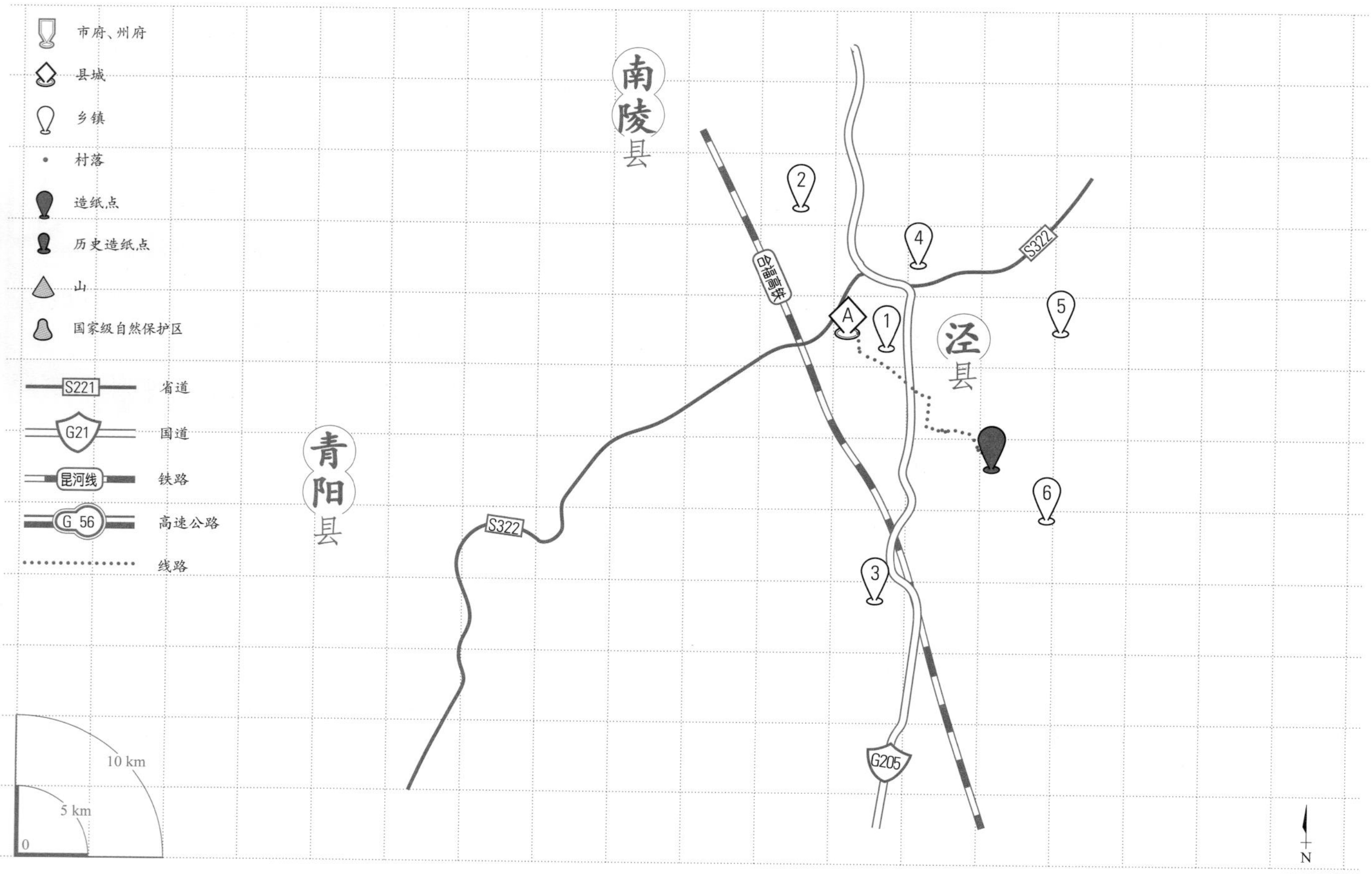

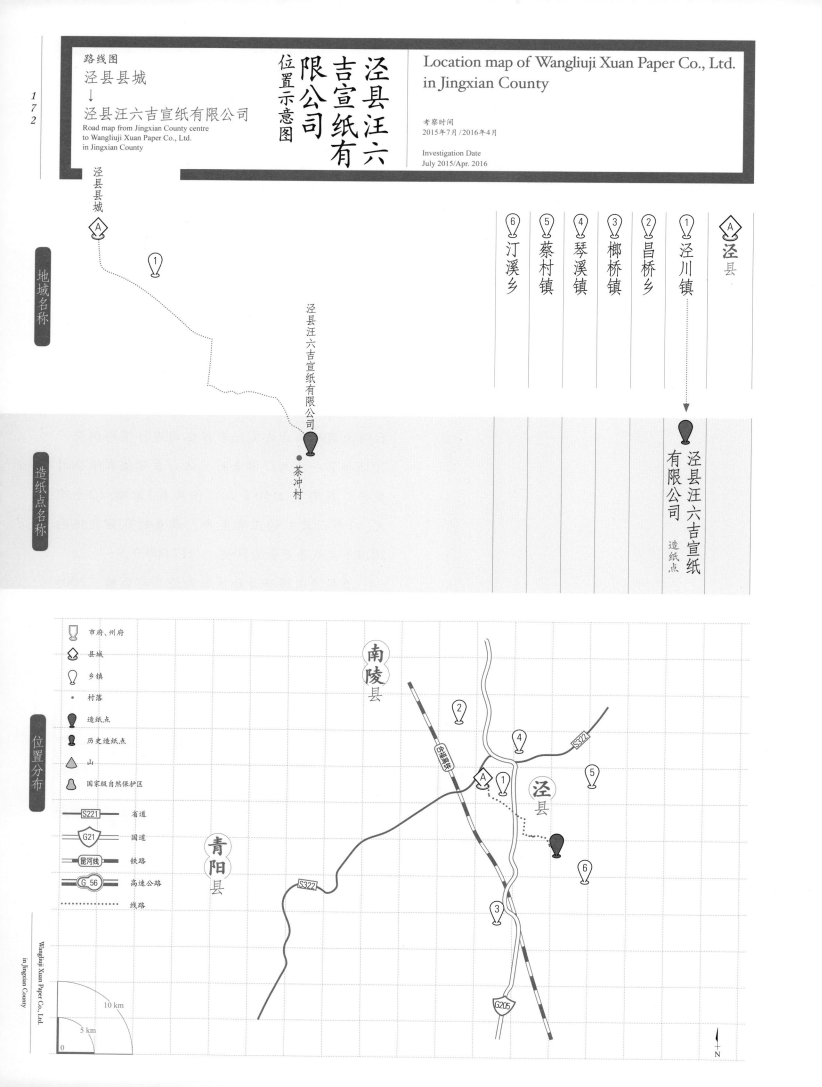

## 二 汪六吉宣纸有限公司的历史与传承情况

## 2 History and Inheritance of Wangliuji Xuan Paper Co., Ltd.

汪六吉宣纸有限公司注册地为安徽省泾县泾川镇茶冲村，调查时法人代表为李正明,是第一任厂长李永喜之子。

关于当代汪六吉宣纸有限公司的创立与发展沿革历史，据2016年4月19日对李永喜的深度访谈，调查组了解的信息为：

20世纪80年代初，当时的潘村公社干部何荣柏是泾县丁桥乡人，因其从小耳濡目染宣纸制作，对手工造纸有很深的感情，于是建议潘村公社开办宣纸厂。在咨询了曹廉（原泾县宣纸厂厂长）和邵白仁（音）两位专家后，决定在茶冲村创办宣纸厂，并向潘村公社的2个煤矿借了20万元，村里40家农户每家集资500元筹备宣纸厂。李永喜当时是大队会计，何荣柏提名李永喜担任厂长。

据李永喜回忆，1984年李永喜曾带领茶冲村集资户（每户出一人）共40多名工人到小岭宣纸厂学习捞纸工艺，到许湾宣纸厂学习剪纸和晒纸工艺，一共学习了6个月。工人们学习期间，何荣柏在茶冲村负责厂房建设。1985年，汪六吉宣纸厂开业，为晏公镇办集体所有制企业。

为保证宣纸质量，在创办期间聘请泾县小岭宣纸厂退休老技工曹小五（音）担任生产厂长。由于曹小五当时的年龄偏大，家里人不放心，曹小五本人也不大愿意。李永喜就向曹小五承诺："就把我当作你的儿子，尽管放心到我们那边去，如有什么其他问题，所有费用都由我来包。"通过这样的承诺，曹小五才放心到初创的汪六吉宣纸厂工作。

⊙2

⊙1 调查组成员访谈李永喜 Researchers interviewing Li Yongxi, a papermaker

汪六吉宣纸厂在创办时设计的产能为8帘槽，1985年下半年开始正式生产了4帘槽，1986年春节后开工了8帘槽。1996年则达到了14帘槽生产。2000年，随着泾县国有、集体企业改制步伐的深入，汪六吉宣纸厂也响应政策改制为股份制企业。当时的企业有员工380多人，年产宣纸380余吨，年纳税107万元左右，采取人人持股的方式，厂长李永喜成为最大的股东。

2003年，国家对环保排污整治力度开始加大，汪六吉宣纸厂也面临追加环保投入的问题，在股东会上，大多数股东宁愿退股也不愿意加大环保投入。2004年，经过资产评估后，李永喜出资50万元收购了其余股东的股份，逐步推行了环保治污设施的改造，截至调查组第二轮前往调查时的2016年4月，仅在治污一项上就先后投入300多万元。

2006年李永喜女儿李小霞（1973年出生）在北京琉璃厂荣宝斋斜对面开店，以“家有厂，外有店”的方式维持企业运行。2010年，李永喜将厂交给儿子李正明经营管理，法人代表也随之过户。李正明接手后，开始向生产大幅面宣纸转型。2011年，引用喷浆技术生产出三丈宣纸。2015年9月，采用宣纸手工捞纸工艺生产出三丈巨幅宣纸。

李永喜并非泾县当地人，也不是造纸传承世家，这在泾县较有名的宣纸厂老板中并不多见。李永喜1948年出生于江苏省六合县（现南京市六合区），1962年举家迁到泾县茶冲村从事毛笔加工制作，20世纪70年代为村大队干部，1999～2006年兼任晏公镇党委副书记。

李正明，1978年11月生，曾在无锡解放军某部当特种兵。2006年退役后，在泾县房地产管理局工作。2009年，辞职进入汪六吉宣纸有限公司从事销售工作，一年后接手企业法人代表，全面负责汪六吉宣纸厂的生产经营管理。

⊙3

⊙2
调查组成员访谈李正明
Researchers interviewing Li Zhengming, a papermaker

# 三
# 汪六吉宣纸有限公司的代表纸品及其用途与技术分析

# 3
# Representative Paper, Its Uses and Technical Analysis of Wangliuji Xuan Paper Co., Ltd.

## (一)
## 代表纸品及用途

据调查组2015年7月20日的调查得知：汪六吉宣纸有限公司的产品以宣纸为主，辅以部分使用“汪六吉”宣纸作为原纸的加工纸。“汪六吉”宣纸的配料参见表2.20。在所有品种中，“六吉黄料”（宣纸棉料的一种，本色，不加漂白因而呈淡黄色）最为出名。调查时，汪六吉宣纸有限公司可生产四尺、六尺、尺八屏、丈二和八尺规格宣纸，如客户有需求时还可以生产三丈至三丈三的大纸。从用途上看，棉料很适宜书画创作；“六吉料半”（“汪六吉”四尺净皮单宣历史上非常有名，在中国北方地区习惯称“六吉料半”，因其较棉料略厚，含檀皮料稍多）性能比较中和，适宜书法与小写意花鸟创作。净皮适宜勾线人物、花鸟等小写意类绘画创作；特净润墨效果最好，适宜创作泼墨山水画等大写意绘画。

表2.20 “汪六吉”宣纸的配料表
Table 2.20 Ingredients of “Wangliuji” Xuan paper

| 品名 | 配料 | | 中心值（kg/刀） |
|---|---|---|---|
| | 青檀皮（%） | 稻草（%） | |
| 棉料 | 40 | 60 | 2.4～2.6 |
| 净皮 | 70 | 30 | 2.85～3.15 |
| 特净 | 80 | 20 | 2.85～3.15 |
| 料半 | 50 | 50 | 2.65～2.8 |

⊙3

⊙4

⊙3 『汪六吉』料半采样照片 A sample of “Wangliuji” Liaoban paper

⊙4 『汪六吉』黄料采样照片 A sample of “Wangliuji” Huangliao paper

## (二)

## 代表纸品技术分析

### 1. 代表纸品一：“汪六吉”料半

测试小组对采自汪六吉宣纸有限公司生产的料半宣纸所做的性能分析，主要包括厚度、定量、紧度、抗张力、抗张强度、撕裂度、湿强度、白度、耐老化度下降、尘埃度、吸水性、伸缩性、纤维长度和纤维宽度等。按相应要求，每一指标都需重复测量若干次后求平均值，其中定量抽取5个样本进行测试，厚度抽取10个样本进行测试，拉力抽取20个样本进行测试，撕裂度抽取10个样本进行测试，湿强度抽取20个样本进行测试，白度抽取10个样本进行测试，耐老化度下降抽取10个样本进行测试，尘埃度抽取4个样本进行测试，吸水性抽取10个样本进行测试，伸缩性抽取4个样本进行测试，纤维长度测试200根纤维，纤维宽度测试300根纤维。对“汪六吉”料半宣纸进行测试分析所得到的相关性能参数见表2.21。表中列出了各参数的最大值、最小值及测量若干次所得到的平均值或者计算结果。

表2.21 “汪六吉”料半相关性能参数
Table 2.21 Performance parameters of “Wangliuji” Liaoban paper

| 指标 | | | 单位 | 最大值 | 最小值 | 平均值 | 结果 |
|---|---|---|---|---|---|---|---|
| 厚度 | | | mm | 0.080 | 0.070 | 0.074 | 0.074 |
| 定量 | | | g/m² | — | — | — | 25.0 |
| 紧度 | | | g/cm³ | — | — | — | 0.338 |
| 抗张力 | 纵向 | | N | 15.1 | 14.1 | 14.6 | 14.6 |
| | 横向 | | N | 6.5 | 5.5 | 6.2 | 6.2 |
| 抗张强度 | | | kN/m | — | — | — | 0.693 |
| 撕裂度 | 纵向 | | mN | 220 | 200 | 212 | 212 |
| | 横向 | | mN | 260 | 240 | 250 | 250 |
| 撕裂指数 | | | mN·m²/g | — | — | — | 8.5 |
| 湿强度 | 纵向 | | mN | 1 200 | 1 000 | 1 090 | 1 090 |
| | 横向 | | mN | 600 | 500 | 590 | 590 |
| 白度 | | | % | 70.7 | 70.2 | 70.4 | 70.4 |
| 耐老化度下降 | | | % | — | — | — | 2.8 |
| 尘埃度 | 黑点 | | 个/m² | — | — | — | 32 |
| | 黄茎 | | 个/m² | — | — | — | 48 |
| | 双浆团 | | 个/m² | — | — | — | 0 |
| 吸水性 | | | mm | — | — | — | 12 |
| 伸缩性 | 浸湿 | | % | — | — | — | 0.50 |
| | 风干 | | % | — | — | — | 0.65 |
| 纤维 | 皮 | 长度 | mm | 3.06 | 1.55 | 2.16 | 2.16 |
| | | 宽度 | μm | 21.0 | 7.0 | 11.0 | 11.0 |
| | 草 | 长度 | mm | 0.87 | 0.32 | 0.58 | 0.58 |
| | | 宽度 | μm | 15.0 | 5.0 | 9.0 | 9.0 |

由表2.21的数据可知，所测“汪六吉”料半的平均定量为25.0g/m$^2$。“汪六吉”料半最厚约是最薄的1.14倍，经计算，其相对标准偏差为0.005，纸张厚薄较为一致。通过计算可知，“汪六吉”料半紧度为0.338 g/cm$^3$。抗张强度为0.693 kN/m，抗张强度值较大。所测“汪六吉”料半撕裂指数为8.5 mN·m$^2$/g，撕裂度较大；湿强度纵横平均值为840 mN，湿强度较大。

所测“汪六吉”料半平均白度为70.4%，白度较高，是由于其加工过程中有漂白工序。白度最大值是最小值的1.007倍，相对标准偏差为0.175，白度差异相对较小。经过耐老化测试后，耐老化度下降2.8%。

所测“汪六吉”料半尘埃度指标中黑点为32个/m$^2$，黄茎为48个/m$^2$，双浆团为0个/m$^2$。吸水性纵横平均值为12 mm，纵横差为4.6 mm。伸缩性指标中浸湿后伸缩差为0.50%，风干后伸缩差为0.65%，说明“汪六吉”料半伸缩差异不大。

“汪六吉”料半在10倍、20倍物镜下观测的纤维形态分别如图★1、图★2所示。所测“汪六吉”料半皮纤维长度：最长为3.06 mm，最短1.55 mm，平均长度为2.16 mm；纤维宽度：最宽21 μm，最窄7 μm，平均宽度为11 μm；草纤维长度：最长0.87 mm，最短0.32 mm，平均长度为0.58 mm；纤维宽度：最宽15.0 μm，最窄5.0 μm，平均宽度为9.0 μm。“汪六吉”料半润墨效果如图⊙1所示。

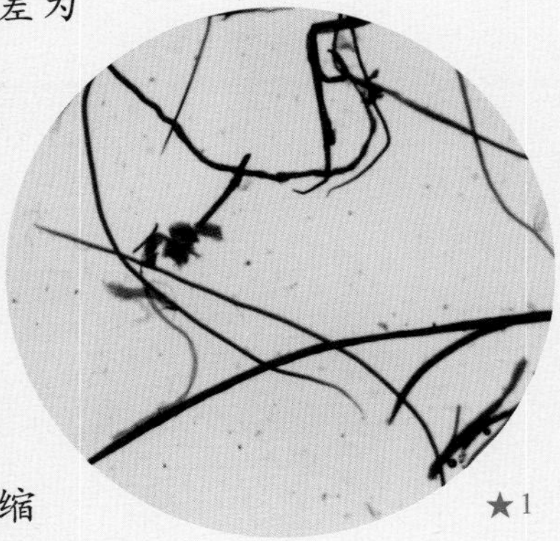

★1

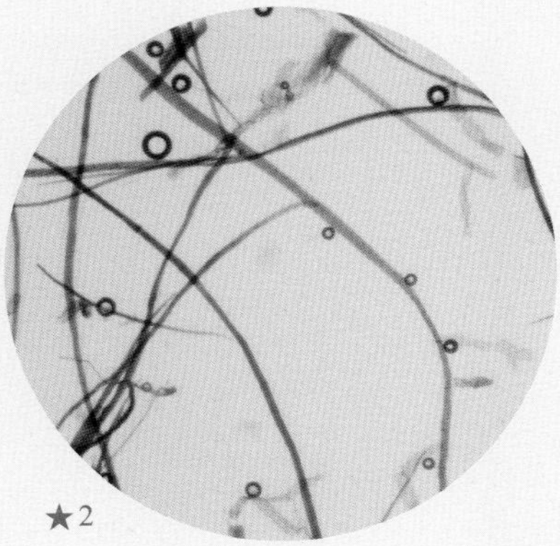

★2

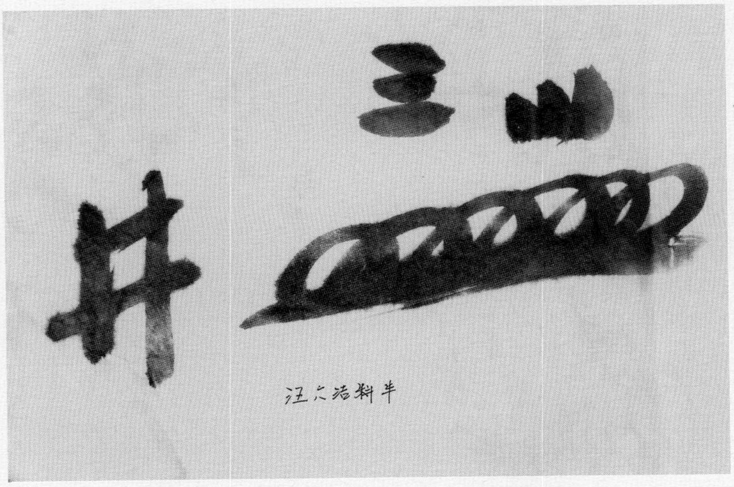


⊙1

★1 『汪六吉』料半纤维形态图（10×）
Fibers of "Wangliuji" Laioban paper (10× objective)

★2 『汪六吉』料半纤维形态图（20×）
Fibers of "Wangliuji" Laioban paper (20× objective)

⊙1 『汪六吉』料半润墨效果
Writing performance of "Wangliuji" Liaoban paper

2. 代表纸品二："汪六吉"黄料

测试小组对采自汪六吉宣纸公司的黄料所做的性能分析，主要包括厚度、定量、紧度、抗张力、抗张强度、撕裂度、湿强度、色度、耐老化度下降、尘埃度、吸水性、伸缩性、纤维长度和纤维宽度等。按相应要求，每一指标都需重复测量若干次后求平均值，其中定量抽取5个样本进行测试，厚度抽取10个样本进行测试，拉力抽取20个样本进行测试，撕裂度抽取10个样本进行测试，湿强度抽取20个样本进行测试，色度抽取10个样本进行测试，耐老化度下降抽取10个样本进行测试，尘埃度抽取4个样本进行测试，吸水性抽取10个样本进行测试，伸缩性抽取4个样本进行测试，纤维长度测试200根纤维，纤维宽度测试300根纤维。对"汪六吉"黄料进行测试分析所得到的相关性能参数见表2.22。表中列出了各参数的最大值、最小值及测量若干次所得到的平均值或者计算结果。

表2.22 "汪六吉"黄料相关性能参数
Table 2.22 Performance parameters of "Wangliuji" Huangliao paper

| 指标 | | | 单位 | 最大值 | 最小值 | 平均值 | 结果 |
|---|---|---|---|---|---|---|---|
| 厚度 | | | mm | 0.088 | 0.077 | 0.081 | 0.081 |
| 定量 | | | g/m² | — | — | — | 27.4 |
| 紧度 | | | g/cm³ | — | — | — | 0.338 |
| 抗张力 | 纵向 | | N | 17.7 | 14.9 | 16.5 | 16.5 |
| | 横向 | | N | 8.8 | 7.3 | 8.3 | 8.3 |
| 抗张强度 | | | kN/m | — | — | — | 0.825 |
| 撕裂度 | 纵向 | | mN | 190 | 150 | 170 | 170 |
| | 横向 | | mN | 210 | 200 | 240 | 240 |
| 撕裂指数 | | | mN·m²/g | — | — | — | 7.4 |
| 湿强度 | 纵向 | | mN | 940 | 820 | 883 | 883 |
| | 横向 | | mN | 430 | 390 | 411 | 411 |
| 色度 | | | % | 50.0 | 49.0 | 49.58 | 49.6 |
| 耐老化度下降 | | | % | — | — | — | 0.2 |
| 尘埃度 | 黑点 | | 个/m² | — | — | — | 20 |
| | 黄茎 | | 个/m² | — | — | — | 64 |
| | 双浆团 | | 个/m² | — | — | — | 0 |
| 吸水性 | | | mm | — | — | — | 14 |
| 伸缩性 | 浸湿 | | % | — | — | — | 0.50 |
| | 风干 | | % | — | — | — | 0.50 |
| 纤维 | 皮 | 长度 | mm | 3.30 | 0.72 | 1.76 | 1.76 |
| | | 宽度 | μm | 29.0 | 1.0 | 11.0 | 11.0 |
| | 草 | 长度 | mm | 1.45 | 0.38 | 0.84 | 0.84 |
| | | 宽度 | μm | 11.0 | 2.0 | 6.0 | 6.0 |

由表2.22可知，所测“汪六吉”黄料的平均定量为27.4 g/m$^2$。“汪六吉”黄料最厚约是最薄的1.14倍，经计算，其相对标准偏差为0.003 77，纸张厚薄较为一致。通过计算可知，“汪六吉”黄料紧度为0.338 g/cm$^3$。抗张强度0.825 kN/m，抗张强度值较大。所测“汪六吉”黄料撕裂指数为7.4 mN · m$^2$/g，撕裂度较大；湿强度纵横平均值为647 mN，湿强度较大。

所测“汪六吉”黄料平均色度为49.6%。色度最大值是最小值的1.02倍，相对标准偏差为0.3084，色度差异相对较大。经过耐老化测试后，耐老化度下降0.2%。

所测“汪六吉”黄料尘埃度指标中黑点为20个/m$^2$，黄茎为64个/m$^2$，双浆团为0个/m$^2$。吸水性纵横平均值为14 mm，纵横差为2.6 mm。伸缩性指标中浸湿后伸缩差为0.50%，风干后伸缩差为0.50%，说明“汪六吉”黄料伸缩差异不大。

“汪六吉”黄料在10倍、20倍物镜下观测的纤维形态分别如图★1、图★2所示。所测“汪六吉”黄料皮纤维长度：最长3.30 mm，最短0.72 mm，平均长度为1.76 mm；纤维宽度：最宽29.0 μm，最窄1.0 μm，平均宽度为11.0 μ m；草纤维长度：最长1.45 mm，最短0.38 mm，平均长度为0.84 mm；纤维宽度：最宽11.0 μm，最窄2.0 μm，平均宽度为6.0 μm。“汪六吉”黄料润墨效果如图⊙1所示。

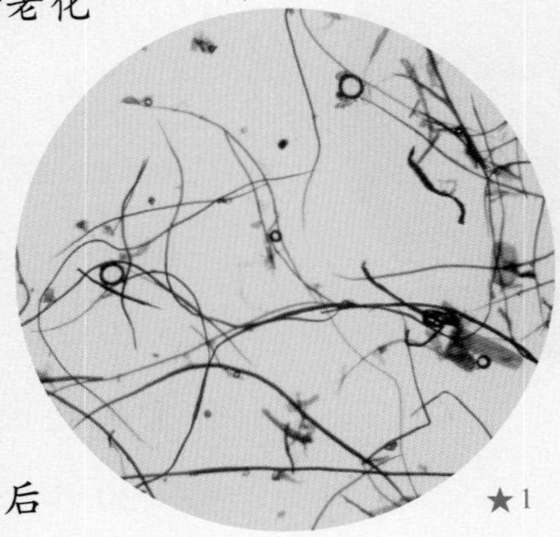
★1

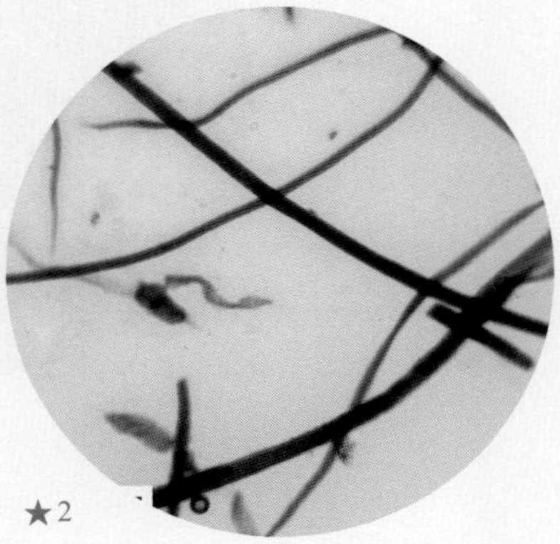
★2

⊙1

★1
『汪六吉』黄料纤维形态图（10×）
Fibers of "Wangliuji" Huangliao paper (10× objective)

★2
『汪六吉』黄料纤维形态图（20×）
Fibers of "Wangliuji" Huangliao paper (20× objective)

⊙1
『汪六吉』黄料润墨效果
Writing performance of "Wangliuji" Huangliao paper

# 四 汪六吉宣纸有限公司生产的原料、工艺与设备

# 4 Raw Materials, Papermaking Techniques and Tools of Wangliuji Xuan Paper Co., Ltd.

## （一）“汪六吉”料半和黄料的生产原料与辅料

### 1. 主料一：青檀皮

汪六吉宣纸有限公司使用的是泾县当地所产的青檀皮，一般从泾县的蔡村、爱民乡购买，2015年调查时的价格为900元/50 kg。

### 2. 主料二：沙田稻草

汪六吉宣纸有限公司选用泾县当地所产的沙田稻草，在公司周边制作成燎草。燎草不足部分一般从泾县苏红乡的燎草专业加工户处购买，2015年的价格为650元/50 kg。

“汪六吉”料半和黄料通常50%的燎草为自己制作，剩余50%直接从农户处购买。

### 3. 辅料一：纸药——杨桃藤汁

汪六吉宣纸有限公司采用杨桃藤汁液作为制作宣纸的纸药，由当地农户上山砍伐后卖给公司，2015年时的价格约300元/50 kg。使用时，每天取适量的杨桃藤枝条，逐根撅断到一定的长度（以泡药池长度为准），用木槌将其槌破，放入泡药池中，加漫过杨桃藤的水，浸泡过夜。次日捞纸之前，由帮槽工用挽钩拉扯浸泡的杨桃藤，待浸泡的水达到一定的浓度后，用挽子舀药水进布袋，滤掉杂质后方能使用。药水滤完后，将泡药池中再注入适量的水浸泡杨桃藤，如此往复，直到杨桃藤没有汁液浸出为止，才取出杨桃藤杆（俗称药渣），清洗泡药池。

### 4. 辅料二：水

汪六吉宣纸有限公司生产宣纸所采用的水是茶冲村山涧中流淌下的自然水，该水属于源头水源，调查组实测的pH为6.10～6.44，属弱酸性水质。

⊙1

⊙2

⊙3

⊙1 等待浸泡的青檀毛皮
*Pteroceltis tatarinowii* Maxim. bark for soaking

⊙2 入池浸泡杨桃藤
Soaking branches of *Actinidia chinensis* Planch.

⊙3 过滤杨桃藤汁
Extracting *Actinidia chinensis* Planch.

## (二)

## “汪六吉”料半和黄料生产的工艺流程

调查组于2015年7月20日在汪六吉宣纸有限公司生产厂区实地调研时，据李正明介绍，“汪六吉”宣纸的基本工艺流程包括：

### 檀皮浆制作程序

| 壹 | 贰 | 叁 | 肆 | 伍 | 陆 | 柒 | 捌 | |
|---|---|---|---|---|---|---|---|---|
| 浸泡 | 蒸煮 | 洗皮 | 选黑皮 | 漂皮 | 洗白皮 | 选白皮 | 打浆 | 檀皮浆 |

### 燎草浆制作程序

| 壹 | 贰 | 叁 | 肆 | 伍 | 陆 | 柒 | 捌 | 玖 | 柒 | 捌 | |
|---|---|---|---|---|---|---|---|---|---|---|---|
| 草坯制作 | 青草制作 | 燎草制作 | 洗草 | 选草 | 碾草 | 筛选 | 脱水 | 除砂 | 漂白 | 洗浆 | 燎草浆 |

### 后续加工程序

| 壹 | 贰 | 叁 | 肆 | 伍 | 陆 | 柒 |
|---|---|---|---|---|---|---|
| 配浆 | 搞槽 | 捞纸 | 压榨 | 晒纸 | 检验、剪纸 | 装箱、打包 |

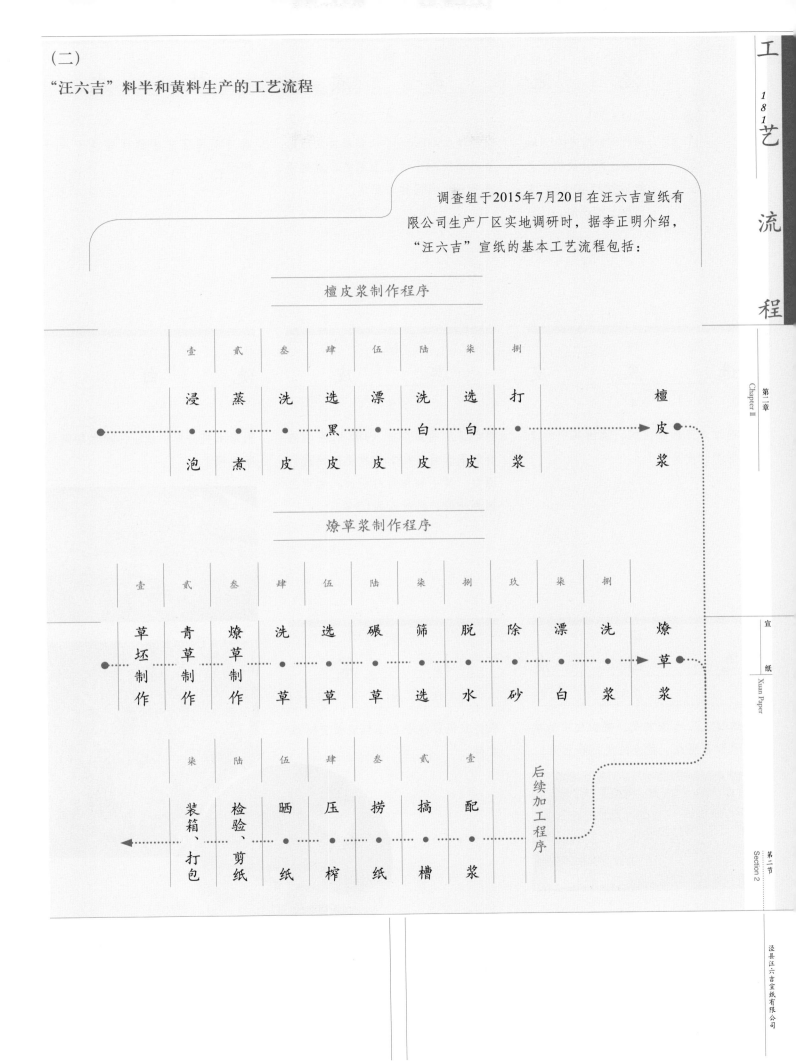

## 檀皮浆制作

### 壹 浸泡 1

将收购的檀皮按1.3 kg左右一把扎成把，扎把后按照40 kg左右一捆上捆浸泡。

### 贰 蒸煮 2

按照檀皮500 kg左右一锅量放入75 kg烧碱进行24小时以上蒸煮，直到蒸透为止，所得称为黑皮。

### 叁 洗皮 3

用清水将黑皮中的残碱洗干净后榨干。

### 肆 选黑皮 4

通过人工选拣方式，挑出其中的皮棍子、皮头根*。

### 伍 漂皮 5

将选拣后的皮中放入195 kg左右的有效氯含量为4.5%的次氯酸钙进行漂白。其中制作黄料所放入的漂白剂为一般棉料放入的1/3量。

### 陆 洗白皮 6 ⊙1 ⊙2

用清水将白皮中残留的次氯酸钙洗净后榨干。

⊙1

⊙2

### 柒 选白皮 7 ⊙3

通过人工选拣方式，将白皮中的杂质和有黑点、黄点的皮挑除出来。

⊙3

### 捌 打浆 8 ⊙4

用打浆机将纯净白皮打成檀皮纤维浆料。

⊙4

⊙1 洗白皮 Cleaning the bark

⊙2 洗净的白皮 Clean bark

⊙3 选拣台 Table for choosing high-quality bark

⊙4 选白皮 Picking out the impurities

* 皮头根：未蒸煮好的皮或老皮等。

## 燎草浆制作

### 壹 摊晒

1 ⊙5⊙6

**草坯制作**

将从农户处收购的沙田稻草去掉枯叶等杂质并割穗和破节后，按照1～1.5 kg的标准扎成小把，再将小把按照40 kg左右一捆的标准上捆，将整捆稻草在清水里浸泡，一个月左右稻草出汁液后再上岸控水。将浸泡后的稻草用石灰乳液腌制50～60天，然后将用石灰乳腌制过的毛草上滩摊晒。将摊晒好的稻草用清水把黏附在稻草上的石灰乳洗干净，上滩摊晒后即为草坯。

⊙5

⊙6

**青草制作**

晒干的草坯上晒滩进行摊晒，6个月左右收回，然后按照1～1.5 kg一把扎把；第二步按照5～10 kg纯碱/100 kg的标准用碱液将扎把后的草坯浸泡；第三步将浸泡过的草坯堆到架子上堆放24小时然后蒸24小时；第四步再上滩摊晒，40天左右碱液开始变黄时翻晒一次，再过40天左右收回，此时为青草，收入仓库。

### 贰 洗燎草

2 ⊙7～⊙9

**燎草制作**

将收入仓库的青草按照1～1.5 kg一把的标准进行扎把后，用碱液清洗；然后放在堆架上放置24小时，接着蒸24小时后出锅上晒滩；等草色变白后翻晒一次，等到每根草全部变白后收回，燎草就制作完成了。

⊙7

**燎草浆制作**

直接将燎草放入水中，将燎草黏附的石灰和污质洗净，并通过水漂、浮的方式将燎草中所含的石块分离，将洗净的燎草用挽钩勾到榨板上榨干，此过程称洗草。将榨干后的燎草通过人工选拣，将草中没有漂白的草黄筋与杂质挑选出来，使燎草纯净后用石碾碾碎，形成燎草浆料。如生产黄料品种，碾碎后的燎草按照比例掺入青檀皮浆料即可，如果非黄料类品种，需要将燎草浆料进行补充漂白。

⊙8

⊙9

## 后续加工程序

### 壹 配浆

1

将制作好的檀皮浆和燎草浆根据不同的品种，按需配比。据李正明介绍：“汪六吉”料半的配比为50%檀皮浆和50%燎草浆；“汪六吉”黄料的配比为40%檀皮浆和60%燎草浆。配比完成后，先后通过旋翼筛、跳筛去掉浆团和不适合造纸的细小纤维，纯净后的浆料直接通过管道进入捞纸车间。

⊙5 晒滩（燎草滩）Drying field for drying the processed straw

⊙6 摊晒 Drying the straw

⊙7 洗燎草 Cleaning the processed straw

⊙8 石碾 Stone roller

⊙9 洗漂机 Machine for cleaning and bleaching the materials

贰

## 搞　　槽

2　　⊙10⊙11

将浆料用桶按量倒入捞纸槽中，再用扒头将浆料搅拌均匀，放入一定比例的杨桃藤汁。然后开始捞纸，在捞纸过程中根据需要适量增加浆料。

⊙10

⊙11

叁

## 捞　　纸

3　　⊙12～⊙16

“汪六吉”料半和黄料常规生产规格为四尺、六尺、尺八屏和丈二，四尺、六尺、尺八屏需要两个捞纸工合作完成。两人分别为掌帘工、抬帘工。掌帘工技术稍好，负责整槽的技术责任；抬帘工配合掌帘工完成所有纸张的捞制，并在纸槽内纸浆稀薄时添加纸浆，与帮槽工一道进行划槽、加纸药等工作。在泾县的宣纸书画纸行业，两人完成的捞纸动作，其技术要领基本一致。丈二规格的“汪六吉”料半和黄料品种捞制，需要4位捞纸工共同完成。操作时，纸槽两边各站2人，完成捞纸的动作，其原理与常规品种亦相似。

⊙12

⊙13

⊙14

⊙15

⊙16

⊙10 加浆料 Adding the pulp materials

⊙11 搞槽（搅拌） Stirring the papermaking materials

⊙12／13 捞纸 Making the paper

⊙14／16 放帘 Turning the papermaking screen upside down on the board

## 肆
## 压　　榨
4　⊙17～⊙20

⊙17

捞纸工下班后，由帮槽工将盖纸帘覆盖在湿纸帖上，加上盖纸板。等受压后的湿纸帖滤完一定的水后，再架上榨杆和液压装置，逐步加力，将湿纸帖挤压到不出水为止。帮槽工在扳榨时，交替做好纸槽清洗工作，将纸槽当天的槽水放干，滤去槽底（槽内残留的纸浆），清洗纸槽四壁后，加上次日第一个槽口的纸浆，将槽内注满清水。

⊙18

⊙19

⊙20

## 伍
## 晒　　纸
5　⊙21～⊙29

帮槽工将榨好的纸帖送入晒纸车间后，晒纸工将纸帖靠在尚未冷却的纸焙边烘烤。次日，在晒纸时，将一夜烘烤后的整块纸帖架上焙顶上继续烘烤。烘烤透的纸帖经过浇帖、鞭帖后，上架逐张烘晒，此程序在泾县所有的宣纸生产厂家均一样处理。

⊙21

⊙22

⊙23

⊙17／18 盖纸板 Putting the papermaking board on paper

⊙19 压榨 Squeezing and pressing the paper

⊙20 压榨完成 Squeezed paper

⊙21／22 抬纸帖 Carrying the squeezed paper to the drying workshop

⊙23 整块纸帖烘烤 Drying the paper pile on a drying wall

⊙24

⊙25

⊙26

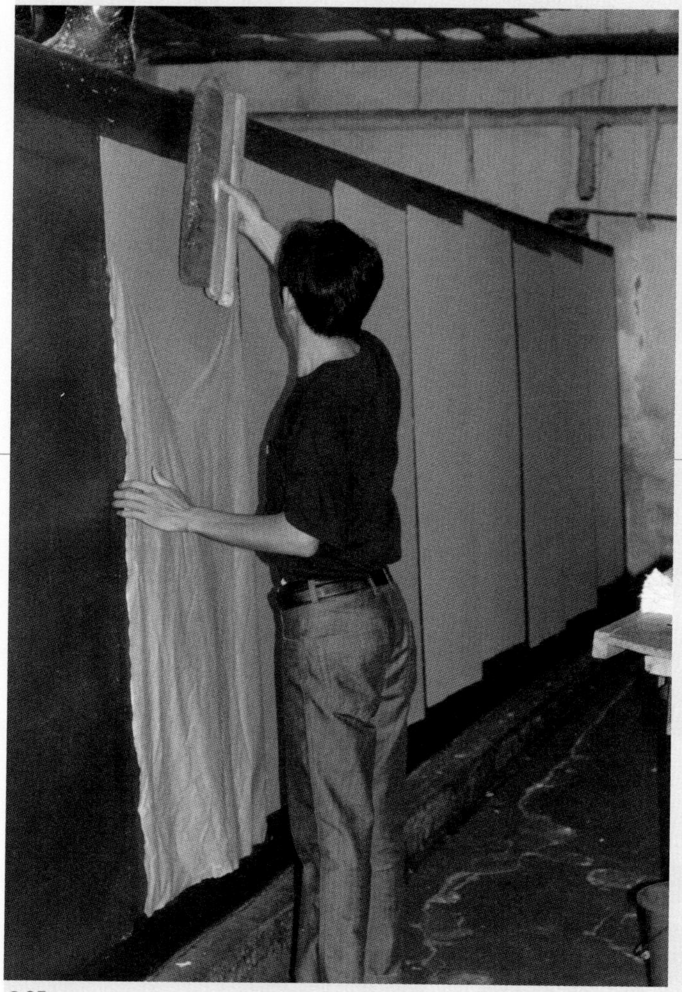

⊙27

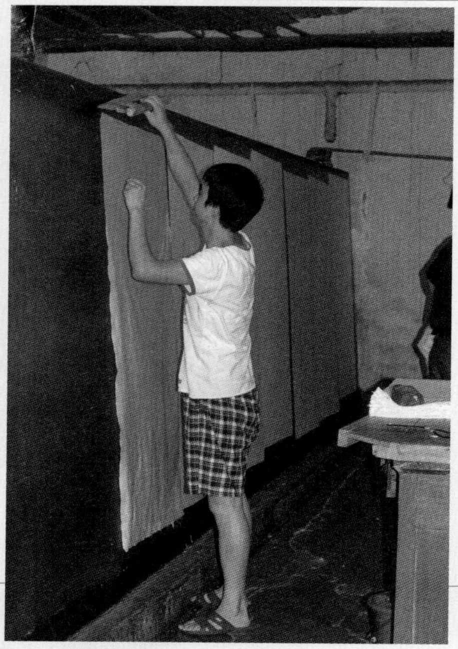

⊙28

⊙29

⊙24 浇帖 Watering the paper pile

⊙25 鞭帖 Beating the paper pile

⊙26 纸焙 Drying wall

⊙27/29 晒纸 Drying the paper

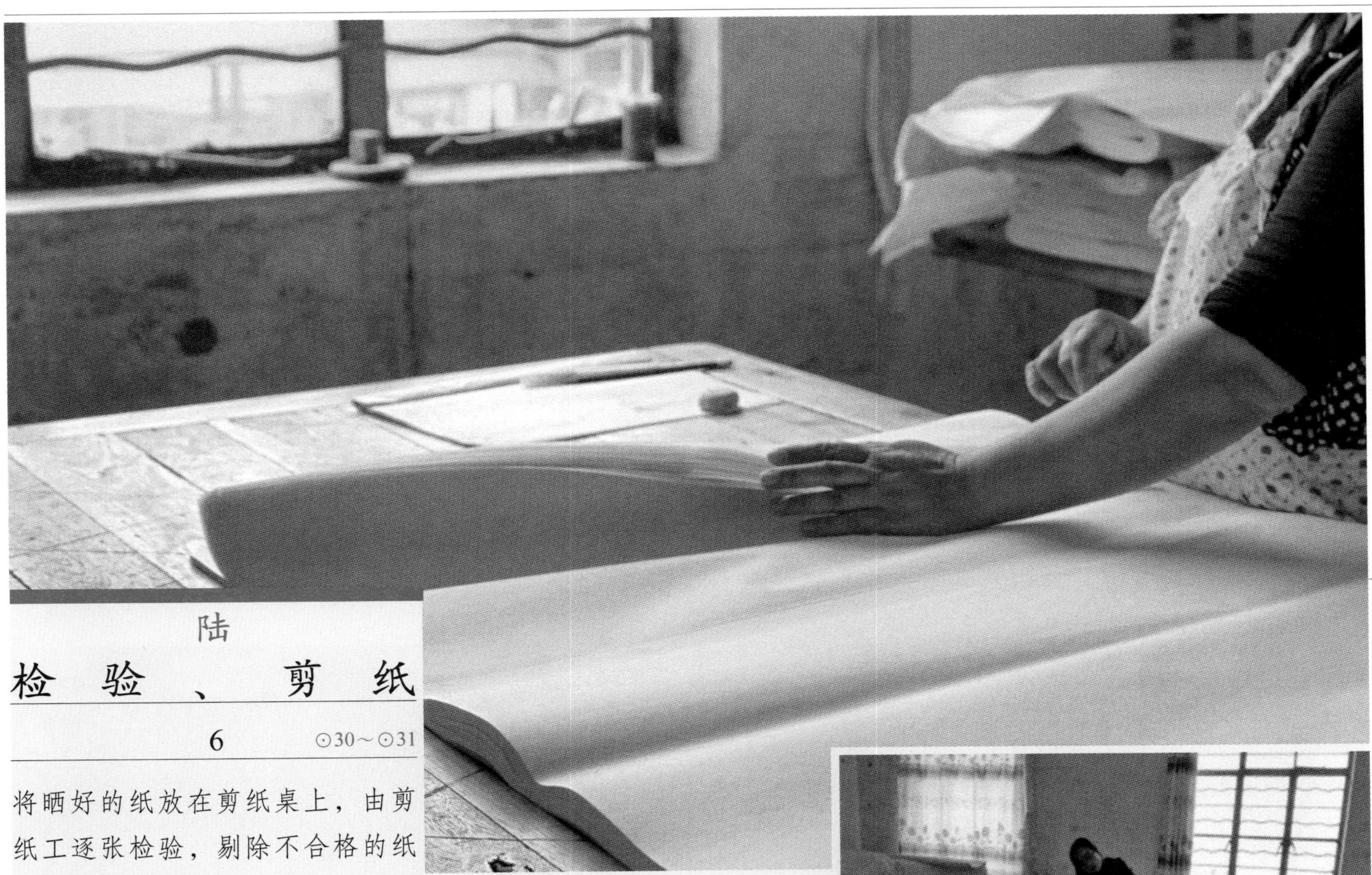

## 陆
## 检验、剪纸
## 6

⊙30～⊙31

将晒好的纸放在剪纸桌上，由剪纸工逐张检验，剔除不合格的纸张，将其规置好后，用剪刀将其四边裁剪。其技术要领在泾县的宣纸、书画纸业内均一样。

⊙30

⊙31

⊙32

## 柒
## 装箱、打包
## 7

⊙32～⊙33

将剪好后的纸加盖刀口印，加上外表装后，按10刀装一箱装进纸箱，封好包装后放入仓库。

⊙33

⊙30 检验 Choosing the high quality paper

⊙31 剪纸 Cutting the paper

⊙32 待包装的纸 Piles of paper for packaging

⊙33 『汪六吉』产品仓库 Storehouse of "Wangliuji" product

## (三)

## “汪六吉”料半和黄料制作中的主要工具

### 壹 纸槽 1

捞纸的主要设备之一。由水泥浇筑而成。实测汪六吉宣纸有限公司所用的四尺捞纸槽长209 cm，宽 187 cm，高83 cm；尺八屏捞纸槽长358 cm，宽189 cm，高83 cm；六尺捞纸槽长258 cm，宽230 m，高83 cm。

### 贰 纸帘 2

用于捞纸。由竹丝编织而成，表面很光滑平整，帘纹细而密集。实测汪六吉宣纸有限公司所用的四尺纸帘长160 cm，宽88 cm。

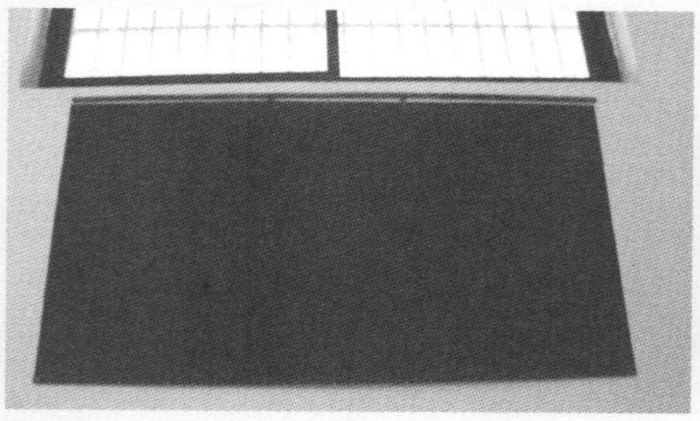

⊙1

### 叁 帘床 3

用于捞纸，捞纸时放在纸帘下。实测汪六吉宣纸有限公司所用的四尺帘床长168 cm，宽100 cm。

⊙2

### 肆 扒头 4

捞纸时“划单槽”（将混合浆料搅拌）所用工具。

⊙3

### 伍 浇帖架 5

浇纸帖的工具。实测汪六吉宣纸有限公司所用的浇帖架长128 cm，宽92 cm。

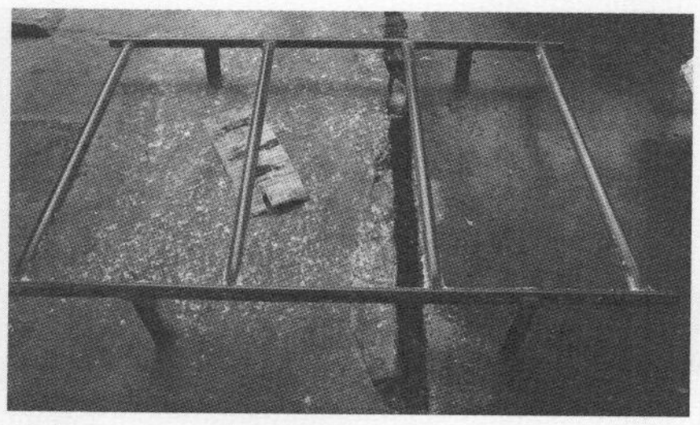

⊙4

### 陆 切帖刀 6

晒纸前用来切帖，钢制。实测汪六吉宣纸有限公司所用切帖刀最宽处为5 cm，长7 cm。

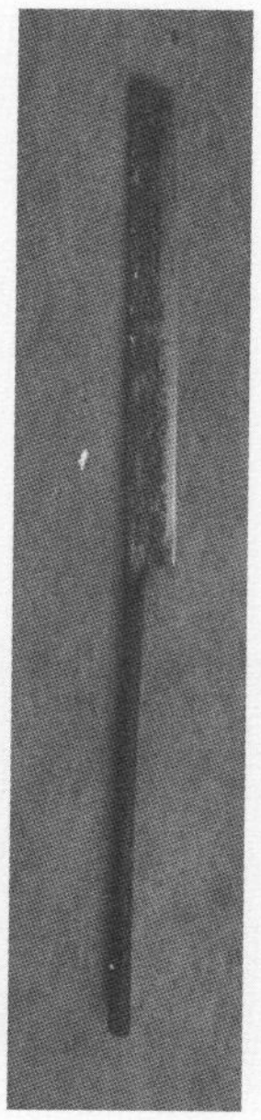

⊙5

⊙1 纸帘 Papermaking screen

⊙2 帘床 Papermaking frame for supporting the papermaking screen

⊙3 扒头 Tool for stirring the pulp

⊙4 浇帖架 Frame for supporting the paper pile

⊙5 切帖刀 Paper cutter

## 柒 松毛刷 7

晒纸时将纸刷上晒纸墙。刷柄为木制，刷毛为松毛。实测汪六吉宣纸有限公司所用的松毛刷长50 cm，宽92 cm。

⊙6

## 捌 纸　焙 8

用来晒纸。由两块长方形钢板焊接而成，中间用热水加热，双面墙，可以两边晒纸。另外还有2条砖砌成的土焙，也可晒一定量的纸。

⊙7

## 玖 剪　刀 9

检验后用来剪纸的工具。剪刀口为钢制，其余部分为铁制。

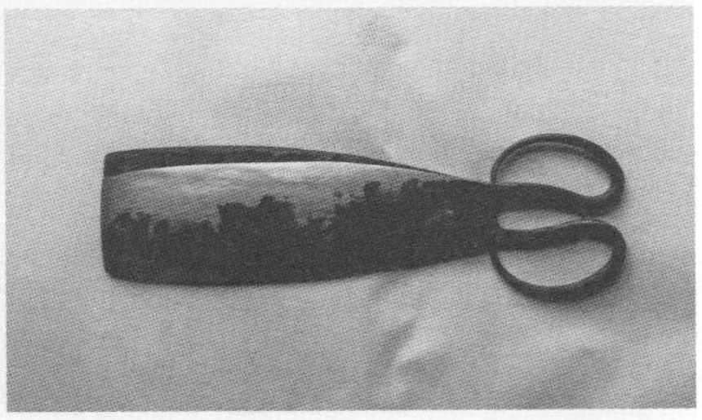

⊙8

## 拾 压纸石 10

晒纸时用来压住纸张的石头。

⊙9

## 拾壹 额　枪 11

晒纸前用来刮帖。实测汪六吉宣纸有限公司所用的额枪长19 cm，宽2 cm，直径1 cm。

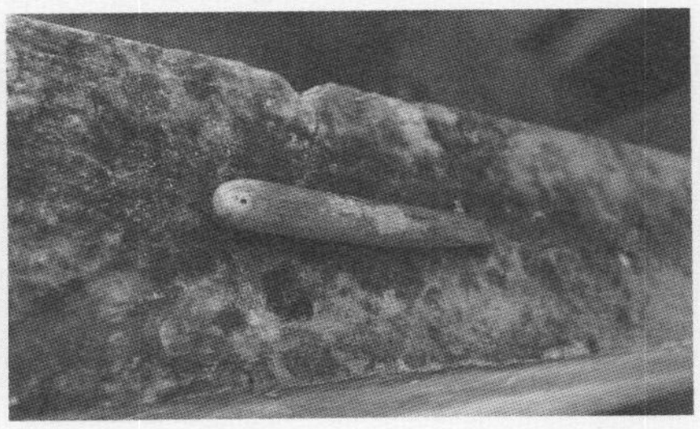

⊙10

## 拾贰 电瓶车 12

用来运送压榨后的纸帖。

⊙11

⊙6 包装好的松毛刷 Packaged brush for pasting the paper

⊙7 晒纸墙 Drying wall

⊙8 剪刀 Shears

⊙9 压纸石 Stone for pressing the paper

⊙10 额枪 Tool for separating the paper

⊙11 电瓶车 Three-wheeled battery motor vehicle for carrying the squeezed paper pile

## 五 汪六吉宣纸有限公司的市场经营状况

## 5 Marketing Status of Wangliuji Xuan Paper Co., Ltd.

当代宣纸行业中常规宣纸大类为棉料、净皮和特净，而“汪六吉”料半和黄料（棉料的一种）是“汪六吉”宣纸的特色品种，据李正明介绍：“汪六吉”料半和黄料2015年1月出厂价均为每刀891元，销售渠道覆盖全国一线城市和大部分二线城市，代理商遍布南京、上海、杭州、山东、北京、四川等地。年销售额为1 200万元左右，销售利润率约为10%。

⊙1

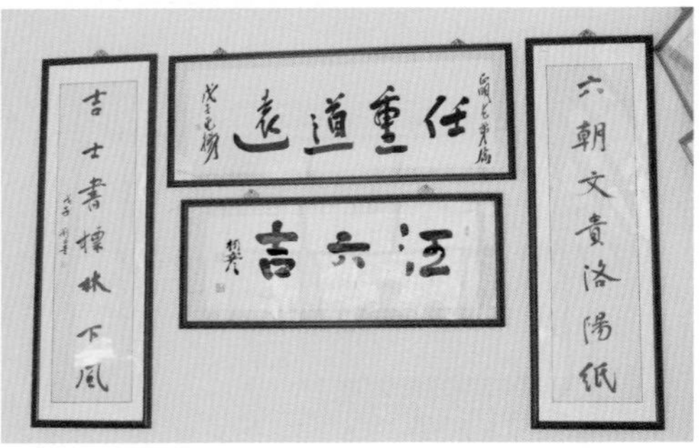


⊙2

⊙1 『汪六吉』宣纸产品 "Wangliuji" Xuan paper product

⊙2 『汪六吉』展厅的名家题字 Celebrities' autographs in the "Wangliuji" exhibition hall

## 六 汪六吉宣纸有限公司的品牌文化与习俗故事

## 6 Brand Culture and Stories of Wangliuji Xuan Paper Co., Ltd.

“汪六吉”是一个历史悠久的宣纸老品牌，民间有传说早在明代即有，但未发现确凿的文献记录。晚清书画家杨均在《草堂之灵·说纸篇》中记：“纸墨为书画之命根，墨略逊尚可敷衍，纸则非佳不可……纸中有汪六吉暗字者，其佳者也。”[12]

根据泾县宣纸历史研究者的较流行说法，清末民初，汪六吉纸坊的老板为汪墨林，其子汪西仲开纸号后，既使用汪同和墨记，又自创了“汪同”和“西记”。1935年又有“汪六吉仰记宣纸”获伦敦博览会国际金奖。抗日战争全面爆发

[12] 杨钧.草堂之灵[M].长沙：岳麓书社,1985:2-3.

后，两兄弟及汪墨林的纸厂相继破产，该历史品牌的生产实体中断，直到1985年才得地方有识之士联合再续。

调研中李永喜介绍又略有不同，李的说法是：“汪六吉”是清朝时期泾县慈坑的纸棚名称，当时一共有2～3个纸棚，老板叫汪大谦。

关于中国宣纸1915年获“太平洋巴拿马万国博览会金奖”的历史，调查中传说与掌故有多说，文献记载也不尽一致。一说是当年“桃记”品牌宣纸获得的金奖，也有说是“汪六吉”品牌宣纸获得的金奖。当然，“汪六吉”品牌宣纸曾获民国早期“上海国际纸张比赛会金奖”是没有争议的。

当代，再续品牌前缘的“汪六吉”宣纸依然受到书画家的青睐。中国画的一代名家钱松岩在《砚边点滴》一书里赞：“国画用纸，汪六吉最适用。”当代草圣林散之誉之为：“质地优良，寿逾千年。”可见心仪的书画大家不少。



## 七 汪六吉宣纸有限公司的业态传承现状与发展思考

## 7 Current Status and Development of Wangliuji Xuan Paper Co., Ltd.

汪六吉宣纸有限公司作为一个将“六吉料半”等历史特色产品延续传承和发扬光大的厂家，一直保有着自己的特色。其一，作为“汪”姓起源的古代宣纸制作厂家，与泾县当地造纸世家大族曹氏的集聚路径不同，不仅选址在原晏公镇这个远离“宣纸圣地——小岭”的乡村地区，而且原晏公镇区域一直以来也只有其一家宣纸生产厂家；其二，在当代泾县，作为领头羊的中国宣纸股份公司会根据实际需要或者特殊日子制作两丈或更大规格的宣纸，而汪六吉宣纸公司基本上每年都会生产三丈左右超大的宣纸，而且厂里还保留了一个传统古法土焙烘晒日常生产的各种规格宣纸。

关于发展中出现的挑战与应对态度，访谈中李正明表示：汪六吉宣纸有限公司正致力于恢复和发展传统“汪六吉”宣纸系列，无论代价与结果如何，这都是一个有意义、有价值的努力，无论“汪六吉”宣纸产销状况如何，都将坚持传统生态的保护信念。作为晏公当地唯一一家宣纸厂，李正明表示：虽然现在环保的压力很大，每年要花费50万～60万元投入，但是不能将祖宗留下来的青山绿水在我们这一代的生产中毁了。

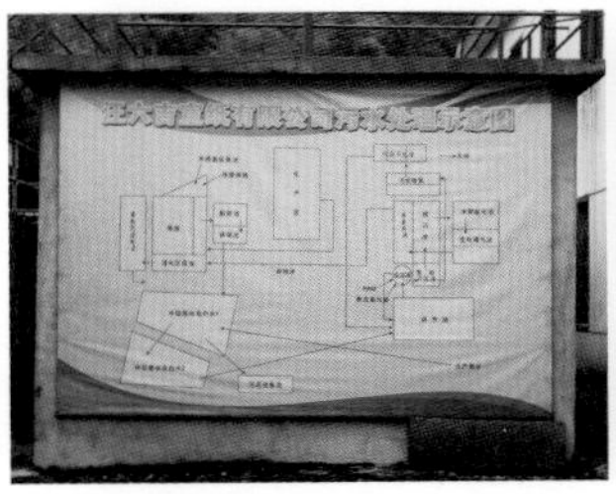

⊙3

⊙4

⊙3 环保流程导览图 Flowsheet of environmental protection process

⊙4 厂区的环保设备 Environmental protection equipments in the factory area

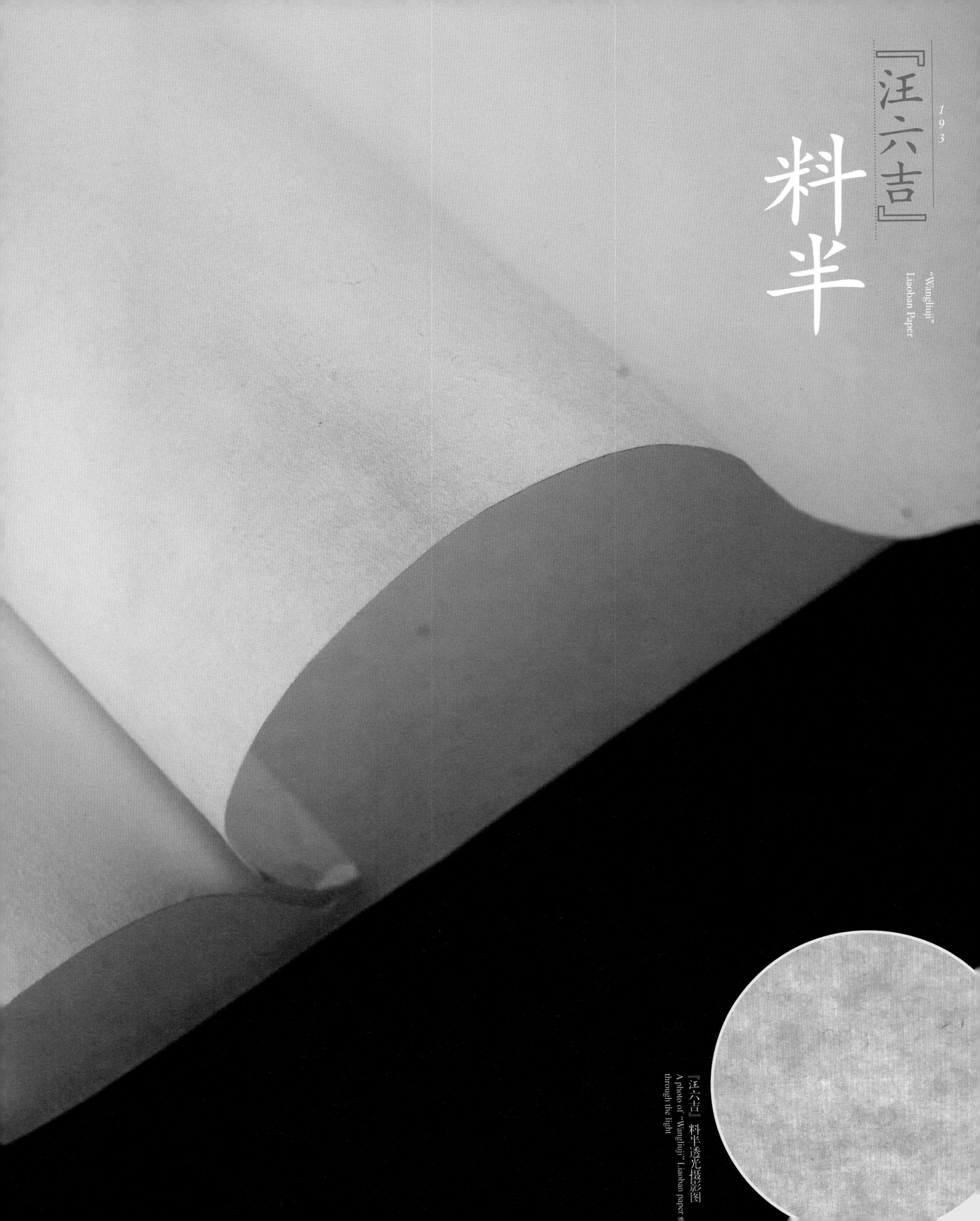

# 『汪六吉』料半

193

"Wangliuji" Liaoban Paper

『汪六吉』料半透光摄影图
A photo of "Wangliuji" Liaoban paper through the light

# 『汪六吉』仿古橘红色宣

"Wangliuji"
Vintage Orange Xuan Paper

『汪六吉』仿古橘红色宣透光摄影图
A photo of "Wangliuji" vintage orange Xuan paper seen through the light

# 『汪六吉』黄料

"Wangliuji" Huangliao Paper

『汪六吉』黄料透光摄影图

A photo of "Wangliuji" Huangliao paper seen through the light

# 第三节

# 安徽恒星宣纸有限公司



安徽省
Anhui Province

宣城市
Xuancheng City

泾县
Jingxian County

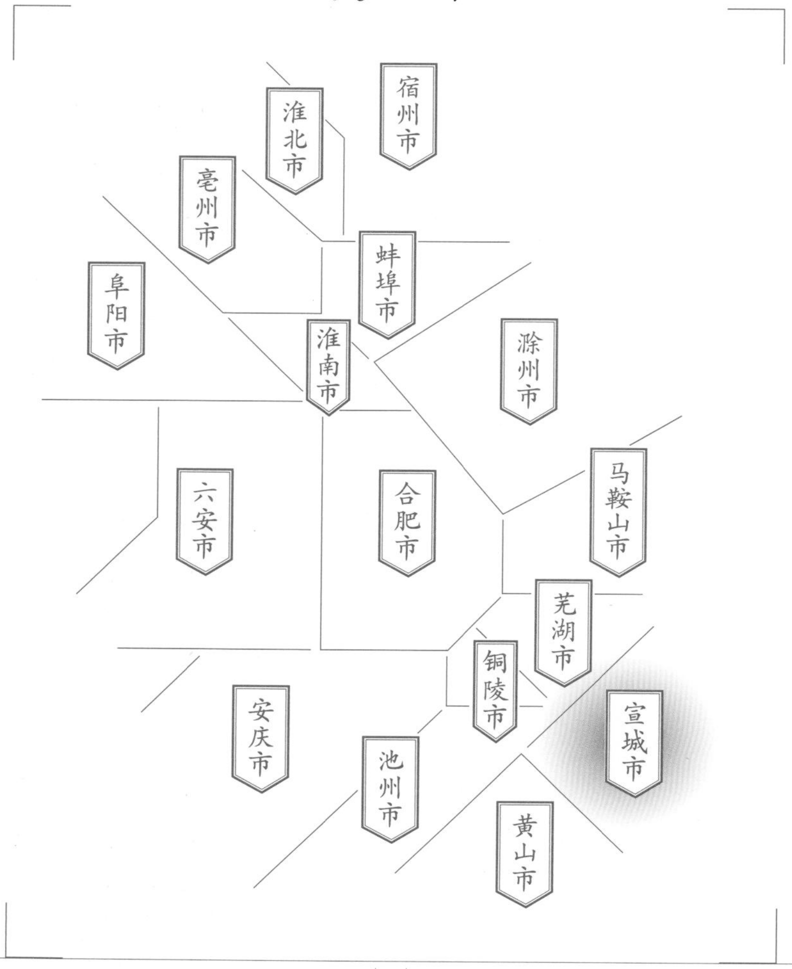




**调查对象**

丁家桥镇
安徽恒星宣纸有限公司
宣纸

## Section 3
## Anhui Hengxing Xuan Paper Co., Ltd.

**Subject**

Xuan Paper
of Hengxing Xuan Paper Co., Ltd.
in Dingjiaqiao Town

## 一 恒星宣纸有限公司的基础信息与生产环境

## 1 Basic Information and Production Environment of Hengxing Xuan Paper Co., Ltd.

安徽恒星宣纸有限公司坐落在泾县丁家桥镇后山村，地理坐标为东经118° 18′ 32″、北纬30° 38′ 47″。调查时现场了解到的信息是：恒星宣纸有限公司的前身创办于1989年，年产宣纸、书画纸200余吨。根据国家工商总局企业查询系统显示的信息：恒星宣纸有限公司注册时间为2003年9月24日，注册资本200万元。2015年7月13日和2015年7月28日，调查组先后两次前往恒星宣纸有限公司生产厂区进行田野调查时，恒星宣纸有限公司使用"恒星""红日"两个商标，"恒星"商标主要用于宣纸，"红日"商标用于书画纸。全厂有19个纸槽位，其中5个手工纸槽（4个四尺槽和1个六尺槽），14个半自动喷浆成纸的书画纸槽。

据泾县丁家桥镇后山行政村官网2016年的介绍：后山行政村位于丁家桥镇西部，两面被逶迤流过的青弋江相隔，南面相邻官庄村，东与丁桥村相邻。全村辖40个村民组，1 074户，共3 578人。

⊙1

⊙2

⊙3

⊙1/2 恒星宣纸有限公司门牌与厂区内景 The doorplate of Hengxing Xuan paper Co., Ltd. and a view of the Factory area

⊙3 后山村旁清澈的小河 River near Houshan Village

路线图
泾县县城
↓
安徽恒星宣纸有限公司
Road map from Jingxian County centre to Anhui Hengxing Xuan Paper Co., Ltd.

# 安徽恒星宣纸有限公司位置示意图

# Location map of Anhui Hengxing Xuan Paper Co., Ltd.

考察时间
2015年7月

Investigation Date
July 2015

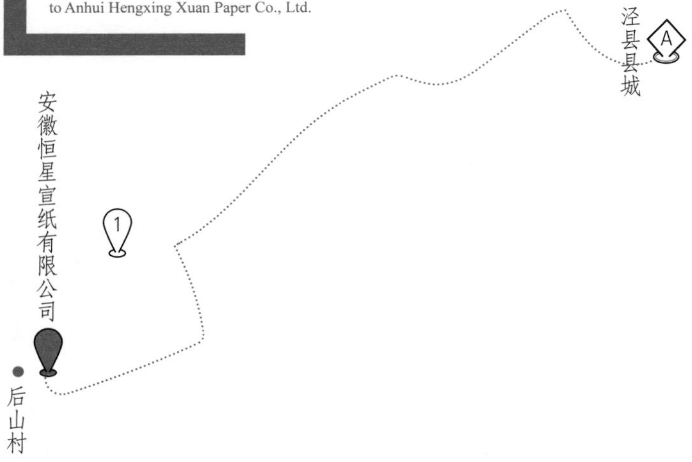


地域名称

A 泾县
1 丁家桥镇
2 云岭镇
3 泾川镇
4 昌桥乡
5 黄村镇
6 琴溪镇

造纸点名称

安徽恒星宣纸有限公司 造纸点

位置分布

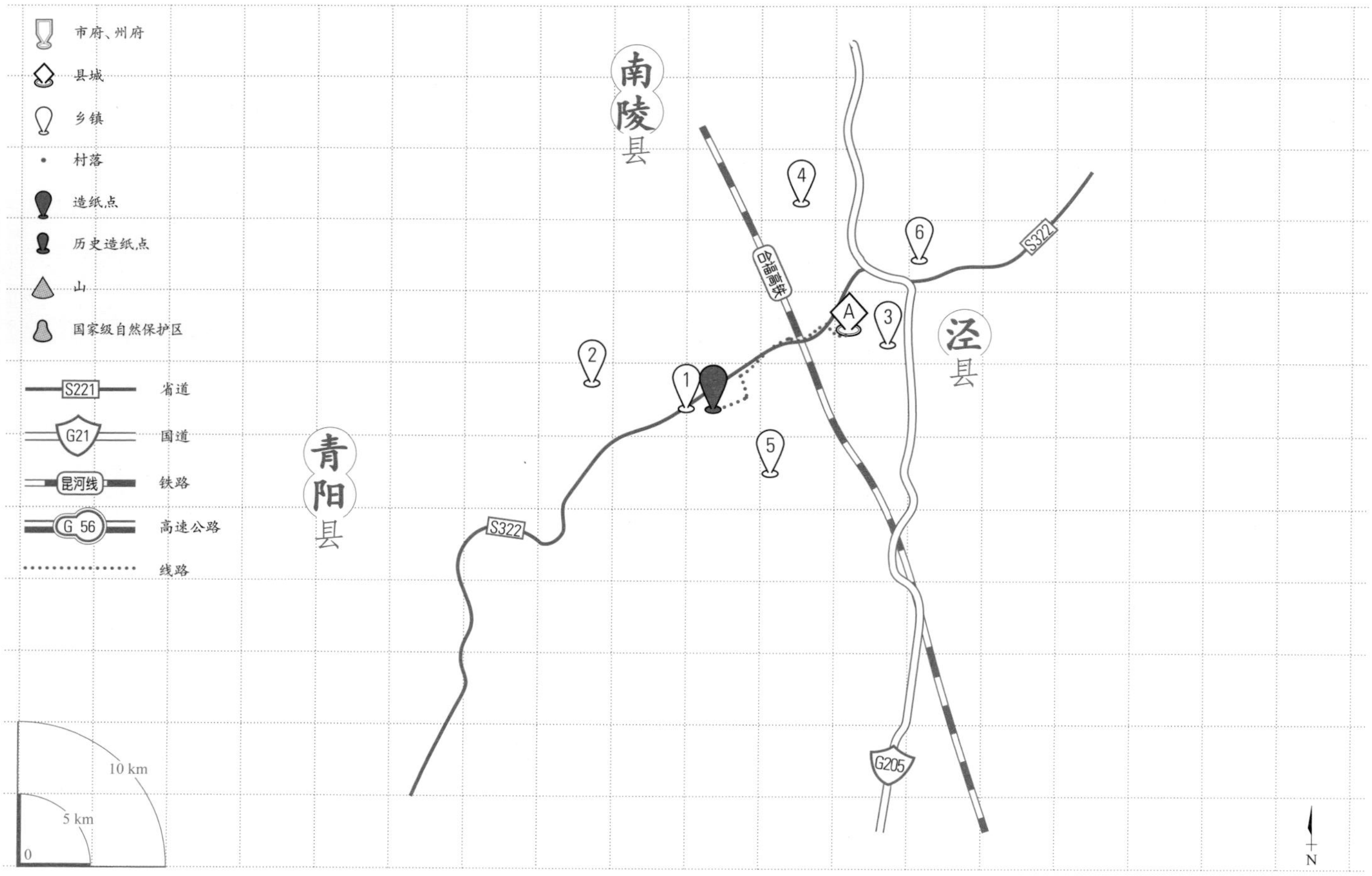

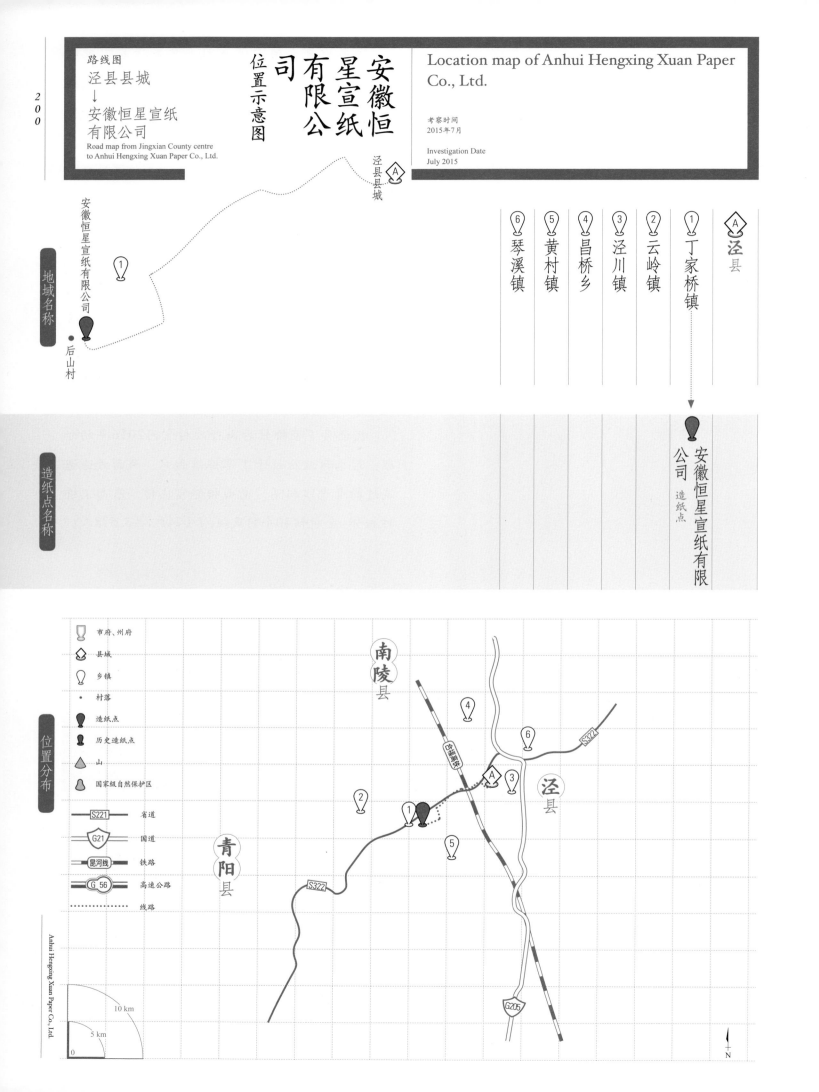

## 二
## 恒星宣纸有限公司的历史与传承情况

## 2
## History and Inheritance of Hengxing Xuan Paper Co., Ltd.

恒星宣纸有限公司注册地为丁家桥镇后山行政村。据调查时的恒星宣纸有限公司法人代表张明喜介绍：恒星宣纸有限公司创办于1989年，开始是作坊式企业，名叫恒星工艺品厂，主要帮人加工制作成本较低的书画纸册页等加工纸类产品。2000年开始为中国宣纸集团公司代理生产书画纸。2003年正式注册成立恒星宣纸有限公司。2005年，恒星宣纸有限公司迁至扩建后的后山行政村村委会所在地。2015年，公司被批准为第三批宣纸地理标志保护产品专用标志使用企业。

张明喜，系恒星宣纸有限公司法人代表，1971年出生于泾县丁家桥镇。由于自幼家境贫困，他从少年时代就不得不自谋生计，1987年到金星宣纸厂从事捞纸，次年辞职到全国多地去售卖宣纸。据调查时张明喜回忆：当时社会治安较为混乱，在外地销售经常遭遇各种困难，实际收入情况也不理想，不到一年时间又回到李元宣纸厂继续捞纸。由于捞纸技术要求较高，张明喜自述在李元宣纸厂捞的是尺八屏的大纸，最高能拿到600多元/月的收入，远高于其他普通纸工（访谈中张明喜说：当时李园宣纸厂下属的棉纸厂工人工资低的只有42.5元/月）。

1989年，张明喜在后山村的老村开始建立厂房，主要进行小规模的宣纸加工。1990年又开始跑销售，以北京、山东为主，主要卖恒星工艺品厂生产的加工纸。1996年山东销售货款的回款出现问题，因此1997年下半年开始在销售目的地开设经销店。1998年3月31日，济南第一家恒星牌宣纸经销店开业。2003年，张明喜筹资11万元筹建并注册成立了安徽恒星宣纸有限公司。2005年，恒星宣纸有限公司从后山老村村民组迁到后山行政村委会所在地。

⊙1

⊙1
调查组成员在厂区办公室访谈张明喜
Researchers interviewing Zhang Mingxi, a papermaker, in an office of the factory

# 三
# 恒星宣纸有限公司的代表纸品及其用途与技术分析

## 3
## Representative Paper, Its Use and Technical Analysis of Hengxing Xuan Paper Co., Ltd.

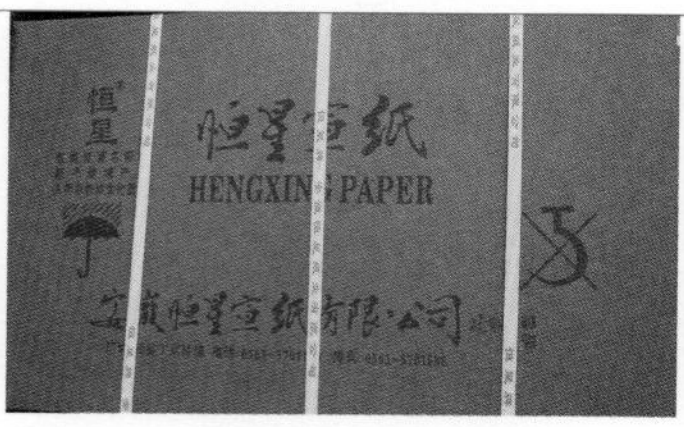


⊙1

⊙2

### (一)
### 代表纸品及用途

据调查组2015年7月13日和2015年7月28日的调查情况：恒星宣纸有限公司所产纸品种类繁多，品种规格也各异，如：按大类分有宣纸、手工书画纸、半自动喷浆书画纸和加工纸。据张明喜介绍：恒星宣纸有限公司主要生产的产品为宣纸和书画纸，其中书画纸中以半自动喷浆贡宣和手工精品书画纸最为典型。

恒星宣纸系列以四尺为例，按照国家标准分为棉料（配比为40%檀皮浆和60%燎草浆，2.4～2.55 kg/刀）、净皮（配比为70%檀皮浆和30%燎草浆，2.9～3.1 kg/刀）和特净（配比为80%檀皮浆和20%燎草浆，2.9～3 kg/刀）三种，调查时实际开工生产的为4个四尺和1个六尺的宣纸纸槽，可以随时按照市场需求或客户需求生产八尺、尺八屏等其他规格宣纸。用途上据张明喜介绍，“恒星”棉料由于含皮量最少，比较适合书法创作；净皮的皮浆和草浆配比居中，适宜勾线人物、花鸟等小写意类绘画创作；特净由于含皮量高、拉力强、润墨效果好，适宜泼墨山水画等大写意绘画创作。

书画纸按照捞纸工艺不同分为手工捞制书画纸和半自动喷浆书画纸。由于生产书画纸的原料与宣纸原料有一定区别，主要用外地购进的龙须草浆板，成纸品质与寿命均与宣纸有差距，通常作为爱好者的书画练习用纸。

⊙1
『恒星』宣纸成品纸
"Hengxing" Xuan paper

⊙2
『恒星』手工纸包装箱成品
Packaged "Hengxing" handmade paper product

## （二）

## 代表纸品的技术分析

### 1. 代表纸品一："恒星"净皮

测试小组对所采集的"恒星"净皮纸样所做的性能分析，主要包括厚度、定量、紧度、抗张力、抗张强度、撕裂度、湿强度、白度、耐老化度下降、尘埃度、吸水性、伸缩性、纤维长度和纤维宽度等。按相应要求，每一指标都需重复测量若干次后求平均值，其中定量抽取5个样本进行测试，厚度抽取10个样本进行测试，抗张力抽取20个样本进行测试，撕裂度抽取10个样本进行测试，湿强度抽取20个样本进行测试，白度抽取10个样本进行测试，耐老化度下降抽取10个样本进行测试，尘埃度抽取4个样本进行测试，吸水性抽取10个样本进行测试，伸缩性抽取4个样本进行测试，纤维长度测试200根纤维，纤维宽度测试300根纤维。对"恒星"宣纸净皮纸样进行测试分析所得到的相关性能参数见表2.23。表中列出了各参数的最大值、最小值及测量若干次所得到的平均值或者计算结果。

表2.23 "恒星"净皮纸样相关性能参数
Table 2.23 Performance parameters of "Hengxing" clean-bark paper

| 指标 | | | 单位 | 最大值 | 最小值 | 平均值 | 结果 |
|---|---|---|---|---|---|---|---|
| 厚度 | | | mm | 0.090 | 0.075 | 0.082 | 0.082 |
| 定量 | | | g/m$^2$ | — | — | — | 29.4 |
| 紧度 | | | g/cm$^3$ | — | — | — | 0.359 |
| 抗张力 | 纵向 | | N | 30.2 | 24.8 | 26.5 | 26.5 |
| | 横向 | | N | 17.0 | 13.9 | 15.3 | 15.3 |
| 抗张强度 | | | N/m | — | — | — | 1.393 |
| 撕裂度 | 纵向 | | mN | 250 | 240 | 246 | 246 |
| | 横向 | | mN | 400 | 380 | 388 | 388 |
| 撕裂指数 | | | mN·m$^2$/g | — | — | — | 10.5 |
| 湿强度 | 纵向 | | mN | 1 110 | 820 | 996 | 996 |
| | 横向 | | mN | 700 | 600 | 632 | 632 |
| 白度 | | | % | 74.1 | 73.7 | 73.9 | 73.9 |
| 耐老化度下降 | | | % | — | — | — | 3.0 |
| 尘埃度 | 黑点 | | 个/m$^2$ | — | — | — | 4 |
| | 黄茎 | | 个/m$^2$ | — | — | — | 12 |
| | 双浆团 | | 个/m$^2$ | — | — | — | 0 |
| 吸水性 | | | mm | — | — | — | 12 |
| 伸缩性 | 浸湿 | | % | — | — | — | 0.43 |
| | 风干 | | % | — | — | — | 0.48 |
| 纤维 | 皮 | 长度 | mm | 4.29 | 0.81 | 1.92 | 1.92 |
| | | 宽度 | μm | 19.0 | 5.0 | 11.0 | 11.0 |
| | 草 | 长度 | mm | 1.40 | 0.42 | 0.75 | 0.75 |
| | | 宽度 | μm | 11.0 | 3.0 | 6.0 | 6.0 |

由表2.23可知，所测“恒星”净皮纸样的平均定量为29.4 g/m$^2$。最厚约是最薄的1.20倍，经计算，其相对标准偏差为0.001，纸张厚薄很均匀。通过计算可知，“恒星”净皮纸样紧度为0.359 g/cm$^3$。抗张强度为1.393 kN/m，抗张强度值较大。所测净皮纸样撕裂指数为10.5 mN·m$^2$/g，撕裂度较大；湿强度纵横平均值为814 mN，湿强度较大。

所测“恒星”净皮纸样平均白度为73.9%，白度较高。白度最大值是最小值的1.005倍，相对标准偏差为0.014，白度差异相对较小。经过耐老化测试后，耐老化度下降3.0%。

所测“恒星”净皮纸样尘埃度指标中黑点为4个/m$^2$，黄茎为12个/m$^2$，双浆团为0个/m$^2$。吸水性纵横平均值为12 mm，纵横差为4.6 mm。伸缩性指标中浸湿后伸缩差为0.43%，风干后伸缩差为0.48%，说明“恒星”净皮纸样伸缩差异不大。

“恒星”净皮纸样在10倍、20倍物镜下观测的纤维形态分别如图★1、图★2所示。所测“恒星”净皮纸样皮纤维长度：最长4.29 mm，最短0.81 mm，平均长度为1.92 mm；纤维宽度：最宽19.0 μm，最窄5.0 μm，平均宽度为11.0 μm；草纤维长度：最长1.40 mm，最短0.42 mm，平均长度为0.75 mm。纤维宽度：最宽11.0 μm，最窄3.0 μm，平均宽度为6.0 μm。“恒星”净皮纸样润墨效果如图⊙1所示。

## 2. 代表纸品二：“恒星”御品贡宣

测试小组对所采集的“恒星”御品贡宣做的性能分析，主要包括厚度、定量、紧度、抗

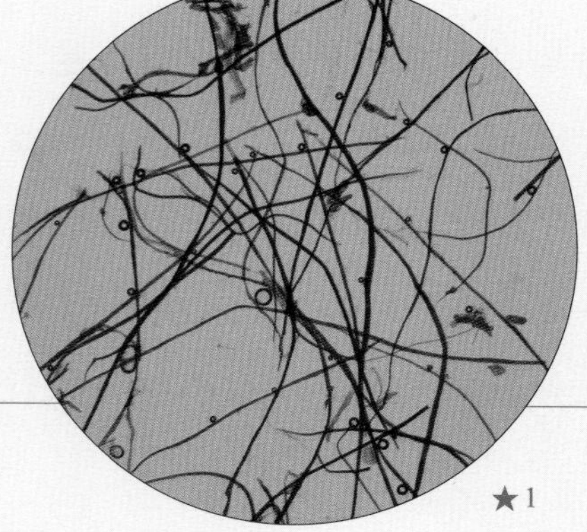

★1

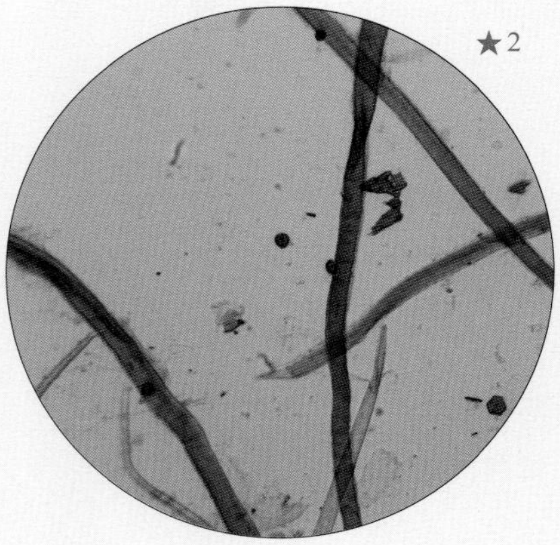

★2

⊙1

★1 『恒星』净皮纤维形态图（10×）
Fibers of "Hengxing" clean-bark paper (10× objective)

★2 『恒星』净皮纤维形态图（20×）
Fibers of "Hengxing" clean-bark paper (20× objective)

⊙1 『恒星』净皮润墨效果
Writing performance of "Hengxing" clean-bark paper

张力、抗张强度、撕裂度、湿强度、白度、耐老化度下降、尘埃度、吸水性、伸缩性、纤维长度和纤维宽度等。按相应要求，每一指标都需重复测量若干次后求平均值，其中定量抽取5个样本进行测试，厚度抽取10个样本进行测试，抗张力抽取20个样本进行测试，撕裂度抽取10个样本进行测试，湿强度抽取20个样本进行测试，白度抽取10个样本进行测试，耐老化度下降抽取10个样本进行测试，尘埃度抽取4个样本进行测试，吸水性抽取10个样本进行测试，伸缩性抽取4个样本进行测试，纤维长度测试200根纤维，纤维宽度测试300根纤维。对"恒星"御品贡宣进行测试分析所得到的相关性能参数见表2.24。表中列出了各参数的最大值、最小值及测量若干次所得到的平均值或者计算结果。

表2.24 "恒星"御品贡宣相关性能参数表
Table 2.24 Performance parameters of "Hengxing" tribute Xuan paper

| 指标 | | | 单位 | 最大值 | 最小值 | 平均值 | 结果 |
|---|---|---|---|---|---|---|---|
| 厚度 | | | mm | 0.120 | 0.110 | 0.112 | 0.112 |
| 定量 | | | g/m$^2$ | — | — | — | 42.7 |
| 紧度 | | | g/cm$^3$ | — | — | — | 0.381 |
| 抗张力 | | 纵向 | N | 16.3 | 13.6 | 15.3 | 15.3 |
| | | 横向 | N | 13.4 | 10.8 | 12.2 | 12.2 |
| 抗张强度 | | | kN/m | — | — | — | 0.916 |
| 撕裂度 | | 纵向 | mN | 270 | 260 | 266 | 266 |
| | | 横向 | mN | 340 | 320 | 332 | 332 |
| 撕裂指数 | | | mN·m$^2$/g | — | — | — | 7.8 |
| 湿强度 | | 纵向 | mN | 1 000 | 870 | 933 | 933 |
| | | 横向 | mN | 800 | 700 | 753 | 753 |
| 白度 | | | % | 72.9 | 72.5 | 72.7 | 72.7 |
| 耐老化度下降 | | | % | — | — | — | 4.0 |
| 尘埃度 | | 黑点 | 个/m$^2$ | — | — | — | 16 |
| | | 黄茎 | 个/m$^2$ | — | — | — | 12 |
| | | 双浆团 | 个/m$^2$ | — | — | — | 0 |
| 吸水性 | | | mm | — | — | — | 11 |
| 伸缩性 | | 浸湿 | % | — | — | — | 0.38 |
| | | 风干 | % | — | — | — | 0.40 |
| 纤维 | 皮 | 长度 | mm | 3.23 | 0.59 | 1.41 | 1.41 |
| | | 宽度 | μm | 24.0 | 15.0 | 19.0 | 19.0 |
| | 草 | 长度 | mm | 2.82 | 0.35 | 0.88 | 0.88 |
| | | 宽度 | μm | 11.0 | 1.0 | 6.0 | 6.0 |

性能分析

由表2.24可知：所测“恒星”御品贡宣的平均定量为42.7 g/m$^2$。“恒星”御品贡宣最厚约是最薄的1.09倍，经计算，其相对标准偏差为0.004，纸张厚薄较为均匀。通过计算可知，“恒星”御品贡宣紧度为0.381 g/cm$^3$。抗张强度为0.916 kN/m，抗张强度值较大。所测“恒星”御品贡宣撕裂指数为7.8 mN·m$^2$/g，撕裂度较大；湿强度纵横平均值为843 mN，湿强度较大。

所测“恒星”御品贡宣平均白度为72.7%，白度较高。白度最大值是最小值的1.006倍，相对标准偏差为0.020，白度差异相对较小。经过耐老化测试后，耐老化度下降4.0%。

所测“恒星”御品贡宣尘埃度指标中黑点为16个/m$^2$，黄茎为12个/m$^2$，双浆团为0个/m$^2$。吸水性纵横平均值为11 mm，纵横差为0.6 mm。伸缩性指标中浸湿后伸缩差为0.38%，风干后伸缩差为0.40 mm，说明“恒星”御品贡宣伸缩差异不大。

“恒星”御品贡宣在10倍、20倍物镜下观测的纤维形态分别如图★1、图★2所示。所测“恒星”御品贡宣纸样皮纤维长度：最长3.23 mm，最短0.59 mm，平均长度为1.41 mm；纤维宽度：最宽24.0 μm，最窄15.0 μm，平均宽度为19.0 μm；草纤维长度：最长2.82 mm，最短0.35 mm，平均长度为0.88 mm。纤维宽度：最宽11.0 μm，最窄1.0 μm，平均宽度为6.0 μm。“恒星”御品贡宣润墨效果如图⊙1所示。

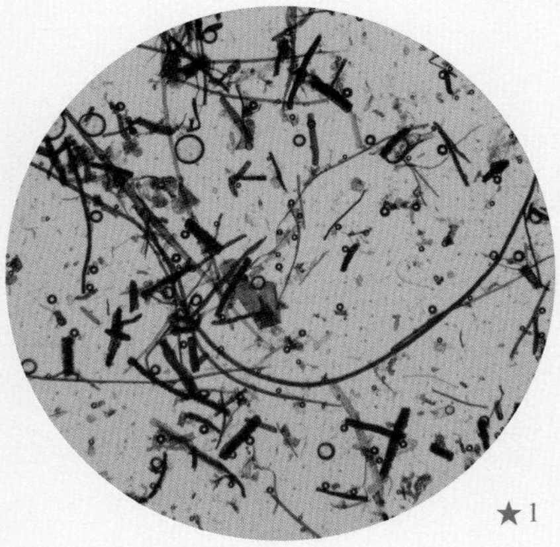
★1

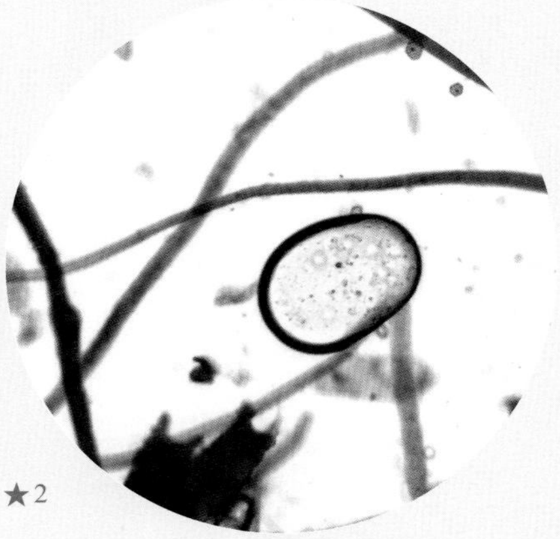
★2

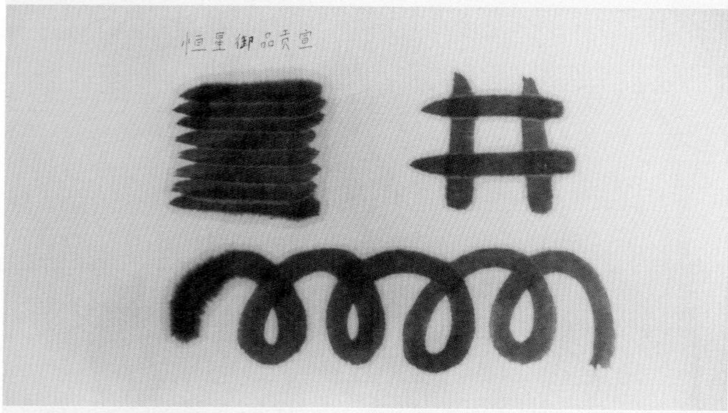

⊙1

★1
『恒星』御品贡宣纤维形态图（10×）
Fibers of "Hengxing" tribute Xuan paper (10× objective)

★2
『恒星』御品贡宣纤维形态图（20×）
Fibers of "Hengxing" tribute Xuan paper (20× objective)

⊙1
『恒星』御品贡宣润墨效果
Writing performance of "Hengxing" tribute Xuan paper

### 3. 代表纸品三：“红日”精品书画纸

测试小组对采样自恒星宣纸有限公司的“红日”精品书画纸所做的性能分析，主要包括厚度、定量、紧度、抗张力、抗张强度、撕裂度、湿强度、白度、耐老化度下降、尘埃度、吸水性、伸缩性、纤维长度和纤维宽度等。按相应要求，每一指标都需重复测量若干次后求平均值，其中定量抽取5个样本进行测试，厚度抽取10个样本进行测试，拉力抽取20个样本进行测试，撕裂度抽取10个样本进行测试，湿强度抽取20个样本进行测试，白度抽取10个样本进行测试，耐老化度下降抽取10个样本进行测试，尘埃度抽取4个样本进行测试，吸水性抽取10个样本进行测试，伸缩性抽取4个样本进行测试，纤维长度测试200根纤维，纤维宽度测试300根纤维。对“红日”精品书画纸进行测试分析所得到的相关性能参数见表2.25。表中列出了各参数的最大值、最小值及测量若干次所得到的平均值或者计算结果。

表2.25 “红日”精品书画纸相关性能参数表

Table 2.25 Performance parameters of “Hongri” fine calligraphy and painting paper

| 指标 | | | 单位 | 最大值 | 最小值 | 平均值 | 结果 |
|---|---|---|---|---|---|---|---|
| 厚度 | | | mm | 0.093 | 0.085 | 0.089 | 0.089 |
| 定量 | | | g/m$^2$ | — | — | — | 23.1 |
| 紧度 | | | g/cm$^3$ | — | — | — | 0.260 |
| 抗张力 | | 纵向 | N | 16.9 | 12.7 | 14.8 | 14.8 |
| | | 横向 | N | 16.9 | 12.6 | 14.8 | 14.8 |
| 抗张强度 | | | kN/m | — | — | — | 0.987 |
| 撕裂度 | | 纵向 | mN | 310 | 290 | 300 | 300 |
| | | 横向 | mN | 490 | 400 | 430 | 430 |
| 撕裂指数 | | | mN·m$^2$/g | — | — | — | 11.7 |
| 湿强度 | | 纵向 | mN | 350 | 200 | 280 | 280 |
| | | 横向 | mN | 300 | 150 | 220 | 220 |
| 白度 | | | % | 72.9 | 72.3 | 72.7 | 72.7 |
| 耐老化度下降 | | | % | — | — | — | 4.8 |
| 尘埃度 | | 黑点 | 个/m$^2$ | — | — | — | 64 |
| | | 黄茎 | 个/m$^2$ | — | — | — | 16 |
| | | 双浆团 | 个/m$^2$ | — | — | — | 0 |
| 吸水性 | | | mm | — | — | — | 24 |
| 伸缩性 | | 浸湿 | % | — | — | — | 0.30 |
| | | 风干 | % | — | — | — | 1.18 |
| 纤维 | 皮 | 长度 | mm | 3.28 | 0.88 | 1.90 | 1.90 |
| | | 宽度 | μm | 22.0 | 1.0 | 10.0 | 10.0 |
| | 草 | 长度 | mm | 1.93 | 0.45 | 0.93 | 0.93 |
| | | 宽度 | μm | 9.0 | 1.0 | 5.0 | 5.0 |

由表2.25可知，所测“红日”精品书画纸的平均定量为23.1 g/m$^2$。“红日”精品书画纸最厚约是最薄的1.094倍，经计算，其相对标准偏差为0.004，纸张厚薄较为一致。通过计算可知，“红日”精品书画纸紧度为0.260 g/cm$^3$。抗张强度为0.987 kN/m，抗张强度值较大。所测“红日”精品书画纸撕裂指数为11.76 mN·m$^2$/g，撕裂度较大；湿强度纵横平均值为250 mN，湿强度较大。

所测“红日”精品书画纸平均白度为72.67%，白度较高，白度最大值是最小值的1.009倍，相对标准偏差为0.205，白度差异相对较小。经过耐老化测试后，耐老化度下降4.8%。

所测“红日”精品书画纸尘埃度指标中黑点为64个/m$^2$，黄茎为16个/m$^2$，双浆团为0个/m$^2$。吸水性纵横平均值为24 mm，纵横差为2.8 mm。伸缩性指标中浸湿后伸缩差为0.30%，风干后伸缩差为1.18%，说明纸伸缩差异不大。

“红日”精品书画纸在10倍、20倍物镜下观测的纤维形态分别如图★1、图★2所示。所测“红日”精品书画纸皮纤维长度：最长3.28 mm，最短0.88 mm，平均长度为1.90 mm；纤维宽度：最宽22.0 μm，最窄1.0 μm，平均宽度为10.0 μm；草纤维长度：最长1.93 mm，最短0.45 mm，平均长度为0.93 mm；纤维宽度：最宽9.0 μm，最窄1.0 μm，平均宽度为5.0 μm。“红日”精品书画纸润墨效果如图⊙1所示。

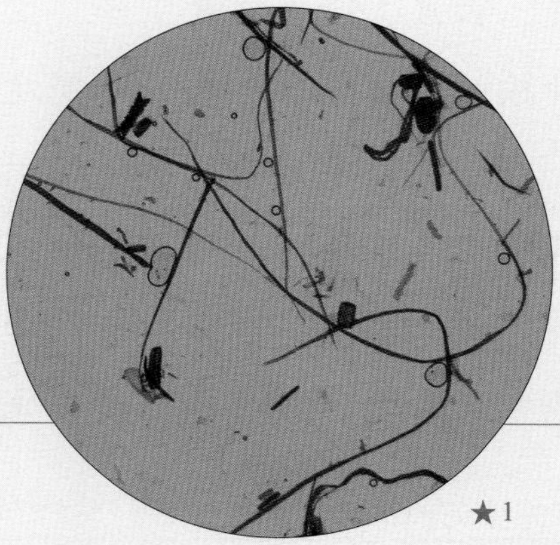

★1

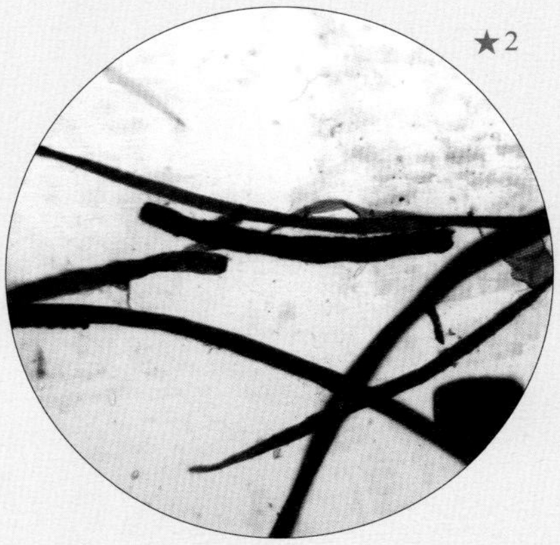

★2

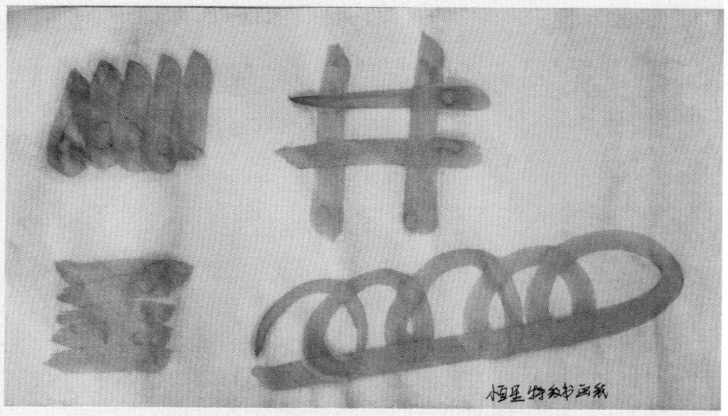

⊙1

★1
『红日』精品书画纸纤维形态图（10×）
Fibers of "Hongri" fine calligraphy and painting paper (10× objective)

★2
『红日』精品书画纸纤维形态图（20×）
Fibers of "Hongri" fine calligraphy and painting paper (20× objective)

⊙1
『红日』精品书画纸润墨效果
Writing performance of "Hongri" fine calligraphy and painting paper

# 四 恒星宣纸有限公司生产的原料、工艺与设备

# 4 Raw Materials, Papermaking Techniques and Tools of Hengxing Xuan Paper Co., Ltd.

## (一) “恒星”宣纸生产的原料与辅料

### 1. 主料一：青檀树皮加工制作的毛皮

据张明喜介绍：“恒星”宣纸是用从泾县山区购买青檀皮制作的毛皮入厂来制作皮料浆的，原料产地以汀溪、爱民、云岭、北贡诸村镇为主，2015年购买的毛皮价格为850～900元/50 kg。

⊙2

### 2. 主料二：燎草

据张明喜介绍：“恒星”宣纸主要选购泾县小岭村一带燎草加工户制作的燎草，2015年调查时收购的燎草价格为650～700元/50 kg。

⊙2
厂区内种植的青檀树
*Pteroceltis tatarinowii* Maxim. planted in the Factory area

⊙1

⊙2

3. 辅料一：纸药——聚丙烯酰胺及杨桃藤汁

根据调查组的了解，“恒星”宣纸主要使用聚丙烯酰胺作为纸药，来源主要从泾县当地的供应商处采购，植物纸药杨桃藤汁在调查时已基本不使用。

4. 辅料二：水

制作“恒星”宣纸使用的水源从紧邻厂区的青弋江中抽取，为保证水源的清洁度，在青弋江边建有一个沉淀池，以水泵抽取并以PVC水管接入厂中蓄水池，随用随放。据调查组成员在现场的测试，“恒星”宣纸制作所用的溪水pH为6.84，呈弱酸性。

⊙3

⊙1
厂区库房里存放的毛皮
Bark stored in the storehouse of the factory

⊙2
厂区车间里的燎草
Processed straw in the workshop of the factory

⊙4

⊙5

## （二）
## “恒星”宣纸生产的工艺流程

从调查组于2015年7月13日和2015年7月28日在恒星宣纸有限公司实地调查时的观察和张明喜等人的描述，总结出“恒星”宣纸生产的工艺流程为：

**檀皮浆制作程序**

毛皮 → 壹 白皮制作 → 贰 檀皮浆制作

**燎草浆制作程序**

燎草 → 燎草浆制作

**后续加工程序**

壹 配浆 → 贰 捞纸 → 叁 压榨 → 肆 晒纸 → 伍 检验 → 陆 剪纸 → 柒 包装

⊙3/4 青弋江边环境 Scenery of Qingyi River

⊙5 蓄水池 Reservoir

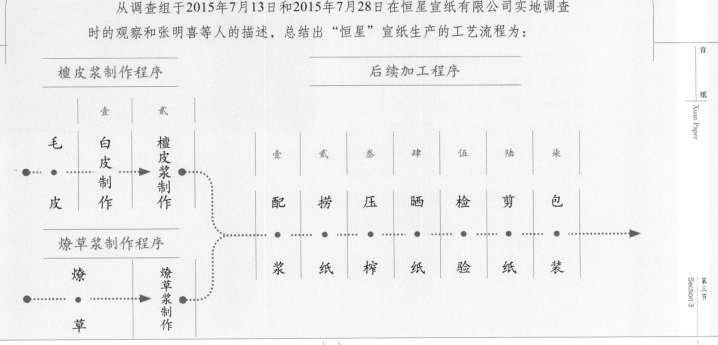

## 檀皮浆制作

据张明喜介绍，檀皮浆的主要制作过程如下：

### 壹 白皮制作 1

将毛皮按照1.35 kg左右一把的标准扎成把，按40 kg左右一捆捆成捆，放进清水里浸泡。浸泡到一定时间后，用烧碱蒸煮24小时左右，然后将蒸煮好的毛皮放到洗皮池用清水将残碱洗净后榨干。榨干的皮料需要在人工选拣后以次氯酸钠漂白成白皮。

⊙1

### 贰 檀皮浆制作 2

用清水将白皮中残留的次氯酸钠洗净后，榨干白皮，将皮中的杂物和带黑点的皮挑拣干净，再将纯净的白皮放入打浆机打成檀皮浆。

⊙2

## 燎草浆制作

据张明喜介绍，“恒星”宣纸燎草浆的主要制作过程如下：

用清水洗涤燎草，将草中的石灰、小石子等杂质以水洗净后将其榨干，通过人工选拣的方式将燎草中的杂质挑选出来，再将纯净的燎草以石碾碾碎成草浆。将草浆放入洗漂机，按照草浆量的5%放入次氯酸钠进行漂洗后，燎草浆就制作完毕了。

⊙1 已处理好的白皮 Processed bark

⊙2 挑选白皮 Choosing high-quality bark

# 后续加工程序

## 壹 配浆

### 1

⊙3

将檀皮浆通过人工运至混合浆槽，燎草浆通过管道输送至混合浆槽，按照净皮、特净、棉料的配比，混合成成熟浆料，再用旋翼筛、平筛、滚筒筛、跳筛等进行筛选、除渣，使浆料纯净。

⊙3

## 贰 捞纸

### 2

⊙4～⊙8

将适量的混合浆倒入纸槽中，使用搅拌工具（调查时已用搅拌机取代传统“和单槽”长扒）将混合浆料搅拌融合后加入纸药，再进行搅拌后捞纸。槽位两端各站一名捞纸工人，一人掌帘一人抬帘，开捞时，将纸帘平铺到帘床上。头帘水形成纸页；一帘水梢边要靠身整齐下水，额手要靠紧；二帘水是平整纸页，额手下水，梢手上托，要在两人的中间下水，额手要破心挽紧，倒水要平。提帘上档时用额手提帘，垂直往上提，避免拖帘（拖帘降低帘床芒杆使用时间）。上档时要丁字步，放帘要卷筒，掀帘要像一块板，送帘前宽后窄像畚箕口。抬帘者协助停放帘架操作及拨动槽上的计数珠进行计数，捞一张纸，累加一下。以上过程，循环往复，在捞纸过程中，捞纸工根据经验判断浆料浓度，适时加入浆料和纸药。

⊙4

⊙5

⊙6

⊙7

⊙8

⊙3 滚筒筛 Roller sifter for sieving the materials

⊙4 厂区的捞纸车间大门 Gate of the papermaking workshop in the factory area

⊙5 混合浆 Mixing papermaking materials

⊙6 搅拌浆料 Stirring the papermaking pulp

⊙7 捞纸 Making the paper

⊙8 放帘 Turning the papermaking screen upside down on the board

## 叁 压榨

3 ⊙9

捞纸工下班后，由帮槽工用盖纸帘覆盖在湿纸帖上，加上盖纸板。等受压后的湿纸帖滤完一定的水后，再架上榨杆和螺旋杆，逐步加力，将湿纸帖挤压得不出水为止。榨后的湿纸成一大块纸帖，可以置于日光下暴晒，也可以烘干。“恒星”宣纸通常一次压榨两块帖左右。

⊙9

## 肆 晒纸

4 ⊙10

压榨好的纸帖通过炕帖、浇帖等程序后，被抬入晒纸焙房。用竹板自下而上拍打纸帖，再将纸帖四周翻沿，用额枪将左、右、上三边打松。在左上角点起纸角，将单张湿纸由左而右揭下，再以刷把自上而下刷贴在纸焙上。烘干后，从左上角起角，将干纸自上而下揭下，理齐整后放入纸桌上，如此循环往复。

⊙10

## 伍 检验

5 ⊙11

将晒干的纸运至纸台上，由工人逐张翻看，如有破纸或其他缺点，随即取出来，有的回槽继续制浆，有的打上副牌出售。

⊙11

⊙9 压榨 Pressing the paper

⊙10 揭纸与晒纸 Peeling the paper down and drying the paper

⊙11 检验女工 A female worker choosing high-quality paper

⊙12

陆
## 剪　纸

6　⊙12

将检查好的纸，用特制大剪刀剪裁整齐，要求纸的四边，每边都一刀成功。纸长时，边剪边向前移动脚步，一鼓作气而成。否则，纸边就不会成一条整齐的直线。

柒
## 包　装

7　⊙13～⊙15

将剪好后的纸按100张一刀折叠，加盖系列"恒星"宣纸的章后包上包装纸，以9刀为一箱，打包后运入纸库。

⊙14

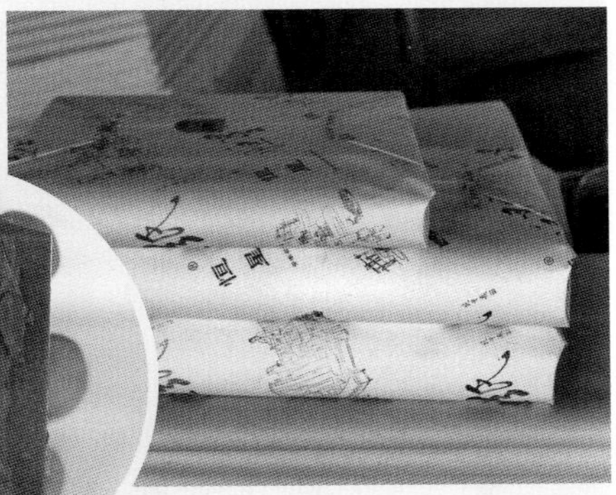
⊙15

⊙13

⊙12 女工在剪纸 A female worker cutting the paper
⊙13 『恒星』宣纸印章 Seal of "Hengxing" Xuan paper
⊙14 包装机 Packaging machine
⊙15 包装好的纸 Packaged paper

## (三)

## “红日”精品书画纸生产的原料与辅料

### 1. 主料一：龙须草浆板

制作“红日”精品书画纸的原材料之一是龙须草。据张明喜介绍：该厂龙须草浆板均从外地购买而来，以河南省产的为主。

### 2. 主料二：制作青檀皮的毛皮

制作“红日”精品书画纸的另一主原材料是青檀皮。据张明喜介绍，毛皮从泾县当地购买，以汀溪、爱民、云岭、北贡等地为主，2015年毛皮收购价格为850～900元/50 kg。

### 3. 辅料一：纸药——聚丙烯酰胺

制作“红日”精品书画纸使用的是化学纸药聚丙烯酰胺，主要从泾县当地的供应商处采购。

### 4. 辅料二：水

制作“红日”精品书画纸使用的水源同“恒星”宣纸，采用的是青弋的江的水。

## (四)

## “红日”精品书画纸生产的工艺流程

调查组于2015年7月13日和2015年7月28日两次对恒星宣纸有限公司进行实地调查，通过实地观察和访谈，得知“红日”精品书画纸生产的工艺流程为：

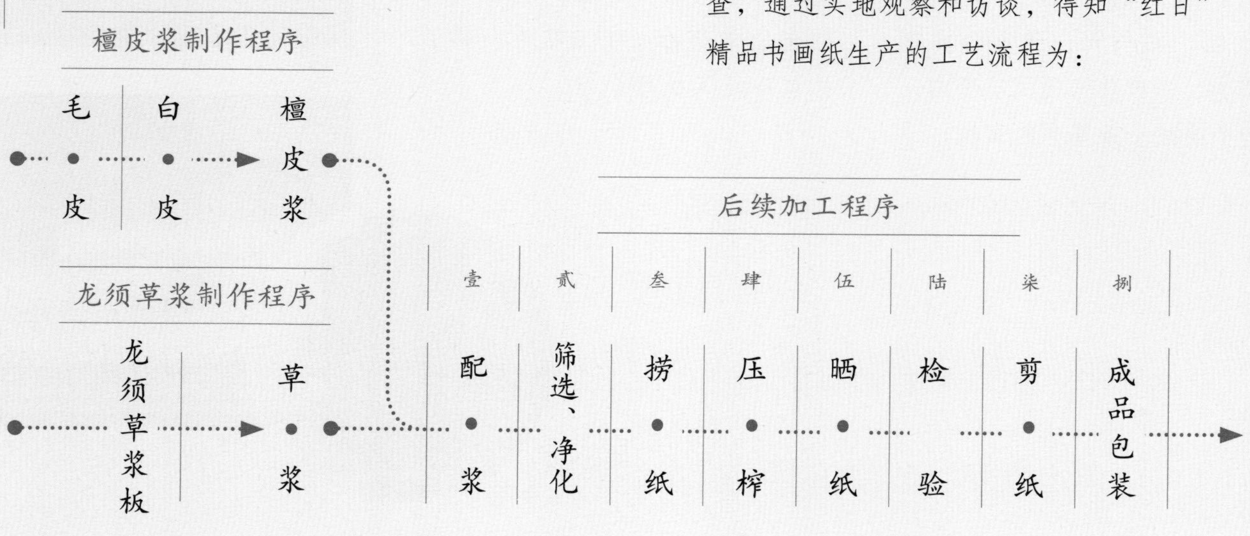

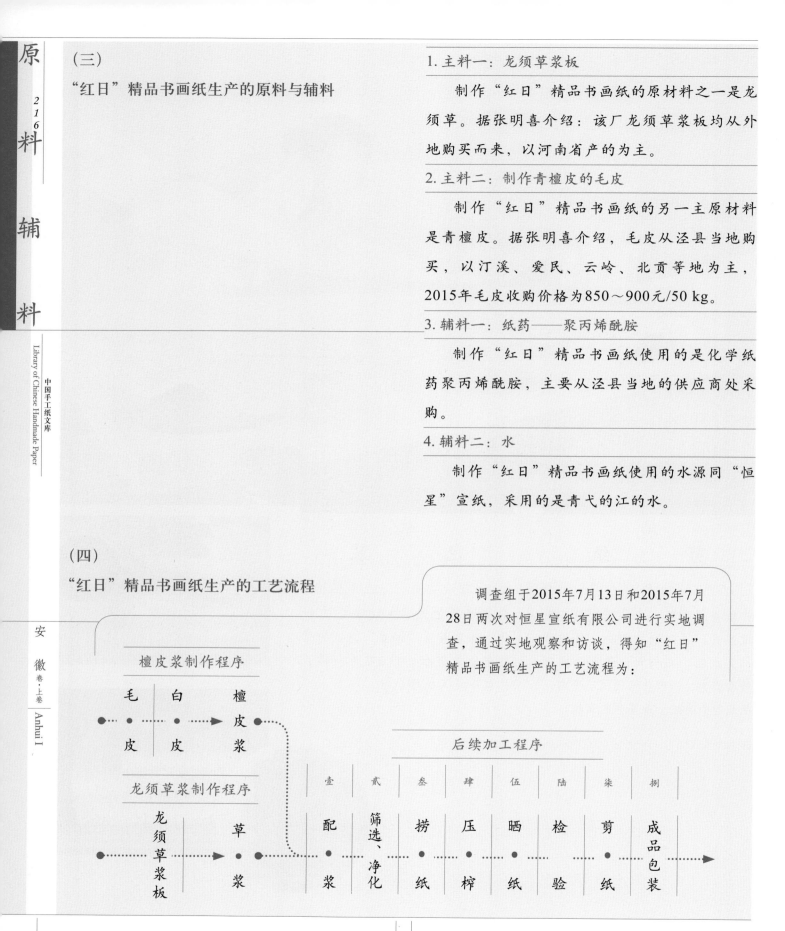

## 檀皮浆制作

恒星宣纸有限公司“红日”精品书画纸檀皮浆制作流程同“恒星”宣纸檀皮浆，均通过浸泡毛皮、蒸煮、清洗、榨干、拣黑皮、漂白、清洗、榨干、拣白皮、打浆等工序。

## 龙须草浆制作

龙须草浆板首先需要用清水浸泡，一般浸泡24小时，使浆板充分吸水变软，浸泡过程需要挑选出黑色浆板料和杂物。浸泡后的浆板水分沥干后即可用打浆机打浆。

⊙1

## 后续加工程序

### 壹 配浆

1

将龙须草浆料和檀皮浆料相混合。据张明喜介绍，“红日”精品书画纸原料配比为20%的檀皮浆、80%的龙须草浆；“红日”御品贡宣书画纸原料配比为15%的檀皮浆、85%的龙须草浆。

⊙3

⊙2

⊙4

### 贰 筛选、净化

2

配好的浆料通过旋翼筛、平筛、跳筛等设备进行筛选与净化，形成混合浆料。

⊙5

### 叁 捞纸

3 ⊙2～⊙5

“红日”精品书画纸和御品贡宣的捞纸方式有所不同。其中，精品书画纸采用手工捞纸方式，而御品贡宣采用半自动喷浆捞纸方式。精品书画纸手工捞纸工艺与“恒星”宣纸的捞纸方式相同。

⊙1 龙须草浆板 *Eulaliopsis binata* pulp board used as papermaking materials

⊙2/5 精品书画纸手工捞纸工序 Procedures of making fine calligraphy and painting paper

⊙6

⊙7

⊙8

⊙9

喷浆书画纸的捞纸方式与传统宣纸的捞纸方式完全不同。喷浆书画纸纸槽一边装有一个封闭的管道循环装置，该装置在每帘槽边均设有喷浆口，控制开关在捞纸工的脚边。每个喷浆口只需一个捞纸工操作。操作时，捞纸工推动装有滑轨的帘床到喷浆口，用脚启动开关，运动中的浆料从喷浆口喷出，浆料布满整张帘子后，操作工松开开关，喷浆停止，操作工只要掌握厚薄后，将帘床拉回槽沿，将吸附有湿纸的帘子揭走，放入身后的纸板上，放完纸后，将帘子揭起放回帘床，开始下一张纸的操作，如此往复。由于这种喷浆帘床下面带有滑轨，捞纸工可以借助这个滑轨前后滑动帘床，较为省力。

⊙6/9
御品贡宣半自动喷浆捞纸工序
Procedures of making tribute Xuan paper by semi-automatic equipment

## 肆 压榨 4

⊙10

每天捞完纸后，纸工会将自己捞好的湿纸放在一边自然沥水，等水沥到一定程度后，盖上纸板，顶上千斤顶进行压榨。扳榨时间有长有短，天热则短，天冷则稍长，完全由操作工掌握。纸帖榨干后送入晒纸车间。

⊙10

## 伍 晒纸 5

⊙11⊙12

将压榨后的纸帖放入晒纸焙房烘干，再进行人工浇水润帖。将“浇帖”后的纸帖额头进行人工切边（俗称“杀额”），目的是使晒纸时便于揭下。将“杀额”后的纸帖放上晒纸架，晒纸工用鞭帖板鞭打（俗称“鞭帖）”，使纸帖发松，并用“枪棍”轻轻划过纸边来松纸（俗称“做边”）；然后用手指尖将纸帖边的纸张扭松，并在靠左上方的一头卷起纸角（俗称“做额”）。晒纸时，将纸帖上的纸一张一张揭离下来刷向晒纸墙上。

⊙11

⊙12

## 陆 检验 6

⊙13⊙14

晒好的纸张需要搬至检验车间，由工人逐张翻看。有破纸或其他缺陷的，要随即取出来，回槽继续制浆，有的也会廉价出售。

⊙14

⊙13

⊙10 压榨 Pressing the paper

⊙11/12 揭纸、晒纸工序 Procedures of peeling the paper down and drying the paper

⊙13 检验车间 Workshop for checking the paper

⊙14 女工在检验 A female worker choosing high quality paper

⊙15

## 柒 剪纸

7 ⊙15

将检查好的合格纸用特制大剪刀裁剪。要求纸的四边裁剪整齐。

## 捌 成品包装

8 ⊙16～⊙18

纸剪好后按100张一刀叠好，再加盖“红日”精品书画纸的系列章，包装完毕后运入纸库等待发货。

⊙16

⊙17

⊙18

⊙15
裁剪后的纸垛
A pile of paper after cutting

⊙16
包装车间一角
A view of packaging workshop

⊙17/18
库房里包装好的成品纸
Piles of packaged paper in the storehouse

## （五）
## “恒星”宣纸和“红日”精品书画纸制作的主要工具

### 壹 石碾 1

用来碾压燎草，外围由水泥浇筑而成，里面有两个石滚，不断旋转制作燎草浆。

⊙19

### 贰 打浆机 2

宣纸、书画纸制浆中普遍使用荷兰式打浆机，其用途：一是用于浆料混合；二是纸浆在槽内循环流动，通过飞刀和底刀之间的作用，产生横向切断、纵向分裂、压溃、溶胀(润胀)等作用；三是通过圆筒筛的作用，将纸浆中的污水分解，达到清洁纸浆作用。

⊙20

### 叁 纸槽 3

盛浆工具。由水泥浇筑而成。四尺捞纸槽长200 cm，宽200 cm，高78 cm。

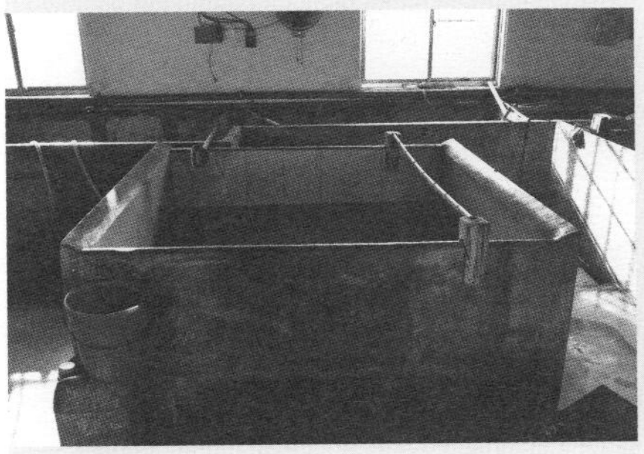

⊙21

### 肆 纸帘 4

用来捞纸。由竹丝编织而成，表面很光滑平整，帘纹密集。长161 cm，宽93 cm。

⊙22

⊙19 石碾 Stone roller

⊙20 打浆机 Beating machine

⊙21 纸槽 Papermaking trough

⊙22 纸帘 Papermaking screen

### 伍 帖架 5

用来浇帖、切帖和抬帖。铁制，长166.5 cm，宽94.5 cm，高25 cm。

⊙23

### 陆 切帖刀 6

晒纸前用来切帖。钢制，刀面长23.5 cm，刀柄长22 cm。

⊙24

### 柒 额枪 7

晒纸时用来做边。长23 cm。

⊙26

### 捌 刷子 8

晒纸时将纸刷上晒纸焙。刷柄为木制，刷毛为松毛，长51.5 cm，宽12 cm。

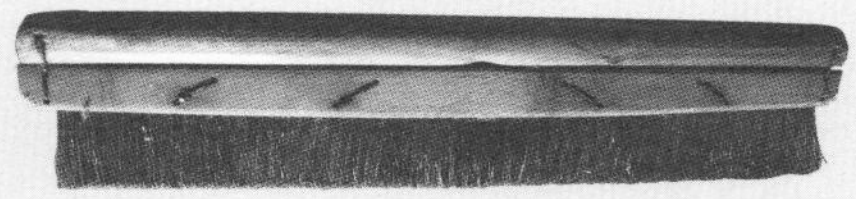

⊙25

### 玖 木槌 9

用来打帖，便于晒纸时揭张。

### 拾 晒纸焙 10

用来晒纸。由两块长钢板焊接而成，中空贮水，将水加热后提升焙温。

⊙27

### 拾壹 大剪刀 11

检验后用来剪纸。铁制，长33.6 cm。

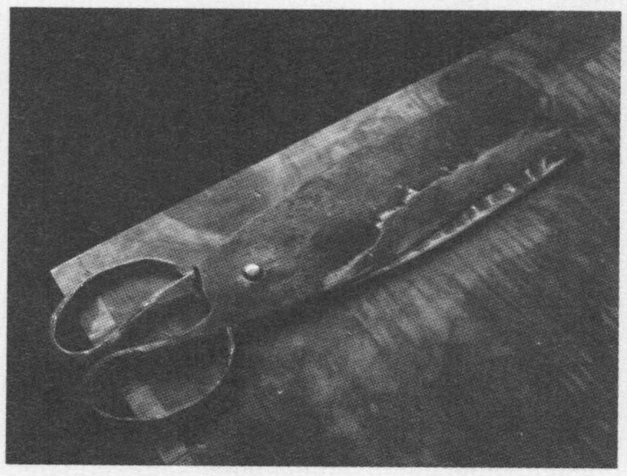

⊙28

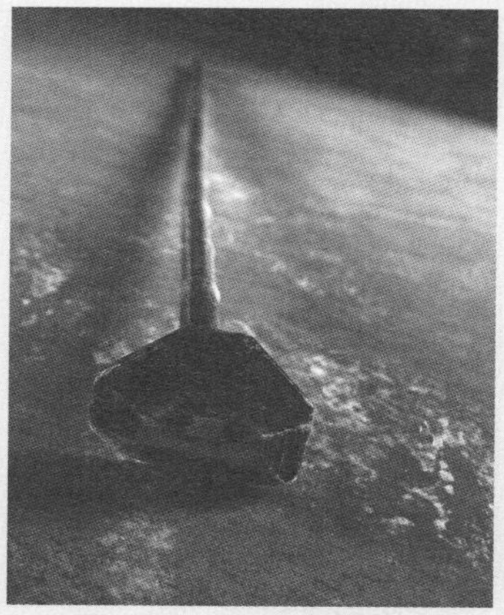

⊙29

### 拾贰 扒子 12

捞纸时用于混合浆料搅拌的工具。长201 cm。

⊙23 帖架 Papermaking shelf for watering the paper pile
⊙24 切帖刀 Paper cutter
⊙25 刷子 Brush for pasting the paper
⊙26 木槌 Mallet for beating the paper
⊙27 晒纸墙 Drying wall
⊙28 大剪刀 Shears
⊙29 扒子 Stirring harrow

# 五
# 恒星宣纸有限公司的市场经营状况

## 5
## Marketing Status of Hengxing Xuan Paper Co., Ltd.

调查组入厂调查时，恒星宣纸有限公司共有员工80多人，槽位19个，其中半自动喷浆槽位14个，书画纸槽位3个，宣纸槽位2个。2014年的数据是：实际年产量200余吨，年销售额2 000多万元。

恒星宣纸有限公司目前的市场定位是宣纸和中端书画纸，宣纸主要有特净、净皮和棉料；中端书画纸包括精品书画纸和御品贡宣。从售价看，2015年时“恒星”宣纸四尺特净市场价为每刀970元；“红日”四尺精品书画纸市场价为每刀370元，四尺御品贡宣市场价为每刀370元。从销售体系看，恒星宣纸有限公司销售模式包括实体经销店和网站，销售渠道包括内销和外贸。其中，国内经销范围有北京、上海、天津、济南、武汉、南昌、合肥、福建、杭州、昆明等；出口远销至日本、韩国、新加坡等东南亚国家，以韩国为主，年出口销售量达到20万美元。

⊙30

⊙30 『恒星』成品纸 Final product of "Hengxing" Xuan paper

# 六
# 恒星宣纸有限公司的品牌文化与习俗故事

# 6
# Brand Culture and Stories of Hengxing Xuan Paper Co., Ltd.

## 1. 造纸家族的流传

据张明喜的说法：丁家桥镇是中国宣纸的发祥地，宣纸传承人主要以曹氏、张氏和丁氏为主。丁家桥后山村的张氏宗祠已有200多年的历史了，曹氏则在小岭村的许湾有纪念地。

## 2. 两块牌匾的故事

据传，张氏宗祠堂号“百忍堂”，源于唐朝忍孝治家的贤人张公艺。张公艺住山东寿张县张家庄，年轻时在黄河畔救过避祸受伤的李世民。到张公艺持家时，家族已人丁兴旺，但千余人却同居一宅院，同食一锅饭，和睦相处，且家业发达，“九代不分张公艺”成为民间盛传佳话。公元665年，唐高宗李治泰山封禅路经张家庄，特意进庄看望年已88岁高龄的张公艺，问张和睦相处九世同堂的治家之法，张写了一百个“忍”字：父子不忍失慈孝，兄弟不忍外人欺，妯娌不忍闹分居，婆媳不忍失孝心。高宗备受感动，敬佩张不失礼节、不乱族规，亲书“百忍义门”。后来，张氏各族常以“百忍”为宗祠堂号。后山村的张氏宗祠也不例外。

⊙1

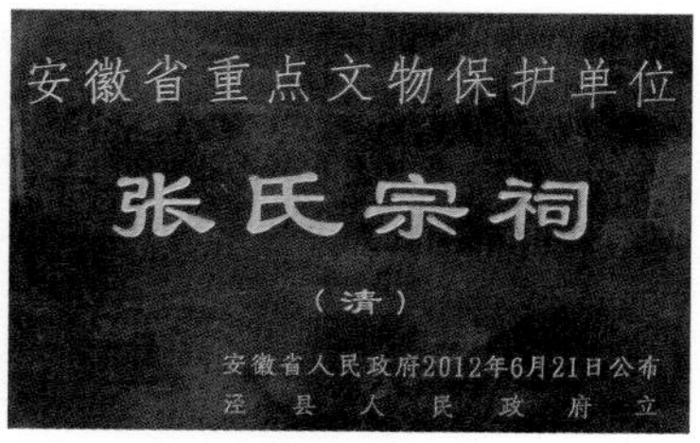

⊙2

⊙1/2
后山村里的张氏宗祠
Family Ancestral Hall of the Zhangs in Houshan Village

# 七
# 恒星宣纸有限公司的业态传承现状与发展思考

## 7
## Curent Status and Development of Hengxing Xuan Paper Co., Ltd.

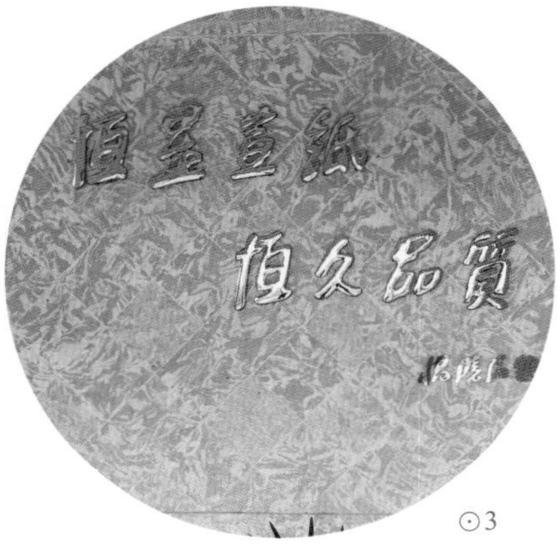


⊙3

⊙4

⊙3/4
恒星宣纸有限公司厂区图
A view of Hengxing Xuan Paper Co., Ltd.

调查时，恒星宣纸有限公司的规模较大，市场经营状况稳定。据张明喜介绍，公司发展也面临一些挑战，主要有：第一，网络销售冲击大。随着时代发展，互联网电子商务迅速崛起，培养了人们新的消费习惯，而手工纸作为传统的工艺产品，一直沿用传统的供销模式，销售渠道有限。因此，利用互联网拓宽手工纸销售渠道迫在眉睫。与此同时，一些电子商务网站上的纸类销售鱼龙混杂、以次充好等恶意竞争行为给手工纸的销售带来较大的冲击，因此，规范市场行为、塑造品牌影响力格外重要。第二，工厂人员流动性大，工艺传承面临挑战。作为非物质文化遗产的手工纸制造流程和工艺繁杂，传习时间长，耗时耗力，工作辛苦，手工纸从业人员中年轻人不多，而泾县外出务工人口较多。这对传统工艺传承造成一定挑战。第三，原材料需求量大，供不应求。檀皮和沙田稻草作为手工宣纸的两大原料，需求量大，而皮草收购价格较低廉，一些农户不愿意采集；泾县手工纸厂数量多、原料需求大，而优质皮草产地固定，产量有限，很难满足原料需求。

在正面应对难题的同时，恒星宣纸有限公司也有着自己独特的经营和发展理念。如：始终坚持品质优先的发展思路，为顾客提供高品质、优服务的产品。在市场定位上，公司注册了“恒星”和“红日”两个商标，对宣纸和书画纸进行严格区隔，既树立了自身品牌，又建立了良好的市场规范。

# 『恒星』净皮

"Hengxing" Clean-bark Paper

『恒星』净皮透光摄影图

A photo of "Hengxing" clean-bark paper seen through the light

# 『恒星』精品书画纸

"Hengxing" Fine Calligraphy and Painting Paper

『恒星』精品书画纸透光摄影图
A photo of "Hengxing" fine calligraphy and painting paper seen through the light

# 『恒星』特净扎花

"Hengxing" Superb-bark Zhahua Paper

『恒星』特净扎花透光摄影图

A photo of "Hengxing" superb-bark Zhahua paper seen through the light

# 『恒星』御品贡宣

"Hengxing" Tribute Xuan Paper

『恒星』特皮扎花透光摄影图

A photo of "Hengxing" tribute Xuan paper seen through the light

# 第四节

# 泾县桃记宣纸有限公司

安徽省
Anhui Province

宣城市
Xuancheng City

泾县
Jingxian County

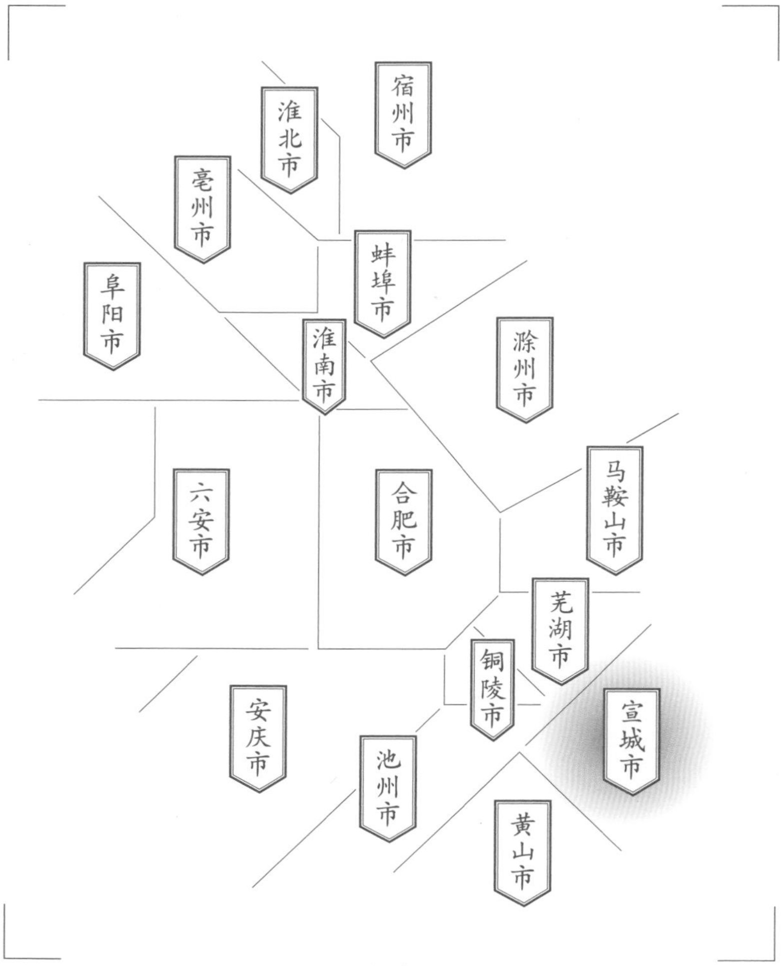


**调查对象**

汀溪乡
泾县桃记宣纸有限公司
宣纸

## Section 4
## Taoji Xuan Paper Co., Ltd. in Jingxian County

**Subject**

Xuan Paper
of Taoji Xuan Paper Co., Ltd. in Jingxian County
in Tingxi Town

# 一
# 桃记宣纸有限公司的基础信息与生产环境

## 1
## Basic Information and Production Environment of Taoji Xuan Paper Co. Ltd

2015年8月7日与2016年4月15日，调查组先后两次对桃记宣纸有限公司进行了现场调查和深度访谈。桃记宣纸有限公司坐落于泾县，现生产厂址行政辖区为泾县汀溪乡上漕行政村朱家村民组，地理坐标为东经118° 19′ 43″、北纬30° 39′ 27″。

“桃记”为宣纸发展史上著名的品牌，晚清、民国的经营商号曾启用始创于光绪二年（1876年）的曹恒源“桃记”为注册商标，该商号宣纸曾于1915年荣获巴拿马万国博览会金奖[13]。根据曹天生等著的《中国宣纸发祥地——丁家桥镇故事（第三辑）》记载，“桃记”宣纸成为中国参展的4 000多件展品中，作为特种手工纸张而唯一荣获金奖的产品。该书并引民国年间郑祝三在《欢迎巴拿马观会诸君》一文中的赞语：“赛会巴拿马，中国实业家。山川兴宝地，云汉徇天葩。霹雳开河面，平和祝海牙。锦标归夺得，宏我大中华。”[14]

调查时，桃记宣纸有限公司为泾县中国宣纸协会副会长单位，享有国家宣纸“地理标志保护产品”标志使用权。

与桃记宣纸生产厂区所在地上漕村毗邻的苏红行政村是泾县生产宣纸原料燎草的重要产地，也是桃记宣纸有限公司燎草原料的供应地。

根据2016年的苏红村政府网站介绍的信息：苏红村位于泾县汀溪乡中部，全村辖19个村民组，570户，总人口1 920人；山场面积约21.7 km$^2$，水田1.7 km$^2$，青檀种植面积0.4 km$^2$。

苏红村经营宣纸原料燎草加工已有20年历史，是泾县远近闻名的燎草加工专业村。近10年来，年平均产燎草20万～30万kg，年总产值收入达到70余万元，解决当地农村就业人员120人左右。

⊙1

⊙2

⊙1
桃记宣纸有限公司厂区全景
A view of Taoji Xuan Paper Co., Ltd.

⊙2
苏红村的燎草生产基地[晒滩]
Production base of processed straw in Suhong Village (drying field)

[13] 泾县地方志编纂委员会.泾县志[M].北京：方志出版社,1996: 256.

[14] 曹天生,等.中国宣纸发祥地：丁家桥镇故事.第三辑[M].合肥：合肥工业大学出版社,2013:53.

路线图
泾县县城
↓
泾县桃记宣纸有限公司
Road map from Jingxian County centre to Taoji Xuan Paper Co., Ltd. in Jingxian County

# 泾县桃记宣纸有限公司位置示意图

# Location map of Taoji Xuan Paper Co., Ltd. in Jingxian County

考察时间
2015年8月 / 2016年4月

Investigation Date
Aug. 2015/Apr. 2016

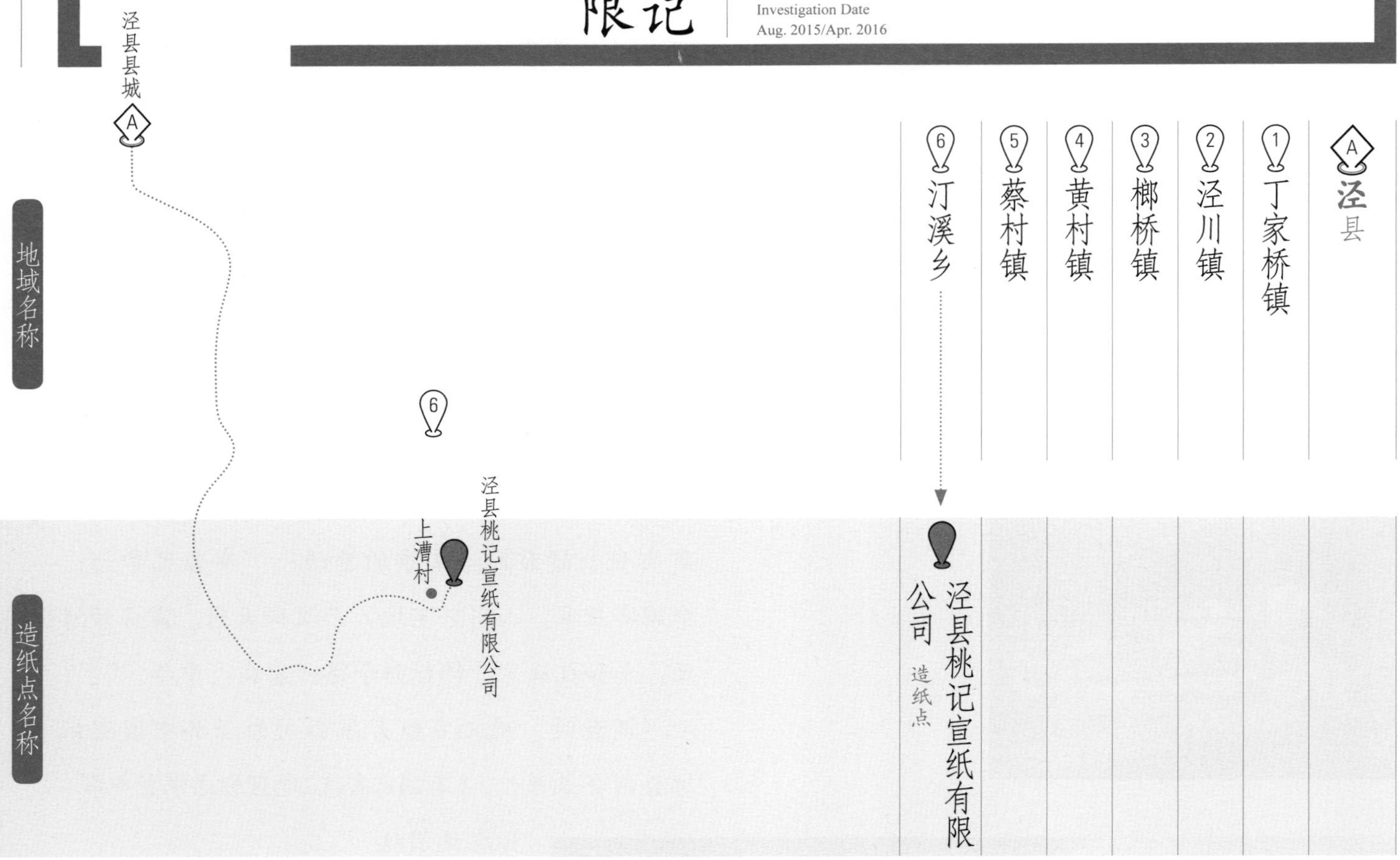


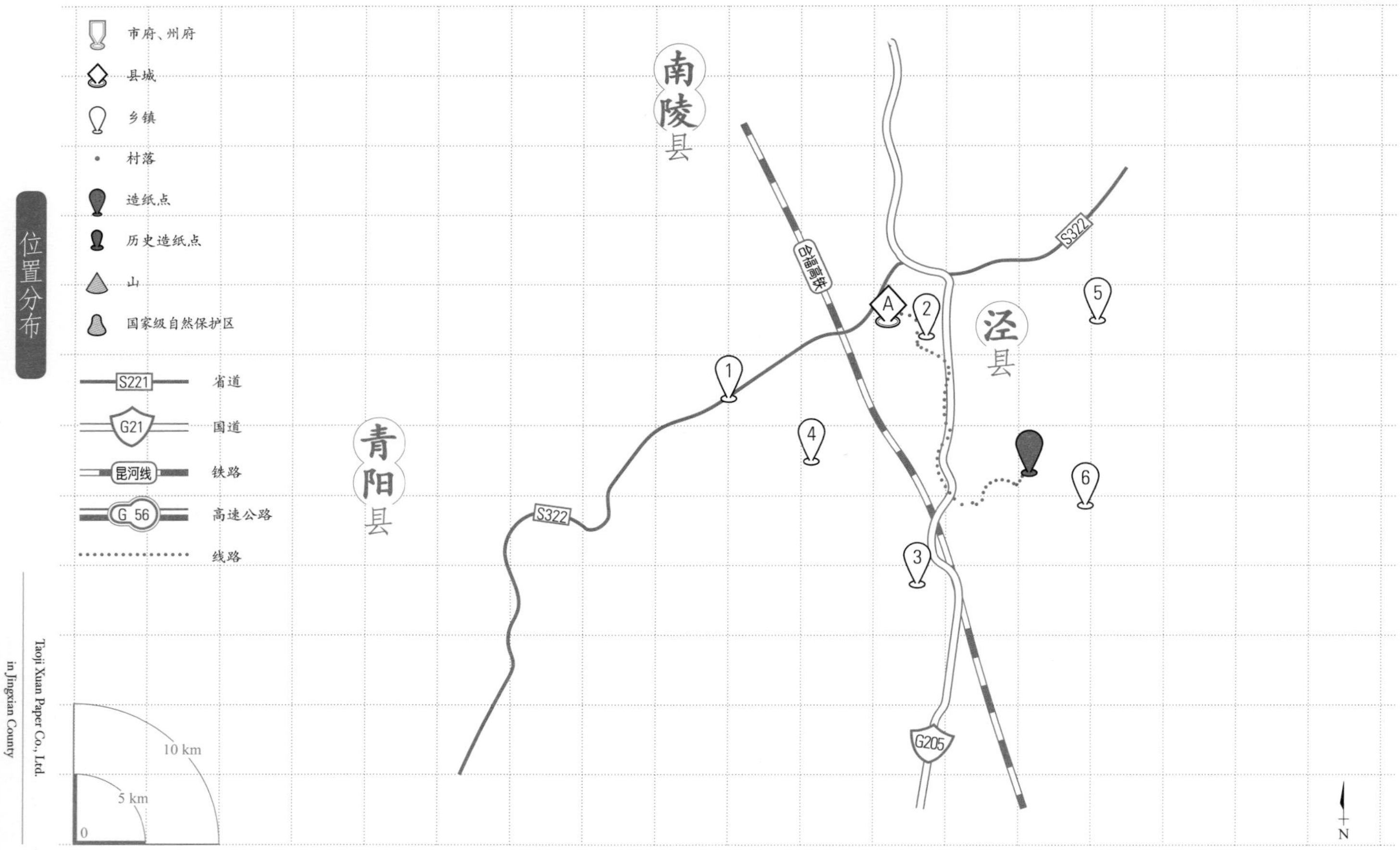

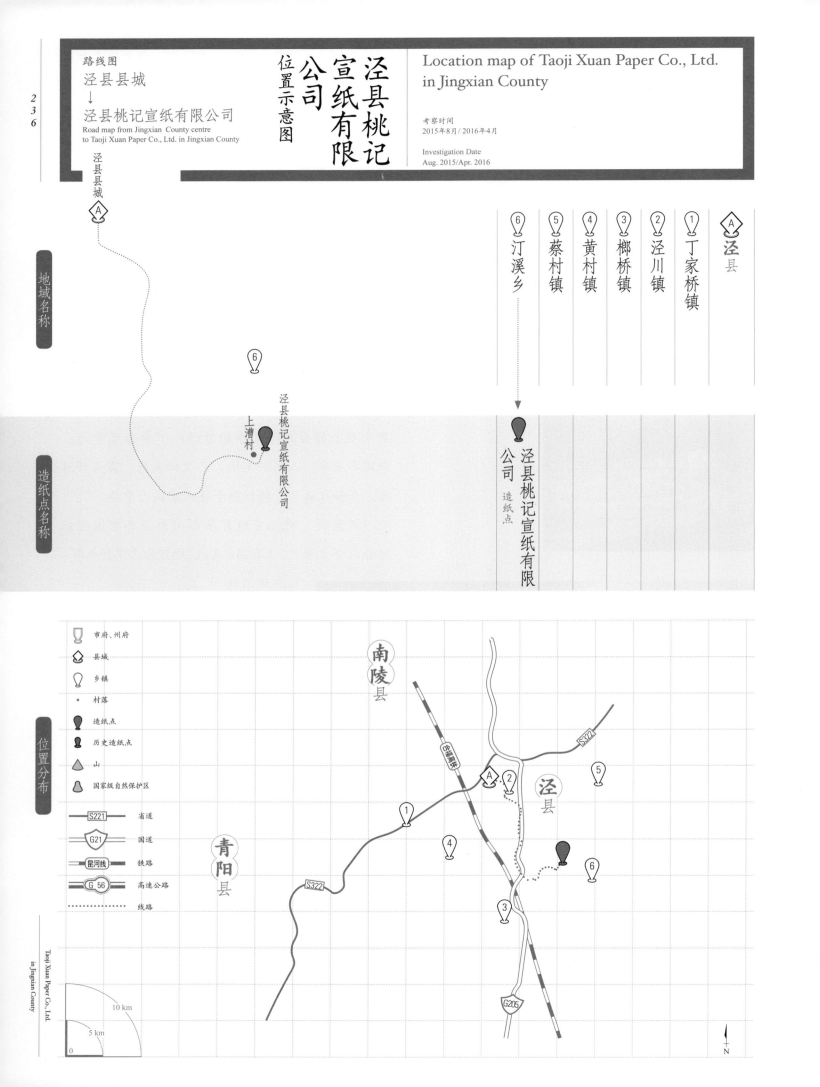

## 二
## 桃记宣纸有限公司的历史与传承情况

## 2
## History and Inheritance of Taoji Xuan Paper Co., Ltd.

2016年4月15日入厂区调查时，公司法人代表为胡凯。通过查询国家工商总局全国企业信用信息公示系统后得知的信息是：泾县桃记宣纸有限公司注册成立时间为2004年7月6日，由自然股东胡凯及其父胡青山各出资25万元成立。实地调查时胡凯口述的信息是：1986年“桃记”宣纸在泾县苏红乡新建村恢复生产，为村办集体企业，当时厂名并不是“桃记宣纸厂”，而是“泾县古艺宣纸厂”，由胡青山担任厂长。

2016年4月15日，调查组成员进行二次实地调查时，对桃记宣纸有限公司生产厂家原法人代表胡青山进行了补充访谈。胡青山，1955年12月生于泾县，访谈时已拥有30年的宣纸生产管理经验。据胡青山的介绍，“桃记”品牌宣纸的当代恢复起步于30余年前。

⊙1

20世纪80年代，原苏红乡新建村见当时的苏红乡、漕溪乡先后在泥坑、慈坑创办了乡办苏红宣纸厂、漕溪宣纸厂，为发展村属经济，开始动念筹办宣纸厂。1986年由村委会向苏红信用社贷款6万元，由村长谭志德任厂长、村文书胡青山任副厂长着手筹建，与丁桥镇枫坑村的红叶宣纸厂建立起技术合作关系，一边由新建村委会派人员去枫坑村学艺，一边按照4帘槽产能筹建宣纸厂。投产时，红叶宣纸厂委派副厂长王晓生当技术厂长，成立后以“泾县古艺宣纸厂”为名。初建的泾县古艺宣纸厂只开了2帘槽的生产，1987年时达到了4帘槽的产能。

1987年，因各种原因，调谭志德到苏红宣纸

⊙2

⊙3

⊙1 调查组走访原古艺宣纸厂旧址 Researchers visiting the former site of Traditional Xuan Paper Factory

⊙2 原古艺宣纸厂旧址厂区内景 A view of former Traditional Xuan Paper Factory

⊙3 原古艺宣纸厂纸库 Storehouse of former Traditional Xuan Paper Factory

⊙1

⊙2

⊙3

厂任厂长，胡青山接任古艺宣纸厂厂长。1989年先与杭州宣纸贸易经营户阮二田建立了供销合作关系，当时的宣纸出口需经香港中转，手续较为复杂，泾县通常的宣纸出口由外贸机构代理；此后，随着国外贸易的顺畅，又结识了日本客商滨田先生（滨田出生在杭州，父亲是中国人，母亲为日本人，10岁以后定居日本），阮二田即为当时滨田在国内的代理人。合作关系建立后，阮二田对古艺宣纸厂的选址与产品质量较为信任，由于日方对宣纸的需求量较大，因此阮二田建议古艺宣纸厂扩大生产，在古艺宣纸厂缺资金的情况下，阮二田投资了30万元人民币用于建设厂房、购置设备、添置器具。1990年9月古艺宣纸厂新体系技改完成并正式投入生产，生产槽位增加到10帘槽，工人基本来自先后倒闭的苏红宣纸厂和漕溪宣纸厂，年产量达到3万刀左右。1992年，厂里采用了阮二田的建议，启用宣纸经典老字号“桃记”，并向国家管理机构提交商标注册申请。

1992年底，新建村专门成立了经济合作社，村长俞德行担任社长，胡青山为副社长，对古艺宣纸厂进行资产核算。核算后发现部分账目与资产不吻合（据访谈中胡青山所述主要是当时的原料抢购风引起的不一致），胡青山因此退出古艺宣纸厂的管理，由村长俞德行全面接手。1993年，因部分工人不遵守厂纪，引起矛盾激化，发生较强烈的人事纠纷和冲突，对生产造成影响。在心急火燎的阮二田的干预下，改由苏红乡乡长胡绳泽任厂长，乡长助理潘天召任执行厂长，胡青山又被请回厂负责生产，生产量缩减至5帘槽左右。1995年新建村村长方金荣（音名）任厂长，胡青山正式退出，并于1996～1998年与原生产副厂长王晓生在丁家桥镇创办枫坑书画纸厂。

在此期间，由于宣纸对外出口市场的不断缩小，古艺宣纸厂也在不断减产，到1999年因资

⊙1 调查组考察慈坑原漕溪宣纸厂旧址
Researchers visiting former papermaking site of Caoxi Xuan Paper Factory in Cikeng Village of Jingxian County

⊙2/3 原漕溪宣纸厂造纸旧设施
Old tools in the former papermaking site of Caoxi Xuan Paper Factory

不抵债而破产，所有资产被苏红信用社接管并处置。因向日方供货关系的历史渊源，阮二田鼓动胡青山再次接管古艺宣纸厂。于是胡青山私人收购了原苏红木竹加工厂（上漕村）场地，由阮二田介绍并由滨田借款40万元，收购原古艺宣纸厂的部分设备，完成了2帘槽的宣纸生产所需的制备，同时也完成了“桃记”宣纸商标的归属权转让。从1989年开始，在“桃记”的发展中，阮二田和滨田一直是“桃记”宣纸稳定的销货商。

2002年，胡青山花费2.5万元购买下古艺宣纸厂旁边原苏红中学部分土地，厂区面积扩充到5 000 $m^2$，2004年正式成立“安徽省泾县桃记宣纸有限公司”。

调查中了解到的胡家父子的从业信息为：胡青山接触宣纸后期生产制作是从1986年担任古艺宣纸厂厂长开始，在此之前，他一直是在新建村做工艺前段宣纸原料燎草的加工。胡凯2001年进入古艺宣纸厂之前，并没有接触过具体的宣纸生产制作，由于父亲胡青山从事宣纸生产制作，从小受到父辈的职业环境影响，从建厂以后开始接触学习宣纸制作工艺。

⊙4

⊙5

⊙6

⊙7

⊙8

⊙9

⊙4 调查组考察泥坑原苏红宣纸厂旧址
Researchers visiting the former papermaking site of Suhong Xuan Paper Factory in Nikeng Village

⊙5/6 泥坑原苏红宣纸厂旧址
Former Suhong Xuan Paper Factory in Nikeng Village

⊙7 调查组成员访谈胡青山
Researchers interviewing Hu Qingshan, a factory manager

⊙8 创始人胡青山
Hu Qingshan, founder of the factory

⊙9 现任法人胡凯
Hu Kai, present corporate representative of the factory

# 三 桃记宣纸有限公司的代表纸品及其用途与技术分析

# 3 Representative Paper, Its Uses and Technical Analysis of Taoji Xuan Paper Co., Ltd.





## （一）代表纸品及用途

桃记宣纸有限公司生产的“桃记”宣纸传承传统手工宣纸制作工艺，所生产的宣纸品种和规格，按使用效果不同分为棉料、净皮、特净三类；按照纸张厚度分为超薄、扎花、单宣、夹宣、二层夹、三层夹等类；按照纸纹可分为单丝路、双丝路、罗纹、龟纹等类，同时还可根据用户需要制作特殊规格的宣纸和特制带文字图案的水印专用宣纸。

2015年8月7日，根据调查组实地调查时获悉的生产信息：桃记宣纸有限公司的前身古艺宣纸厂只做对外出口，以出口日本为主；受日本市场需求的影响，生产的纸类品种几乎全部是棉料，不生产净皮、特净等品种。桃记宣纸有限公司成立后，从2006年起开始转向国内市场，根据客户要求以及市场需求，生产纸的品种也逐渐多起来，多种规格纸品同时生产，对外出口和国内市场的产销基本保持平衡。

桃记宣纸有限公司由于长期做对外出口业务且以生产棉料为特长，其对外出口棉料类别规格品种相当丰富，常规生产的宣纸达50多种不同规格，如传统本色类、玉洁冰清云丝宣类、质朴自然云丝宣类、出口书道宣类等。在日本市场上最受欢迎的是其生产的绵连类宣纸产品，具有超薄、超白等特点，最大可达90 cm × 240 cm的特殊规格。实地调查期间据胡凯介绍，该厂生产的四尺棉连目前最具代表性，其规格是70 cm × 138 cm，一刀为100张纸，13刀装一箱。由于棉料的原材料檀皮含量在40%左右，含皮量少，较薄、较轻，具有润墨层次清晰、色泽经久不变、不蛀不腐等特点，适宜书法以及水墨绘画创作。

⊙1

⊙1 『桃记』宣纸部分产品
Some products of "Taoji" Xuan paper

（二）

## 代表纸品分析

测试小组对采样自桃记宣纸有限公司生产的棉料所做的性能分析，主要包括厚度、定量、紧度、抗张力、抗张强度、撕裂度、湿强度、白度、耐老化度下降、尘埃度、吸水性、伸缩性、纤维长度和纤维宽度等。按相应要求，每一指标都需重复测量若干次后求平均值，其中定量抽取5个样本进行测试，厚度抽取10个样本进行测试，拉力抽取20个样本进行测试，撕裂度抽取10个样本进行测试，湿强度抽取20个样本进行测试，白度抽取10个样本进行测试，耐老化度下降抽取10个样本进行测试，尘埃度抽取4个样本进行测试，吸水性抽取10个样本进行测试，伸缩性抽取4个样本进行测试，纤维长度测试200根纤维，纤维宽度测试300根纤维。对“桃记”棉料进行测试分析所得到的相关性能参数见表2.26。表中列出了各参数的最大值、最小值及测量若干次所得到的平均值或者计算结果。

表2.26 “桃记”棉料相关性能参数
Table2.26 Performance parameters of “Taoji” Mianliao paper

| 指标 | | | 单位 | 最大值 | 最小值 | 平均值 | 结果 |
|---|---|---|---|---|---|---|---|
| 厚度 | | | mm | 0.090 | 0.070 | 0.077 | 0.077 |
| 定量 | | | $g/m^2$ | — | — | — | 26.9 |
| 紧度 | | | $g/cm^3$ | — | — | — | 0.343 |
| 抗张力 | | 纵向 | N | 16.2 | 14.8 | 15.7 | 15.7 |
| | | 横向 | N | 9.4 | 7.5 | 8.6 | 8.6 |
| 抗张强度 | | | kN/m | — | — | — | 0.810 |
| 撕裂度 | | 纵向 | mN | 600 | 490 | 540 | 540 |
| | | 横向 | mN | 500 | 430 | 472 | 472 |
| 撕裂指数 | | | $mN\cdot m^2/g$ | — | — | — | 18.3 |
| 湿强度 | | 纵向 | mN | 920 | 720 | 822 | 822 |
| | | 横向 | mN | 400 | 350 | 390 | 390 |
| 白度 | | | % | 72.8 | 72.5 | 72.6 | 72.6 |
| 耐老化度下降 | | | % | — | — | — | 2.7 |
| 尘埃度 | | 黑点 | 个$/m^2$ | — | — | — | 4 |
| | | 黄茎 | 个$/m^2$ | — | — | — | 8 |
| | | 双浆团 | 个$/m^2$ | — | — | — | 0 |
| 吸水性 | | | mm | — | — | — | 17 |
| 伸缩性 | | 浸湿 | % | — | — | — | 0.45 |
| | | 风干 | % | — | — | — | 0.73 |
| 纤维 | 皮 | 长度 | mm | 3.17 | 1.62 | 2.25 | 2.25 |
| | | 宽度 | μm | 19.0 | 7.0 | 12.0 | 12.0 |
| | 草 | 长度 | mm | 0.95 | 0.34 | 0.58 | 0.58 |
| | | 宽度 | μm | 15.0 | 4.0 | 8.0 | 8.0 |

由表2.26可知，所测“桃记”棉料的平均定量为26.9 g/m$^2$。“桃记”棉料最厚约是最薄的1.29倍，经计算，其相对标准偏差为0.007，纸张厚薄较为一致。通过计算可知，“桃记”棉料紧度为0.343 g/cm$^3$，抗张强度为0.810 kN/m，抗张强度值较大。所测“桃记”棉料撕裂指数为18.3 mN·m$^2$/g，撕裂度较大；湿强度纵横平均值为606 mN，湿强度较大。

所测“桃记”棉料平均白度为72.6%，白度较高，是由于其加工过程中有漂白工序。白度最大值是最小值的1.004倍，相对标准偏差为0.108，白度差异相对较小。经过耐老化测试后，耐老化度下降2.7%。

所测“桃记”棉料尘埃度指标中黑点为4个/m$^2$，黄茎为8个/m$^2$，双浆团为0个/m$^2$。吸水性纵横平均值为17 mm，纵横差为3.2 mm。伸缩性指标中浸湿后伸缩差为0.45%，风干后伸缩差为0.73%，说明“桃记”棉料伸缩差异不大。

“桃记”棉料在10倍、20倍物镜下观测的纤维形态分别如图★1、图★2所示。所测“桃记”棉料皮纤维长度：最长3.17 mm，最短1.62 mm，平均长度为2.25 mm；纤维宽度：最宽19.0 μm，最窄7.0 μm，平均宽度为12.0 μm；草纤维长度：最长0.95 mm，最短0.34 mm，平均长度为0.58 mm；纤维宽度：最宽15.0 μm，最窄4.0 μm，平均宽度为8.0 μm。“桃记”棉料润墨效果如图⊙1所示。

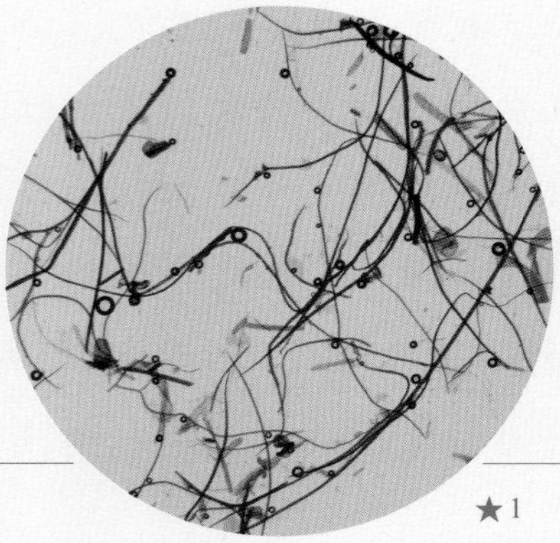

★1

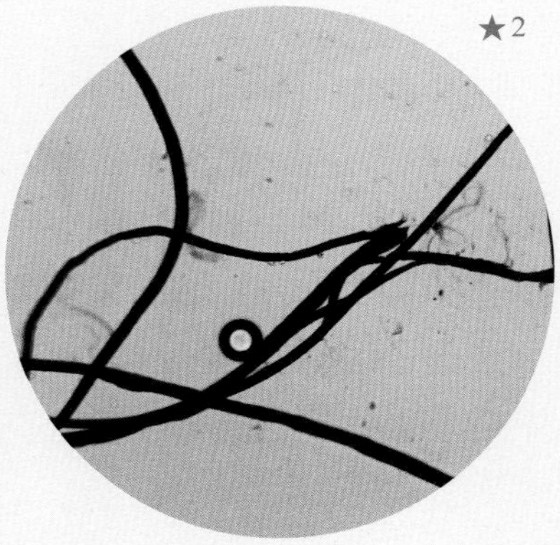

★2

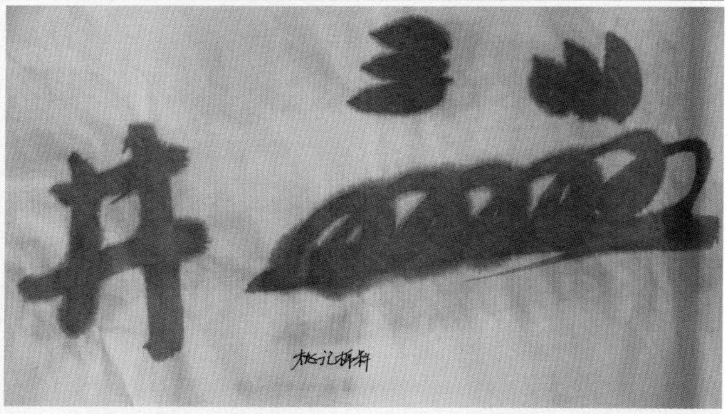


⊙1

★1
『桃记』棉料纤维形态图（10×）
Fibers of "Taoji" Mianliao paper (10× objective)

★2
『桃记』棉料纤维形态图（20×）
Fibers of "Taoji" Mianliao paper (20× objective)

⊙1
『桃记』棉料润墨效果
Writing performance of "Taoji" Mianliao paper

# 四
# 桃记宣纸有限公司生产的原料、工艺与设备

# 4
# Raw Materials, Papermaking Techniques and Tools of Taoji Xuan Paper Co., Ltd.

## （一）“桃记”宣纸生产的原料与辅料

### 1. 主料：青檀皮与燎草

“桃记”宣纸生产所需的主原料有青檀皮和沙田稻草两种。

据两轮正式实地调查及前后多次预调查和补充调查获知：桃记宣纸有限公司为减少生产成本，充分利用当地资源，生产所需的燎草来源于厂区附近村落，以新建村为主要燎草供应地；檀皮则主要从厂区当地村落的农户手中收购，采购范围从上漕村至汀溪蔡村。2015年8月调查时据胡凯介绍，近年来人工成本增加很快，檀皮收购价基本达到100 kg将近1 800元，燎草100 kg将近1 300元的收购价。

### 2. 辅料：猕猴桃藤

桃记宣纸有限公司捞纸时所选用的纸药为传统植物纸药野生猕猴桃（泾县当地习称杨桃）藤的汁液，主要也是通过雇佣厂区附近村民上山砍伐野生猕猴桃藤获取，调查时收购价格为100 kg约400元。

### 3. 水源

宣纸素有“千年寿纸”的美誉，除了使用的原材料和加工方法具有特殊性，独特的水质也是重要的影响因素。水源的洁净直接影响纸的含杂质度和白度。桃记宣纸有限公司所在的苏红乡，山多林密，境内有多条适宜宣纸生产优质用水的溪流。

桃记宣纸有限公司生产厂区紧靠一条溪流，水质的混浊度低，杂质含量少，水的温度较低，适合成纸用水。经调查组成员取样测试，其捞纸用水pH为6.79，呈弱酸性。

⊙2

⊙3

⊙4

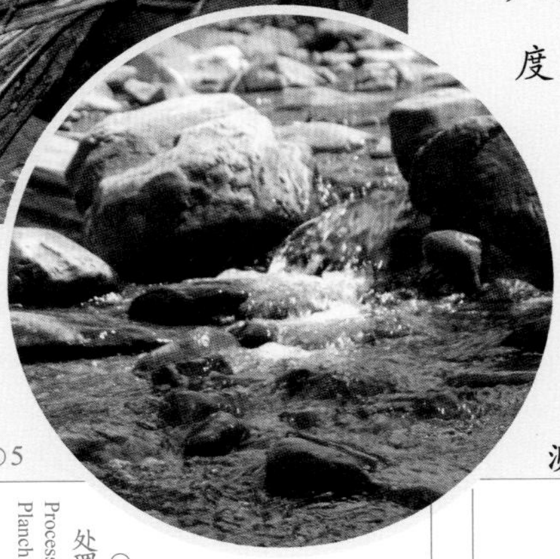
⊙5

⊙2 放在箩筐里的青檀皮料
*Pteroceltis tatarinowii* Maxim. bark materials in bamboo basket

⊙3 袋中的白皮料
Bark materials in the bags

⊙4 处理过的杨桃藤枝
Processed branches of *Actinidia chinensis* Planch.

⊙5 桃记宣纸有限公司厂区旁边的溪流
Stream near Taoji Xuan Paper Co.,Ltd.

## (二)
## “桃记”宣纸生产的工艺流程

调查组于2015年8月7日和2016年4月15日对桃记宣纸有限公司进行了两轮实地调查和访谈，总结“桃记”宣纸生产的工艺流程为：

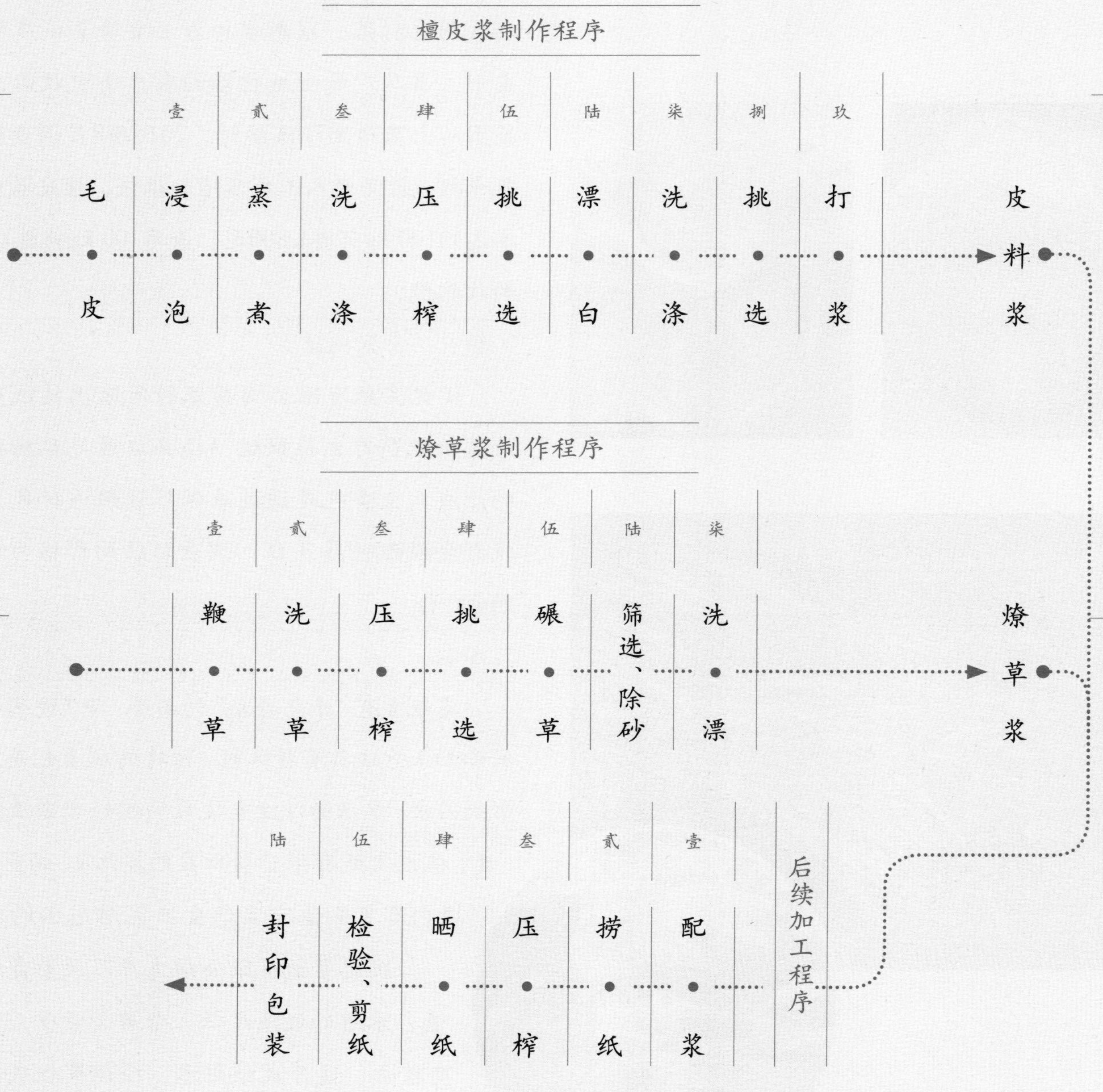

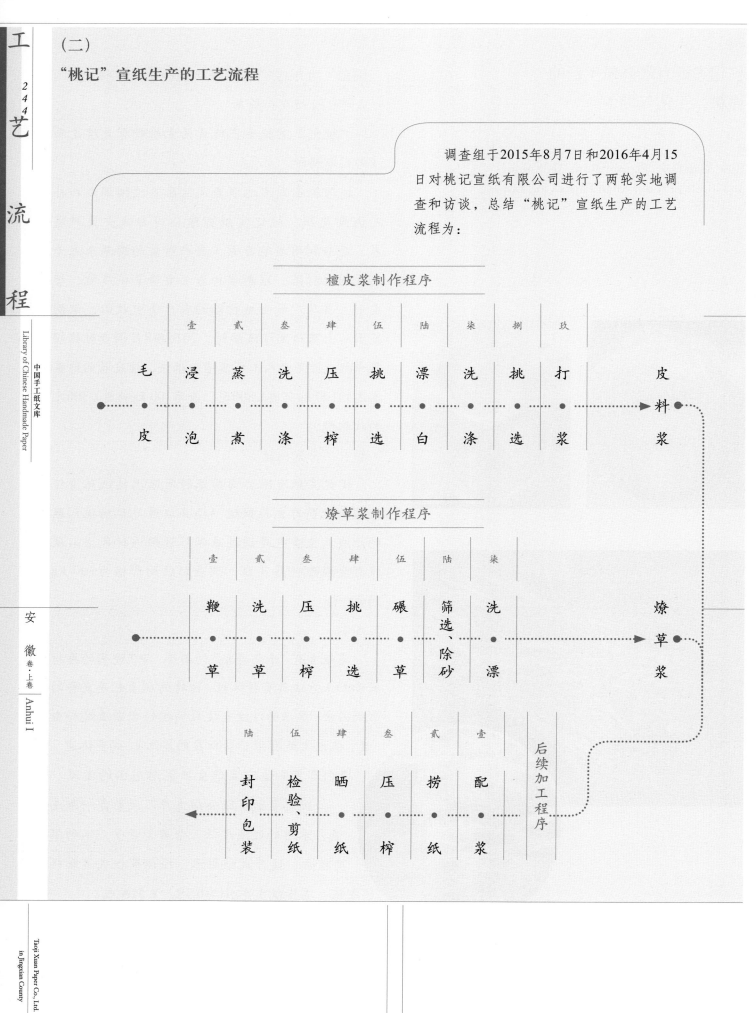

## 檀皮浆制作

“桃记”宣纸檀皮浆采用直接收购当地农户家加工好的毛皮进行浸泡、蒸煮等工序处理而得。据胡凯介绍，檀皮浆主要制作过程如下：

### 壹 浸泡 1

从仓库中提出适量青檀毛皮先进行浸泡，这个过程大概需要18个小时。后面根据其浸泡软化程度进行蒸煮。

### 贰 蒸煮 2

这一过程大概持续20个小时，在蒸煮过程中加化学制剂——烧碱（氢氧化钠），主要是为了去除青檀皮中的木质素和软化纤维。

### 叁 洗涤 3

将蒸煮好的檀皮放入流水中清洗。清洗过程中需不断摆动檀皮，便于洗净其中的残碱和污水。

### 肆 压榨 4

将皮料中的水分榨出，便于后续的选检。

### 伍 挑选 5

⊙1

将榨干后的黑皮进行人工挑拣，主要挑出木棍、杂质等。

### 陆 漂白 6

将挑拣后的黑皮加入适量的次氯酸钙进行漂白，漂白4～5个小时。据胡凯介绍说，次氯酸钙具有很强的刺激性，在使用时呛鼻、刺眼，次氯酸钠刺激性稍弱，但就漂白效果而言，没有具体的衡量标准，各家宣纸厂都有使用，说法也不一。

### 柒 洗涤 7

将漂白后的皮料过水清洗，洗去内含的漂白液后放入木榨中榨干。如不清洗干净，残留的次氯酸钠会影响宣纸的保存时间。

⊙1

### 捌 挑选 8

挑拣出没有漂白的皮料及杂质。

### 玖 打浆 9

⊙2

用打浆机将选拣好的白皮打浆，即形成皮料浆。

⊙2

⊙1 桃记宣纸有限公司生产车间的挑拣台
Table for picking and choosing high quality materials in Taoji Xuan Paper Co., Ltd.

⊙2 平筛设备
Flat filter

## 燎草浆制作

"桃记"宣纸燎草浆采用直接购买农户制作好的燎草进行深加工制作而得。据胡凯介绍，燎草浆主要制作过程如下：

### 壹 鞭草 1

将整捆燎草解开捆扎带后，用大鞭子顺燎草缝抽打。当燎草上黏附的石灰脱落到一定程度时，将燎草移至鞭草桌上用细棍子抽打。抖去草上所含的石子与石灰。

### 贰 洗草 2

将过鞭后的燎草扔进大筐，再将大筐放进流动的水里过水清洗，以洗净为准。

### 叁 压榨 3 ⊙3

将洗净的燎草放入木榨中，榨去草中污汁和水分。

### 肆 挑选 4

将榨干的湿燎草通过人工选拣，剔除草中的草黄筋、棍子。

### 伍 碾草 5

将挑选后的燎草放入碾草机，通过石碾分解燎草纤维束，达到分丝帚化的目的。

⊙3

⊙4

### 陆 筛选、除砂 6

碾完后的草料放入振框筛中进行筛选，将没有碾碎和不符合做纸要求的浆料去除。将筛选后的草料浆通过除砂器进行除砂，达到净化目的。

### 柒 洗漂 7 ⊙4

加入次氯酸钙漂白草浆，等草料浆达到需要的白度后，放入洗漂机进行洗漂，除去草料浆中残留的漂液。

⊙3 待碾压的草料与石碾 Straw to be rolled and the stone roller

⊙4 漂洗设备 Machine for bleaching and cleaning the materials

## 壹 配浆

### 1 ⊙5

据胡凯的描述，目前檀皮和燎草出浆率基本保持在20%左右，以前燎草的出浆率高，现在由于草里的石灰含量增加，出浆率相对降低。桃记宣纸有限公司生产的系列宣纸通常按照客户要求进行皮浆和草浆的配比勾兑，如出口的棉料产品配比为50%燎皮和50%燎草。在客户无特殊需求时，则按照国家常规标准进行配比，即棉料配比为40%檀皮浆和60%燎草浆、净皮配比为70%檀皮浆和30%燎草浆、特净配比为80%檀皮浆和20%燎草浆。

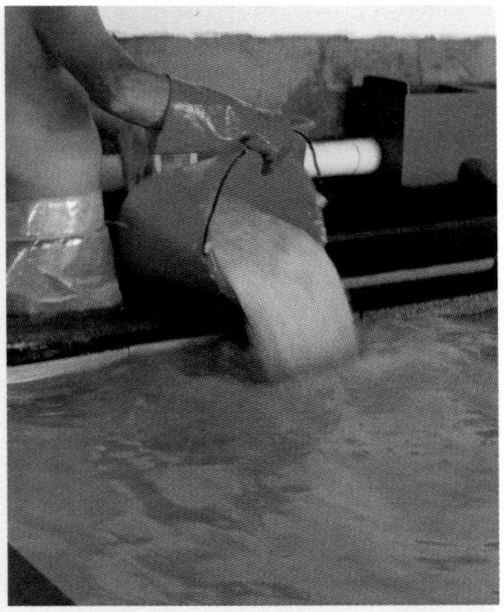

⊙5

⊙6

## 贰 捞纸

### 2 ⊙6

捞纸技术水平的高低决定纸质的好坏，“桃记”宣纸常规生产规格为四尺、六尺、尺八屏，捞纸时需有两人配合完成，分别站在纸槽的两端，一人掌帘，一人抬帘，通常掌帘者要求技术水平更高。在调查时桃记宣纸有限公司本应有正常生产的槽位4个，但由于一位槽位工人手受伤和另一位槽位工人家里有事请假，只开了2个槽位。2个槽位一天能捞25刀，2 500张左右的宣纸。

⊙5 工人正将浆料倒入捞纸槽
Pouring the pulp materials into papermaking trough

⊙6 捞纸车间
Workshop for papermaking

叁

## 压榨

3

捞纸工下班后，由帮槽工用盖纸帘覆盖在湿纸帖上，加上盖纸板。等受压后的湿纸帖滤完一定的水后，再架上榨杆和螺旋杆等装置，逐步加力，将湿纸帖挤压到不出水为止。帮槽工在扳榨时，交替做好纸槽清洗工作，将纸槽当天的槽水放干，滤去槽底（槽内残留的纸浆），清洗纸槽四壁后，加上次日第一个槽口的纸浆，将槽内注满清水。

据胡凯介绍，桃记宣纸有限公司生产车间当天捞纸结束后，随即根据棉料大概500张一块帖、净皮和特净400张1块帖进行压榨，不隔夜。工人采用手工压榨的方式压榨一个多小时。

肆

## 晒纸

4 ⊙7～⊙9

(1) 烘帖

将压榨好的纸帖放在钢板制作的焙墙上烤，让纸中水分蒸发出来，方便后面晒纸。桃记宣纸有限公司一般烘帖时间保持在2～3天，有时根据天气、气温因素影响会有改变。

(2) 浇帖

烘干后的纸帖需要人工在整块帖上浇润水，使整块纸帖被水浸润，形成潮而不湿形状。浇帖没有固定时间，可以抽空进行。

(3) 晒纸

又称烘纸、炕纸。晒纸工人沿着纸帖从左至右一张张地将纸揭离，然后用刷把将湿纸刷沾于钢板材质的晒纸焙上，贴于焙面后，以焙的自身热量将水分全部蒸发，然后揭下烘干的纸张，置于一边压纸石下，如此循环往复晒纸。

⊙7

⊙8

⊙9

⊙7 已烘干的纸帖 Dried paper pile

⊙8 工人在浇帖 A worker watering the paper pile

⊙9 晒纸房 Workshop for drying the paper

⊙10

## 伍 检验、剪纸

5 ⊙10

将晒好的纸张运到剪纸车间对纸张进行逐张检查，将有破损或瑕疵的纸张剔除出来。完成一块帖的检查后，将检验好的纸张放在纸台上，工人用特制大剪刀对每条边进行裁剪，裁剪出来的纸张要求四边整齐。

## 陆 封印包装

6 ⊙11

剪完之后再检查一次纸张质量，剔除有问题或瑕疵的纸张，最后按照100张一刀对折好，在刀口部位再盖上印有“桃记”商标以及纸张品种、尺寸的印章，再用特定包装纸包装后方算成品。

⊙11

⊙10 女工在逐张检验 Female workers choosing the high-quality paper

⊙11 检验完成待包装的宣纸 Xuan paper to be packaged after checking

## (三)

## “桃记”宣纸制作的主要工具

### 壹 捞纸槽 1

调查时为由水泥浇筑而成。实测桃记宣纸有限公司所用的四尺捞纸槽规格为：长211 cm，宽190 cm，高70 cm，槽池净深50 cm；六尺捞纸槽规格为：长245 cm，宽190 cm，高70 cm，槽池净深55 cm。

⊙1

### 贰 帘 床 2

捞纸时用作承载纸帘的床架。由四根树木条做成长方形框架，中间横竖嵌入4根木条，用于稳固长方形框架，最后在上面铺盖一层芒杆。现在很多宣纸厂家在帘床上面改用聚酯塑料管，其具有质轻、耐腐蚀、无气味、加工容易、操作方便等特点。

⊙2

⊙3

### 叁 纸 帘 3

用于捞纸，用苦竹丝多根排列，以丝线贯穿其中编连成一个整体，然后涂上生漆，滤干即成纸帘，表面平整光滑。根据生产宣纸规格不同，实测桃记宣纸有限公司所用的四尺纸帘为：长161 cm，宽90 cm；六尺纸帘为：长206 cm，宽112 cm。

⊙1 捞纸槽 Papermaking trough

⊙2 不同规格的帘床 Papermaking frame of various sizes

⊙3 纸帘 Papermaking screen

## 肆 浇帖架 4

主要用来"浇帖"，木制。晒纸前需要将纸帖放在帖架上进行人工浇帖。实测桃记宣纸有限公司六尺浇帖架尺寸规格为：长210 cm，宽90 cm。

⊙4

## 伍 额　枪 5

也称"擀棍"。晒纸前"做边"时用来松纸，便于晒纸时用来分张。实测桃记宣纸有限公司长额枪长约20cm，直径2.5cm。

⊙5

## 陆 松毛刷 6

晒纸时将纸刷上晒纸墙，使纸平整充分地接触晒纸墙，刷柄为木制，刷毛为松毛。实测桃记宣纸有限公司所用的刷子长45 cm，宽12 cm。

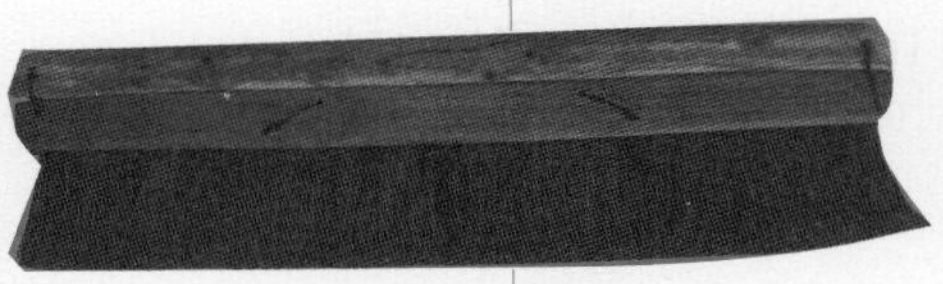

⊙6

## 柒 剪　刀 7

用来剪纸，剪刀口为钢制，其余部分为铁制。实测桃记宣纸有限公司所用的剪刀总长33 cm，刀口长25.5 cm。

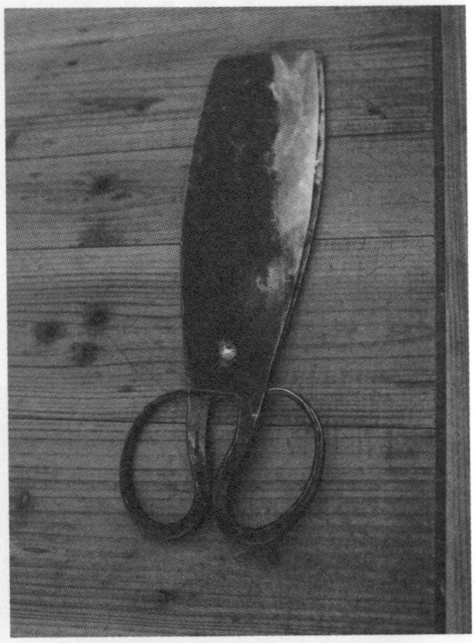

⊙7

⊙4 浇帖架 Frame for supporting the paper pile

⊙5 额枪 Tool for separating the paper

⊙6 松毛刷 Brush made of pine needles

⊙7 大剪刀 Shears

# 五 桃记宣纸有限公司的市场经营状况

# 5 Marketing Status of Taoji Xuan Paper Co., Ltd.

桃记宣纸有限公司不仅是泾县一家传统老字号品牌的宣纸专业生产企业，而且是一家以出口外销为重点的宣纸企业。调查组访谈和调查获取的信息为：桃记宣纸有限公司前身古艺宣纸厂只生产棉料，主要是对日本出口，日方背景的华东商贸公司和宝盈堂为“桃记”宣纸稳定的销货商。桃记宣纸有限公司成立后主要也做出口，2006年以后才慢慢转向国内市场。2016年的情况是国内市场需求已占比稍多，宣纸品种也逐渐多起来，棉料、净皮、特净多种规格均可根据客户需要生产。

桃记宣纸有限公司的生产规模时大时小，宣纸产量也时高时低，决定其起伏的因素除了试产原因，也因人员流动性较大。公司成立初约有20人规模，截至2015年发展到40多人。槽位数也在变化，2001年有2个，2002年有3个，2003年开始发展至调查时一直保持在4～5个槽位的生产规模。

截至2015年8月调查时，桃记宣纸有限公司还未建立直营店销售，主要授权给个体经销商销售“桃记”的宣纸，遍布北京、天津、沈阳、济南、贵州等全国各大中城市和省份，经销商在全国有30余家。访谈中胡凯表示：准备2015年12月份在泾县的绿宝街开一家“桃记”宣纸直营店，电商网络平台则仅授权了一家经销商在销售“桃记”宣纸。2014年全年实体经销商和电商共销售10 000多刀纸，销售额约有1 000万元。

⊙1

⊙2

⊙1
桃记宣纸有限公司内景
Interior view of Taoji Xuan Paper Co., Ltd.

⊙2
原古艺宣纸厂厂区后的檀皮林和晒滩
*Pteroceltis tatarinowii* forest and drying field behind former Xuan Paper Factory

# 六
# 桃记宣纸有限公司的品牌文化与习俗故事

## 6
## Brand Culture and Stories of Taoji Xuan Paper Co., Ltd.

小岭青檀溪水傍　曹氏宣纸天下扬

——泾县小岭宣纸历代成名记

⊙ 泾县中国宣纸协会秘书长　吴世新

地处皖南泾县的小岭不仅是中国宣纸的发祥地，也是曹氏宣纸的诞生地，迄今已有一千多年的技艺传承历史，是中华造纸术保存最为原始的典型代表，被历代誉为“纸寿千年、墨韵万变”而驰名中外。宣纸在历朝历代赞誉甚多，屡获殊荣，成为中国传统书写绘画不可或缺的重要载体，成为古籍善本保存传世的最佳纸张。在其不断发展的岁月里，又不断呈现出新的生

据考证，现存于北京故宫博物院唐代著名画家韩滉的《五牛图》、《文苑

用，其余皆非佳物也”。又据北宋苏易简《文房四谱》卷四中记载：“南唐有澄心堂纸，细薄光润，为一时之甲。”宋代程大昌在《演繁露》中记载：“江南李后主造澄心堂纸，前辈甚贵重之，江南平后六十年，其纸犹有存者”。故宋代诗人梅尧臣在得到别人赠给他这种“佳纸”之时，立即作诗赞到：“江南李氏有国日，百金不许市一枚；当时国破何所有，帑藏空竭生莓苔。但存图书及此纸，弃置大屋墙角堆，

⊙3

### 1. “桃记”品牌的前世沿革

“桃记”宣纸的创办历史可追溯到清光绪二年，即公元1876年，创建的品牌为曹恒源“桃记”宣纸。作为曹恒源步记、桃记、秀记、栋记中的一个重要传统品牌，光绪年间的厂址坐落在泾县小岭村的皮滩（地名）上，生产规模有3帘纸槽，工坊业主为曹兰生。1900年以后纸坊业主为曹秀峰，纸槽扩建到7帘规模。1943年因国内战乱、交通受阻、物流不畅等因素而被迫停业。第一阶段的从业时间达67年，是小岭曹氏家族宣纸制造集群中实力较强的一家企业，纸质之精良，品牌影响之深远，均为泾县造纸后人所敬仰。[15]

### 2. “年初开工宴”的习俗

调查期间，据胡凯介绍说，由于宣纸制作是流水作业，有严格的流程工序，每个岗位的工人不能够同时结束手头工作，在每年春节前放假时，部分岗位的衔接较为重要，如衔接不好势必会影响到阶段性产量和质量。桃记宣纸有限公司每年为了感谢工人师傅们一年来的辛勤工作，会选择年初开工之前答谢员工，这时候按通常的习俗会召集全部纸工在厂区里燃放烟花爆竹，然后请大家在一起聚餐欢宴，以示感谢并希望新一年工作一如既往。

⊙3 《小岭青檀溪水傍 曹氏宣纸天下扬——泾县小岭宣纸历代成名记》一文
*A published essay: Pteroceltis tatarinowii near the Stream in Xiaoling Village, Caoshi Xuan Paper Here is World-famous: The Biography of Xuan Paper in Xiaoling Village of Jingxian County*

[15] 吴世新.小岭青檀溪水傍 曹氏宣纸天下扬:泾县小岭宣纸历代成名记[J].中华纸业,2011(17):77-79.

# 七
# 桃记宣纸有限公司的业态传承现状与发展思考

# 7
# Current Status and Development of Taoji Xuan Paper Co., Ltd.





作为曾于1915年荣获巴拿马万国博览会手工纸类唯一金奖的历史经典品牌，作为享有国家地理标志保护产品权益的“桃记”宣纸，调查中胡凯表示：今天的桃记宣纸有限公司要从原材料和产品生产的每一个环节出发，仔细聆听客户对产品质量的要求和建议进行生产，更负责任地传承和享用“百年桃记、世博金奖”的美誉。

胡凯同时反映，桃记宣纸有限公司目前在发展过程中也遭遇到不小的传承与发展挑战，比较突出的主要有两方面：一方面的问题是受到来自四川夹江和泾县本地中低端书画纸的冲击，相当数量对宣纸真纸不了解的用户容易受到误导而觉得宣纸价格高，这对“桃记”宣纸的国内销售已造成不少冲击；而另一方面，传统宣纸行业在发

⊙1

⊙2

⊙1
胡青山正给调查组成员绘原古艺宣纸厂商标
Hu Qingshan illustrating the trademark of former Xuan Paper Factory to the researchers

⊙2
胡青山所绘原古艺宣纸厂商标
Trademark of former Xuan Paper Factory (drawn by Hu Qingshan)

展过程中遇到后继乏人和成本快速上升的问题，这在桃记宣纸有限公司已成为发展的瓶颈。

发展瓶颈的形成又可从两个方面来解析原因：

一是由于宣纸生产有些工艺流程受天气和气温干扰大，工作环境艰苦而且工人相当辛苦，年轻人不愿意吃这种苦，即便收入较好也很难安下心来学技艺，宣纸工艺的继承成为一个亟待解决的大问题。以桃记宣纸有限公司的具体情况看，调查时造纸人员年龄几乎都在40岁以上，其中近一半技术工人是从原古艺宣纸厂留下来的老技工。

二是作为以私营性质的手工式作坊方式生产的企业，在2013年后国际国内宣纸销售均明显景气度欠佳的环境下，为了维持企业运营，只能减小生产规模。同时，生产宣纸的人力成本逐年在增加，例如，捞纸工人工资根据捞纸的品种会有浮动，晒纸工人的工资与捞纸工人的工资保持一致，月收入将近4 000元，工人只有工资，没有其他的保险、福利。捞纸工人根据商议，掌帘和抬帘的一般是40%对60%或45%对55%进行分成，厂家一般不过问。传统手工造纸原材料由于受地理环境等因素影响，全靠人工采集，不能实行机械化，相应费用也在增加。桃记宣纸有限公司作为一般纳税人，调查其税收也比较高，每年税收在40万～50万元。

桃记宣纸有限公司面临的问题是目前整个宣纸行业里的一个缩影，如何在困难挫折中寻求出路，胡凯认为：这需要传统手工造纸继承者不断地进行新产品、新工艺的研发和市场销售渠道的创新。

⊙3

⊙3
调查组成员考察中与胡青山聊『挑战』
A researcher talking with Hu Qingshan about the "challenges" of papermaking

# 棉料宣

"Taoji" Mianliao Xuan Paper

『桃记』棉料宣透光摄影图

A photo of "Taoji" Mianliao Xuan paper seen through the light

# 棉料棉连宣

"Taoji"
Mianlian Xuan Paper(Mlianliao)

『桃记』棉料棉连宣透光摄影图
A photo of "Taoji" Mianlian Xuan paper(Mlianliao) seen through the light

# 特净

"Taoji"
Superb-bark Paper

『桃记』特净透光摄影图
A photo of "Taoji" superb-bark paper seen through the light

# 第五节

# 泾县汪同和宣纸厂

安徽省
Anhui Province

宣城市
Xuancheng City

泾县
Jingxian County

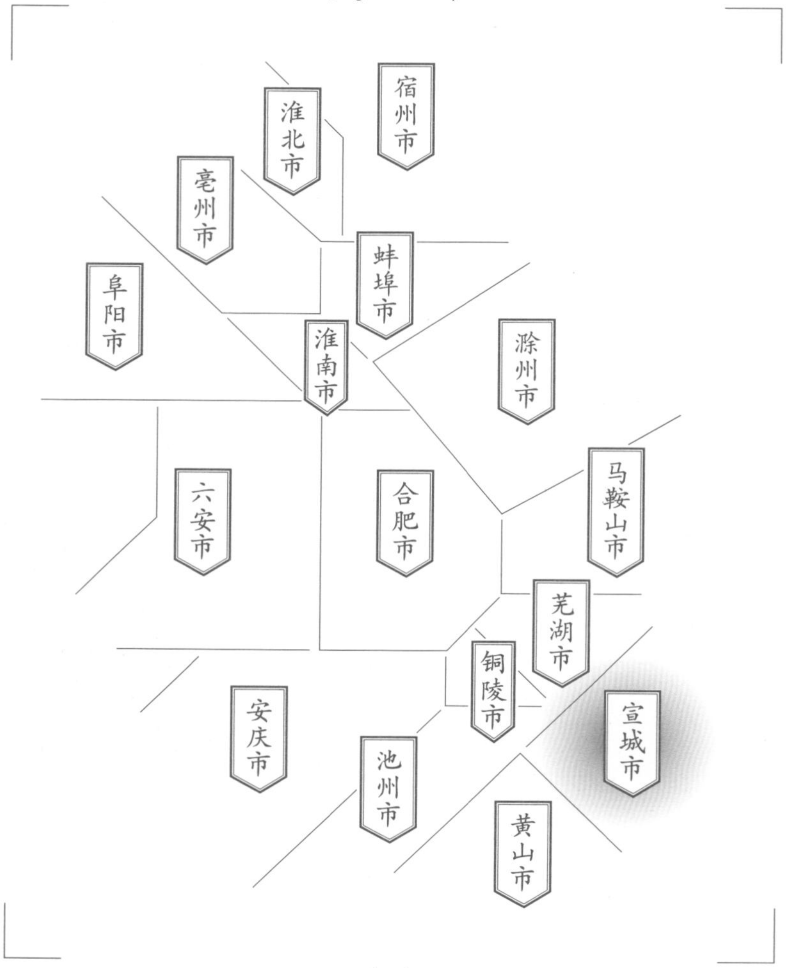


## Section 5
## Wangtonghe Xuan Paper Factory in Jingxian County

**调查对象**

泾川镇 泾县汪同和宣纸厂 宣纸

Subject

Xuan Paper of Wangtonghe Xuan Paper Factory in Jingxian County in Jingchuan Town

## 一
## 汪同和宣纸厂的基础信息与生产环境

## 1
## Basic Information and Production Environment of Wangtonghe Xuan Paper Factory

泾县汪同和宣纸厂坐落于泾县泾川镇古坝村的官坑，地理坐标为东经118° 31′ 48″ 、北纬30° 37′ 46″ 。古坝村地处泾川镇东南方，东与蔡村镇相邻，南与汀溪乡接壤。村境内有泾县名山“纱帽山”，漕溪河穿村而过，地方上旧有“皖南第一村”的誉称。

据泾县民间来源的口述记忆，汪同和宣纸作坊有始建于明末清初的说法，系泾县回乡士绅汪锡乔在官坑所创，但该说法的可靠性尚缺翔实的佐证内容。调查中所见：官坑群山环绕，074县道从厂边擦身而过，为来往于山内外提供了便捷；漕溪河穿厂而过，既为宣纸生产提供了便捷水源，又为古代运输提供了水路通道。汪同和宣纸厂距离

⊙1

⊙1
流经古坝村的漕溪河
Caoxi River flowing through Guba Village

路线图
泾县县城
↓
泾县汪同和宣纸厂
Road map from Jingxian County centre to Wangtonghe Xuan Paper Factory in Jingxian County

# 泾县汪同和宣纸厂位置示意图

# Location map of Wangtonghe Xuan Paper Factory in Jingxian County

考察时间
2015年8月

Investigation Date
Aug. 2015

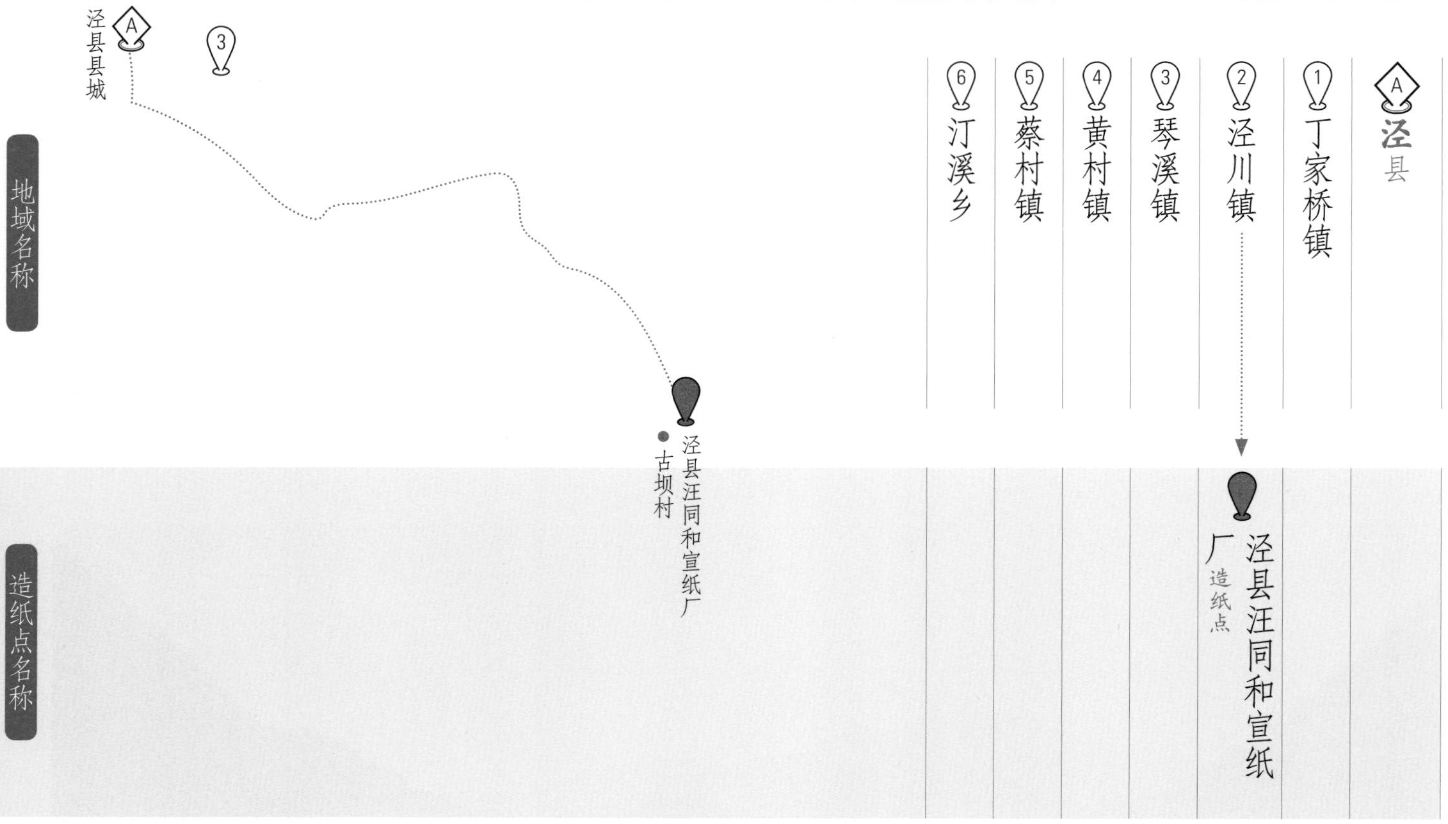


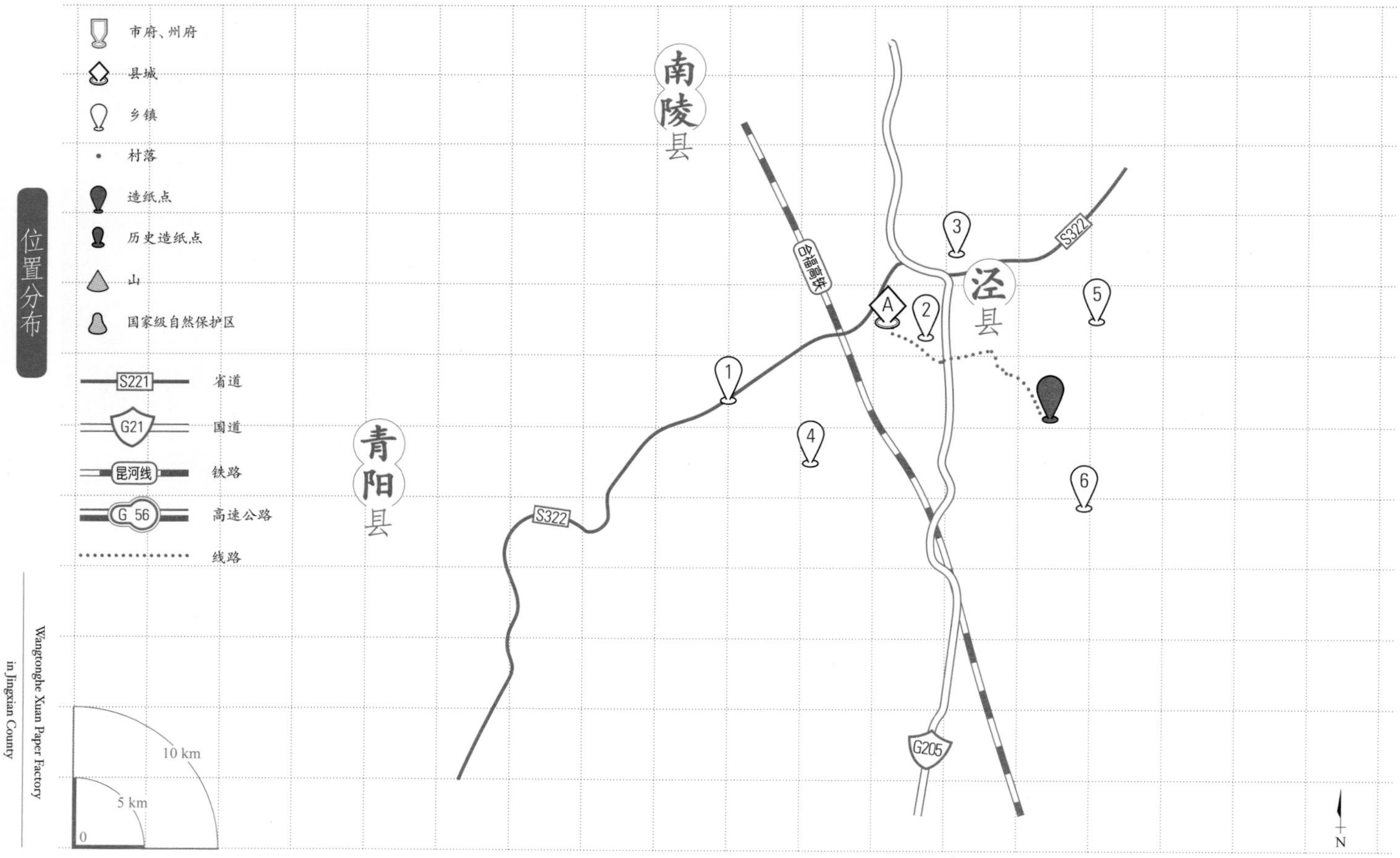

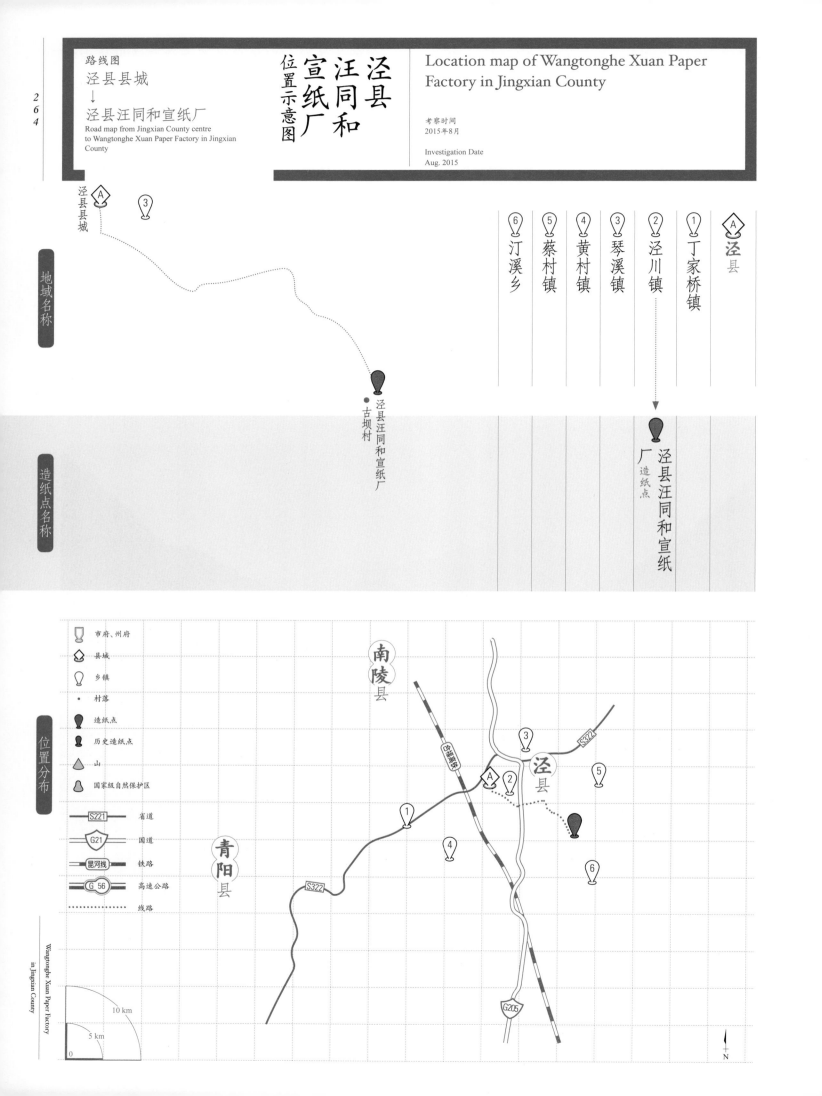

⊙1

⊙2

国家4A级水墨汀溪风景区车行距离约20 km，是泾县县城所在地泾川镇前往风景区传统的必经之路。

沿着074县道前行，路边竖有“汪同和宣纸”的标牌提醒纸厂的位置。由于纸厂建在山坳间，周围的群山将厂区挤成如“坑”的形式，坑长约5 km，不同生产厂房散落在坑中。截至2015年8月调查组入厂调查时，该厂共有厂房面积1 200 $m^2$，有捞纸槽位11个，其中9个在生产（有单纸槽3个、一改二的纸槽6个）。

汪同和宣纸厂宣纸原纸产品有特净、净皮、棉料和黄料等，另外还在自产原纸基础上加工熟宣，全部使用“汪同和”品牌。2010～2014年，公司宣纸年产量约为100吨，根据产品搭配和调整情况，产品几乎包揽了从二尺至丈六区间的所有规格。2015年以来，由于受到市场行情影响，年产量减至50吨左右。

2015年8月的访谈中，据公司负责人程彩辉介绍：“汪同和”宣纸品牌的前身来源于清代光绪年间的汪同和纸庄（槽），1917年“汪同和”宣纸曾在巴黎国际优质博览会上荣获金奖，20世纪20年代初在上海国际纸张比赛会上再次获国际金质奖。当代的汪同和宣纸厂的前身则创建于1985年，2003 年被第一批授权使用宣纸原产地域保护产品标志，2012年在全国第29届文房四宝艺术博览会上获得“中国十大名纸”称号，同年“汪同和”宣纸商标被安徽省工商管理局评为“安徽省著名商标”，2014年企业被评为“安徽老字号”。

⊙3

⊙1
汪同和宣纸厂区路标
Road sign towards Wangtonghe Xuan Paper Factory area

⊙2
汪同和宣纸厂区内景
Interior view of Wangtonghe Xuan Paper Factory area

⊙3
汪同和宣纸厂所获奖牌
Certificates won by Wangtonghe Xuan Paper Factory

## 二 汪同和宣纸厂的历史与传承情况

## 2 History and Inheritance of Wangtonghe Xuan Paper Factory

据2015年8月对程彩辉的深入访谈及后续的文献研究，综合提炼汪同和宣纸厂的发展沿革史如下：

公司的当代前身创建于1985年6月，由原泾县宣纸二厂、城关镇、古坝乡共同投资，在当年的程冲村官坑（历史上“汪同和纸庄”的旧址）兴建。据程彩辉的介绍：“汪同和纸庄”始建于明末清初，是由古坝村在甘肃卸任县令的汪锡乔遍访家乡各地后选址建设的纸庄。清嘉庆年间，纸庄已有9帘槽生产宣纸，原料收购足迹遍布泾县东、北部山区，建有“汪同和堆栈”的仓库（如今“汪同和堆栈”牌子还保留在厂中），并在上海与南京设立“汪同和纸栈”的商埠。[16]

抗日战争全面爆发后，陷于困境的“汪同和纸庄”与泾县境内多数纸厂一样先后倒闭，直至1984年泾县宣纸二厂选择此地代为生产，才开启了“汪同和”宣纸品牌复活之路。

泾县宣纸二厂的前身是泾县相山宣纸厂，1983年正式改为泾县宣纸二厂，是泾县继泾县宣纸厂之后的另一家全民所有制宣纸厂。因宣纸二厂选择启用的是“汪同和纸庄”使用的“鸡球”商标，与古坝乡合作可名正言顺地使用该著名商标，1985年6月，泾县古坝乡、城关镇和泾县宣纸二厂3家联合，在官坑“汪同和纸庄”的旧址上投资建成“泾县三联宣纸厂”，任命古坝村党总支副书记董光玉任厂长。工人均从当地农村青年选拔后送到宣纸二厂培训，其中余加木（捞纸工）、杨寅生（晒纸工）、沈秋华（机修工）等人至今还在厂里工作。

创建初期，泾县三联宣纸厂从泾县宣纸二厂

⊙1

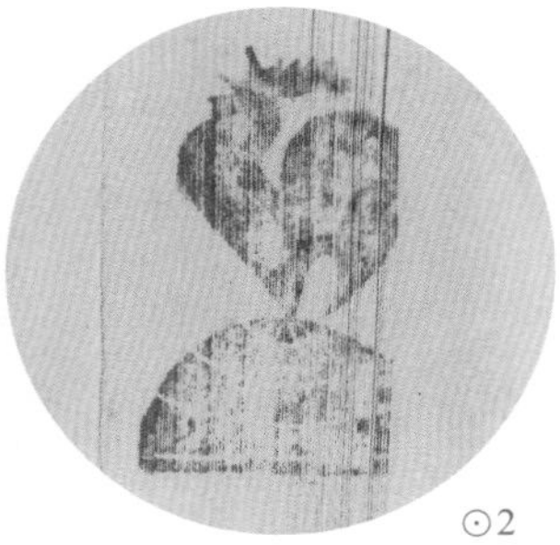

⊙2

⊙1 『墨记汪同和堆栈』旧匾 Former plaque of "Moji Wangtonghe Storehouse"

⊙2 『鸡球』宣纸 "Jiqiu" Xuan paper

[16] 吴世新.汪同和宣纸小考[J].纸和造纸,2007(7):82.

运已经加工成熟的纸浆到厂里进行捞纸、晒纸和剪纸等工艺，成品送到宣纸二厂打上“鸡球”商标销售。1988～1989年，宣纸二厂出现危机，泾县三联宣纸厂被迫重新定位，在重新组合后，派古坝乡笆片厂厂长王广发任厂长，董光玉留任副厂长，分管生产，调森工站副站长程彩辉任销售副厂长。

1990年，“泾县三联宣纸厂”更名为“泾县官坑宣纸厂”，与泾县宣纸二厂终止了合作关系。1991年，注册“汪同和”作为产品新商标投入销售，同年6月，程彩辉担任厂长。至此，泾县三联宣纸厂正式过渡到“汪同和”品牌体系。1993年，“汪同和”宣纸参加“’93泾县国际宣纸艺术节”，日本客商雨工（音）大量购买了“汪同和”宣纸，使“汪同和”品牌一时名声大振。1994年，正式更名为“泾县汪同和宣纸厂”。1997年，易名为“安徽省泾县汪同和宣纸有限公司”。2003年注册为“安徽省泾县汪同和宣纸厂”。

1998年东南亚金融危机后，“汪同和”宣纸销售逐步转向内地市场，企业委派营销员主动出击寻找市场，在当时泾县的宣纸行业中独树一帜，效果显著。至调查时的2015年8月，汪同和宣纸厂已在全国31个直辖市和省会城市建立了营销点。2000年，程彩辉作为厂里的老员工，与合作伙伴出资30万元成为纸厂最大的股东。2001年，其余股东退出，汪同和宣纸厂正式转为私营企业。2015年，公司投入100万对捞纸槽和晒纸焙等设备进行了较大规模的更新和维修。

访谈中程彩辉向调查人员表示：“说到造纸，我只能算个半路中才入行的。”程彩辉出生于1962年，家族中在他之前无人从事过造纸，也没将造纸选为第一职业，没有专门学习或从事造纸的经历。1980年，程彩辉任古坝乡程冲村副村长。1984年在古坝乡任经委副主任，1985年调任古坝乡森工站副站长。其间，因工作关系与收购宣纸原料的宣纸厂家有一定的交往。1989年，古坝乡将程彩辉调入宣纸厂，担任分管销售的副厂长，1991年升任厂长。直至2011年其子接手，程彩辉一直任该厂的法人代表。2015年8月调查组前往造纸现场调查时，企业共有11个槽位，工人65人，维持着9帘槽的生产。

现任公司负责人兼法人程涛系程彩辉的儿子，负责纸厂日常的生产运营管理。程涛出生于1986年，2009年毕业于合肥学院中文系新闻传播专业，毕业后在外打工2年，2011年正式接手主持汪同和宣纸厂的运营。

⊙4

⊙3

⊙3
访谈中侃侃而谈的程彩辉
Interviewing Cheng Caihui

⊙4
调查组成员在程涛导引下考察厂区（左一为程涛）
Researchers visiting the factory under the guidance of Cheng Tao (first from the left)

# 三
# 汪同和宣纸厂的代表纸品及其用途与技术分析

# 3
# Representative Paper, Its Uses and Technical Analysis of Wangtonghe Xuan Paper Factory

## （一）
## 代表纸品及用途

汪同和宣纸厂的宣纸纸品通常包括“极品宣纸”“精制宣纸”“墨记纸”和“国内专用宣纸”。产品按原料配比，可分为棉料、净皮、特净三大类，其中：棉料类青檀皮浆占30%，燎草浆占70%，比较适于书法；净皮类青檀皮浆占70%，燎草浆占30%，较为适合花鸟画、水墨写意、书法等的创作；特净类青檀皮浆占80%，燎草浆占20%，主要适用于山水画、泼墨画和书法等的创作。

产品按厚薄，可分为超薄、扎花、单宣、夹宣、二层、三层等；按纸纹，可分为单丝路、双丝路、罗纹、龟纹等；按规格，可分为四尺：70 cm（宽）×138 cm（长）（除半切外），六尺：97 cm（宽）×180 cm（长），八尺：124.2 cm（宽）×148.4 cm（长），丈二匹：144.9 cm（宽）×387.5 cm（长）（具体可参见价目表）。也可根据用户需要生产特殊规格的宣纸和特制带文字图案的专用宣纸。

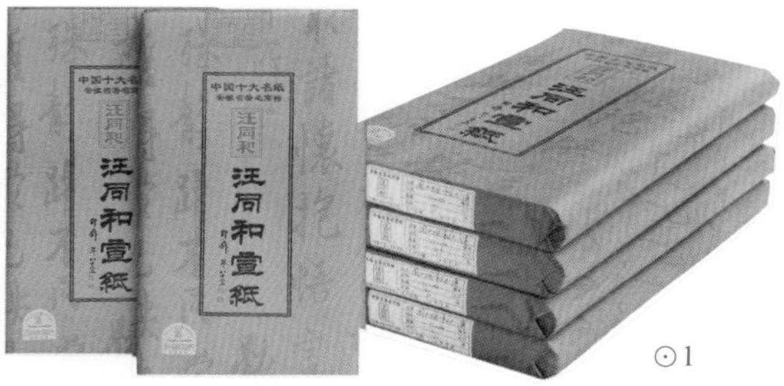
⊙1

⊙2

⊙3

⊙4

⊙1 『国内专用宣纸』类宣纸 "Special Xuan paper for domestic use" Xuan paper

⊙2 『墨记』类宣纸 "Moji" Xuan paper

⊙3 『精制』类宣纸 "Refined" Xuan paper

⊙4 『极品』类宣纸 "Superb" Xuan paper

## (二)

## 代表纸品技术分析

测试小组对采样自汪同和宣纸厂生产的特净所做的性能分析，主要包括厚度、定量、紧度、抗张力、抗张强度、撕裂度、湿强度、白度、耐老化下降、尘埃度、吸水性、伸缩性、纤维长度和纤维宽度等。按相应要求，每一指标都需重复测量若干次后求平均值，其中定量抽取5个样本进行测试，厚度抽取10个样本进行测试，拉力抽取20个样本进行测试，撕裂度抽取10个样本进行测试，湿强度抽取20个样本进行测试，白度抽取10个样本进行测试，耐老化度下降抽取10个样本进行测试，尘埃度抽取4个样本进行测试，吸水性抽取10个样本进行测试，伸缩性抽取4个样本进行测试，纤维长度测试200根纤维，纤维宽度测试300根纤维。对"汪同和"特净进行测试分析所得到的相关性能参数见表2.27。表中列出了各参数的最大值、最小值及测量若干次所得到的平均值或者计算结果。

表2.27 "汪同和"特净相关性能参数
Table 2.27 Performance parameters of "Wangtonghe" superb-bark paper

| 指标 | | | 单位 | 最大值 | 最小值 | 平均值 | 结果 |
|---|---|---|---|---|---|---|---|
| 厚度 | | | mm | 0.110 | 0.095 | 0.103 | 0.103 |
| 定量 | | | g/m² | — | — | — | 32.6 |
| 紧度 | | | g/cm³ | — | — | — | 0.317 |
| 抗张力 | | 纵向 | N | 20.7 | 15.4 | 17.5 | 17.5 |
| | | 横向 | N | 11.0 | 9.4 | 10.2 | 10.2 |
| 抗张强度 | | | kN/m | — | — | — | 0.923 |
| 撕裂度 | | 纵向 | mN | 500 | 440 | 472 | 472 |
| | | 横向 | mN | 670 | 600 | 628 | 628 |
| 撕裂指数 | | | mN·m²/g | — | — | — | 16.8 |
| 湿强度 | | 纵向 | mN | 830 | 740 | 784 | 784 |
| | | 横向 | mN | 600 | 430 | 485 | 485 |
| 白度 | | | % | 72.6 | 72.1 | 72.3 | 72.3 |
| 耐老化度下降 | | | % | — | — | — | 1.9 |
| 尘埃度 | | 黑点 | 个/m² | — | — | — | 0 |
| | | 黄茎 | 个/m² | — | — | — | 16 |
| | | 双浆团 | 个/m² | — | — | — | 0 |
| 吸水性 | | | mm | — | — | — | 18 |
| 伸缩性 | | 浸湿 | % | — | — | — | 0.68 |
| | | 风干 | % | — | — | — | 0.45 |
| 纤维 | 皮 | 长度 | mm | 3.61 | 1.70 | 2.37 | 2.37 |
| | | 宽度 | μm | 22.0 | 8.0 | 13.0 | 13.0 |
| | 草 | 长度 | mm | 1.21 | 0.40 | 0.62 | 0.62 |
| | | 宽度 | μm | 14.0 | 1.0 | 8.0 | 8.0 |

由表2.27可知，所测“汪同和”特净的平均定量为32.6 g/m$^2$。特净最厚约是最薄的1.16倍，经计算，其相对标准偏差为0.005，纸张厚薄较为一致。通过计算可知，特净紧度为0.317 g/cm$^3$。抗张强度为0.923 kN/m，抗张强度值较大。所测“汪同和”特净撕裂指数为16.8 mN·m$^2$/g，撕裂度较大；湿强度纵横平均值为635 mN，湿强度较大。

所测“汪同和”特净平均白度为72.3%，白度较高，是由于其加工过程中有漂白工序。白度最大值是最小值的1.006倍，相对标准偏差为0.181，白度差异相对较小。经过耐老化测试后，耐老化度下降1.9%。

所测“汪同和”特净尘埃度指标中黑点为0个/m$^2$，黄茎为16个/m$^2$，双浆团为0个/m$^2$。吸水性纵横平均值为18 mm，纵横差为2.4 mm。伸缩性指标中浸湿后伸缩差为0.68%，风干后伸缩差为0.45%，说明“汪同和”特净伸缩差异不大。

“汪同和”特净在10倍、20倍物镜下观测的纤维形态分别如图★1、图★2所示。所测“汪同和”特净皮纤维长度：最长3.61 mm，最短1.70 mm，平均长度为2.37 mm；纤维宽度：最宽22.0 μm，最窄8.0 μm，平均宽度为13.0 μm；草纤维长度：最长1.21 mm，最短0.40 mm，平均长度为0.62 mm；纤维宽度：最宽14.0 μm，最窄1.0 μm，平均宽度为8.0 μm。“汪同和”特净润墨效果如图⊙1所示。

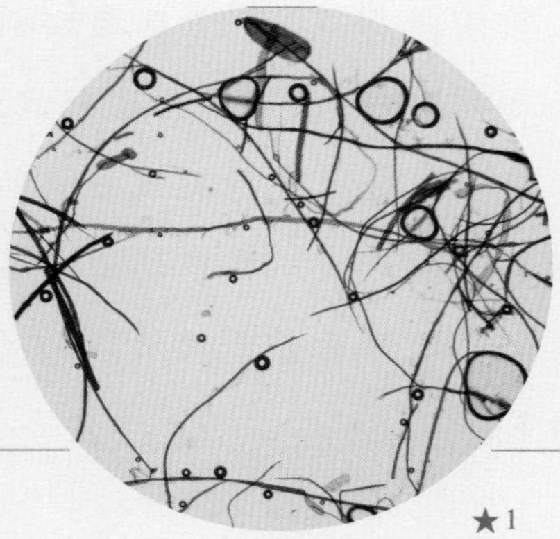
★1

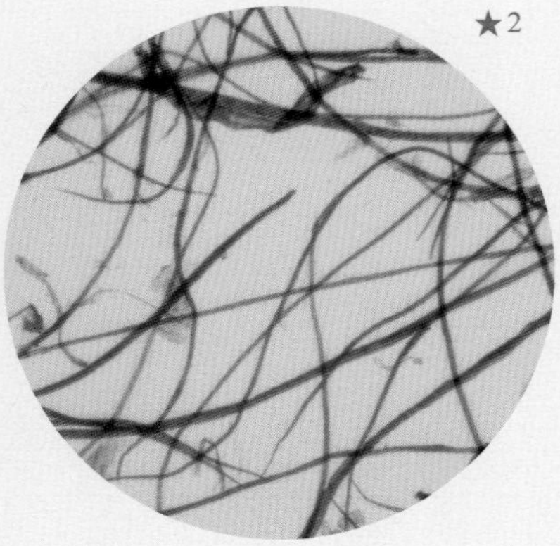
★2

⊙1

★1
『汪同和』特净纤维形态图(10×)
Fibers of "Wangtonghe" superb-bark paper (10× objective)

★2
『汪同和』特净纤维形态图(20×)
Fibers of "Wangtonghe" superb-bark paper (20× objective)

⊙1
『汪同和』特净润墨效果
Writing performance of "Wangtonghe" superb-bark paper

# 四
# 汪同和宣纸厂生产的原料、工艺与设备

## 4
## Raw materials, Papermaking Techniques and Tools of Wangtonghe Xuan Paper Factory

## （一）“汪同和”宣纸生产的原料与辅料

### 1. 主料一：青檀树皮

汪同和宣纸厂生产厂区地处山洼，为保持厂区周围的水土，也为了就近取材制纸，在厂区周围栽植了许多青檀树。按照对青檀树枝每3年砍伐一次的要求，在适时砍伐年份的11月，厂里会组织人员砍伐青檀树枝，蒸煮后剥下，晒干后贮藏于厂里的仓库。但这种自产自用的皮料不够生产所需，还要到附近的农村或稍远的苏红、汀溪等地收购。截至2015年8月调研时，据程彩辉介绍，由于厂里对皮料的干燥度要求高，收购价差不多达到1 000元/50 kg的价格，出浆率通常能达到30%。

### 2. 主料二：沙田稻草

汪同和宣纸厂直接在泾县汀溪乡苏红村的燎草加工厂收购燎草，截至2015年8月调研时，收购的价格约为800元/50 kg，出浆率为15%～20%。据程彩辉的回忆，多年前，该厂曾尝试自制燎草，但由于造纸区地处山坳中，日照时间不长，不适宜制作燎草，以后便长期从他地购买燎草。

### 3. 辅料一：纸药

汪同和宣纸厂使用猕猴桃藤汁为纸药，调研时当年的收购价为100元/50 kg。据程彩辉介绍，因夏天猕猴桃藤保鲜期短，只能存2～3天，该厂夏季纸药不够用时会以化学纸药替代。

### 4. 辅料二：水

汪同和宣纸厂使用的水为附近山上自

⊙2

⊙3

⊙2
汪同和宣纸厂厂区门口自栽的青檀树林
Self-planted *Pteroceltis tatarinowii* Maxim forest at the entrance to Wangtonghe Xuan Paper Factory

⊙3
草坯堆（苏红燎草厂）
Piles of processed straw (Suhong Processed Straw Factory)

然流下的山泉水。为便于取水，在水的上游的山上修建了蓄水池，以管道将泉水引至厂中。经调查组成员现场取水检测，“汪同和”宣纸生产用水的pH为6.51。

⊙1

## (二)
## “汪同和”宣纸生产的工艺流程

通过调查组2015年8月7日在汪同和宣纸厂生产厂区的实地考察，以及对程彩辉等人的访谈，总结“汪同和”宣纸生产工艺流程为：

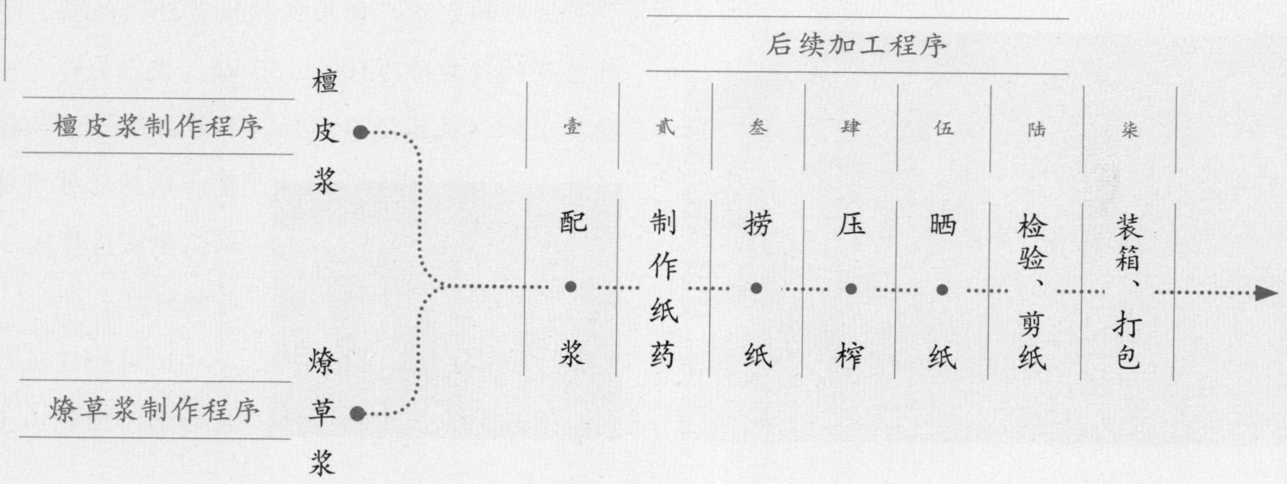


⊙1
流经厂区的溪水
Stream flowing through the factory area

根据程彩辉的介绍，汪同和宣纸檀皮浆制作程序主要如下：

檀皮浆制作

| 壹 | 贰 | 叁 | 肆 | 伍 | 陆 | 柒 | 捌 | 玖 | 拾 |
| --- | --- | --- | --- | --- | --- | --- | --- | --- | --- |
| 浸泡 | 扎捆 | 蒸煮 | 清洗 | 榨干 | 拣黑皮 | 漂白 | 清洗 | 拣白皮 | 制浆 |

## 壹 浸泡

1

将购回的毛皮放入水中浸泡12个小时，主要目的是防止皮干不易蒸煮，同时化解其中的果胶等。

## 贰 扎捆

2

将浸泡后的毛皮扎成小捆，一般4～5斤为一捆。

## 叁 蒸煮

3

⊙2

将前一天浸泡好并扎成捆的毛皮放入蒸锅中蒸煮，蒸煮时须加入烧碱（氢氧化钠），其目的主要是软化纤维，分解木质素。

⊙2

## 肆 清洗

4

将蒸煮好的檀皮放入流水中清洗。清洗过程中需不断摆动檀皮，便于洗净其中的残碱和污水。

⊙2
檀皮蒸煮
Steaming the *Pteroceltis tatarinowii* bark

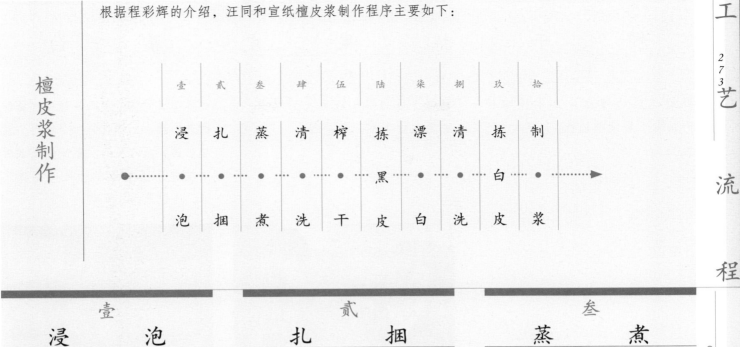

伍

## 榨 干

5

将清洗后的檀皮放入木榨中榨干，便于后续的选拣。

陆

## 拣 黑 皮

6 ⊙3

将榨干后的黑皮进行人工挑拣，主要挑出木棍、杂质等。

柒

## 漂 白

7 ⊙4

将挑拣后的黑皮加入适量的次氯酸钠进行漂白，漂白4～5个小时。据程彩辉介绍，虽然次氯酸钙见效时间快，但其对纸张纤维的副作用强，所以选择次氯酸钠。

⊙3

⊙4

捌

## 清 洗

8 ⊙5⊙6

将漂白后的皮料过水清洗，洗去内含的漂白液后放入木榨中榨干。如不清洗干净，残留的次氯酸钠会影响宣纸的保存时间。

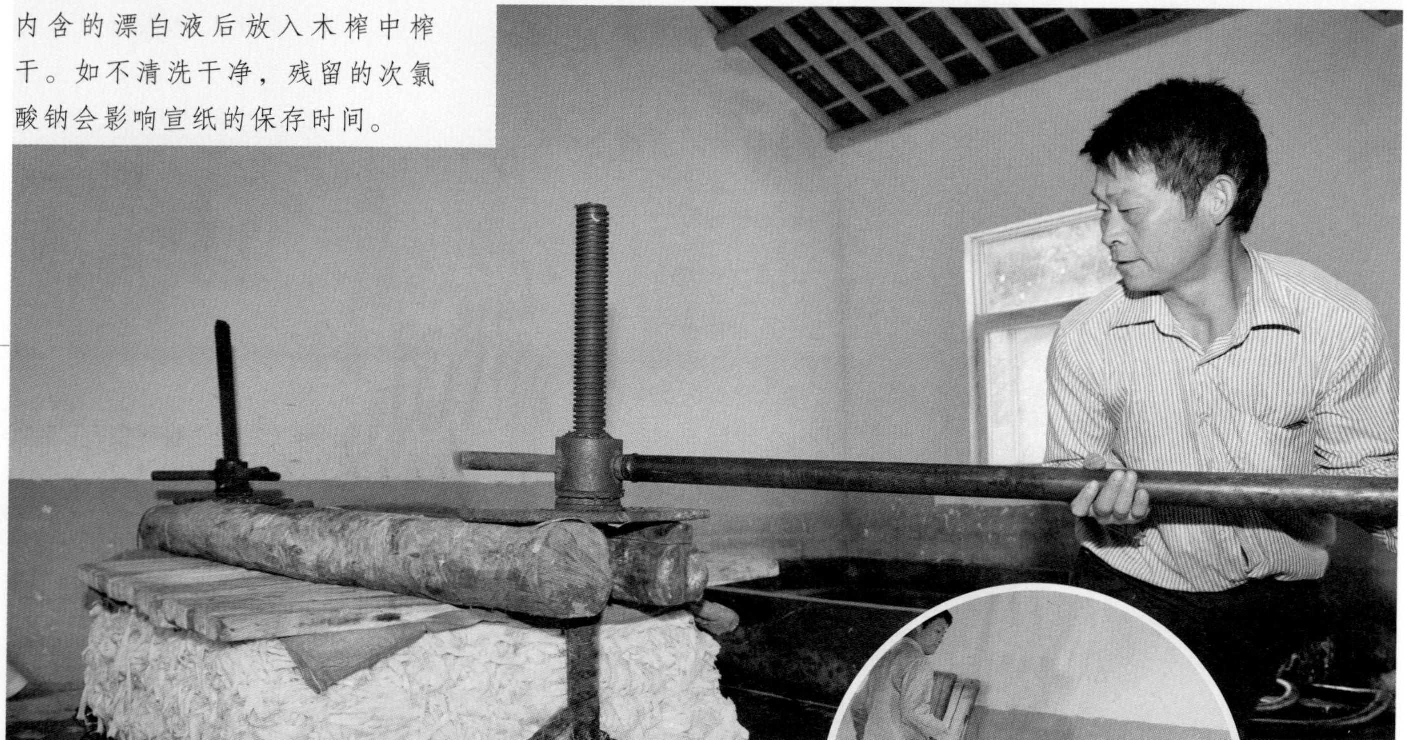

⊙6

⊙5

⊙3 拣黑皮 Picking out the impurities

⊙4 漂白好的白皮 Bleached bark

⊙5 清洗后放入木榨 Putting the bark materials in wooden pressing device after cleaning

⊙6 扳榨 Pressing the paper

⊙7

## 玖 拣白皮

9 ⊙7

将榨干后的白皮再次通过人工挑拣掉木棍、杂质和未完全漂白的皮料，将纯净白皮运至制浆车间。

## 拾 制浆

10

将挑拣后纯净的白皮放入洗漂机进一步清洗并完成打浆等程序，形成漂白纤维浆料。

# 燎草浆制作

根据程彩辉介绍，汪同和宣纸厂的燎草浆制作过程为：

| 壹 | 贰 | 叁 | 肆 | 伍 | 陆 | 柒 |
|---|---|---|---|---|---|---|
| 清洗 | 拣草 | 碾草 | 筛选 | 除砂 | 漂白 | 清洗 |

## 壹 清洗

1

取适量燎草浸泡在水池里，浸泡后的燎草自动散开时，用挽钩勾起燎草块在水里摆动，通过清水冲洗，燎草上残留的石灰等杂质自行脱落后，放入木榨中榨干。

## 贰 拣草

2

将榨干的湿燎草通过人工选拣的方式，将草中的草黄筋、棍子剔除。

## 叁 碾草

3 ⊙8

将纯净的燎草放入碾草机，通过石碾分解燎草纤维束，达到分丝帚化的目的。

⊙8

⊙7 拣白皮 Picking and choosing the high-quality bark

⊙8 碾草 Grinding the straw

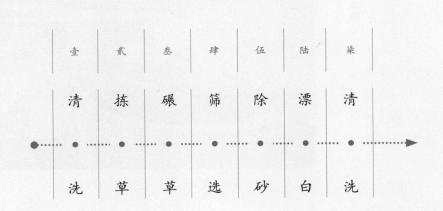

肆
## 筛选
4

将碾完后的草料放入振框筛中进行筛选，将没有碾碎和不符合做纸要求的浆料去除。

伍
## 除砂
5

将筛选后的草料通过除砂器进行除砂，达到净化的目的。

陆
## 漂白
6

自然晾晒后的燎草白度不够，需要经过人工补漂。在补充漂白时，需添加一定比例的次氯酸钠。

柒
## 清洗
7

等草料浆达到需要的白度后，放入洗漂机进行洗漂，除去草料浆中残留的漂液。



# 后续加工程序

壹
## 配浆
1 ⊙9

将檀皮浆和燎草浆按照棉料、净皮、特净的比例进行混合。先后通过平筛进行筛选、除砂器除砂、旋翼筛净化和筛选、跳筛除杂后形成混合浆料。

⊙9

贰
## 制作纸药
2

将从农户手中购买的野生猕猴桃藤（杨桃藤）按量取出，加工成猕猴桃藤汁，主要程序如下：
撅断→捶打→浸泡→过滤

（1）撅断
根据日常用量取出杨桃藤，按照泡药池的大小，将杨桃藤撅断成小于泡药池的长度。

（2）捶打
用木槌将撅断后的杨桃藤依次打破。

（3）浸泡
将破碎后的杨桃藤枝放在水中浸泡至少5小时，通过挽钩拉拽、踩踏后，使杨桃藤汁溶于水，达到一定的浓度后即可。

（4）过滤
用容器将溶于水的杨桃藤汁舀入以布袋制作的过滤器（俗称药袋），进行过滤后即可使用。

⊙9 打浆 Beating the materials

## 叁 捞纸 3

⊙10

### (1) 搞槽

混合浆进入纸槽后需经过搅拌才可进行捞纸，宣纸行业中将这种搅拌称为“搞槽”，由捞纸的抬帘工与帮槽工分站在纸槽的两头，各持一把扒头，通过逆时针方式在槽底画圈，将槽中水划成旋涡状，通过目测方式判断纸浆融合后即可加入适量的纸药，再将纸药充分融入纸浆即可捞纸。等捞纸工将纸浆捞稀薄后，再加入纸浆搞槽、加药。以此循环往复。

### (2) 捞纸

泾县的宣纸、书画纸行业一般都由两人完成捞纸动作，其技术要领一致。据程彩辉介绍：四尺宣纸每天能捞10～12刀。

⊙10

## 肆 压榨 4

⊙11

捞纸工下班后，由帮槽工用盖纸帘覆盖在湿纸帖上，加上盖纸板。等受压后的湿纸帖滤完一定的水后，再架上榨杆和螺旋杆等装置，逐步加力，将湿纸帖挤压到不出水为止。帮槽工在扳榨时，交替做好纸槽清洗工作，将纸槽当天的槽水放干，滤去槽底（槽内残留的纸浆），清洗纸槽四壁后，加上次日第一个槽口的纸浆，将槽内注满清水。

⊙11

## 伍 晒纸 5

⊙12⊙13

### (1) 靠帖

将压榨好的纸帖放在晒纸房的纸焙上进行烘烤，将纸帖水分烘烤尽。

### (2) 浇帖

烘干后的纸帖需要人工在整块帖上浇润水，使整块纸帖被水浸润，形成潮而不湿形状。浇帖没有固定时间，可以抽空进行。

### (3) 鞭帖

将浇好的纸帖放在晒纸架上，用鞭帖板由梢部依次向额部敲打，其反作用力使纸帖服帖，便于分离。

⊙12

### (4) 做额

也称为做边。纸帖进行鞭打后，用手将四边翻起，再用额枪将翻过边的地方打松。

⊙10 捞纸 Making the paper

⊙11 压榨工具 Pressing device

⊙12 靠帖 Drying the paper pile

(5) 晒纸

晒纸时先取掐角(左上角),由左向右将帖中单张纸揭下来,再用刷把贴上纸焙。标准纸焙能张贴9张四尺纸,贴满整个纸焙后,先将最早上墙的纸揭下,然后依次揭下其他纸。揭完后,再晒下一焙纸。如此循环往复。

⊙13

## 陆 检验、剪纸 6

⊙14⊙15

将晒好的纸放在剪纸桌上,由剪纸工逐张检验,剔除不合格的纸张。将其规制好后,用剪刀将四边裁剪。其技术要领在泾县的宣纸、书画纸业内均一样。

⊙14

⊙15

## 柒 装箱、打包 7

剪好后的纸按100张一刀分好,再加盖"汪同和"、宣纸品种、尺寸规格等宣纸章。一般根据纸张规格以7～11刀装一箱(件),包装完毕后运入贮纸仓库。

⊙13 晒纸 Drying the paper
⊙14 检纸 Checking the paper quality
⊙15 剪纸 Cutting the paper

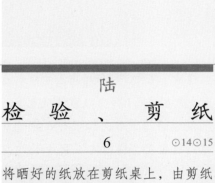

## (三)

## “汪同和”宣纸制作的主要工具

### 壹 石碾 1

将燎草碾碎的工具，主要由碾槽、碾等组成。

⊙16

### 贰 打浆机 2

用来制作浆料，机械自动搅拌。

⊙17

### 叁 捞纸槽 3

实测汪同和宣纸厂六尺纸槽长度为244 cm，宽度为200 cm，深度为56.5 cm；四尺纸槽长202 cm，宽170 cm，深56.5 cm。

⊙18

### 肆 纸帘 4

用于捞纸，竹丝编织而成，表面很光滑平整，帘纹细而密集。实测汪同和宣纸厂四尺纸帘长161 cm，宽88.5 cm。

⊙19

### 伍 帘床 5

捞纸时放置纸帘的架子，多用竹子或木头制成。实测汪同和宣纸厂四尺帘床长162 cm，宽100 cm。

⊙20

⊙16 石碾 Stone rollers

⊙17 打浆机 Beating machine

⊙18 车间里的纸槽 Papermaking trough in the workshop

⊙19 挂在墙上的纸帘 Papermaking screen hanging on the wall

⊙20 帘床 Frame for supporting the papermaking screen

陆

## 搅拌泵

6

捞纸前用于搅拌浆料的工具。据程涛介绍，搅拌泵取代了之前的搞槽，使抬帘的师傅更省力。

⊙21

柒

## 剪（音）档

7

捞纸后与衬档一起在湿纸放在一边时用于固定和对齐的半椭圆形竹筒。实测汪同和宣纸厂剪档长51 cm，直径9 cm。

⊙22

捌

## 衬　档

8

捞纸后与剪档一起在湿纸放在一边时用于固定和对齐的长方形竹片。实测汪同和宣纸厂衬档长52 cm，宽3 cm。

⊙23

玖

## 浇帖架

9

用于浇帖时盛放纸的帖架。以镀锌管制作。实测汪同和宣纸厂浇帖架长140 cm，宽92 cm，高11.5 cm。

⊙24

拾

## 刷　子

10

晒纸时将纸刷上晒纸焙。刷柄为木制，刷毛为松毛。实测汪同和宣纸厂刷子长49 cm，宽11.5 cm。

⊙25

拾壹

## 晒纸焙

11

用来晒纸。由两块长方形钢板焊接而成，中间贮水，加热后既可保温又可两边晒纸。

⊙26

⊙21 搅拌泵 Stirring device

⊙22 剪档 Jiandang, papermaking tool (for fixing and aligning the wet paper)

⊙23 衬档 Chendang, papermaking tool (for fixing and aligning the wet paper)

⊙24 浇帖架 Frame for supporting the paper pile

⊙25 刷子 Brush made of pine needles

⊙26 晒纸焙 Drying wall

拾贰
## 晒纸架
12

晒纸前需将浇帖过后的纸放在竖立的晒纸架上。结构为木制。实测汪同和宣纸厂晒纸架长282 cm，宽178 cm，高10 cm。

⊙27

拾叁
## 额　　枪
13

揭纸前需用额枪将纸帖和纸边打松，便于揭纸。实测汪同和宣纸厂额枪长度为26 cm。

⊙28

拾肆
## 剪　　刀
14

检验后用来剪纸。剪刀口为钢制，其余部分为铁制。实测汪同和宣纸厂剪纸房的剪刀长为33 cm。

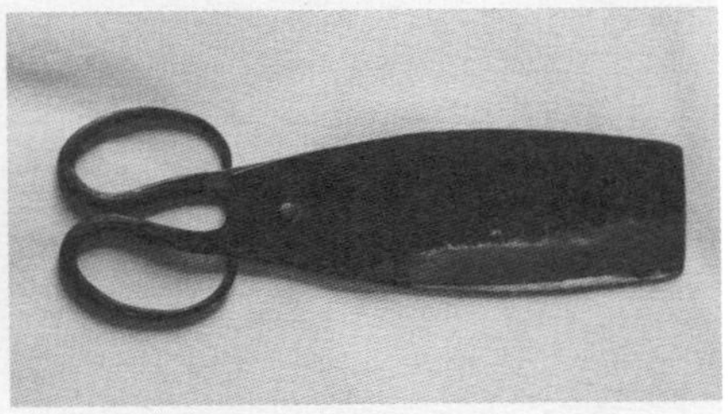

⊙29

# 五
# 汪同和宣纸厂的市场经营状况

# 5
# Marketing Status of Wangtonghe Xuan Paper Factory

据2015年8月入厂调查时程彩辉的介绍，汪同和宣纸厂近5年来的年产量在100吨左右，年销售额约在1 500万元，利润率约为5%，只有2015年下滑明显，产量预估下降50%。

早在20世纪初，今日汪同和宣纸厂的前身“汪同和纸庄”便在上海设立“汪同和纸栈”，产品从上海开拓了远销至日本和东南亚地区的销路。1984年新企业恢复以来，外销之路再次开启。1997年以前，产品外销占营销总额的70%，主要出口国家是日本，主要出口产品为棉料类宣纸。1997年亚洲金融危机后，日本经济出现衰退，该国在纸、笔、墨等消费方面的费用锐减，截至2015年，出口外销只占汪同和宣纸厂总体销售额的10%。此外，日本客户对产品的要求也发生了变化，1997年以前，对产品质量要求较高，

⊙27 晒纸架 Frame for drying the paper

⊙28 额枪 Tool for separating the paper

⊙29 剪刀 Shears

要求宣纸产品一定要品质和工艺正宗；而2010年后正宗宣纸成本居高不下，日本市场已习惯承受品质稍次的宣纸价位。

从汪同和宣纸厂的销售数据看，国内销售份额与外销成反比，由1997年之前所占30%份额提升至如今的90%。相比日本客户青睐棉料，国内消费者更倾向于净皮和特净类宣纸。截至2015年8月，汪同和宣纸厂在国内市场中，特净类宣纸价格最高（各品类价目详见表2.28）。

表2.28 汪同和宣纸厂各类纸品价目表
Table 2.28 Price list of different types of paper in Wangtonghe Xuan Paper Factory

极品宣纸类

| 品名 | 规格（宽×长）（cm） | 批发价（元） | 零售价（元） |
|---|---|---|---|
| 棉料四尺单 | 70×138 | 861 | 1085 |
| 净皮四尺单 | 70×138 | 995 | 1 253 |
| 特净四尺单 | 70×138 | 1 052 | 1 324 |
| 棉料六尺单 | 97×180 | 1 677 | 2 111 |
| 净皮六尺单 | 97×180 | 1 916 | 2 412 |
| 特净六尺单 | 97×180 | 2 000 | 2 518 |
| 特净八尺匹 | 1 242×2 484 | 16 038 | 20 196 |
| 特净丈二匹 | 1 449×3 87.5 | 42 768 | 53 856 |

精制宣纸类

| 品名 | 规格（宽×长）（cm） | 批发价（元） | 零售价（元） |
|---|---|---|---|
| 棉料四尺棉连 | 70×138 | 443 | 558 |
| 国画精品宣 | 70×138 | 509 | 641 |
| 棉料四尺二层 | 70×138 | 857 | 1 080 |
| 四尺山水专用 | 70×138 | 645 | 813 |
| 四尺花鸟专用 | 70×138 | 594 | 748 |
| 棉料四尺单 | 70×138 | 498 | 627 |
| 棉料六尺单 | 97×180 | 1 002 | 1 261 |
| 棉料尺八屏 | 53×234 | 794 | 1 000 |
| 净皮四尺单 | 70×138 | 578 | 728 |
| 净皮四尺夹 | 70×138 | 720 | 906 |
| 净皮六尺单 | 97×180 | 1 202 | 1 513 |
| 净皮尺八屏 | 53×234 | 980 | 1 234 |
| 特净四尺单 | 70×138 | 636 | 801 |
| 特净六尺单 | 97×180 | 1 251 | 1 576 |
| 净皮六尺二层 | 97×180 | 1 729 | 2 178 |
| 净皮五尺单 | 84×153 | 771 | 971 |
| 净皮四尺扎花 | 70×138 | 506 | 638 |
| 净皮四尺罗纹 | 70×138 | 535 | 673 |

续表

| 品名 | 规格（宽×长）（cm） | 批发价（元） | 零售价（元） |
|---|---|---|---|
| 净皮四尺龟纹 | 70×138 | 548 | 690 |
| 净皮六尺扎花 | 97×180 | 960 | 1 209 |
| 棉料四尺棉连 1.55～1.75 kg | 70×138 | 429 | 541 |
| 棉料四尺棉连 1.8～2.0 kg | 70×138 | 416 | 524 |

墨记纸类

| 品名 | 规格（宽×长）（cm） | 批发价（元） | 零售价（元） |
|---|---|---|---|
| 四尺檀棉皮 | 70×138 | 486 | 612 |
| 净皮四尺单 | 70×138 | 524 | 660 |
| 特净四尺单 | 70×138 | 537 | 677 |
| 六尺檀棉皮 | 97×180 | 1 010 | 1 272 |
| 净皮六尺单 | 97×180 | 1 090 | 1 372 |
| 特净六尺单 | 97×180 | 1 118 | 1 408 |

国内专用宣纸类

| 品名 | 规格（宽×长）（cm） | 批发价（元） | 零售价（元） |
|---|---|---|---|
| 四尺水墨写意专用 | 70×138 | 282 | 355 |
| 四尺书法专用 | 70×138 | 261 | 328 |
| 四尺山水专用 | 70×138 | 328 | 413 |
| 四尺花鸟专用 | 70×138 | 308 | 388 |
| 净皮连四纸 | 70×138 | 236 | 298 |
| 棉料四尺单 | 70×138 | 243 | 306 |
| 棉料四尺棉连 | 70×138 | 224 | 382 |
| 四尺檀棉皮 | 70×138 | 284 | 357 |
| 棉料四尺二层 | 70×138 | 436 | 549 |
| 棉料四尺半切 | 35×138 | 127 | 160 |
| 棉料六尺单 | 97×180 | 506 | 638 |
| 净皮四尺单 | 70×138 | 305 | 384 |
| 净皮五尺单 | 84×153 | 454 | 571 |
| 净皮六尺单 | 97×180 | 625 | 787 |
| 特净四尺单 | 70×138 | 323 | 406 |
| 特净六尺单 | 97×180 | 699 | 881 |
| 净皮四尺罗纹 | 70×138 | 323 | 406 |
| 净皮四尺龟纹 | 70×138 | 339 | 427 |
| 特净八尺匹 | 124.2×248.4 | 1 378 | 1 736 |
| 特净丈二匹 | 144.9×387.5 | 3 023 | 3 806 |
| 棉料四尺棉连 1.55～1.75 kg | 70×138 | 231 | 291 |
| 棉料四尺棉连 1.8～2.0 kg | 70×138 | 224 | 282 |
| 净皮四尺扎花 1.4～1.5 kg | 70×138 | 238 | 299 |
| 净皮四尺扎花 1.35 kg以下 | 70×138 | 253 | 318 |

汪同和宣纸厂国内销售渠道为经销商代理销售。截至2015年8月，汪同和宣纸厂代理销售的经

销商共约300家，分布在所有的省会城市和一部分中等城市，其中山东省和河南省经销商覆盖率较高。在网络销售上，汪同和宣纸厂的渠道尚未完全开启，但访谈中程彩辉也不否认经销商在网上销售其产品的现象。

截至2015年8月调查时，汪同和宣纸厂共有工人65人，基本来自当地农村。据程彩辉的表述，进入汪同和宣纸厂后，经验不足的工人将进行半年左右的学习，不同的工种学习时间也不一样。如捞纸，如果期望成为掌帘工需要进行2～3年的学习，而抬帘工只需半年。这种学习和工作兼有的模式使厂里人员流动性不大。截至调查时，厂内90%的工人都是从事了10～20年造纸的老工人。工作量上，以捞纸工为例，1槽两名工人每天捞10～12刀纸（四尺）。纸厂每个周日为固定休息日，每个月正常生产日25天左右，过春节放假1个月，每年约生产11个月。

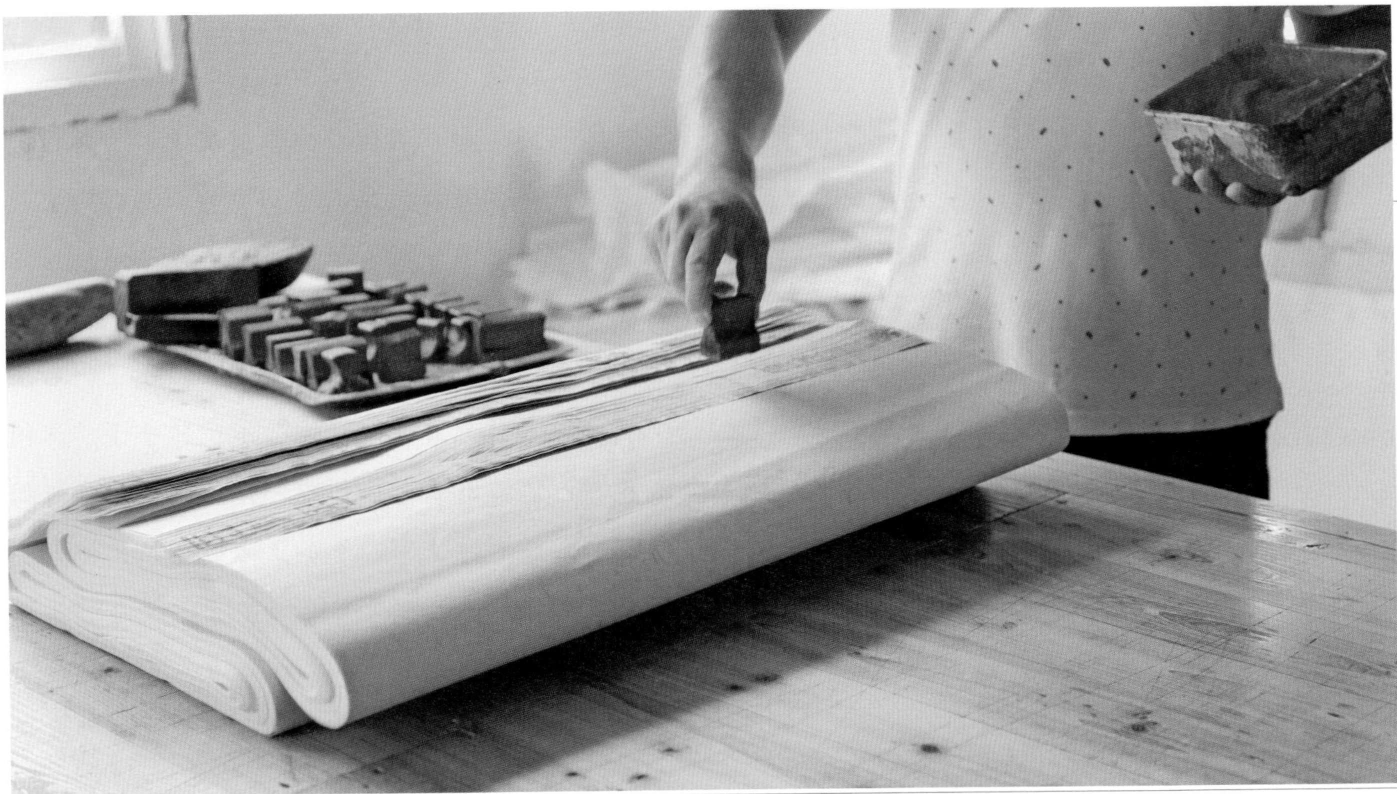

⊙1 包装工 A packer

⊙2 盖印工 A worker stamping on paper

# 六
# 汪同和宣纸厂的品牌文化与习俗故事

# 6
# Brand Culture and Stories of Wangtonghe Xuan Paper Factory

## 1. “汪同和纸庄”名称的由来

关于“汪同和纸庄”名称的由来有两种说法：一是自明末清初汪锡乔在官坑开设纸厂后，“汪氏”造纸产销兴旺，后人认为这是几代族人共有的相同志向带来的和气生财，故取名“同和”，并设立“汪同和纸庄”。[17]二是清末民初，当时“汪六吉纸庄”老板汪墨林令其二子汪同和与汪浩然各开纸厂，汪同和所办的纸厂则为“汪同和墨记”，汪浩然所办的纸厂则为“汪同和西记”，“汪同和纸庄”名称由此而来。

⊙1

⊙2

## 2. 说不清关系的“汪同和”与“汪六吉”

“汪同和”宣纸品牌与“汪六吉”宣纸品牌在历史上有本为一家的说法，虽然“汪同和纸庄”是民国初年“汪六吉”的老板汪墨林的两个儿子所开设，但后来“汪六吉”纸厂家业没落，官坑“汪六吉纸棚”易手于“汪同和”宣纸厂的主人，故“汪同和墨记造纸厂”的商标上又印有“老汪六吉”字样。[18]

## 3. 名盛一时的“鸡球”和“帆船”品牌

“鸡球”和“帆船”作为历史上较为辉煌的宣纸类品牌便是汪氏族人所创造的，因其两次获得国际奖而名盛一时。泾县当地的说法是19世纪以“汪六吉”所产“鸡球”棉料、净皮单、夹宣类纸品参加巴拿马国际博览会获得金奖[19]，后来“鸡球”品牌随着“汪六吉”纸厂转手于“汪同和纸庄”。在20世纪初，以“汪本生”为老板的“帆船”棉料单夹宣，参加上海万国纸张博览会荣获金质奖，后期“帆船”宣纸也成为“汪同和”上海纸栈的销售产品。汪氏族人大多居住于泾县晏公镇古北村，如今去村内考查依然可发现“鸡球”和“帆船”品牌的痕迹。[20]



⊙1 汪同和『古槽屋』牌匾
"Gu Cao Wu", the plaque of the ancient Wangtonghe Paper Mill

⊙2 汪同和古纸庄留下的遗迹
Remains of the ancient Wangtonghe Paper Mill

[17] 吴世新.中国宣纸史话[M].香港:中华国际出版社,2009.
[18] 葛兆铣.明珠重辉:汪同和宣纸发扬传统工艺记实[J].清明,1993(1):227.
[19] 吴世新.中国宣纸史话[M].香港:中华国际出版社,2009.
[20] 葛兆铣.明珠重辉:汪同和宣纸发扬传统工艺记实[J].清明,1993(1):221-223.

# 七
# 汪同和宣纸厂的业态传承现状与发展思考

7
Current Status and Development of Wangtonghe Xuan Paper Factory

## （一）发展现状

### 1. 重视恢复老“汪同和纸厂”的传统生产技术

如今的汪同和宣纸厂为制作一流的宣纸，邀请了当地5名造纸经验丰富的老工人担任捞、晒、检等工作的“把作”师傅，他们将自己毕生的造纸经验传授给新工人，有时还亲自上场操作。

### 2. 覆盖全国的销售网络

汪同和宣纸厂调查时拥有约300家的经销商，其销售网络基本覆盖全国所有的省会城市和大中型城市，为产品销售提供了基本保障。“汪同和”作为历史较悠久的老宣纸品牌，享有较高知名度，因此易作为销售标配吸引代理商的加盟。另一方面，汪同和宣纸厂实行销售费用定额制，为其开拓产品市场打下了良好的模式基础，促进了覆盖全国的销售网络的营建。

### 3. 灵动智慧的用水供应系统

走进汪同和宣纸厂的生产厂区，一条从山上引下的水渠仿佛纸厂的主线，引导观览的路程，因为整个生产厂区的所有厂房均沿着水渠排列，彰显了水在每个环节中的重要性。访谈中程彩辉特别提到，距离厂部约100 m建有一座小水库，铺设的地下管道将山泉直接引入厂中，分至制浆车间和捞纸车间。在原料加工过程中的清洗环节，纸厂在流动溪水渠中设立了一个洗涤池，利用天然泉水的流动力冲洗杂质。同时，生产厂区的门前有漕溪河流过，河为山上的泉水汇集而成，为了防止山上枯水期厂内水渠供水不足，纸厂在漕溪河边凿井，以防不时之需。为了防止环境污染，汪同和宣纸厂近年来修建了一系列的环保设备，将使用后的水通过净化过滤后再排出。

⊙3

⊙4

⊙3
汪同和宣纸厂厂区内景
Interior view of the factory area of Wangtonghe Xuan Paper Facory

⊙4
穆孝天的题字
Autograph by calligrapher Mu Xiaotian

## （二）纸厂发展所面临的问题

### 1. 工厂职工老龄化

汪同和宣纸厂老工人数量偏多，全厂工人已经出现了严重老龄化问题。纸厂中80%的员工年龄都在40～50岁，30岁以下的工人屈指可数。程彩辉回忆：新“汪同和”初创时期，当地的村人为能进厂上班，到处找关系，还要先交钱到厂里学徒。而今天，厂里开出月薪将近2 000元的待遇，都招不到一个学徒工。有的学徒工即便进厂，干不了几天也离开。如今纸厂里仅有的几个年轻人基本分布在销售、办公、剪纸等岗位上，而捞纸、晒纸等工种根本见不到年轻人。

手工造纸苦而累，尤其捞纸和晒纸工作被誉为在“水深火热”中。捞纸工人需每天3～4点早起工作，一天工作12个小时以上，冬天还需手浸冷水捞纸；晒纸工人每天都汗流如注地工作，尤其到了夏天，工作环境显得更加恶劣。这种环境和劳动强度让年轻人对此望而却步。

### 2. 日本出口销量持续走低

“汪同和”宣纸产品1997年以后对日本出口量锐减，中国国内的宣纸消费市场则升温。日本当时虽然受到亚洲金融危机的影响，但该国的消费水平依然很高，国内经济运行依旧平稳。根据香港环亚经济数据有限公司（CEIC）2013年的国家消费率水平统计，日本以61%的消费率排在世界前列，而中国的只有约34%，在此背景下宣纸

⊙1

⊙1 厂区外美丽洁净的漕溪河 Beautiful and clean Caoxi River outside the factory

销售市场却在这两个国家内形成强烈反差，仅以日本经济衰退造成宣纸消费量减少为理由似乎有些以偏概全。综其原因，调查组认为可能还有以下更深层的原因：

（1）日本人“国产至上”消费理念的兴起，使其对国产和纸更加推崇。进入21世纪以后，日本人开始推行“国产至上”的消费观点，因此包括宣纸在内的国外产品或多或少受到一定程度的影响。由于地理和特殊资源条件限制，日本虽无法制作出纯正、优良的宣纸，但是日本和纸在一定程度上瓜分了消费者对文化用品的需求，以满足其“国产至上”的消费理念，同时，2014年和纸制作技艺被列入人类非物质文化遗产代表作名录，日本消费者出于保护的目的更加注重于和纸的消费。

（2）日本崇尚的大众书道对纸张要求并不高，书写一般偏爱用机械纸，以机械式生产的半纸和画仙纸为代表。半纸在《汉语大词典》中的解释为日本纸的一种，长度为24～26 cm，宽度为32.5～35 cm。画仙纸即为书画纸，半纸和画仙纸相较于中国宣纸价格低廉而书写品质也并不太差，因此受到日本大众书道人群的普遍喜爱。

⊙2

⊙2
《汉语大词典》书影
A Photo of *Chinese Dictionary*

# 『汪同和』特净

"Wangtonghe" Superb-bark Paper

『汪同和』特净透光摄影图
A photo of "Wangtonghe" superb-bark paper seen through the light

# 第六节

# 泾县双鹿宣纸有限公司

安徽省
Anhui Province

宣城市
Xuancheng City

泾县
Jingxian County

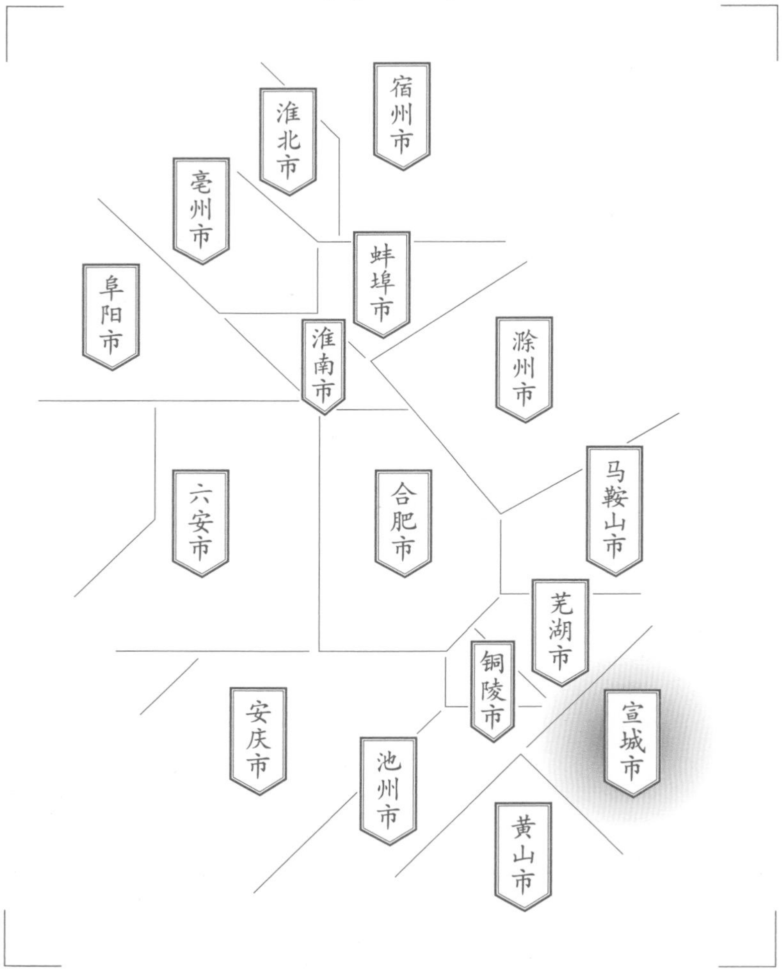


**调查对象**

泾川镇 泾县双鹿宣纸有限公司 宣纸

## Section 6
## Shuanglu Xuan Paper Co., Ltd. in Jingxian County

**Subject**

Xuan Paper
of Shuanglu Xuan Paper Co., Ltd.
in Jingxian County
in Jingchuan Town

# 一 双鹿宣纸有限公司的基础信息与生产环境

## 1 Basic Information and Production Environment of Shuanglu Xuan Paper Co., Ltd.

泾县双鹿宣纸有限公司坐落于泾县泾川镇城西工业集中区，S322省道园林村段北侧。地理坐标为东经118° 22′ 37″、北纬30° 41′ 33″。企业最初源于1979年创建的泾县百岭坑宣纸厂，因原厂地址位于园林村的百岭坑而得名。

2015年7月19日、2016年4月16日和2016年4月22日，调查组先后三次对双鹿宣纸有限公司进行了访谈和调查。其中：2015年7月，调查组在泾县县城的“四宝堂”文房四宝商店访谈了双鹿宣纸有限公司合伙人股东曹光华；2016年4月16日在泾县泾川镇城西工业集中区访谈了另一合伙人股东张先荣，并进行了生产现场调研；4月22日到双鹿宣纸有限公司生产场地再次做了实地考察，调查了解的宣纸生产信息状态是：2016年4月该厂共有8帘宣纸生产槽位，入厂调查时有1帘纸槽在正常生产。

⊙1

⊙2

⊙1 双鹿宣纸有限公司正门 Main entrance of Shuanglu Xuan Paper Co., Ltd.

⊙2 双鹿宣纸有限公司生产厂区内景 Interior view of Shuanglu Xuan Paper Co., Ltd.

路线图
泾县县城
↓
泾县双鹿宣纸有限公司
Road map from Jingxian County centre to Shuanglu Xuan Paper Co., Ltd. in Jingxian Country

# 泾县双鹿宣纸有限公司位置示意图

# Location map of Shuanglu Xuan Paper Co., Ltd. in Jingxian County

考察时间
2015年7月 / 2016年4月

Investigation Date
July 2015 / Apr. 2016

地域名称

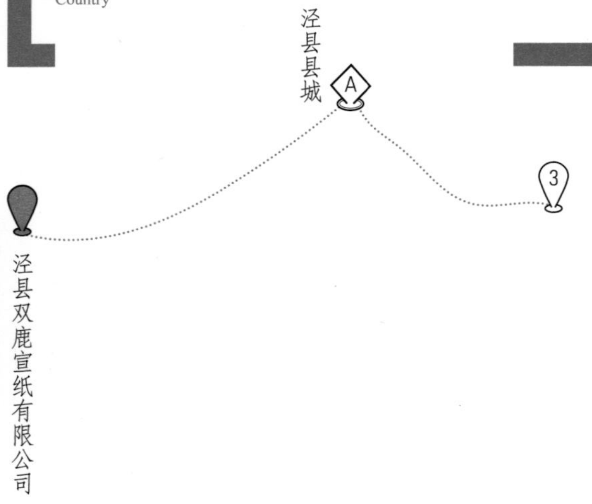


A 泾县
1 丁家桥镇
2 云岭镇
3 泾川镇
4 昌桥乡
5 黄村镇
6 琴溪镇

造纸点名称

泾县双鹿宣纸有限公司 造纸点

位置分布

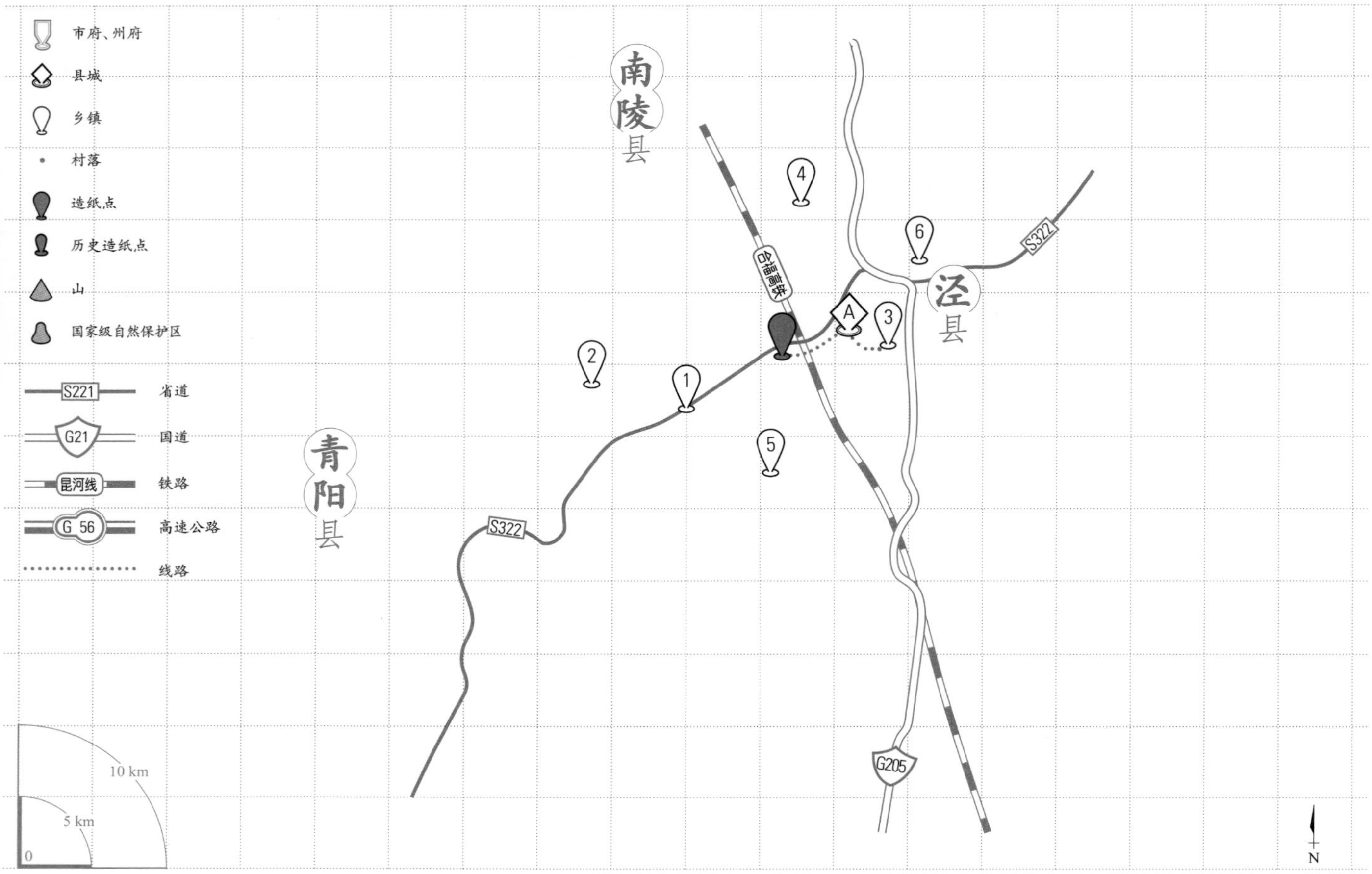

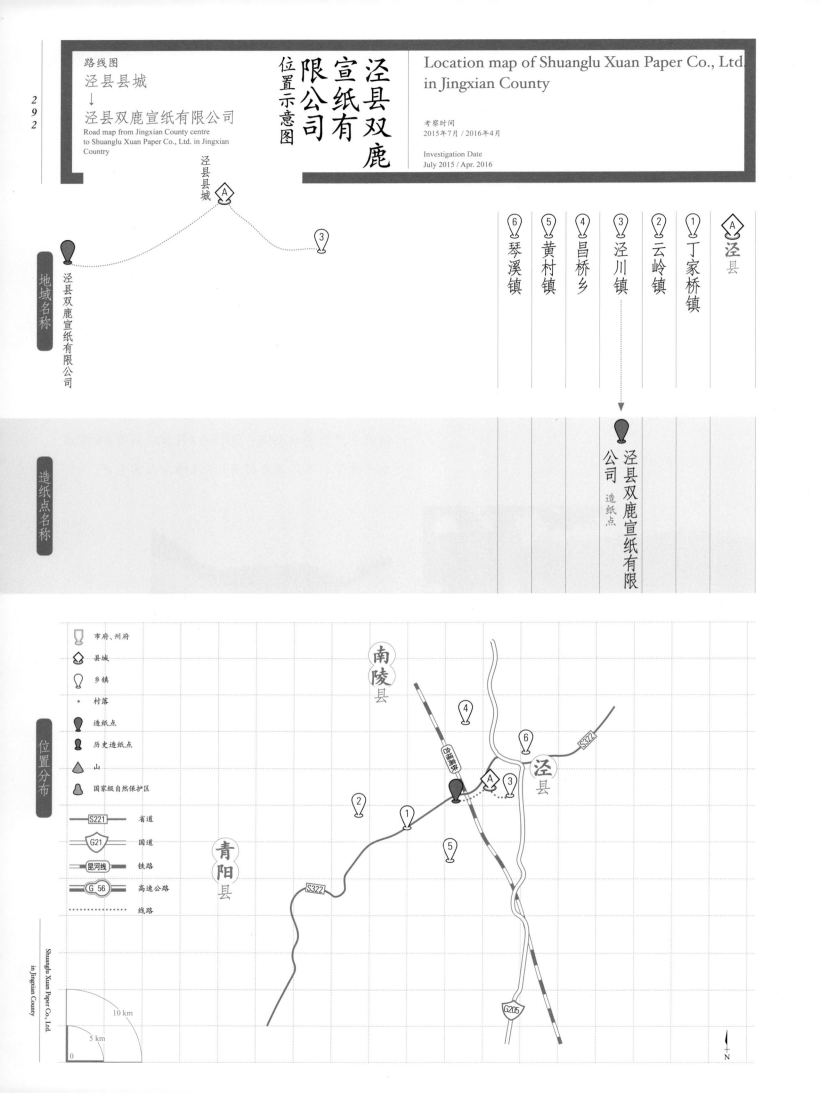

# 二
# 双鹿宣纸有限公司与“曹光华”宣纸的历史与传承情况

## 2
## History and Inheritance of Shuanglu Xuan Paper Co., Ltd. and Caoguanghua Xuan Paper

⊙1

⊙2

⊙1 原双鹿宣纸厂党支部标牌 Party branch sign in the former Shuanglu Xuan Paper Factory

⊙2 百岭坑原宣纸作坊遗址 Former Xuan paper mill in Bailingkeng area

### （一）
### 双鹿宣纸有限公司的历史与传承情况

调查中获悉，双鹿宣纸有限公司的前身是安徽泾县百岭坑宣纸厂*。有关这段历史，调查组在访谈双鹿宣纸有限公司股东也是现任法人代表张先荣时，听他详细叙述了这段往事：1979年，当时的太园公社园林大队为发展村域经济，在百岭坑原宣纸作坊下游谋划筹建宣纸厂。因当时的宣纸制作技艺属于国家科技绝密级保密项目，相关部门均反对园林大队建宣纸厂，此事经时任太园公社书记曹木凡（音）向县委书记王乐平汇报，在王乐平的亲自关注下方启动完成筹建工作。

新建的宣纸厂任命园林大队党支部副书记曹明书担任厂长，招聘原泾县红星宣纸厂和小岭宣纸厂退休、退职的捞纸工汪墨林（音）、张满生（音），晒纸工丁文端、吴本芳，碓皮工张应荣（音）、丁孝如（音）等，并聘请小岭宣纸厂退休工人曹枝生管理生产，加上招收的学徒工，于当年开办并投入6帘槽的宣纸生产。启用“双鹿”为商品标记，并于国家实施《商标法》后申请“双鹿”为注册商标。据张先荣的说法：百岭坑宣纸厂是中华人民共和国成立后泾县仅晚于“红星”“红旗”品牌厂家后建立的第三家宣纸厂。

1983年，百岭坑宣纸厂扩大到8帘槽生产，因人员增多，原场地难以容纳，于是在厂下游的百岭坑村民组开设了第二生产车间。为便于管理，将二车间交由村干部沈正德（音）负责，第一车间仍由曹明书负责，全厂则改由村书记潘田延（音）任厂长。扩产后，宣纸品种进一步丰富，涵括了四尺、五尺、六尺、八尺和丈二等常规品

* “百岭坑”是泾县小岭著名的手工造纸“十三坑”之一，属泾川镇园林村村民组地域。

种。其中，文二宣是纸厂1990年为北京著名画家黄胄筹建的炎黄艺术馆定做的专用纸，共做了50刀。

1987年，因原负责人退休，张先荣接任厂长。1992～1995年，因百岭坑山里交通、通信不便，加上两地管理代价很高，遂将宣纸厂从原址拆迁至322省道边，放弃了原厂房。1996年年底，新厂房建设完成，设计8帘槽的产能，1997年正式投产。投产后，保持6帘槽的正常生产。2000年左右，因市场行情不佳又停止了生产。

2001年，百岭坑宣纸厂依法申请破产进行企业改制，由公有制村办企业变成股份制企业。改制后的纸厂由周乃空、曹光华、张先荣3人共同出资20万元重新恢复生产，“安徽泾县百岭坑宣纸厂”改名为“安徽泾县双鹿宣纸有限公司”。2011年，进行资产核算后，周乃空退股，公司投资主体成为张先荣、曹光华两人，张先荣任法人代表，此后两人在生产上保持一体，经营上分别使用注册商标“双鹿”和“曹光华”。

⊙1

⊙1
百岭坑宣纸厂遗址
Remain of the former Bailingkeng Xuan Paper Factory

## （二）
## “曹光华”宣纸的传承发展历史

“曹光华”宣纸是以曹光华个人命名的宣纸品牌，是现当代宣纸行业中首位使用个人姓名为注册商标的品牌。曹光华生于宣纸世家，祖父曹石甫、父亲曹湖生均是宣纸制作技艺传人。祖辈曾创制了“魁星”宣纸，于20世纪30年代将宣纸作坊扩展到泾县慈坑（现汀溪乡苏红村境内），销售网络一度覆盖上海、武汉、南京、广州等城市。

⊙1

中华人民共和国成立后，小岭地域成立公私合营宣纸原料合作社，为纯农业生产大队，主要为位于乌溪的泾县宣纸厂生产燎皮、燎草。1961年4月，泾县县委批准小岭为工业区，村民户口转为非农业户口，由国家供应粮油。1964年8月，小岭村原料合作社恢复了1槽的宣纸生产，启用“红旗”为产品商标，1966年增至4槽的生产，1981年小岭原料合作社被批准改名为“泾县小岭宣纸厂”。1982年《商标法》公布后，小岭宣纸厂将使用的“红旗”宣纸商标申请并获得了商标注册权。从开设纸槽生产宣纸起，小岭就逐年减少了对位于乌溪的泾县宣纸厂的原料供应，到小岭宣纸厂的成立前夕，完全中断了对泾县宣纸厂供应原料。

曹光华先后担任小岭宣纸厂副厂长、书记兼法人代表。2000年，小岭宣纸厂因企业改制停业，但曹光华始终还是小岭宣纸厂登记的法人代表。初停业期间，原“红旗”宣纸的经销与消费客户仍习惯性联系曹光华商买“红旗”宣纸。在数量较大的市场需求引导下，2003年曹光华妻子注册了“曹光华”宣纸商标，2006年政府批复同意使用“曹光华”，使之成为当代个人真名真姓宣纸商标注册成功的第一人。2009年曹光华和妻子又注册了安徽泾县光华宣纸工艺品有限公司。

## （三）
## “双鹿”宣纸与“曹光华”宣纸的代表人物

张先荣，1956年出生于泾县，初中毕业后，先在铸造厂工作，1980年进入百岭坑宣纸厂从事供销工作。1987年任百岭坑宣纸厂厂长。2001年与曹光华、周乃空合资成立双鹿宣纸有限公司，任法人代表兼厂长，截至2016年4月调查组访谈时仍任双鹿宣纸有限公司法人代表兼厂长。

据2015年7月访谈时曹光华口述：他1954年9月出生于泾县小岭曹姓宣纸制造世家，1970年从中学毕业后在小岭村当赤脚医生，1976～1982年

⊙1 旧『魁星』宣纸商标
Former trademark of "Kuixing" Xuan paper

任小岭宣纸原料社（厂）医院负责人并从事医务工作。1986年任小岭宣纸厂副厂长，1992～1997年，任小岭宣纸厂厂长、党总支书记。1997年9月，小岭宣纸厂更名为泾县红旗宣纸有限责任公司，曹光华担任董事长、总经理、党总支书记。因小岭宣纸厂是当时的中国宣纸集团公司的紧密层企业，任职小岭宣纸厂的曹光华也兼任中国宣纸集团公司副总经理。

2001年，曹光华与张先荣、周乃空合资成立泾县双鹿宣纸股份有限公司。调查时，曹光华是中国文房四宝协会副会长兼宣纸专业委员会副主任。曹光华于2006年被评为安徽省首届工艺美术大师，2009年被中国文房四宝协会授予中国宣纸艺术大师的称号。

调查中发现值得关注的现象是，因曹光华注册了“曹光华”商标，公司原有商标“双鹿”，并且股东们协议在营销时采取松散的合作模式，各自均可按成本价从厂里拿原纸，贴上各自的牌子销售，或根据市场需要冠以合适的商标销售，因而双鹿宣纸有限公司的品牌管理与运营呈现较为复杂的状况。

⊙2

⊙3

⊙2
在生产厂区办公室访谈张先荣
Interviewing Zhang Xianrong in the factory office

⊙3
在曹光华县城的店中访谈
Interviewing Cao Guanghua at his store in Jingxian County

# 三
# 双鹿宣纸有限公司的代表纸品及其用途与技术分析

3
Representative Paper, Its Uses and Technical Analysis of Shuanglu Xuan Paper Co., Ltd.

## （一）代表纸品

“双鹿”宣纸主要有四尺（即70 cm×138 cm）、六尺（即97 cm×180 cm）等规格，按配料分有特净、净皮、棉料，按纸纹分有单丝路、双丝路、罗纹、龟纹等，如客户有定制需求时，也按照客户要求进行生产。

“曹光华”宣纸的主要产品按配料分为棉料、净皮、特净等，在双鹿宣纸有限公司厂区生产，如客户有特殊需求，则按订单生产。

## （二）代表纸品技术分析

### 1. 代表纸品一：“双鹿”净皮宣纸

测试小组对采样自双鹿宣纸有限公司生产的净皮宣纸所做的性能分析，主要包括厚度、定量、紧度、抗张力、抗张强度、撕裂度、湿强度、白度、耐老化度下降、尘埃度、吸水性、伸缩性、纤维长度和纤维宽度等。按相应要求，每一指标都需重复测量若干次后求平均值，其中定量抽取5个样本进行测试，厚度抽取10个样本进行测试，拉力抽取20个样本进行测试，撕裂度抽取10个样本进行测试，湿强度抽取20个样本进行测试，白度抽取10个样本进行测试，耐老化度下降抽取10个样本进行测试，尘埃度抽取4个样本进行测试，吸水性抽取10个样本进行测试，伸缩性抽取4个样本进行测试，纤维长度测试200根纤维，纤维宽度测试300根纤维。对“双鹿”净皮宣纸进行测试分析所得到的相关性能参数见表2.29。表中列出了各参数的最大值、最小值及测量若干次所得到的平均值或者计算结果。

表2.29 “双鹿”净皮宣纸相关性能参
Table 2.29 Performance parameters of “Shuanglu” clean-bark Xuan paper

| 指标 | | | 单位 | 最大值 | 最小值 | 平均值 | 结果 |
|---|---|---|---|---|---|---|---|
| 厚度 | | | mm | 0.110 | 0.100 | 0.105 | 0.105 |
| 定量 | | | $g/m^2$ | — | — | — | 32.7 |
| 紧度 | | | $g/cm^3$ | — | — | — | 0.311 |
| 抗张力 | 纵向 | | N | 26.5 | 20.0 | 22.9 | 22.9 |
| | 横向 | | N | 12.7 | 9.7 | 11.4 | 11.4 |
| 抗张强度 | | | kN/m | — | — | — | 1.141 |
| 撕裂度 | 纵向 | | mN | 220 | 310 | 328 | 328 |
| | 横向 | | mN | 280 | 270 | 276 | 276 |
| 撕裂指数 | | | $mN \cdot m^2/g$ | — | — | — | 9.81 |
| 湿强度 | 纵向 | | mN | 1 435 | 1 295 | 1 370 | 1 370 |
| | 横向 | | mN | 830 | 760 | 790 | 790 |
| 白度 | | | % | 70.59 | 69.90 | 70.22 | 70.22 |
| 耐老化度下降 | | | % | — | — | — | 0.8 |
| 尘埃度 | 黑点 | | 个/$m^2$ | — | — | — | 8 |
| | 黄茎 | | 个/$m^2$ | — | — | — | 76 |
| | 双浆团 | | 个/$m^2$ | — | — | — | 0 |
| 吸水性 | | | mm | — | — | — | 9 |
| 伸缩性 | 浸湿 | | % | — | — | — | 0.43 |
| | 风干 | | % | — | — | — | 0.75 |
| 纤维 | 皮 | 长度 | mm | 4.23 | 0.57 | 1.90 | 1.90 |
| | | 宽度 | μm | 30.0 | 1.0 | 9.0 | 9.0 |
| | 草 | 长度 | mm | 2.48 | 0.27 | 0.92 | 0.92 |
| | | 宽度 | μm | 9.0 | 1.0 | 4.0 | 4.0 |

由表2.29可知，所测“双鹿”净皮宣纸的平均定量为32.7 g/m$^2$。“双鹿”净皮宣纸最厚约是最薄的1.10倍，经计算，其相对标准偏差为0.005，纸张厚薄较为一致。通过计算可知，“双鹿”净皮宣纸紧度为0.311 g/cm$^3$。抗张强度为1.141 kN/m，抗张强度值较大。所测“双鹿”净皮宣纸撕裂指数为9.81 mN · m$^2$/g，撕裂度较大；湿强度纵横平均值为1 080 mN，湿强度较大。

所测“双鹿”净皮宣纸平均白度为70.22%，白度较高，白度最大值是最小值的1.010倍，相对标准偏差为0.188，白度差异相对较小。经过耐老化测试后，耐老化度下降0.8%。

所测“双鹿”净皮宣纸尘埃度指标中黑点为8个/m$^2$，黄茎为76个/m$^2$，双浆团为0个/m$^2$。吸水性纵横平均值为9 mm，纵横差为2.6 mm。伸缩性指标中浸湿后伸缩差为0.43%，风干后伸缩差为0.75%，说明“双鹿”净皮宣纸伸缩差异不大。

“双鹿”净皮宣纸在10倍、20倍物镜下观测的纤维形态分别如图★1、图★2所示。所测“双鹿”净皮宣纸皮纤维长度：最长4.23 mm，最短

0.57 mm，平均长度为1.90 mm；纤维宽度：最宽30.0 μm，最窄1.0 μm，平均宽度为9.0 μm；草纤维长度：最长2.48 mm，最短0.27 mm，平均长度为0.92 mm；纤维宽度：最宽9.0 μm，最窄1.0 μm，平均宽度为4.0 μm。“双鹿”净皮宣纸润墨效果如图⊙1所示。

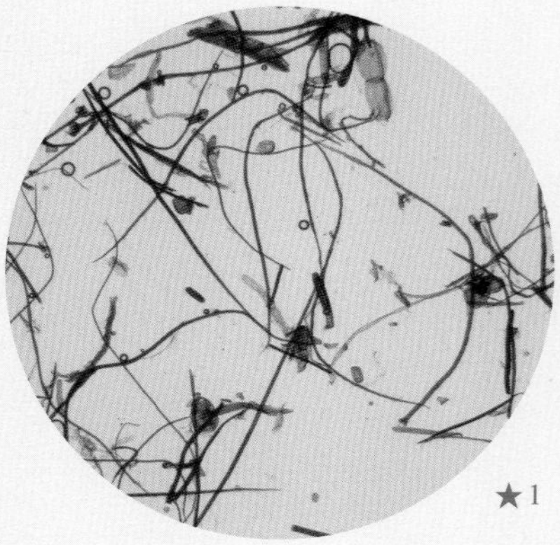
★1

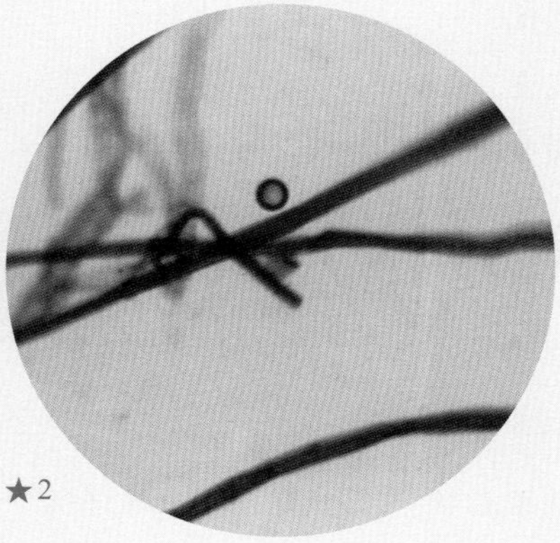
★2

⊙1



## 2. 代表纸品二：“曹光华”牌“白鹿”宣纸

测试小组对“曹光华”牌“白鹿”宣纸所做的性能分析，主要包括厚度、定量、紧度、抗张力、抗张强度、撕裂度、湿强度、白度、耐老化度下降、尘埃度、吸水性、伸缩性、纤维长度和纤维宽度等。按相应要求，每一指标都需重复测量若干次后求平均值，其中定量抽取5个样本进行测试，厚度抽取10个样本进行测试，抗张力抽取20个样本进行测试，撕裂度抽取10个样本进行测试，湿强度抽取20个样本进行测试，白度抽取10个样本进行测试，耐老化度下降抽取10个样本进行测试，尘埃度抽取4个样本进行测试，吸水性抽取10个样本进行测试，伸缩性抽取4个样本进行测试，纤维长度测试200根纤维，纤维宽度测试300根纤维。对“曹光华”牌“白鹿”宣纸进行测试分析所得到的相关性能参数见表2.30。表中列出了各参数的最大值、最小值及测量若干次所得到的平均值或者计算结果。

由表2.30可知，所测“曹光华”牌“白鹿”

★1
『双鹿』净皮宣纸纤维形态图(10×)
Fibers of "Shuanglu" clean-bark Xuan paper (10× objective)

★2
『双鹿』净皮宣纸纤维形态图(20×)
Fibers of "Shuanglu" clean-bark Xuan paper (20× objective)

⊙1
『双鹿』净皮宣纸润墨效果
Writing performance of "Shuanglu" clean-bark Xuan paper

表2.30 “曹光华”牌“白鹿”宣纸相关性能参数
Table 2.30 Performance parameters of “Caoguanghua” Brand “Bailu” Xuan paper

| 指标 | | | 单位 | 最大值 | 最小值 | 平均值 | 结果 |
|---|---|---|---|---|---|---|---|
| 厚度 | | | mm | 0.100 | 0.080 | 0.091 | 0.091 |
| 定量 | | | $g/m^2$ | — | — | — | 29.4 |
| 紧度 | | | $g/cm^3$ | — | — | — | 0.323 |
| 抗张力 | 纵向 | | N | 20.6 | 16.4 | 18.9 | 18.9 |
| | 横向 | | N | 10.6 | 9.4 | 10.1 | 10.1 |
| 抗张强度 | | | kN/m | — | — | — | 0.966 |
| 撕裂度 | 纵向 | | mN | 190 | 100 | 140 | 140 |
| | 横向 | | mN | 230 | 210 | 222 | 222 |
| 撕裂指数 | | | $mN\cdot m^2/g$ | — | — | — | 5.9 |
| 湿强度 | 纵向 | | mN | 1 500 | 1 340 | 1 401 | 1 401 |
| | 横向 | | mN | 820 | 630 | 774 | 774 |
| 白度 | | | % | 68.8 | 68.3 | 68.5 | 68.5 |
| 耐老化度下降 | | | % | — | — | — | 3.1 |
| 尘埃度 | 黑点 | | 个/$m^2$ | — | — | — | 12 |
| | 黄茎 | | 个/$m^2$ | — | — | — | 60 |
| | 双浆团 | | 个/$m^2$ | — | — | — | 0 |
| 吸水性 | | | mm | — | — | — | 13 |
| 伸缩性 | 浸湿 | | % | — | — | — | 0.45 |
| | 风干 | | % | — | — | — | 0.38 |
| 纤维 | 皮 | 长度 | mm | 3.76 | 1.65 | 2.45 | 2.45 |
| | | 宽度 | μm | 21.0 | 7.0 | 12.0 | 12.0 |
| | 草 | 长度 | mm | 0.97 | 0.37 | 0.72 | 0.72 |
| | | 宽度 | μm | 15.0 | 3.0 | 6.0 | 6.0 |

宣纸的平均定量为29.4 $g/m^2$。“曹光华”牌“白鹿”宣纸最厚约是最薄的1.25倍，经计算，其相对标准偏差为0.007，纸张厚薄差异不大。通过计算可知，“曹光华”牌“白鹿”宣纸紧度为0.323 $g/cm^3$。抗张强度为0.966 kN/m，抗张强度值较大。所测“曹光华”牌“白鹿”宣纸撕裂指数为5.9 $mN\cdot m^2/g$，撕裂度较大；湿强度纵横平均值为1 088 mN，湿强度较大。

所测“曹光华”牌“白鹿”宣纸平均白度为68.5%，白度较高。白度最大值是最小值的1.007倍，相对标准偏差为0.158，白度差异相对较小。经过耐老化测试后，耐老化度下降3.1%。

所测“曹光华”牌“白鹿”宣纸尘埃度指标中黑点为12个/$m^2$，黄茎为60个/$m^2$，双浆团为0个/$m^2$。吸水性纵横平均值为13 mm，纵横差为1.6 mm。伸缩性指标中浸湿后伸缩差为0.45%，风干后伸缩差为0.38%，说明“曹光华”牌“白鹿”宣纸伸缩差异不大。

“曹光华”牌“白鹿”宣纸在10倍、20倍物镜下观测的纤维形态分别如图★1、图★2所示。

所测“曹光华”牌“白鹿”宣纸皮纤维长度：最长3.76 mm，最短1.65 mm，平均长度为2.45 mm；纤维宽度：最宽21.0 μm，最窄7.0 μm，平均宽度为12.0 μm；草纤维长度：最长0.97 mm，最短0.37 mm，平均长度为0.72 mm，纤维宽度：最宽15.0 μm，最窄3.0 μm，平均宽度为6.0 μm。“曹光华”牌“白鹿”宣纸润墨效果如图⊙1所示。

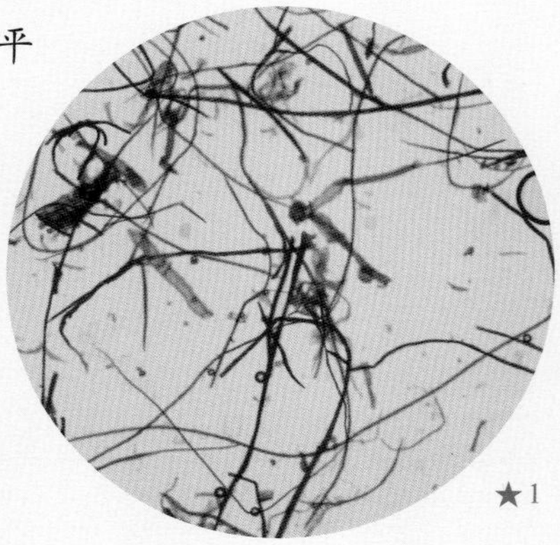

★1

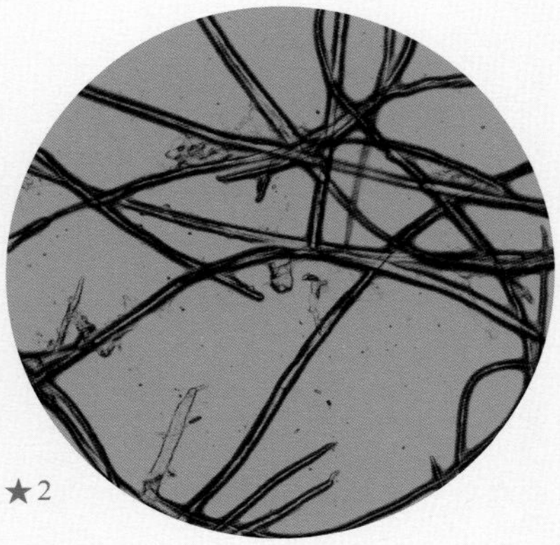

★2

⊙1



### 3. 代表纸品三：“曹光华”本色特净宣纸

测试小组对“曹光华”本色特净宣纸所做的性能分析，主要包括厚度、定量、紧度、抗张力、抗张强度、撕裂度、湿强度、白度、耐老化度下降、尘埃度、吸水性、伸缩性、纤维长度和纤维宽度等。按相应要求，每一指标都需重复测量若干次后求平均值，其中定量抽取5个样本进行测试，厚度抽取10个样本进行测试，抗张力抽取20个样本进行测试，撕裂度抽取10个样本进行测试，湿强度抽取20个样本进行测试，白度抽取10个样本进行测试，耐老化度下降抽取10个样本进行测试，尘埃度抽取4个样本进行测试，吸水性抽取10个样本进行测试，伸缩性抽取4个样本进行测试，纤维长度测试200根纤维，纤维宽度测试300根纤维。对“曹光华”本色特净宣纸进行测试分析所得到的相关性能参数见表2.31。表中列出了各参数的最大值、最小值及测量若干次所得到的平均值或者计算结果。

由表2.31可知，所测“曹光华”本色特净

★1
『曹光华』牌『白鹿』宣纸纤维形态图（10×）
Fibers of "Caoguanghua" Brand "Bailu" Xuan paper (10× objective)

★2
『曹光华』牌『白鹿』宣纸纤维形态图（20×）
Fibers of "Caoguanghua" Brand "Bailu" Xuan paper (20× objective)

⊙1
『曹光华』牌『白鹿』宣纸润墨效果
Writing performance of "Caoguanghua" Brand "Bailu" Xuan paper

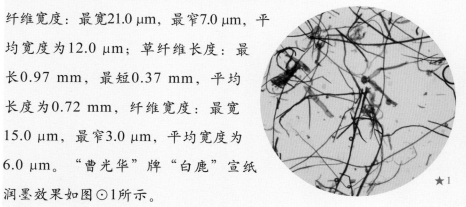

表2.31 “曹光华”本色特净宣纸相关性能参数
Table 2.31 Performance parameters of “Caoguanghua” superb-bark Xuan paper in original color

| 指标 | | | 单位 | 最大值 | 最小值 | 平均值 | 结果 |
| --- | --- | --- | --- | --- | --- | --- | --- |
| 厚度 | | | mm | 0.095 | 0.070 | 0.084 | 0.084 |
| 定量 | | | g/m² | — | — | — | 29.0 |
| 紧度 | | | g/cm³ | — | — | — | 0.345 |
| 抗张力 | | 纵向 | N | 35.0 | 25.8 | 29.7 | 29.7 |
| | | 横向 | N | 18.2 | 15.3 | 16.9 | 16.9 |
| 抗张强度 | | | kN/m | — | — | — | 1.553 |
| 撕裂度 | | 纵向 | mN | 620 | 550 | 582 | 582 |
| | | 横向 | mN | 850 | 800 | 818 | 818 |
| 撕裂指数 | | | mN·m²/g | — | — | — | 22.6 |
| 湿强度 | | 纵向 | mN | 1 940 | 1 610 | 1 786 | 1 786 |
| | | 横向 | mN | 1 100 | 900 | 1 001 | 1 001 |
| 白度 | | | % | 61.4 | 61.0 | 61.2 | 61.2 |
| 耐老化度下降 | | | % | — | — | — | 0.6 |
| 尘埃度 | | 黑点 | 个/m² | — | — | — | 48 |
| | | 黄茎 | 个/m² | — | — | — | 84 |
| | | 双浆团 | 个/m² | — | — | — | 0 |
| 吸水性 | | | mm | — | — | — | 8 |
| 伸缩性 | | 浸湿 | % | — | — | — | 0.38 |
| | | 风干 | % | — | — | — | 0.60 |
| 纤维 | 皮 | 长度 | mm | 4.20 | 0.89 | 2.05 | 2.05 |
| | | 宽度 | μm | 23.0 | 1.0 | 9.0 | 9.0 |
| | 草 | 长度 | mm | 2.18 | 0.49 | 0.99 | 0.99 |
| | | 宽度 | μm | 17.0 | 1.0 | 6.0 | 6.0 |

宣纸的平均定量为29.0 g/m²。“曹光华”本色特净宣纸最厚约是最薄的1.36倍，经计算，其相对标准偏差为0.008，纸张厚薄较为一致。通过计算可知，“曹光华”本色特净宣纸紧度为0.345 g/cm³。抗张强度为1.553 kN/m，抗张强度值较大。所测“曹光华”本色特净宣纸撕裂指数为22.6 mN·m²/g，撕裂度较大；湿强度纵横平均值为1 394 mN，湿强度较大。

所测“曹光华”本色特净宣纸平均白度为61.2%，白度较高。白度最大值是最小值的1.007倍，相对标准偏差为0.013，白度差异相对较小。经过耐老化测试后，耐老化度下降0.6%。

所测“曹光华”本色特净宣纸尘埃度指标中黑点为48个/m²，黄茎为84个/m²，双浆团为0个/m²。吸水性纵横平均值为8 mm，纵横差为1.4 mm。伸缩性指标中，浸湿后伸缩差为0.38%，风干后伸缩差为0.60%，说明“曹光华”本色特净宣纸伸缩差异不大。

“曹光华”本色特净宣纸在10倍、20倍物镜下观测的纤维形态分别如图★1、图★2所示。所测“曹光华”本色特净宣纸皮纤维长度：最长4.20 mm，最短0.89 mm，平均长度为2.05 mm；纤维宽度：最宽23.0 μm，最窄1.0 μm，平均宽度为9.0 μm；草纤维长度：最长2.18 mm，最短0.49 mm，平均长度为0.99 mm。纤维宽度：最宽17.0 μm，最窄1.0 μm，平均宽度为6.0 μm。“曹光华”本色特净宣纸润墨效果如图⊙1所示。

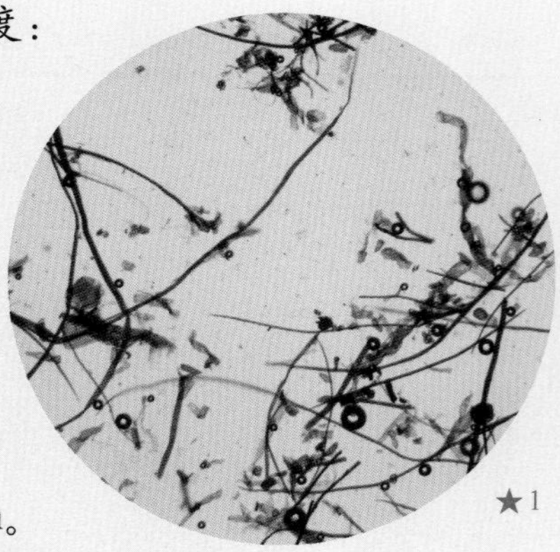
★1

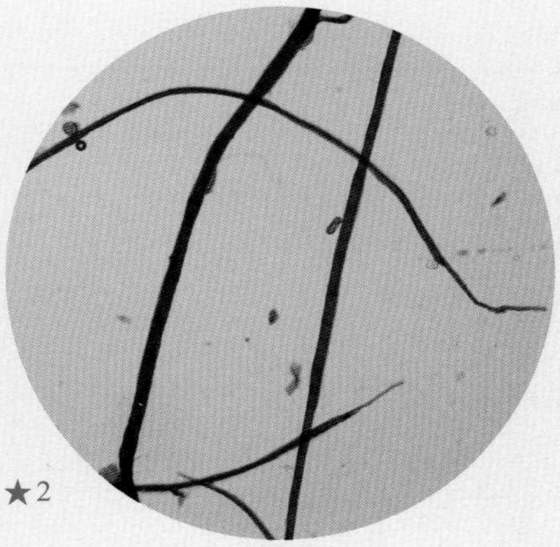
★2

⊙1

## 4. 代表纸品四：“曹光华”半生熟加工纸

测试小组对采样自双鹿宣纸有限公司生产的“曹光华”半生熟加工纸所做的性能分析，主要包括厚度、定量、紧度、抗张力、抗张强度、撕裂度、色度、吸水性等。按相应要求，每一指标都需重复测量若干次后求平均值，其中定量抽取5个样本进行测试，厚度抽取10个样本进行测试，拉力抽取20个样本进行测试，撕裂度抽取10个样本进行测试，色度抽取10个样本进行测试，吸水性抽取10个样本进行测试。对“曹光华”半生熟加工纸进行测试分析所得到的相关性能参数见表2.32。表中列出了各参数的最大值、最小值及测量若干次所得到的平均值或者计算结果。



表2.32 “曹光华”半生熟加工纸相关性能参数
Table 2.32 Performance parameters of “Caoguanghua” semi-processed paper

| 指标 | | 单位 | 最大值 | 最小值 | 平均值 | 结果 |
|---|---|---|---|---|---|---|
| 厚度 | | mm | 0.093 | 0.077 | 0.086 | 0.086 |
| 定量 | | g/m² | — | — | — | 30.9 |
| 紧度 | | g/cm³ | — | — | — | 0.359 |
| 抗张力 | 纵向 | N | 20.7 | 16.2 | 18.2 | 18.2 |
| | 横向 | N | 10.3 | 8.3 | 9.4 | 9.4 |

★1
『曹光华』本色特净宣纸纤维形态图（10×）
Fibers of “Caoguanghua” superb-bark Xuan paper in original color (10× objective)

★2
『曹光华』本色特净宣纸纤维形态图（20×）
Fibers of “Caoguanghua” superb-bark Xuan paper in original color (20× objective)

⊙1
『曹光华』本色特净宣纸润墨效果
Writing performance of “Caoguanghua” superb-bark Xuan paper in original color

续表

| 指标 | | 单位 | 最大值 | 最小值 | 平均值 | 结果 |
|---|---|---|---|---|---|---|
| 抗张强度 | | kN/m | — | — | — | 0.920 |
| 撕裂度 | 纵向 | mN | 130 | 120 | 122 | 122 |
| | 横向 | mN | 140 | 140 | 140 | 140 |
| 撕裂指数 | | mN·m²/g | — | — | — | 8.424 |
| 色度 | | % | 20.1 | 18.2 | 19.0 | 19.0 |
| 吸水性 | | mm | — | — | — | 5 |

由表2.32可知，所测“曹光华”半生熟加工纸的平均定量为30.9 g/m²。“曹光华”半生熟加工纸最厚约是最薄的1.21倍，经计算，其相对标准偏差为0.006，纸张厚薄较为一致。通过计算可知，“曹光华”半生熟加工纸紧度为0.359 g/cm³。抗张强度为0.920 kN/m，抗张强度值较小。所测“曹光华”半生熟加工纸撕裂指数为8.424 mN·m²/g，撕裂度较小。

所测“曹光华”半生熟加工纸平均色度为19.0%。色度最大值是最小值的1.104倍，相对标准偏差为0.887，色度差异相对较大。所测“曹光华”半生熟加工纸吸水性纵横平均值为5 mm，纵横差为5.0 mm，吸水性差异较大。

# 四
# 双鹿宣纸有限公司生产的原料、工艺与设备

4
Raw materials, Papermaking Techniques and Tools of Shuanglu Xuan Paper Co., Ltd.

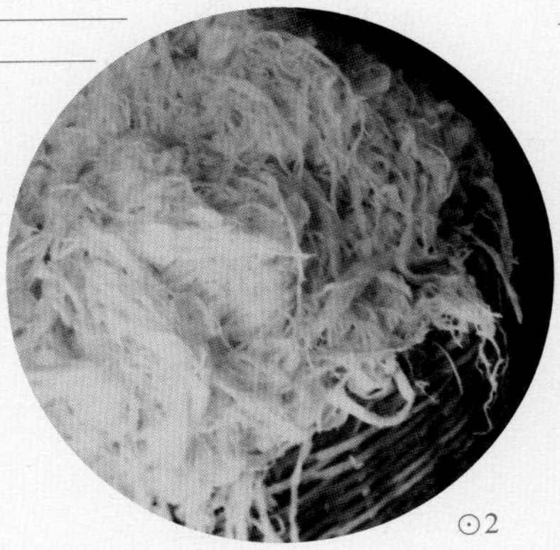

⊙2
已加工的青檀皮
Processed *Pteroceltis tatarinowii* Maxim. bark

## （一）
## 双鹿宣纸有限公司宣纸生产的原料

### 1. 主料一：青檀树皮

双鹿宣纸有限公司生产所需的青檀皮主要从百岭坑收购，不足部分到汀溪、爱民、蔡村等地农户中收购。据调研时张先荣介绍，近3年来收购价格基本稳定在800元/50 kg。

### 2. 主料二：沙田稻草

双鹿宣纸有限公司生产所需的燎草从小岭或苏红村的燎草加工户中收购，2015年的收购价格

⊙1

为600元/50 kg。

### 3. 辅料一：纸药

双鹿宣纸有限公司所用纸药为野生杨桃藤（即野生猕猴桃枝）汁，2015年时的收购价格约为300元/50 kg。因野生杨桃藤不易收购，纸药接济不上时会使用化学纸药聚丙烯酰胺。

### 4. 辅料二：水

双鹿宣纸有限公司使用的是百岭坑周边山上流下的山泉水，据调查组成员的现场测试，其宣纸制作所用的水pH为7.3，呈弱碱性。

## （二）
## 双鹿宣纸有限公司宣纸生产的工艺流程

调研中所获知的“双鹿”与“曹光华”宣纸生产工艺流程为：

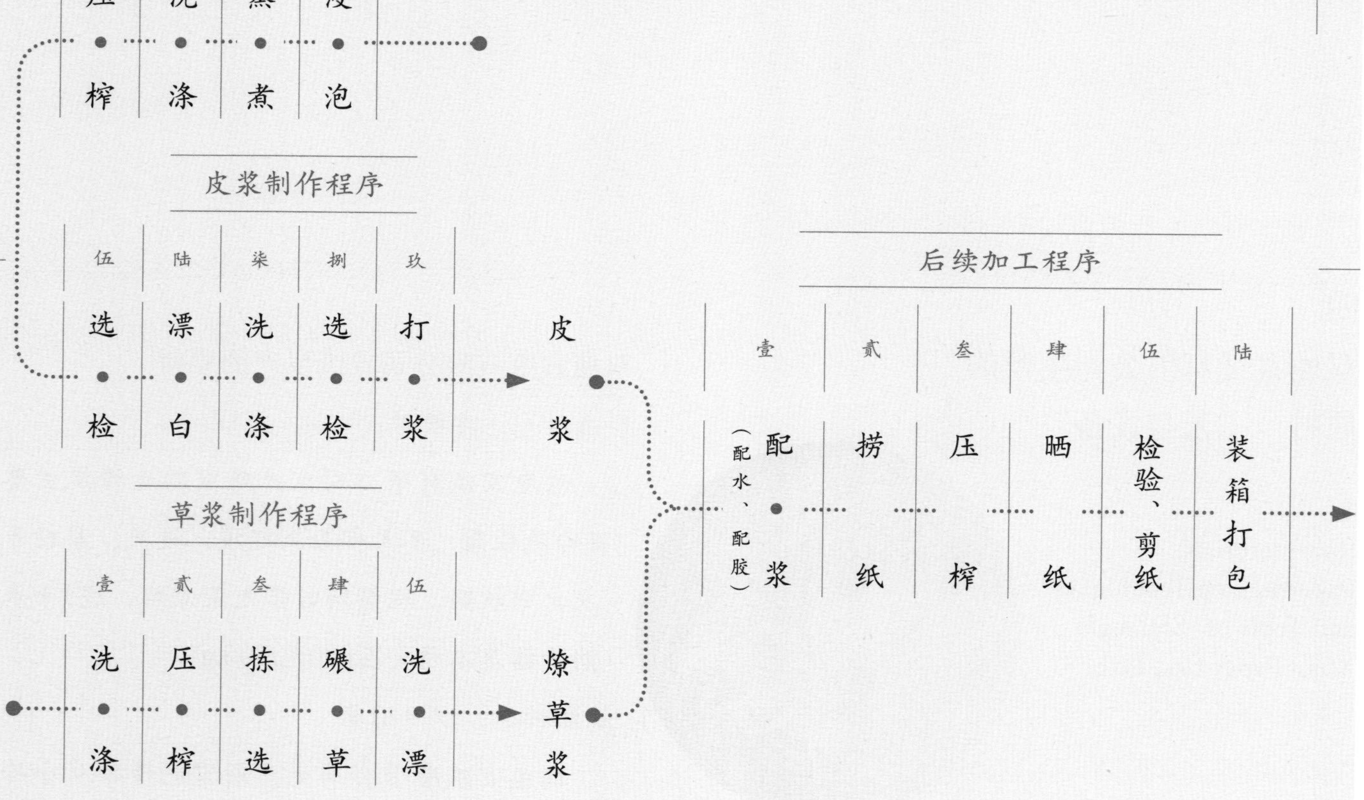


⊙1
捶打法制作纸药
Making papermaking mucilage by beating

## 皮浆制作

### 壹 浸泡

1

将从农户收购进厂的青檀皮用清水浸泡18小时左右，根据浸泡的成色和软化程度进行适度换水后继续浸泡。

### 贰 蒸煮

2

将浸泡好的青檀皮加适量烧碱（氢氧化钠），在蒸锅里蒸煮。其目的是使青檀皮软化，分解皮料中所含的木质素与半纤维素。

⊙2

### 叁 洗涤

3 ⊙2

将煮好的青檀皮放入活水中清洗，洗去皮中所含的烧碱。

### 肆 压榨

4 ⊙3

通过压榨，将皮料中的水分榨挤排出。

⊙3

### 伍 选检

5 ⊙4

将榨干的皮料放入选检桌，通过人工将皮料中所含的树枝、木棍等杂质摘除。

⊙4

### 陆 漂白

6 ⊙3

将选检后的皮料加入适量的次氯酸钙进行浸泡漂白。漂白时间在8～10小时，漂白温度控制在20℃左右。

### 柒 洗涤

7

将漂白后的皮料放入水中清洗，主要是洗去皮料里所含的次氯酸钙，清洗后再上木榨榨干。

### 捌 选检

8

将榨干的皮料抖开，剔除夹心皮、黑点皮、霉点皮、未洗好的皮、生皮、柴骨等杂质，形成白皮。

### 玖 打浆

9

用打浆机将选拣好的白皮打成纸浆，即形成皮浆料。

⊙2 蒸煮 Steaming the bark

⊙3 压榨 Pressing the paper

⊙4 选检 Choosing the high-quality bark

## 草浆制作

“双鹿”“曹光华”宣纸燎草浆主要制作过程如下：

### 壹 洗涤

1 ⊙1

根据每天的产量按量取出燎草用活水浸泡，用挽钩不停翻动，使燎草中的碎石块下沉，同时洗去草料上的石灰。

⊙1

### 贰 压榨

2

榨去燎草中的污汁和水分等。

### 叁 拣选

3 ⊙2

通过人工选拣的方式挑除压榨后的燎草中的杂质。

### 肆 碾草

4

将拣选好的燎草通过石碾进行粉碎，使草纤维束分解，形成草浆。

⊙2

### 伍 洗漂

5

加入相应的次氯酸钙对草浆进行补漂，达到企业内定的白度，再通过洗漂机进行洗涤，形成漂白草纤维料。

⊙1 洗涤 Cleaning the materials
⊙2 选检 Choosing the high-quality bark

# 后续加工程序

## 壹 配浆

1 ⊙3

将皮纤维浆料和草纤维浆料按照特净、净皮、棉料比例进行混合，先后通过平筛筛选、旋翼筛净化和筛选、跳筛除杂后形成混合浆料。根据曹光华介绍，双鹿宣纸有限公司宣纸配浆比例为：特净皮是80%皮浆和20%燎草浆；净皮是60%皮浆和40%燎草浆；棉料是40%皮浆和60%燎草浆。

⊙3

## 贰 捞纸

2 ⊙4～⊙6

捞纸是宣纸质量好坏的关键工序之一，分以下几个步骤完成。

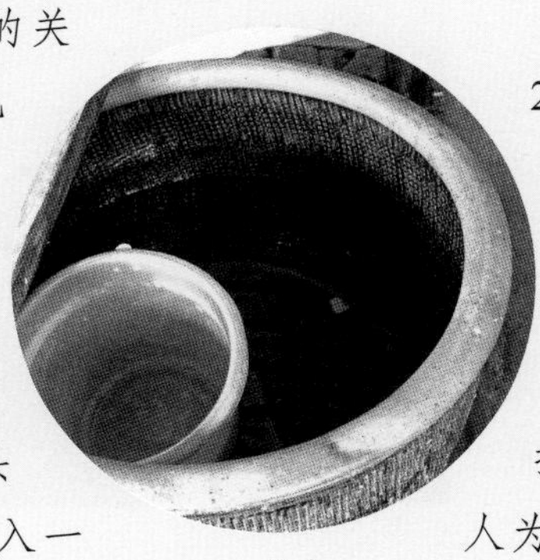
⊙4

（1）搞槽

将浆料用桶按量放入捞纸槽中，再用扒头将浆料搅拌均匀，放入一定比例的杨桃藤汁。然后开始捞纸，在捞纸过程中根据需要适量增加浆料。

（2）捞纸

2016年4月调研时，“曹光华”宣纸生产规格只有常规的四尺及六尺，因此每个捞纸槽位只需要两个捞纸工人共同作业。1人为掌帘，负责帘床的额边，一般由师傅或者技艺好一点的捞纸工把握；1人为抬帘，负责帘床的梢边，主要是辅助掌帘师傅完成捞纸工作。

⊙5

⊙6

（3）放纸和计数

掌帘和抬帘技工将帘床架在浪水棍上，掌帘师傅右手拿起梢竹，左手掌稳额竹，把沾有湿纸页的纸帘移至纸板前，将额竹抬角抵住剪档，额竹的顺边贴住衬档，纸帘呈半圆筒状将湿纸平稳地倒扣在湿纸板上，再启动额竹轻轻揭起纸帘，使纸帘与湿纸分离后，将纸帘平铺在帘床上。这个过程中，抬帘工除了用计数器计所捞的纸张数外，还要清理帘床上的皮块或整理帘床芒杆的间距。

⊙3 跳筛设备 Sieving device

⊙4 盛放纸药的缸 Papermaking mucilage container

⊙5 捞纸 Making the paper

⊙6 放纸并揭帘 Putting the paper on the board and taking off the papermaking screen

## 叁 压榨

### 3 ⊙7

捞纸工下班后，由帮槽工进行扳榨。先用盖纸帘覆盖在湿纸帖上，加上盖纸板。等受压后的湿纸帖滤完一定的水，再架上两根钢轨制作的榨杆和螺旋杆，逐步加力，将湿纸帖挤压到不出水为止。帮槽工在扳榨时，交替做好纸槽清洗工作，将纸槽当天的槽水放干，滤去槽底（槽内残留的纸浆），清洗纸槽四壁后，加上次日第一个槽口的纸浆，将槽内注满清水。双鹿宣纸有限公司生产的四尺净皮和特净品种每天分3块帖，棉料每天为2块帖，均产10～11刀。

⊙7

## 肆 晒纸

### 4 ⊙8～⊙13

（1）烘帖

将压榨后的纸帖架在焙墙上烤，让其水分充分蒸发。

⊙8

（2）浇帖

用清水慢慢淋湿纸帖，水量多少全凭工人经验掌握。将浇过水的纸帖靠墙，纸帖上部盖好湿硬壳纸，便于保湿。

⊙9

（3）鞭帖

在晒纸前先将纸帖放在纸架上，用板子敲打纸帖，便于分张。

（4）晒纸

晒纸时先取掐角（左上角），由左向右将帖中单张纸揭下来，通过刷把贴上纸焙。标准纸焙能张贴9张四尺纸，贴满整个纸焙后，先将最早上墙的纸揭下，依次进行。揭下后，再晒下一焙纸。如此循环往复。

⊙10

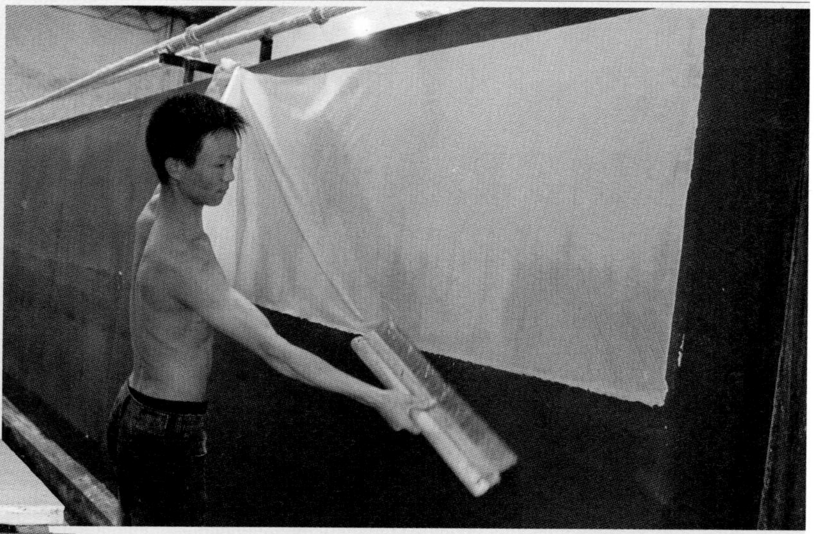
⊙11

⊙7 扳榨 Pressing the paper

⊙8 烘帖 Drying the paper pile by baking

⊙9 浇帖 Watering the paper pile

⊙10 鞭帖 Patting the paper pile

⊙11 晒纸 Drying the paper

⊙12

⊙13

双鹿宣纸有限公司晒纸所使用的供热设备是一套节能装置，据调查时张先荣介绍，用此装置能减少焚烧时产生的粉尘，这种装置在泾县只有少数厂家使用。

## 伍 检验、剪纸

5 ⊙14⊙15

将烘晒干的纸放在剪纸桌上进行逐张检验，如果有不合格的纸立即剔除或做上记号，形成正牌、副牌、小纸（由缺边或缺角的大纸改成）、废品，分类摆放，废品回笼打浆，其余的纸张按不同的价格出售。所有宣纸检验完毕后，以整块帖为单位压上石头，量好尺寸，将需要裁除的纸边沿检验桌边放好，剪纸工站在一边，将剪刀持正，脚步前躬后绷形成箭步，一剪裁下去，以此规整纸边。

⊙14

⊙15

## 陆 装箱打包

6 ⊙16⊙17

剪好后的纸按刀分好，根据需要加盖“双鹿”或“曹光华”品牌所需的各类章。每9刀纸装箱成件，包装完毕后运入贮纸仓库。

⊙16

⊙17

⊙12 揭纸 Peeling the paper down

⊙13 供热装置 Heating device

⊙14/15 检验、剪纸 Checking and cutting the paper

⊙16/17 装箱打包 Packaging the paper

## (三)

## 双鹿宣纸有限公司宣纸制作中的主要工具

### 壹 药榔头 1

一种黄檀木做的锤子，榔头在泾县当地方言中是锤子的意思。药榔头用于捶打杨桃藤，使藤条充分破碎后便于泡水出汁。实测双鹿宣纸有限公司所用的锤长40 cm ，锤头宽18 cm。

⊙1

### 贰 竹刀 2

在选拣皮、草时，通过竹刀捶打、挑、抖，使压榨后的皮、草分散，便于对皮、草的分拣。实测双鹿宣纸有限公司所用的大竹刀长49 cm，小竹刀长46 cm。

### 叁 石碾 3

石碾用电力带动，通过碾磨使燎草达到分丝帚化的效果。

⊙2

### 肆 打浆机 4

宣纸、书画纸制浆中普遍使用的荷兰式打浆机，一是用于浆料混合；二是纸浆在槽内循环流动，通过飞刀和底刀之间的作用，产生横向切断、纵向分裂、压溃、溶胀(润胀)等作用；三是通过圆筒筛的作用，将纸浆中的污水分解，达到清洁纸浆的作用。

⊙3

### 伍 捞纸槽 5

实测双鹿公司所用的四尺纸槽为长195 cm ×宽176 cm×高80 cm；六尺纸槽为长230 cm×宽176 cm×高80 cm。

⊙4

⊙1 药榔头 Hammer for beating the papermaking mucilage
⊙2 石碾 Stone roller
⊙3 打浆机 Beating machine
⊙4 捞纸槽 Papermaking trough

## 陆 纸帘 6

用于捞纸，由竹丝编织而成，表面很光滑平整，帘纹细而密集。实测双鹿有限公司所用的纸帘长162 cm，宽90 cm。

⊙5 纸帘 Papermaking screen

## 柒 挽钩、钉耙 7

挽钩是制作纸药、清洗皮料时的主要工具；钉耙可以在清洗燎草时使用。

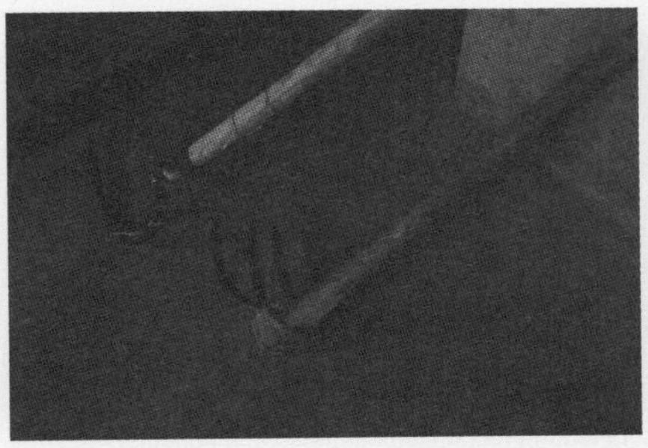

⊙6 挽钩（左）、钉耙（右） Hook (left), nail rake (right)

## 捌 松毛刷 8

晒纸时用于将纸刷上晒纸焙，刷柄为木制，刷毛为松毛。

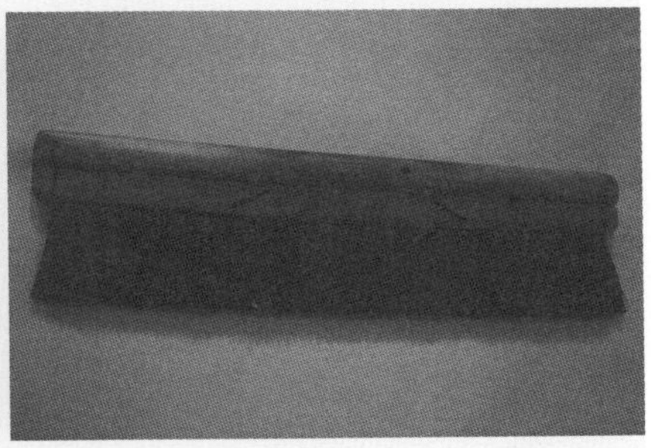

⊙7 松毛刷 Brush made of pine needles

## 玖 晒纸焙 9

用来晒纸，由两块长方形钢板焊接而成，中空贮水，将水加热后，既可提升焙温，又可保温。晒纸工下班后，还可将纸焙里的热水放出用于洗澡。

⊙8 晒纸焙 Drying wall

## 拾 剪纸刀 10

检验纸张后用来剪纸，剪刀口为钢制，其余部分为铁制。

## 拾壹 污水处理设备 11

主要用于净化宣纸生产过程中的污水。污水经处理后，能达到清洁水的标准。

⊙9

⊙10

## 拾贰 回收仓 12

主要用于收集处理过程中的固废物。

⊙11

# 五 双鹿宣纸有限公司的市场经营状况

# 5 Marketing Status of Shuangluu Xuan Paper Co., Ltd.

⊙9 过滤池 Filter pool

⊙10 氧化池 Oxidation pool

⊙11 回收仓 Recycle room

“双鹿”宣纸是1978年改革开放后泾县最早村办宣纸厂的品牌产品，创办之初，尚属于计划经济时代，因“双鹿”宣纸为村办企业生产，不在宣纸计划调控范围，因而意外地产品供不应求，基本为客户上门提供订单的销售方式。约有近20年的时间出口量占70%左右，主要销往日本、韩国和中国台湾地区。1990年前主要由上海工艺品进出口公司代理出口，1990年后主要依靠安徽工艺品进出口公司代理出口。1998年后出口销量减少，便将销售重心转向国内，客户多集中在北京、上海和厦门等地。2005年后除小部分出口日本，年出口额约10万元外，境外客户基本消失。

由于曹光华在原小岭宣纸厂厂长任上积累了一定的优质人脉，因此“曹光华”宣纸虽然诞生和营销较晚，但几乎从一开始就不太愁销路。

2013年以来，尽管宣纸市场行情普遍不好，但曹光华依靠对原有人脉资源的深耕及其业界影响力的传播，加上在县城所开设的商铺“四宝堂”也作为中国宣纸股份有限公司的“红星”宣纸代理商等复合作用，使“曹光华”宣纸受到的市场冲击较小。

⊙12

⊙13

⊙14

## 六 双鹿宣纸有限公司的品牌文化与习俗故事

## 6 Brand Culture and Stories of Shuanglu Xuan Paper Co., Ltd.

### 1. 曹光华其人与品牌的“互相借光”

据访谈中曹光华的说法：过去“红旗”宣纸在国内的占有率比当时的“红星”宣纸要高很多，因为当时“红星”主营出口，而“红旗”主营国内市场，更加被国内市场认可。同时由于曹光华本人与“红旗”品牌的关系，也增加了曹光华本人在国内宣纸行业的影响力。在小岭宣纸厂停产，曹光华与张先荣、周乃空合办双鹿宣纸有限公司后，使用过一段时间“双鹿”品牌，但是由于“双鹿”品牌在国内影响力不够，也不被国内书法绘画名人熟知，所以在2003年下半年他便将个人精力转向“曹光华”品牌的经营上，同时借助妻子吴娟1994年就在泾县开办的“四宝堂”营销店开始销售。2003年开始“曹光华”宣纸每年都参加全国的文房四宝博览会，并多次获奖。

⊙12 『双鹿』宣纸外包装
Package of "Shuanglu" Xuan paper

⊙13／14 『四宝堂』牌匾和内景
Plaque of "Sibaotang" and the interior view

2016年12月曹光华与广西文交所合作，在其平台上推出冠名“十年非遗宣”的宣纸共1 000刀，获得好评，该宣纸价格也因此一路上涨。

### 2. 祭纸祖与写春联

在曹光华祖父时代制作一丈二的大纸时，员工都会在开工前和结束后烧香祭拜蔡伦，祈求和感谢蔡伦保佑大纸的生产顺利成功。

现在每年过年前曹光华本人都会亲自写对联送给员工，作为新年礼物。而年后开工都会挑选农历正月十六或十八，主要是为了让员工过个完整的新年，同时也减少员工的流动性，开工前会在厂区放炮，祝愿一年都生产顺利，而曹光华本人则会在开工前烧香祭拜祖先曹大三，以求一年生意顺利、兴旺。

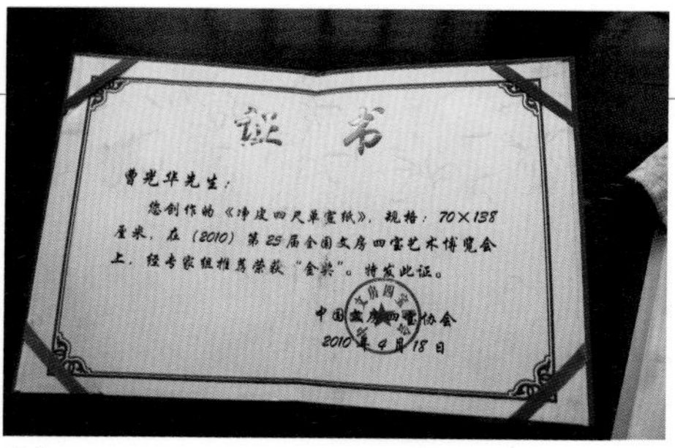


⊙1





## 七 双鹿宣纸有限公司的业态传承现状与发展思考

## 7 Current Statrs and Development of Shuanglu Xuan Paper Co., Ltd.

双鹿宣纸有限公司从泾川镇园林村的百岭坑起步，经过30多年的发展，在销售上采取经销商与网络经营并举的方式，经销商遍布大部分一二线城市。2009年开始由张先荣的儿子张良在淘宝网上开设网上商城，主要经营“双鹿”宣纸和文房四宝工艺品，拓宽了“双鹿”宣纸的销路。

访谈中张先荣表示，从他的行业判断看来，目前宣纸行业受到低端书画纸的冲击以及产能过剩大环境的影响，普遍步入低迷期。要想走出困境，宣纸行业需要全心全意地提高质量意识，

⊙1 获得的荣誉
The certificate

更多地将资源和力量投向高端宣纸的传承创新领域，哪怕目前优质宣纸销售额不高，也要咬紧牙关将高质量的宣纸存下，等待宣纸行业复苏后再进行销售。

张先荣向调查组成员解释：他所说的提高宣纸质量主要是要从各个生产程序做起，严把进料关，淘汰质量不合格的原料，如1998年以前，泾县各宣纸厂家基本都是自己加工燎草，而现在多是从供应商和农户处采购燎草，造成核心原材料质量下降。另一方面，要潜心学习宣纸的古法技艺，并拓展门路与现代科技手段结合起来，有了古今结合的支持，多做高档的燎皮与燎草，高品质的宣纸生产才能落到实处。

⊙2

⊙2
百岭坑的山水
Landscape of Bailingkeng area

# 『白鹿』特净

"Caoguanghua"
"Bailu" Superb-bark Paper

『曹光华』『白鹿』特净透光摄影图
A photo of "Caoguanghua" "Bailu" superb-bark paper seen through the light

『曹光华』

# 仿古半生熟加工纸

"Caoguanghua"
Vintage Semi-processed Paper

『曹光华』仿古半生熟加工纸透光摄影图
A photo of "Caoguanghua" vintage semi-processed paper seen through the light

# 本色特净

"Caoguanghua"
Superb-clean Paper in Original Color

『曹光华』本色特净透光摄影图
A photo of "Caoguanghua" superb-bark paper in original color seen through the light

# 『双鹿』净皮

“Shuanglu” Clean-bark Paper

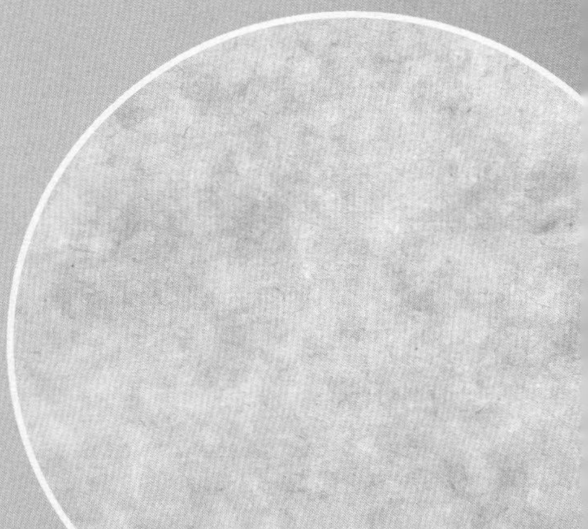

『双鹿』净皮透光摄影图

A photo of “Shuanglu” clean-bark paper seen through the light

# 『双鹿』四尺棉连

"Shuanglu" Four-chi Mianlian Paper

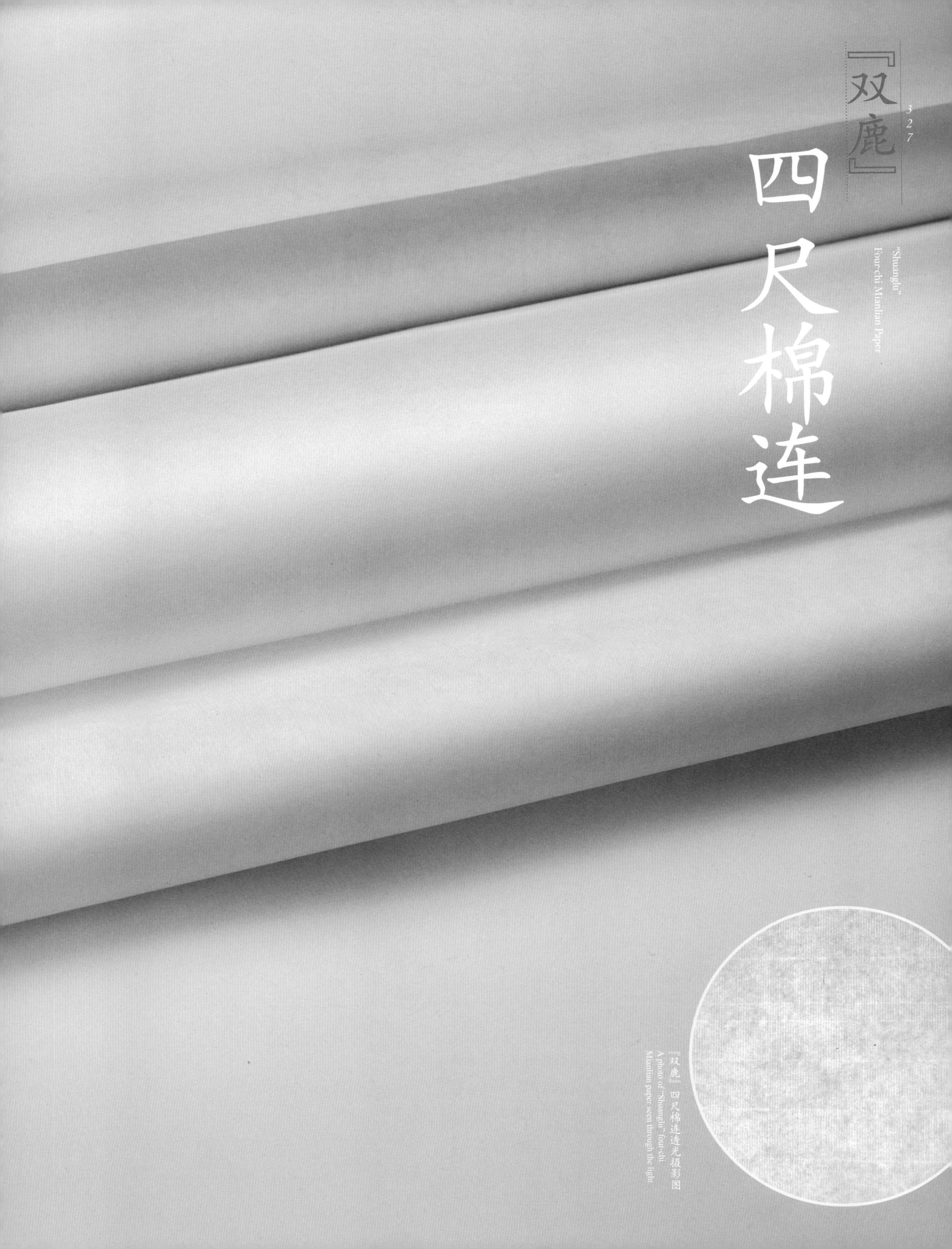

『双鹿』四尺棉连透光摄影图
A photo of "Shuanglu" four-chi Mianlian paper seen through the light

# 第七节

# 泾县金星宣纸有限公司

安徽省
Anhui Province

宣城市
Xuancheng City

泾县
Jingxian County

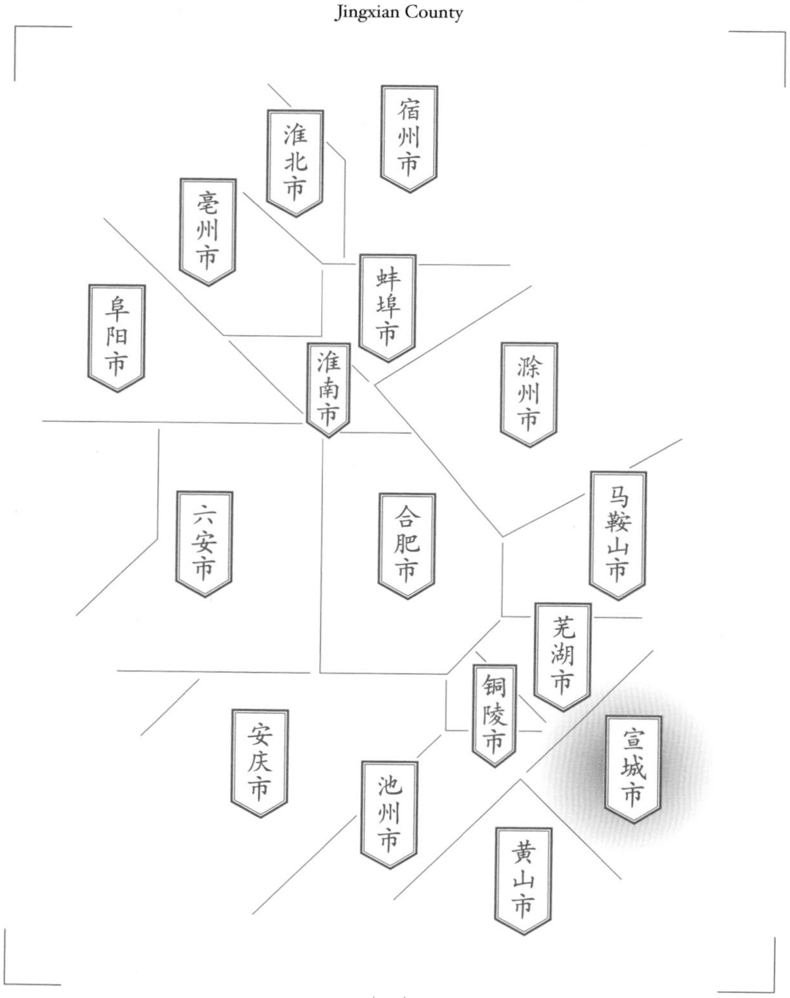


**调查对象**

丁家桥镇
泾县金星宣纸有限公司
宣纸



## Section 7
## Jinxing Xuan Paper Co., Ltd. in Jingxian County

**Subject**

Xuan Paper
of Jinxing Xuan Paper Co., Ltd.
in Jingxian County
in Dingjiaqiao Town

# 一
# 金星宣纸有限公司的基础信息与生产环境

## 1
## Basic Information and Production Environment of Jinxing Xuan Paper Co., Ltd.

泾县金星宣纸有限公司坐落于风光旖旎的青弋江畔，位于泾县丁家桥镇工业园区内，地理坐标为东经118° 19′ 43″、北纬30° 39′ 27″。沿S322省道一直前行至“金水大桥”路段时，左转过桥后便可以看到“中国宣纸、书画纸基地”的标牌，再右转直行几百米即可到达该公司。整个生产厂区占地面积超过2万$m^2$，正对厂大门不远处，竖有“金星宣纸厂”标志。

金星宣纸有限公司前身是金竹坑宣纸厂，始创于1984年，原企业属于丁桥乡的乡镇集体所有制企业。1991年，以该厂所使用的商标“金星”为厂名，更名为金星宣纸厂。2002年进行企业改制，2003年正式注册成立安徽泾县金星宣纸有限公司，企业法人为张必福。2010年，公司企业法人变更为张汉荣。

⊙1

2015年7月中旬，调查组前往金星宣纸有限公司进行调查时，所获得的现状信息是：金星宣纸有限公司厂区有员工100人左右，共有手工纸槽位22个，其中：四尺槽6个，六尺槽2个，一改二槽3个，尺八屏、丈二、正八尺槽各1个，特规纸槽1个，皮纸槽6个。2015年夏天保持常态生产的槽位13个，其中8个槽生产宣纸，5个槽生产皮纸。调查期间，金星宣纸有限公司既生产宣纸，也生产书画纸、机制书画纸和皮纸等，拥有“金星”“兰亭”“聚星”3个注册商标。

⊙2

⊙1 金星宣纸有限公司厂区外景
Exterior view of Jinxing Xuan Paper Co., Ltd.

⊙2 金星宣纸有限公司厂区内种植的青檀树
*Pteroceltis tatarinowii* Maxim. planted in Jinxing Xuan Paper Co., Ltd.

调查中了解到的另一信息是：2008年以前，金星宣纸有限公司的产品以外贸销售为主，国内销售占总量的30%左右，主要出口至日本及东南亚国家和地区，年销售总额400万～500万。2008年以后，随着国内经济与消费需求的增长，金星产品转为以内销为主，约占总量的70%，年各类纸总产量2万多刀。

路线图
泾县县城
↓
泾县金星宣纸有限公司
Road map from Jingxian County centre
to Jinxing Xuan Paper Co., Ltd. in Jingxian County

# 泾县金星宣纸有限公司位置示意图

# Location map of Jinxing Xuan Paper Co., Ltd. in Jingxian County

考察时间
2015年7月

Investigation Date
July 2015

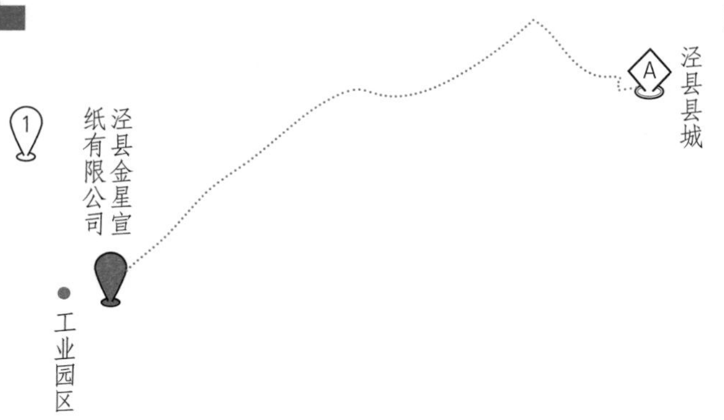


地域名称

A 泾县
1 丁家桥镇
2 云岭镇
3 泾川镇
4 昌桥乡
5 榔桥镇
6 黄村镇

造纸点名称

泾县金星宣纸有限公司
造纸点

位置分布

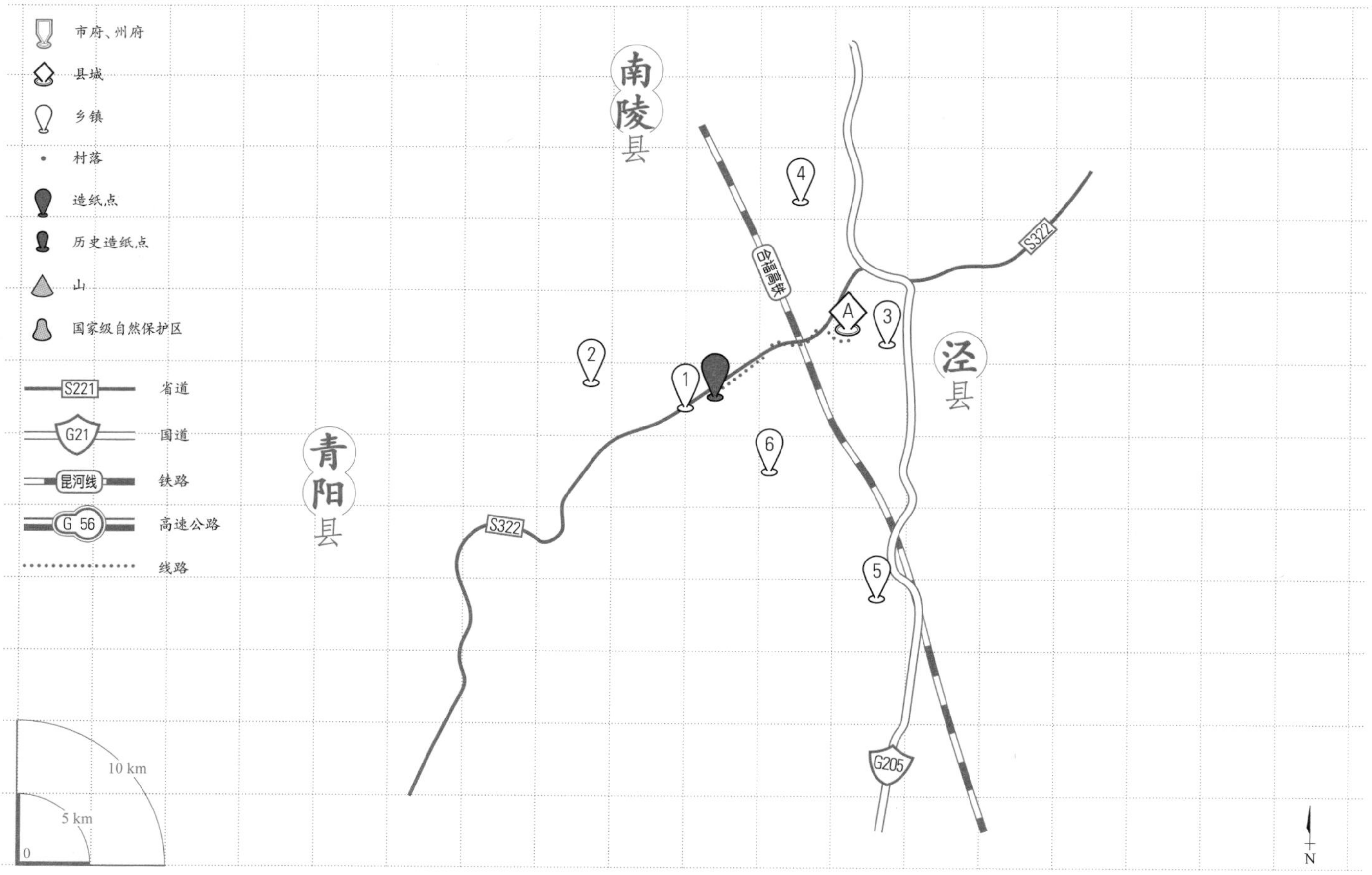

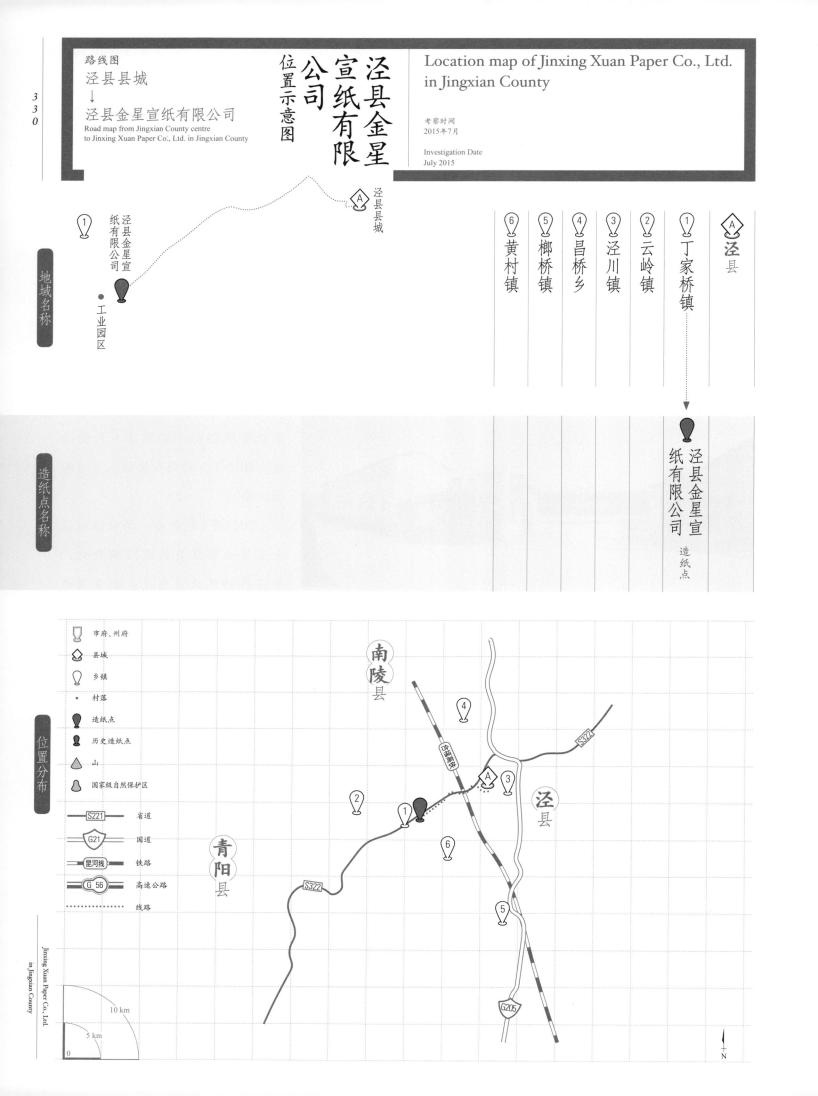

## 二
## 金星宣纸有限公司的历史与传承情况

## 2
## History and Inheritance of Jinxing Xuan Paper Co., Ltd.

通过深入访谈张必福、张汉荣及研究后续的文献，调查组所获金星宣纸有限公司较详细的发展沿革信息如下：泾县金星宣纸有限公司前身始创于1984年8月，由泾县丁桥乡（调查时已更名为丁家桥镇）投资兴建。在投资该厂时，丁桥乡与泾县小岭宣纸厂商议，由小岭宣纸厂提供技术支持。筹建阶段，小岭宣纸厂派生产科副科长曹金修进驻，曹书锦为顾问，由当时的丁桥轮窑厂垫资，在紧邻轮窑厂的花石壁西边，与江园接壤处，按照4帘槽规模设厂。同年8月正式挂牌并投入生产，厂名为“泾县金竹坑宣纸厂”。

生产初期，曹金修任厂长，曹书锦任顾问，做料工吴召玉、捞纸工曹国富、蒸煮工徐富贵等均由小岭宣纸厂委派，与招收的（丁桥乡）捞纸熟练工丁延年、丁炳宝，晒纸工丁文端、丁文启，剪纸工梅志家，碓皮工丁延长等带着已在小岭宣纸厂、百岭坑宣纸厂学徒尚未出师的捞纸工曹小宝、陈小明，晒纸工丁天生、剪纸工丁梅香，鞭草工张必宏，碾草工张小华，洗草工张小牛等，进行了2帘槽的开工生产。采用边生产边招收学徒工的方式，逐步扩大规模。1985年6月开始，逐渐扩展到4帘槽的宣纸生产。截至1986年元月，在持续生产并不断扩大厂房中，增长到6帘槽的生产。

泾县金竹坑宣纸厂选用“锦竹”为商标，并获得了商标注册权。1988年10月，曹金修调任（丁桥乡）经委主任，由丁桥轮窑厂厂长黄永堂接任该纸厂厂长。由于宣纸销售放开，原厂房虽满负荷生产仍供不应求，从1989年开始，金竹坑宣纸厂选址在丁渡五甲里的原丁渡酱坊改扩建厂房。一年后，金竹宣纸厂在新建的厂房里开足了14帘槽的生产。在经营上，增加了“金星”商标并申请注册，1990年改名为“泾县金星宣纸厂”，年产宣纸110多吨。1991年，张必福接任该纸厂厂长，黄永堂调任（丁桥乡）经委主任，曹金修回小岭宣纸厂继续在生产科任职直至退休。

⊙1

⊙1 第二任厂长黄永堂
Huang Yongtang, the second factory director

张必福，原为丁桥剪刀厂厂长，1950年出生于丁桥乡的一个农民家庭，小学五年级辍学，12岁开始跟随父亲从事制作剪刀的工作，供职企业原为“丁桥后山剪刀社”，1981年改为“泾县后山剪刀厂”。“后山剪刀”是传统技艺，所生产的剪刀远近闻名。张必福从一个普通的打铁工匠做起，一直做到了剪刀厂厂长。1991年接任金星宣纸厂厂长后，他的人生开始发生了转变。1992年，丁桥乡更名为丁家桥镇，为大力发展工业，丁家桥镇丁桥村紧邻青弋江南岸的土地被划为该镇工业园区，1994年，金星宣纸厂作为镇属企业迁至工业园区。

据交流时张汉荣介绍：1998～1999年，丁家桥的乡镇企业开始改制，2003年完成了改制手续后的金星宣纸厂申请注册了“安徽泾县金星宣纸有限公司”，并正式投入运行，企业性质也由全资乡镇集体所有制向民营企业转变，张必福担任公司董事长。2010年，张汉荣从父亲处接手该公司，正式成为企业新一任法人代表。

⊙1

公司于2010年引进机械设备，自此开始用小型机械造纸，所生产的机制书画纸冠以“聚星”商标。截至2015年，入厂调查时的产品与品牌使用状况为：公司同时生产三种类型的纸，一是宣纸或手工皮纸，以“金星”品牌销售；二是手工书画纸，以“兰亭”品牌销售；三是机械书画纸，以“聚星”品牌销售。2015年6～7月，“金星”宣纸出厂价为每刀800～900元；“兰亭”普通书画纸出厂价为每刀200元，精品书画纸出厂价为每刀300元；皮纸出厂价为每刀200～500元。据张汉荣介绍，2015年公司仍有1984年企业创建期间就进厂的捞纸工2人、晒纸工1人、检验工2人，都是技艺高超的老师傅。

金星宣纸有限公司作为丁家桥镇最早创建的以生产宣纸为主业的乡镇企业，各个时期的从业者均以农民为主，不像全民或集体所有制企业那样，有国有企业员工、集体企业员工的“铁饭碗”制度约束，因而人员流动较为频繁。在该企业创建初期到21世纪初的30余年中，为泾县特别是丁家桥镇的宣纸、书画纸生产企业培养了大批宣纸技艺从业者，其中有不少成为企业经营者，如“恒星”企业的张明喜、“泾川”宣纸的汪良信等，也有在外地开辟文房四宝经营市场的如北京“清秘阁”的朱水兵等，均为从金星宣纸体系走出去创业的成功人士。

2002年8月，泾县被国家批准为“宣纸原产地域”，宣纸为原产地域保护产品，金星宣纸有限公司被批准为首批地理标志保护企业。2003年11月，中国文房四宝协会授予“金星”宣纸为中国文房四宝行业优质产品称号。

⊙2

⊙1 张必福 Zhang Bifu

⊙2 写在墙上的金星宣纸有限公司部分荣誉 Part of honor written on the wall of Jinxing Xuan Paper Co., Ltd.

⊙3

金星宣纸有限公司现任法人代表张汉荣是张必福之子，1979年出生于泾县。据张汉荣自述：他本人是泾县宣纸行业最年轻的企业法人之一，除了在泾县宣纸协会担任副会长外，还是泾县丁家桥镇书画纸协会秘书长、代会长。从小生活在造纸环境里，2001年大学毕业后开始帮助父亲打理企业，2010年从父亲处接手全面管理企业。张汉荣在访谈中曾表示：丁家桥镇村民80%的收入都和当地造纸的生产、销售和运输有关，可以说吃的是“纸饭”。张汉荣有一个儿子，今年10岁，为了纪念造纸对家族和家乡的意义，他给儿子取名“子宣”，寓意要珍惜宣纸行业的传承发展。



## 三
## 金星宣纸有限公司的代表纸品及其用途与技术分析

3
Representative Paper, Its Uses and Technical Analysis of Jinxing Xuan Paper Co., Ltd.

### （一）
### 代表纸品与用途

调查组入厂时生产的纸品种较多，按大类分为宣纸、书画纸、皮纸和机械纸4种类型。

宣纸产品使用的是“金星”商标，品种按配料分为特净、净皮和棉料，规格有四尺、六尺、尺八屏、八尺、丈二等，主要供书画家在创作时使用。

书画纸使用“兰亭”商标，主要生产普通书画纸和精品书画纸两种。普通书画纸以龙须草、竹浆、木浆和少量生檀皮为原料，加生檀皮主要是为了增加纸的强度，一般采用半自动喷浆捞纸；精品书画纸原料主要为龙须草和檀皮料混合，其中檀皮为熟檀皮，檀皮浆占20%～40%，均采用手工捞纸。书画纸主要供书画练习者使用。

皮纸工艺是2002～2003年从台湾地区传过来

⊙3 调查组成员访谈张汉荣 Researchers interviewing Zhang Hanrong

的，采用吊帘捞纸方式，种类包括构皮纸、楮皮纸、雁皮纸、仿古云龙纸、仿古构皮纸等。皮料多从外地购买或进口，其中构皮和楮皮多从广西、云南、陕西、浙江等地购买，雁皮和三桠皮从东南亚国家进口。皮纸用途较多，除了用于绘画、书法外，还可以用于包装茶叶、印刷等。

机械书画纸使用“聚星”商标，为低端练习用纸，多供老年人、学生群体使用。

调查时，据张汉荣介绍，所有纸品中以“金星”宣纸最具特色，“金星”宣纸中又以净皮宣为主导产品。

⊙1

⊙2

⊙3

⊙1/2
『金星』宣纸代表纸样
Representative samples of "Jinxing" Xuan paper

⊙3
金星宣纸有限公司厂区里种植的青檀树
*Pteroceltis tatarinowii* Maxim. planted in Jinxing Xuan Paper Co., Ltd.

（二）

## 代表产品技术分析

### 1. 代表纸品一：“金星”净皮宣纸

测试小组对采样自金星宣纸有限公司的净皮宣纸所做的性能分析，主要包括厚度、定量、紧度、抗张力、抗张强度、撕裂度、湿强度、白度、耐老化度下降、尘埃度、吸水性、伸缩性、纤维长度和纤维宽度等。按相应要求，每一指标都需重复测量若干次后求平均值，其中定量抽取5个样本进行测试，厚度抽取10个样本进行测试，拉力抽取20个样本进行测试，撕裂度抽取10个样本进行测试，湿强度抽取20个样本进行测试，白度抽取10个样本进行测试，耐老化度下降抽取10个样本进行测试，尘埃度抽取4个样本进行测试，吸水性抽取10个样本进行测试，伸缩性抽取4个样本进行测试，纤维长度测试200根纤维，纤维宽度测试300根纤维。对“金星”净皮宣纸进行测试分析所得到的相关性能参数见表2.33。表中列出了各参数的最大值、最小值及测量若干次所得到的平均值或者计算结果。

表2.33 “金星”净皮宣纸相关性能参数
Table 2.33 Performance parameters of “Jinxing” clean-bark Xuan paper

| 指标 | | | 单位 | 最大值 | 最小值 | 平均值 | 结果 |
|---|---|---|---|---|---|---|---|
| 厚度 | | | mm | 0.090 | 0.080 | 0.084 | 0.084 |
| 定量 | | | $g/m^2$ | — | — | 31.4 | 31.4 |
| 紧度 | | | $g/cm^3$ | — | — | — | 0.374 |
| 抗张力 | 纵向 | | N | 22.6 | 17.3 | 19.9 | 19.9 |
| | 横向 | | N | 11.8 | 9.1 | 10.8 | 10.8 |
| 抗张强度 | | | kN/m | — | — | — | 1.023 |
| 撕裂度 | 纵向 | | mN | 240 | 210 | 222 | 222 |
| | 横向 | | mN | 400 | 380 | 388 | 388 |
| 撕裂指数 | | | $mN\cdot m^2/g$ | — | — | — | 9.8 |
| 湿强度 | 纵向 | | mN | 900 | 810 | 835 | 835 |
| | 横向 | | mN | 530 | 390 | 375 | 375 |
| 白度 | | | % | 71.1 | 70.7 | 70.9 | 70.9 |
| 耐老化度下降 | | | % | — | — | — | 3.0 |
| 尘埃度 | 黑点 | | 个/$m^2$ | — | — | — | 36 |
| | 黄茎 | | 个/$m^2$ | — | — | — | 28 |
| | 双浆团 | | 个/$m^2$ | — | — | — | 0 |
| 吸水性 | | | mm | — | — | — | 23 |
| 伸缩性 | 浸湿 | | % | — | — | — | 0.53 |
| | 风干 | | % | — | — | — | 1.23 |
| 纤维 | 皮 | 长度 | mm | 3.76 | 1.65 | 2.29 | 2.29 |
| | | 宽度 | μm | 21.0 | 7.0 | 13.0 | 13.0 |
| | 草 | 长度 | mm | 0.97 | 0.37 | 0.59 | 0.59 |
| | | 宽度 | μm | 16.0 | 5.0 | 9.0 | 9.0 |

由表2.33可知，所测“金星”净皮的平均定量为31.4 g/m$^2$。“金星”净皮最厚约是最薄的1.13倍，经计算，其相对标准偏差为0.004，纸张厚薄较为一致。通过计算可知，“金星”净皮紧度为0.374 g/cm$^3$；抗张强度为1.023 kN/m，抗张强度值较大。所测“金星”净皮撕裂指数为9.8 mN·m$^2$/g，撕裂度较大；湿强度纵横平均值为605 mN，湿强度较大。

所测“金星”净皮平均白度为70.9%，白度较高，是由于其加工过程中有漂白工序。白度最大值是最小值的1.004倍，相对标准偏差为0.114，白度差异相对较小。经过耐老化测试后，耐老化度下降3.0%。

所测“金星”净皮尘埃度指标中黑点为36个/m$^2$，黄茎为28个/m$^2$，双浆团为0个/m$^2$；吸水性纵横平均值为23 mm，纵横差为1.2 mm；伸缩性指标中浸湿后伸缩差为0.53%，风干后伸缩差为1.23%，说明“金星”净皮风干前后伸缩差异明显。

“金星”净皮在10倍、20倍物镜下观测的纤维形态分别如图★1、图★2所示。所测“金星”净皮皮纤维长度：最长3.76 mm，最短1.65 mm，平均长度为2.29 mm；皮纤维宽度：最宽21.0 μm，最窄7.0 μm，平均宽度为13.0 μm；草纤维长度：最长0.97 mm，最短0.37 mm，平均长度为0.59 mm；草纤维宽度：最宽16.0 μm，最窄5.0 μm，平均宽度为9.0 μm。“金星”净皮润墨效果如图⊙1所示。

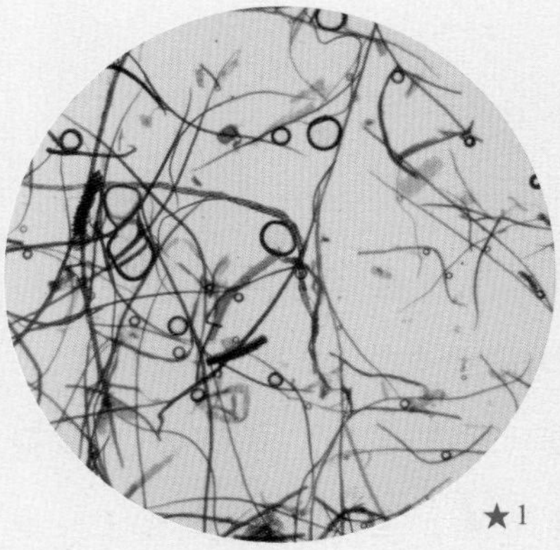

★1

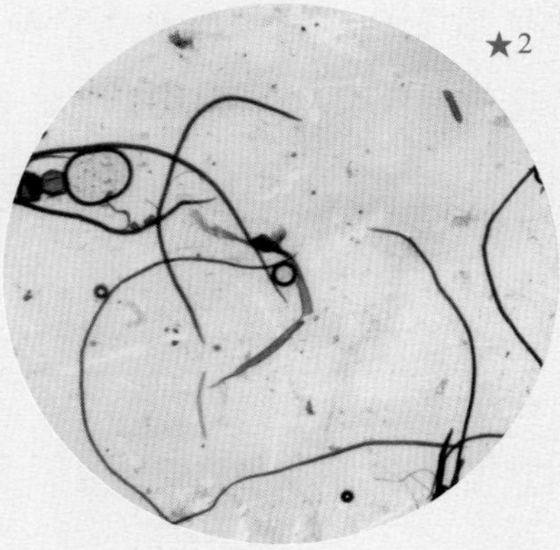

★2

⊙1

★1
『金星』净皮宣纸纤维形态图（10×）
Fibers of "Jinxing" clean-bark Xuan paper (10× objective)

★2
『金星』净皮宣纸纤维形态图（20×）
Fibers of "Jinxing" clean-bark Xuan paper (20× objective)

⊙1
『金星』净皮宣纸润墨效果
Writing performance of "Jinxing" clean-bark Xuan paper

### 2. 代表纸品二："金星"构皮纸

测试小组对"金星"构皮纸所做的性能分析，主要包括厚度、定量、紧度、抗张力、抗张强度、撕裂度、湿强度、色度、耐老化度下降、伸缩性、纤维长度和纤维宽度等（该纸样很难吸水，因此没有测试其吸水性）。按相应要求，每一指标都需重复测量若干次后求平均值，其中定量抽取5个样本进行测试，厚度抽取10个样本进行测试，拉力抽取10个样本进行测试，撕裂度抽取5个样本进行测试，湿强度抽取5个样本进行测试，色度抽取10个样本进行测试，耐老化度下降抽取10个样本进行测试，伸缩性抽取4个样本进行测试，纤维长度测试200根纤维，纤维宽度测试300根纤维。对"金星"构皮纸进行测试分析所得到的相关性能参数见表2.34。表中列出了各参数的最大值、最小值及测量若干次所得到的平均值或者计算结果。



表2.34 "金星"构皮纸相关性能参数
Table 2.34 Performance parameters of "Jinxing" mulberry bark paper

| 指标 | | | 单位 | 最大值 | 最小值 | 平均值 | 结果 |
|---|---|---|---|---|---|---|---|
| 厚度 | | | mm | 0.096 | 0.089 | 0.092 | 0.092 |
| 定量 | | | g/m$^2$ | — | — | 29.3 | 29.3 |
| 紧度 | | | g/cm$^3$ | — | — | — | 0.318 |
| 抗张力 | | | N | 14.2 | 11.1 | 12.6 | 12.6 |
| 抗张强度 | | | kN/m | — | — | — | 0.838 |
| 撕裂度 | | | mN | 750 | 640 | 684 | 684 |
| 撕裂指数 | | | mN·m$^2$/g | — | — | — | 22.21 |
| 湿强度 | | | mN | 210 | 200 | 208 | 208 |
| 色度 | | | % | 46.42 | 44.79 | 46.68 | 46.7 |
| 耐老化度下降 | | | % | — | — | — | 3.2 |
| 伸缩性 | 浸湿 | | % | — | — | — | 0.75 |
| | 风干 | | % | — | — | — | 0.55 |
| 纤维 | 皮 | 长度 | mm | 8.49 | 1.24 | 3.69 | 3.69 |
| | | 宽度 | μm | 52 | 1 | 17 | 17 |

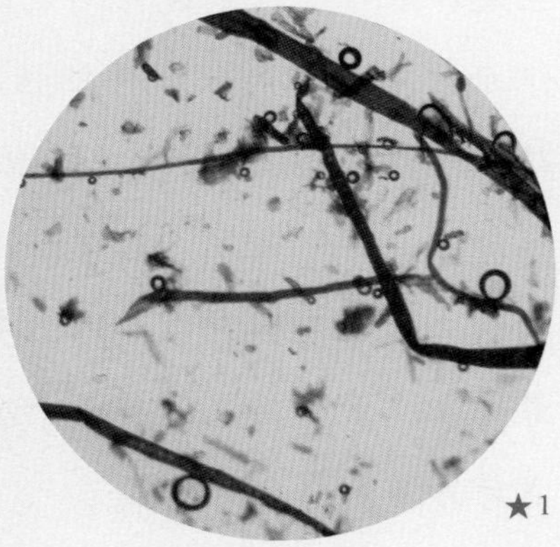

★1

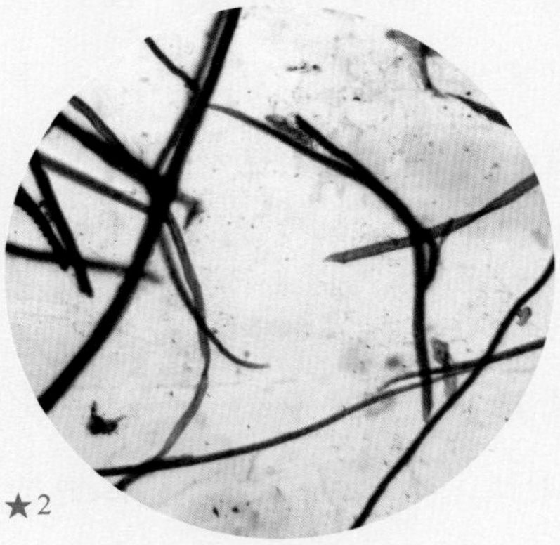

★2

由表2.34可知，所测“金星”构皮纸的平均定量为29.3 g/m$^2$。“金星”构皮纸最厚约是最薄的1.079倍，经计算，其相对标准偏差为0.001 91，纸张厚薄较为一致。通过计算可知，“金星”构皮纸紧度为0.318 g/cm$^3$。因为“金星”构皮纸纵向和横向无法用肉眼分辨，所以采用一个方向测试，所测“金星”构皮纸抗张强度为0.838 kN/m，抗张强度值较大。所测“金星”构皮纸撕裂指数为22.21 mN·m$^2$/g，撕裂度较大；湿强度纵横平均值为208 mN，湿强度较小。

⊙1

所测“金星”构皮纸平均色度为46.68%。色度最大值是最小值的1.11倍，相对标准偏差为2.24，色度差异相对较大。经过耐老化测试后，耐老化度下降3.2%。

所测“金星”构皮纸伸缩性指标中浸湿后伸缩差为0.75%，风干后伸缩差为0.55%。说明“金星”构皮纸伸缩差异不大。

“金星”构皮纸在10倍、20倍物镜下观测的纤维形态分别如图★1、图★2所示。所测“金星”构皮纸皮纤维长度：最长8.49 mm，最短1.24 mm，平均长度为3.69 mm；纤维宽度：最宽52.0 μm，最窄1.0 μm，平均宽度为17.0 μm。“金星”构皮纸润墨效果如图⊙1。

★1
『金星』构皮纤维形态图（10×）
Fibers of "Jinxing" mulberry bark paper (10× objective)

★2
『金星』构皮纤维形态图（20×）
Fibers of "Jinxing" mulberry bark paper (20× objective)

⊙1
『金星』构皮纸润墨效果
Writing performance of "Jinxing" mulberry bark paper

## 四
## 金星宣纸有限公司生产的原料、工艺与设备

4
Raw Materials, Papermaking Techniques and Tools of Jinxing Xuan Paper Co., Ltd.

据张汉荣介绍："金星"宣纸均按照《宣纸国家标准》(GB/T18739—2008)组织生产，品种主要包括特净、净皮和棉料系列宣纸，主要原料是当地产的青檀皮和沙田稻草。配比为：特净类宣纸檀皮浆80%，稻草浆20%；净皮类宣纸檀皮浆70%，稻草浆30%；棉料类宣纸檀皮浆40%，稻草浆60%。从用途上看，棉料由于含皮量最少，适宜书法创作；净皮的皮浆和草浆配比居中，适宜勾线人物、花鸟等小写意类绘画创作；特净由于含皮量高、强度高、润墨效果好，适宜创作泼墨山水画等大写意绘画。

### (一)
### "金星"宣纸制作的原材料

#### 1. 主料一：青檀皮

"金星"宣纸与泾县大部分宣纸厂家生产宣纸的原料一样，使用的是当地的青檀树皮。青檀树皮是通过砍枝、浸泡、蒸煮、剥皮和晒干等步骤处理后的皮料，金星宣纸有限公司直接从周边农户收购皮料。调查时张汉荣认为，泾县的茂林、桃花潭和蔡村等乡镇的檀树皮纤维好、出浆率高，厂里檀皮也主要从这几个地方收购。6～7年以前，皮料价比较便宜，随着人工成本上涨，皮料价也水涨船高，2015年，收购价已上升为900元/50 kg。

⊙2

#### 2. 主料二：燎草

金星宣纸有限公司直接从泾县燎草加工点收购燎草。燎草是由当地产的稻草制作而成的半成品原料。调查时据张汉荣介绍：金星宣纸有限公司2015年收购的燎草价格为600～700元/50 kg。

⊙2
檀皮仓库一角
A corner of *Pteroceltis tatarinowii* bark warehouse

3. 辅料一：聚丙烯酰胺

调查组了解到，2015年调查时制作“金星”宣纸以聚丙烯酰胺为纸药。

4. 辅料二：地下井水

据张汉荣介绍：制作宣纸的水源十分重要，没有水质良好的水源很难造出高质量的纸。泾县当地山很多，山泉水虽常年流淌，但随着季节的变化水量有大有小，而且山涧水杂质较多，难以保证稳定的水质。因此，金星宣纸有限公司的水源来自地下井水，这保证了常年造纸稳定的水源供应。调查组成员实测井水pH在6.5～7.0。

⊙1

## (二)
## “金星”宣纸制作的工艺流程

调查组于2015年7月15日针对“金星”宣纸生产工艺进行了现场调查和访谈，对其主要制造工艺流程总结如下：

皮浆制作程序

| 壹 | 贰 | 叁 | 肆 | 伍 | 陆 | 柒 | 捌 | |
|---|---|---|---|---|---|---|---|---|
| 浸泡 | 蒸煮 | 清洗 | 拣黑皮 | 漂白 | 清洗 | 拣白皮 | 打浆 | 皮浆 |

草浆制作程序

| 壹 | 贰 | 叁 | 肆 | | | |
|---|---|---|---|---|---|---|
| 洗草 | 拣草 | 碾草 | 筛选 | 除砂 | 漂白 | 草浆 |

皮浆、草浆 → 壹 配浆



⊙1 堆放着的燎草
Stacked processed straw

后续加工程序

| 贰 | 叁 | 肆 | 伍 | 陆 |
|---|---|---|---|---|
| 捞纸 | 压榨 | 晒纸 | 检验、剪纸 | 包装 |

## 皮浆制作

将收购的皮料制作为檀皮浆，主要制作过程如下：

### 壹 浸泡 1

将收购的青檀皮料用清水浸泡8小时左右（浸泡后的皮便于蒸煮）。

### 贰 蒸煮 2

将浸泡后的皮加入烧碱进行常压蒸煮，主要目的是软化纤维，分解木质素。

### 叁 清洗 3

将蒸煮后的皮料用清水清洗，洗掉残碱和污水，用甩干机甩干。

### 肆 拣黑皮 4 ⊙2

将甩干后的黑皮进行人工挑拣，主要挑出木棍、杂质等。

⊙2

### 伍 漂白 5

将挑拣后的黑皮加入适量的次氯酸钠进行漂白，漂白时间一般为4～5小时。

⊙2
人工选拣黑皮
Picking out the impurities manually

陆

## 清洗

6 ⊙3

将漂白后的皮料过水清洗，洗去残留的漂白液后放入甩干机甩干。

⊙3

柒

## 拣白皮

7

将甩干后的白皮再次通过人工挑拣方式，将其中的木棍、杂质和未完全漂白的皮料剔除。

捌

## 打浆

8

将挑拣后的纯净的白皮放入洗漂机进一步清洗并完成打浆等程序，形成漂白纤维浆料。

# 草浆制作

壹

## 洗草

1 ⊙4

取适量燎草浸泡在水池里。当浸泡后的燎草自行散开后，用挽钩勾起燎草块并使其在水里摆动，再通过自来水的冲洗，燎草上残留的石灰杂质将会自行脱落，然后将其放入木榨上榨干。

⊙3

贰

## 拣草

2

将榨干的燎草通过人工选拣方式，将草中的草黄筋、杂棍子剔除。

叁

## 碾草

3 ⊙5

将纯净草放入碾草机，通过石碾分解燎草纤维束，达到分丝帚化的目的。

肆

## 筛选、除砂、漂白

4

将碾碎的燎草先后放入振框筛、除砂器、圆筒筛中完成筛选、净化、洗涤等工作，补充漂白后，通过洗漂机洗漂后形成草纤维料。

⊙4

⊙5

⊙3 皮料甩干机
Dryer for drying the bark materials

⊙4 洗草
Cleaning the straw

⊙5 张汉荣在介绍碾草工艺
Zhang Hanrong introducing the techniques of grinding the straw

## 后续加工程序

### 壹 配浆

1

将皮纤维浆料和草纤维浆料按照特净、净皮、棉料比例进行混合，先后通过平筛筛选、除砂器除砂、旋翼筛净化和筛选、跳筛除杂后形成混合浆料。

⊙6

### 贰 捞纸

2 ⊙6～⊙8

泾县的宣纸、书画纸大都由2人协作完成的手工捞纸动作，其技术要领基本一致。据张汉荣介绍：金星厂的2人组合一般每天能捞10～12刀四尺宣纸，而喷浆书画纸则为1人单独操作完成捞纸。

⊙7

### 叁 压榨

3

捞纸工下班后，由帮槽工用盖纸帘覆盖在湿纸帖上，并加上盖纸板。等受压后的湿纸帖滤完一定的水后，再架上榨杆和液压装置，逐步加力，将湿纸帖挤压到不出水为止。帮槽工在扳榨时，交替做好纸槽清洗工作，将纸槽当天的槽水放干，滤去槽底残留的纸浆，清洗纸槽四壁后，加上次日第一个槽口的纸浆，将槽内注满清水。

⊙8

⊙6 捞纸车间 Workshop for papermaking

⊙7 工人在捞喷浆书画纸 A worker making the calligraphy and painting paper

⊙8 喷浆书画纸的放帘动作 Piling process for making calligraphy and painting paper

## 肆
## 晒纸
### 4
⊙9 ⊙10

晒纸前要经过烘帖、浇帖、鞭帖、做边等环节。

(1) 烘帖

将压榨好的纸帖放在晒纸房的纸焙上进行烘烤，将纸帖水分烘烤尽。

(2) 浇帖

烘干后的纸帖需要人工在整块帖上浇水，使整块纸帖被水浸润，形成潮而不湿形状。

(3) 鞭帖

将浇好的纸帖放在晒纸架上，用鞭帖板由梢部依次向额部敲打，其反作用力使纸帖服帖，便于分离。

(4) 做边

纸帖进行鞭打后，用手将四边翻起，再用额枪将翻过边的地方打松。

⊙9

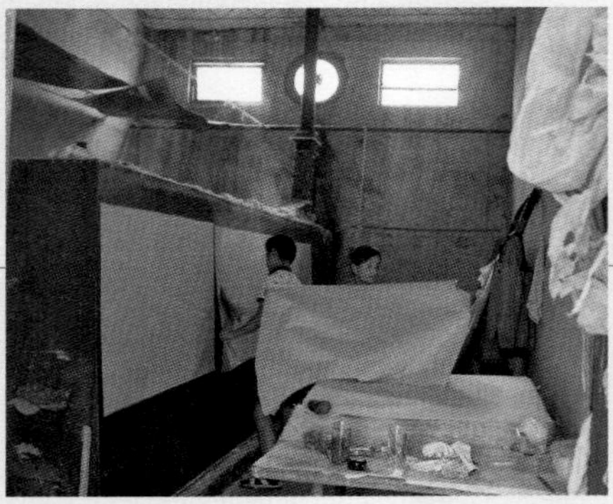
⊙10

(5) 晒纸

晒纸时先取掐角（左上角），由左向右将帖中单张纸揭下来，通过刷把贴到纸焙上。标准纸焙能张贴9张四尺纸，贴满整个纸焙后，先将最早上墙的纸揭下，依次进行。揭下后，再晒下一焙纸。如此循环往复。

## 伍
## 检验、剪纸
### 5
⊙11⊙12

将晒好的纸放在剪纸桌上，由剪纸工逐张检验，剔除不合格的纸张，将其规制好后，用剪刀将四边裁剪。其技术要领在泾县的宣纸、书画纸业内均相近。

⊙11

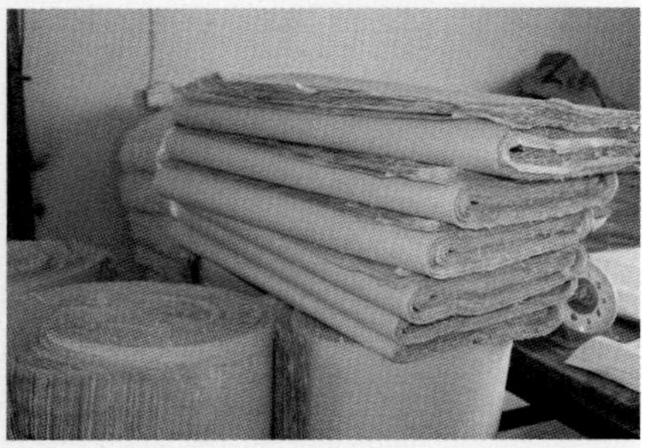
⊙12

⊙13

## 陆
## 包装
### 6
⊙13

剪好的纸按每刀100张，在刀口上封盖“金星”品牌、厂名、品种等印章。净皮四尺单宣一般10刀装一箱（件），包装好后运入贮存仓库。

⊙9 浇帖架 Frame for supporting the paper pile

⊙10 晒纸 Drying the paper

⊙11 工人正在检验纸张 Workers checking the paper quality

⊙12 检验合格的纸 Qualified paper

⊙13 包装好并入库的纸 Packaged paper for storage

## (三)

## “金星”宣纸制作中的主要工具

### 壹 打浆机 1

用来制作檀皮浆料，电动式设备。

⊙14

### 贰 石碾 2

用来碾碎燎草，制作草料。

⊙15

### 叁 甩干机 3

用于制浆过程中皮料和草料的脱水、沥干。

⊙16

### 肆 纸槽 4

⊙17

由水泥浇筑而成。实测金星宣纸有限公司宣纸手工捞纸所用的四尺纸槽长205 cm，宽190 cm，高80 cm；六尺纸槽长245 cm，宽210 cm，高80 cm；尺八屏纸槽长305 cm，宽180 cm，高80 cm；八尺纸槽长325 cm，宽220 cm，高80 cm。一般来说，四尺宣纸捞纸工一天能捞10～12刀纸，六尺宣纸一天能捞8～9刀，尺八屏宣纸一天能捞10～12刀，八尺宣纸一天能捞2～4刀。

### 伍 纸帘 5

用于捞纸，由竹丝编织而成，表面很光滑、平整，帘纹细而密集。长161.5 cm，宽78 cm。

⊙18

⊙14 打浆机 Beating machine

⊙15 石碾 Stone roller

⊙16 甩干机 Drier for drying the bark materials

⊙17 纸槽 Papermaking trough

⊙18 纸帘 Papermaking screen

## 陆 帖架 6

主要用于晒纸前人工“浇帖”使用，为木制。

⊙19

## 柒 刷子 7

用于晒纸时将纸刷上焙墙，刷柄为木制，刷毛为松毛。长48 cm，宽13 cm。

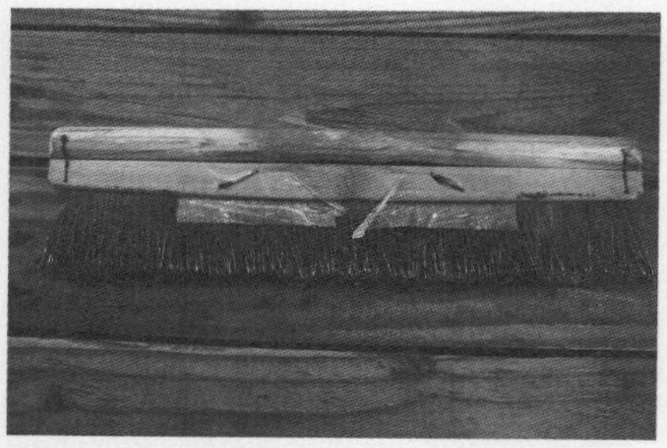

⊙20

## 捌 额枪 8

晒纸前“做边”时用来松纸，便于晒纸时用来分张。长23 cm，直径2.5 cm。

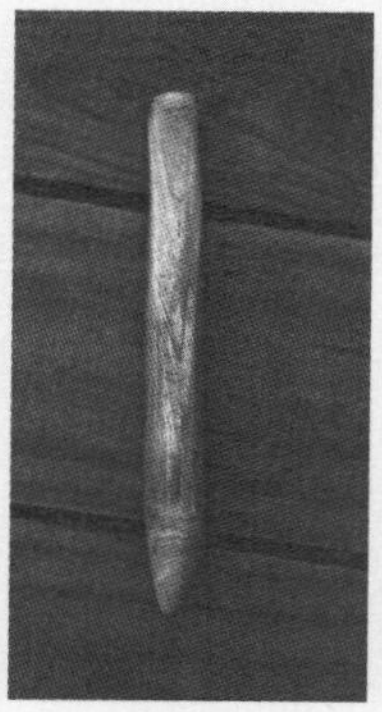

⊙21

## 玖 纸焙 9

又称焙笼。由两块长方形钢板焊接而成，中间布设管道，以锅炉蒸汽加热，可两边晒纸。

⊙22

## 拾 压纸石 10

造纸过程中会多次被用到，主要起镇纸作用。主要用于：在晒纸工序中，压住整齐叠放在纸板上晒好的纸；在剪纸过程中，压住检验后的纸，便于剪纸工裁剪纸边。实测金星宣纸有限公司正在使用的压纸石尺寸为：长15 cm，宽6 cm，厚5 cm。

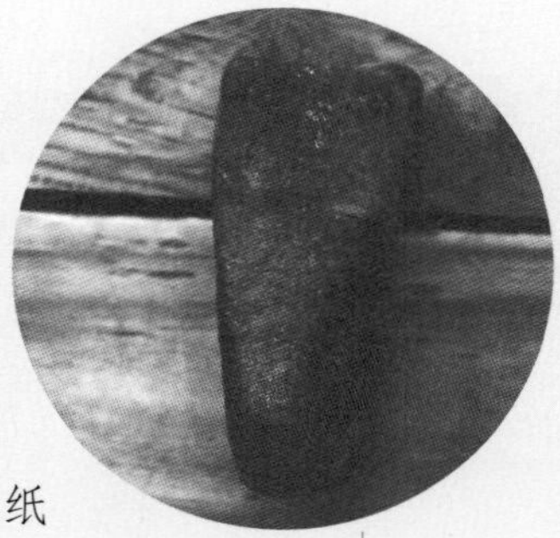

⊙23

## 拾壹 剪刀 11

纸张检验后用来剪纸，钢制。实测金星宣纸有限公司调查现场正在使用的剪刀尺寸为：长33 cm，宽8 cm。

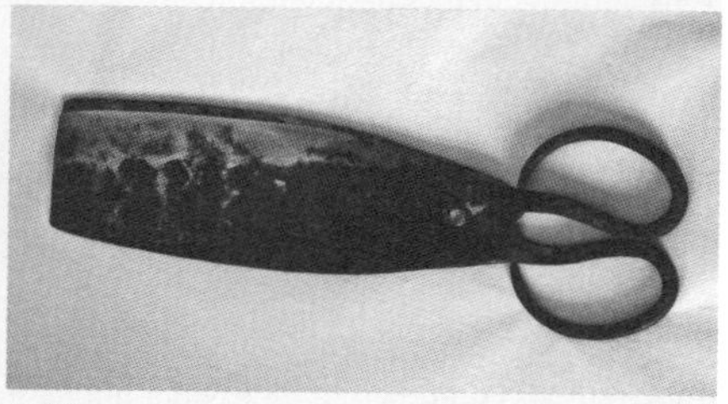

⊙24

⊙19 帖架 Papermaking shelf for watering the paper pile
⊙20 刷子 Brush made of pine needles
⊙21 额枪 Tool for separating the paper
⊙22 纸焙 Drying wall
⊙23 压纸石 Pressing stone
⊙24 剪刀 Shears

## 五
## 金星宣纸有限公司的市场经营状况

## 5
## Marketing Status of Jinxing Xuan Paper Co., Ltd.

金星宣纸有限公司自2002年改制后，成为私营独资企业。公司根据市场需求改变此前的产销方式，将主要精力投入出口产品生产中，产品多销往日本和东南亚市场，年产量在3 000～4 000刀，70%的产品都出口。据访谈中张汉荣介绍：当年国外市场比较好，资金周转方便，回款及时有保障；国内市场则相当分散，不利于资金回流。2008年以后，销售逐步以内销为主，内销产品开始占70%，主要是因为随着国内消费水平的提高，宣纸需求量也在扩大，而日本等国经济增长速度放缓，需求量降低。

从产品种类看，公司自成立以来，一直以生产宣纸和书画纸为主，2004年公司投资10万元引进喷浆工艺制作书画纸，成为继明星宣纸有限公司后泾县第二家采用喷浆设备生产书画纸的企业。2010年，公司新增机械书画纸，简化了造纸流程、降低了生产成本，造出的纸价格比较低廉，主要供中小学生和老年人以书法练习为主的使用。另外，公司从2002年开始生产皮纸，产品以构皮纸为主。2009年以前生产的皮纸一直是出口，主要销往韩国，当地称之为“高丽纸”，主要用来贴木门、窗户以及包装工艺品；2009年以后皮纸的国内市场才逐渐打开，主要用于画画和包装茶叶。

调查中张汉荣表示，2013年上半年开始，公司的宣纸产量就已经超过书画纸了。金星宣纸有限公司生产的纸品包括高端消费的宣纸，中端消费的书画纸、皮纸，和低端消费的机械纸。张汉荣表示：公司以生产高端的“金星”宣纸和低端的“聚星”机械纸为主，中端的书画纸和皮纸产量不大，其中书画纸采取灵活的方式生产，公司以备货为主，市场需求大时生产量就增加一些。公司进行高、中、低端产品的市场与品牌分割，实现了产品的多样化、差异化管理与销售，满足了不同人群的使用需求。

从市场销售情况看，金星宣纸有限公司的主要销路包括三块：一是产品的外贸订单，产品直接发往从事外贸出口的批发商，出口的国家和地区以日本、韩国和中国台湾为主；二是国内线下的经销商体系，全国目前有50多家卖“金星”宣纸的经销商，分布在各个省会城市，每年公司都有相当一部分产品发往经销商；三是线上销售，泾县当地的淘宝店主大多从金星宣纸有限公司拿货，其中以卖“聚星”机械纸为主。另外，金星宣纸有限公司也有自己的网站，主要承担宣传推广职能。

值得特别关注的是，2014年金星宣纸有限公司新增了一个销售渠道——文化版权销售。据张汉荣介绍：2014年年初国家版权局有个项目，将宣纸类的文化产品采取“互联网＋”的方式在文化版权交易平台上进行交易，通过相关部门多次了解和考察后，“金星”宣纸成为宣纸中最早进入该交易平台的品牌宣纸。2014年，“金星”宣纸通过文化版权交易，实现宣纸销售额约1 000万元。交流中张汉荣还表示，今后想成立一家大的股份制电子商务公司，让泾县当地年轻的淘宝店主通过入股加入进来，建立公共性资源供销平台。

截至2015年调查时，“金星”成品纸的系列销售价格为（表2.35）：

棉料类宣纸四尺单宣（70 cm×138 cm）、六尺单宣（97 cm×180 cm）市场价均为1 180元/刀，尺八屏单宣（53 cm×234 cm)市场价为1 060元/刀；净皮类宣纸四尺单宣、六尺单宣市场价均为1 280元/刀，尺八屏单宣市场价为1 160元/刀；特净类宣纸四尺单宣、六尺单宣市场价均为1 380元/刀，尺八屏单宣市场价为1 260元/刀，八尺匹单宣（124 cm×248 cm）市场价为7 000元/刀，丈二匹单宣（145 cm×365 cm）市场价为14 000元/刀。

皮纸类纸品四尺仿古云龙（76 cm×144 cm)市场价为370元/刀，四尺构皮纸（76 cm×144 cm）市场价为320元/刀，四尺楮皮纸（76 cm×144 cm）市场价为360元/刀，四尺雁皮纸（76 cm×144 cm）市场价为400元/刀。

表2.35 “金星”成品纸种类、规格和价格
Table 2.35 Paper Types, specifications and prices of the final product of “Jinxing” paper

| 种类 | | | 规格 | 价格 |
|---|---|---|---|---|
| 宣纸 | 棉料类 | 四尺单宣 | 70 cm × 138 cm | 1 180元/刀 |
| | | 六尺单宣 | 97 cm × 180 cm | 1 180元/刀 |
| | | 尺八屏单宣 | 53 cm × 234 cm | 1 060元/刀 |
| | 净皮类 | 四尺单宣 | 70 cm × 138 cm | 1 280元/刀 |
| | | 六尺单宣 | 97 cm × 180 cm | 1 280元/刀 |
| | | 尺八屏单宣 | 53 cm × 234 cm | 1 160元/刀 |
| | 特净类 | 四尺单宣 | 70 cm × 138 cm | 1 380元/刀 |
| | | 六尺单宣 | 97 cm × 180 cm | 1 380元/刀 |
| | | 尺八屏单宣 | 53 cm × 234 cm | 1 260元/刀 |
| | | 八尺匹单宣 | 124 cm × 248 cm | 7 000元/刀 |
| | | 丈二匹单宣 | 145 cm × 365 cm | 14 000元/刀 |

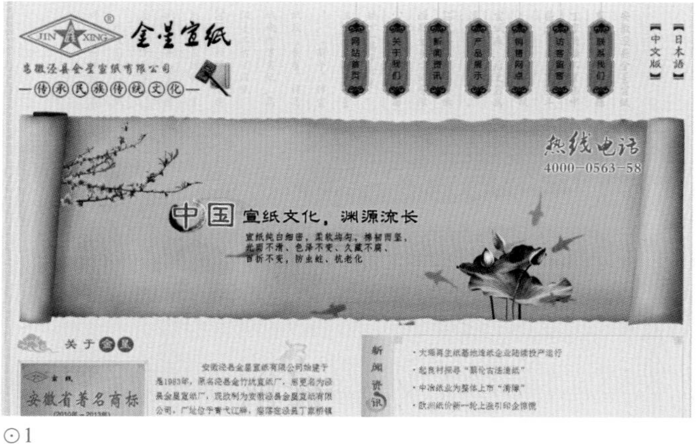


⊙1

⊙1 金星宣纸有限公司网站截图
Website screenshot of Jinxing Xuan Paper Co., Ltd.

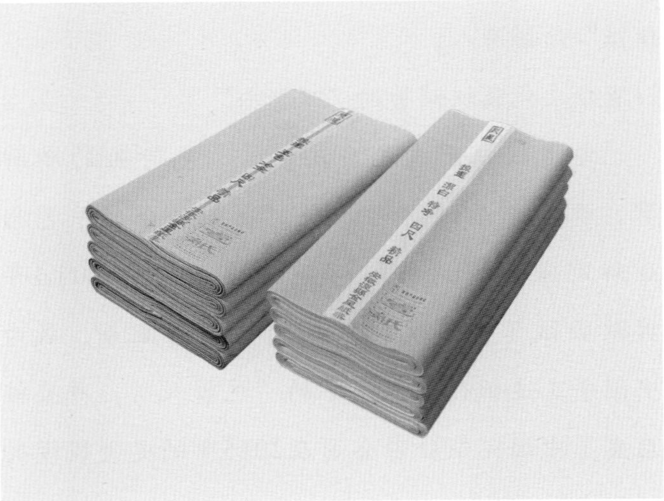

⊙2

| 种类 | | 规格 | 价格 |
|---|---|---|---|
| 皮纸 | 仿古云龙 四尺 | 76 cm × 144 cm | 370元/刀 |
| | 构皮纸 四尺 | 76 cm × 144 cm | 320元/刀 |
| | 楮皮纸 四尺 | 76 cm × 144 cm | 360元/刀 |
| | 雁皮纸 四尺 | 76 cm × 144 cm | 400元/刀 |

# 六
# 金星宣纸有限公司的品牌文化与习俗故事

6
Brand Culture and Stories of Jinxing Xuan Paper Co., Ltd.

⊙2
『金星』成品宣纸
The final product of "Jinxing" Xuan paper

## 1. "吃纸饭"的造纸人

泾县因其独特的地理环境和自然资源优势，成为中国宣纸的原产地和发祥地，造纸历史悠久、声名远播。调查中张汉荣多次表达了对祖传技艺的感恩和珍惜之情：泾县目前大大小小的造纸厂有数百家，丁家桥镇居民80%的收入都和造纸相关，一方水土养育一方人，丁家桥人吃的都是"纸饭"。泾县的宣纸制作技艺是从祖辈、父辈一代一代传承下来的，子承父业的纸厂家族式传承比较普遍。像张家祖上也是"吃纸饭"的，父亲张必福开始从事的是制作剪宣纸专用的"后山剪刀"的传统技艺，年轻一代确实应该十分珍惜祖辈辛苦打造的生存技艺，继续将造纸手艺传承下去。因此，自己大学毕业后就回村继承手工造纸，而且给儿子取名"张子宣"，希望张家"吃

⊙1

纸饭"后继有人。

### 2. 宣纸文化版权销售的"吃蟹人"

文化版权销售是当代中国文化行业的新鲜事，像手工造纸这样的典型农业社会的手艺行业鲜有敢问津者。金星宣纸有限公司2014年勇敢尝试了宣纸文化版权销售的新业务，成为中国手工造纸行业里最早的"吃蟹人"，并直接启发了中国宣纸股份公司在2015年的更大规模的"试水"。





## 七 金星宣纸有限公司的业态传承现状与发展思考

## 7 Current Status and Development of Jinxing Xuan Paper Co., Ltd.

### 1. 面临的生存挑战与压力

调查组通过对张汉荣、张必福等人的访谈得知，金星宣纸有限公司的传承发展面临若干现实的挑战：

第一，宣纸生产造成污染与环保之间的矛盾。张汉荣表示：宣纸原材料加工和制浆污染与保护绿水青山有矛盾，金星宣纸有限公司虽有初步完备的污染处理设备，但随着环保要求越来越高、政策越来越严，企业的环保成本很高，政府部门给予的环保扶持和资助力度不够。治理造纸污染，企业需要政府给予有效的帮助和引导。

第二，泾县宣纸生产的地域优势明显，但地方政府未能将资源优势和品牌优势更广泛、充分地发挥出来。像金星宣纸有限公司这样的私营企业，通过地方对接更上级政府资源和政策是不充分的。

⊙1 金星宣纸有限公司的荣誉墙
Certificate wall of Jinxing Xuan Paper Co., Ltd.

第三，当前宣纸行业市场规范约束不健全，存在无序竞争现象。很多造纸私营企业和小作坊逐渐兴起，生产出来的纸多为很低端的书画纸，打着“宣纸”的旗号卖书画纸。这对金星宣纸有限公司这样按手工方式和正宗原材料生产的宣纸品牌和宣纸企业造成了一定冲击；加上近年来网店的兴起和流行，机械纸滥竽充数，恶性压价和无序竞争现象值得高度关注。

2. 已初步形成的发展优势与思考

金星宣纸有限公司作为全国第一批宣纸地理保护标志产品授权使用的企业，经过30多年的发展，已积累了自身可持续发展的特色与优势。

第一，现任企业法人张汉荣是大专学历，在泾县中老年的宣纸企业主中较为少见，其文化素养和事业见识高于一般宣纸企业决策者，成为金星宣纸有限公司拓展创新取得新业绩的基础。

第二，金星宣纸有限公司具备高、中、低端三个层次多种原材料的产品，实现了产品市场的差异化分割，其产品线规划针对了各类人群的使用需求，这与多数宣纸生产厂家只专注于高端宣纸产品的生产规划策略有所不同。

第三，金星宣纸有限公司在销售渠道上率先试水文化版权销售模块，新增版块与传统的外贸出口、实体店、网店一起形成了更全方位的产品销售体系。

第四，金星宣纸有限公司已有成立大的电子商务平台，组成股份制公司，开拓集成平台型网络销售的新思路。在整合优势资源的基础上，加强与网店商家的开放化协同合作，积极思考创新营销模式的发展方案。

⊙2

⊙3

⊙2
金星宣纸有限公司生产车间的警示标语
Warning signs in the production workshop of Jinxing Xuan Paper Co., Ltd.

⊙3
金星宣纸有限公司环保设备
Environmental protection equipments of Jinxing Xuan Paper Co., Ltd.

# 『金星』构皮纸

"Jinxing" Paper Mulberry Bark Paper

『金星』构皮纸透光摄影图
A photo of "Jinxing" paper mulberry bark paper seen through the light

# 『金星』净皮

"Jinxing" Clean-bark Paper

『金星』净皮透光摄影图
A photo of "Jinxing" clean-bark paper seen through the light

# 四尺古云龙纸

“Jinxing”
Four-chi Traditional Yunlong Paper

『金星』四尺古云龙纸透光摄影图
A photo of “Jinxing” four-chi traditional Yunlong paper seen through the light

# 『金星』楮皮四尺白皮纸

"Jinxing" Four-chi White Bark Paper (Paper Mulberry Bark)

『金星』楮皮四尺白皮纸透光摄影图
A photo of "Jinxing" four-chi white bark paper (paper mulberry bark) seen through the light

# 第八节

# 泾县红叶宣纸有限公司

安徽省
Anhui Province

宣城市
Xuancheng City

泾县
Jingxian County

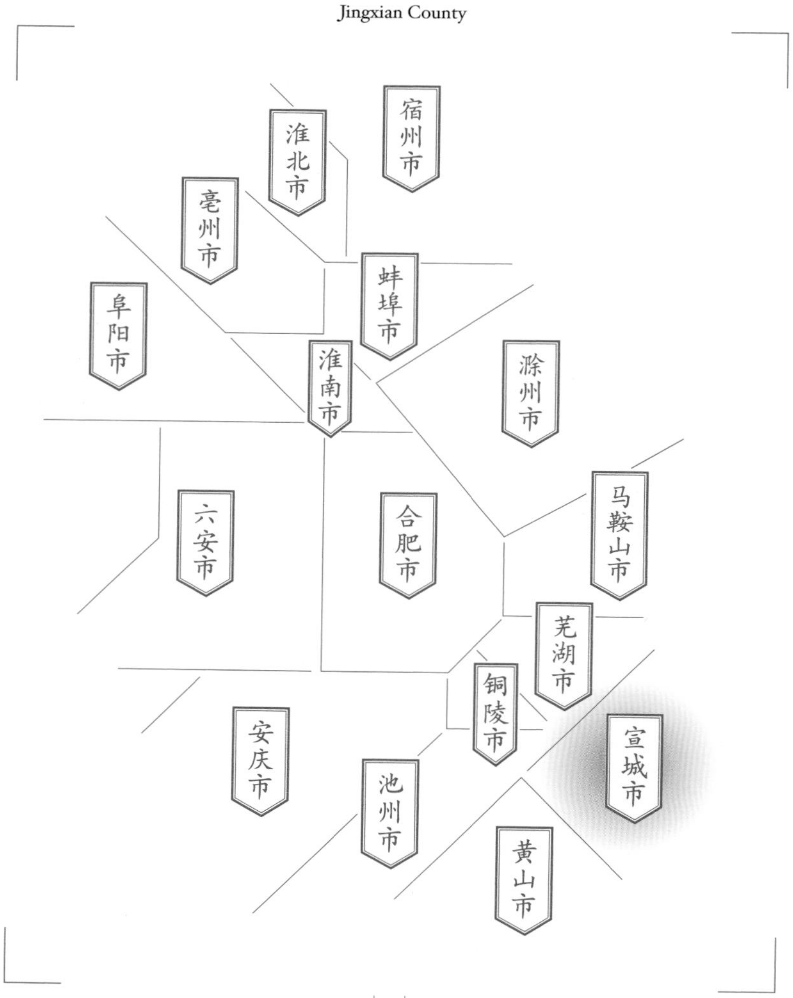


**调查对象**

丁家桥镇
泾县红叶宣纸有限公司
宣纸

Section 8

## Hongye Xuan Paper Co., Ltd. in Jingxian County

**Subject**

Xuan Paper
of Hongye Xuan Paper Co., Ltd.
in Jingxian County
in Dingjiaqiao Town

## 一 红叶宣纸有限公司的基础信息与生产环境

## 1 Basic Information and Production Environment of Hongye Xuan Paper Co., Ltd.

泾县红叶宣纸有限公司坐落于泾县丁家桥镇枫坑村，在建有古蔡伦祠的许湾古代造纸遗址下游。厂址位于S322省道98 km北侧，地理坐标为东经118° 20′ 59″、北纬30° 40′ 36″。调查组先后于2015年8月与2016年4月两次进入红叶宣纸有限公司的生产地进行了实地调研考察，并对不同时期的企业负责人进行了深入的入户访谈。

红叶宣纸有限公司所在地——枫坑村处于历史上宣纸主产地——小岭的地域范围，自古小岭就有“九岭十三坑”为纸坊聚集地之称，枫坑包含在十三坑之内，特产制造宣纸所需的原料檀皮。处于群山环抱中的小岭拥有充足的山泉水，水质优良，混浊度低，杂质含量少，是成就宣纸优良特性的重要影响因素。许家湾溪流经红叶宣纸有限公司厂区，为宣纸生产提供了便捷优质的水源。

⊙1

⊙2

2015年8月10日，调查组首次对红叶宣纸有限公司生产厂区进行了实地调查，调查时公司处于停业整顿期。随后在当年11月调查组成员对其生产、销售负责人杨玉杰进行了入户访谈。由于红叶宣纸有限公司于2010年进行过股东变更，对该公司在此之前的发展历史杨玉杰知之甚少。2016年4月20日，调查组再次对创始期的股东成员之一沈学斌进行访谈，对企业的创办历史进行了较为系统的梳理。

据访谈时红叶宣纸有限公司现生产销售负责人杨玉杰的介绍：目前的红叶宣纸有限公司是在

⊙1 水西双塔 Shuixi Twin Towers

⊙2 流经厂区旁的许家湾溪 Xujiawan Stream near the factory area

路线图
泾县县城
↓
泾县红叶宣纸有限公司
Road map from Jingxian County centre
to Hongye Xuan Paper Co., Ltd. in Jingxian County

# 泾县红叶宣纸有限公司位置示意图

# Location map of Hongye Xuan Paper Co., Ltd. in Jingxian County

考察时间
2015年8月 / 2016年4月

Investigation Date
Aug. 2015 / Apr. 2016

A 泾县县城
枫坑村
泾县红叶宣纸有限公司
1

地域名称

A 泾县
1 丁家桥镇
2 云岭镇
3 泾川镇
4 昌桥乡
5 黄村镇
6 琴溪镇

造纸点名称

泾县红叶宣纸有限公司 造纸点

位置分布

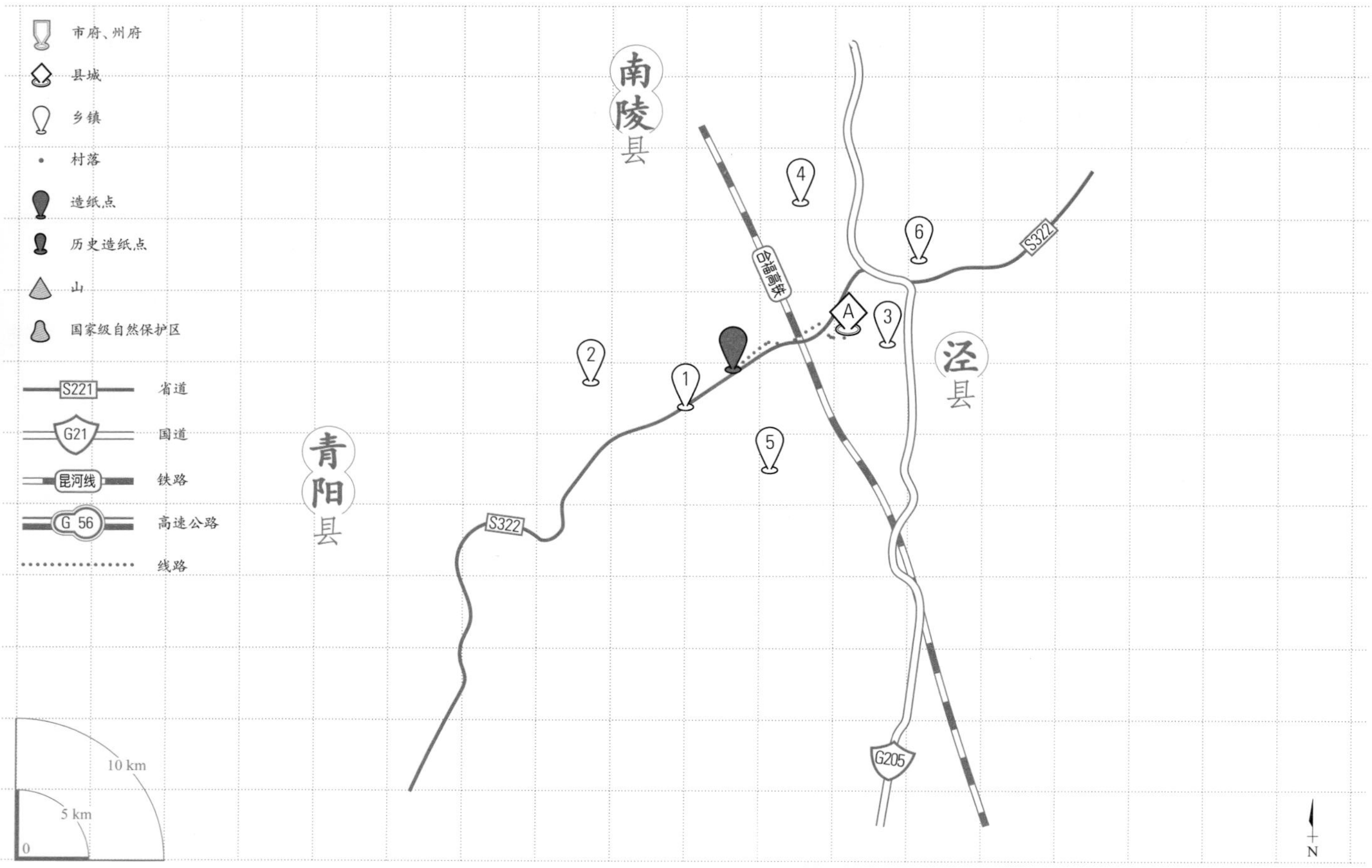

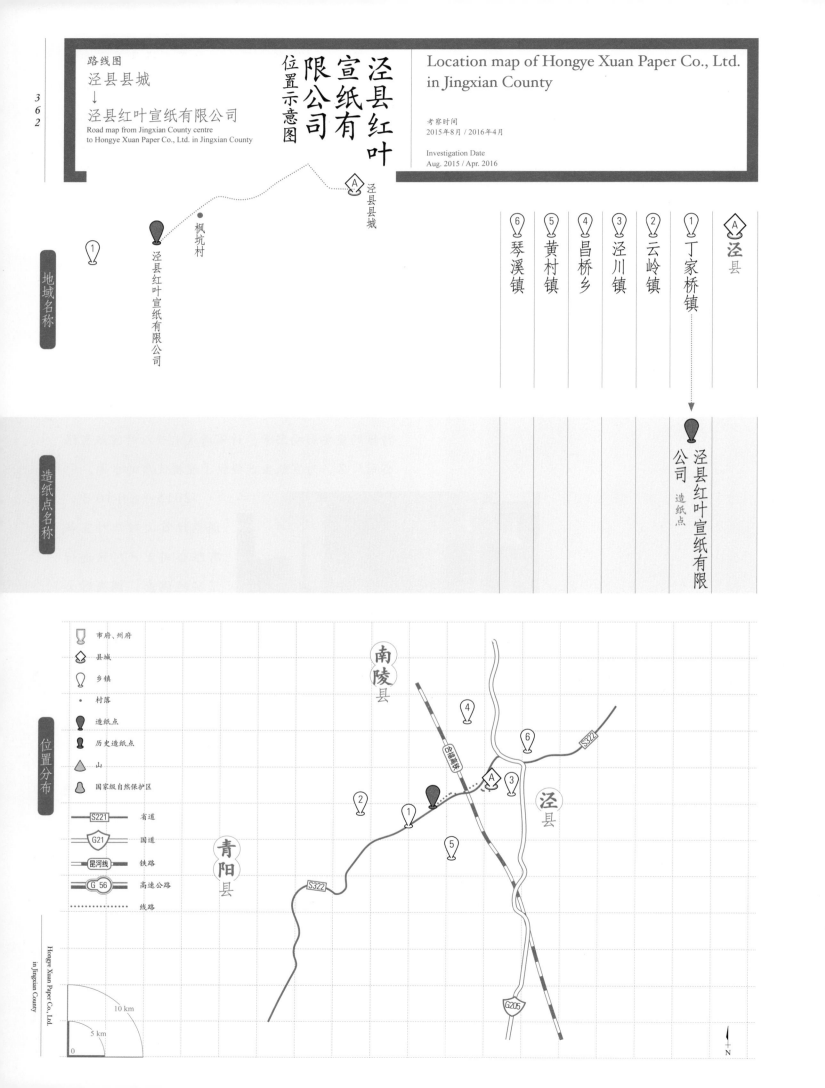

⊙1

原有基础上重组的，他本人于2010年接手负责生产。改制后的红叶宣纸有限公司的股东们约定将专注于生产青檀皮和沙田稻草为原料的纯宣纸，不允许在这两种原料中加入其他纤维原料（不过交流时杨玉杰补充了一句：顾客定制除外）；不再生产龙须草等浆板原料的书画纸，不再生产喷浆工艺纸。“红叶宣纸”作为国家宣纸原产地域保护产品，2011年曾被上海世博会国际信息发展网馆评为书画指定用纸。





## 二 红叶宣纸有限公司的历史与传承情况

## 2 History and Inheritance of Hongye Xuan Paper Co., Ltd.

红叶宣纸有限公司现生产厂址的宣纸生产历史最早可追溯到20世纪40年代，中华人民共和国成立前夕停产，厂房逐步废弃。据2016年4月20日访谈时沈学斌口述：1984年由当地18名闲赋在家的退休职工出资谋划筹建，之前，此18人大多来自泾县宣纸厂或小岭宣纸厂，曾从事过多年宣纸生产。1985年在原作坊遗址上重建，重建时为联户集体企业，由泾县地方政府批复成立宣纸厂，取名“生力宣纸厂”，意为“自力更生”，生产“红叶”宣纸。但当年即由于前期经营不善导致亏损，诸多股东纷纷退出管理，1986年股东减少至5人。经营半年后由于矛盾多、纠纷多，宣纸厂濒临倒闭，加上前期由当时的丁桥乡经委向农业银行担保贷款6万元的负债尚未偿还，银行也在追债。1986年下半年经丁桥乡经委的协调，改由沈

⊙1
红叶宣纸有限公司厂区正门
Main entrance of Hongye Xuan Paper Co., Ltd.

学斌担任厂长，继续维持生产运营。

沈学斌全面接手并经营7个月后，宣纸厂开始盈利，但却因股东盈利分红而产生矛盾，情绪上受挫的沈学斌辞去了厂长一职。1988年，经当时的泾县黄村农业银行协同丁桥乡经委调解，沈学斌共出资24.8万元（含个人贷款10万元）购买了整个生力宣纸厂，出资款加上库存的宣纸折价后分给各位股东。至此，生力宣纸厂产权全部归属沈学斌一人。理顺关系后的沈学斌继续聘请原纸厂员工，生产经营逐步转向正轨。

1992年，沈学斌采纳了日本商人的建议，实行商标名与厂名统一，将生力宣纸厂改名为红叶宣纸厂。经过数年发展，红叶宣纸厂规模达到8帘槽，年纳税10万元以上，拥有员工70多人，产品主要销往日、韩等国家与国内部分区域，其中海外销量达70%以上。

2003年8月18日，红叶宣纸厂改名为红叶宣纸有限公司。期间，引进筛选、洗漂设备，进行了制浆设备的全面改造，并邀请在地方上曾有过“宣纸状元”誉称的周乃空为技术总监，聘请宣纸技术与品管专家朱正海为生产经理。

2010年11月，红叶宣纸有限公司引进民间投资人梁华洁、吴炳兰、古雅洁、吴莉、梁华玲等，将公司部分产权出售给上述投资人，企业法人代表变更为吴莉，由吴莉担任董事长，沈学斌任总经理，杨玉杰（吴莉之夫）任副总经理专门负责生产管理。企业改制后，根据投资人讨论，制浆系统恢复传统的碓皮、春草等工艺。完成技术改造并投入生产后不久，因多种原因导致停产，直至2015年调查组前往调查时，尚处于停产状态。

⊙1

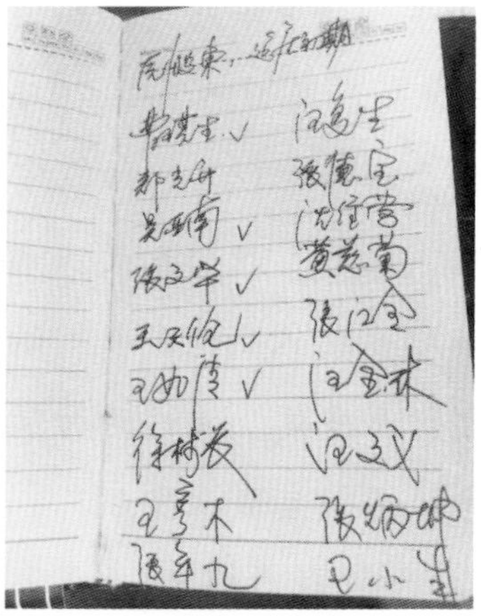

⊙2

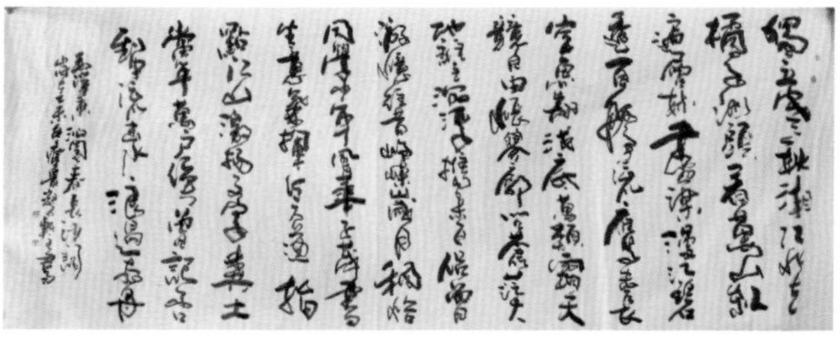

⊙3

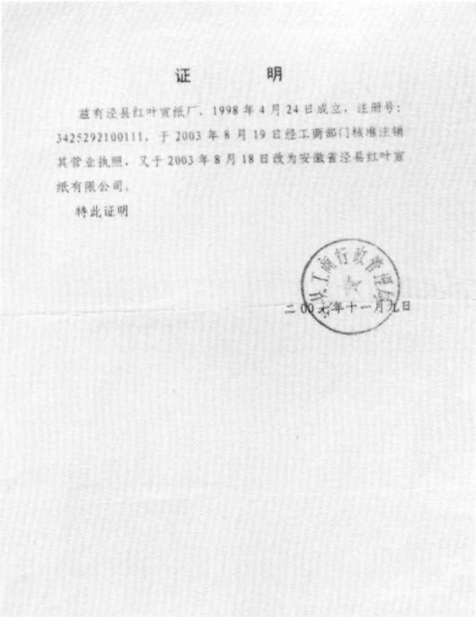

证　　明

兹有泾县红叶宣纸厂，1998年4月24日成立，注册号：342529210011l，于2003年8月19日经工商部门核准注销其营业执照，又于2003年8月18日改为安徽省泾县红叶宣纸有限公司。

特此证明

二00[illegible]年十一月[illegible]日

⊙4

⊙1 调查组成员正在沈学斌家中进行访谈
Researchers interviewing Shen Xuebin at his house

⊙2 18位股东创始人名单
List of 18 initial shareholders

⊙3 用『红叶』宣纸创作的书法作品
Calligraphy written on "Hongye" Xuan paper

⊙4 红叶宣纸有限公司注册成立证明材料
Establishment proof of Hongye Xuan Paper Co., Ltd.

# 三
# 红叶宣纸有限公司的代表纸品及其用途与技术分析

# 3
# Representative Paper, Its Use and Technical Analysis of the Hongye Xuan Paper Co., Ltd.

## （一）
## 代表纸品及用途

红叶宣纸有限公司生产的宣纸按原料分为棉料、净皮、特净；按厚薄可分为单宣、夹宣、二层宣、三层宣；按规格可分为三尺、四尺、五尺、六尺、尺八屏等；按纸纹分为单丝路、双丝路、龟纹、罗纹等，均为泾县宣纸的常规分类法。

除常规品种和规格外，也有根据客户需求制作的特定规格宣纸和专用纸。生产的90 cm × 240 cm净皮单宣、70 cm × 205 cm罗纹宣和龟纹宣，53 cm × 205 cm的单宣和罗纹宣较有特色。另为著名画家贺友直特制的八十大寿专用纸，因纸张较厚，受到部分书画家的青睐。

⊙5

⊙6

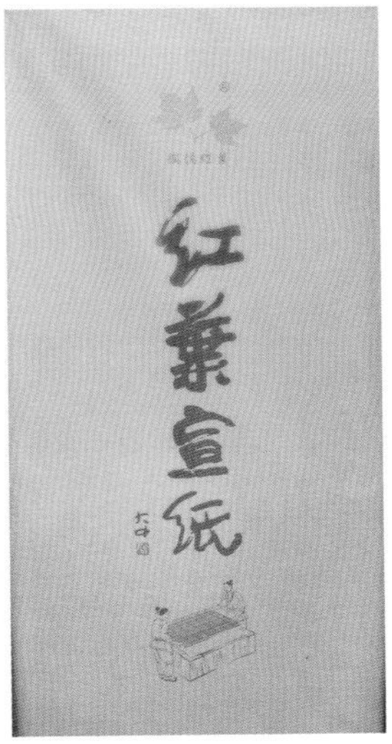

⊙7

⊙5
沈学斌（左一）给调查组成员展示、讲解纸张特性
Shen Xuebin (first from the left) showing and explaining the characteristics of paper to the researchers

⊙6
库存的70 cm × 205 cm规格罗纹单宣
Ribbing-patterned Xuan paper (specification: 70 cm × 205 cm)

⊙7
『红叶』净皮纸成品包装
Package of final product of "Hongye" clean-bark paper

（二）

## 代表纸品技术分析

测试小组对采自“红叶”净皮宣纸样品所做的性能分析，主要包括厚度、定量、紧度、抗张力、抗张强度、撕裂度、湿强度、白度、耐老化度下降、尘埃度、吸水性、伸缩性、纤维长度和纤维宽度等。按相应要求，每一指标都需重复测量若干次后求平均值，其中定量抽取5个样本进行测试，厚度抽取10个样本进行测试，拉力抽取20个样本进行测试，撕裂度抽取10个样本进行测试，湿强度抽取20个样本进行测试，白度抽取10个样本进行测试，耐老化度下降抽取10个样本进行测试，尘埃度抽取4个样本进行测试，吸水性抽取10个样本进行测试，伸缩性抽取4个样本进行测试，纤维长度测试200根纤维，纤维宽度测试300根纤维。对“红叶”净皮宣进行测试分析所得到的相关性能参数见表2.36。表中列出了各参数的最大值、最小值及测量若干次所得到的平均值或者计算结果。

表2.36 “红叶”净皮宣相关性能参数
Table 2.36 Performance parameters of “Hongye” clean-bark Xuan paper

| 指标 | | | 单位 | 最大值 | 最小值 | 平均值 | 结果 |
|---|---|---|---|---|---|---|---|
| 厚度 | | | mm | 0.110 | 0.090 | 0.099 | 0.099 |
| 定量 | | | $g/m^2$ | — | — | 34.2 | 34.2 |
| 紧度 | | | $g/cm^3$ | — | — | — | 0.345 |
| 抗张力 | 纵向 | | N | 19.2 | 14.6 | 17.4 | 17.4 |
| | 横向 | | N | 15.4 | 11.4 | 13.9 | 13.9 |
| 抗张强度 | | | kN/m | — | — | — | 1.043 |
| 撕裂度 | 纵向 | | mN | 330 | 320 | 326 | 326 |
| | 横向 | | mN | 450 | 390 | 414 | 414 |
| 撕裂指数 | | | $mN\cdot m^2/g$ | — | — | — | 11.1 |
| 湿强度 | 纵向 | | mN | 800 | 610 | 680 | 680 |
| | 横向 | | mN | 540 | 440 | 481 | 481 |
| 白度 | | | % | 67.3 | 66.1 | 66.8 | 66.8 |
| 耐老化度下降 | | | % | — | — | — | 2.0 |
| 尘埃度 | 黑点 | | 个$/m^2$ | — | — | — | 16 |
| | 黄茎 | | 个$/m^2$ | — | — | — | 24 |
| | 双浆团 | | 个$/m^2$ | — | — | — | 0 |
| 吸水性 | | | mm | — | — | — | 11 |
| 伸缩性 | 浸湿 | | % | — | — | — | 0.63 |
| | 风干 | | % | — | — | — | 0.80 |
| 纤维 | 皮 | 长度 | mm | 2.94 | 0.55 | 1.19 | 1.19 |
| | | 宽度 | μm | 15.0 | 4.0 | 8.0 | 8.0 |
| | 草 | 长度 | mm | 1.33 | 0.31 | 0.64 | 0.64 |
| | | 宽度 | μm | 12.0 | 3.0 | 6.0 | 6.0 |

由表2.36可知，所测“红叶”净皮宣的平均定量为34.2 g/m$^2$。“红叶”净皮宣最厚约是最薄的1.22倍，经计算，其相对标准偏差为0.006 26，纸张厚薄较为一致。通过计算可知，“红叶”净皮紧度为0.345 g/cm$^3$；抗张强度为1.043 kN/m，抗张强度值较大。所测“红叶”净皮宣撕裂指数为11.1 mN·m$^2$/g，撕裂度较大；湿强度纵横平均值为581 mN，湿强度较大。

所测“红叶”净皮宣平均白度为66.8%，白度较高。白度最大值是最小值的1.018倍，相对标准偏差为0.347 05，白度差异相对较大。经过耐老化测试后，耐老化度下降2.0%。

所测“红叶”净皮宣尘埃度指标中黑点为16个/m$^2$，黄茎为24个/m$^2$，双浆团为0个/m$^2$。吸水性纵横平均值为11 mm，纵横差为2.4 mm。伸缩性指标中浸湿后伸缩差为0.63%，风干后伸缩差为0.80%。说明“红叶”净皮宣伸缩差异不大。

“红叶”净皮宣在10倍、20倍物镜下观测的纤维形态分别如图★1、图★2所示。所测“红叶”净皮宣纸皮纤维长度：最长2.94 mm，最短0.55 mm，平均长度为1.19 mm；纤维宽度：最宽15.0 μm，最窄4.0 μm，平均宽度为8.0 μm；草纤维长度：最长1.33 mm，最短0.31 mm，平均长度为0.64 mm；纤维宽度：最宽12.0 μm，最窄3.0 μm，平均宽度为6.0 μm。“红叶”净皮宣润墨效果如图⊙1所示。

★1

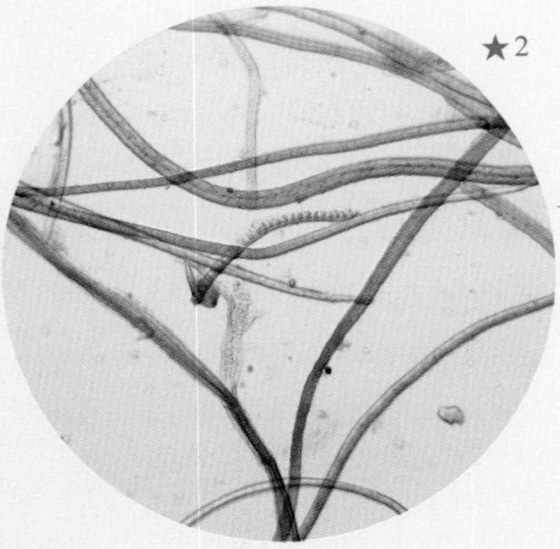

★2

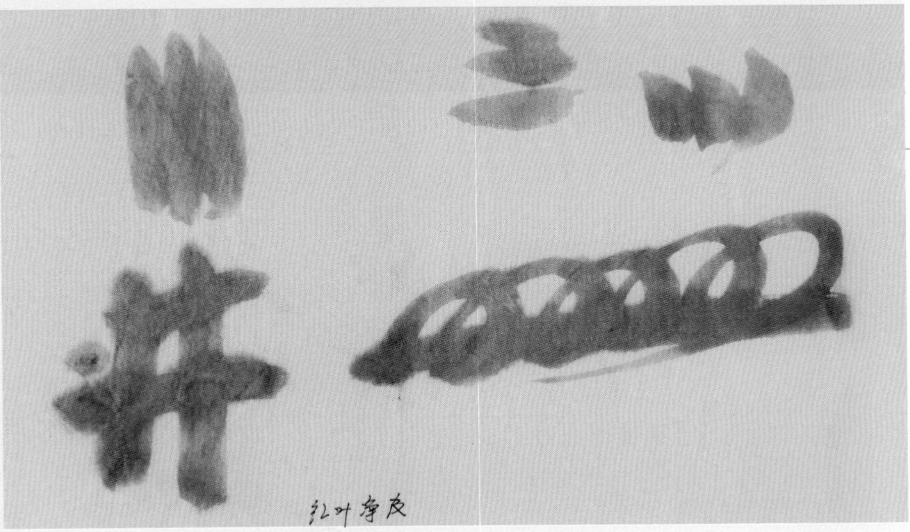


⊙1

★1 『红叶』净皮宣纤维形态图（10×）
Fibers of "Hongye" clean-bark Xuan paper (10× objective)

★2 『红叶』净皮宣纤维形态图（20×）
Fibers of "Hongye" clean-bark Xuan paper (20× objective)

⊙1 『红叶』净皮宣润墨效果
Writing performance of "Hongye" clean-bark Xuan paper

# 四
# 红叶宣纸有限公司生产的原料、工艺与设备

4
Raw Materials, Papermaking Techniques and Tools of Hongye Xuan Paper Co., Ltd.

## （一）
## “红叶”宣纸生产的原料与辅料

### 1. 原料：青檀树皮与燎草

据沈学斌介绍，红叶宣纸有限公司的青檀皮在泾县茂林镇的山水村、铜山村收购，燎草在苏红村七里坑燎草厂收购。

### 2. 辅料：杨桃藤

“红叶”宣纸制作所需辅料纸药为杨桃藤汁，即野生猕猴桃藤枝汁。

### 3. 水源

“红叶”宣纸选择的是从许湾流经厂区并注入青弋江的水作为辅助用水，生产主要用水通过水泵抽取厂区内一口大井的井水。据调查组成员在现场的测试，“红叶”宣纸制作所用的溪水pH为5.5～6.0，偏弱酸性。

⊙1

## （二）
## “红叶”宣纸制作的工艺流程

调查组于2015年11月8日和2016年4月中针对“红叶”宣纸生产工艺进行了现场调查和访谈，对其主要制造工艺流程总结如下：

| | 壹 | 贰 | 叁 | 肆 | 伍 | 陆 |
|---|---|---|---|---|---|---|
| 皮浆、草浆 | 配浆 | 捞纸 | 压榨 | 晒纸 | 检验、剪纸 | 包装 |

⊙1 沙田种植的水稻 Rice grown in sand field

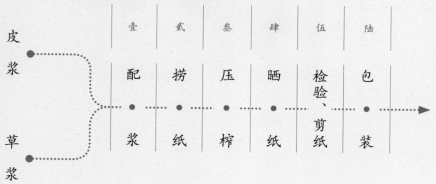

## 皮浆制作

将收购的皮料制作为檀皮浆，加工程序主要如下：

| 壹 | 贰 | 叁 | 肆 | 伍 | 陆 | 柒 | 捌 |
|---|---|---|---|---|---|---|---|
| 浸泡 | 蒸煮 | 清洗 | 拣黑皮 | 漂白 | 清洗 | 拣白皮 | 打浆 |

### 壹 浸泡 1

将皮料用清水浸泡8小时左右（浸泡后的皮便于蒸煮）。

### 贰 蒸煮 2

将浸泡后的皮加入烧碱进行常压蒸煮，主要目的是软化纤维，分解木质素。

### 叁 清洗 3

将蒸煮后的皮料用清水进行清洗，洗掉残碱和污水，用甩干机甩干。

### 肆 拣黑皮 4

将甩干后的黑皮进行人工挑拣，主要挑出木棍、杂质等。

### 伍 漂白 5

将挑拣后的黑皮加入适量的次氯酸钠进行漂白，漂白时间一般为4～5小时。

### 陆 清洗 6

将漂白后的皮料过水清洗，洗去残留的漂白液后放入甩干机甩干。

### 柒 拣白皮 7

将甩干后的白皮再次通过人工挑拣方式，将其中的木棍、杂质和未完全漂白的皮料剔除。

### 捌 打浆 8

将挑拣后的纯净的白皮放入洗漂机进一步清洗并完成打浆等程序，形成漂白纤维浆料。

⊙2

⊙2 制浆设备（沈学斌供图）
Pulp-making equipment (photo provided by Shen Xuebin)

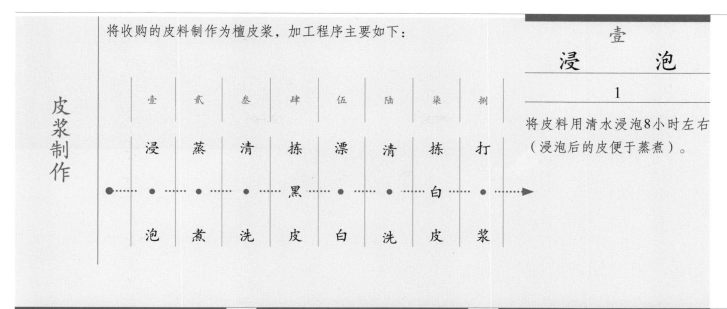

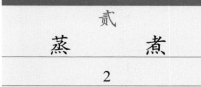

第二章
Chapter II

宣
纸
Xuan Paper

第八节
Section 8

泾县红叶宣纸有限公司

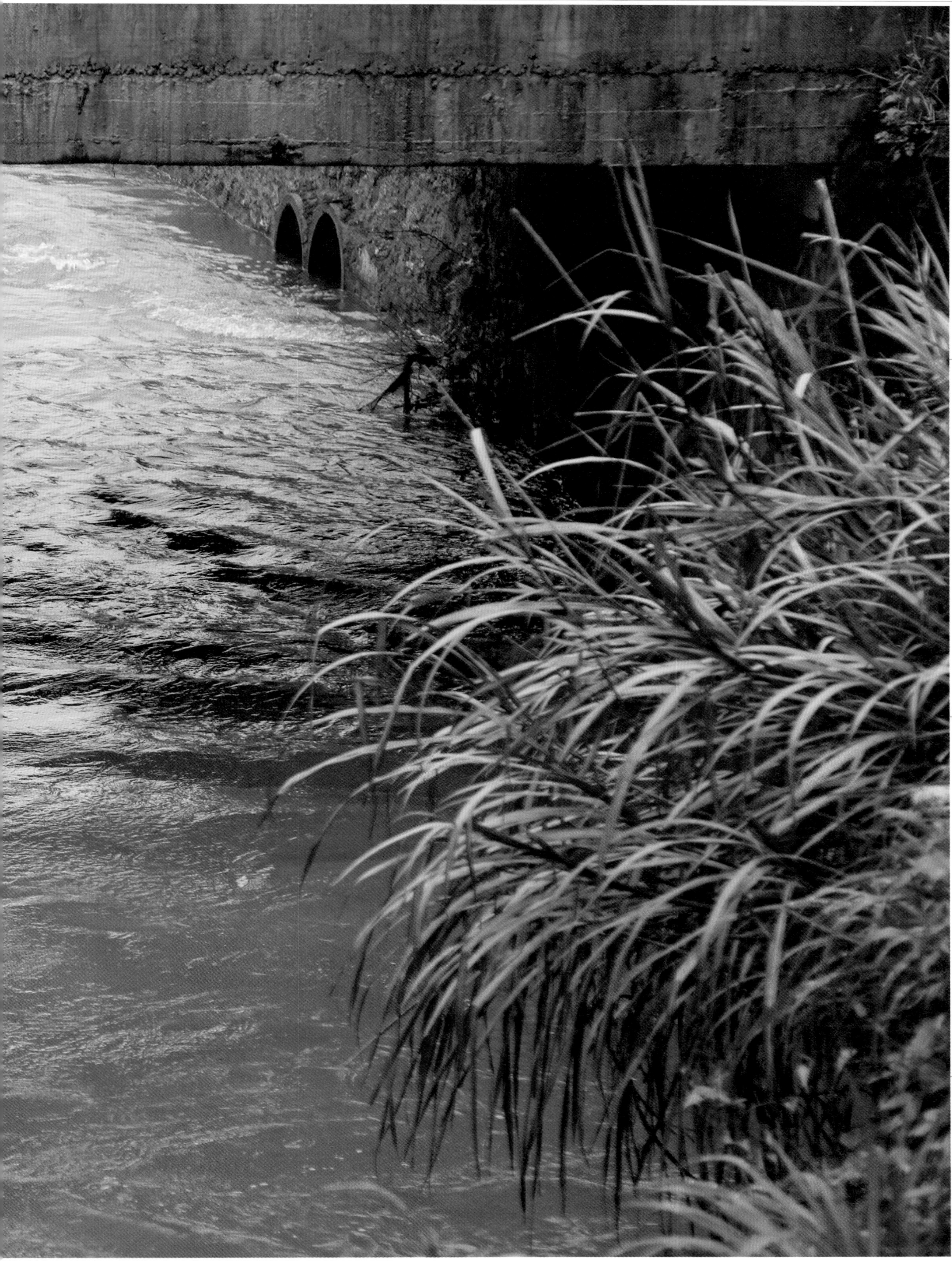

## 草浆制作

草浆制作程序主要如下：

| 壹 | 贰 | 叁 | 肆 | | |
|---|---|---|---|---|---|
| 洗 | 拣 | 碾 | 筛 | 除 | 漂 |
| 草 | 草 | 草 | 选 | 砂 | 白 |

### 壹 洗草

1

取适量燎草浸泡在水池里。当浸泡后的燎草自行散开后，用挽钩勾起燎草块使其在水里摆动，再通过自来水的冲洗，燎草上残留的石灰杂质将会自行脱落，然后将其放入木榨上榨干。

### 贰 拣草

2

将榨干的湿燎草通过人工选拣方式，将草中的草黄筋、杂棍子剔除。

### 叁 碾草

3

将纯净草放入碾草机，通过石碾分解燎草纤维束，达到分丝帚化目的。

### 肆 筛选、除砂、漂白

4

将碾碎的燎草先后放入振框筛、除砂器、圆筒筛中完成筛选、净化、洗涤等工作，然后补充漂白剂后，通过洗漂机洗漂后形成草纤维料。

⊙1

## 后续加工程序

### 壹 配浆

1

将皮纤维浆料和草纤维浆料按照特净、净皮、棉料比例进行混合，先后通过平筛进行筛选、除砂器除砂、旋翼筛净化和筛选、跳筛除杂后形成混合浆料。

### 贰 捞纸

2 ⊙2

与泾县的宣纸、书画纸行业内两人完成捞纸动作的技术要领一致。

⊙2

⊙1 洗草旧照（沈学斌供图）
An old photo of cleaning the straw (photo provided by Shen Xuebin)

⊙2 捞纸旧照（沈学斌供图）
An old photo of making the paper (photo provided by Shen Xuebin)

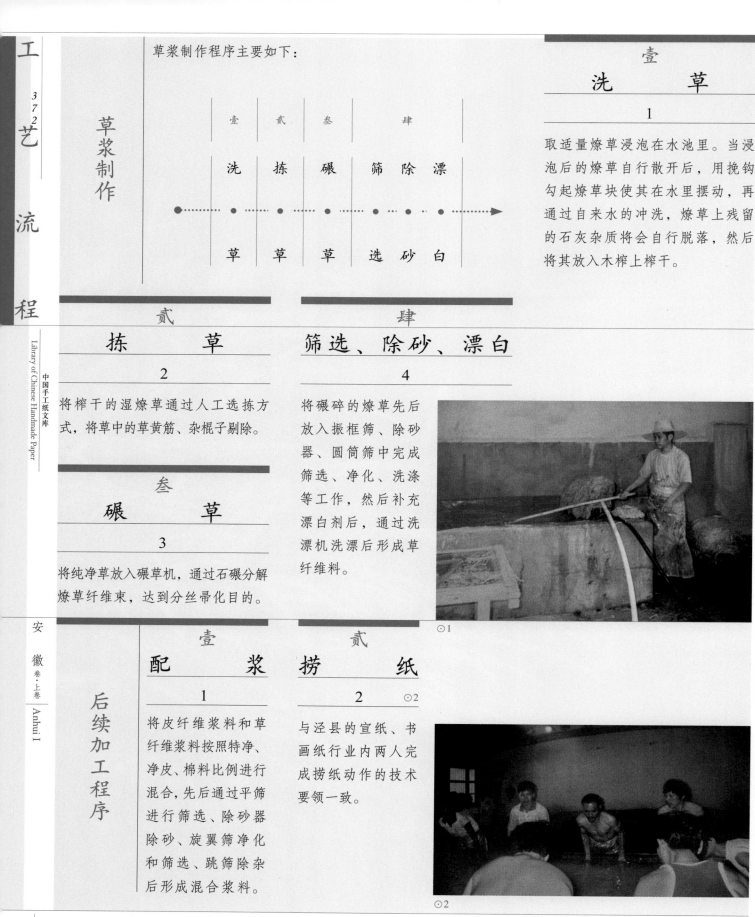

## 叁 压榨 3

捞纸工下班后，由帮槽工用盖纸帘覆盖在湿纸帖上，并加上盖纸板。等受压后的湿纸帖滤完一定的水后，再架上榨杆和液压装置，逐步加力，将湿纸帖挤压得不出水为止。帮槽工在扳榨时，交替做好纸槽清洗工作，将纸槽当天的槽水放干，滤去槽底残留的纸浆，清洗纸槽四壁后，加上次日第一个槽口的纸浆，将槽内注满清水。

## 肆 晒纸 4

⊙3 ⊙4

晒纸前要经过烘帖、浇帖、鞭帖、做边等环节。

### (1) 烘帖

将压榨好的纸帖放在晒纸房的纸焙上进行烘烤，将纸帖水分烘烤尽。

### (2) 浇帖

烘干后的纸帖需要人工在整块帖上浇水，使整块纸帖被水浸润，形成潮而不湿形状。

### (3) 鞭帖

将浇好的纸帖放在晒纸架上，用鞭帖板由梢部依次向额部敲打，其反作用力使纸帖服帖，便于分离。

### (4) 做边

纸帖进行鞭打后，用手将四边翻起，再用额枪将翻过边的地方打松。

### (5) 晒纸

晒纸时先取掐角（左上角），由左向右将帖中单张纸揭下来，通过刷把贴上纸焙。标准纸焙能张贴9张四尺纸，贴满整个纸焙后，先将最早上墙的纸揭下，依次进行。揭下后，再晒下一焙纸。如此循环往复。

⊙3

⊙4

⊙3 晒纸——八尺宣（沈学斌供图）
Drying the eight *chi* Xuan paper (248 cm×129 cm) (photo provided by Shen Xuebin)

⊙4 晒纸图（沈学斌供图）
A photo of drying the paper (photo provided by Shen Xuebin)

## 伍 检验、剪纸 5

将晒好的纸放在剪纸桌上，由剪纸工逐张检验，剔除不合格的纸张，将其规制好后，用剪刀将四边裁剪。其技术要领与在泾县的宣纸、书画纸业内均一样。

## 陆 包装 6

剪好后的纸按每刀100张分好，在刀口上封盖“红叶”以及厂名、品种等印章。净皮四尺单宣一般10刀装一箱（件），包装好后运入贮存仓库。

## （三）“红叶”宣纸制作中的主要工具

### 壹 捞纸槽 1

盛浆捞纸的工具，调查时为水泥浇筑。实测红叶宣纸有限公司所用的四尺捞纸槽规格为：长212 cm，宽198 cm，高80 cm；六尺捞纸槽规格为：长232 cm，宽194 cm，高80 cm。

### 贰 帘床 2

捞纸时用作承载纸帘的帘架。由4根树木条做成长方形框架，中间横竖嵌入4根木条，用于稳固长方形框架，最后在上面铺盖一层芒杆，便于捞纸时水从缝隙中流出。实测红叶宣纸有限公司四尺帘床规格为：162 cm × 100 cm。

### 叁 纸帘 3

用于捞纸，由竹丝编织而成，表面很光滑、平整，帘纹细而密集。

⊙1

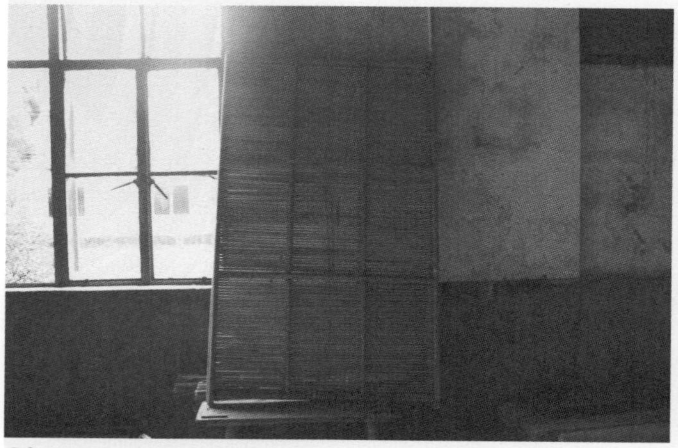

⊙2

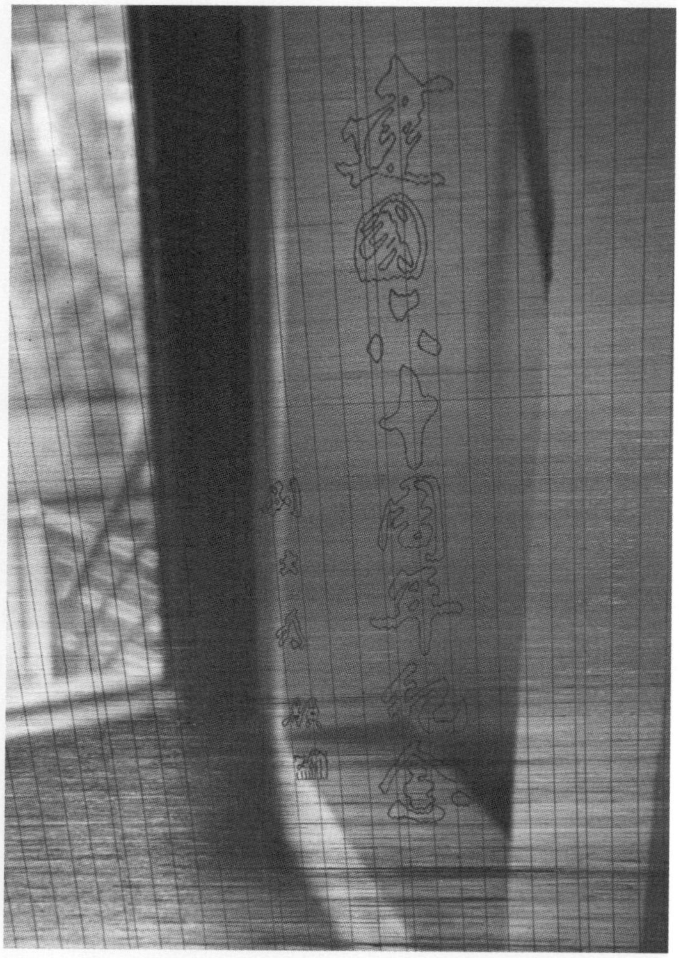

⊙3

⊙1 捞纸槽 Papermaking trough

⊙2 帘床 Frame for supporting the papermaking screen

⊙3 『红叶』牌『建国八十周年纪念』专用纸帘 Special papermaking screen of "Hongye" Brand for "Celebrating the 80th Anniversary of the Founding of the People's Republic of China"

## 五 红叶宣纸有限公司的市场经营状况

## 5 Marketing Status of Hongye Xuan Paper Co., Ltd.

根据调查组实地考察，以及对副总经理杨玉杰的访谈信息可知：自其2010年接手红叶宣纸有限公司生产管理开始，厂区拥有生产人员30多名，前期主要侧重于厂区基础设施的建设与宣纸生产工艺流程的改进，重点提高宣纸产品质量。2011年3月正式投入生产宣纸，当时只有2个槽位，月产500刀左右的宣纸。生产初期并没有固定的销售模式，重点放在对宣纸的研发和质量提升上，少量销售主要来自当地的代理商需求，其目的更多是为了维持品牌的运营。

⊙4

⊙5

## 六 红叶宣纸有限公司的品牌文化与习俗故事

## 6 Brand Culture and Stories of Hongye Xuan Paper Co., Ltd.

### 1. 沈学斌的办厂故事

据沈学斌口述：1975～1985年，他当时在丁桥公社（乡）包片放电影，丁桥大会堂建起来后，在大会堂任专职放映员。1982年，丁桥开办卫生纸厂，1986年下半年他又被丁桥乡经委派驻到卫生纸厂任副厂长。任职七八个月的工资加上之前的结余筹足了10万元，这是他后来买下生力宣纸厂的第一笔资本。

访谈中沈学斌回忆道：当时三十几岁的他正是血气方刚，想靠自己的能力闯出一片天地，看

⊙4 原红叶宣纸有限公司正门（沈学斌供图）
Former main entrance of Hongye Xuan Paper Co., Ltd. (photo provided by Shen Xuebin)

⊙5 『红叶』宣纸的荣誉奖牌墙
Honor wall in Hongye Xuan Paper Co., Ltd.

到生力宣纸厂濒临倒闭的境况，觉得正是自己创业的大好时机，于是一拍桌子就要买下来。然而他的举动遭到了全家的一致反对，当时家中兄弟姐妹7个他排行老大，肩上的担子非常重，父亲的水上运输事业仅够维持家中生计，还有年迈的奶奶需要赡养，父母对他的举动十分不理解，非常生气。但是他的态度异常坚决，之后他又从银行贷到10万元，再加上厂子里库存的纸品抵现了一部分，最终在1987年年底，以24.8万元的价格把生力宣纸厂买了下来。

由于沈学斌做事认真，长于交际，经营到1992年时厂子的税收已经达到十几万元，沈学斌也成为泾县人大代表，1992～2001年的鼎盛时期，生力宣纸厂的年销售额达到80万～100万元。

## 2. 与省长“互拍肩膀”

沈学斌平时喜欢看报纸，了解国家最新的政策，对当时的政策走向比较敏感。1998年左右，他和替生力宣纸厂代理出口的代理商聊天时，谈到县委要就环保设施的问题开会，这名杭州的代理商便向他介绍自己经营环保设施生意的同学，于是沈学斌当机立断花了十几万元把生力宣纸厂的环保设施建立了起来。沈学斌向调查组成员表示：当年他的环保设备是泾县宣纸行业最先进的，处理的水可以用来养鱼。不久，时任安徽省副省长的黄海嵩到他的纸厂视察，夸赞他的环保设施做得很好，鼓励他好好经营，有困难就去省里找他。沈学斌说当时省长握着他的手，拍了拍他的肩膀，他觉得十分亲切，也把省长的肩膀拍了拍，说一定到省里去找他。

## 3. 厂名与商标的由来

生力宣纸厂成立之初，股东们一致认为办厂子就像小孩出生一样，要让老人家起个名字，于是就请县里的老领导起名，老领导说宣纸厂要靠他们自力更生搞起来，所以厂子就叫生力宣纸厂，一群股东们就像秋天的红叶，于是商标就叫“红叶”。后来，生力宣纸厂日本的客户提到“生力”这个厂名太拗口，沈学斌就采用了客户的建议，将企业与商标的名字相统一而改为“红叶”。

⊙1

⊙2

⊙1 『红叶』品牌标识 Logo of "Hongye" Brand

⊙2 停业中的红叶宣纸有限公司厂区内景 Interior view of the closed Hongye Xuan Paper Co., Ltd.

# 七
# 红叶宣纸有限公司的业态传承现状与发展思考

# 7
# Current Status and Development of Hongye Xuan Paper Co., Ltd.

红叶宣纸有限公司是宣纸地理标志保护授权使用的第二批企业之一，但因多种原因从2011年停产至今。面临的首要问题是企业虽是短期停产，但因权属关系较为复杂，处理不好，势必在短时间里难以复产。二是企业虽不生产，但创制至今已有30年的宣纸品牌，在市场上有一定的影响，一些已有使用忠诚度与依赖性的“红叶”宣纸用户在难以得到按质按量的原纸供应的情况下，一段时间后势必会转向，一旦“红叶”宣纸恢复生产，这些老客户的回归恐是恢复生产后面临的首要问题。三是因持续约5年的停产，市场短缺“红叶”宣纸，势必给以次充好者以可乘之机，而工厂停产，加上权属关系没有理顺，“红叶”的产品品牌维权几乎没有主体。

在2015年10月的实地调查期间，据公司现生产负责人杨玉杰的反映，“红叶”宣纸目前处于停产整顿的特殊阶段，但始料未及长达已5年的歇业困境与前期发展过程中遇到的历史遗留问题也是息息相关的，遭遇到的是旧问题与发展面临的新问题复杂交织的局面。杨玉杰希望政府能够在这一方面及时给予像红叶宣纸有限公司这样的小型手工造纸企业一定的政策支撑与产权关系的疏导，让企业能从困境中走出来，从而有机会更好地弘扬红叶宣纸有限公司的生产理念：坚持按传统手工宣纸原材料和制作技艺来生产优质宣纸。

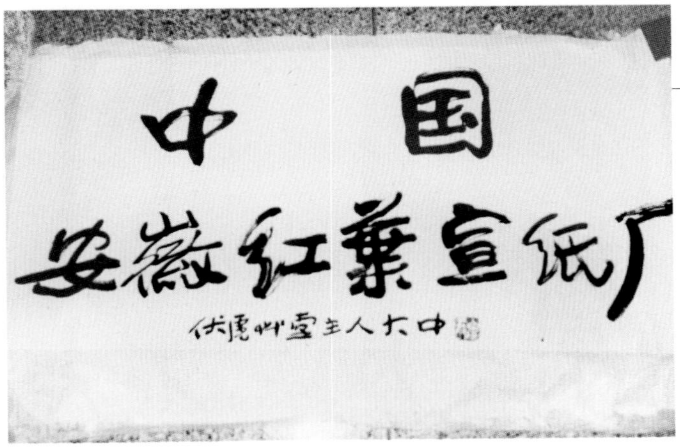

⊙3

⊙3
著名画家冯大中为红叶宣纸厂题写的厂名
Name of Hongye Xuan Paper Factory written by the famous painter, Feng Dazhong

# 『红叶』净皮

“Hongye” Clean-bark Paper

『红叶』净皮透光摄影图

A photo of “Hongye” clean-bark paper seen through the light

# 第九节

# 安徽曹氏宣纸有限公司



安徽省
Anhui Province

宣城市
Xuancheng City

泾县
Jingxian County

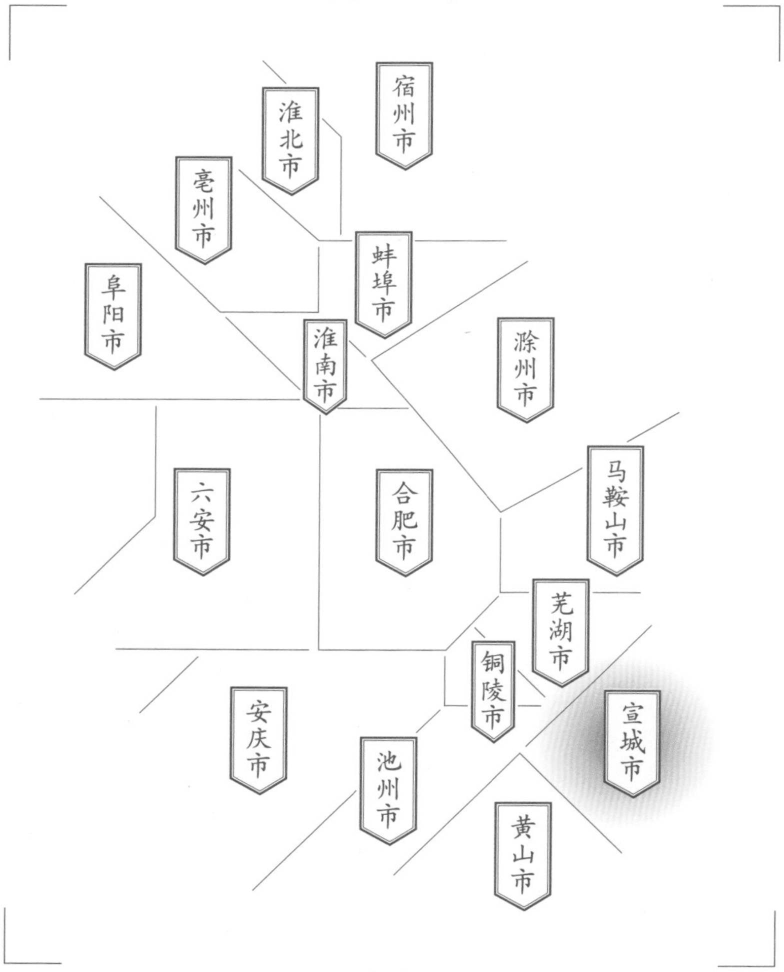




**调查对象**
丁家桥镇
安徽曹氏宣纸有限公司
宣纸

## Section 9
## Anhui Caoshi Xuan Paper Co., Ltd.

**Subject**

Xuan Paper
of Anhui Caoshi Xuan Paper Co., Ltd.
in Dingjiaqiao Town

# 一
# 曹氏宣纸有限公司的基础信息与生产环境

## 1
## Basic Information and Production Environment of Caoshi Xuan Paper Co., Ltd.

安徽曹氏宣纸有限公司由曹建勤创立，坐落于泾县丁家桥镇枫坑村，位于S322省道98 km南侧，地理坐标为东经118° 20′ 59″、北纬30° 40′ 31"。其前身初为1985年创办的紫金楼宣纸栈，1987年更名为紫金楼宣纸厂，1989年“曹氏宣纸”成为泾县第一个个体工商户注册的宣纸品牌。2000年为了产品和厂名的一致性，注册成立曹氏宣纸有限责任公司。

⊙1

⊙2

据曹建勤介绍：曹氏宣纸有限公司的宣纸品种分棉料、净皮、特净三大类，规格从三尺到丈八不等；薄至扎花，厚至四层夹均有生产，另有白鹿、罗纹、龟纹、极品宣等特色品种。除此之外，还生产麻纸、三桠皮纸、褚皮纸与桑皮纸等，原纸涉及的原材料相当广。加工纸制品则有册页、信笺、纸扇、印谱、瓦当对联及各类熟宣和各色洒金、洒银宣，共约200多种。2000年曹建勤在北京琉璃厂开设“曹氏

⊙1
曹氏宣纸有限公司的指路牌与外部环境
Signpost and external environment of Caoshi Xuan Paper Co., Ltd.

⊙2
曹氏宣纸有限公司厂门
Gate of Caoshi Xuan Paper Co., Ltd.

路线图
泾县县城
↓
安徽曹氏宣纸有限公司
Road map from Jingxian County centre
to Anhui Caoshi Xuan Paper Co., Ltd.

# 安徽曹氏宣纸有限公司位置示意图

# Location map of Anhui Caoshi Xuan Paper Co., Ltd.

考察时间
2015年8月 / 2016年4月

Investigation Date
Aug. 2015 / Apr. 2016

地域名称

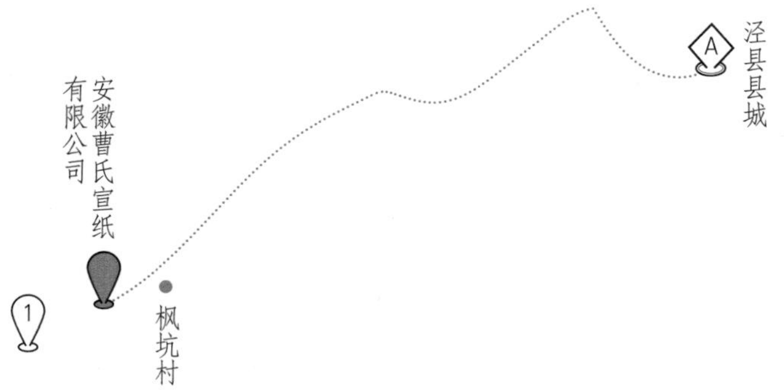


A 泾县
1 丁家桥镇
2 云岭镇
3 泾川镇
4 昌桥乡
5 黄村镇
6 琴溪镇

造纸点名称

安徽曹氏宣纸有限公司 造纸点

位置分布

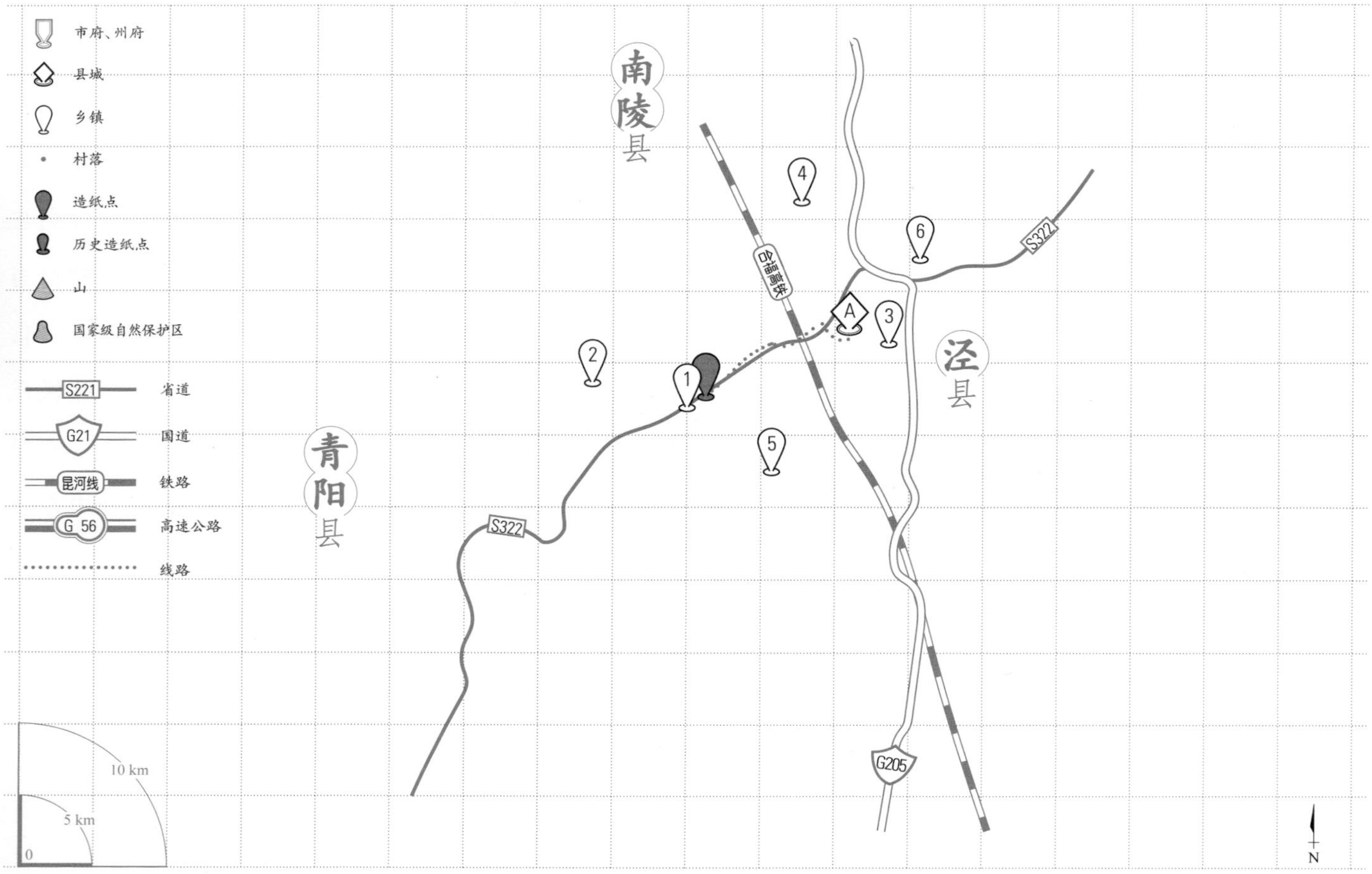

宣纸”专卖店；2011年，曹建勤获得了安徽省工艺美术大师的称号。

2015年8月和2016年4月调查组两次前往曹氏宣纸有限公司进行调查，据曹建勤介绍，曹氏宣纸有限公司有4个纸槽，分别为1个一改二纸槽、1个六尺纸槽、1个四尺纸槽以及1个丈六纸槽。

⊙1

## 二 曹氏宣纸有限公司的历史与传承情况

## 2 History and Inheritance of Caoshi Xuan Paper Co., Ltd.

据调查中曹建勤的自述信息：他自己是泾县曹氏造纸始祖曹大三的第二十七代孙，其父曹人杰和祖父曹一清都曾是宣纸发源地小岭村著名的造纸匠人。《泾县志》记载：“宣纸为皮料最佳者，产于安徽省泾县，泾县之宣纸业在小岭村，制此者多曹氏。世守其秘，不轻授人。”[21]

小岭曹氏家族自藏的《曹氏族谱》记载：“宋末争镶之际，烽燧四起，避乱忙忙。曹氏钟公八世孙曹大三，由虬川迁泾，来到小岭，分从十三宅，此系山陬，田地稀少无法耕种，因贻蔡

⊙2

⊙1 曹氏宣纸有限公司厂区内的展示空间 Showcase in Caoshi Xuan Paper Co., Ltd.

⊙2 曹建勤 Cao Jianqin, founder of Caoshi Xuan Paper Co., Ltd.

[21] 泾县地方志编纂委员会.泾县志[M].北京：方志出版社.1996:241.

伦术为业，以维生计。”曹家的祖先曹大三在700多年前从南陵县迁移到泾县小岭村并在此定居。小岭村有13条“坑”，人称“九岭十三坑”，“坑”即深的山洼，每条坑绵延数里，几乎无田可以耕种，因此曹氏子孙多在“九岭十三坑”中以造纸为生。

据曹建勤向调查组介绍：其曾祖父曹康端清末民初在上海法租界爱多亚路吉祥街德福里二号建立了泾县曹氏宣纸的直营店——曹锦隆字号。父亲曹人杰13岁即开始学习宣纸技艺，后曾前往上海“曹锦隆”做过宣纸的销售。中华人民共和国成立后，曹人杰在泾县宣纸厂任职。1963年，由于家庭成份问题，曹人杰被迫辞职离开泾县宣纸厂1963～1978年长达15年时间在家务农。1978年改革开放后，曹人杰前往江苏宜兴造纸厂担任技术指导，指导该厂生产宣纸。1979年，当时小岭生产队的书记从家乡赶到宜兴，恳请曹人杰回家乡帮助新建宣纸厂——小岭宣纸厂，并且邀请曹人杰担任生产副厂长。作为核心技术骨干和管理骨干，曹人杰在小岭宣纸厂工作到1985年退休。

曹建勤自小跟随父亲和爷爷学习制作宣纸的工艺，耳濡目染。曹建勤的说法是：“从一根草到一张纸”的整个工艺过程，自己都跟随父辈学习过。1980年，曹建勤高中毕业后即到小岭宣纸厂造纸，1982～1985年间，跟随原安徽农学院的潘祖耀老师从事“燎草新工艺——无氯漂白”的试验工作，这段经历使曹建勤对宣纸制作有了新的认识，并打下了手工造纸理化技术分析的基础。

1985年，曹建勤从小岭宣纸厂离职，在家乡小岭村的枫坑生产队创办“紫金楼宣纸栈”，因

⊙1

⊙2

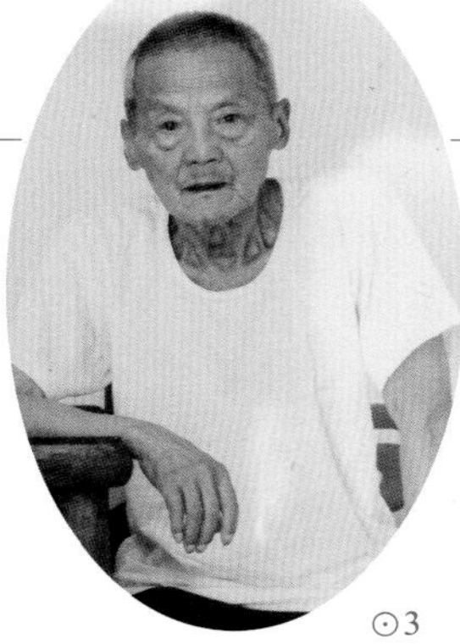
⊙3

⊙1
曹氏家族内传之《曹氏宗谱》
*Genealogy of the Caos* preserved within the Caos family

⊙2
调查组成员在厂内访谈曹建勤
Researchers interviewing Cao Jianqin in the factory

⊙3
曹人杰旧照
An old photo of Cao Renjie

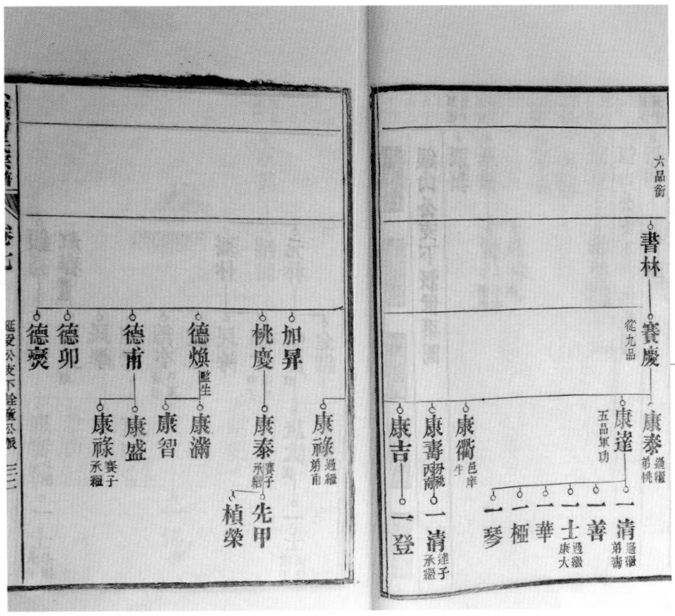

⊙4

当地方言中，“紫”与“纸”谐音，故得名，意为“造出的纸如金子一般珍贵”。1987年改“紫金楼宣纸栈”为“紫金楼宣纸厂”。1988年承包相山宣纸厂原厂房，1989年注册“曹氏宣纸”商标，成为泾县第一个以个体工商户身份注册的宣纸厂。1990～1991年间，曹建勤受邀在歙县文房四宝公司兼职技术指导，指导该公司在歙县实验地生产冠名为“澄心堂”品牌的宣纸。1990年，自己承包了包村宣纸厂进行生产。1994年投资20万元将厂区搬至现在的李园（又名“李元”）村，并自建厂房，购买了生产和净化设备。

2000年注册安徽曹氏宣纸有限公司，同年开始，“曹氏宣纸”成为蝉联16年的安徽省著名商标。2000年，“曹氏宣纸”在北京琉璃厂设立直营店。2008年，曹建勤荣获安徽省民间工艺师和安徽省民间文化传承人称号。2011年荣获安徽省工艺美术大师称号。2012年，曹建勤申请国家发明专利“古法宣纸的制作方法”，在北京申请专利期间，偶遇清华大学视觉传达系老师赵健，交流后获得与清华大学美术学院合作的机会，在清华美院联合建设“纸纤维艺术实验室”，实验室定期请曹健勤前往授课与实践指导。

曹建勤家族多从事宣纸生产，曹建勤大哥曹建年在曹氏宣纸厂里协助生产，二哥曹建民独立从事宣纸原材料制作行业，大姐曹玲玲也从事宣纸生产，妹妹曹秋芳于2000年前往北京开文房四宝店。儿子曹立大学毕业后，2015年开始在北京琉璃厂管理“曹氏宣纸”直营店，同时参与清华美院的宣纸实践教学工作。曹氏宣纸家族是当代比较经典的全家传承宣纸技艺的样本。

⊙4
《曹氏宗谱》中曹一清的传承脉系记录
Family tree of Cao Yiqing in *Genealogy of the Caos*

# 三
# 曹氏宣纸有限公司的代表纸品及其用途与技术分析

# 3
# Representative Paper, Its Uses and Technical Analysis of Caoshi Xuan Paper Co., Ltd.

## (一)
## 代表纸品及用途

曹氏宣纸有限公司的代表纸品是宣纸，分为特净、净皮和棉料三种，也承接制作部分定制纸。特净的青檀皮和稻草的配比为80%和20%，主要生产特净四尺单（长138 cm×宽69 cm）、特净六尺单（长180 cm×宽97 cm）、特净四尺扎花（长138 cm×宽69 cm）三种规格。净皮类宣纸的青檀皮和稻草配比为70%和30%，主要生产净皮四尺单（长138 cm×宽69 cm）、净皮六尺单（长180 cm×宽97 cm）两种规格。棉料类宣纸的青檀皮和稻草配比为40%和60%，主要生产棉料四尺单（长138 cm×宽70 cm）、棉料五尺单（长153 cm×宽84 cm）、棉料六尺单（长180 cm×宽97 cm）、棉料尺八屏（长234 cm×宽53 cm）等规格。

玉版宣是曹氏宣纸有限公司的特色产品，有拣选玉版宣、上选玉版宣、上上玉版宣三种。据曹建勤对玉版宣的描述：由于纸面经过研光处理，故而净白如玉，纸面光滑细腻，运墨流畅，更利于书画。

⊙1

⊙2

⊙1
曹氏宣纸有限公司纸库里的宣纸产品
Xuan paper products in the paper storehouse of Caoshi Xuan Paper Co., Ltd.

⊙2
曹氏宣纸有限公司的两种成品包装样式
Two product packaging styles in Caoshi Xuan Paper Co., Ltd.

## （二）

## 代表纸品的技术分析

### 1. 代表纸品一："曹氏宣纸"玉版宣

测试小组对采样自曹氏宣纸有限公司生产的玉版宣所做的性能分析，主要包括厚度、定量、紧度、抗张力、抗张强度、撕裂度、湿强度、白度、耐老化度下降、尘埃度、吸水性、伸缩性、纤维长度和纤维宽度等。按设定的规范要求，每一指标都需重复测量若干次后求平均值，其中定量抽取5个样本进行测试，厚度抽取10个样本进行测试，拉力抽取20个样本进行测试，撕裂度抽取10个样本进行测试，湿强度抽取20个样本进行测试，白度抽取10个样本进行测试，耐老化下降抽取10个样本进行测试，尘埃度抽取4个样本进行测试，吸水性抽取10个样本进行测试，伸缩性抽取4个样本进行测试，纤维长度测试200根纤维，纤维宽度测试300根纤维。对"曹氏宣纸"玉版宣进行测试分析所得到的相关性能参数见表2.37。表中列出了各参数的最大值、最小值及测量若干次所得到的平均值或者计算结果。

表2.37 "曹氏宣纸"玉版宣相关性能参数
Table 2.37 Performance parameters of "Caoshi Xuan Paper" jade-white Xuan paper

| 指标 | | | 单位 | 最大值 | 最小值 | 平均值 | 结果 |
|---|---|---|---|---|---|---|---|
| 厚度 | | | mm | 0.105 | 0.080 | 0.091 | 0.091 |
| 定量 | | | g/m² | — | — | 32.6 | 32.6 |
| 紧度 | | | g/cm³ | — | — | — | 0.358 |
| 抗张力 | 纵向 | | N | 22.6 | 20.9 | 22.3 | 22.3 |
| | 横向 | | N | 13.4 | 10.8 | 12.1 | 12.1 |
| 抗张强度 | | | kN/m | — | — | — | 1.144 |
| 撕裂度 | 纵向 | | mN | 610 | 540 | 568 | 568 |
| | 横向 | | mN | 670 | 400 | 600 | 600 |
| 撕裂指数 | | | mN·m²/g | — | — | — | 17.2 |
| 湿强度 | 纵向 | | mN | 1 100 | 930 | 1 028 | 1 028 |
| | 横向 | | mN | 520 | 440 | 486 | 486 |
| 白度 | | | % | 68.3 | 67.7 | 68.09 | 68.1 |
| 耐老化度下降 | | | % | — | — | — | 2.2 |
| 尘埃度 | 黑点 | | 个/m² | — | — | — | 16 |
| | 黄茎 | | 个/m² | — | — | — | 28 |
| | 双浆团 | | 个/m² | — | — | — | 0 |
| 吸水性 | | | mm | — | — | 15 | 15 |
| 伸缩性 | 浸湿 | | % | — | — | — | 0.58 |
| | 风干 | | % | — | — | — | 0.75 |
| 纤维 | 皮 | 长度 | mm | 3.54 | 0.88 | 2.24 | 2.24 |
| | | 宽度 | μm | 27.0 | 8.0 | 14.0 | 14.0 |
| | 草 | 长度 | mm | 0.93 | 0.25 | 0.53 | 0.53 |
| | | 宽度 | μm | 17.0 | 5.0 | 9.0 | 9.0 |

由表2.37可知，所测“曹氏宣纸”玉版宣的平均定量为32.6 g/m$^2$。“曹氏宣纸”玉版宣最厚约是最薄的1.31倍，经计算，其相对标准偏差为0.007，纸张厚薄较为一致。通过计算可知，“曹氏宣纸”玉版宣紧度为0.358 g/cm$^3$。抗张强度为1.144 kN/m，抗张强度值较大。所测“曹氏宣纸”玉版宣撕裂指数为17.2 mN·m$^2$/g，撕裂度较大；湿强度纵横平均值为757 mN，湿强度较大。

所测“曹氏宣纸”玉版宣平均白度为68.1%，白度较高，是由于其加工过程中有漂白工序。白度最大值是最小值的1.004倍，相对标准偏差为0.200，白度差异相对较小。经过耐老化测试后，耐老化度下降2.2%。

所测“曹氏宣纸”玉版宣尘埃度指标中黑点为16个/m$^2$，黄茎为28个/m$^2$，双浆团为0个/m$^2$。吸水性纵横平均值为15 mm，纵横差为2.0 mm。伸缩性指标中浸湿后伸缩差为0.58%，风干后伸缩差为0.75%。说明“曹氏宣纸”玉版宣伸缩差异不大。

“曹氏宣纸”玉版宣在10倍、20倍物镜下观测的纤维形态分别如图★1、图★2所示。所测“曹氏宣纸”玉版宣皮纤维长度：最长3.54 mm，最短0.88 mm，平均长度为2.24 mm；纤维宽度：最宽27.0 μm，最窄8.0 μm，平均宽度为14.0 μm；草纤维长度：最长0.93 mm，最短0.25 mm，平均长度为0.53 mm；纤维宽度：最宽17.0 μm，最窄5.0 μm，平均宽度为9.0 μm。“曹氏宣纸”玉版宣润墨效果如图⊙1所示。

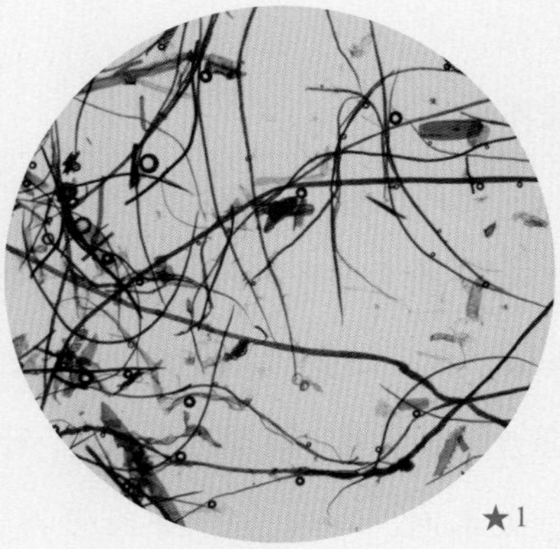
★1

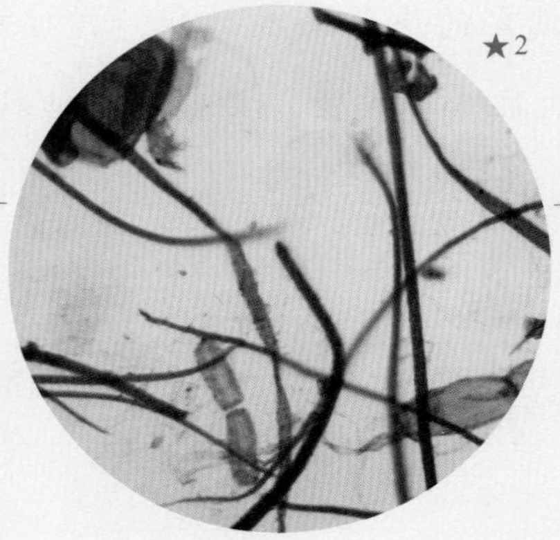
★2

⊙1

★1
『曹氏宣纸』玉版宣纤维形态图（10×）
Fibers of "Caoshi Xuan Paper" jade-white Xuan paper (10× objective)

★2
『曹氏宣纸』玉版宣纤维形态图（20×）
Fibers of "Caoshi Xuan Paper" jade-white Xuan paper (20× objective)

⊙1
『曹氏宣纸』玉版宣润墨效果
Writing performance of "Caoshi Xuan Paper" jade-white Xuan paper

## 2. 代表纸品二："曹氏麻纸"

测试小组对采样自曹氏宣纸有限公司生产的"曹氏麻纸"所做的性能分析，主要包括厚度、定量、紧度、抗张力、抗张强度、撕裂度、湿强度、色度、耐老化度下降、吸水性、伸缩性、纤维长度和纤维宽度等。按相应要求，每一指标都需重复测量若干次后求平均值，其中定量抽取5个样本进行测试，厚度抽取10个样本进行测试，拉力抽取20个样本进行测试，撕裂度抽取10个样本进行测试，湿强度抽取20个样本进行测试，色度抽取10个样本进行测试，耐老化度下降抽取10个样本进行测试，吸水性抽取10个样本进行测试，伸缩性抽取4个样本进行测试，纤维长度测试200根纤维，纤维宽度测试300根纤维。对"曹氏麻纸"进行测试分析所得到的相关性能参数，见表2.38。表中列出了各参数的最大值、最小值及测量若干次所得到的平均值或者计算结果。

由表2.38可知，所测"曹氏麻纸"的平均定量为



表2.38 "曹氏麻纸"相关性能参数
Table 2.38 Performance parameters of "Caoshi Hemp Paper"

| 指标 | | 单位 | 最大值 | 最小值 | 平均值 | 结果 |
|---|---|---|---|---|---|---|
| 厚度 | | mm | 0.133 | 0.115 | 0.126 | 0.126 |
| 定量 | | g/m² | — | — | 36.8 | 36.8 |
| 紧度 | | g/cm³ | — | — | — | 0.292 |
| 抗张力 | 纵向 | N | 15.0 | 7.8 | 12.6 | 12.6 |
| | 横向 | N | 8.8 | 6.4 | 7.7 | 7.7 |
| 抗张强度 | | kN/m | — | — | — | 0.677 |
| 撕裂度 | 纵向 | mN | 990 | 880 | 941 | 941 |
| | 横向 | mN | 870 | 530 | 646 | 646 |
| 撕裂指数 | | mN·m²/g | — | — | — | 21.46 |
| 湿强度 | 纵向 | mN | 75 | 60 | 69 | 69 |
| | 横向 | mN | 70 | 50 | 56 | 56 |
| 色度 | | % | 32.8 | 30.9 | 32.0 | 32.0 |
| 耐老化度下降 | | % | — | — | — | 1.6 |
| 吸水性 | | mm | — | — | — | 12 |
| 伸缩性 | 浸湿 | % | — | — | — | 1.00 |
| | 风干 | % | — | — | — | 1.30 |
| 纤维 麻 | 长度 | mm | 4.80 | 0.77 | 2.01 | 2.01 |
| | 宽度 | μm | 29 | 2 | 11.0 | 11.0 |

36.8 g/m$^2$。"曹氏麻纸"最厚约是最薄的1.15倍，经计算，其相对标准偏差为0.008，纸张厚薄较为一致。通过计算可知，"曹氏麻纸"紧度为0.292 g/cm$^3$。抗张强度为0.677 kN/m，抗张强度值较大。所测"曹氏麻纸"撕裂指数为21.46 mN·m$^2$/g，撕裂度较大；湿强度纵横平均值为62.5 mN，湿强度较小。

所测"曹氏麻纸"平均色度为32.0%，色度最大值是最小值的1.053倍，相对标准偏差为2.031，色度差异相对较小。经过耐老化测试后，耐老化度下降1.6%。所测"曹氏麻纸"吸水性纵横平均值为12 mm，纵横差为1.2 mm。伸缩性指标中浸湿后伸缩差1.00%，风干后伸缩差为1.30%。说明"曹氏麻纸"伸缩差异不大。

"曹氏麻纸"在10倍、20倍物镜下观测的纤维形态分别如图★1、图★2所示。所测"曹氏麻纸"麻皮纤维长度：最长4.80 mm，最短0.77 mm，平均长度为2.01 mm；纤维宽度：最宽29.0 μm，最窄2.0 μm，平均宽度为11.0 μm。"曹氏麻纸"的润墨效果如图⊙1所示。



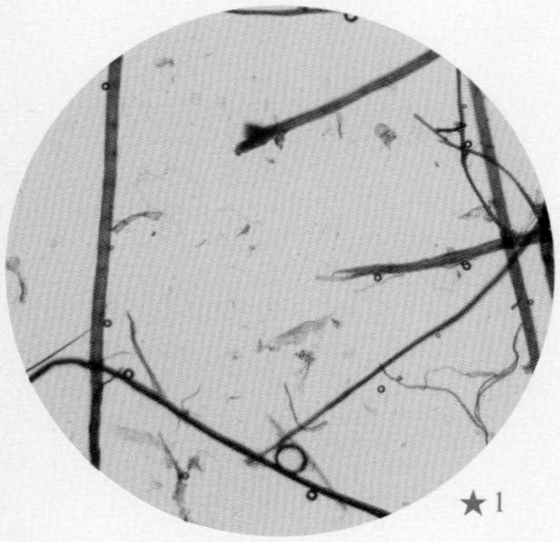
★1

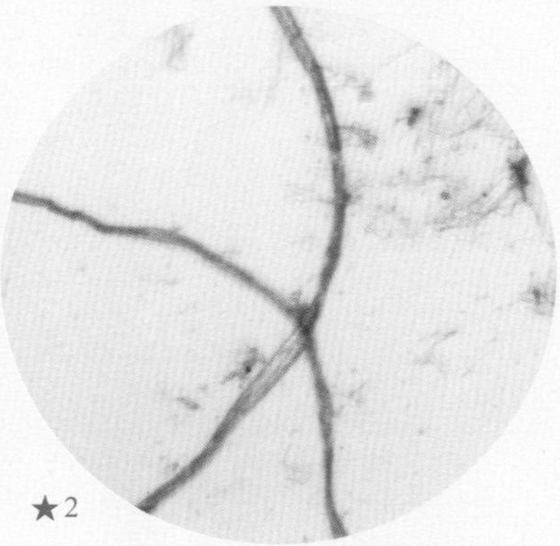
★2



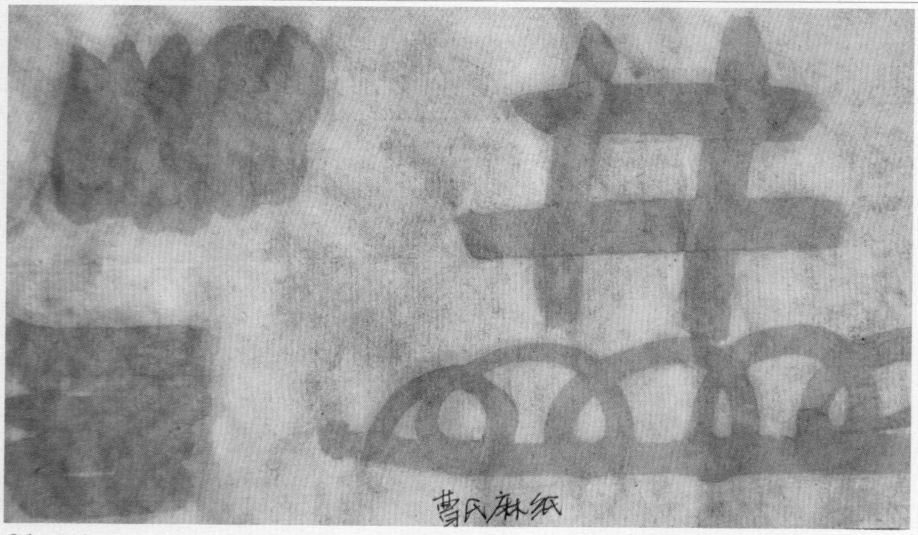

⊙1

★1
『曹氏麻纸』纤维形态图（10×）
Fibers of "Caoshi Hemp Paper" (10× objective)

★2
『曹氏麻纸』纤维形态图（20×）
Fibers of "Caoshi Hemp Paper" (20× objective)

⊙1
『曹氏麻纸』润墨效果
Writing performance of "Caoshi Hemp Paper"

## 四 曹氏宣纸有限公司生产的原料、工艺及设备

## 4 Raw Materials, Papermaking Techniques and Tools of Caoshi Xuan Paper Co., Ltd.

### (一) “曹氏宣纸”生产的原料与辅料

#### 1. 主料一：青檀树皮制作的毛皮

“曹氏宣纸”采用泾县本地青檀树的树皮作为主原料之一。调查组2016年初入厂调研时，毛皮的价格约为900元/50 kg。

#### 2. 主料二：燎草

“曹氏宣纸”通常采用泾县本地燎草加工厂生产的燎草。调研时了解的收购价约为700元/50 kg。

#### 3. 辅料一：杨桃藤

“曹氏宣纸”使用的纸药是杨桃藤汁。据调研时获取到的信息：2015年初杨桃藤的价

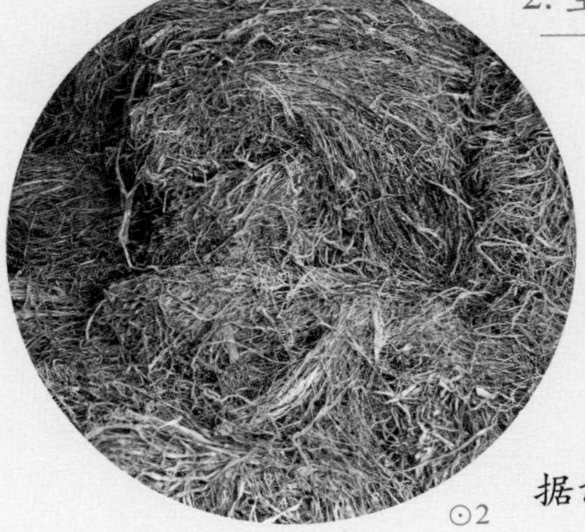

⊙2

⊙3

⊙2 车间里的青檀皮料 *Pteroceltis tatarinowii* Maxim. bark materials in the workshop

⊙3 野外摊放的燎草料 Processed straw materials spread outdoors

格约为300元/50 kg。

4. 辅料二：水

“曹氏宣纸”生产用水取自厂区旁枫坑河里的河水，现场实测pH为5.5～6.0，呈弱酸性。

⊙1

⊙2

## (二)

## “曹氏宣纸”生产的工艺流程

檀皮浆制作程序

毛皮 → 白皮 → 檀皮浆

燎草浆制作程序

燎草 → 燎草浆

后续加工程序

| 壹 | 贰 | 叁 | 肆 | 伍 | 陆 |
|---|---|---|---|---|---|
| 配浆 | 捞纸 | 压榨 | 晒纸 | 检验、剪纸 | 包装 |



### 檀皮浆制作

“曹氏宣纸”所用的毛皮是直接从小岭收购曹建勤的二哥曹建民加工好的毛皮。首先将1.5 kg左右的毛皮扎成一把，扎把后按照40 kg每捆的标准绑成大捆；接着以10捆一锅的标准放入锅内蒸煮，一般加入75 kg烧碱蒸煮一天即可。接下来是将蒸煮好的毛皮放到洗皮池，将残留的碱洗干净。再下一步是用次氯酸钠漂白榨干的毛皮。然后将洗净的白皮榨干并且进行挑拣，去掉杂物和带黑点的白皮，最后用打浆机将挑选好的白皮打浆，制成檀皮浆。

⊙3

| 壹 | 贰 | 叁 | 肆 | 伍 | 陆 |
|---|---|---|---|---|---|
| 泡皮 | 蒸煮 | 洗皮 | 漂皮 | 打浆 | 檀皮浆 |

⊙1 杨桃藤枝
Branches of *Actinidia chinensis* Planch.

⊙2 枫坑河的造纸水源
Fengkeng River, the water source of papermaking

⊙3 蒸皮料
Steaming the bark materials

⊙4

## 燎草浆制作

"曹氏宣纸"所用燎草为直接收购已加工好了的燎草。先用清水洗涤干净后榨干，通过人工将燎草中残存的杂质进一步挑选出来。将干净的燎草用石碾将燎草纤维碾开，变成草浆，然后放入漂洗机，用次氯酸钠进行漂洗，一般按照放入草浆量的5%放入次氯酸钠。此时燎草浆制作完毕，等待配浆。

| 壹 | 贰 | 叁 | 肆 | 伍 | |
|---|---|---|---|---|---|
| 洗草 | 拣草 | 碾草 | 筛选、除砂 | 漂白 | 燎草浆 |

⊙4 清洗皮料 Cleaning the bark materials

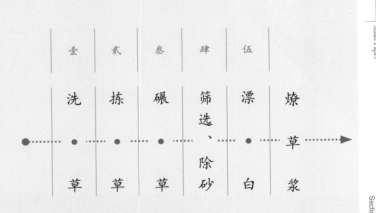

# 后续加工程序

## 壹 配浆

### 1

根据曹氏宣纸有限公司负责人曹建勤所提供的资料，棉料用50%的檀皮浆和50%的燎草浆；净皮用70%的檀皮浆和30%的燎草浆；特净用80%的檀皮浆和20%的燎草浆。将皮浆和草浆按此配比合成为混和浆，通过振动筛去掉浆团，用平筛和跳筛去掉不适合造纸的纸浆，剩下的配浆就可以用来捞纸了。

⊙1

## 贰 捞纸

### 2

捞纸的纸槽要保持水的清洁度和温度，当配好的纸浆倒入捞纸槽中时，需要按比例放入一定的纸药（一般夏天一槽50 kg，冬天一槽15 kg）。泾县的宣纸、书画纸行业都由两人完成捞纸动作，技术要领基本一致，所差的是技工操作时微妙的动作差异。根据曹建勤的介绍：该厂技术好的老工人，每捞100张纸，所差的重量不超过100 g。

⊙2

⊙1 脱水机
Water extractor

⊙2 车间内工人正在捞纸
Workers making the paper in the workshop

## 叁 压榨

3 ⊙3

捞纸工人捞完一定量的湿纸后，会用千斤顶等工具压出湿纸的水分，由于湿纸十分娇嫩容易损坏，需要慢慢地压榨。“曹氏宣纸”的压榨需1～2小时，直到湿纸垛不再出水即为压榨完成。

⊙3

## 肆 晒纸

4 ⊙4⊙5

⊙5

经过烘帖、浇帖、鞭帖、上架后，逐张烘晒。这一基本工序在泾县的宣纸生产厂家均相似。

牵纸的时候要分三条线：如图⊙4所示分三个步骤（从1到2再到3）揭开，才不会“缺”（纸与纸之间粘连）。

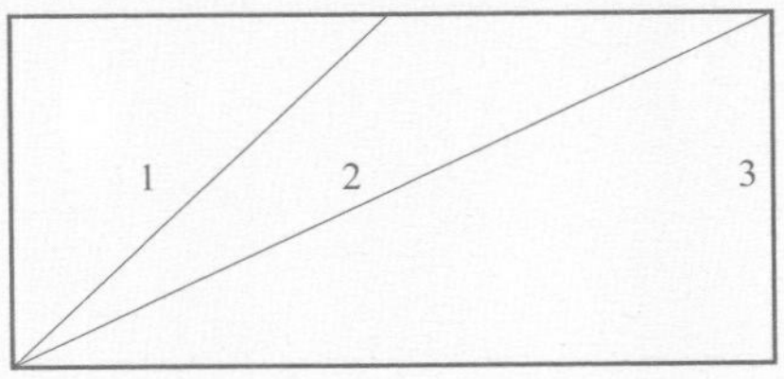


⊙4

牵纸完成后平整地刷在焙墙上，如图⊙5所示，待干后揭下即是初成的宣纸原纸了。

## 伍 检验、剪纸

5 ⊙6

对经焙墙烘干的纸进行质量检验，取出残次不合格的纸张，作为回炉打浆的原料。检验合格的纸可以以50张为一沓，用剪刀修剪不平的纸边。裁下来的纸边也可以作为回炉打浆的原料。

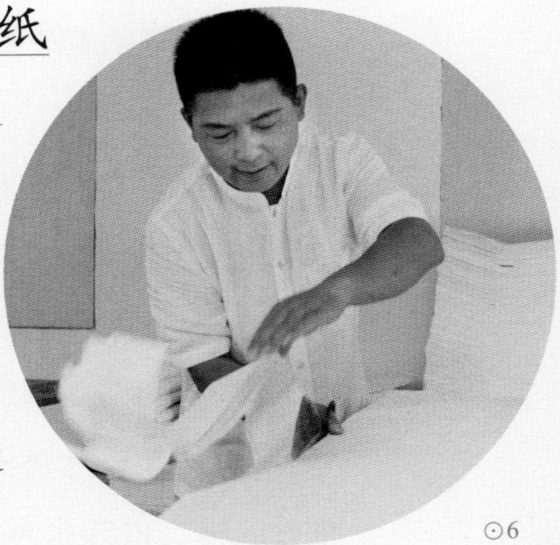

⊙6

## 陆 包装

6

剪好后的纸按每刀100张分好，再加盖“曹氏宣纸”的品牌章。一般9刀装一箱（件），包装完毕后运入贮纸仓库。

⊙3 『曹氏宣纸』的压榨设备 Pressing device in Caoshi Xuan Paper Co., Ltd.

⊙4 牵纸的顺序步骤图示 Showing the procedures of peeling the paper

⊙5 晒纸 Drying the paper

⊙6 曹建勤正在演示剪纸 Cao Jianqin showing how to cut the paper

## (三)

## “曹氏麻纸”生产的工艺流程

### 1. 原料

麻纸生产的原料是从安徽省六安市大别山区收购的包好的黄麻，2014～2015年每1 000 kg的价格约为15 000元。

### 2. 基本工艺描述

（1）将干麻皮条切碎成条状切条，该操作从前是手工进行，后来曹氏宣纸有限公司从泾县黄村镇的机器加工厂找人制作了切段的机器，造价为五六千元。

（2）将切碎的麻料放入井水中浸泡1天，取出后将杂物挑拣出后晒干，可得到干净的麻料。

（3）将约250 kg的麻料放入蒸锅中蒸煮，放入烧碱，烧碱量为麻料量的15%。2014年烧碱每1 000 kg价格为2 000多元。冷水烧开后继续蒸煮4～5小时，然后闭锅焖10小时左右得到浆料，将其从蒸锅里取出，放在常温环境下慢慢冷却。

（4）将已蒸煮好的麻料放入水中清洗，待黑色的碱水清除完，将杂质去除干净后，从中挑选出品质较高的浆料。

（5）将浆料放入打浆机中加水打浆，水麻配比为3%～5%，将已加工好的浆料不进行漂白过程直接放入纸槽内，用吊帘捞三遍水以上。

（6）捞纸工序与宣纸的捞纸工艺相似，不再重复叙述。

（7）捞纸结束后，用千斤顶将捞出的纸压干。由于千斤顶压力好，压干的纸当天就可以晒。

（8）从纸架上将成沓的纸揭离，刷在焙墙上，3～4分钟后，湿纸因水分蒸发而变成干纸。

（9）最后对烘干的纸进行检验，筛选出合格的纸张，以50张为一沓，用剪刀修剪不平的纸边，裁下来的纸边可以作为回炉打浆的原料。

⊙1

⊙1 本色黄麻纸 Jute paper in original color

## (四)

## "曹氏宣纸"和"曹氏麻纸"制作中的主要工具

### 壹 石碾 1

用来碾压燎草，外围为由水泥浇筑而成的圆圈，里面有两个石滚，不断旋转碾压燎草以制作草浆。

⊙1

### 贰 打浆机 2

用来制作浆料，机械自动搅拌打浆。

⊙2

⊙3

### 叁 捞纸槽 3

盛浆工具，由水泥浇筑而成。实测曹氏宣纸有限公司所用的四尺捞纸槽尺寸为：长214 cm，宽205 cm，高80 cm；六尺纸槽尺寸为：长245 cm，宽206 cm，高80 cm；一改二纸槽尺寸为：长346 cm，宽200 cm，高80 cm。

⊙4

⊙1 石碾 Stone roller

⊙2/3 打浆机 Beating machine

⊙4 曹氏宣纸有限公司车间里的捞纸槽 Papermaking trough in a workshop of Caoshi Xuan Paper Co., Ltd.

## 肆 纸帘 4

用于捞纸，用苦竹编织而成，表面很光滑、平整、帘纹细而密集。实测曹氏宣纸有限公司所用的四尺纸帘尺寸为：长162 cm，宽86 cm；六尺纸帘尺寸为：长207 cm，宽115 cm。

⊙5

## 伍 扒子 5

捞纸时搅拌混合浆料所用的工具，实测曹氏宣纸有限公司现场所用的搅拌棍长为220 cm。

⊙6

## 陆 刷子 6

晒纸时将纸刷上纸焙的工具，刷柄为木制，刷毛为松毛，实测曹氏宣纸有限公司造纸所用的刷子尺寸为：长48 cm，宽12 cm。

⊙7

## 柒 纸焙 7

中空加热，曹氏宣纸有限公司纸焙由特制的砖砌成，两边都可以晒纸。

⊙8

## 捌 剪刀 8

用于剪纸，剪刀口为钢制，其余部分为铁制。实测曹氏宣纸有限公司剪纸车间所用的剪刀长约33 cm，最宽处约为9 cm。

⊙9

⊙5 纸帘 Papermaking screen

⊙6 扒子 Stirring stick

⊙7 刷子 Brush made of pine needles

⊙8 晒纸墙（纸焙） Drying wall

⊙9 特制剪刀 Special shears

## 五
## 曹氏宣纸有限公司的市场经营状况

## 5
## Marketing Status of Caoshi Xuan Paper Co., Ltd.

曹氏宣纸有限公司营销渠道的主体是通过开设于北京琉璃厂的“曹氏宣纸”直营店进行销售。曹氏宣纸有限公司曾经尝试过开拓电商渠道，但是因为成效不佳而放弃，直到2015年调查组入厂访谈时，曹氏宣纸有限公司尚没有做淘宝或天猫的网店销售。同时，由于产量不大，为避免管理不善导致经营混乱，因而也没有放开代理权去做经销商代理销售。

因为“曹氏宣纸”的品牌有一定的美誉度积累，而且与北京等地的文化界特别是美术界人士多有交集，因此常有书画家或爱好者到厂里直接购买产品，成为“曹氏宣纸”占一定比例的售纸方式。

2000年左右，中国国家图书馆在进行古籍善本修复工作时，曹氏曾为《敦煌卷子》的修复提供过扎花宣纸；宣城市政府翻印清代嘉庆年间编纂的《宁国府志》以及文物出版社出版的乾隆版《大藏经》也用了曹氏宣纸有限公司特制的宣纸。

⊙10

⊙11

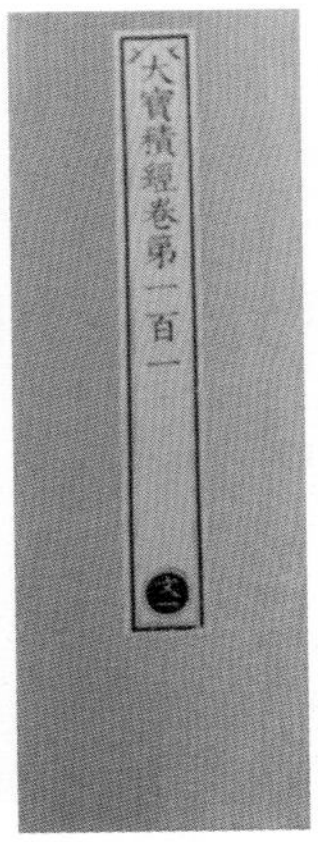
⊙12

截至2016年4月调查时的信息：公司里动态全员时有30～40名员工，年宣纸产量约10 000刀，年产值为400万～500万元，利润率达20%左右，

⊙10/11 宣城市翻印本《宁国府志》
Reprinted version of *The Annals of Ningguo Prefecture* in Xuancheng City

⊙12 文物出版社版重印本《大藏经》
Reprinted version of *Tripitaka* by Cultural Relics Press

一年生产时间为7～8个月。皮纸+麻纸和宣纸销售占比约为20%和80%。另外，曹氏宣纸有限公司在北京琉璃厂所设的“曹氏宣纸”直营店，以销售宣纸为主，但同时也经营笔、墨、砚等产品。

2005年10月12日“神六”飞船升空，由18位当代著名画家创作的29 m《长征万里图》作为中国首次搭载飞船遨游太空的艺术品，选用的正是“曹氏宣纸”作为底纸。承载着18幅书画作品的“曹氏宣纸”被叠成10～15 cm的小方块，交给中国载人航天工程办公室，在飞船着陆后进行装裱，连缀一体。

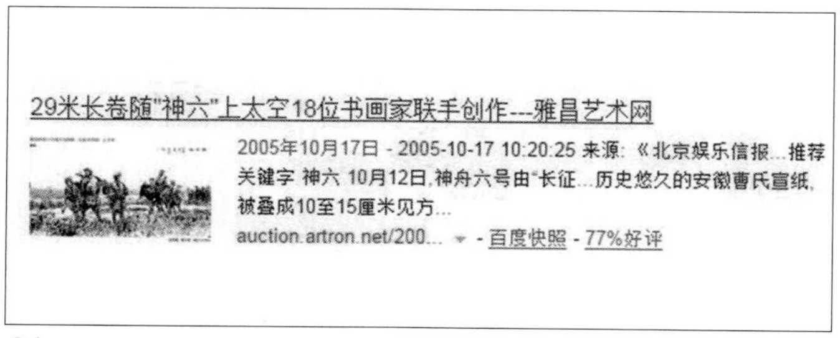
29米长卷随"神六"上太空18位书画家联手创作---雅昌艺术网
2005年10月17日 - 2005-10-17 10:20:25 来源:《北京娱乐信报...推荐关键字 神六 10月12日,神舟六号由"长征...历史悠久的安徽曹氏宣纸,被叠成10至15厘米见方...
auction.artron.net/200... - 百度快照 - 77%好评

⊙1

⊙1 『曹氏宣纸』搭载『神六』飞船的相关报道
Reports of Shenzhou VI Spacecraft carrying "Caoshi Xuan Paper"





## 六
## 曹氏宣纸有限公司的品牌文化与习俗故事

## 6
## Brand Culture and Stories of Caoshi Xuan Paper Co., Ltd.

### 1. 曹氏起源

据乾隆时期进士赵清藜在《泾川小岭曹氏祖谱序》中记述：“曹为吾邑望族，其源自太平，再迁小岭。生齿繁夥，分徒十三宅。因田地稀少，无可耕种，以蔡伦术为生。”（引自小岭曹氏自刊本）另据明代泾县许湾蔡伦祠碑文载：“溯汉代龙亭侯发明造纸流传于世者，殆遍全球。惟我族居泾溪小岭，崇山峻岭，以所出之宣纸为他纸冠，尤为吾皖特产。”（引自旧蔡伦祠所遗碑）上述记载说明，宋末元初之际，曹氏家族为避战乱，由曹大三率领族人迁至泾溪小岭，因此地山多地少，无可耕种，于是以蔡伦术为生计。曹大三成为曹氏家族泾县制纸之祖，一举奠定了曹氏家族在中国宣纸制造史上无可争议的领军地位。曹建勤作为曹大三的第二十七世孙，注册了“曹氏宣

⊙2

纸”的品牌，传承了曹氏700年以来代代相传的宣纸制作工艺，清晰而独特的技艺传承谱系具有较高的研究样本价值。

2. 祭祀、龙灯集

大年初一，曹氏造纸人除了上坟烧香祭拜曹氏祖先外，还会祭拜造纸祖先蔡伦。每年的年初，一般在正月十五过后，小岭曹氏会挑选黄道吉日开工，烧香放炮，大摆筵席宴请工人。如果有其他重大事件，则会到小岭烧香。而到了每年的年尾，也要请工人们吃饭，喝散伙酒。据曹建勤回忆：舅舅曾经告诉他，旧时每年蔡伦庙都会有节日活动，非常讲究，村民们会赶“龙灯”集，场面异常热闹，但是慢慢地许多习俗就失传了。

3. 与清华大学美术学院的良缘

“曹氏宣纸”与清华大学美术学院之间建立了长期的合作关系。20世纪90年代初，曹建勤经时代传媒有限公司的好友包云鸠介绍结识了清华大学吕敬人老师，由于吕老师对手工纸的感情非常深，因而两人交谈甚好，其后吕敬人老师开始使用定做的曹氏手工纸制作书籍。2000年左右，吕老师的研究生戴胤通过吕老师书信介绍联系上了曹建勤，为其正在参加的比赛提供手工纸产品。2010年前后，曹建勤在与戴胤往来期间结识了清华大学美术学院视觉传达系的系主任赵建，由于清华大学的纸纤维（艺术）实验室长期搁置，并且老师和学生对于造纸工艺都不了解，于是校方聘请曹建勤为顾问，一年进行两次入校授课，并且为实验室提供手工纸材料，协助购买测纸设备。

⊙2 启功题字『宣纸世家』
Autograph of "Xuan Papermaking Family" by the famous calligrapher Qigong

# 七
# 曹氏宣纸有限公司的业态传承现状与发展思考

# 7
# Current Status and Development of Caoshi Xuan Paper Co., Ltd.

曹氏宣纸有限公司经过了30年的发展，作为泾县第一家个体工商注册的宣纸原纸生产厂家，经历了一次更名、两次租赁厂房和最后自建厂房生产宣纸的曲折历程，在泾县的宣纸行业非常有特点。其一是“曹氏宣纸”制纸历史有脉络清晰而又源远流长的家族传承因缘，这在泾县当代宣纸行业中较为少见；其二是“曹氏宣纸”玉版宣对于古法造纸的坚持和对于宣纸纯纸加工的执着

⊙1

⊙1
『曹氏宣纸』直营店在北京琉璃厂大街的店铺
"Caoshi Xuan Paper" Shop on Liulichang Street in Beijing City

⊙2

⊙3

较为有特色；其三是独特的销售模式与泾县主流宣纸公司的销售模式也不同——只有书画家到泾县上门购买以及北京的直营店销售两个渠道，并没有开放授权经销和设立网上销售渠道。

从古法玉版宣的生产和加工来看，由于对原料的精挑细选以及打磨加工的技术要求，其难以进行量产，但这似乎并没成为困扰“曹氏宣纸”的问题，反而成为了口碑营销的特色。调查中曹建勤表示：在经历了30年来宣纸行业的几度起落之后，更倾向于根据真实市场需求、明确订单数量来确定生产，而不宜根据形势的鼓动就积极地拓展市场并扩大生产，表达了理性谨慎的经营理念。

虽然经营理念似乎偏向保守，但是从曹建勤对于“曹氏宣纸”品牌的注册和保护上来看，其对品牌文化的理解和经营的先行意识还是很强的，这可以为普遍品牌意识不强的泾县私营宣纸营业者提供一个品牌优先获得竞争优先的行业示范。

⊙4

⊙2
画家陈家冷正在试纸
Chen Jialing, a painter, testing the paper

⊙3
故宫博物院中的『曹氏宣纸』作品陈设
Display works on "Caoshi Xuan Paper" in the Palace Museum

⊙4
泾川小岭的曹大三塑像
Statue of Cao Dasan in Xiaoling Village of Jingchuan County

# 玉版宣

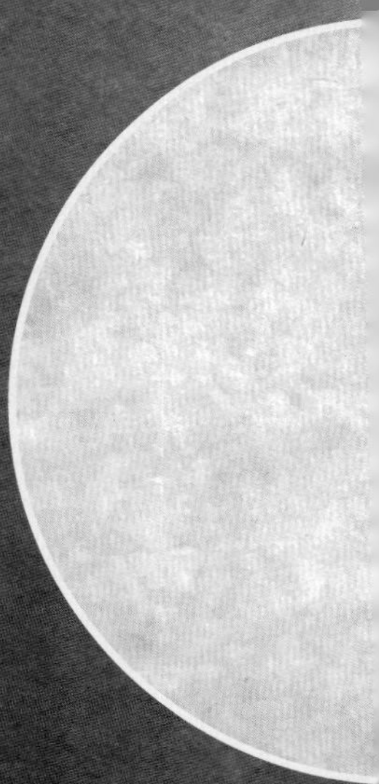

『曹氏宣纸』玉版宣透光摄影图
A photo of "Caoshi Xuan Paper" jade-white Xuan paper seen through the light

# 『曹氏』麻纸

"Caoshi" Hemp Paper

『曹氏』麻纸透光摄影图

A photo of "Caoshi" hemp paper seen through the light

# 第十节

# 泾县千年古宣宣纸有限公司

安徽省
Anhui Province

宣城市
Xuancheng City

泾县
Jingxian County

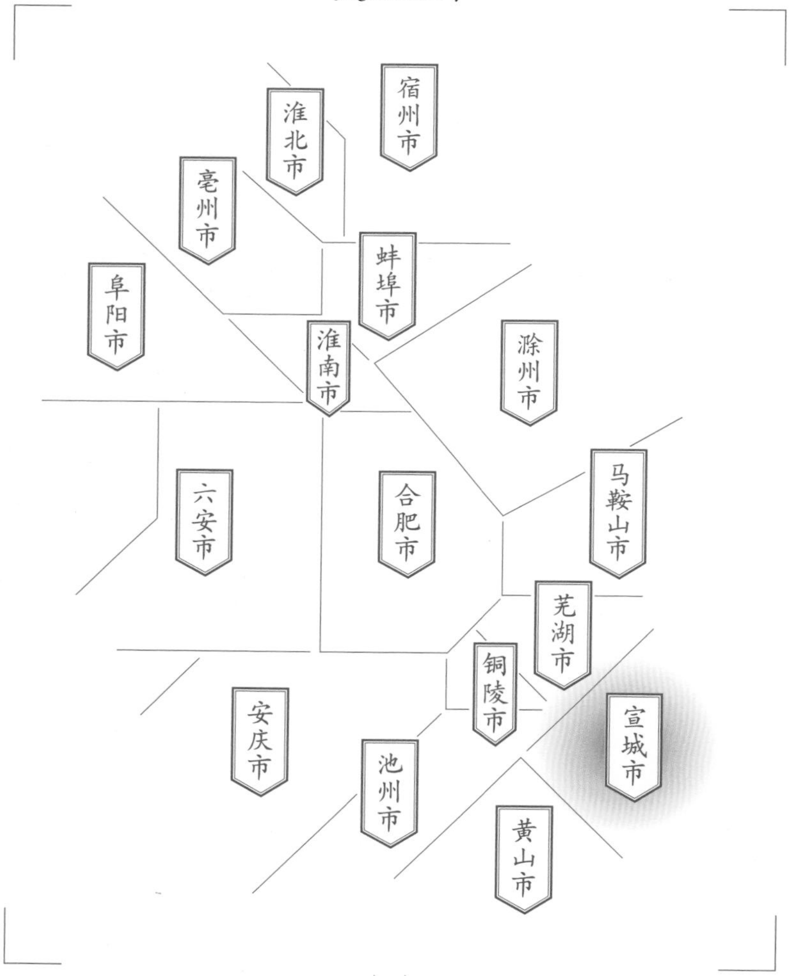


**调查对象**

丁家桥镇
泾县千年古宣宣纸有限公司
宣纸

## Section 10
## Millennium Xuan Paper Co., Ltd. in Jingxian County

**Subject**

Xuan Paper
of Millennium Xuan Paper Co., Ltd.
in Jingxian County
in Dingjiaqiao Town

## 一 千年古宣宣纸有限公司的基础信息与生产环境

## 1 Basic Information and Production Environment of Millennium Xuan Paper Co., Ltd.

泾县千年古宣宣纸有限公司坐落于泾县丁家桥镇小岭行政村周坑村民组，地理坐标为东经118° 19′ 59″、北纬30° 39′ 41″。调查时据小岭村委会主任曹晓晖介绍：周坑是古代著名的宣纸经典产地“九岭十三坑”之一，2015年常住人口数为105人左右，约30户。

2015年4月15日、11月9日，调查组成员在此前多次访谈的基础上，对千年古宣宣纸有限公司的生产厂区及合伙人股东进行了记录式的田野调查，获知的信息为：千年古宣宣纸有限公司的前身为千年古宣宣纸厂，创办于2003年（调查中另一说法为2001年），截至2015年春天，有造纸各流程工人20人左右，其中设于宣城市宣州区高桥乡的燎草基地有5～6人；生产厂区碓皮工2人，捞纸工2～3人，制浆工2人，拣皮工3人。保持着2个四尺纸槽的常态生产能力，4月15日第一次入厂调查当天则只有1个四尺纸槽在生产。2014年年产宣纸6 000多刀，2015年4月调查记录时当年已生产约2 000刀。

⊙1

⊙2

⊙3

⊙1 通往周坑村民组的山区公路 Country road to Zhoukeng Villagers' Group

⊙2 周坑村民组 Zhoukeng Villagers' Group

⊙3 千年古宣宣纸有限公司厂区外景 Exterior view of Millennium Xuan Paper Co., Ltd.

路线图
泾县县城
↓
泾县千年古宣宣纸有限公司

Road map from Jingxian County centre to Millennium Xuan Paper Co., Ltd. in Jingxian County

# 泾县千年古宣宣纸有限公司位置示意图

# Location map of Millennium Xuan Paper Co., Ltd. in Jingxian County

考察时间
2015年4月 / 2015年11月

Investigation Date
Apr. 2015 / Nov. 2015

地域名称

A 泾县
1 丁家桥镇
2 云岭镇
3 泾川镇
4 昌桥乡
5 黄村镇
6 琴溪镇

造纸点名称

泾县千年古宣宣纸有限公司 造纸点

位置分布

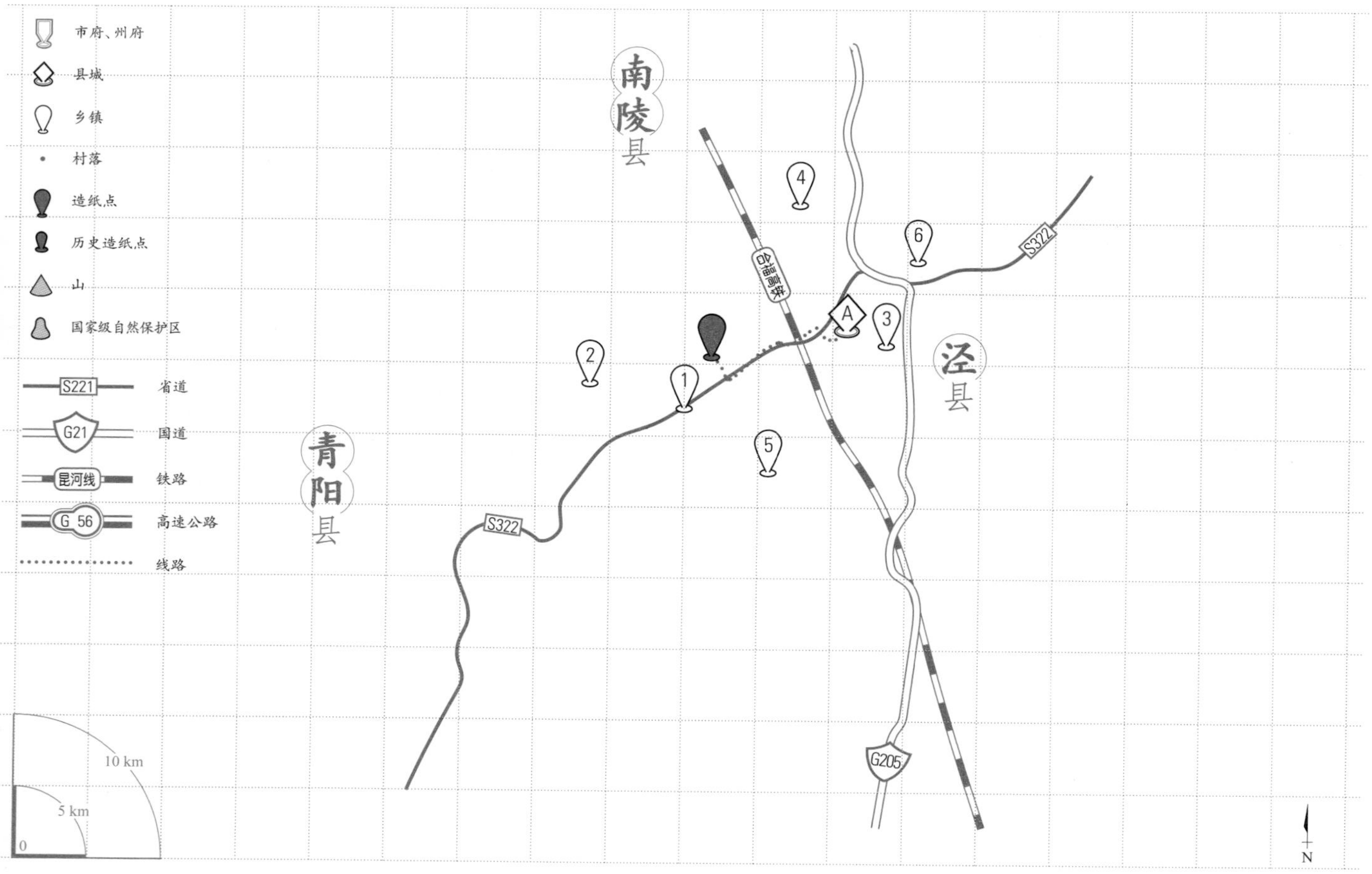

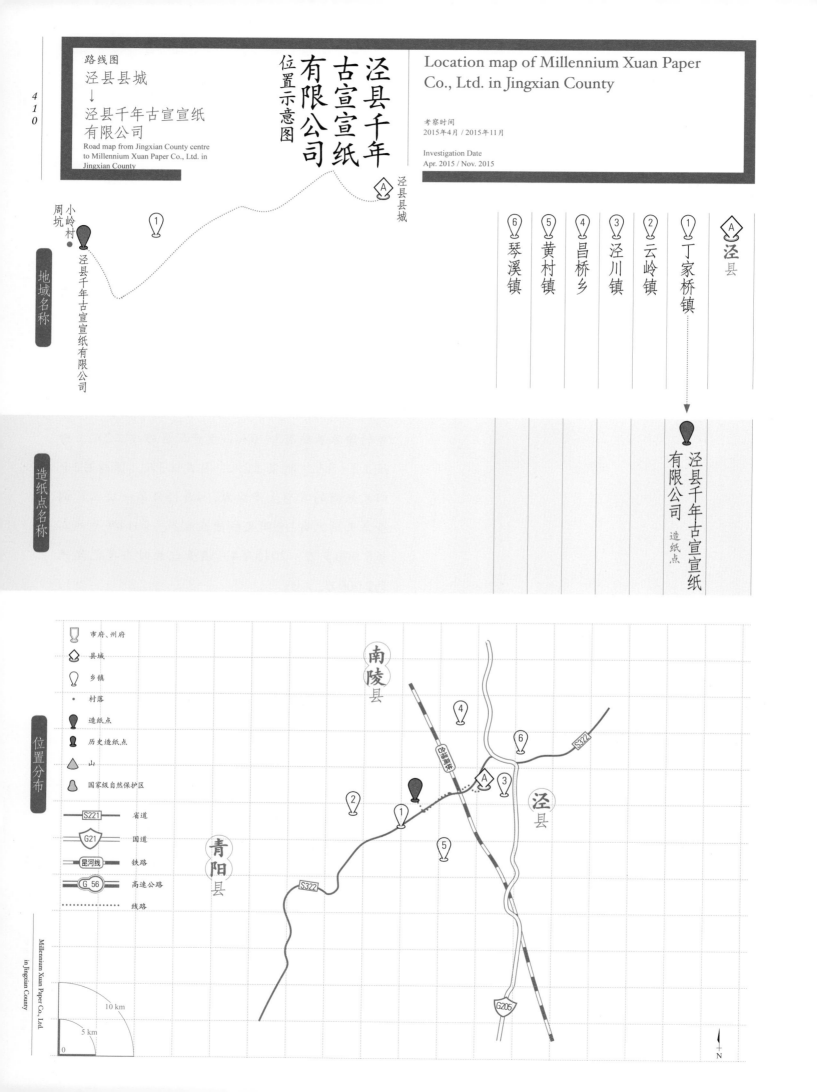

## 二
## 千年古宣宣纸有限公司的历史与传承情况

## 2
## History and Inheritance of Millennium Xuan Paper Co., Ltd.

在泾县的宣纸、书画纸行业，千年古宣宣纸有限公司的生产经营与品牌使用情况较为独特，也颇显复杂。2015年4月和2015年11月，调查组对该公司经过两轮正式访谈、实地查看及多次非正式交流后了解到，千年古宣宣纸有限公司生产与经营体系既有合作也有分割，并且对其中的两位主要当事人卢一葵、曹移程进行多次访谈后发现，两人对部分环节的描述有的地方还不尽一致。

调查组综合各方面信息后，对该公司的历史与沿革状况作如下的判断描述：

千年古宣宣纸有限公司的生产基地在小岭村周坑，此厂址以前是泾县古槽宣纸厂，由曹移程于1988年创办，曾为小岭宣纸厂作为周坑生产点生产过宣纸，1994年停产。2003年（2003年为访谈中曹移程认定的时间，卢一葵认定的时间是2001年）由卢一葵投入部分启动资金对厂房与设备进行维修，并通过协调，将李园宣纸厂的草碓、皮碓等相应设备移至周坑村民组后开始生产，产品以“千年古宣”的品牌进行销售。在后期的合作运营中，曹移程又恢复了“古槽”商标的使用。

千年古宣宣纸厂家的注册地为安徽省宣城市泾县县城，注册成功的商标为“千年古宣”图形商标。根据在国家工商总局的商标公告上查询，该商标于2002年9月16日由卢一葵以自然人身份提出申请，国家商标局于2003年11月28日初审受理并公告。2010年12月28日，以安徽泾县千年古宣宣纸有限公司名义提交了“百墨斋”文字商标的注册，获商标局受理并公告。调查组根据工商总局全国企业信用信息公示系统查询后获知信息为：千年古宣宣纸有限公司2008年注册，注册资本3 500万元，注册地是安徽省泾县城关镇南街39号，法人代表为卢一葵。

卢一葵，1955年生于泾县，千年古宣宣纸有限公司法人代表。20世纪90年代初，卢一葵是

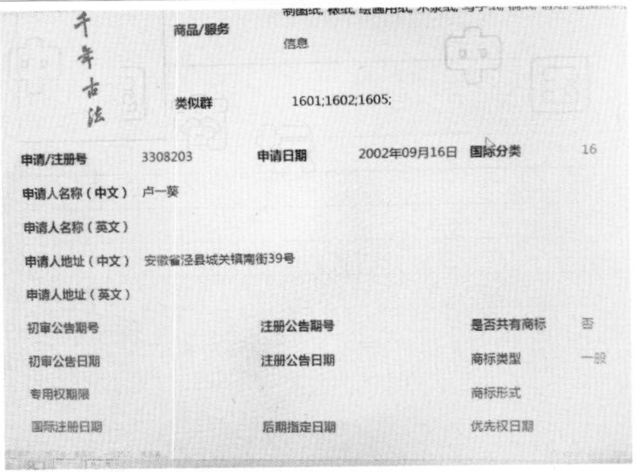

⊙1

⊙2

⊙1 商标查询截图 Screenshot of trademark information

⊙2 卢一葵 Lu Yikui

泾县皖南电机厂职工，后内退到泾县饮食服务公司；泾县饮食服务公司投资兴建的桃花潭宾馆开业后，卢一葵被派出任经理。2000年，桃花潭宾馆在资产处置期间停业，卢一葵到铜山（现泾县茂林镇范围）承包了一年的煤矿。

自2002年从红叶宣纸厂定制一批宣纸入手后，卢一葵便逐步进入了宣纸行业。2003年，卢一葵与小岭村周坑村民组的曹移程合作，恢复古槽宣纸厂的生产，注册成立泾县小岭千年古宣宣纸厂，注册资本50万元。2006年注册成立安徽泾县千年古宣宣纸有限公司，注册资本200万元。

2015年11月访谈时据卢一葵自述：他2015年已承担国家发改委项目——千年古宣文化旅游创意产业园的建设，产业园占地面积1 km$^2$，地点为泾县丁桥镇，国家预计一共要投入2.86亿元。

卢一葵的儿子卢昌宁1986年出生，25岁开始进入手工造纸行业，调查时在北京负责“千年古宣”直营店的销售。

曹移程，1953年出生于泾县周坑，父亲曹全茂（1915～2008年）、祖父曹淦昌均终身从事宣纸原料制作。曹移程1965年小学毕业回村务农，1968～1972年2月在周坑生产队从事宣纸原料加工，跟随母亲高青妹进行燎草拣选工作。1972年3月～1979年年底，在小岭宣纸厂檀皮蒸煮车间担任蒸煮工人。1980年，曹移程离开小岭宣纸厂，为宣纸厂运输烧碱和燃煤。1988～1990年创办古槽宣纸厂，1994年古槽宣纸厂停产。1995～2000年在周坑村民组担任生产队长。2003～2016年受卢一葵邀请，担任千年古宣宣纸厂（公司）生产厂长。2015年调查时曹移程长子曹国胜、次子曹国才、女儿曹秋英、女婿曹富平均从事宣纸相关行业。其中曹国胜和曹国才从事宣纸生产，曹秋英从事销售，曹富平原先在外地做皮革生意，结婚后从事造纸制浆和环保相关工作。

⊙1

⊙2

⊙3

⊙4

⊙1
在办公室访谈卢一葵
Interviewing Lu Yikui in the office

⊙2
曹移程在家中接受调查组访谈
Researchers interviewing Cao Yicheng at his home

⊙3
长子曹国胜
Cao Guosheng, Cao Yicheng's eldest son

⊙4
次子曹国才
Cao Guocai, Cao Yicheng's second son

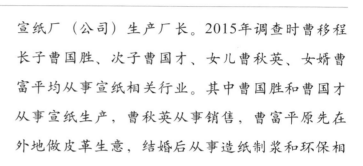

# 三

# 千年古宣宣纸有限公司的代表纸品及其用途与技术分析

# 3
# Representative Paper, Its Uses and Technical Analysis of Millennium Xuan Paper Co., Ltd.

## （一）
## 代表纸品及用途

据调查组2015年4月15日的现场调查获知："千年古宣"的宣纸主打"古法"，原纸的构成较为单纯，代表纸品即为用传统工艺制作的"古法造"宣纸。产品规格通常按照标准的四尺（70 cm × 138 cm）或者标准的六尺（97 cm × 180 cm），如客户有特殊要求，亦可按照客户要求进行生产。

"千年古宣"的古法宣纸包括特净、净皮、棉料三个品种。调查时曹移程介绍"千年古宣"古法宣纸特净原料配比为80%青檀皮和20%稻草，每刀2.9～3 kg，尤其适宜泼墨山水画的创作；净皮原料配比为60%青檀皮和40%稻草，每刀2.4～2.9 kg，适宜勾线人物、花鸟等小写意类绘画创作和"兼工带写"的书画创作；棉料原料配比为40%青檀皮和60%稻草，每刀2.4～2.55 kg，适宜书法创作。

⊙5

⊙6

⊙5
『千年古宣』成品纸
"Millennium Xuan" paper product

⊙6
『宣和坊』成品纸
"Xuanhefang" paper product

（二）

## 代表纸品技术分析

### 1. 代表纸品一："千年古宣"棉料

测试小组对采样自千年古宣宣纸有限公司生产的"千年古宣"棉料所做的性能分析，主要包括厚度、定量、紧度、抗张力、抗张强度、撕裂度、湿强度、白度、耐老化度下降、尘埃度、吸水性、伸缩性、纤维长度和纤维宽度等。按相应要求，每一指标都需重复测量若干次后求平均值，其中定量抽取5个样本进行测试，厚度抽取10个样本进行测试，拉力抽取20个样本进行测试，撕裂度抽取10个样本进行测试，湿强度抽取20个样本进行测试，白度抽取10个样本进行测试，耐老化下降抽取10个样本进行测试，尘埃度抽取4个样本进行测试，吸水性抽取10个样本进行测试，伸缩性抽取4个样本进行测试，纤维长度测试了200根纤维，纤维宽度测试了300根纤维。对"千年古宣"棉料进行测试分析所得到的相关性能参数见表2.39。表中列出了各参数的最大值、最小值及测量若干次所得到的平均值或者计算结果。

表2.39 "千年古宣"棉料相关性能参数
Table 2.39 Performance parameters of "Millennium Xuan" Mianliao paper

| 指标 | | | 单位 | 最大值 | 最小值 | 平均值 | 结果 |
|---|---|---|---|---|---|---|---|
| 厚度 | | | mm | 0.095 | 0.080 | 0.086 | 0.086 |
| 定量 | | | g/m² | — | — | 29.0 | 29.0 |
| 紧度 | | | g/cm³ | — | — | — | 0.341 |
| 抗张力 | 纵向 | | N | 18.3 | 12.0 | 16.1 | 16.1 |
| | 横向 | | N | 9.0 | 7.4 | 8.0 | 8.0 |
| 抗张强度 | | | kN/m | — | — | — | 0.803 |
| 撕裂度 | 纵向 | | mN | 210 | 190 | 198 | 198 |
| | 横向 | | mN | 240 | 230 | 234 | 234 |
| 撕裂指数 | | | mN·m²/g | — | — | — | 7.3 |
| 湿强度 | 纵向 | | mN | 600 | 500 | 557 | 557 |
| | 横向 | | mN | 300 | 240 | 300 | 300 |
| 白度 | | | % | 69.9 | 69.6 | 69.8 | 69.8 |
| 耐老化度下降 | | | % | — | — | — | 2.5 |
| 尘埃度 | 黑点 | | 个/m² | — | — | — | 8 |
| | 黄茎 | | 个/m² | — | — | — | 12 |
| | 双浆团 | | 个/m² | — | — | — | 0 |
| 吸水性 | | | mm | — | — | — | 17 |
| 伸缩性 | 浸湿 | | % | — | — | — | 0.53 |
| | 风干 | | % | — | — | — | 0.75 |
| 纤维 | 皮 | 长度 | mm | 3.12 | 0.64 | 1.36 | 1.36 |
| | | 宽度 | μm | 15.0 | 4.0 | 8.0 | 8.0 |
| | 草 | 长度 | mm | 1.13 | 0.34 | 0.63 | 0.63 |
| | | 宽度 | μm | 12.0 | 3.0 | 6.0 | 6.0 |

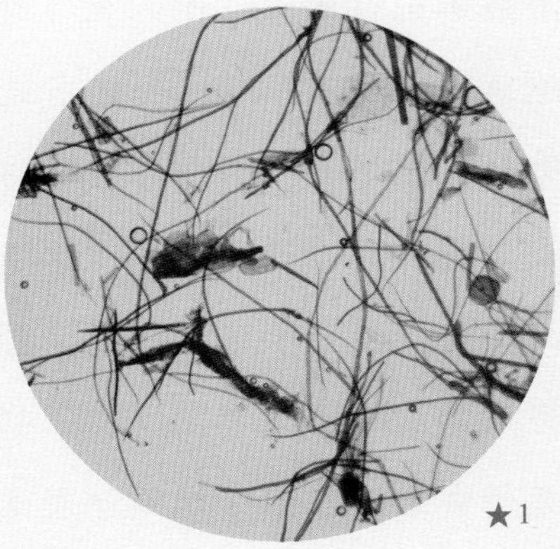

★1

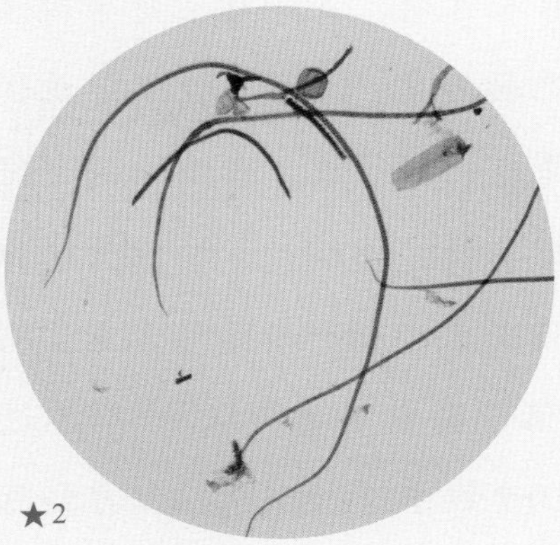

★2

由表2.39可知，所测“千年古宣”棉料的平均定量为29.0 g/m$^2$。“千年古宣”棉料最厚约是最薄的1.188倍，经计算，其相对标准偏差为0.006，纸张厚薄较为一致。通过计算可知，“千年古宣”棉料紧度为0.341 g/cm$^3$；抗张强度为0.803 kN/m，抗张强度值较小。所测“千年古宣”棉料撕裂度指数7.3 mN·m$^2$/g，撕裂度较大；湿强度纵横平均值为443 mN，湿强度较大。

所测“千年古宣”棉料平均白度为69.8%，白度较高，是由于其加工过程中有漂白工序。白度最大值是最小值的1.004倍，相对标准偏差为0.108，白度差异相对较小。经过耐老化测试后，耐老化度下降2.5%。

所测“千年古宣”棉料尘埃度指标中黑点为8个/m$^2$，黄茎为12个/m$^2$，双浆团为0个/m$^2$；吸水性纵横平均值为17 mm，纵横差为1.0 mm；伸缩性指标中浸湿后伸缩差为0.53%，风干后伸缩差为0.75%。说明“千年古宣”棉料伸缩差异不大。

“千年古宣”棉料在10倍、20倍物镜下观测的纤维形态分别如图★1、图★2所示。所测“千年古宣”棉料皮纤维长度：最长3.12 mm，最短0.64 mm，平均长度为1.36 mm；纤维宽度：最宽15.0 μm，最窄4.0 μm，平均宽度为8.0 μm；草纤维长度：最长1.13 mm，最短0.34 mm，平均长度为0.63 mm；纤维宽度：最宽12.0 μm，最窄3.0 μm，平均宽度为6.0 μm。“千年古宣”棉料润墨效果如图⊙1所示。

⊙1

★1
『千年古宣』棉料纤维形态图（10×）
Fibers of "Millennium Xuan" Mianliao paper (10× objective)

★2
『千年古宣』棉料纤维形态图（20×）
Fibers of "Millennium Xuan" Mianliao paper (20× objective)

⊙1
『千年古宣』棉料润墨效果
Writing performance of "Millennium Xuan" Mianliao paper

2. 代表纸品二："宣和坊"特净

测试小组对曹移程注册"宣和坊"特净所做的性能分析，主要包括厚度、定量、紧度、抗张力、抗张强度、撕裂度、湿强度、白度、耐老化度下降、尘埃度、吸水性、伸缩性、纤维长度和纤维宽度等。按相应要求，每一指标都需重复测量若干次后求平均值，其中定量抽取5个样本进行测试，厚度抽取10个样本进行测试，拉力抽取20个样本进行测试，撕裂度抽取10个样本进行测试，湿强度抽取20个样本进行测试，白度抽取10个样本进行测试，耐老化下降抽取10个样本进行测试，尘埃度抽取4个样本进行测试，吸水性抽取10个样本进行测试，伸缩性抽取4个样本进行测试，纤维长度测试200根纤维，纤维宽度测试300根纤维。对"宣和坊"特净进行测试分析所得到的相关性能参数见表2.40。表中列出了各参数的最大值、最小值及测量若干次所得到的平均值或者计算结果。

表2.40 "宣和坊"特净相关性能参数
Table 2.40 Performance parameters of "Xuanhefang" superb-bark paper

| 指标 | | 单位 | 最大值 | 最小值 | 平均值 | 结果 |
|---|---|---|---|---|---|---|
| 厚度 | | mm | 0.110 | 0.095 | 0.100 | 0.100 |
| 定量 | | g/m² | — | — | — | 32.6 |
| 紧度 | | g/cm³ | — | — | — | 0.326 |
| 抗张力 | 纵向 | N | 16.4 | 15.3 | 16.0 | 16.0 |
| | 横向 | N | 9.6 | 8.0 | 8.8 | 8.8 |
| 抗张强度 | | kN/m | — | — | — | 0.827 |
| 撕裂度 | 纵向 | mN | 330 | 300 | 316 | 316 |
| | 横向 | mN | 380 | 370 | 374 | 374 |
| 撕裂指数 | | mN·m²/g | — | — | — | 10.0 |
| 湿强度 | 纵向 | mN | 1 000 | 810 | 869 | 869 |
| | 横向 | mN | 450 | 310 | 399 | 399 |
| 白度 | | % | 69.6 | 69.6 | 69.73 | 69.7 |
| 耐老化度下降 | | % | — | — | — | 2.5 |
| 尘埃度 | 黑点 | 个/m² | — | — | — | 16 |
| | 黄茎 | 个/m² | — | — | — | 68 |
| | 双浆团 | 个/m² | — | — | — | 0 |
| 吸水性 | | mm | — | — | — | 11 |
| 伸缩性 | 浸湿 | % | — | — | — | 0.40 |
| | 风干 | % | — | — | — | 0.63 |

| 指标 | | 单位 | 最大值 | 最小值 | 平均值 | 结果 |
|---|---|---|---|---|---|---|
| 纤维 | 皮 | 长度 mm | 4.99 | 0.79 | 2.07 | 2.07 |
| | | 宽度 μm | 29.0 | 1.0 | 11.0 | 11.0 |
| | 草 | 长度 mm | 2.04 | 0.31 | 0.85 | 0.85 |
| | | 宽度 μm | 10.0 | 1.0 | 4.0 | 4.0 |

由表2.40可知，所测“宣和坊”特净的平均定量为32.6 g/m$^2$。“宣和坊”特净最厚约是最薄的1.16倍，经计算，其相对标准偏差为0.004 71，纸张厚薄较为一致。通过计算可知，“宣和坊”特净紧度为0.326 g/cm$^3$；抗张强度为0.827 kN/m，抗张强度值较大。所测“宣和坊”特净撕裂指数为10.0 mN·m$^2$/g，撕裂度较大；湿强度纵横平均值为634 mN，湿强度较大。

所测“宣和坊”特净平均白度为69.7%，白度较高。白度最大值是最小值的1.004倍，相对标准偏差为0.095，白度差异相对较小。经过耐老化测试后，耐老化度下降2.5%。

所测“宣和坊”特净尘埃度指标中黑点为16个/m$^2$，黄茎为68个/m$^2$，双浆团为0个/m$^2$。吸水性纵横平均值为11 mm，纵横差为3.4 mm。伸缩性指标中浸湿后伸缩差为0.40%，风干后伸缩差为0.63%。说明“宣和坊”特净伸缩差异不大。

“宣和坊”特净在10倍、20倍物镜下观测的纤维形态分别如图★1、图★2所示。所测“宣和坊”特净皮纤维长度：最长4.99 mm，最短0.79 mm，平均长度为2.07 mm；纤维宽度：最宽29.0 μm，最窄1.0 μm，平均宽度为11.0 μm；草纤维长度：最长2.04 mm，最短0.31 mm，平均长度为0.85 mm；纤维宽度：最宽10.0 μm，最窄1.0 μm，平均宽度为4.0 μm。“宣和坊”特净润墨效果如图⊙1所示。

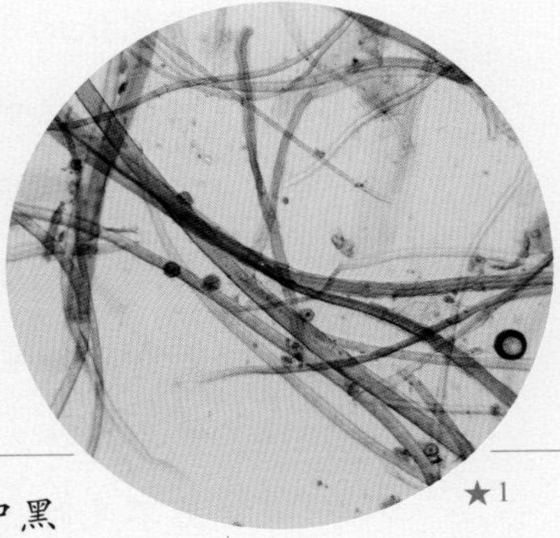

★1

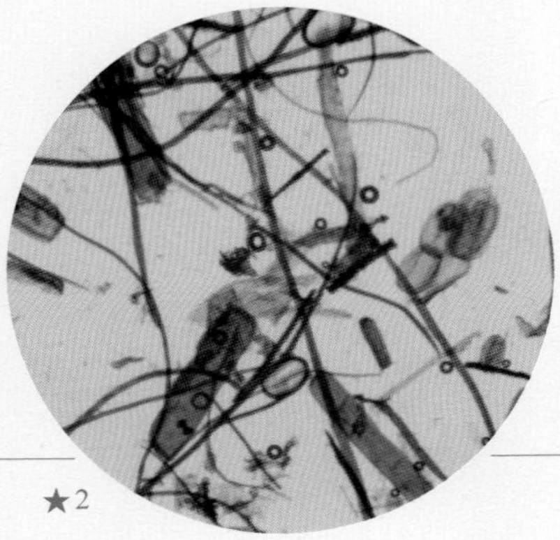

★2

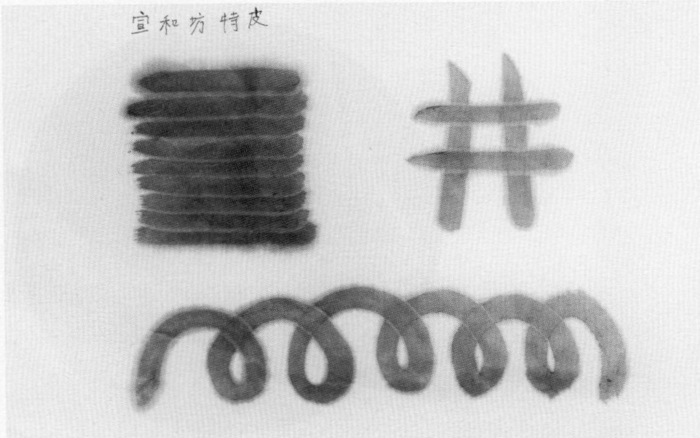


⊙1

★1
『宣和坊』特净纤维形态图（10×）
Fibers of "Xuanhefang" superb-bark paper (10× objective)

★2
『宣和坊』特净纤维形态图（20×）
Fibers of "Xuanhefang" superb-bark paper (20× objective)

⊙1
『宣和坊』特净润墨效果
Writing performance of "Xuanhefang" superb-bark paper

# 四 千年古宣宣纸有限公司生产的原料、工艺与设备

4
Raw Materials, Papermaking Techniques and Tools of Millennium Xuan Paper Co., Ltd.

## （一）“千年古宣”古法宣纸生产的原料与辅料

### 1. 主料一：青檀树皮

宣纸制作中必不可少的原料之一为青檀树皮。制作“千年古宣”和“宣和坊”古法宣纸通常选用2～3年生的嫩枝，此时的韧度最适宜。砍伐时间则一般在秋末到第二年初春为最佳。据访谈中曹移程的介绍：冬天在小岭村砍伐的青檀树皮，50 kg青檀树皮能得到3.75 kg风干皮，一个人一天能做10捆（约40 kg/捆）。2015年4月调查时，一个人工价为120元/天，毛皮采购价格为850元/50 kg，得浆率为50%～60%；燎皮采购价格为3 000～5 000元/50 kg。

### 2. 主料二：稻草

据曹移程介绍：“千年古宣”和“宣和坊”古法宣纸的用料主要是收购泾县及宣城市内与泾县相邻县区的稻草，然后在宣城市高桥乡“千年古宣”燎草基地进行加工(“千年古宣”燎草基地共有32亩)。调查时了解到2015年干稻草收购价格为65元/50 kg，50 kg能得到16.5 kg燎草，燎草出浆率为16%～20%。遇到需求量特别大、燎草基地供应不足时，千年古宣宣纸有限公司也会从泾县苏红基地等处购买燎草，得浆率约为10%。调查时的燎草购买价格为1 000元/50 kg。

### 3. 辅料一：纸药

制作“千年古宣”和“宣和坊”古法宣纸使用的纸药为杨桃藤汁。据曹移程介绍：杨桃藤即野生猕猴桃藤，一般由当地农户直接从小岭村附近山上砍伐，然后经木槌捶破碎后浸泡，经人工踩踏过滤后即可使用。砍伐后杨桃藤天热时一般放置3～4天就干枯无汁，损耗率为50%，因此要

⊙1

⊙1
已浸泡的杨桃藤枝
Soaked branches of *Actinidia chinensis* Planch.

放在潮湿的地方存储，且捞纸时放入的纸药不能新旧汁液混合使用。调查时杨桃藤枝购买价格为260元/50 kg。

4. 辅料二：石灰

“千年古宣”和“宣和坊”古法宣纸在制作宣纸原料时会使用石灰。据曹移程介绍：目前市场上都是煤烧的石灰，石灰品质不太好，以前制作原料都是使用木柴烧的优质石灰，因此现在的用量比之前消耗大，约是以前的2倍。“千年古宣”宣纸生产时用的石灰系从泾县当地供应商处购买的，一年的用量按照檀皮的数量决定。调查时石灰的价格为460元/50 kg。

5. 辅料三：水

宣纸的制造需要大量的水。“千年古宣”和“宣和坊”古法宣纸使用的是小岭村周坑村民组的山泉水。据调查时曹移程介绍：现在周坑山泉水的流量明显比之前小，这个现象是从20世纪60年代开始的，以前山上曾经有100多个纸槽，水少了后造宣纸也变少了，小岭周坑一带现在大多为书画纸厂，原料直接用已加工好的龙须草浆板，因此用水量较小。据调查组成员在现场的测试，“千年古宣”古法宣纸制作所用的山泉水pH为6.0～6.5，呈弱酸性。

⊙2
『千年古宣』和『宣和坊』古法造纸用到的水源
Water source used in making "Millennium Xuan" and "Xuanhefang" paper with ancient papermaking techniques

## （二）“千年古宣”和“宣和坊”古法宣纸生产的工艺流程

据调查中曹移程的介绍，以及综合调查组的现场观察，总结“千年古宣”和“宣和坊”古法宣纸制作共有18道大工序、138项细分的操作过程，大的工序与细致的工艺流程描述如下：

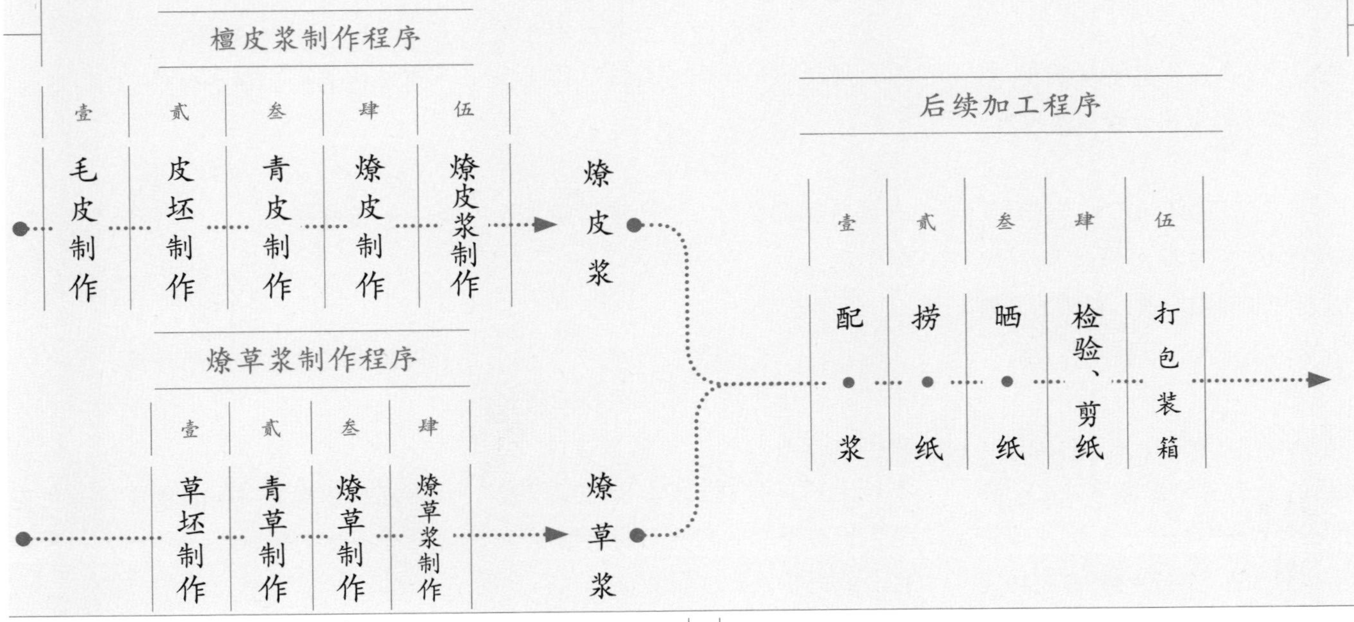

## 檀皮浆制作

燎皮浆的制作过程十分复杂，根据调查时曹移程的详细刻画，现将制作过程概述如下：

### 壹 毛皮制作

1

⊙1

首先将购买的青檀皮按照40 kg/捆扎成捆，一捆捆放入蒸锅进行蒸煮，一般蒸煮24小时即可。然后将蒸煮后的皮用石灰进行腌制，一般腌制时间为1个月左右。将腌制好的树枝上的皮剥下来晒干，青檀树皮就变成毛皮了。然后入库。

⊙1

### 贰 皮坯制作

2

⊙2

(1)

把库房里的毛皮拿出。

(2)

按照约1.35 kg的标准扎成一把，扎把后按40 kg左右一捆的标准上捆。

(3)

将上捆的皮放入溪水里浸泡约1夜，当毛皮出蟹黄水时取出放在岸边控水。

(4)

将控干水的皮用石灰进行腌制发酵，发酵中需要翻一次，翻晒的原则是“外面的到中间，下面的到上面”。

(5)

根据锅的大小上堆发酵毛皮，一般1 250 kg左右为一“桌”（音名，当地制作过程中的术语）进行发酵，等到40天后毛皮充分吸收石灰乳液颜色变黄时洗干净，再上蒸锅蒸24小时。

⊙2

(6)

人工将蒸煮好的毛皮用脚踏皮，使皮充分吸收石灰乳。

(7)

再次上堆发酵，按照50 kg水放入2.5～5 kg石灰乳的比例进行发酵，通常需要发酵20～40天。此时要求毛皮平整堆放，否则会腐烂不能使用，腐烂的皮叫作“漏气”的皮。

(8)

一星期后将皮的石灰乳液用溪水洗涤干净。

(9)

将洗涤干净的皮上滩摊晒1～2周，晒干后方可收回。摊晒时要求皮3根以上不能搭在一起，只能2根交叉，因为要吸收阳光，进行自然漂白。此时毛皮就变成皮坯了。

### 叁 青皮制作

3

(1)

摔打皮坯，使其去掉杂质。

(2)

按照3把皮坯扎成一把的标准放入碱液进行余皮，一般按照50 kg水放2.5～5 kg纯碱量放入。

(3)

用蒸锅蒸皮坯24小时。

(4)

上滩摊晒晒干。

(5)

用溪水把晒干的皮坯弄湿。

(6)

将皮坯撕成2～3 mm宽度的细长面条状的皮条。

⊙1 捆好的青檀树枝 Bundled *Pteroceltis tatarinowii* Maxim. branches

⊙2 加工好的皮坯 Processed bark

(7)

上晒滩摊晒2～3个月，翻一遍继续摊晒2～3个月晒干后收回入库，这时皮坯就变为青皮了

⊙3

## 肆 燎皮制作

4 ⊙3

(1)

将收回的青皮扎把，每把1.15 kg左右。

(2)

氽皮，一般50 kg水放2.5～5 kg纯碱。

(3)

摔打氽好的皮，去除杂质后扎成大把（有的4个小把扎一个大把，有的3个小把扎成一个大把）。

(4)

放碱液蒸煮24小时，一般50 kg水放2.5～5 kg纯碱。

(5)

上晒滩进行摊晒，一个月后收回撕皮。

(6)

再上晒滩，2～3个月后发暗时收回。

(7)

再次氽皮，一般50 kg水放2.5～5 kg纯碱。

(8)

再次蒸煮24小时然后再上晒滩，2～3个月后变白时收回入库。这时青皮就变为燎皮了。

⊙5

## 伍 燎皮浆制作

5 ⊙4⊙5

制作燎皮浆时将燎皮从仓库取出，先用碱液氽皮，一般50 kg水放2.5～5 kg纯碱；然后蒸煮24小时后用清水洗净；再次进行人工选拣，将有杂物和黑点的燎皮去除；然后用石碓碓打成皮条，放进洗漂机进行净化、打浆后成为燎皮浆。

⊙4

⊙3 晒滩上摊晒的皮坯 Drying the bark in the drying field
⊙4 选拣皮 Picking the bark
⊙5 碓皮 Beating the bark

## 燎草浆制作

燎草浆制作也十分复杂，根据曹移程的介绍，将“千年古宣”和“宣和坊”古法宣纸燎草制作过程总结如下：

### 壹 草坯制作 1

(1)

将购买回来的稻草去除枯叶、破节后，按照1～1.5 kg/把的标准扎把；如果扎把没扎好，后期制作燎草草浆时效果就不好，草容易烂。

(2)

按照约40 kg/捆上捆。

(3)

将上捆的草用溪水浸泡1个月后出汁，上岸控水晒干。

(4)

用石灰乳液腌制50～60天，腌制好后上晒滩摊晒，40天左右后翻晒一次，再过40天后收回。

(5)

将发酵好的毛草在溪水中将石灰乳清洗干净，最后晒干。此时稻草即成为草坯。

### 贰 青草制作 2

(1)

将草坯上晒滩摊晒半年后收回。

(2)

按照1～1.5 kg/把的标准扎成一把，然后用碱液浸泡，一般50 kg水放2.5～5 kg纯碱；再堆到架子上堆放24小时后蒸24小时，直到蒸汽透至表面时停火。

(3)

用清水洗掉碱液。此时青草制作完成。

### 叁 燎草制作 3

(1)

将青草堆在桶上，目的是将残余的碱液滴干。

(2)

将去除碱液的青草蒸煮24小时。

(3)

上晒滩摊晒，摊晒时要求摊直，摊晒过程中要上滩扯一次草，将草中粉尘、块状物体等杂质去除，草色变白后再将摊晒的青草翻晒一遍，直到全部变白后收回入库。此时青草变为燎草。

### 肆 燎草浆制作 4

(1)

用棍子鞭打燎草，将其打松、打散，抖去燎草中所含的浮灰、石子。

(2)

将燎草洗涤后榨干。

(3)

人工拣选燎草，去掉不合格的燎草。

⊙7

(4)

用石碾碾压燎草，这样燎草草浆就制作完成了。

⊙6

⊙8

⊙6 『千年古宣』和『宣和坊』燎草库标牌
Signpost of "Millennium Xuan" and "Xuanhefang" processed straw storehouse

⊙7 人工选拣燎草
Picking the processed straw by workers

⊙8 石碾碾草
Grinding the straw by a stone roller

# 后续加工程序

## 壹 配浆

### 1 ⊙9～⊙11

将制作好的檀皮浆和檀草浆按照需要进行配比，然后通过旋翼筛（一种通过旋转可以将混合浆中浆团除去的机械）去掉浆团、平筛（一种通过振动去掉混合浆中纤维过长的浆料）和跳筛（一种通过高频振动方式去掉薄壁细胞过多的浆液的机械）去掉不适合造纸的浆料，剩下的浆料即可进入捞纸车间进行捞纸。据曹移程介绍，“千年古宣”古法宣纸配浆比例为：特净为80%的燎皮浆和20%的燎草浆；净皮为60%的燎皮浆和40%的燎草浆；棉料为40%的燎皮浆和60%的燎草浆。

⊙9

⊙10

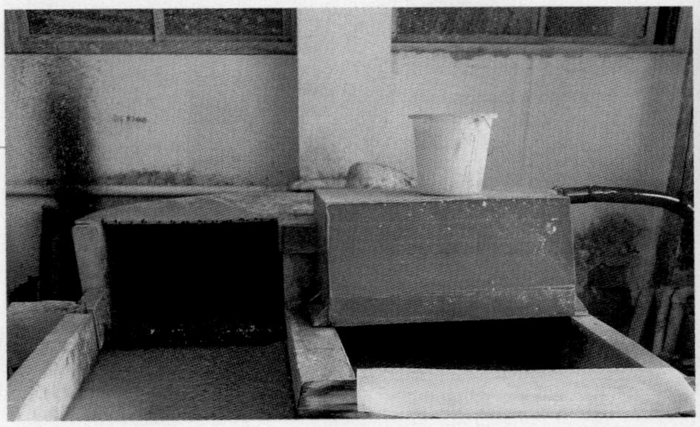

⊙11

## 贰 捞纸

### 2 ⊙12～⊙15

（1）和浆

捞纸时，首先将混合浆倒入捞纸槽中，并按比例加入一定量的杨桃藤汁纸药（一般夏天1槽0.1 kg、冬天0.03 kg），捞纸过程中根据工人经验增加或减少混合浆的多少。通过电动机器将混合浆料搅拌均匀。

（2）捞纸

“千年古宣”和“宣和坊”古法宣纸在2015年4月调查时生产规格为常规的四尺，因此捞纸槽位只需要两个捞纸工人共同作业。1人负责掌帘，一般由师傅或者技艺好一点的捞纸工把握；1人负责抬帘，主要是辅助掌帘师傅完成捞纸工作，并在抬帘师傅提帘下架时，将帘床上的皮块弄掉，同时还负责用计数器进行捞纸张数计数。

⊙12

⊙13

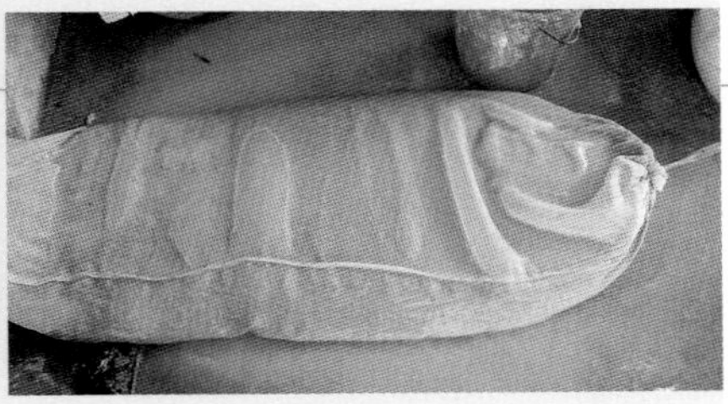

⊙14

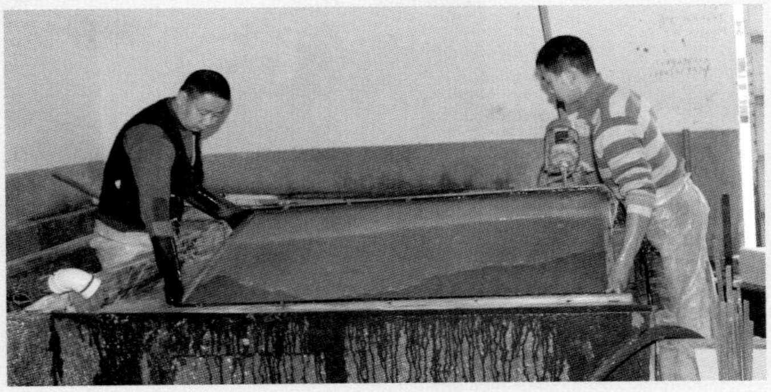

⊙15

⊙9
『千年古宣』和『宣和坊』宣纸生产用的打浆机
Beating machine for making "Millennium Xuan" paper and "Xuanhefang" Xuan paper

⊙10
『千年古宣』宣纸生产用的平筛
Flat filter for making "Millennium Xuan" paper

⊙11
『千年古宣』宣纸生产用的圆筒筛
Cylinder filter for making "Millennium Xuan" paper

⊙12
制纸药
Making the papermaking mucilage

⊙13
过滤纸药
Filtering the papermaking mucilage

⊙14
过滤纸药的药袋
Filter bag of papermaking mucilage

⊙15
捞纸
Making the paper

### （3）放帘

掌帘和抬帘师傅将帘架放在槽架上，掌帘师傅将纸帘用右手拿起，左手拿纸帘下端，把纸帘平稳地放在槽旁边的湿纸板上，轻轻地使纸帘与湿纸分离，拿走纸帘。这个过程中，抬帘师傅用计数器计数。

⊙16

⊙17

### （4）压榨

将捞纸工人每天所捞的湿纸放在木榨上，缓慢压榨出水分。一般捞纸车间一天生产12刀纸，分3块帖进行压榨。压榨前的湿纸含水分90%左右，一般停槽后半个小时盖上木板，在木块上沿长边放置两根钢轨，下面也放有钢轨，在钢轨的两边横夹两根螺旋杠杆，20分钟后螺旋杠杆收紧，然后按照先后顺序缓慢轮流压榨，注意两边螺旋杠杆平衡，每隔5～10分钟旋转杠杆。压榨出70%～80%水分后即达到标准，可进入下一步工序了。

⊙18

⊙19

⊙20

⊙21



## 叁 晒纸

### 3

⊙2

### （1）烘帖

将压榨后的纸帖放在焙墙上烤，让其水分进一步蒸发，目的是蒸发掉纸药。一般蒸发到七成干即可。

### （2）浇帖

将蒸发过的纸帖的一边用清水慢慢淋湿，水量多少完全凭工人自己掌握，淋湿后可以方便工人在晒纸的时候揭纸分张。这道工序一定要缓慢，否则会出现起泡等纸病。再将浇过水的纸帖靠在平整洁净的木板上，盖好硬壳纸保湿，放在焙屋过夜。

⊙22

⊙16 放纸 Turning the papermaking screen upside down on the board

⊙17 湿纸帖 Wet paper pile

⊙18/21 压榨 Pressing the paper

⊙22 烘帖 Drying the paper pile

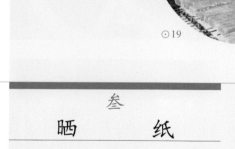

因晒纸墙温度高，约数分钟后，刷上晒纸墙的湿纸因水分蒸发而干燥，便可将干燥的纸取下来。一般一块帖的纸在晒的中途，根据起焙*的情况，需要用云汤**清理焙面，这在泾县的宣纸、书画纸体系里是常用的晒纸辅助工序，俗称擦焙或擦云汤。通常晒纸工从晒纸墙上揭7张纸后一起放到之前晒好的纸上，并将纸四周理整齐。

⊙23

⊙24

(3) 鞭帖

在上墙前将纸帖放在纸架上，用板子轻轻敲打纸帖的全部上边，便于其分张。

(4) 晒纸

用右手手指沿着纸左上角将一张湿纸揭离下来，刷向铁制的晒纸墙上，然后重复此动作揭下下一张。

## 肆 检验、剪纸 4

首先将焙干的纸进行检验，如果有不合格的纸立即取出。然后数好张数，一般50张为一个刀口，压上石头，剪纸人站成箭步，持平剪刀一气呵成地剪下去，否则纸边会参差不齐。

⊙25

## 伍 打包装箱 5

剪好后的纸按100张一刀分好，再加盖“千年古宣”古法宣纸各类品种的章，包装完毕后运入贮纸仓库。

## (三) “千年古宣”古法宣纸制作中的主要工具

### 壹 皮碓、草碓打浆机 1

用来制作浆料的工具，自动搅拌皮碓、草碓完成打浆。

⊙26

⊙23 帖架 Frame for supporting the paper pile

⊙24 鞭帖用的鞭 Stick for beating the paper

⊙25 尚未盖章的纸 Unstamped paper

⊙26 皮碓 Bark pestle

* 晒纸术语，宣纸上焙半干不湿时纸张自动脱离焙。

** 泾县术语，指煮熟后的米浆。

## 贰 捞纸槽 2

盛浆工具，调查时为水泥浇筑而成。实测千年古宣宣纸有限公司使用的六尺捞纸槽尺寸为：长360 cm，宽225 cm，高75 cm；四尺的捞纸槽尺寸为：长207 cm，宽115 cm，高75 cm。

⊙27

## 叁 纸帘 3

用于捞纸，竹丝编织而成，表面很光滑、平整，帘纹细而密集。实测千年古宣宣纸有限公司使用的六尺纸帘尺寸为：长161 cm，宽115 cm；四尺纸帘尺寸为：长161 cm，宽90 cm。

⊙28

## 肆 松毛刷 4

晒纸时将纸刷上晒纸墙的工具，刷柄为木制，刷毛为松毛。实测千年古宣宣纸有限公司使用的松毛刷尺寸为：长49 cm，宽13 cm。

⊙29

## 伍 晒纸墙 5

用来烘晒湿纸的设备，由两块长方形钢板焊接而成，中间用水蒸气加热，双面墙，可以在两面晒纸。

## 陆 剪刀 6

检验后用来剪纸，剪刀口为钢制，其余部分为铁制。

## 柒 扒头 7

捞纸时“划单槽”（搅拌混合浆料）所用工具。实测千年古宣宣纸有限公司使用的扒头杆尺寸为：长198 cm，头长15 cm，宽13 cm。

⊙30

## 捌 额枪 8

用于打松纸体，便于分张。实测千年古宣宣纸有限公司使用的额枪尺寸为：长23 cm，宽2.5 cm。

⊙31

⊙27 捞纸槽 Papermaking trough

⊙28 纸帘 Papermaking screen

⊙29 松毛刷 Brush made of pine needles

⊙30 扒头 Stirring stick

⊙31 额枪 Tool for separating the paper

## 五
## 千年古宣宣纸有限公司的市场经营状况

## 5
## Marketing Status of Millennium Xuan Paper Co., Ltd.

2015年4月访谈时，曹移程提供的数据为：千年古宣宣纸有限公司2014年共生产了6 000多刀纸，截至2015年4月15日调查时，当年已生产约2 000刀，而同类的代表产品是中国宣纸股份公司的“红星”牌“古艺宣”，其2014年全年生产数据为5 000刀纸。“千年古宣”古法宣纸的销售主要由卢一葵以北京为基地销售，另外在山东的书画市场上也有一定销量，主要为高端定制纸，如调查时在现场看到的一批为北京画家裴士戎定制的专用纸等。

⊙32

⊙33

2015年4月15日，调查组在“千年古宣”厂区采购实物纸样四尺特净“宣和坊（裴士戎定制纸）”的价格为2 700元/刀（100张）；2015年11月9日，调查组在卢一葵位于泾县县城“千年古宣”商店采购实物纸样四尺棉料“千年古宣”的价格为3 300元/刀（100张）。

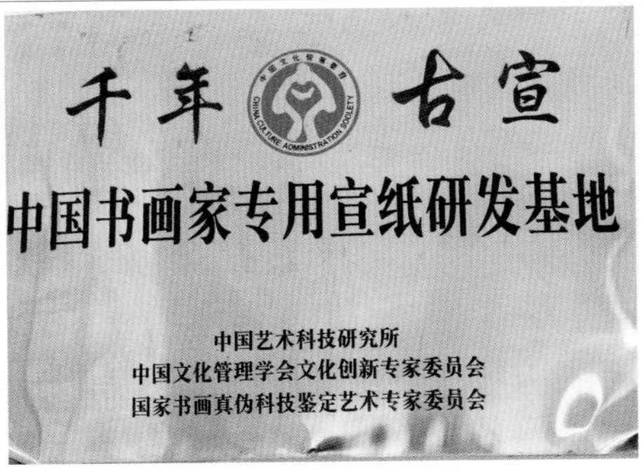


⊙34

⊙32/33 裴士戎试纸创作及作品
Pei Shirong testing the paper and his works

⊙34 『千年古宣』的荣誉牌匾
Honor plaque of "Millennium Xuan"

## 六 千年古宣宣纸有限公司的品牌文化与习俗故事

## 6 Brand Culture and Stories of Millennium Xuan Paper Co., Ltd.



### 1. 古法宣纸“生生死死”的生存之道

根据访谈中卢一葵的说法：由于在书画界及宣纸行业内流行着用纯原料+纯手工造的古法宣纸品质高的观点，因此在20世纪80年代现代工艺进入宣纸生产体系后，古法宣纸技艺的恢复和经营一直有人尝试。80年代时小岭村即有一户造纸人家做出了古法宣纸，但由于成本与售价双高而销售不畅，没有市场，不久就变得穷困潦倒。90年代泾县又有造纸人做古法宣纸，2000年时小岭的许湾村民组也有人做古法宣纸，但无一例外地都失败了。

卢一葵与曹移程合作造古法宣纸始于2001年，卢一葵的宣传定位与品牌传播能力很强，曹移程作为小岭宣纸世家有丰富的传统造纸工艺经验与适宜古法造纸的基地，他们合作生产出的“千年古宣”古法宣纸迅速引起了各界消费者对古法宣纸产品的重视，成为泾县第一个将古法宣纸推广与营销成功的企业。在“千年古宣”古法宣纸经营的示范效应产生后，泾县古法宣纸的生产厂家陆续出现，包括中国宣纸股份公司的“红星”牌“古艺宣”，景辉纸业有限公司的古法宣纸等，高峰时共有十几家致力于造古法宣纸的厂坊。

### 2. 衰落的小岭

在对曹移程的访谈中，调查人员一再感受到他对昔日小岭宣纸业辉煌的眷恋。曹移程回忆：仅仅是作为“九岭十三坑”之一的小小的周坑村，民国年间即有72个造纸槽，300多村民以造纸为生，现在几乎都不见踪影，只是留有一个老的纸槽遗址。

曹移程又表示：今天的小岭宣纸文化依然具有吸引力，不光吸引了很多书画和纸的爱好者前往小岭，也吸引着全国各地的投资者。如位于小岭村皮滩的古檀山庄有来自江苏的投资，位于小岭村周坑的景辉纸业为北京人的投资，红旗宣纸厂倒闭后的残厂和西山分厂是有了来自浙江人的投资而恢复生产的，等等。调查中，曹移程对身份同为大学研究生的调查员回忆，也有大学生数次慕名而来要求在“千年古宣”当学徒学习“做纸”，但考虑到人员安全等因素，他没有敢答应。

### 3. 古法宣纸技艺恢复的“胡美生与卢一葵故事”

调查中，当访谈人员问到为什么会选择由不相干的行业改行从事古法宣纸恢复性生产时，卢一葵给访谈者讲了一段往事：2000年，清华大学美术学院的退休老教授胡美生来到泾县，在他任经理的桃花潭宾馆住了很久。突然有一天，一个服务员到卢一葵办公室找他，说楼下有个老先生从早上到现在不吃不喝六七个小时，坐在大厅一动不动。卢一葵生怕老教授有个三长两短，赶紧下楼探问情况。原来胡美生这么多天遍寻泾县的造纸厂家，都没有找到自己想要的像20世纪50年代初期那样的宣纸。卢一葵当时并不了解宣纸行业具体情况，只因为自己是泾县人，以为找到胡教授要寻的宣纸应该是个简单的事，于是约定第二天一起去中国宣纸集团公司寻找。

第二天，卢一葵带着胡美生前往中国宣纸集团公司，找到时任总经理曹皖生，没想到曹皖生

⊙1

⊙1 小岭村的乡间公路 Country road in Xiaoling Village

说现在已经没有这种宣纸了，都是“洋碱制浆”工艺造出来的宣纸。胡美生很失望，看着胡美生失望的样子，曹皖生便说泾县老政协主席张鸿炉家里还有几张老宣纸，可以去碰碰运气。卢一葵一听，立刻马不停蹄地带着胡美生前往张鸿炉家，幸运地找到了50年代初期的宣纸，但只有7～8张了。胡美生一看到张鸿炉家的宣纸，立刻眼睛放光，激动不已，口中不停说：就是这个纸，就是这个纸。卢一葵看到这个场景，十分感动，便对胡美生说：“我发誓5年内将这个传统宣纸技艺恢复，您老就放心吧。”

那之后，卢一葵就时常去宣纸发源地——小岭的“九岭十三坑”转悠，想着能不能在那些老纸棚旁边碰到会这些技艺的老人。3个月后，一个偶然的机会，在小岭村的一个纸棚旁边碰到了一个80多岁的老太太，老太太14岁被抱养到小岭村做童养媳，家里原来是做纸的。但是由于年纪较大，很久没从事造纸工作，已经忘记造纸的技艺了，只是约摸还有点印象。抱着试试看的态度，卢一葵与老太太及老太太的二儿子进行试验，一年内倾其所有投入进行原料试验，由于宣纸传统技艺的特殊性和复杂性，试验失败了。但是失败并没有让卢一葵气馁，他想到用精确的实验室计量方式进行试验。2001年卢一葵到驻泾县的某部队进行了无数次的定量分析试验，终于在2003年年底做出原料小样，2004年开始正式生产造纸。此时离卢一葵对胡美生的那个誓言还不到5年。按照卢一葵的说法，“千年古宣”的古法宣纸技艺就是这样正式问世的。

### 4. “千年古宣”得名的故事

关于当年为什么给公司起名叫“千年古宣”，卢一葵回忆的故事是这样说的：第一批古法宣纸造出来后，由于成本较高（一张纸成本约为20多元，当时一张“红星”宣纸市场价3元），销售成了问题。因为卢一葵之前一直经商，有一

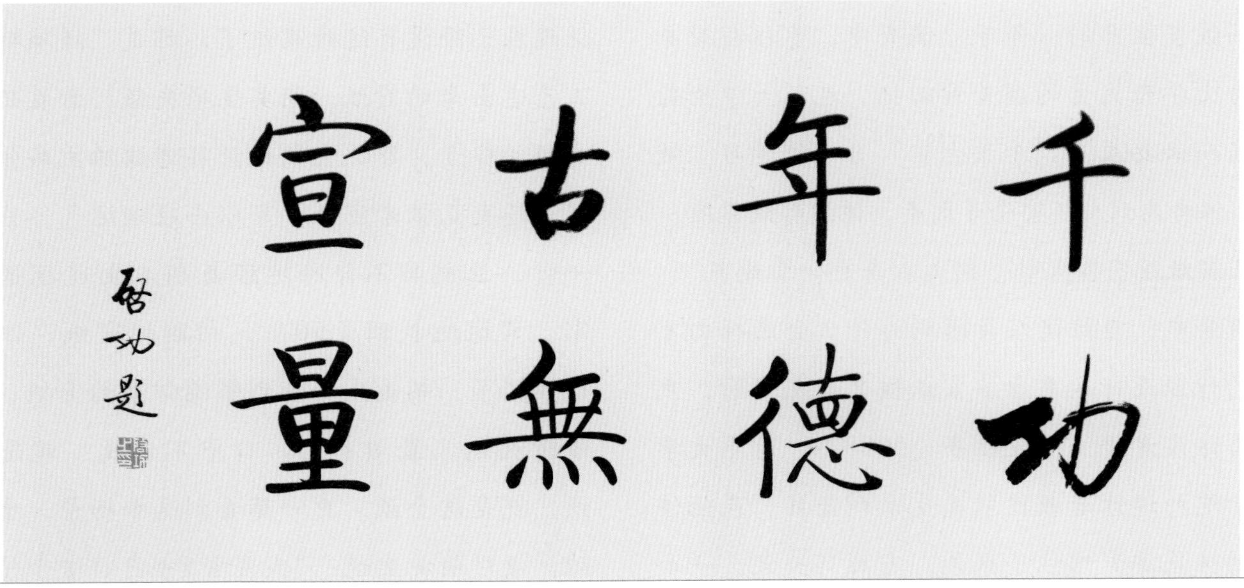


⊙1



定的人脉，于是他前往北京找到了陈毅的儿子陈昊苏（调查时卢一葵说他的父亲是建国元帅陈毅的警卫员），陈昊苏又带着他找到了书法家苏士澍（2016年访谈卢一葵时苏士澍已成为中国书法家协会主席），想着大家能不能帮卢一葵想想办法。苏士澍是当年中国书法家协会主席启功的弟子，他一听说是恢复古法技艺的宣纸，就想到自己的老师多年来一直想找这种纸，当晚就把纸样送到了启功住处，让师父鉴别。启功试笔后很高兴，让苏士澍第二天带卢一葵来。

⊙2

据卢一葵说：第二天，卢一葵到启功住处后，启功握着他的手激动地说：你不仅对中国文化做了大贡献，而且对全世界特别是有东方文化的地方都做了贡献。并且询问卢一葵厂名和品牌名，卢一葵说由于自己一直在试验，还没来得及起名。启功说：我来找个人给你题名。于是打电话给著名的文物专家王世襄，让其给卢一葵起个厂名和品牌名。王世襄与启功、苏士澍等人商定起名为“千年古宣”，并题写牌匾，“千年古宣”就这样诞生了。

⊙1 启功为『千年古宣』题词
Autograph of "Millennium Xuan Paper" by Qigong

⊙2 王世襄题字牌匾
Autograph written by Wang Shixiang

## 七
## 千年古宣宣纸有限公司的业态传承现状与发展思考

## 7
## Current Status and Development of Millennium Xuan Paper Co., Ltd.

调查中卢一葵表示：虽然目前宣纸市场不太景气，但是以传统古法宣纸制作技艺为核心技术的“千年古宣”特色鲜明，销售仍然平稳。而曹移程则表示：“千年古宣”宣纸生产厂区依山而建，而且以高品质、小数量、高售价为特色，稻草原料的加工基地又设在宣州区的高桥乡，因此公司现在的造纸对周坑周围的环境影响很小，对青山绿水基本不构成破坏。因此曹移程特别提出：在宣纸行业产能大量过剩的背景中，宣纸行业可以朝着古法技艺的方向发展。

曹移程为了印证他的说法，特别又给调查人员举例道：目前他两个儿子和女儿女婿都从事宣纸业，整个家族都参与其中，对古法宣纸的未来还是充满信心的。孙子辈虽然目前还没人从事造纸，因此时间长了也可能后续传承会出现断层。但是他会留一套完整的资料给他们，毕竟孙辈们从小耳濡目染，以后如果想从事古法造纸仍然有迹可循，可以迅速地把技艺恢复起来。

通过访谈发现的一个值得关注的经验是：虽然卢一葵中年之前未从事过宣纸相关行业，但是其经商的经验、市场敏感性及泾县本地人的地域文化基因，让其在一开始选择宣纸行业时就选择了特别的高端专业小众路径——恢复古法宣纸技艺。

⊙3

⊙4

据卢一葵说：“千年古宣”一开始就定位于古籍修复和高端定制纸，使得其运营状况至今保持良好。千年古宣宣纸有限公司不仅恢复了古法宣纸技艺，还特别强调在原料方面坚持严格把关监控，如在宣州区高桥乡建立燎草基地，在泾县小岭购买了13块晒滩的燎皮基地和0.16 km$^2$杨桃藤基地。卢一葵表示：“千年古宣”正打算从2个纸槽扩展到3个纸槽，从1槽生产扩展到3槽生产，并且正在谋划修建“千年古宣文化创意产业园”。不仅要坚持传承古法宣纸技艺，还要将传统非遗文化产业的观光体验旅游引入“千年古宣”的生产与经营中。

⊙3
调查组成员在厂内访谈曹移程
A researcher interviewing Cao Yicheng in the factory

⊙4
在建中的『千年古宣文化创意产业园』
"Cultural and Creative Industrial Park of Millennium Xuan Paper" under construction

# 『千年古宣』棉料

"Millennium Xuan" Mianliao Paper

『千年古宣』棉料透光摄影图
A photo of "Millennium Xuan" Mianliao paper seen through the light

# 『宣和坊』特净

435

"Xuanhefang" Superb-bark Paper

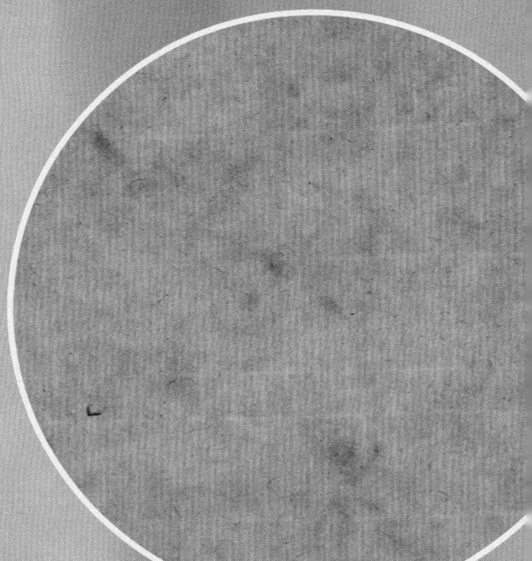

『宣和坊』特净透光摄影图

A photo of "Xuanhefang" superb-bark paper seen through the light

# 『宣和坊』『古槽』宣纸



"Xuanhefang" "Gucao" Xuan Paper

『宣和坊』『古槽』宣纸透光摄影图

A photo of "Xuanhefang" "Gucao" Xuan paper seen through the light

# 第十一节

# 泾县小岭景辉纸业有限公司

安徽省
Anhui Province

宣城市
Xuancheng City

泾县
Jingxian County

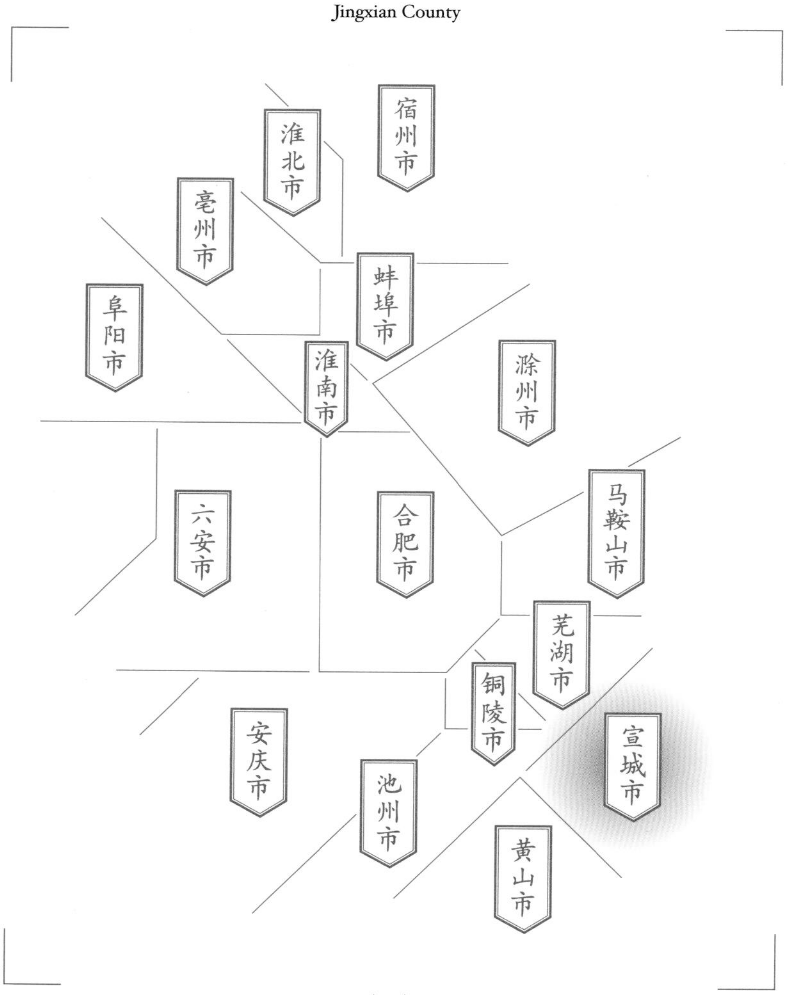


**调查对象**
丁家桥镇
泾县小岭景辉纸业有限公司
宣纸

## Section 11

## Xiaoling Jinghui Paper Co., Ltd. in Jingxian County

**Subject**

Xuan Paper
of Xiaoling Jinghui Paper Co., Ltd.
in Jingxian County
in Dingjiaqiao Town

## 一 景辉纸业有限公司的基础信息与生产环境

## 1 Basic Information and Production Environment of Jinghui Paper Co., Ltd.

泾县小岭景辉纸业有限公司坐落于泾县丁家桥镇小岭村周坑村民组，地理坐标为东经30° 40′ 31″、北纬118° 20′ 59″。景辉纸业有限公司创办于2008年，为来自北京的投资人投资的宣纸企业，生产的古法宣纸使用“泾上白”品牌名。2015年7月22日，调查组在此前多次访谈的基础上，对景辉纸业有限公司进行了记录式的田野调查，获知的基础信息为：景辉纸业有限公司现有工人30多人，有2个纸槽，一个为四尺槽，另一个为六尺槽，年产宣纸量约3 000余刀。

周坑村民组，当地口语习称周坑（“坑”发音同kang，古语泛指水沟、溪流或两山之间地带），隶属于小岭村委会，是古代对小岭宣纸经典产地誉称的“九岭十三坑”之一。据访谈中小岭村委会主任曹晓晖（音）的介绍：周坑村民组大约有30户人家，常住人口数105人左右。按一般小村落的起名方式理解，周坑村本应为周姓人居住之地，但调查时了解到的却是曹姓人占绝大多数，户主里没有一户周姓，除外嫁进来的女性外，整村外姓人家只有两户，一户姓陈，另一户姓胡。虽向多位村人询问，也不知周坑与古代的周姓有什么关系。

⊙1

⊙2

⊙3

⊙4

⊙1 景辉纸业有限公司厂区正门
Main entrance of Jinghui Paper Co., Ltd.

⊙2 山道上的周坑村指示牌
Signpost to Zhoukeng Village

⊙3 村口的指示牌
Signpost at the entrance of the village

⊙4 周坑村民集资建路功德碑
Merit stele of a road in Zhoukeng Villagers' Group (money raised by the villagers)

# 泾县小岭景辉纸业有限公司位置示意图

路线图

泾县县城

↓

泾县小岭景辉纸业有限公司

Road map from Jingxian County centre to Xiaoling Jinghui Paper Co., Ltd. in Jingxian County

## Location map of Xiaoling Jinghui Paper Co., Ltd. in Jingxian County

考察时间
2015年7月

Investigation Date
July 2015

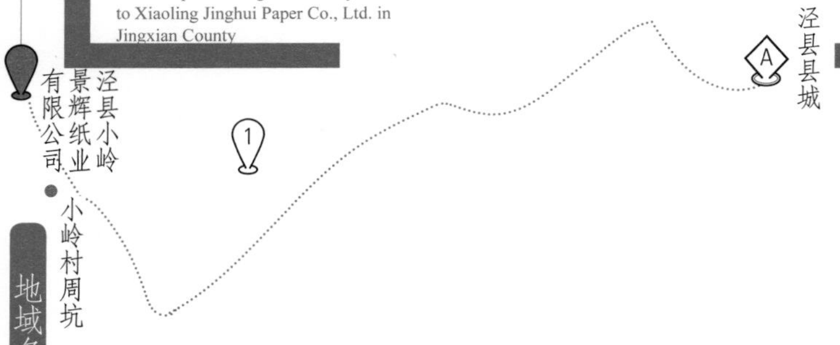


地域名称

| A 泾县 | 1 丁家桥镇 | 2 云岭镇 | 3 泾川镇 | 4 昌桥乡 | 5 黄村镇 | 6 琴溪镇 |
|---|---|---|---|---|---|---|

造纸点名称

泾县小岭景辉纸业有限公司 造纸点

位置分布

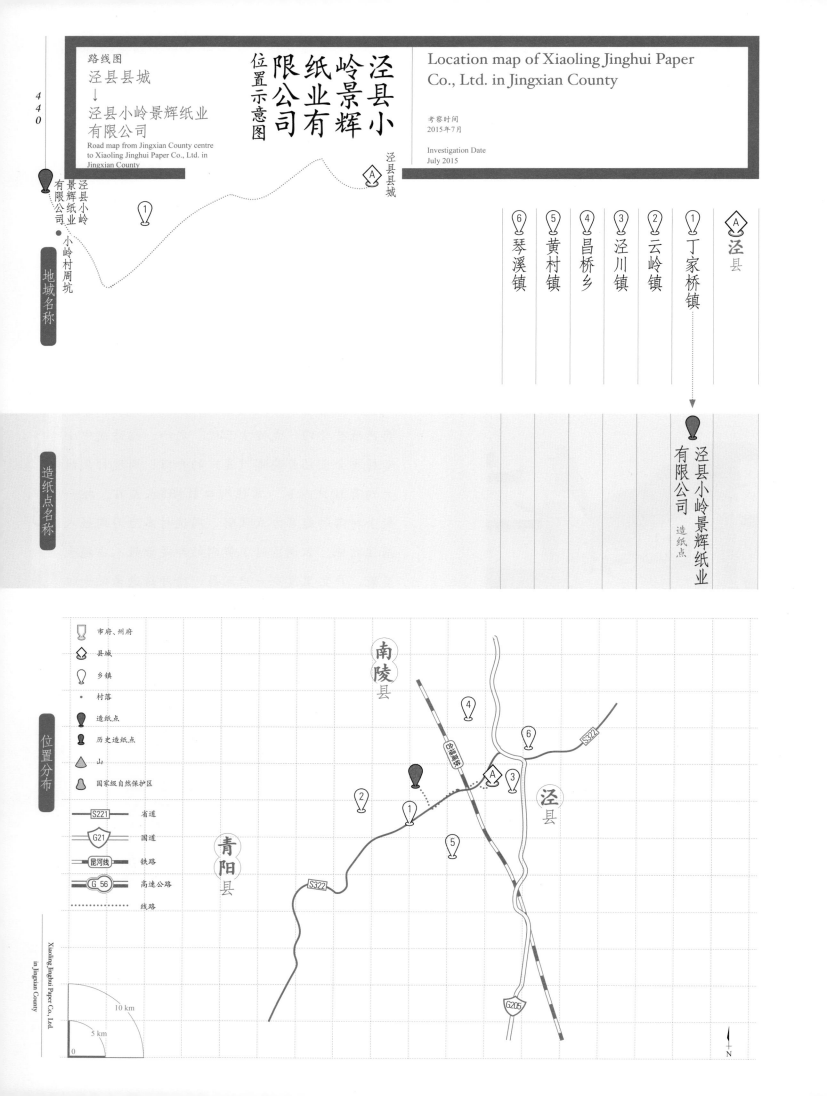

周坑村民组位于鸠鸠形（山名）与周坑山两座山的交汇处，两山均长有茂密的树木。沿周坑（溪流名）由牛颈岭（地名）村民组进入周坑村民组，因溪水沿山转弯，有几座桥连接被溪水隔断的路。周坑村民组的住房和宣纸厂坊基本都沿溪而建，建筑风格是徽派风格，青砖黑瓦马头墙，大一点的屋子则有“四水归堂”的布局，讲究一点的房上镶嵌花格窗，门面上有雕刻。

⊙1

据《泾县志》（1996年版）记载，清末至民国初年，泾县计有私营宣纸厂坊44个，其中曹义发鸿记、曹义发云记、曹义发贺记均位于周坑[22]。1910年，曹义发鸿记所产四尺夹宣获国家农工商部和南洋劝业会颁发的“超等文凭奖”荣誉[23]。20世纪90年代开始，周坑村民组先后建起了“千年古宣”“宣和坊”“景辉纸业”等以古法生产宣纸为传播定位的品牌企业。



## 二 景辉纸业有限公司的历史与传承情况

## 2 History and Inheritance of Jinghui Paper Co., Ltd.

2008年，景辉纸业有限公司由在北京从事文化产品经营的画家金永辉与顾峥嵘、孙景阳合资在周坑创建，使用“泾上白”商标注册。调查时了解的特殊信息是：景辉纸业有限公司的生产地在小岭村周坑，而商标注册地在北京。其中金永辉、顾峥嵘各出资33.75万，孙景阳出资67.5万，3人均为北京人。金永辉为法人代表，聘请泾县宣纸技艺专业人士刘耀谷和曹四明全面负责技术和生产。这种模式在泾县宣纸行业中较为独特。

金永辉，景辉纸业有限公司董事长、法人代

⊙1 周坑村的溪水 Stream of Zhoukeng Village

[22] 泾县地方志编纂委员会.泾县志[M] .北京：方志出版社，1996：242.

[23] 泾县地方志编纂委员会.泾县志[M]. 北京：方志出版社，1996：256.

表，1967年生。先后从中国人民解放军重庆通信学院通讯系、解放军艺术学院美术系毕业，师从著名画家刘大为，为中国美术家协会会员。金永辉本人在北京一方面从事文化产品经营业务，包括册页加工、制作卡纸、书画装裱等；另一方面在进行书画艺术创作的同时，也致力于中国书画材料的研究和制作实践。

孙景阳，景辉纸业有限公司合伙人，1957年出生，著名画家范曾的弟子，因画家职业的关系，多年来对宣纸及相关领域有着浓厚的兴趣。

刘耀谷，1971年出生于泾县，1989～1992年在安庆制浆造纸学校制浆造纸专业学习，1992年在中国宣纸集团公司312分厂纸浆车间从事制浆，1994～1996年在公司化验室任化验员；1997年调分厂质检科工作；2004年中国宣纸集团公司改制后下岗。2008年，刘耀谷在北京结识金永辉后，促成了景辉纸业有限公司的诞生，刘耀谷受聘任景辉纸业有限公司的生产总监。

刘耀谷的父亲刘荣林，1932年生，山西籍南下干部，1979年因任中共小岭宣纸厂党总支书记携全家来泾县小岭定居，1984年后任泾县轻工业局局长兼小岭宣纸厂党总支书记；1985～1988年任泾县中国宣纸公司副经理，1986年成立泾县宣纸工业管理局时任局长，1993年退休。

曹四明，1970年生于泾县，宣纸世家出身。其父曹树松，1928年出生，1976年去世，生前一直在小岭宣纸原料社从事燎草制作。由于曹树松在曹四明6岁时去世，因此访谈中曹四明表示说不清楚父亲及祖父造纸的情况。

曹四明1996年在小岭当地初中毕业后在周坑学习制作燎草，1989年后外出到浙江临安、泾县县城、上海等地打工，1998年回乡。调查中据曹四明自述：之所以回村造纸一方面是在外面奔波时想到祖传技艺要再传下去，另一方面则是想借家乡的地利、人力和优势干出点名堂，多赚点收入，改善家庭的生活。由于对做燎草工艺已经比较了解，2006年4月，曹四明开始学习燎皮制作技艺。景辉纸业有限公司成立后，秉承按古法制造宣纸的宗旨，"泾上白"宣纸全部采用古法燎皮和燎草生产。据调查时曹四明介绍，纸厂自己制作的燎草约达50%，其余50%左右从附近专业从事加工的农户处收购；而燎皮则全由本公司自己制作。

⊙2

⊙1

⊙3

⊙4

⊙1 金永辉 Jin Yonghui
⊙2 刘耀谷（右）在车间与调查组成员深入交流 Liu Yaogu (right) talking with a research
⊙3 刘耀谷 Liu Yaogu
⊙4 曹四明 Cao Siming

Xiaoling Jinghui Paper Co., Ltd. in Jingxian County

## 三 景辉纸业有限公司的代表纸品及其用途与技术分析

## 3 Representative Paper, Its Uses and Technical Analysis of Jinghui Paper Co., Ltd.

### （一）代表纸品及用途

据调查组2015年7月22日的调查：景辉纸业有限公司“泾上白”宣纸包括特净、净皮、棉料三个品种。调查时据刘耀谷介绍，“泾上白”古法宣纸特净（配比为80%燎皮和20%燎草，2.9～3 kg/刀）由于其皮浆含量最高，渗透性好，尤其适宜泼墨山水画的创作；净皮（配比为60%燎皮和40%燎草，2.4～2.9 kg/刀）皮浆和草浆配比居中，适宜勾线人物、花鸟等小写意类绘画创作和“兼工带写”的书画创作；而棉料（配比为40%燎皮和60%燎草，2.4～2.55 kg/刀）由于皮浆含量少，墨渗透性较其他两种纸弱，适宜写书法。

调查组成员从造纸现场的访谈中还获知，景辉纸业有限公司近年开始试验性生产少量古法煮硾纸。据刘耀谷的说法：制作煮硾纸用的是宋代加工工艺，是对宣纸的深加工。煮硾纸属于半生熟宣纸，制作工艺十分复杂，大致工艺为先将宣纸用某些中草药处理（调查中刘耀谷表示具体材料要保密），然后揉成团再将其置于锤子下一直砸。由于工艺十分复杂，一个熟练工人一天大概可以制作出1～2张煮硾纸。

据刘耀谷介绍：景辉纸业有限公司的煮硾纸

⊙5

⊙5 调查组取样的『泾上白』净皮宣纸
"Jingshangbai" clean-bark Xuan paper sample collected by the research group

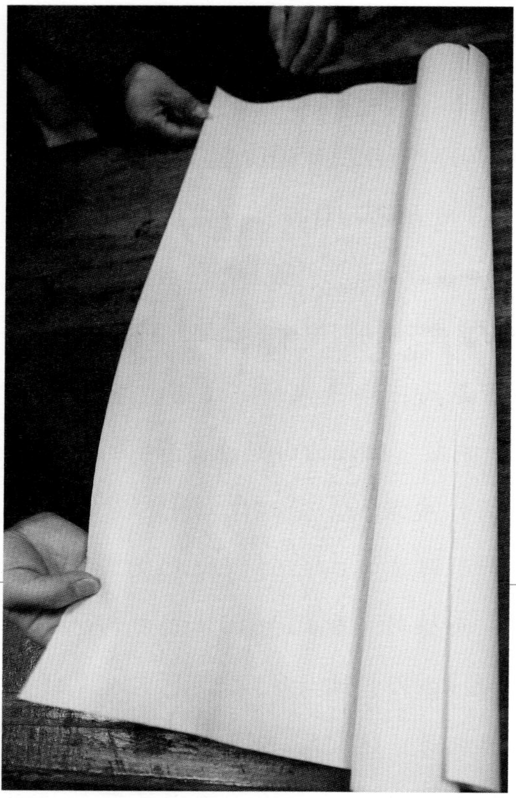
⊙1

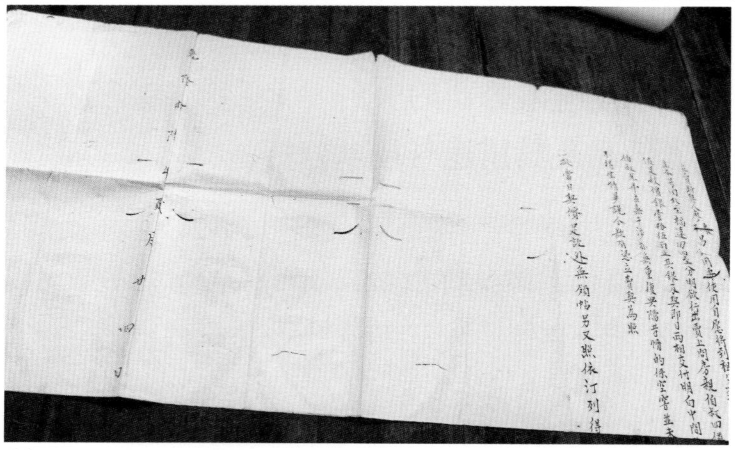
⊙2

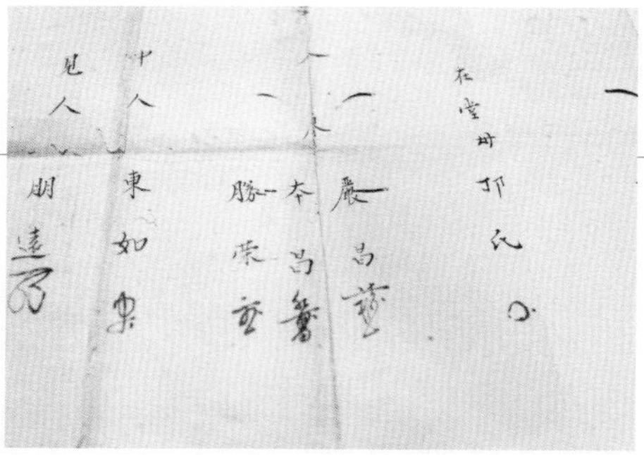
⊙3

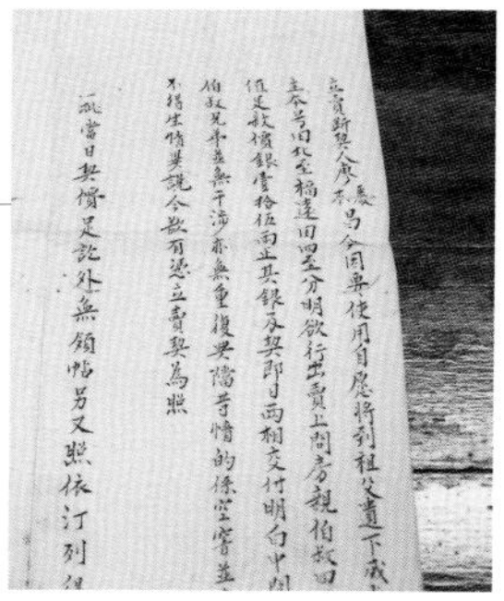
⊙4

可以在存放的过程中一直保持墨的亮度，实现宜生宜熟、生熟兼顾、润墨而不跑墨的兼顾性效果。当创作者直接用墨水在煮硾纸上创作时，可以达到熟宣的效果，适宜于写小楷及工笔画创作；当创作者将墨液在清水中稍加搅拌后立即在煮硾纸上创作时，煮硾纸上表现出的效果与生宣效果一样，适宜于泼墨山水和人物画创作。调查组采样询价的数据为："泾上白"四尺古法煮硾纸暂定价格为500元/张，为特定高端市场消费用纸。

⊙5

⊙6

⊙1
景辉纸业有限公司制作的煮硾纸
Impregnated Xuan paper made by Jinghui Paper Co., Ltd.

⊙2/4
金永辉展示自己收藏的清代煮硾纸
Jing Yonghui's collection of impregnated Xuan paper in the Qing Dynasty

⊙5/6
金永辉用煮硾纸创作的绘画作品
Jing Yonghui's paintings on impregnated Xuan paper

(二)

## 代表纸品技术分析

测试小组对采样自景辉纸业有限公司的四尺特净所做的性能分析，主要包括厚度、定量、紧度、抗张力、抗张强度、撕裂度、湿强度、白度、耐老化度下降、尘埃度、吸水性、伸缩性、纤维长度和纤维宽度等。按相应要求，每一指标都需重复测量若干次后求平均值，其中定量抽取5个样本进行测试，厚度抽取10个样本进行测试，拉力抽取20个样本进行测试，撕裂度抽取10个样本进行测试，湿强度抽取20个样本进行测试，白度抽取10个样本进行测试，耐老化度下降抽取了10个样本进行测试，尘埃度抽取4个样本进行测试，吸水性抽取10个样本进行测试，伸缩性抽取4个样本进行测试，纤维长度测试了200根纤维，纤维宽度测试了300根纤维。对景辉纸业有限公司特净进行测试分析所得到的相关性能参数见表2.41。表中列出了各参数的最大值、最小值及测量若干次所得到的平均值或者计算结果。

表2.41　景辉纸业有限公司特净相关性能参数
Table 2.41　Performance parameters of superb-bark paper in Jinghui Paper Co., Ltd.

| 指标 | | 单位 | 最大值 | 最小值 | 平均值 | 结果 |
|---|---|---|---|---|---|---|
| 厚度 | | mm | 0.110 | 0.095 | 0.101 | 0.101 |
| 定量 | | $g/m^2$ | — | — | 33.6 | 33.6 |
| 紧度 | | $g/cm^3$ | — | — | — | 0.333 |
| 抗张力 | 纵向 | N | 20.6 | 16.6 | 18.3 | 18.3 |
| | 横向 | N | 11.5 | 9.0 | 9.9 | 9.9 |
| 抗张强度 | | kN/m | — | — | — | 0.940 |
| 撕裂度 | 纵向 | mN | 320 | 290 | 312 | 312 |
| | 横向 | mN | 430 | 380 | 406 | 406 |
| 撕裂指数 | | $mN\cdot m^2/g$ | — | — | — | 10.7 |
| 湿强度 | 纵向 | mN | 1 040 | 900 | 954 | 954 |
| | 横向 | mN | 550 | 470 | 521 | 521 |
| 白度 | | % | 68.4 | 68.1 | 68.3 | 68.3 |
| 耐老化度下降 | | % | — | — | — | 1.79 |
| 尘埃度 | 黑点 | 个/$m^2$ | — | — | — | 4 |
| | 黄茎 | 个/$m^2$ | — | — | — | 64 |
| | 双浆团 | 个/$m^2$ | — | — | — | 0 |
| 吸水性 | | mm | — | — | — | 16 |
| 伸缩性 | 浸湿 | % | — | — | — | 0.55 |
| | 风干 | % | — | — | — | 0.53 |

续表

| 指标 | | 单位 | 最大值 | 最小值 | 平均值 | 结果 |
|---|---|---|---|---|---|---|
| 纤维 | 皮 | 长度 mm | 4.98 | 0.77 | 2.08 | 2.08 |
| | | 宽度 μm | 28.0 | 1.0 | 11.0 | 11.0 |
| | 草 | 长度 mm | 2.05 | 0.30 | 0.86 | 0.86 |
| | | 宽度 μm | 10.0 | 1.0 | 5.0 | 5.0 |

性能分析

由表2.41可知，所测景辉纸业有限公司特净的平均定量为33.6 g/m²。景辉纸业有限公司特净最厚约是最薄的1.16倍，经计算，其相对标准偏差为0.004 97，纸张厚薄较为一致。通过计算可知，景辉纸业有限公司特净紧度为0.333 g/cm³；抗张强度为0.940 kN/m，抗张强度值较大。所测景辉纸业有限公司特净撕裂度为10.7 mN·m²/g，撕裂度较大；湿强度纵横平均值为738 mN，湿强度较大。

所测景辉纸业有限公司特净平均白度为68.3%。白度最大值是最小值的1.004 4倍，相对标准偏差为0.099 44，白度差异相对较小。经过耐老化测试后，耐老化度下降1.79%。

所测景辉纸业有限公司特净尘埃度指标中黑点为4个/m²，黄茎为64个/m²，双浆团为0个/m²。吸水性纵横平均值为16 mm，纵横差为1.2 mm。伸缩性指标中浸湿后伸缩差为0.55%，风干后伸缩差为0.53%。说明景辉纸业有限公司特净伸缩差异不大。

景辉纸业有限公司特净在10倍、20倍物镜下观测的纤维形态分别如图★1、图★2所示。所测景辉纸业有限公司特净皮纤维长度：最长4.98 mm，最短0.77 mm，平均长度为2.08 mm；纤维宽度：最宽28.0 μm，最窄1.0 μm，平均宽度为11.0 μm；草纤维长度：最长2.05 mm，最短0.30 mm，平均长度为0.86 mm；纤维宽度：最宽10.0 μm，最窄1.0 μm，平均宽度为5.0 μm。景辉纸业有限公司特净润墨效果如图⊙1所示。

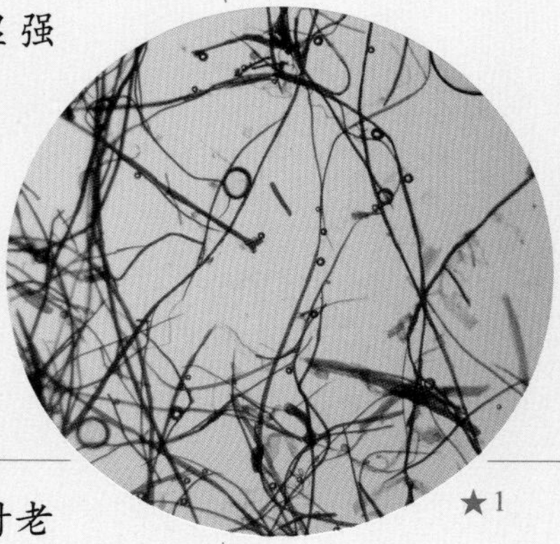
★1

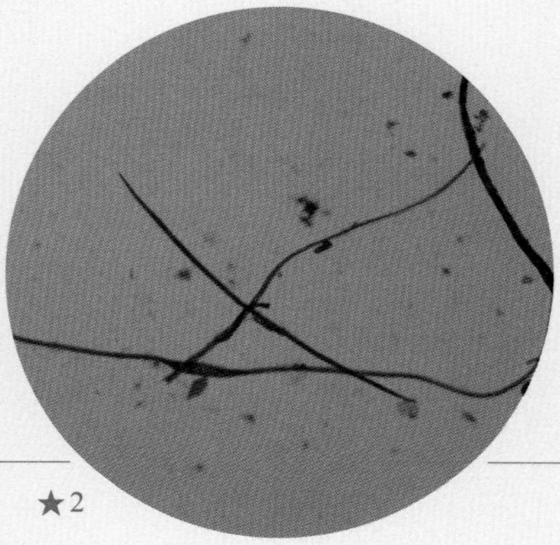
★2

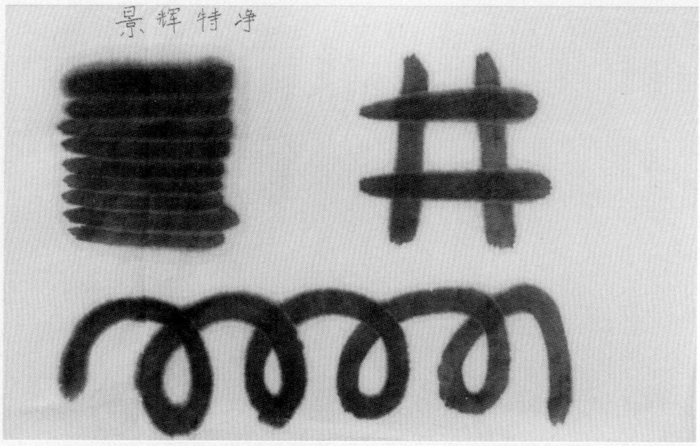

⊙1

★1 景辉纸业有限公司特净纤维形态图（10×）
Fibers of superb-bark paper in Jinghui Paper Co., Ltd. (10× objective)

★2 景辉纸业有限公司特净纤维形态图（20×）
Fibers of superb-bark paper in Jinghui Paper Co., Ltd. (20× objective)

⊙1 景辉纸业有限公司特净润墨效果
Writing performance of superb-bark paper in Jinghui Paper Co., Ltd.

# 四
# 景辉纸业有限公司生产的原料、工艺与设备

# 4
# Raw Materials, Papermaking Techniques and Tools of Jinghui Paper Co., Ltd.

## (一)
## “泾上白”宣纸生产的原料

### 1. 主料一：青檀树皮

制作“泾上白”宣纸的青檀皮选用2～3年生的嫩枝皮，调查中刘耀谷介绍：用优质青檀皮制作的宣纸，润墨效果好，吸附性强，不易变形，可以防止虫蛀和老化，是“纸寿千年”的重要支撑要素之一。“泾上白”宣纸生产所需青檀皮一般从泾县小岭村一带就地采购。2015年7月调查时的毛皮价格为850～900元/50 kg，加工好的燎皮价格为6 000～7 000元/50 kg。

⊙2

⊙3

### 2. 主料二：沙田稻草

调查时据刘耀谷介绍：沙田稻草在每年秋冬之季采集，“泾上白”宣纸所需要的沙田稻草一般前往本县丁家桥镇、黄村镇（原安吴乡）购买。调查时的毛草价格为60元/50 kg，加工好的燎草价格为700元/50 kg。

⊙4

### 3. 辅料一：纸药

制作“泾上白”宣纸所用纸药为杨桃藤（即野生猕猴桃）汁，浸泡处理后将浸出的纸药搀在纸浆中进行捞纸。据刘耀谷介绍：景辉纸业有限公司生产“泾上白”古法宣纸所需的杨桃藤，通常由自己公司从小岭村一带砍伐，若在生产旺季砍伐量跟不上时也会从小岭村农户手中购买，2015年7月时的价格为300元/50 kg。

加工杨桃藤枝时，传统工艺是用黄檀木做的药榔头（一种大锤，为捶打杨桃藤枝的锤子，榔

⊙2
景辉纸业有限公司厂门口的青檀树
*Pteroceltis tatarinowii* Maxim. tree at the entrance of Jinghui Paper Co., Ltd.

⊙3
剥皮后的青檀树杆子
Peeled branches of *Pteroceltis tatarinowii* Maxim. branches

⊙4
景辉纸业有限公司堆放燎草的库房一角
Processed straw storehouse in Jinghui Paper Co., Ltd.

头在当地方言中是锤子的意思）捶打杨桃藤枝使其树枝裂开，以方便泡出纸药。调查时则已流行用机器剥皮，将杨桃藤枝一分为二，然后将分开的枝放入木桶中，加水浸满，浸泡至出汁后，用布袋过滤掉杂质，将浸泡出的无杂质汁液加到捞纸的槽中。

4. 辅料二：水

生产"泾上白"宣纸需要大量的水，景辉纸业有限公司选择的是小岭村周坑村民组山上流下的山涧水。该山涧水源流下的水水温较低，使得纸药料不易分解和变质，可以减少纸药的用量。据调查组成员在现场的测试，"泾上白"古法宣纸制作所用的山涧水pH为7.59，呈弱碱性。

⊙1

⊙2

## (二)

## "泾上白"宣纸生产的工艺流程

据刘耀谷访谈中的口述，综合调查组2015年7月22日在景辉纸业有限公司的实地调查，以及此前此后与刘耀谷的多次交流，可归纳"泾上白"古法宣纸的生产工艺流程为：

燎皮浆制作程序

| 壹 | 贰 | 叁 | 肆 | |
|---|---|---|---|---|
| 毛皮制作 | 皮坯制作 | 青皮制作 | 燎皮制作 | 燎皮浆 |

燎草浆制作程序

| 壹 | 贰 | 叁 | 肆 | |
|---|---|---|---|---|
| 稻草制作 | 草坯制作 | 青草制作 | 燎草制作 | 燎草浆 |

后续加工程序

| 壹 | 贰 | 叁 | 肆 | 伍 | 陆 |
|---|---|---|---|---|---|
| 配浆 | 捞纸 | 压榨 | 晒纸 | 检验、剪纸 | 打包装箱 |

⊙1/2
景辉纸业有限公司厂区附近的山涧水
Mountain water near Jinghui Paper Co., Ltd.

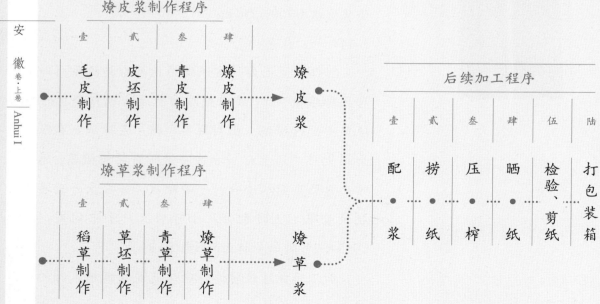

## 燎皮浆制作

景辉纸业有限公司燎皮浆的制作过程十分复杂，主要制作过程描述如下：

### 壹 毛皮制作

#### 1 ⊙3⊙4

(1)

在冬季砍伐生长了2～3年的青檀皮枝干，枝干砍下后去掉枝干上过细的分枝干，除去枯死枝干，按照1.67 m左右长度将枝干截成段。

(2)

将砍下的青檀树枝干按照40 kg/捆进行捆扎，然后运至蒸煮的地方。

(3)

将成捆的青檀树枝干用蒸汽进行蒸煮（这种蒸汽蒸煮锅是一个大圆桶，桶底横放几根粗圆木，将青檀树枝一捆一捆地堆放好，一层压一层，一般达到一人高，在桶口压上木板等物，让蒸汽尽量少泄），蒸煮24小时后即可取出。

(4)

将蒸煮过的枝干用冷水浸泡或者自然冷却后剥皮、晒干，即成毛皮，存入库房备用。

⊙3

⊙4

### 贰 皮坯制作

#### 2 ⊙5～⊙8

(1)

将毛皮拿出库房，再淋水，让毛皮全部湿透。

(2)

按照1.35 kg左右的标准扎成一把，扎把后按照40 kg左右一捆的标准上捆。

(3)

将一捆一捆的毛皮放入溪水浸泡，浸泡约一夜后，将毛皮从蟹黄色的水中取出后放在岸边控水；水控干后将这些毛皮裹上石灰乳液。

(4)

根据锅的大小上堆发酵毛皮。一般1 250 kg左右为一“桌”（当地制作过程中的术语）进行发酵，等到40天后毛皮充分吸收石灰乳液颜色变黄时，上蒸锅蒸24小时。

⊙5

⊙3 蒸皮 Steaming the bark

⊙4 毛皮 Unprocessed bark

⊙5 泡毛皮 Soaking the unprocessed bark

(5)

踏皮，目的是让毛皮再充分吸收石灰乳液，这个过程需要4～5个工人工作一天，将毛皮踏成[24]一个一个球状，石灰乳液与毛皮融合在一起即可。

(6)

上堆发酵，通常要20～40天，此时要求毛皮平整堆放，否则会腐烂，导致不能使用。

(7)

将石灰乳液用溪水洗涤干净，最后将洗涤干净的皮上滩摊晒1～2周，期间必须淋雨1～2场后晒干方可收回，这时候毛皮就变成皮坯了。

⊙6

⊙7

⊙8



叁

## 青皮制作[25]

### 3

⊙9～⊙11

(1)

将皮坯的一头往凳子上摔打，去掉粉尘、颗粒等杂质后，换另一头继续往凳子上摔打，然后将3把皮坯变成一把，放入碱液中汆皮，一般50 kg水放2.5～5 kg纯碱，此时碱液多少按照皮的硬度决定，如果皮硬则碱液多。

⊙9

⊙10



⊙6 踏皮后上堆 Stacking the bark after being stamped

⊙7 景辉纸业有限公司自建的皮、草摊晒场 Drying field for drying the bark and straw built by Jinghui Paper Co., Ltd.

⊙8 翻青皮 Turning the fresh bark over

⊙9 摔打皮坯 Beating the bark materials

⊙10 纯碱 Sodium carbonate

[24] 黄飞松，王欣.宣纸[M].杭州:浙江人民出版社，1996:68.

[25] 黄飞松，王欣.宣纸[M].杭州:浙江人民出版社，1996:69-71.

（2）

将皮坯放入蒸锅蒸24小时，然后上滩，淋雨1～2次将碱水去掉，晒干后收回。

（3）

用溪水将皮淋湿，此时要求要淋透至皮变软，便于后面撕皮。

（4）

撕皮，这道工序是要求将宽窄不等的皮坯撕成2～3 mm宽度的细长面条状，长度越长越好，撕完后打上一个活结，形成麻花辫子状。

（5）

上晒滩，2～3个月后皮颜色开始发暗时翻晒一下，继续晒2～3个月后发暗时收回。这个过程要求皮根根见阳光，不能超过3根搭在一起。此时收回的皮坯叫作青皮，调查时刘耀谷也称之为“青皮巾”。

⊙11

## 肆 燎皮制作

4 ⊙12

二次氽皮[26]，一般50 kg水放2.5～5 kg纯碱；然后上晒滩，2～3个月后皮开始发暗时翻晒一遍，继续晒2～3个月后发暗时收回，然后上蒸锅蒸24小时后收回。此时的皮料叫燎皮。

⊙12

## 伍 燎皮浆制作

5 ⊙13～⊙16

（1）

将收回的燎皮放入车间，再氽皮蒸煮，一般50 kg水放2.5～5 kg纯碱，再次蒸24小时，然后用清水洗涤后压榨干。

⊙13

⊙14

（2）

进行人工选拣，将有杂物和黑点的燎皮去除。

（3）

用石碓将燎皮碓打成皮浆。

（4）

进行漂白，此时漂白剂放很少剂量，一般可制作10刀四尺纸（1 000张）的皮浆放1升以下的次氯酸钠漂白剂进行补漂，漂白后即可与草浆按比例混合进行捞纸。

⊙15

⊙11 浆灰 Pulp ash

⊙12 燎皮 Processed bark

⊙13 蒸锅 Pot for steaming the materials

⊙14 选拣燎皮 Picking the processed bark

⊙15 碓皮（打皮） Beating the bark

[26] 黄飞松，王欣.宣纸[M].杭州：浙江人民出版社，1996：71.

⊙16



## 燎草浆制作

景辉纸业有限公司的燎草浆制作如燎皮浆制作一样有很多工序，调查组根据访谈时刘耀谷的描述和现场观察，将“泾上白”古法宣纸的燎草草浆制作的主要工序描述如下：

### 壹 草坯制作

1 ⊙17

(1)

将购买的沙田稻草或当地的稻草（又叫毛草、稻草）斩头去尾，去掉枯叶、割穗和破节后，按照1～1.5 kg/把扎成把，然后按照约40 kg/捆上捆。

(2)

用溪水浸泡毛草，浸泡1个月左右毛草出汁后，上岸控水。

(3)

用石灰乳液腌制50～60天，这一工序叫浆草。

(4)

将石灰乳腌制过的毛草上晒滩发酵，40天左右后石灰明显变黄时进行翻堆，此时需要将上面的草翻到下

⊙16 碓皮（打皮） Beating the bark

面，里面的草翻到外面，使其均匀发酵，再过40天左右石灰明显变黄时即可收回。

(5)

将发酵好的毛草用铁钩在溪水中清洗干净，去除石灰乳，晒干后形成草坯。

⊙17

⊙21

## 贰 青草制作

### 2

⊙18～⊙22

(1)

将草坯上晒滩晒约6个月后收回，按照1～1.5 kg/把的标准扎成把，然后用碱液浸泡，一般50 kg水放2.5～5 kg纯碱。

⊙18

⊙19

⊙22

(2)

把浸泡后的草坯堆到架子上放24小时后蒸24小时，直到蒸汽透至表面时停火。

⊙20

(3)

淋洗后上滩摊晒40天左右后，碱液明显变黄时进行翻堆，再过40天左右后收回至仓库，此时的草叫青草。

## 叁 燎草制作

### 3

(1)

将青草按照1.5～2.5 kg/把进行扎把，然后用碱液洗干净，再堆架约24小时后蒸24小时，最后出锅上滩。

(2)

摊晒时要求摊直。摊晒过程中要上滩扯一次草，将草中粉尘、块状物体等杂质去除，草色变白后再将摊晒的青草翻晒一遍，直到全部变白后收回，此时叫做燎草。

## 肆 燎草浆制作

### 4

⊙23

(1)

将燎草用清水洗涤干净后进行鞭打，工人将草的一头往凳子上摔打，将草中的石灰、石头等杂质鞭打掉。

(2)

将燎草用清水洗涤后榨干，除去草

⊙17 浆草（曹四明供图）
Soaking and fermenting straw in the lime pulp (photo provided by Cao Siming)

⊙18／19 浸泡碱液
Soaking the straw in alkali

⊙20 上堆
Piling the straw

⊙21 滤碱液
Filtering the pulp

⊙22 蒸煮（蒸草坯、青草过程）
Procedure of steaming and boiling (steaming the straw slab and fresh straw)

中污汁和水分等。

(3)

将燎草中残存的杂质通过人工拣掉，然后用石碓将燎草纤维舂开，变成草浆。用这样做的原料制作出来的纸才会形成象牙白色感的本色宣纸。

⊙23

## 后续加工程序

### 壹 配浆

1 ⊙24～⊙29

将漂白后的皮浆和草浆配比后变成混合浆，然后通过旋翼筛（一种通过旋转可以将混合浆中浆团除去的机械）去掉浆团、平筛（一种通过振动去掉混合浆中纤维过长的浆料）和跳筛（一种通过高频振动方式去掉薄壁细胞过多浆液的机械）去掉不适合造纸的浆料，剩下的浆液就可以进入捞纸车间用于捞纸了。据刘耀谷介绍，景辉纸业有限公司生产的“泾上白”古法宣纸配浆比例为：特净，80%的燎皮和20%的燎草；净皮，60%的燎皮和40%的燎草；棉料，40%的燎皮和60%的燎草。

⊙24

⊙25

⊙26

⊙27

⊙28

⊙29

⊙23 选拣台 Picking table

⊙24 舂后的燎皮浆 Bark pulp after beating

⊙25 除砂机 Machine for removing the residues

⊙26 滤水机 Machine for filtering the water

⊙27 混合浆池 Container for mixing the pulp

⊙28 旋翼筛 Rotor sifter

⊙29 跳筛 Jiggling sieve

## 贰 捞纸

2 ⊙30

捞纸又称抄纸，是宣纸质量好坏的关键工序之一。据刘耀谷介绍，景辉纸业有限公司四尺槽每天的生产量为11～12刀。

(1) 搞槽

混合浆进入纸槽后需经过搅拌才可进行捞纸，宣纸行业中称这种搅拌为“搞槽”，由捞纸的抬帘工与帮槽工分站在纸槽的两头，各持一把扒头，通过逆时钟方式在槽底画圈，将槽中水划成旋涡状。通过目测方式判断纸浆是否融合后即可加入适量纸药，再将纸药充分融入纸浆后即可捞纸。等捞纸工匠纸浆捞稀薄后，再加入纸浆搞槽、加药，循环往复。

(2) 捞纸

“泾上白”宣纸目前生产规格只有常规的四尺、六尺，每个槽位只需要2个捞纸工人共同作业。1人为掌帘，负责帘床的顺边，一般由师傅或者技艺好一点的捞纸工把握；1人为抬帘，负责帘床的反边，主要是辅助掌帘师傅完成捞纸工作，并在抬帘师傅提帘下架时，将帘床上的皮块弄掉，同时还负责用计数器进行捞纸张数计数。

⊙30

掌帘和抬帘技工分站在槽位两头，帘上帘床，夹上帘尺，开始捞纸。将帘床侧插入槽中，水由梢部向额部运动，水在额部稍作停顿，再将水由额部向梢部倾倒完成一遍水的操作；两遍水的操作是共同抬起梢部，由额手自操作工身体中间下水，向沥水棍方向舀水，再将水由额部向梢部倾出。如在清槽操作两遍水时，在水没倒出之前，还需牵浪。完成两遍水后，将帘床架上沥水棍，帘上多余的水由缝隙滤出，形成一张湿纸。

(3) 放帘

掌帘师傅用右手将纸帘的梢竹拿起，左手接住纸帘下端（额竹），上档时需要两头同时，然后将纸帘处理成半圆筒状起斜，先左后右。放帘时只能前进，不能后退，否则会形成断纸，同时注意纸上有水泡产生。放完帘后，吸帘时注意水洞。把纸帘平稳地放在槽旁边的湿纸板上，轻轻地使纸帘与湿纸分离，拿走纸帘。在这个过程中，抬帘工人用计数器计数。

## 叁 压榨

3 ⊙31

捞纸工下班后，由帮槽工用盖纸帘覆盖在湿纸帖上，加上盖纸板。等受压后的湿纸帖滤完一定的水后，再架上榨杆和螺旋杆等装置，逐步加力，将湿纸帖挤压得不出水为止。帮槽工在扳榨时，交替做好纸槽清洗工作，将纸槽当天的槽水放干，滤去槽底（槽内残留的纸浆），清洗纸槽四壁后，加上次日第一个槽口的纸浆，将槽内注满清水。

⊙31

⊙30 捞纸（曹四明供图）Making the paper (photo provided by Cao Siming)

⊙31 螺旋杠杆 Screw lever

## 肆 晒纸

4 ⊙32～⊙38

**（1）烘帖**

将压榨好的纸帖放在晒纸房的纸焙上烘烤，将纸帖水分烘烤尽。

**（2）浇帖**

烘干后的纸帖需要人工在整块帖上浇润水，使整块纸帖被水浸润，形成潮而不湿形状。浇帖没有固定时间，可以抽空进行。盖好湿润的硬壳纸保湿，放在焙屋过夜。

**（3）鞭帖**

将浇好的纸帖放在晒纸架上，用鞭帖板由梢部依次向额部敲打，其反作用力使纸帖服贴，便于分离。

**（4）晒纸**

晒纸时先取掐角（左上角），由左向右将帖中单张纸揭下来，通过刷把贴上纸焙。标准纸焙能张贴9张四尺纸，贴满整个纸焙后，先将最早上墙的纸揭下，依次进行。揭下后，再晒下一焙纸。如此循环往复。景辉纸业有限公司的晒纸焙上比一般企业纸焙稍短，满焙只能晒7张纸。

⊙32

⊙33

⊙34

⊙36

⊙37

⊙38

⊙35



## 伍 检验、剪纸

5 ⊙39

首先将焙干的纸进行检验，如果有不合格的纸立即取出或者做记号，积累一定次品、废品数量后，有的回笼打浆，有的低价出售。然后数好张数，一般50张为一个刀口，压上石头，剪纸人站成箭步，持平剪刀一气呵成地剪下去，否则纸边会参差不齐。

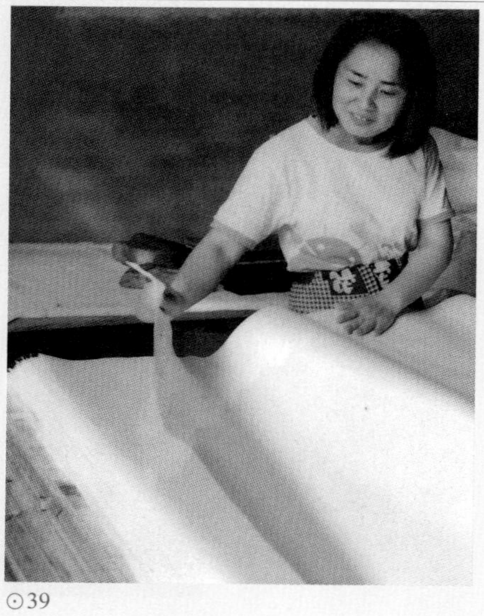

⊙39

## 陆 打包装箱

6

剪好后的纸按100张一刀分好，再加盖“泾上白”品牌的系列章。9刀装1箱（件），包装完毕后运入贮纸仓库。

⊙32 抬帖（曹四明供图） Carrying the paper pile (photo provided by Cao Siming)
⊙33 烘帖 Drying the paper pile
⊙34 分张（曹四明供图） Separating the paper layers (photo provided by Cao Siming)
⊙35 晒纸 Drying the paper
⊙36 纸架 Frame for watering the paper pile
⊙37 浇帖水壶 Kettle for watering the paper pile
⊙38 纸石 Stone for pressing the paper
⊙39 检验（曹四明供图） Checking the paper (photo provided by Cao Siming)

## (三)

## "泾上白"宣纸制作中的主要工具

### 壹 药榔头 1

一种黄檀木做的锤子，意思为捶打杨桃藤的锤子，榔头在当地方言中是锤子的意思。药榔头用于敲打杨桃藤，使其枝干破碎，便于泡水时出汁。实测景辉纸业有限公司所用的锤尺寸为：长40 cm，锤头宽18 cm。

⊙40

### 贰 竹刀 2

选拣皮料、草料时所用工具。实测景辉纸业有限公司所用的大竹刀长为49 cm，小竹刀长为46 cm。

⊙41

### 叁 打浆机 3

用来制作浆料的机械制浆设备。

⊙42

### 肆 捞纸槽 4

盛浆工具，调查时为水泥浇筑。实测景辉纸业有限公司所用的四尺捞纸槽尺寸为：长195 cm，宽176 cm，高80 cm；六尺捞纸槽尺寸为：长231 cm，宽176 cm，高80 cm。

⊙43

### 伍 纸帘 5

用于捞纸，竹丝编织而成，表面很光滑平整，帘纹细而密集。实测景辉纸业有限公司所用的纸帘尺寸为：长162 cm，宽90 cm。

⊙44

⊙40 药榔头 Hammer for making the papermaking mucilage

⊙41 竹刀 Bamboo knife

⊙42 打浆机 Beating machine

⊙43 捞纸槽 Papermaking trough

⊙44 纸帘 Papermaking screen

## 陆 扒头 6

捞纸时“搞单槽”（搅拌混合浆料）所用工具，实测景辉纸业有限公司所用的扒头长220 cm。

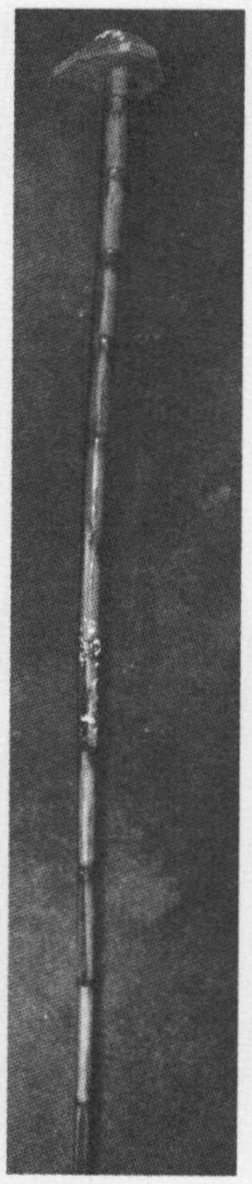
⊙45

## 柒 帖架 7

将纸帖抬到晒纸房的架子。实测景辉纸业有限公司所用的帖架尺寸为：长180.5 cm，宽106 cm，高10 cm。

⊙46

## 捌 鞭帖鞭 8

晒纸之前将纸打松的工具。实测景辉纸业有限公司所用的鞭帖鞭尺寸为：长120 cm，宽3 cm，厚1 cm。

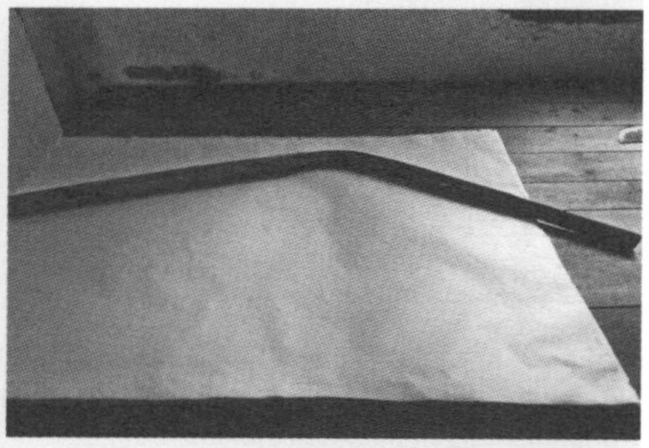
⊙47

## 玖 额枪 9

用来进一步打松纸帖，便于更好地晒纸。实测景辉纸业有限公司所用的额枪尺寸为：长24 cm，宽2 cm。

⊙48

## 拾 松毛刷 10

晒纸时将纸刷上晒纸墙的工具，刷柄为木制，刷毛为松毛。实测景辉纸业有限公司所用的刷子尺寸为：长48 cm，带刷毛共宽12 cm。

⊙49

## 拾壹 晒纸焙 11

用来晒纸，两块长方形钢板焊接而成，中间贮水，加热后提升焙温，双面墙，可以两边晒纸。

⊙50

⊙45 扒头 Stirring stick
⊙46 帖架 Frame for carrying the paper pile
⊙47 鞭帖鞭 Stick for beating the paper pile
⊙48 额枪 Tool for separating the paper
⊙49 松毛刷 Brush made of pine needles
⊙50 晒纸焙 Drying wall

拾贰
压纸石
12

晒纸工序中用。纸晒干后从焙墙上取下放一边，用压纸石压住一边使纸不易移动。实测景辉纸业有限公司所用的一块压纸石尺寸为：长17 cm，宽9 cm，高6 cm。

⊙51

拾叁
剪　刀
13

检验后用来剪纸，剪刀口为钢制，其余部分为铁制。实测景辉纸业有限公司所使用的剪刀尺寸为：长33 cm，最宽8.5 cm。

⊙52



## 五 景辉纸业有限公司的市场经营状况

## 5 Marketing Status of Jinghui Paper Co., Ltd.

调查组在2015年7月通过访谈从北京来厂的金永辉了解到：自2008年公司成立以来，景辉纸业有限公司的金永辉等投资人先后投资购买土地使用权花费50万～60万元，投入启动资金约140万元，投入净化设备资金约100多万元，投入其他基础设施资金400多万元，投入购买皮料、草料等原材料资金200多万元，持续7年支付造纸工人工资、修建晒滩以及其他花费，一共已投入1 000多万元。

由于主投资方与合伙人方最初议定的运营模式，其核心在于按照传统工艺造出当代宜书宜画的“好宣纸”，因此，自投产以来，景辉纸业有限公司的宣纸产品并未真正规模化投放市场，而主要是进行按年按月按生产批次的试验性存放和相关资源圈内消费者与艺术家试笔试墨试纸用。“泾上白”四尺宣纸2015年第一次小批量试销，

⊙51 压纸石 Stone for pressing the paper
⊙52 剪刀 Shears

⊙1

试销价约为4 000元/刀；煮硾纸试销价为500元/张。由于景辉纸业有限公司还处于持续投资和实验消费阶段，因此暂无盈利和市场消费数据。

⊙2





## 六 景辉纸业有限公司的品牌文化与习俗故事

## 6 Brand Culture and Stories of Jinghui Paper Co., Ltd.

### 1. "泾上白"的来历与愿景

泾县檀皮纸早在明代中后期即已成为上乘的优质皮纸，但这些"真正的宣纸"在很长的流行时间里并未被冠以"宣纸"之名，而被称为"泾县连四""泾县纸"或"泾上白"。如明末书画家文震亨在《长物志》卷七评论当朝各种名纸时，特别提到"泾县连四最佳"[27]。沈德符《飞凫语略》中有"此外，则泾县纸，粘之斋壁，阅岁亦堪入用。以灰气且尽，不复沁墨。往时吴中文、沈诸公又喜用"[28]，称书画大家文征明和沈



⊙1 自建的晒滩 Self-built drying field

⊙2 废水处理系统 Wastewater treatment system

[27] [明]文震亨.长物志校注[M].南京:江苏科学技术出版社,1984:307.

[28] 沈德符.元明史料笔记丛刊:万历野获编[M].北京:中华书局,1997:660.

周诸公都喜欢用泾县皮纸。清乾隆时人周嘉胄在《装潢志》中论装潢用纸料时，极力推荐“泾县连四”，称“纸选泾县连四”，“余装轴及卷册、碑帖，皆纯用连四”。[29]同时代的蒋士铨更有诗一首，单咏“泾上白”：“司马赠我泾上白，肌理腻滑藏骨筋。平铺江练展晴雪，澄心宣德堪等伦。”[30]

据访谈时金永辉介绍：景辉纸业有限公司宣纸的“泾上白”取名就是源自清乾隆时文人蒋士铨所做的关于泾县“泾上白”纸诗，取其好纸之意，也代表着景辉纸业有限公司创建时即坚持古法造纸的目标和愿望。

### 2. “子孙永保”自制纸的故事

金永辉给调查组的年轻人讲了一个故事：听说泾县老辈的造纸艺人喜欢用自己做的燎皮、燎草或者挑选品质优良的原料来造纸，造好的纸会特别选一部分封存起来，不对外出售也不送人，留给后代子孙用。这种封存的纸在造纸世家会当作传家宝一代一代相传。

金永辉表示：虽然今天泾县的造纸世家已难见到这种风俗了，但前辈造纸人对毕生从事技艺和产品的珍惜、敬畏还是令人尊重的。景辉纸业有限公司投产7年来，对每一批自己造的“泾上白”纸都按详细的生产日期加以标注，与实验性试用纸区别存放，目标也是想全心全意造出当代的“好宣纸”来，让今人和后人用到景辉人造的“好宣纸”。

⊙3

⊙3 金永辉讲述『泾上白』的品牌文化
Jin Yonghui relating the brand culture of "Jingshangbai"

[29] [明]周嘉胄,尚莲霞.装潢志[M].北京:中华书局,2012:147.

[30] [清]蒋士铨.赞宣纸白鹿宣[Z]//清嘉庆十一年版《泾县志》卷三十一.

# 七
# 景辉纸业有限公司的业态传承现状与发展思考

# 7
# Current Status and Development of Jinghui Paper Co., Ltd.

景辉纸业有限公司的业态与模式在泾县宣纸行业里颇具特殊性。其一，其投资方均来自外地——北京，而且有文化产品经营及艺术创作的需求背景，这同本地造纸世家或乡土贤达在家乡办厂的经历不同；其二，独特的运营模式，持续投入已7年而一直未规模销售，保持了希望生产精品宣纸并库存为陈年宣纸然后销售的独特做法，如7年来所生产的纸均标明具体日期入纸库存放；其三，品牌“泾上白”所涵括的产品至2015年7月调查时仍保持着单一性与纯粹性，坚持以传统方法（古法）制作燎皮、燎草，生产出的实际上只是一种宣纸——原料与工艺均同，只是材料配比不同形成特净、净皮、棉料而已，而少量的半生熟煮硾纸正处于试验阶段，但也未出上述原纸范畴，其他纸品则均未涉及。

从独特的运营模式而言，景辉纸业有限公司目前的发展状态从技艺传承、品质控制、材料资源储备、产品有序存贮多方面看均属良好。在访谈中获知的隐忧主要在资金支持强度及可持续性方面，而2015年开始的小批量销售也代表着景辉纸业有限公司开始由第一阶段模式向第二阶段模式演化，由此可能面临的新挑战将存在于“泾上白”宣纸的性价比策略、渠道策略及市场反馈。

虽然高举“古法”及“手工”大旗，但调查中景辉纸业有限公司的刘耀谷也认为：现在科技发展了，宣纸人自然也要面对实际的进步，不能一口咬死只遵古法。但宣纸生产一定要坚持历史已经检验过的东西，已经检验过的东西本身就是科学的东西，可以引进现代技术的东西进入宣纸生产领域，但一定要做到改革工具，不改工艺，

⊙1

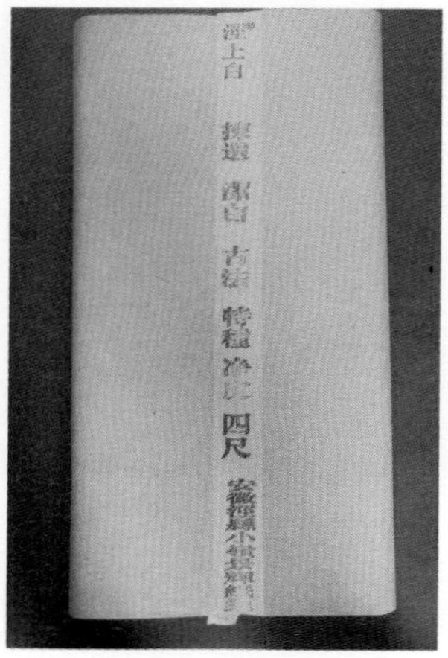


⊙2

⊙1/2
有『泾上白』品牌标记的宣纸
Xuan paper with "Jingshangbai" Brand label

⊙3

⊙4

与时俱进、保留精华，不能守死在古法里而导致无法生存。

访谈中，金永辉提出：下一步景辉纸业有限公司可能会尝试分季节造纸。金永辉表示，通过研究古代造纸文献——北宋文人梅尧臣的诗《答宋学士次道寄澄心堂纸百幅》中写道：“寒溪浸楮舂夜月，敲冰举帘匀割脂。焙干坚滑若铺玉，一幅百金曾不疑。”[31]梅尧臣发现，古人制造“澄心堂纸”这种上等纸的水源为冬日冰水。虽然可能有以偏概全的演绎成分，但也说明造好纸的水源温度不高，或许是值得关注的要素。所以，古法纸的制造是否更适宜下半年入冬前水温不高时，而春夏水温高时可以制作原料等但不捞纸，从而形成一种新的当代精品宣纸生产规律，通过实践看能否进一步优化宣纸的品质。

调查组认为，金永辉借鉴古代文献记载的创新设想虽然有操作的现实性，也是目前泾县宣纸行业未尝试的有价值的预案，但能否真正推进，推进的预期成效如何，尚待观察。

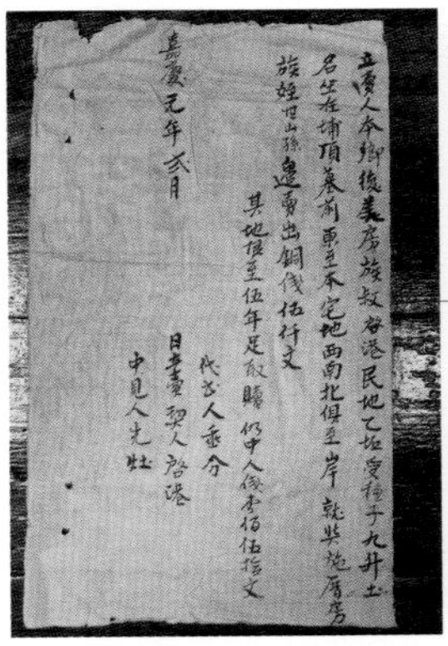

⊙5

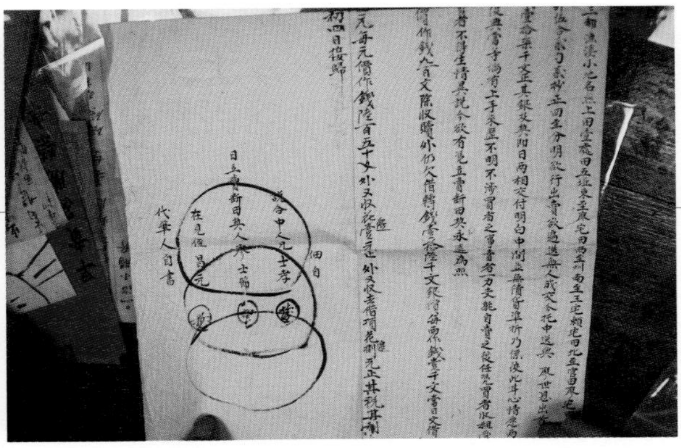

⊙6

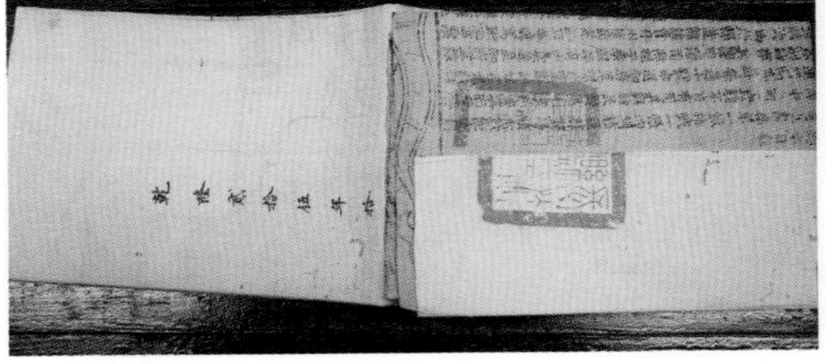

⊙7

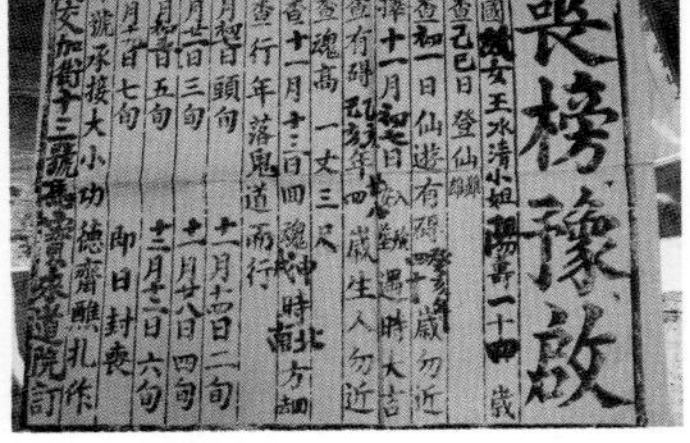

⊙8

⊙3/4 小岭景辉文化园内外景 Exterior view of Jinghui Cultural Park in Xiaoling Village

⊙5/8 金永辉收藏的古纸 Ancient paper collected by Jin Yonghui

[31] 陈振.中国通史·第7卷 中古时代五代辽宋夏金时期：上[M].2版.上海:上海人民出版社,2013:488.

# 『泾上白』特净

"Jingshangbai" Superb-bark Paper

『泾上白』特净透光摄影图
A photo of "Jingshangbai" superb-bark paper seen through the light

# 第十二节

# 泾县三星纸业有限公司

安徽省
Anhui Province

宣城市
Xuancheng City

泾县
Jingxian County

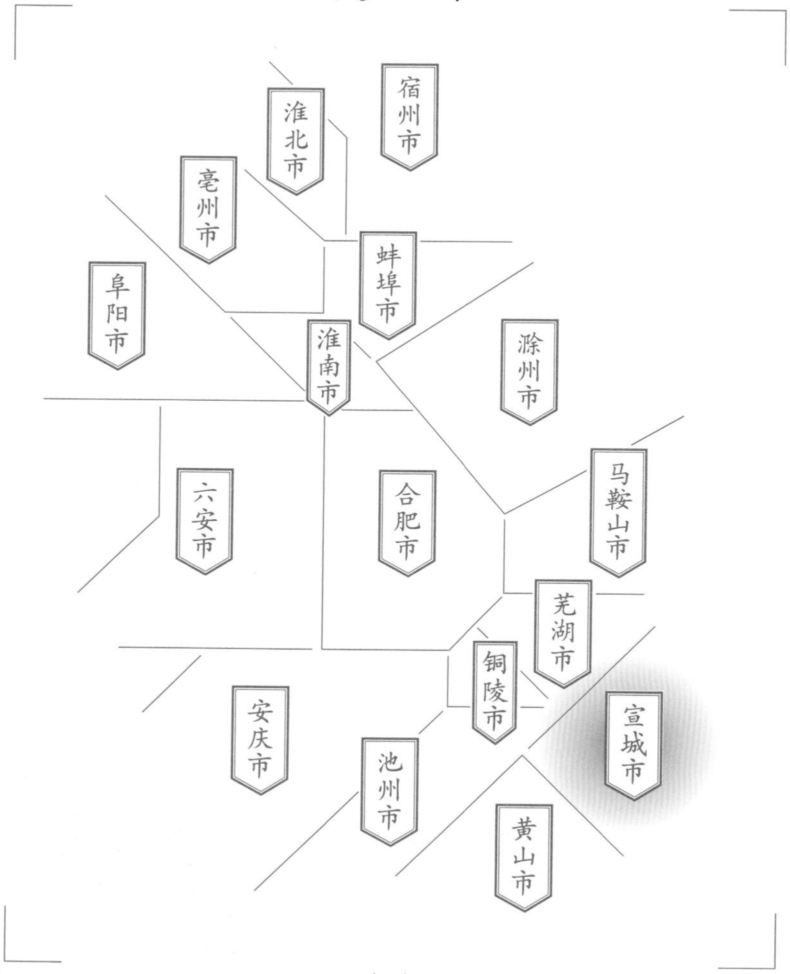


## Section 12
## Sanxing Paper Co., Ltd. in Jingxian County

**调查对象**

丁家桥镇
泾县三星纸业有限公司
宣纸

**Subject**

Xuan Paper
of Sanxing Paper Co., Ltd.
in Jingxian County
in Dingjiaqiao Town

## 一 三星纸业有限公司的基础信息与生产环境

## 1 Basic Information and Production Environment of Sanxing Paper Co., Ltd.

泾县三星纸业有限公司坐落于泾县丁家桥镇李园行政村，地理坐标为东经118° 19′ 59″、北纬30° 39′ 41″。三星纸业有限公司的前身创建于1985年，为李园（后也用“李元”）村的村办企业，原名为李园（企业注册名用“李元”）宣纸厂，当年曾是泾县宣纸行业中最具规模的生产企业之一。2005年更名为“安徽省泾县三星纸业有限公司”。

2015年8月4日，调查组对三星纸业有限公司生产厂区进行了调查，获知的基础信息为：至调查时，三星纸业有限公司有从原料制作到宣纸与书画纸制造各流程工人100人左右，4个纸槽在生产，其中3个为常规四尺槽，1个为常规六尺槽，2014年年产量约100吨纸，使用“三星”注册商标销售。

⊙1

⊙2

## 二 三星纸业有限公司的历史与传承情况

## 2 History and Inheritance of Sanxing Paper Co., Ltd.

李园宣纸厂创建于1985年8月，由原丁桥乡周村行政村李园村民组张水兵带头集资创办。

张水兵（1954年7月～2008年8月），20世纪70年代开始担任李园生产队队长， 1984年，在丁桥乡创办了“金竹坑宣纸厂”后，张水兵认为这是一种可以富民的新路，遂召集李园村村民集资办宣纸厂，以“有钱的出钱，没钱的出力”的号召方式在村南开始筹建。当时的李园村民组与紧邻的河沿两个村民组50余户筹集了现金11 000余元，不足部分以10余户房产为抵押贷款。1985年，聘请了泾县宣纸厂与小岭宣纸厂退休、退职捞纸工丁汉先（音）、曹元奇（音），晒纸工丁文启、丁东和（音）等，加上村里自愿入厂的学徒工，开办了2帘槽生产的李园宣纸厂，以“三星”为商标。

⊙1/2
三星纸业有限公司生产厂区大门与内景
Gate of Sanxing Paper Co., Ltd. and its interior view

路线图
泾县县城
↓
泾县三星纸业有限公司
Road map from Jingxian County centre
to Sanxing Paper Co., Ltd. in Jingxian County

# 泾县三星纸业有限公司位置示意图

# Location map of Sanxing Paper Co., Ltd. in Jingxian County

考察时间
2015年8月

Investigation Date
Aug. 2015

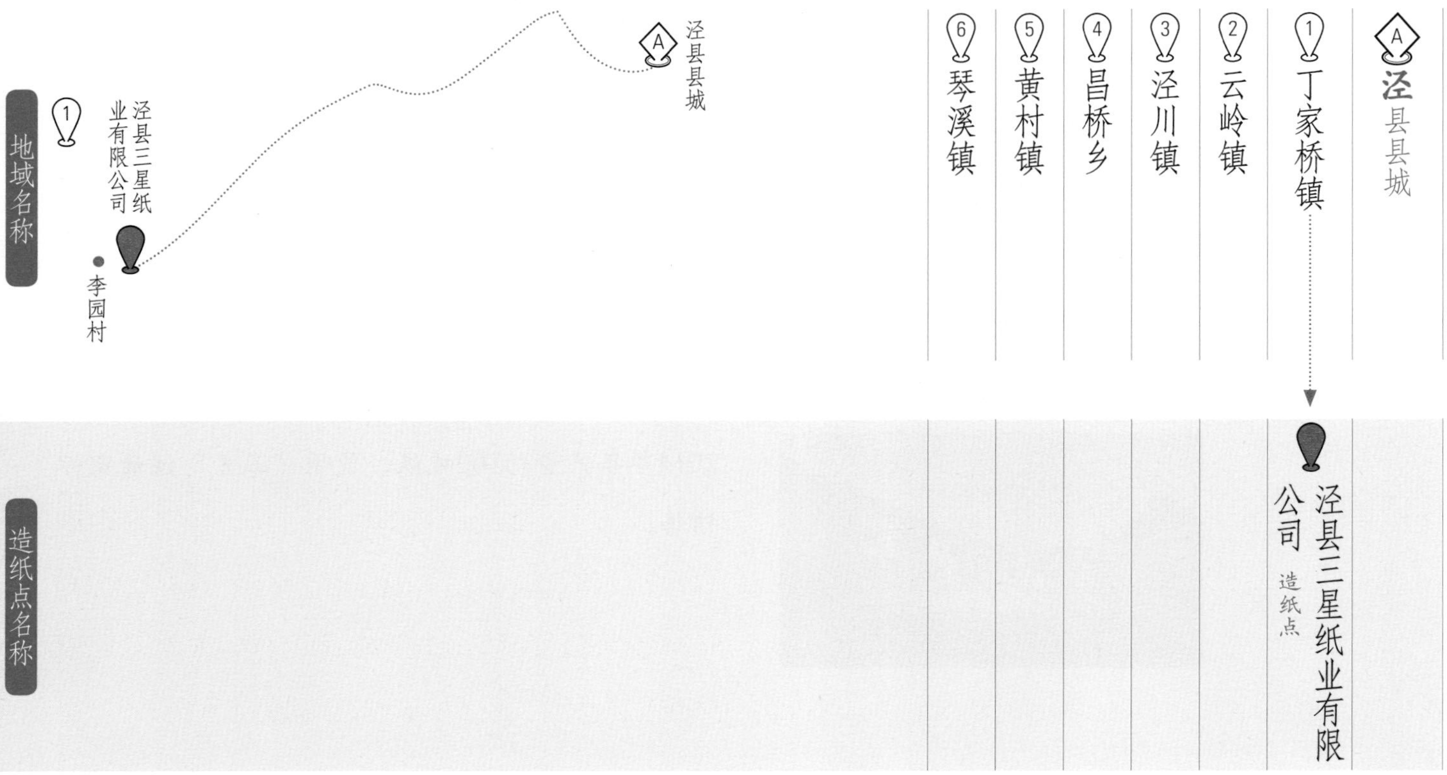


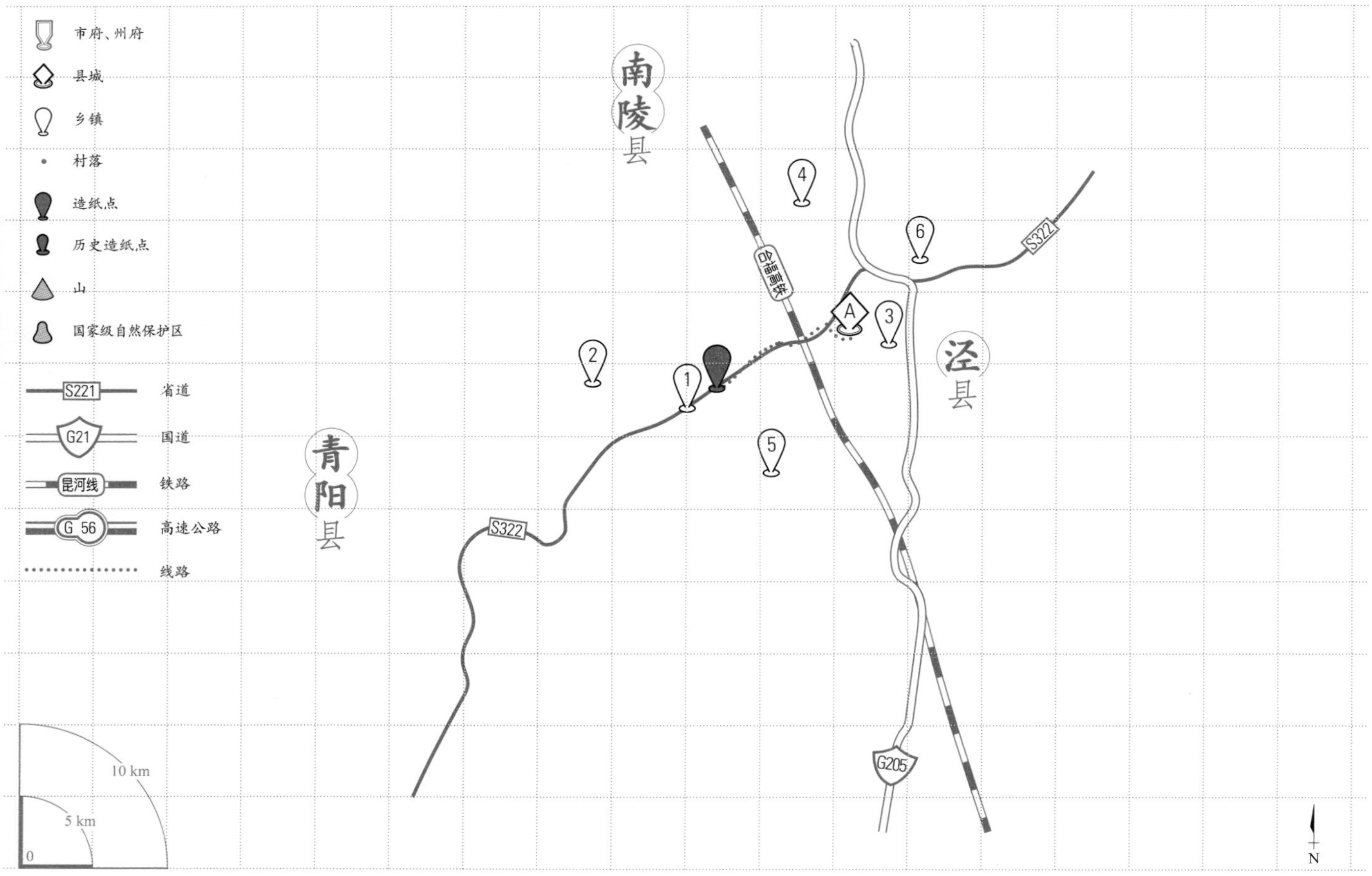

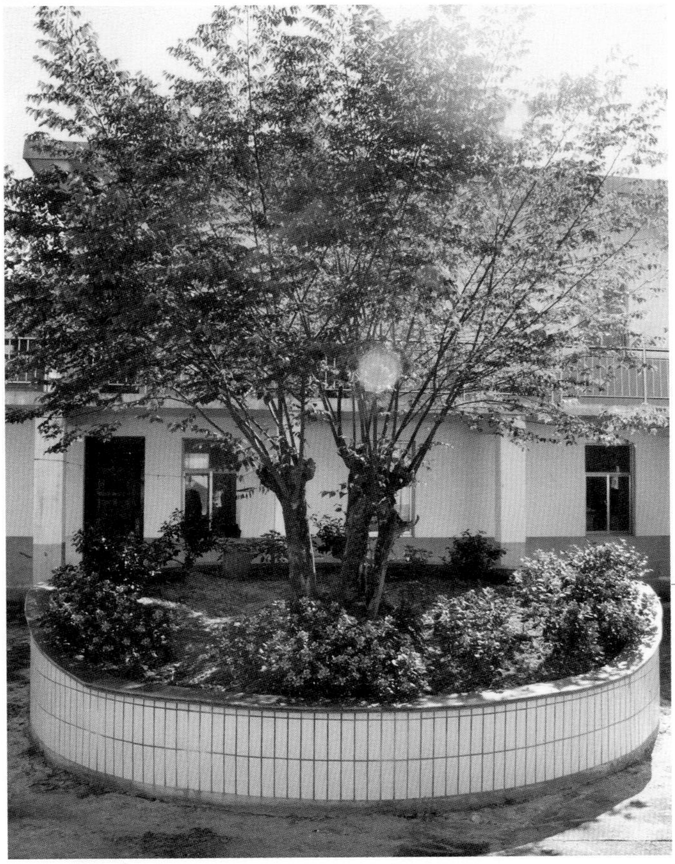

⊙1

张水兵迅速建立了与安徽省工艺品进出口公司的供货关系，拓展了外销渠道。在外销的强力拉动下，1987年李园宣纸厂迅速发展成14帘槽的宣纸生产规模。在因场地受限不能再扩大产能的情况下，采用“内扩外联”方式，对内将14帘槽采用停人不停槽的方式日夜生产，对外向“汪六吉”“桃记”等造纸企业发包生产。

调查中了解到,当年李园宣纸厂也承担了部分村办企业的社会功能，如改善李园小学教学环境，每年对村里60岁以上的老人、本村居民婚丧嫁娶等进行补助，新建李园农民新村和村文化站等。1990年5月，56个国家驻中国的使节和国际组织驻京代表携夫人访问了李园村，一时间，李园宣纸厂与李园村声名鹊起。厂长兼村长张水兵于1993年当选为全国政协委员，李园宣纸厂先后荣获宣城地区外贸出口先进企业（1991年）、安徽省明星企业（1991年）、中国乡镇企业家（2005年）等荣誉称号。

2005年，李园宣纸厂改制为私有性质的安徽省泾县三星纸业有限公司，法人代表为张水兵的次子张必良。据访谈时张必良口述的信息：建厂初只有2帘槽生产规模，主要是捞四尺宣纸，当时年产量约6 000刀纸，销售模式是以出口外销为主，占比达到90%，品种以棉料为主，常常供不应求。2008年外销形势有较大变化，销售重点由出口外销转向内销，同时纸的品种也在不断增加，净皮、特净、专用纪念宣纸等成为新的主导产品。

⊙2

张必良，1975年出生于丁家桥乡（现为丁家桥镇），安徽省体育运动学校毕业后即跟随父亲从事宣纸生产管理，接手李园宣纸厂和泾县三星纸业有限公司后，所生产的“三星”宣纸先后获得“第三届全国文化纪念品博览会”金奖、安徽省“名牌产品”等荣誉称号。

⊙3

⊙1
调查时厂里栽培的青檀树
*Pteroceltis tatarinowii* Maxim. planted in the factory

⊙2
张必良正在观看书法家试纸
Zhang Biliang watching a calligrapher testing the paper

⊙3
张必良
Zhang Biliang

# 三
# 三星纸业有限公司的代表纸品及其用途与技术分析

# 3
# Representative Paper, Its Use and Technical Analysis of Sanxing Paper Co., Ltd.

## （一）
## 代表纸品及用途

三星纸业有限公司生产的“三星”宣纸传承传统手工宣纸制作工艺，品种规格较齐全。按原料可分棉料、净皮、特净三大类；按照规格可分三尺、四尺、五尺、六尺、尺八屏、八尺、丈二、丈八、二丈、三丈；按纸张厚度分为单宣、夹宣、二层、三夹等；按纸纹丝路可分为单丝路、双丝路、罗纹、龟纹。同时，根据艺术家特殊要求定制各种特殊效果、指定规格的专用宣纸，加工各种特殊规格宣纸和带各种斋号纸纹的专用宣纸。

2015年8月4日调查组实地调查时获悉：三星纸业有限公司近年来的一个特别方向是面向中国书画名家，不断挖掘传统工艺配方，精选优质原料制作出“三星”极品宣、精品宣。根据当代国画名家大师的需要定做的专用纸，经试用后觉得合适就批量生产，投入市场对外推广。其中以四尺极品宣最具代表性，其规格是70 cm × 138 cm，一刀为100张纸，13刀为一箱。

据张必良的描述：极品宣最初是给当代著名画家杜滋龄定做的专用纸，原料中的檀皮配比成

| 三星牌宣纸规格 | | |
|---|---|---|
| 品名 | 类别 | 规格 |
| 棉莲 | 四尺 | 70×138cm |
| 罗纹 | 四尺 | 70×138cm |
| | 六尺 | 97×180cm |
| 龟纹 | 四尺 | 70×138cm |
| | 六尺 | 97×180cm |
| 棉料 | 四尺 | 70×138cm |
| | 六尺 | 97×180cm |
| | 尺八屏 | 53×234cm |
| 净皮 | 四尺 | 70×138cm |
| | 六尺 | 97×180cm |
| | 尺八屏 | 53×234cm |
| 特种净皮 | 四尺 | 70×138cm |
| | 六尺 | 97×180cm |
| | 八尺匹 | 124.2×248cm |
| 精品宣 | 四尺 | 70×138cm |
| | 六尺 | 97×180cm |
| 极品宣 | 四尺 | 70×138cm |
| | 六尺 | 97×180cm |

| 三星牌宣纸陈年老宣 | | |
|---|---|---|
| 品名 | 类别 | 规格 |
| 棉料 | 四尺 | 70×138cm |
| | 六尺 | 97×180cm |
| | 尺八屏 | 53×234cm |
| | 特殊规格 | 单宣、二层夹宣 |
| 棉莲 | 四尺 | 70×138cm |
| | 尺八屏 | 53×234cm |
| 罗纹 | 四尺 | 70×138cm |
| | 尺八屏 | 53×234cm |
| 三星牌宣纸礼品宣 | | |
| 纪念宣 | 十八大纪念宣“永远跟党走” | 70×138cm |
| 载真堂牌宣纸规格 | | |
| 棉料 | 四尺 | 70×138cm |
| | 六尺 | 97×180cm |
| 净皮 | 四尺 | 70×138cm |
| | 六尺 | 97×180cm |
| 特种净皮 | 四尺 | 70×138cm |
| | 六尺 | 97×180cm |
| | 八尺匹 | 124.2×248cm |

⊙1

⊙2

⊙1 『三星』宣纸品名与规格 Types and specifications of “Sanxing” Xuan paper

⊙2 『三星』极品宣 “Sanxing” superb Xuan paper

分接近特净。极品宣更适合用于创作山水画，具有手感柔韧、层次清晰、积墨笔笔分清、浓墨乌黑发亮、淡墨淡而不灰等特点。

## （二）
## 代表纸品的技术分析

测试小组对采样自三星纸业有限公司生产的极品宣所做的性能分析，主要包括厚度、定量、紧度、抗张力、抗张强度、撕裂度、湿强度、白度、耐老化度下降、尘埃度、吸水性、伸缩性、纤维长度和纤维宽度等。按相应要求，每一指标都需重复测量若干次后求平均值，其中定量抽取5个样本进行测试，厚度抽取10个样本进行测试，拉力抽取20个样本进行测试，撕裂度抽取10个样本进行测试，湿强度抽取20个样本进行测试，白度抽取10个样本进行测试，耐老化度下降抽取10个样本进行测试，尘埃度抽取4个样本进行测试，吸水性抽取10个样本进行测试，伸缩性抽取4个样本进行测试，纤维长度测试200根纤维，纤维宽度测试300根纤维。对三星纸业有限公司极品宣进行测试分析所得到的相关性能参数见表2.42。表中列出了各参数的最大值、最小值及测量若干次所得到的平均值或者计算结果。

表2.42　三星纸业有限公司极品宣相关性能参数
Table 2.42　Performance parameters of superb Xuan paper in Sanxing Paper Co., Ltd.

| 指标 | | 单位 | 最大值 | 最小值 | 平均值 | 结果 |
|---|---|---|---|---|---|---|
| 厚度 | | mm | 0.100 | 0.088 | 0.092 | 0.092 |
| 定量 | | g/m$^2$ | — | — | | 35.2 |
| 紧度 | | g/cm$^3$ | — | — | — | 0.383 |
| 抗张力 | 纵向 | N | 29.7 | 23.7 | 27.4 | 27.4 |
| | 横向 | N | 18.0 | 15.7 | 17.2 | 17.2 |
| 抗张强度 | | kN/m | — | — | — | 1.487 |
| 撕裂度 | 纵向 | mN | 380 | 350 | 370 | 379 |
| | 横向 | mN | 540 | 450 | 492 | 492 |
| 撕裂指数 | | mN·m$^2$/g | — | — | — | 12.4 |
| 湿强度 | 纵向 | mN | 1 400 | 1 230 | 1 310 | 1 310 |
| | 横向 | mN | 900 | 800 | 837 | 837 |
| 白度 | | % | 72.1 | 71.8 | 71.92 | 71.92 |
| 耐老化度下降 | | % | — | — | — | 3.3 |
| 尘埃度 | 黑点 | 个/m$^2$ | — | — | — | 8 |
| | 黄茎 | 个/m$^2$ | — | — | — | 24 |
| | 双浆团 | 个/m$^2$ | — | — | — | 0 |
| 吸水性 | | mm | — | — | — | 11 |
| 伸缩性 | 浸湿 | % | — | — | — | 0.40 |
| | 风干 | % | — | — | — | 0.83 |

续表

| 指标 | | 单位 | 最大值 | 最小值 | 平均值 | 结果 |
|---|---|---|---|---|---|---|
| 纤维 | 皮 | 长度 mm | 3.33 | 1.51 | 2.21 | 2.21 |
| | | 宽度 μm | 26.0 | 6.0 | 12.0 | 12.0 |
| | 草 | 长度 mm | 0.94 | 0.33 | 0.56 | 0.56 |
| | | 宽度 μm | 14.0 | 4.0 | 9.0 | 9.0 |

由表2.42可知，所测“三星”极品宣的平均定量为35.2 g/m²。“三星”极品宣最厚约是最薄的1.14倍经计算，其相对标准偏差为0.004，纸张厚薄较为一致。通过计算可知，“三星”极品宣紧度为0.383 g/cm³。抗张强度为1.487 kN/m，抗张强度值较大。所测“三星”极品宣撕裂指数为12.4 mN·m²/g，撕裂度较大；湿强度纵横平均值为1 014 mN，湿强度较大。

所测“三星”极品宣平均白度为71.92%，白度较高，是由于其加工过程中有漂白工序。白度最大值是最小值的1.004倍，相对标准偏差为0.103，白度差异相对较小。经过耐老化测试后，耐老化度下降3.3%。

所测“三星”极品宣尘埃度指标中黑点为8个/m²，黄茎为24个/m²，双浆团为0个/m²。吸水性纵横平均值为11 mm，纵横差为2.0 mm。伸缩性指标中浸湿后伸缩差为0.40%，风干后伸缩差为0.83%，说明“三星”极品宣伸缩差异不大。

“三星”极品宣在10倍、20倍物镜下观测的纤维形态分别如图★1、图★2所示。所测“三星”极品宣皮纤维长度：最长3.33 mm，最短1.51 mm，平均长度为2.21 mm；纤维宽度：最宽26.0 μm，最窄6.0 μm，平均宽度为12.0 μm；草纤维长度：最长0.94 mm，最短0.33 mm，平均长度为0.56 mm；纤维宽度：最宽14.0 μm，最窄4.0 μm，平均宽度为9.0 μm。“三星”极品宣润墨效果如图⊙1所示。

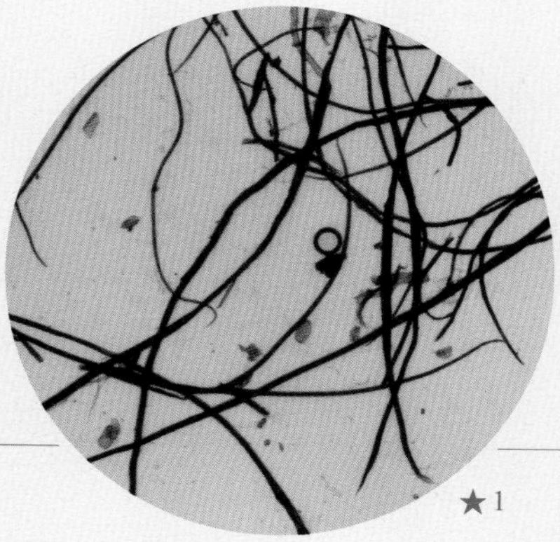

★1

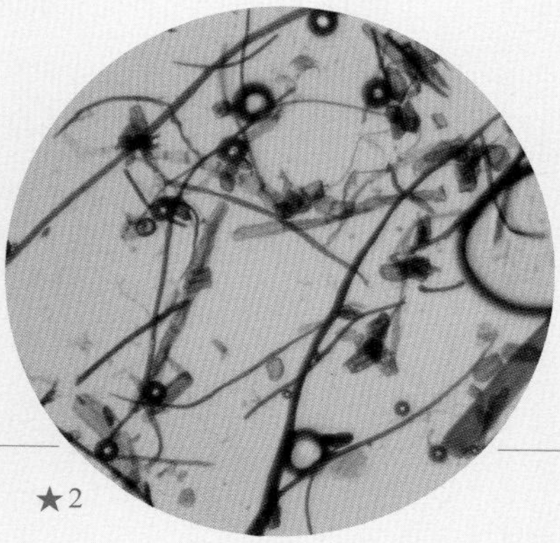

★2

⊙1

★1
『三星』极品宣纤维形态图（10×）
Fibers of "Sanxing" superb Xuan paper (10× objective)

★2
『三星』极品宣纤维形态图（20×）
Fibers of "Sanxing" superb Xuan paper (20× objective)

⊙1
『三星』极品宣润墨效果
Writing performance of "Sanxing" superb Xuan paper

# 四
# 三星纸业有限公司生产的原料、工艺与设备

## 4
## Raw Materials, Papermaking Techniques and Tools of Sanxing Xuan Paper Co., Ltd.

### （一）
### “三星”宣纸生产的原料

#### 1. 主料：青檀皮与沙田稻草

据调查中张必良的介绍：“三星”宣纸生产所需的青檀皮主要从泾县的小岭、茂林等乡镇的农户手中收购，檀皮紧张时也会从邻近的池州市石台、贵池等县区收购。沙田稻草由泾县云岭李杨燎草加工厂生产。云岭李杨燎草加工厂建于1987年，由李园宣纸厂出资建设，交由云岭乡生产燎草，按时价专供李园宣纸厂。据张必良补充介绍，近两年来随着用工成本的增加，檀皮收购价已达到900元/50 kg，燎草价为730元/50 kg。

#### 2. 辅料：杨桃藤汁液

张必良介绍：三星纸业有限公司制纸时所用的纸药为杨桃藤汁液，即野生猕猴桃树枝的汁液，通常为厂区附近村民上山砍伐后卖给三星纸业有限公司，不足的部分则用化学纸药替代。由于附近山区野生猕猴桃资源有限，加上人工砍伐成本大幅提高，截至调查组调查时，收购成本已达到800元/50 kg。

⊙2

⊙3

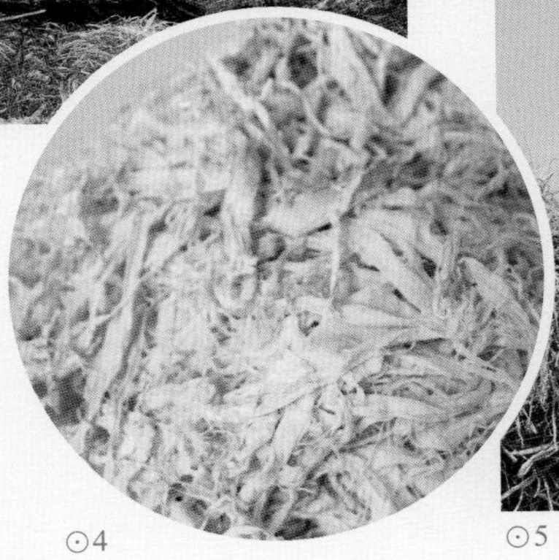
⊙4

⊙5

⊙2
三星纸业有限公司厂区内种植的青檀树（张必良供图）
*Pteroceltis tatarinowii* Maxim. in Sanxing Paper Co., Ltd. (photo provided by Zhang Biliang)

⊙3
正在清水里浸泡的青檀皮
Soaking *Pteroceltis tatarinowii* Maxim. bark

⊙4
经过蒸煮漂白后的青檀皮（又称化学皮）
*Pteroceltis tatarinowii* Maxim. bark after being steamed and bleached (also named chemical bark)

⊙5
沙田稻草（张必良供图）
Straw grown in sands (photo provided by Zhang Biliang)

3. 水源

⊙1

宣纸拥有“纸寿千年”的特性，制作时独特的水质是重要的影响因素之一。水源的洁净直接影响纸的杂质度和洁白度。三星纸业有限公司生产厂区紧邻青弋江，附近山多林密，拥有充足的优质山泉水资源。

据张必良介绍：三星纸业有限公司生产用水来自其在厂区旁边挖掘的深井里的地下水，主要是附近山上山泉水沉淀入地的表层水，通过掘井抽取直接使用。经调查人员取样测试，其生产用水pH为6.30，呈弱酸性。

## （二）“三星”宣纸生产的工艺流程

在前期交流考察的基础上，调查组于2015年8月4日对三星纸业有限公司的生产工艺进行了田野记录式调查和访谈，结合张必良对工序的说明，概述其宣纸生产的主要制造工艺流程如下：

皮浆制作程序

| 壹 | 贰 | 叁 | 肆 | 伍 | 陆 | 柒 | 捌 | 玖 | |
|---|---|---|---|---|---|---|---|---|---|
| 浸泡 | 蒸煮 | 洗涤 | 压榨 | 选检 | 漂白 | 洗涤 | 选检 | 打浆 | → 皮浆 |

燎草浆制作程序

| 壹 | 贰 | 叁 | 肆 | 伍 | |
|---|---|---|---|---|---|
| 洗涤 | 压榨 | 选检 | 碾草 | 洗漂 | → 燎草浆 |

后续加工程序

| 壹 | 贰 | 叁 | 肆 | 伍 | 陆 |
|---|---|---|---|---|---|
| 配浆（配水、配胶） | 捞纸 | 压榨 | 晒纸 | 检验、剪纸 | 成品包装 |

⊙1 山涧溪水（张必良供图）
Mountain water (photo provided by Zhang Biliang)

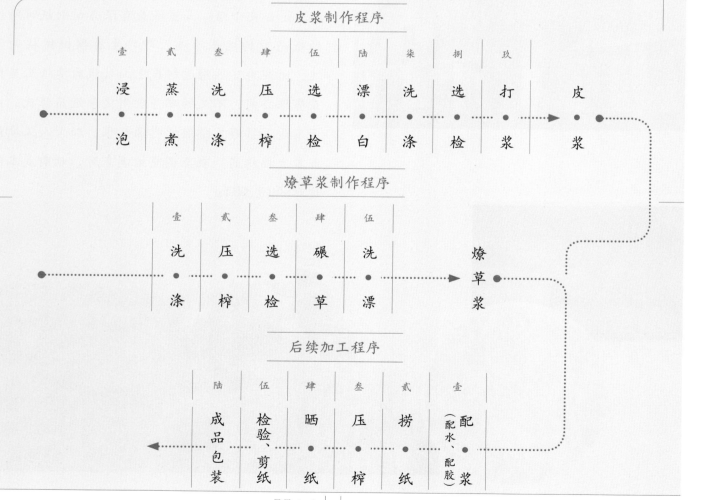

# 皮浆制作

## 壹 浸泡

1 ⊙2～⊙4

从农户处收购进厂的青檀皮（黑皮）用清水浸泡18小时左右，根据浸泡的成色和软化程度适度换水后继续浸泡。

⊙2

⊙4

⊙3

## 贰 蒸煮

2 ⊙5

将浸泡好的青檀皮加适量烧碱（氢氧化钠）在蒸锅里蒸煮，目的是使青檀皮软化，分解皮料中所含的木质素与半纤维素。

## 叁 洗涤

3

将煮好的青檀皮放入活水中清洗，洗去皮中所含的烧碱。

## 肆 压榨

4

通过压榨，将皮料中的水分排出。

⊙5

⊙2 收购的黑皮（张必良供图）
Purchased black bark (the unprocessed bark) (photo provided by Zhang Biliang)

⊙3 运输黑皮（张必良供图）
Transporting the black bark (photo provided by Zhang Biliang)

⊙4 浸泡中的黑皮
Soaking the black bark

⊙5 蒸煮（张必良供图）
Steaming and boiling the bark (photo provided by Zhang Biliang)

## 伍 选检

### 5 ⊙6

将榨干的皮料放上选检桌，通过人工将皮料中所含的树枝、木棍等杂质摘除。

## 陆 漂白

### 6 ⊙7

将选检后的皮料加入适量的次氯酸钙进行浸泡漂白。漂白时间在8～10小时，漂白温度控制在20℃左右。

⊙6

⊙7

## 柒 洗涤

### 7

将漂白后的皮料放入水中清洗，主要洗去皮料里所含的次氯酸钙或次氯酸钠，清洗后再上木榨榨干。

## 捌 选检

### 8 ⊙8

将榨干的皮料抖开，剔除夹心皮、黑点皮、霉点皮、未洗好的皮、生皮、柴骨等杂质。

⊙8

⊙9

## 玖 打浆

### 9 ⊙9

用打浆机将选拣好的白皮打成纸浆，即形成皮浆料。

⊙6 拣黑皮（张必良供图）
Picking the black bark (photo provided by Zhang Biliang)

⊙7 调查组成员在车间观察漂白后的白皮
Researchers observing the white bark (the bleached bark)

⊙8 拣白皮（张必良供图）
Picking the white bark (photo provided by Zhang Biliang)

⊙9 打浆机
Beating machine

# 燎草浆制作

制作“三星”宣纸所用燎草浆是对云岭李杨燎草加工厂制作的成品燎草进行再加工后制成，主要制作过程如下：

## 壹 洗涤

### 1 ⊙10

根据每天的产量按量取出燎草放入活水浸泡，用挽钩不断翻动，使燎草中的碎石块下沉，同时洗去草料上的石灰。

⊙10

## 贰 压榨

### 2

榨去草中污汁和水分等。

## 叁 选检

### 3 ⊙11

将压榨后的燎草中的杂质通过人工选拣方式挑除。

⊙11

## 肆 碾草

### 4

将选检好的燎草通过石碾进行粉碎，使草纤维束分解，形成草浆。

⊙12

⊙13

## 伍 洗漂

### 5 ⊙12 ⊙13

加入相应的次氯酸钠对草浆进行补漂，达到企业内定的白度，再通过洗漂机进行洗涤，形成漂白草纤维料。

⊙10 洗涤（张必良供图）
Cleaning the bark (photo provided by Zhang Biliang)

⊙11 三星纸业有限公司的燎草仓库
Processed straw storehouse in Sanxing Paper Co., Ltd.

⊙12／13 石碾正在碾草料
Grinding the straw materials with a stone roller

# 后续加工程序

## 壹 配浆

1

三星纸业有限公司生产的系列宣纸均按照国家标准进行配比，即棉料配比为40%的檀皮料和60%的燎草料，净皮配比为60%的檀皮料和40%的燎草料，特净配比为80%的檀皮料和20%的燎草料。据访谈中张必良的说法：三星纸业有限公司研发的“极品宣”“精品宣”系列产品，属于特色产品，草浆配比和部分工艺调整作为企业秘密，不宜对外公布。

## 贰 捞纸

2 ⊙14⊙15

捞纸又称抄纸。捞纸技术的高低是决定纸质的重要环节。捞纸前需要向槽内投放皮草混合的纸浆，并掺入适量的辅助原料杨桃藤汁液，然后用划槽杆将纸浆搅拌均匀。

⊙14

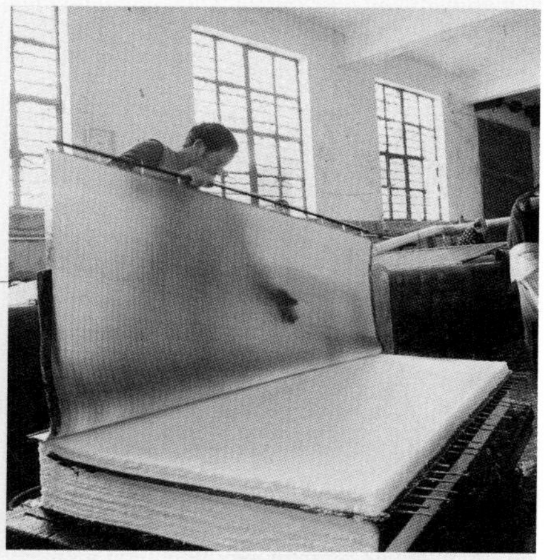

⊙15

捞纸时需有两人配合完成，分别站在纸槽的两端，一人掌帘，一人抬帘，通常掌帘者要求技术高或体力好。捞纸时，掌帘工左手下水（抬帘工反之），水料布满全部纸帘后将水从原路倒掉，而后反方向再舀水后反方向倒掉，便形成一张湿纸。掌帘工将带有湿纸的纸帘提起，反扣在一边的纸板上，揭起纸帘后再捞下一张纸。如此往复。

## 叁 压榨

3 ⊙30

捞纸工下班后，由帮槽工用盖纸帘覆盖在湿纸帖上，加上盖纸板。等受压后的湿纸帖滤完一定的水分后，再架上榨杆和液压装置，逐步加力，将湿纸帖挤压到不出水为止。帮槽工在扳榨时，交替做好纸槽清洗工作，将纸槽当天的槽水放干，滤去槽底（槽内残留的纸浆），清洗纸槽四壁后，加上次日第一个槽口的纸浆，将槽内注满清水。

## 肆 晒纸

4 ⊙16⊙17

帮槽工将榨好的纸帖送入晒纸车间，晒纸工将纸帖靠在尚未冷却的纸焙边烘烤。次日，在晒纸时，将一夜烘烤后的整块纸帖架上焙顶上继续烘烤，烘烤透的纸帖经过浇帖、鞭帖、上架后，逐张烘晒。

（1）烘帖

将压榨好的纸帖置于日光下晾晒，或放在钢板制作的焙墙上烤，让纸中水分蒸发出来。

（2）浇帖

烤干后的纸帖需浇水润湿后才能晒纸，此过程称浇帖。浇帖时应用水壶缓缓浇，边浇边等水润进帖里，逐步形成水色均匀的纸帖。浇过的纸帖中水分含量控制在70%左右，抬至焙屋过夜后，纸帖水分第

⊙16

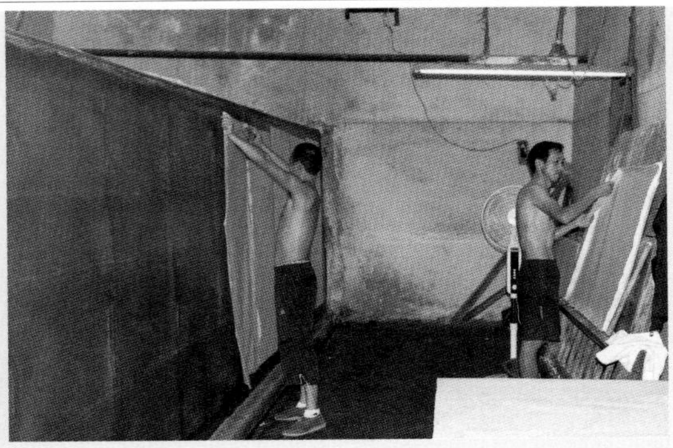
⊙17

二日还有60%～63%再进行下一道工序。

(3) 晒纸

又称烘纸、炕纸。晒纸工人沿着纸帖周边一张张将纸揭离，然后置于钢板材质的晒纸焙上。贴于墙面后，需用刷子来回刷，使纸完全贴于墙面，充分烘焙将水分全部蒸发殆尽，然后揭下烘干的纸张，置于一边压纸石下。如此循环往复晒纸。

## 伍 检验、剪纸 5

⊙18⊙19

将晒好的纸张运到剪纸车间进行裁剪。将有破损或瑕疵的纸张剔除出来，再将合格的纸张按照一定数量分开，一般是100张为一刀分好。工人用特制大剪刀一气呵成进行裁剪，裁剪出来的纸张要求四边整齐。

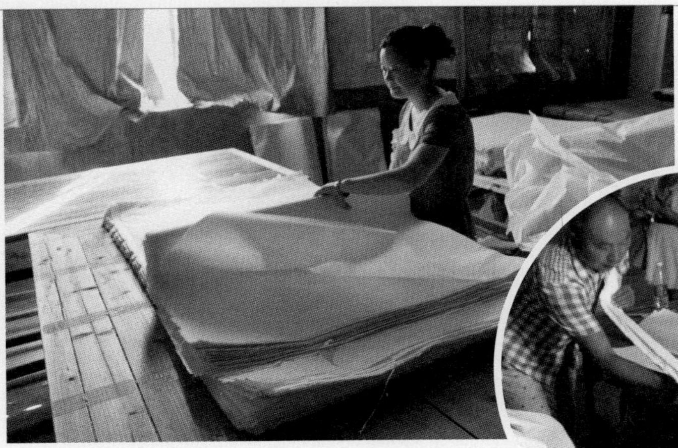
⊙18

⊙19

## 陆 成品包装 6

⊙20⊙21

将剪好后的纸加盖刀口印，加上外包装后，按10刀一箱装进纸箱，封好包装后放入仓库。

⊙20

⊙21

⊙16 浇帖架 Frame for supporting the paper pile

⊙17 晒纸 Drying the paper

⊙18 检验 Checking the paper

⊙19 剪纸 Cutting the paper

⊙20 盖印（张必良供图） Sealing the paper (photo provided by Zhang Biliang)

⊙21 三星纸业有限公司系列产品 Series products made by Sanxing Xuan Paper Co., Ltd.

## （三）“三星”宣纸制作中的主要工具

### 壹 纸槽 1

捞纸主要设备之一，由水泥浇筑而成。实测三星纸业有限公司所用的四尺捞纸槽规格为：长220 cm，宽200 cm，高80 cm。

⊙1

### 贰 纸帘 2

用于捞纸的工具之一。实测三星纸业有限公司所用的四尺捞纸纸帘规格为：长160 cm，宽87 cm。

⊙2

### 叁 浇帖架 3

浇帖时放置纸帖的木架。按照工序要求，晒纸前需要将纸帖放在帖架上进行浇帖、润水。实测三星纸业有限公司浇帖架规格为：长164 cm，宽93 cm，高20/14 cm（注：一边高一边低）。

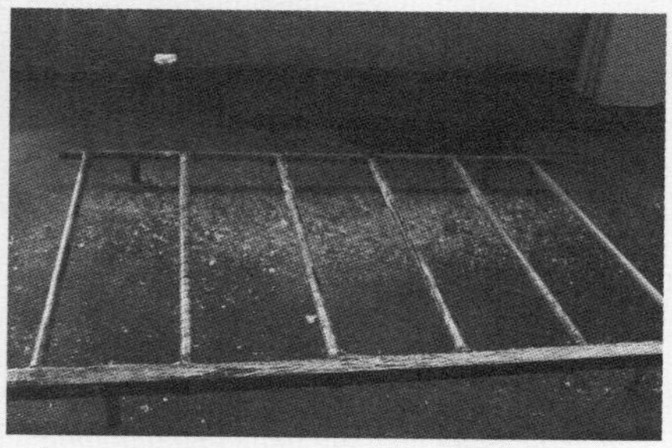

⊙3

### 肆 额枪 4

也称“擀棍”。晒纸前“做边”时用来松纸，便于晒纸时分张。实测三星纸业有限公司额枪长约20 cm。

### 伍 松毛刷 5

晒纸时将纸刷上纸焙，使纸平整并充分接触晒纸墙，刷柄为木制，刷毛为松毛。实测三星纸业有限公司所用的刷子规格为：长48 cm，宽12 cm。

⊙4

⊙1 捞纸车间 Papermaking workshop

⊙2 纸帘 Papermaking screen

⊙3 浇帖架 Frame for supporting the paper pile

⊙4 松毛刷 Brush made of pine needles

## 陆
## 压纸石
6

晒纸后压住纸的石头，为河里含铁的石头，要求在0.5 kg以上。实测三星纸业有限公司所用的压纸石规格为：长16 cm，宽约7 cm，高约4 cm。

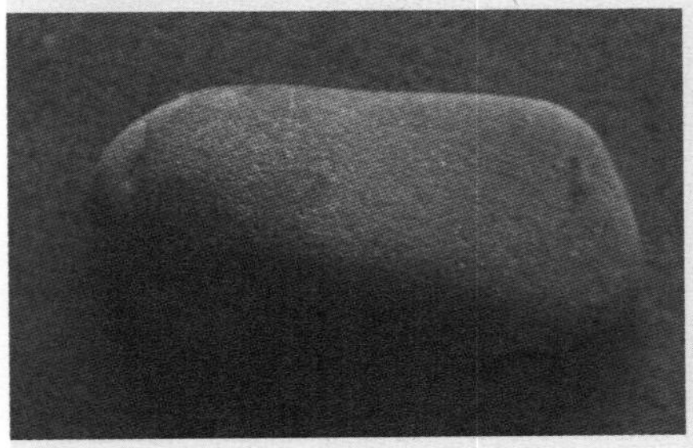

⊙5

## 柒
## 剪　刀
7

用来剪纸裁边。剪刀口为钢制，其余部分为铁制。实测三星纸业有限公司所用的剪刀总长34 cm，宽约9 cm。

⊙6

## 五
## 三星纸业有限公司的市场经营状况

## 5
## Marketing Status of Sanxing Paper Co., Ltd.

据调查组实地访谈张必良获知，三星纸业有限公司2008年以前的产品全部销往日本，类别几乎都是棉料，高峰年份出口量达80 000多刀，2008年以后的出口量基本上在4 000刀以下。2008年后三星纸业有限公司开始将主销售渠道向国内市场调整拓展，需求增长比较快，宣纸品种也随之增多，棉料、净皮、特净均有需求，也根据客户需要接受定制纸的生产。

⊙7

⊙5
压纸石
Stone for pressing the paper

⊙6
剪刀
Shears

⊙7
调研人员与厂方人员核实信息
Researchers verifying details with the factory workers

调查时，三星纸业有限公司在北京琉璃厂经营一家直营店，由张必良的兄弟张必宏负责经营。公司在上海、武汉、西安、济南、成都、重庆等全国各大中城市均有授权代理商。电商网络平台也授权了部分经销商销售“三星”系列宣纸。

## 六 三星纸业有限公司的品牌文化与习俗故事

## 6 Brand Culture and Stories of Sanxing Paper Co., Ltd.

⊙1

⊙1 1987年在云岭乡建立的百亩原料加工基地——晒滩（张必良供图）
Drying feild, a hundred *mu* of raw materials processing base built in Yunling Town in 1987 (photo provided by Zhang Biliang)

### 1. 拜蔡伦庙求捞好纸

调查中据张必良回忆：以前捞纸出现问题或者成品率低时，会有捞纸师傅自己去宣纸发源地小岭许湾村的蔡伦庙去烧香拜祭，同时还会向当地高水平老艺人请教改进技术的方法，从而减少破损率。不过张必良也说，他年纪轻没见过，只是听父亲那辈的老人们说的。

## 2. “穷李园”“富李园”

1978年改革开放前，李园村因可耕种的土地面积少，收入来源也少，村民生活条件苦，是远近闻名的“穷村”，当地有这样一首传唱穷生活的民谣：

小麦六谷*半年粮，半年上山下河塘。

李家园，好作孽**，六谷胡子作黄烟，炒菜没作料，眼泪当油盐。

茅草窝，土块啦墙，光棍汉子作了窝。

1985年，在村长张水兵的带领下，随着李园宣纸厂等一批村办企业的创办，数年间，“穷李园”就成为当地有名的“富李园”。鼎盛时期，以李园宣纸厂的利润为核心，村办厂除了为村民免费提供住房、自来水、电、燃气、就学等生活和学习福利外，还对困难户、60岁以上老人、村民婚丧嫁娶等进行补助。1990年5月，56个国家驻中国的使节和国际组织驻京代表携夫人访问了李园村，成为远近盛传的李园村和李园宣纸厂的国际故事。

* 当地方言，此为玉米。

** 当地方言，此为可怜。

# 七 三星纸业有限公司的业态传承现状与发展思考

## 7 Current Status and Development of Sanxing Paper Co., Ltd.



调查中据张必良反映，三星纸业有限公司目前也遇到较突出的传承与发展问题，主要包括：

（1）传统宣纸生产行业在发展过程中技艺人才缺乏与后继无人问题严重。按张必良的说法：年轻一代吃不了苦，很难安心学技术，三星纸业有限公司目前人员基本都是20世纪60～70年代出生的，20世纪80年代后出生的工人就很少了，90年代的基本上没有。上一代是宣纸技艺传习家庭的泾县90后的年轻一代，如果不是完全不愿继承祖业，也绝大多数是从事宣纸的电商销售行当，真正进入造纸的年轻人很少。做电商销售通常都会比从事宣纸生产的一代人收入要高，而且人也轻松、自由许多。

（2）2013年以后，宣纸受到国内消费大环境的影响，销售额在逐年减少，作为私营性质的手工作坊模式的企业普遍面临着减产、停产的困难局面。同时，宣纸的生产成本逐年在增加，人力成本也在快速增加，产品利润率越来越低。如：三星纸业有限公司工人工资平均保持在4 000元/月左右，一周工作6天，一年工作11个月，夏冬两季，受天气因素干扰，考虑到工人身体健康会减少生产产量。然而每年的宣纸制造设备升级的需求、环保设施改进的需求都需要大笔费用。原料基地和三星纸业有限公司员工人数将近100人，每年的利润率正常也只能维持在10%左右。

（3）对于宣纸行业普遍遭受的中低端书画纸对宣纸市场形成的强冲击现象，交流中张必良则认为：书画纸的冲击只是造成宣纸行业认识的混乱与行为的慌乱，并不会对宣纸业态形成实质性威胁，宣纸不可替代的文化消费地位仍然存在，书画纸仅仅作为低端的练习用纸，不是创作名画大作所需要的用纸。因此，坚持把宣纸造好才有出路。

⊙1

⊙2

⊙3



⊙ 1
三星纸业有限公司自建的环保设施（张必良供图）
Environmental protection equipments built in Sanxing Paper Co., Ltd. (photo provided by Zhang Biliang)

⊙ 2／3
书画家试纸（张必良供图）
Calligraphers testing the paper (photo provided by Zhang Biliang)

# 『三星』极品宣

"Sanxing" Superb Xuan Paper

『三星』极品宣透光摄影图
A photo of "Sanxing" superb Xuan paper seen through the light

# 桑皮纸

"Sanxing" Mulberry Bark Paper

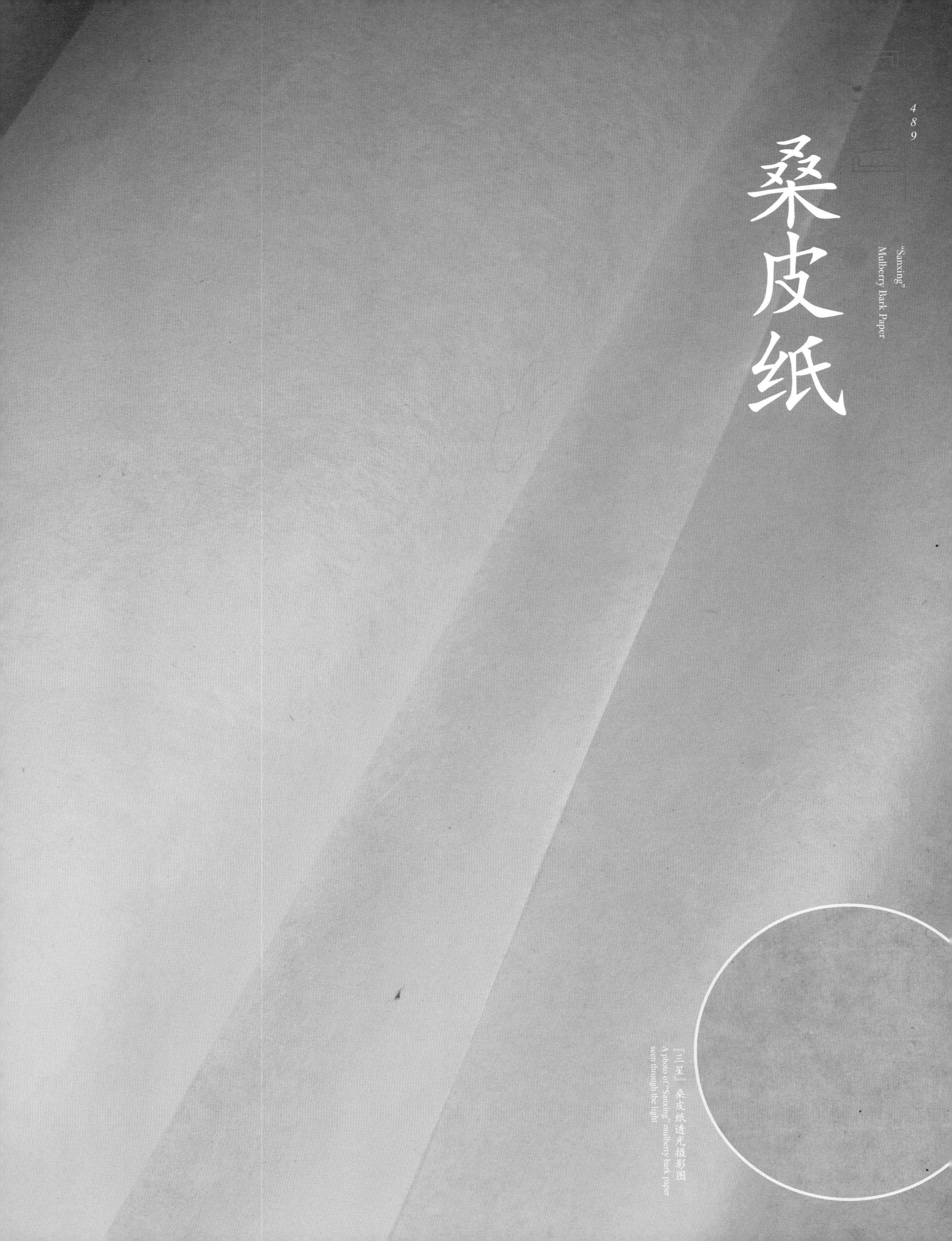

『三星』桑皮纸透光摄影图

A photo of "Sanxing" mulberry bark paper seen through the light

491

# 『三星』黄料问古宣

"Sanxing" Huangliao Vintage Xuan Paper

『三星』黄料问古宣透光摄影图

A photo of "Sanxing" Huangliao vintage Xuan paper seen through the light

# 第十三节

# 安徽常春纸业有限公司

安徽省
Anhui Province

宣城市
Xuancheng City

泾县
Jingxian County

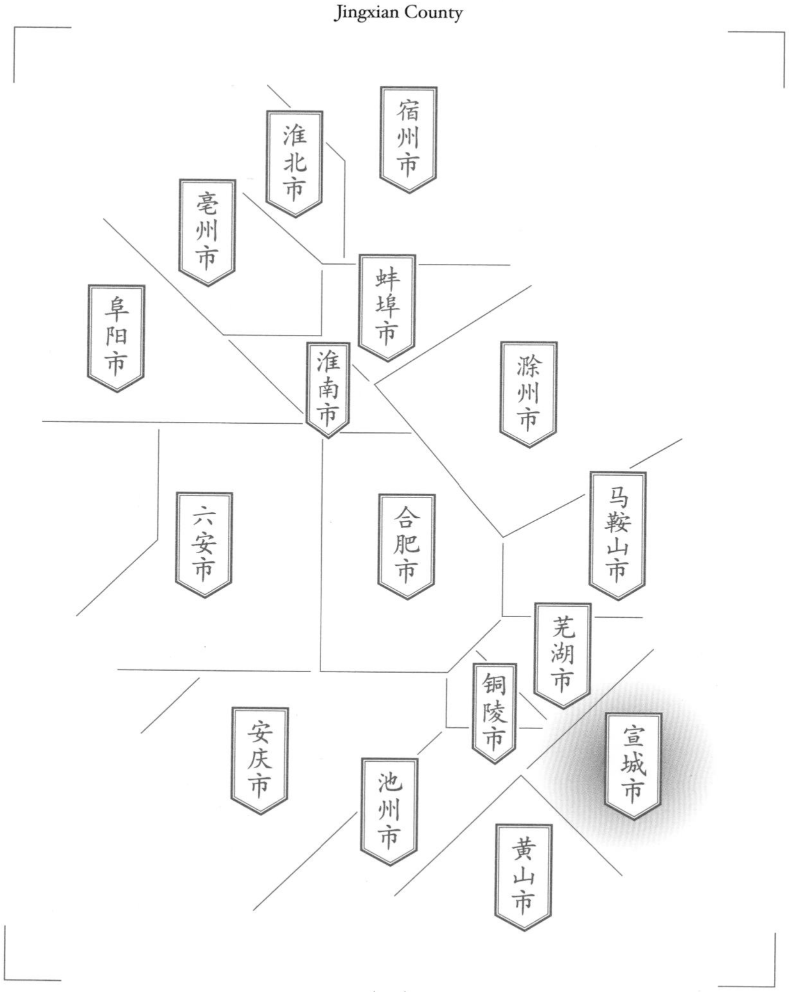


**调查对象**

丁家桥镇
安徽常春纸业有限公司
宣纸

Section 13

## Anhui Changchun Paper Co., Ltd.

**Subject**

Xuan Paper
of Anhui Changchun Paper Co., Ltd.
in Dingjiaqiao Town

## 一 常春纸业有限公司的基础信息与生产环境

1
Basic Information and Production Environment of Changchun Paper Co., Ltd.

安徽常春纸业有限公司为工商注册正名，从属名为泾县明星宣纸厂（因泾县宣纸行业内均习惯称明星宣纸厂，所以本节除标题仍沿用常春纸业有限公司这一注册名，以下叙述部分以从属名表述），厂区坐落于泾县丁家桥镇工业园区内（行政管辖地区属丁桥行政村辖区），地理坐标为东经118° 19′ 35″、北纬30° 39′ 24″。

明星宣纸厂创办于1986年，原名泾县包家宣纸厂。1994年，与台湾客商合作后，注册成立了安徽常春纸业有限公司。较为特别的做法是：该厂在外贸出口中使用常春纸业有限公司名和“明星”品牌名，国内销售中使用明星宣纸厂及“明星”品牌名。

2015年7月14日和2016年4月26日，调查组先后两次前往明星宣纸厂进行调研，获得的基础信息为：明星宣纸厂目前生产的纸品相当丰富多样，包括宣纸、手工书画纸、喷浆书画纸、皮纸、加工纸及机械书画纸，其中以宣纸和书画纸为主要产品。截至第二次调研时的2016年4月，明星宣纸厂有员工170多人，32个槽位和4台机械造纸机，其中4帘宣纸生产槽、4帘一改二手工书画纸槽、6帘常规四尺手工书画纸槽、1帘八尺手工书画纸槽，3个手工皮纸槽和14个喷浆槽位。2015年宣纸年产量约20吨，书画纸年产量约1 200吨，机械书画纸每天可生产2 000刀。

据丁家桥镇丁桥政府网站2016年4月的信息：丁桥行政村距县城11 km，面积3.64 km²，辖22个村民组，有680余户，农业人口2 100多人。村内主要产业为宣纸和书画纸产业，辖区有大小手工造纸厂约18家，沿青弋江南岸从东往西依次坐落着金星宣纸厂区、明星宣纸厂区等多家纸厂的生产基地。

⊙1

⊙2

⊙1 在厂区接待室访谈姚忠华
Interviewing Yao Zhonghua at the reception room of the factory

⊙2 明星宣纸厂正门
Gate of Mingxing Xuan Paper Factory

路线图
泾县县城
↓
安徽常春纸业有限公司
Road map from Jingxian County centre
to Anhui Changchun Paper Co., Ltd.

# 安徽常春纸业有限公司位置示意图

# Location map of Anhui Changchun Paper Co., Ltd.

考察时间
2015年7月/2016年4月

Investigation Date
July 2015/Apr. 2016

地域名称

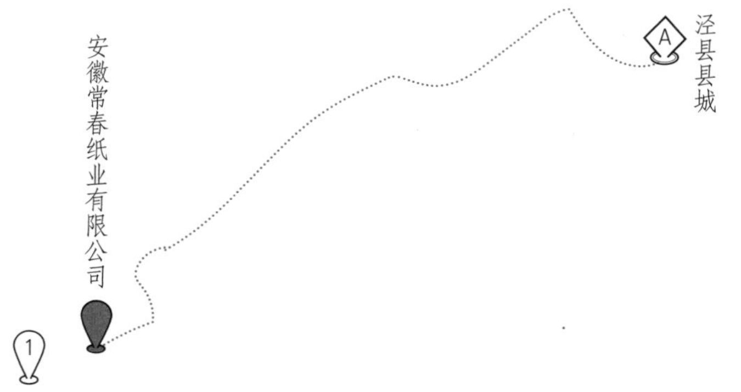


A 泾县县城

1 丁家桥镇

2 云岭镇

3 泾川镇

4 昌桥乡

5 黄村镇

6 琴溪镇

造纸点名称

安徽常春纸业有限公司造纸点

位置分布

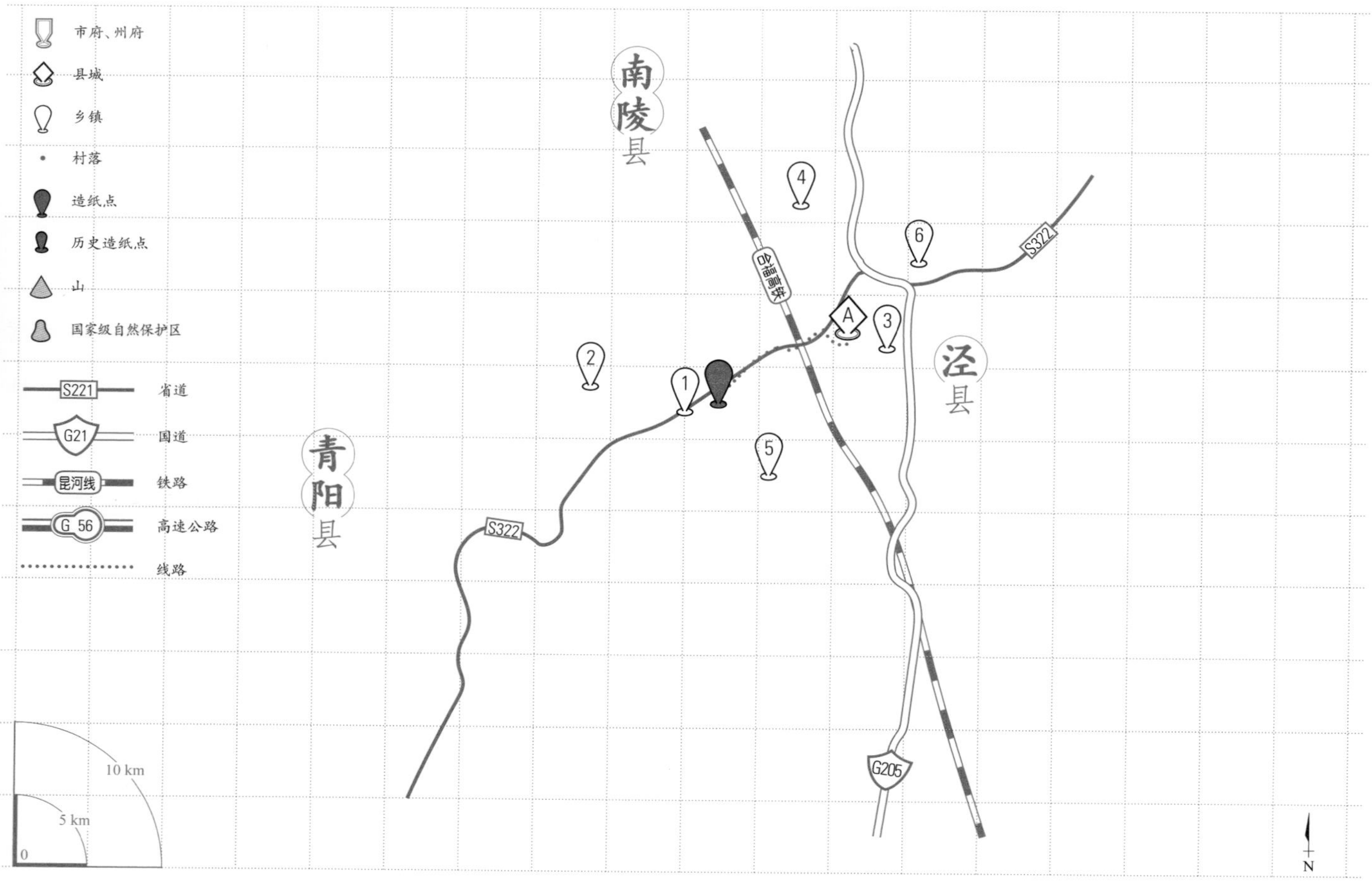

## 二
## 常春纸业有限公司的历史与传承情况

## 2
## History and Inheritance of Changchun Paper Co., Ltd.

明星宣纸厂注册地为泾县丁家桥镇，据调查时的明星宣纸厂法人代表姚忠华介绍：明星宣纸厂始建于1986年，由姚忠华的父亲姚文明筹资创立，历30年逐步发展到现在规模。

姚文明，1949年出生于安徽省长丰县。年少时因家境艰难，弃学帮石匠父亲拉板车、放炮等维持全家生计。1971年，22岁的姚文明随叔叔来到泾县，以挑石子修路、修水利工程等谋生。1972年姚文明进入丁桥窑厂做出窑工。1974年姚文明结婚后落户在丁桥公社丁桥大队。从1981年开始，姚文明购买了一辆拖拉机，利用业余时间给窑厂拉土方挣外快。

1985年，姚文明进入刚创办的李园宣纸厂开车，1986年姚文明辞去李园宣纸厂工作，租用包村遗留的20世纪70年代“知青”宿舍为厂房，创办了包家宣纸厂，创办时只有1帘槽的生产规模，按槽配备了十几名工人，使用“星球”商标。1988年，姚文明听说乡里计划在青弋江丁桥段建一座大桥，认为大桥的贯通，可能会给丁家桥地区的南北经济带来融合发展，自己拥有青弋江南岸一块地，比在包村发展有空间。于是，姚文明将所有可以调拨的资金凑在一起共约5万元，选择在丁家桥镇丁桥村自己的承包地里（现厂址）筹建新厂。

1989年，新厂建成，姚文明将原包家宣纸厂改名为泾县金水桥宣纸厂，由包家村搬至丁桥村金水桥旁的现厂址，并使用了“明星”作为新的品牌商标，同时继续使用“星球”商标。尽管初迁初建的厂里十分缺资金，企业占地面积只有2 667～3 333 m$^2$，维持3帘槽的生产，但姚文明采用“打出油来吃油”的办法，采取边生产边扩建的方法。

1992年初夏，突来的洪灾使工厂几乎陷于灭顶之灾。整个厂区陷于一片汪洋，吞噬了厂里所有的原料、半成品浆料、产品。在洪灾过后的

⊙1

⊙1 明星宣纸厂创始人姚文明
Yao Wenming, founder of Mingxing Xuan Paper Factory

⊙1

恢复生产阶段，1993年10月，泾县举办“’93泾县国际宣纸艺术节”，姚文明偶遇台湾客商陈正宗。陈正宗在台湾从事手工纸加工业务，其姐姐在日本开文房四宝商店，陈正宗非常希望在泾县找一个私营宣纸企业合作，以保证台湾地区和日本市场的供货量。通过洽谈，陈正宗一次性给姚文明投资5万美元，缓解了姚文明的资金压力。

1994年，陈正宗又与姚文明共同投资40万美元，注册成立安徽常春纸业有限公司，其中陈正宗20万美元，占50%股份；姚文明以厂房质押折成20万美元作投资，占50%股份，成为泾县首家与境外资金合作的宣纸生产企业。1996年，姚文明在天津开设了第一家文房四宝商店，交由女儿管理。女儿结婚后，又在北京开设了一家文房四宝店，成为泾县最早“家有厂，外有店”经营模式的宣纸生产企业。

据访谈中现任厂长姚忠华的介绍：“明星”商标于1994年开始使用，1998年正式由安徽泾县金水桥宣纸厂提出申请注册，国家工商行政管理总局商标局于2000年1月28日授予“商标注册证”。此后，为便于商标使用与管理，由安徽常春纸业有限公司和泾县金水桥宣纸厂共同提出商标变更申请，国家商标局于2010年4月13日，同意泾县金水桥宣纸厂将“明星”宣纸商标注册人变更为安徽常春纸业有限公司。

2000年，姚文明从厦门引进喷浆制纸技术，开始生产喷浆书画纸，成为泾县首家引进喷浆技术的厂家。2002年，姚文明注册成立泾县明星宣纸厂，注册时纸厂有6～7个槽，工人70多名。2007年，因生病原因，姚文明将经营交给儿子姚忠华。2006～2007年，为迎合市场多样化需求，工厂投资100多万元从河南引进长网造纸机，并添加帘纹等装置，开始造机械书画纸，至调查时已经引进了4台造纸机。

姚忠华，1978年出生，明星宣纸厂现任法人代表。1999年在北京读完大专后随姐姐、姐夫在北京跑自家产品销售业务。2001年，因父亲身患心脏病实施了手术，姚忠华从北京返回家乡，开始参与厂里的日常管理，逐步熟悉了所有的工艺流程。2007年全面接手企业的经营管理。

⊙2

⊙1
明星纸厂前的青弋江
Qingyi River in front of Mingxing Xuan Paper Factory

⊙2
现任厂长姚忠华
Yao Zhonghua, present factory director

## 三 常春纸业有限公司的代表纸品及其用途与技术分析

## 3 Representative Paper, Its Uses and Technical Analysis of Changchun Paper Co., Ltd.

### (一) 代表纸品及用途

据调查组2015年7月14日的入厂调查得知：明星宣纸厂所造的纸种类很多，几乎覆盖了泾县现在所有的造纸大类，包括宣纸、手工书画纸、喷浆书画纸、皮纸、加工纸和机械书画纸。当调查人员请姚文明举出最具代表性的纸品时，姚文明表示：明星宣纸厂代表产品为宣纸和喷浆书画纸，其中喷浆书画纸中的雁皮纸和喷浆檀皮纸更为典型。

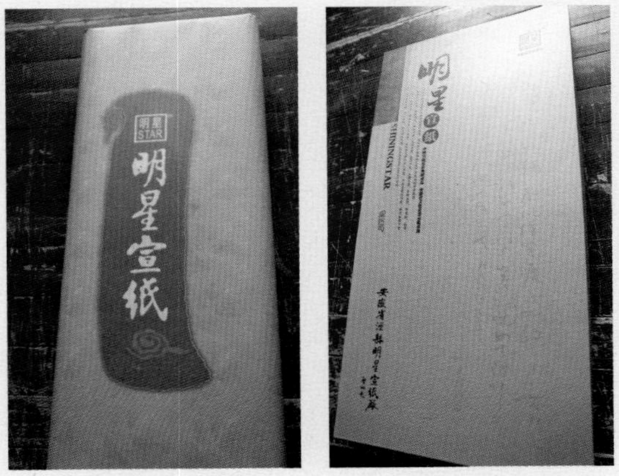


⊙3

调查时，明星宣纸厂共有4个槽生产宣纸，生产的系列宣纸主要有棉料（配比为檀皮40%、稻草60%）、净皮（配比为檀皮70%、稻草30%）、特净（配比为檀皮80%、稻草20%），以生产常规四尺为主。棉料、净皮、特净实施质量控制的标准分别为2.4～2.55 kg /刀、2.9～3.1 kg/刀、2.9～3.15 kg /刀。有时也会根据需要生产六尺、八尺、尺八屏等其他规格宣纸。喷浆书画纸按原料分为雁皮纸、檀皮纸、构皮纸、楮皮纸等。雁皮纸在喷浆书画纸中拉力最强，韧度最好，出口到日本和韩国作为包装、装饰用纸。其他喷浆书画纸会根据创作者的喜好选择作为山水画、写意画和书法创作用途。机械书画纸主要提供给书画爱好者、初学者练习所用，也有作为装裱、书画纸加工等方面用途的。

### (二) 代表纸品的技术分析

#### 1. 代表纸品一：“明星”特净

测试小组对采自明星宣纸厂的特净纸样所做

⊙3 『明星』宣纸的包装样式
Packaging of "Mingxing" Xuan paper

的性能分析，主要包括厚度、定量、紧度、抗张力、抗张强度、撕裂度、湿强度、白度、耐老化度下降、尘埃度、吸水性、伸缩性、纤维长度和纤维宽度等。按相应要求，每一指标都需重复测量若干次后求平均值，其中定量抽取5个样本进行测试，厚度抽取10个样本进行测试，拉力抽取20个样本进行测试，撕裂度抽取10个样本进行测试，湿强度抽取20个样本进行测试，白度抽取10个样本进行测试，耐老化度下降抽取10个样本进行测试，尘埃度抽取4个样本进行测试，吸水性抽取10个样本进行测试，伸缩性抽取4个样本进行测试，纤维长度测试200根纤维，纤维宽度测试300根纤维。对“明星”特净进行测试分析所得到的相关性能参数见表2.43。表中列出了各参数的最大值、最小值及测量若干次所得到的平均值或者计算结果。

表2.43 “明星”特净相关性能参数
Table 2.43 Performance parameters of “Mingxing” superb-bark paper

| 指标 | | | 单位 | 最大值 | 最小值 | 平均值 | 结果 |
|---|---|---|---|---|---|---|---|
| 厚度 | | | mm | 0.093 | 0.075 | 0.088 | 0.088 |
| 定量 | | | g/m$^2$ | — | — | — | 34.3 |
| 紧度 | | | g/cm$^3$ | — | — | — | 0.390 |
| 抗张力 | 纵向 | | N | 27.5 | 22.5 | 24.1 | 24.1 |
| | 横向 | | N | 23.6 | 13.9 | 16.9 | 16.9 |
| 抗张强度 | | | kN/m | — | — | — | 1.367 |
| 撕裂度 | 纵向 | | mN | 300 | 290 | 294 | 294 |
| | 横向 | | mN | 350 | 340 | 344 | 344 |
| 撕裂指数 | | | mN·m$^2$/g | — | — | — | 9.2 |
| 湿强度 | 纵向 | | mN | 1 220 | 1 120 | 1 179 | 1 179 |
| | 横向 | | mN | 900 | 740 | 806 | 806 |
| 白度 | | | % | 71.7 | 71.4 | 71.6 | 71.6 |
| 耐老化度下降 | | | % | — | — | — | 3.1 |
| 尘埃度 | 黑点 | | 个/m$^2$ | — | — | — | 32 |
| | 黄茎 | | 个/m$^2$ | — | — | — | 72 |
| | 双浆团 | | 个/m$^2$ | — | — | — | 0 |
| 吸水性 | | | mm | — | — | — | 8 |
| 伸缩性 | 浸湿 | | % | — | — | — | 0.45 |
| | 风干 | | % | — | — | — | 0.80 |
| 纤维 | 皮 | 长度 | mm | 3.17 | 0.85 | 1.69 | 1.69 |
| | | 宽度 | μm | 26.0 | 1.0 | 9.0 | 9.0 |
| | 草 | 长度 | mm | 1.91 | 0.33 | 0.82 | 0.82 |
| | | 宽度 | μm | 15.0 | 2.0 | 6.0 | 6.0 |

由表2.43可知，所测“明星”特净的平均定量为34.3 g/m²。“明星”特净最厚约是最薄的1.24倍，经计算，其相对标准偏差为0.005 71，纸张厚薄较为一致。通过计算可知，“明星”特净紧度为0.390 g/cm³。抗张强度1.366 kN/m，抗张强度值较大。所测“明星”特净撕裂指数为9.2 mN·m²/g，撕裂度较大；湿强度纵横平均值为993 mN，湿强度较大。

所测“明星”特净平均白度为71.6%。白度最大值是最小值的1.004 2倍，相对标准偏差为0.107 5，白度差异相对较小。经过耐老化测试后，耐老化度下降3.1%。

所测“明星”特净尘埃度指标中黑点为32个/m²，黄茎为72个/m²，双浆团为0个/m²。吸水性纵横平均值为8 mm，纵横差为0.60 mm。伸缩性指标中浸湿后伸缩差为0.45%，风干后伸缩差为0.80 %，说明“明星”特净伸缩差异不大。

“明星”特净在10倍、20倍物镜下观测的纤维形态分别如图★1、图★2所示。所测“明星”特净皮纤维长度：最长3.17 mm，最短0.85 mm，平均长度为1.69 mm；纤维宽度：最宽26.0 μm，最窄1.0 μm，平均宽度为9.0 μm；草纤维长度：最长1.91 mm，最短0.33 mm，平均长度为0.82 mm；纤维宽度：最宽15.0 μm，最窄2.0 μm，平均宽度为6.0 μm。“明星”特净润墨效果如图⊙1所示。

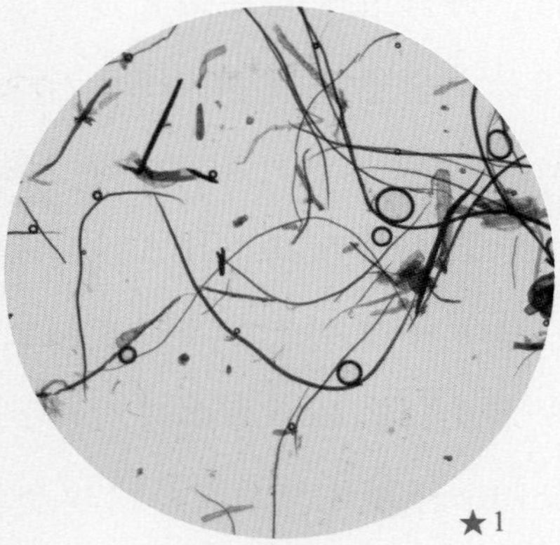
★1

★2
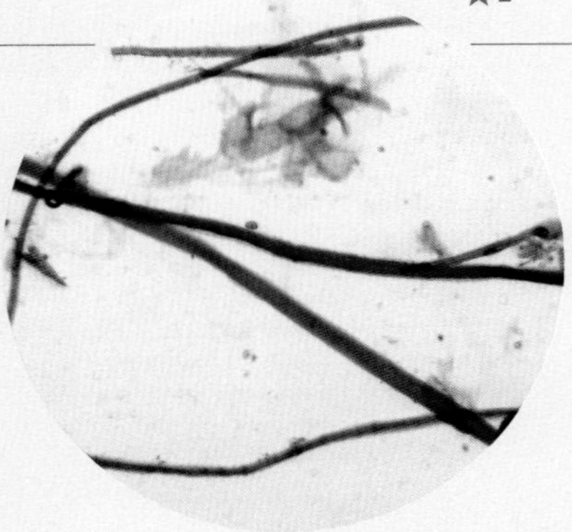

⊙1

## 2. 代表纸品二：“明星”喷浆檀皮纸

测试小组对采样自明星宣纸厂生产的“明星”喷浆檀皮纸所做的性能分析，主要包括厚度、定量、紧度、抗张力、抗张强度、撕裂度、

★1
『明星』特净纤维形态图（10×）
Fibers of "Mingxing" superb-bark paper (10× objective)

★2
『明星』特净纤维形态图（20×）
Fibers of "Mingxing" superb-bark paper (20× objective)

⊙1
『明星』特净润墨效果
Writing performance of "Mingxing" superb-bark paper

湿强度、白度、耐老化度下降、尘埃度、吸水性、伸缩性、纤维长度和纤维宽度等。按相应要求，每一指标都需重复测量若干次后求平均值，其中定量抽取5个样本进行测试，厚度抽取10个样本进行测试，拉力抽取20个样本进行测试，撕裂度抽取10个样本进行测试，湿强度抽取20个样本进行测试，白度抽取10个样本进行测试，耐老化度下降抽取10个样本进行测试，尘埃度抽取4个样本进行测试，吸水性抽取10个样本进行测试，伸缩性抽取4个样本进行测试，纤维长度测试200根纤维，纤维宽度测试300根纤维。对“明星”喷浆檀皮纸进行测试分析所得到的相关性能参数见表2.44。表中列出了各参数的最大值、最小值及测量若干次所得到的平均值或者计算结果。

表2.44 “明星”喷浆檀皮纸相关性能参数
Table 2.44 Performance parameters of “Mingxing” pulp-shooting *Pteroceltis tatarinowii* bark paper

| 指标 | | | 单位 | 最大值 | 最小值 | 平均值 | 结果 |
|---|---|---|---|---|---|---|---|
| 厚度 | | | mm | 0.090 | 0.080 | 0.083 | 0.083 |
| 定量 | | | g/m$^2$ | — | — | — | 30.2 |
| 紧度 | | | g/cm$^3$ | — | — | — | 0.364 |
| 抗张力 | 纵向 | | N | 11.4 | 9.4 | 10.6 | 10.6 |
| | 横向 | | N | 8.0 | 6.9 | 7.5 | 7.5 |
| 抗张强度 | | | kN/m | — | — | — | 0.603 |
| 撕裂度 | 纵向 | | mN | 270 | 220 | 252 | 252 |
| | 横向 | | mN | 280 | 250 | 270 | 270 |
| 撕裂指数 | | | mN·m$^2$/g | — | — | — | 16.4 |
| 湿强度 | 纵向 | | mN | 700 | 450 | 530 | 530 |
| | 横向 | | mN | 450 | 350 | 390 | 390 |
| 白度 | | | % | 74.0 | 70.9 | 73.8 | 73.8 |
| 耐老化度下降 | | | % | — | — | — | 2.1 |
| 尘埃度 | 黑点 | | 个/m$^2$ | — | — | — | 24 |
| | 黄茎 | | 个/m$^2$ | — | — | — | 20 |
| | 双浆团 | | 个/m$^2$ | — | — | — | 0 |
| 吸水性 | | | mm | — | — | — | 24 |
| 伸缩性 | 浸湿 | | % | — | — | — | 0.40 |
| | 风干 | | % | — | — | — | 0.88 |
| 纤维 | 皮 | 长度 | mm | 3.55 | 1.59 | 2.01 | 2.01 |
| | | 宽度 | μm | 23.0 | 8.0 | 12.0 | 12.0 |
| | 草 | 长度 | mm | 1.44 | 0.50 | 0.79 | 0.79 |
| | | 宽度 | μm | 17.0 | 5.0 | 9.0 | 9.0 |

由表2.44可知，所测“明星”喷浆檀皮纸的平均定量为30.2 g/m$^2$。“明星”喷浆檀皮纸最厚约是最薄的1.13倍，经计算，其相对标准偏差为0.003，纸张厚薄较为一致。通过计算可知，“明星”喷浆檀皮纸紧度为0.364 g/cm$^3$。抗张强度为0.603 kN/m，抗张强度值较大。所测“明星”喷浆檀皮纸撕裂指数为16.4 mN·m$^2$/g，撕裂度较大；湿强度纵横平均值为410 mN，湿强度较大。

所测“明星”喷浆檀皮纸平均白度为73.8%，白度较高，是由于其加工过程中有漂白工序。白度最大值是最小值的1.033倍，相对标准偏差为0.070，白度差异相对较小。经过耐老化测试后，耐老化度下降2.1%。

所测“明星”喷浆檀皮纸尘埃度指标中黑点为24个/m$^2$，黄茎为20个/m$^2$，双浆团为0个/m$^2$。吸水性纵横平均值为24 mm，纵横差为1.4 mm。伸缩性指标中浸湿后伸缩差为0.40%，风干后伸缩差为0.88%，说明“明星”喷浆檀皮纸伸缩差异不大。

“明星”喷浆檀皮纸在10倍、20倍物镜下观测的纤维形态分别如图★1、图★2所示。所测“明星”喷浆檀皮皮纤维长度：最长3.55 mm，最短1.59 mm，平均长度为2.01 mm；纤维宽度：最宽23.0 μm，最窄8.0 μm，平均宽度为12.0 μm；草纤维长度：最长1.44 mm，最短0.50 mm，平均长度为0.79 mm；纤维宽度：最宽17.0 μm，最窄5.0 μm，平均宽度为9.0 μm。“明星”喷浆檀皮纸润墨效果如图⊙1所示。

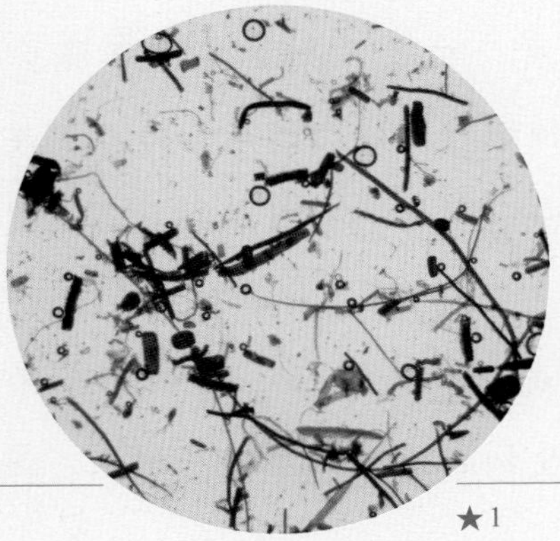

★1

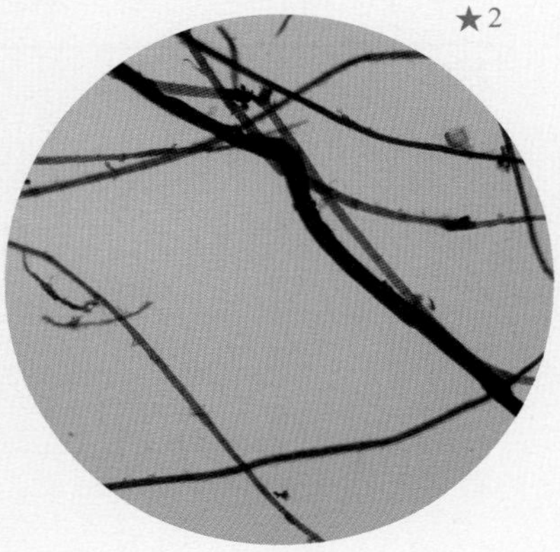

★2

⊙1

★1
『明星』喷浆檀皮纸纤维形态图（10×）
Fibers of "Mingxing" pulp-shooting *Pteroceltis tatarinowii* bark paper (10× objective)

★2
『明星』喷浆檀皮纸纤维形态图（20×）
Fibers of "Mingxing" pulp-shooting *Pteroceltis tatarinowii* bark paper (20× objective)

⊙1
『明星』喷浆檀皮纸润墨效果
Writing performance of "Mingxing" pulp-shooting *Pteroceltis tatarinowii* bark paper

### 3. 代表纸品三："明星"喷浆雁皮纸

测试小组对采样自明星宣纸厂生产的"明星"喷浆雁皮纸纸样所做的性能分析，主要包括厚度、定量、紧度、抗张力、抗张强度、撕裂度、湿强度、白度、耐老化度下降、尘埃度、吸水性、伸缩性、纤维长度和纤维宽度等。按相应要求，每一指标都需重复测量若干次后求平均值，其中定量抽取5个样本进行测试，厚度抽取10个样本进行测试，拉力抽取20个样本进行测试，撕裂度抽取10个样本进行测试，湿强度抽取20个样本进行测试，白度抽取10个样本进行测试，耐老化下降抽取10个样本进行测试，尘埃度抽取4个样本进行测试，吸水性抽取10个样本进行测试，伸缩性抽取4个样本进行测试，纤维长度测试200根纤维，纤维宽度测试300根纤维。对"明星"喷浆雁皮纸进行测试分析所得到的相关性能参数见表2.45。表中列出了各参数的最大值、最小值及测量若干次所得到的平均值或者计算结果。

表2.45 "明星"喷浆雁皮纸相关性能参数
Table 2.45 Performance parameters of "Mingxing" pulp-shooting *Wikstroemia pilosa* Cheng bark paper

| 指标 | | 单位 | 最大值 | 最小值 | 平均值 | 结果 |
|---|---|---|---|---|---|---|
| 厚度 | | mm | 0.090 | 0.085 | 0.089 | 0.089 |
| 定量 | | $g/m^2$ | — | — | — | 29.2 |
| 紧度 | | $g/cm^3$ | — | — | — | 0.328 |
| 抗张力 | 纵向 | N | 6.1 | 4.8 | 5.5 | 5.5 |
| | 横向 | N | 3.8 | 2.6 | 3.3 | 3.3 |
| 抗张强度 | | kN/m | — | — | — | 0.293 |
| 撕裂度 | 纵向 | mN | 230 | 180 | 240 | 240 |
| | 横向 | mN | 230 | 200 | 218 | 218 |
| 撕裂指数 | | $mN\cdot m^2/g$ | — | — | — | 15.9 |
| 湿强度 | 纵向 | mN | 650 | 450 | 560 | 560 |
| | 横向 | mN | 350 | 240 | 310 | 310 |
| 白度 | | % | 81.2 | 81.0 | 81.07 | 81.07 |
| 耐老化度下降 | | % | — | — | — | 2.2 |
| 尘埃度 | 黑点 | 个/$m^2$ | — | — | — | 4 |
| | 黄茎 | 个/$m^2$ | — | — | — | 12 |
| | 双浆团 | 个/$m^2$ | — | — | — | 0 |
| 吸水性 | | mm | — | — | — | 23 |
| 伸缩性 | 浸湿 | % | — | — | — | 0.38 |
| | 风干 | % | — | — | — | 0.80 |

续表

| 指标 | | 单位 | 最大值 | 最小值 | 平均值 | 结果 |
|---|---|---|---|---|---|---|
| 纤维 | 皮 | 长度 mm | 4.81 | 1.88 | 2.07 | 2.07 |
| | | 宽度 μm | 18.0 | 6.0 | 11.0 | 11.0 |
| | 草 | 长度 mm | 0.96 | 0.31 | 0.56 | 0.56 |
| | | 宽度 μm | 42.0 | 2.0 | 15.0 | 15.0 |

由表2.45可知，所测“明星”喷浆雁皮纸的平均定量为29.2 g/m$^2$。“明星”喷浆雁皮纸最厚约是最薄的1.05倍，经计算，其相对标准偏差为0.002，纸张厚薄较为一致。通过计算可知，“明星”喷浆雁皮纸紧度为0.328 g/cm$^3$。抗张强度为0.293 kN/m，抗张强度值较大。所测“明星”喷浆雁皮纸撕裂指数为15.9 mN·m$^2$/g，撕裂度较大；湿强度纵横平均值为435 mN，湿强度较大。

所测“明星”喷浆雁皮纸平均白度为81.07%，白度较高，是由于其加工过程中有漂白工序。白度最大值是最小值的1.032倍，相对标准偏差为0.082，白度差异相对较小。经过耐老化测试后，耐老化度下降2.2%。

所测“明星”喷浆雁皮纸尘埃度指标中黑点为4个/m$^2$，黄茎为12个/m$^2$，双浆团为0个/m$^2$。吸水性纵横平均值为23 mm，纵横差为1.2 mm。伸缩性指标中浸湿后伸缩差为0.38%，风干后伸缩差为0.80%，说明“明星”喷浆雁皮纸伸缩差异不大。

“明星”喷浆雁皮纸在10倍、20倍物镜下观测的纤维形态分别如图★1、图★2所示。所测“明星”喷浆雁皮皮纤维长度：最长4.81 mm，最短1.88 mm，平均长度为2.07 mm；纤维宽度：最宽18.0 μm，最窄6.0 μm，平均宽度为11.0 μm；木浆纤维长度：最长0.96 mm，最短0.31 mm，平均长度为0.56 mm；纤维宽度：最宽42.0 μm，最窄2.0 μm，平均宽度为15.0 μm。“明星”喷浆雁皮纸润墨效果如图⊙1所示。

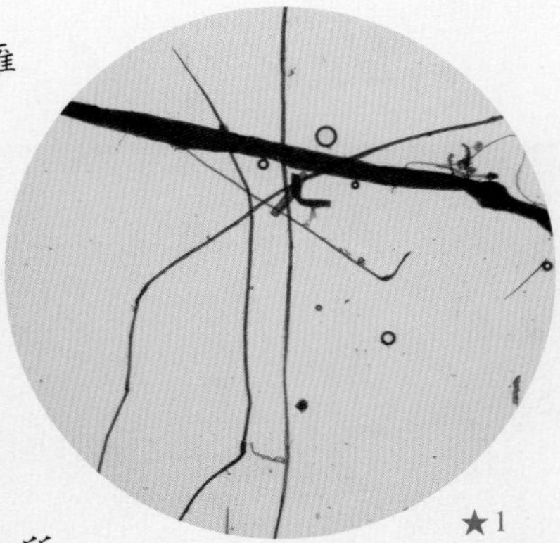

★1

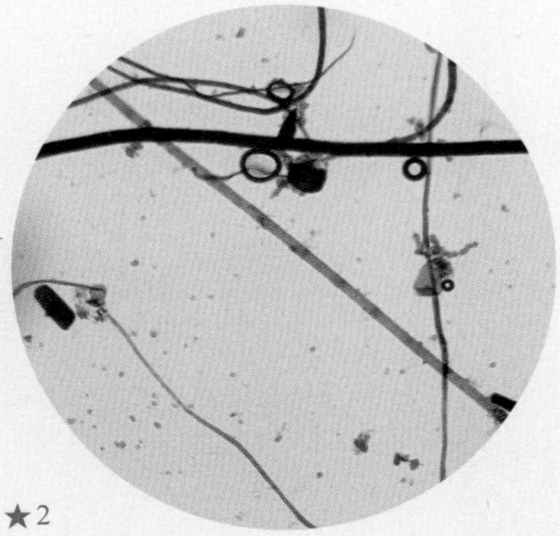

★2

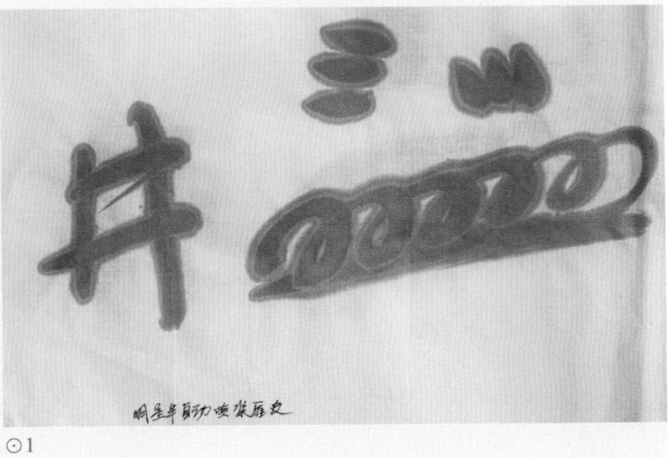

⊙1

★1
『明星』喷浆雁皮纸纤维形态图（10×）
Fibers of "Mingxing" pulp-shooting *Wikstroemia pilosa* Cheng bark paper (10× objective)

★2
『明星』喷浆雁皮纸纤维形态图（20×）
Fibers of "Mingxing" pulp-shooting *Wikstroemia pilosa* Cheng bark paper (20× objective)

⊙1
『明星』喷浆雁皮纸润墨效果
Writing performance of "Mingxing" pulp-shooting *Wikstroemia pilosa* Cheng bark paper

# 四 常春纸业有限公司生产的原料、工艺与设备

# 4 Raw Materials, Papermaking Techniques and Tools of Changchun Paper Co., Ltd.

⊙1

## (一) “明星”宣纸生产的原料与辅料

### 1. 主料一：青檀皮

“明星”宣纸使用的是泾县当地所产的青檀皮，一般从泾县的蔡村、苏红、小岭等村镇购买。调查时姚忠华介绍，“明星”宣纸2015年购买的毛皮价格为850～900元/50 kg。

### 2. 主料二：燎草

据姚忠华介绍：“明星”宣纸主要选用泾县苏红所产的燎草，2015年调查时明星宣纸厂燎草收价为700元/50 kg。

### 3. 辅料一：化学纸药——聚丙烯酰胺

2015年入厂调查时，“明星”宣纸已使用聚丙烯酰胺为纸药，主要原因一是植物纸药成本高，也难以收购；二是植物纸药损耗高。姚忠华表示：“明星”宣纸采用的聚丙烯酰胺系从泾县当地的供应商处直接采购，很方便。

### 4. 辅料二：水

“明星”宣纸的生产用水主要是青弋江江水，为了让水量和水质得到保证，明星宣纸厂在青弋江边打了两口井，青弋江水通过浅土层过滤后供厂区生产所用。据调查组成员的现场测试，“明星”宣纸造纸用水pH为6.5，偏弱酸性。

⊙1 明星宣纸厂仓库里储存的檀皮原料
Raw materials of *Pteroceltis tatarinowii* bark at the storehouse of Mingxing Xuan Paper Factory

(二)

## "明星"宣纸生产的工艺流程

根据姚忠华访谈中较系统的介绍，综合调查组2015年7月14日在明星宣纸厂的实地调查，概述"明星"宣纸生产工艺流程为：

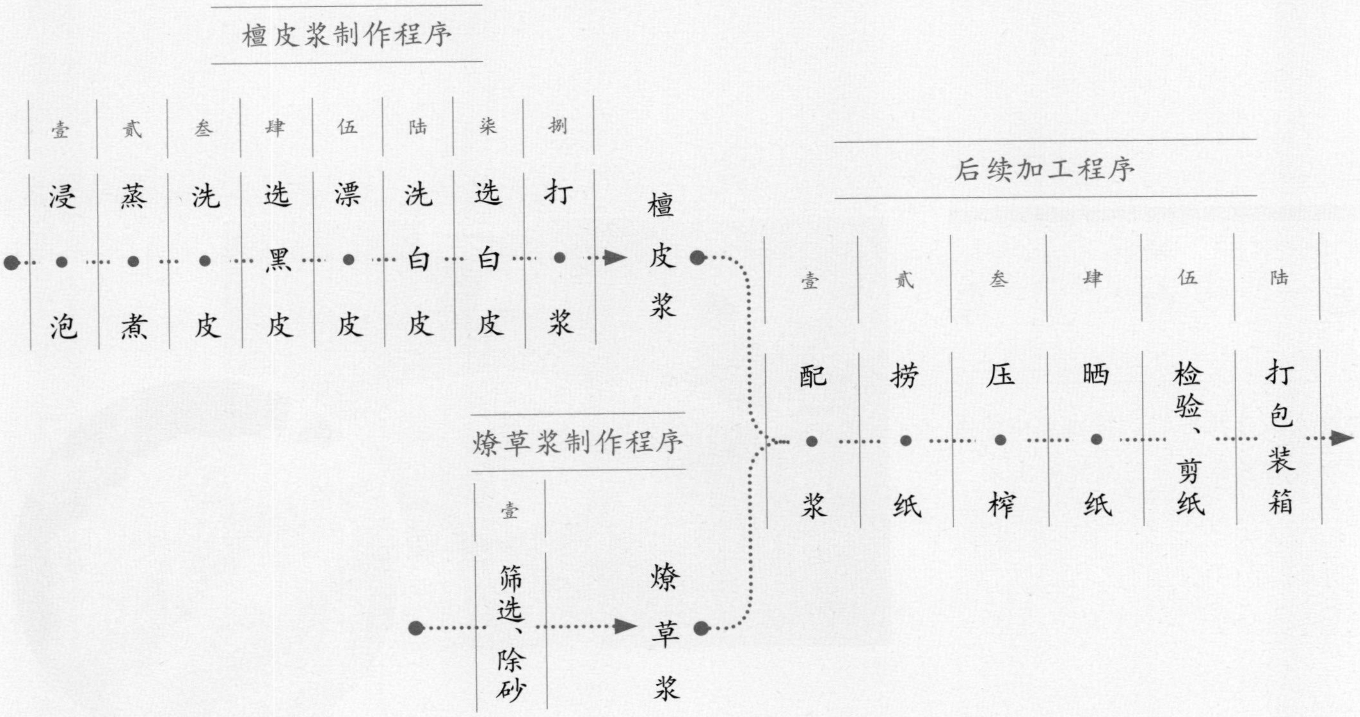


### 檀皮浆制作

#### 壹 浸泡

1

将檀皮按约1.25 kg/把扎成把，扎把后按照约40 kg/捆上捆浸泡。

#### 贰 蒸煮

2

将浸泡过的檀皮按照500 kg左右一锅量放入75 kg烧碱蒸煮24小时以上，直到蒸透为主，所得檀皮称为黑皮。

#### 叁 洗皮

3

用清水将黑皮中的残碱洗干净后榨干。

肆
## 选黑皮
4

通过人工选拣方式，挑出其中的皮棍子、皮头根。

伍
## 漂皮
5

将选拣后的黑皮中放入195 kg左右、有效氯含量为4.5%的次氯酸钙进行漂白，漂白后所得檀皮称为白皮。

陆
## 洗白皮
6

用清水将白皮中残留的次氯酸钙洗净后榨干。

柒
## 选白皮
7 ⊙1 ⊙2

通过人工选拣方式，将白皮中的杂质和有黑点、黄点的皮挑除出来。

⊙1

⊙2

捌
## 打浆
8 ⊙3

用打浆机将纯净白皮打成檀皮纤维浆料。

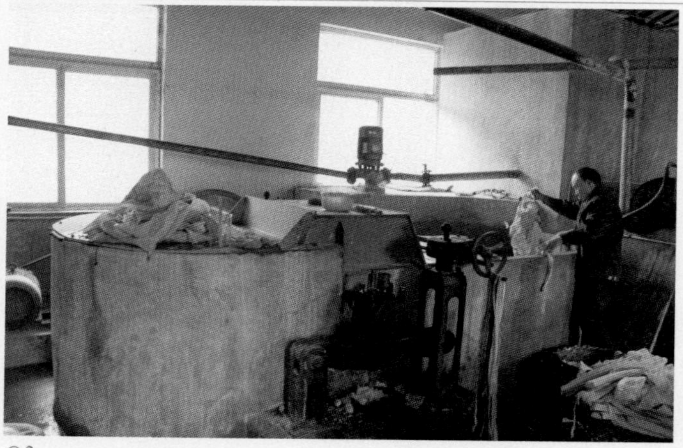
⊙3

⊙1 拣白皮 Picking the white bark

⊙2 挑拣后的白皮 White bark after being picked

⊙3 白皮打浆现场 Beating the white bark

## 燎草浆制作

明星宣纸厂的做法是把买来的燎草直接放入水中，将燎草粘附的石灰和污质洗净，并通过水将燎草中所含的石块以水漂、浮的方式分离，然后将洗净的燎草用挽钩勾到榨板上榨干，此称洗草。将榨干后的燎草通过人工选拣，将草中没有漂白的草黄筋与杂质挑选出来，使燎草纯净后用石碾碾碎，形成燎草浆料。

⊙4

⊙5

### 壹 筛选、除砂

1 ⊙4 ⊙5

将碾碎的燎草先后放入振框筛、除砂器、圆筒筛中完成筛选、净化、洗涤，补充漂白后，通过洗漂机进行洗漂后形成草纤维浆料。

## 后续加工程序

### 壹 配浆

1 ⊙6⊙7

将檀皮纤维浆料和草纤维浆料按照特净、净皮、棉料比例进行混合，先后通过平筛筛选、除砂器除砂、旋翼筛净化和筛选、跳筛除杂后形成混合浆料，就可以进入下一步捞纸工序了。

⊙6

⊙7

### 贰 捞纸

2 ⊙8～⊙11

（1）搞槽

进入捞纸工序前，操作工先通过搞槽方式将纸浆打融。由捞纸的抬帘工与搞槽工各持一把扒子，在纸槽内按逆时针搅拌，等料熟后，放入适量纸药稍微搅拌后即可。

（2）捞纸

据姚忠华介绍：明星宣纸厂按照两人一组的捞纸组合，四尺宣纸每组每天能捞10～12刀。

⊙8

⊙4 燎草原料 Processed straw

⊙5 石碾在碾草 Grinding the straw with a stone roller

⊙6 旋翼筛 Rotor sifter

⊙7 除砂器 Machine for removing the grit

⊙8 捞纸车间 Papermaking workshop

两个捞纸工人配合工作。1人为掌帘，一般由师傅或者技艺好一点的捞纸工担任；1人为抬帘，一般为学徒或者经验较少的捞纸工担任，辅助掌帘师傅完成捞纸工作。捞纸时，掌帘和抬帘分别站在纸槽两头，帘上帘床，夹紧帘尺，一遍水从掌帘左边、抬帘从右边同时下水，水逆流而上到另一边，稍作停顿，将水从原路倒回；二遍水从掌帘右边、抬帘左边舀水，倒向反方向，纸帘上就形成了一张湿纸。

⊙9

(3) 放纸

湿纸形成后，两个捞纸工人一起将帘床放在槽架上，掌帘师傅把沾有湿纸的纸帘提起，平稳地倒扣在槽旁边的湿纸板上，轻轻地将纸帘与湿纸分离，拿走纸帘。这个过程中，抬帘师傅用计数器计数或另做一些辅助工作。

⊙10

⊙11

## 叁 压榨 3

⊙12

捞纸工下班后，由帮槽工用盖纸帘覆盖在湿纸帖上，加上盖纸板。等受压后的湿纸帖滤完一定的水后，再架上榨杆和液压装置，逐步加力，将湿纸帖挤压到不出水为止。帮槽工在扳榨时，交替做好纸槽清洗工作，将纸槽当天的槽水放干，滤去槽底（槽内残留的纸浆），清洗纸槽四壁后，加上次日第一个槽口的纸浆，将槽内注满清水。

⊙12

⊙9 放纸 Turning the papermaking screen upside down on the board

⊙10 提帘 Lifting the papermaking screen

⊙11 放纸架 Frame for piling the paper

⊙12 压榨 Pressing the paper

## 肆 晒　纸

### 4 ⊙13 ⊙14

（1）烘帖

将压榨好的纸帖放在晒纸房的纸焙上进行烘烤，将纸帖水分烘烤尽。

（2）浇帖

烘干后的纸帖需要人工在整块帖上浇润水，使整块纸帖被水浸润，形成潮而不湿的形状。

（3）鞭帖

将浇好的纸帖放在晒纸架上，用鞭帖板由梢部依次向额部敲打，其反作用力使纸帖服贴，便于分张。用手将鞭打后的纸帖四边翻起，再用额枪将翻过边的地方打松。

（4）晒纸

晒纸时先取掐角（左上角），由左向右将帖中单张纸揭下来，通过刷把贴上纸焙。标准纸焙能张贴9张四尺纸，贴满整个纸焙后，先将最早上墙的纸揭下，依次进行。揭下后，再晒下一焙纸。如此循环往复。

⊙13

⊙14

## 伍 检验、剪纸

### 5 ⊙15～⊙17

检验工对晒好的纸进行检验，遇到不合格的纸立即取出或者做上记号，积到一定数量的残次品或废品后，将这些残次品或废品回笼打浆或者低价出售；而合格的纸整理好，数好数，一般50张为一个刀口，压上石头，剪纸人站成箭步，持特制大剪刀一气呵成地剪下去。

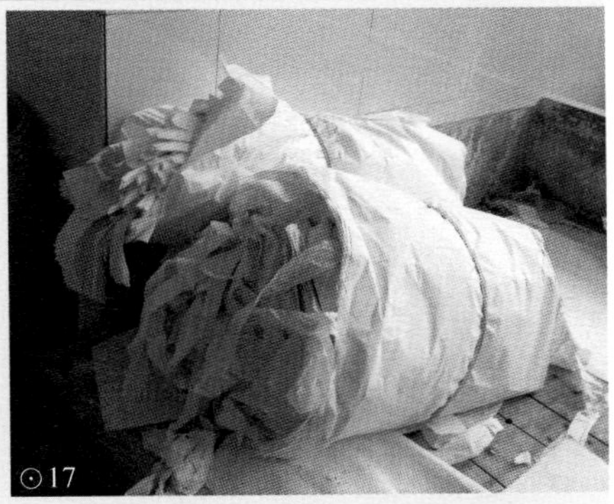

⊙17

## 陆 打包装箱

### 6 ⊙18

剪好后的纸按100张一刀分好，再加盖“明星”品牌的印戳。一般9刀装一箱（件），包装完毕后运入贮纸仓库。

⊙15

⊙16

⊙18

⊙13 晒纸：揭纸
Drying the paper: peeling the paper down

⊙14 晒纸：上墙
Drying the paper: pasting the paper on the wall

⊙15 检验女工
A female worker checking the paper

⊙16 剪纸
Cutting the paper

⊙17 纸巾（将要回笼打浆的废纸、纸边等）
Waste paper to be recycled

⊙18 等待包装装箱的宣纸
Xuan paper to be packaged

## （三）
## "明星"喷浆书画纸生产的原料与辅料

### 1. 原料

喷浆书画纸与传统宣纸生产工艺不同，明星宣纸厂从厦门引进的喷浆书画纸技术，主要原料为龙须草、木浆、竹浆和皮料混合浆，其中皮料混合浆中包括构皮浆、檀皮浆、楮皮浆、雁皮浆和三桠皮浆等。调研中，姚忠华介绍明星宣纸厂的喷浆雁皮纸和喷浆檀皮纸是其中的代表纸品。一般来说，泾县的皮纸生产厂家造皮纸通常采用吊帘捞纸方式，但因雁皮纤维较细，纤维长度介于构皮和檀皮之间，故而明星宣纸厂采用半自动喷浆捞纸。

由于泾县当地不种植龙须草、构皮、楮皮、雁皮和三桠皮，野生的也少，这些原料都需要从外地购买。上述皮料加工过程中污染较为严重，考虑到环保成本和经济成本，明星宣纸厂直接从外地购买经过蒸煮、漂白后的皮料浆板。访谈中姚忠华介绍：构皮主要从广西、泰国购买，雁皮从菲律宾进口，三桠皮从广西购买。龙须草、木浆和竹浆均是直接购买的浆板，龙须草主要从湖北和河南交界地区如十堰或陕西的纸浆厂购买，木浆浆板从加拿大进口，竹浆浆板来自四川。只有檀皮是从泾县本地的蔡村、苏红、小岭等地购买的。2015年龙须草浆板价格超过10 000元/1 000 kg，进口木浆超过5 000元/1 000 kg，竹浆价格超过4 000元/1 000 kg，雁皮价格为17 500 元/1 000 kg，国内楮皮价格超过8 000元/1 000 kg，国外楮皮价格为15 000 元/1 000 kg。姚忠华表示，国外的楮皮出料率高。

⊙1

## 2. 辅料

与“明星”宣纸使用的辅料相同，“明星”喷浆书画纸使用的是化学纸药——聚丙烯酰胺。与“明星”宣纸的用水一样，“明星”喷浆书画纸的生产用水主要是青弋江江水，明星宣纸厂在青弋江边打了两口井，将青弋江水通过浅土层过滤后供厂区生产所用。

## （四）“明星”喷浆书画纸生产的工艺流程

调查组2015年7月14日在明星宣纸厂实地调查时，据姚忠华的描述，“明星”喷浆书画纸主要生产工艺流程为：

| 壹 | 贰 | 叁 | 肆 | 伍 | 陆 | 柒 | 捌 |
|---|---|---|---|---|---|---|---|
| 浸泡 | 打浆 | 配浆 | 捞纸 | 压榨 | 晒纸 | 检验、剪纸 | 包装 |

### 壹 浸泡

1 ⊙2

根据要生产的纸的品种，将龙须草、木浆、竹浆、雁皮浆板进行浸泡，一般浸泡一天一夜即可，使浆板充分吸收水分和软化，便于打浆。檀皮则自行蒸煮、漂白、清洗。

⊙2

⊙3

### 贰 打浆

2 ⊙3

浸泡好的龙须草、木浆、竹浆、雁皮浆板分别直接进行打浆，清洗后的檀皮则另行打浆。

### 叁 配浆

3

根据产品品种不同，按照不同的配比掺入龙须草、木浆、竹浆浆料与檀皮浆浆料。书画纸分为普通书画纸和高级书画纸，普通书画纸的檀皮浆浆料一般为10%以下；高级书画纸檀皮浆料为25%～30%。

⊙1 明星宣纸厂仓库里堆放的买来的浆板 Pulp board in the storehouse of Mingxing Xuan Paper Factory

⊙2 浸泡浆板 Soaking the pulp board

⊙3 打浆 Beating the pulp

## 肆 捞纸

### 4

⊙4～⊙6

喷浆书画纸的捞纸方式与传统宣纸的捞纸方式完全不同。喷浆书画纸纸槽一边装有一个封闭的管道循环装置，该装置在每帘槽边均设有喷浆口，控制开关在捞纸工的脚边。每个喷浆口只需一个捞纸工操作，操作时，捞纸工推动装有滑轨的帘床到喷浆口，用脚启动开关，运动中的浆料从喷浆口喷出，浆料布满整张帘子后，捞纸工松开开关，喷浆停止，捞纸工掌握厚薄后，将帘床拉回槽沿，将吸附有湿纸的帘子揭走，放入身后的纸板上，放完纸后，将帘子揭起放回帘床，开始下一张纸的操作，如此往复。由于这种喷浆帘床下面带有滑轨，捞纸工可以借助这个滑轨前后滑动帘床，较为省力。

根据调查组成员在现场访问捞纸师傅得知：一般尺八屏书画纸一天一个工人可以捞5～6刀，四尺和六尺书画纸一天一个工人可以捞6刀。

⊙4

⊙5





## 伍 压榨

### 5

每天捞完纸后，将已捞好的湿纸放在一边自然沥水，等水沥到一定程度后，盖上纸板，顶上千斤顶进行压榨。扳榨时间有长有短，天热则短，天冷则稍长，完全看操作工的掌握程度，纸帖榨干后送入晒纸车间。

⊙6

⊙4/5 捞纸和放纸
Making the paper and turning the papermaking screen upside down on the board

⊙6 喷浆捞纸生产线
Production line of papermaking with pulp-shooting method

陆

## 晒纸

6

“明星”喷浆书画纸与宣纸晒纸工艺基本一致。将压榨好的纸帖放在纸焙上烘至半干，再用切帖刀切除额头，稍稍浇水润帖后，再将纸帖放在纸架上，做额、做边后，即可晒纸。晒纸的动作与泾县的宣纸、书画纸一样。

柒

## 检验、剪纸

7 ⊙7

首先将晒好的纸进行检验，筛选出合格的纸，不合格的纸进行回笼打浆；然后将合格的纸整理好，数好数，一般50张为一个刀口，压上石头，剪纸人站成箭步，持平剪刀一气呵成地剪下去。

⊙7

捌

## 包装

8

“明星”喷浆书画纸与宣纸包装也基本相同。剪好后的纸按100张/刀折好，再加盖“明星”书画纸各个品种章。包装完毕后运入贮纸仓库。

(五)

### “明星”宣纸和喷浆书画纸制作中的主要工具

壹

## 打浆机

1

用来制作浆料的电动打浆设备。

⊙8

贰

## 宣纸纸槽

2

调查时纸槽为水泥浇筑。实测明星宣纸厂所用的四尺捞纸槽尺寸为：长200cm，宽184cm，高80cm；尺八屏捞纸槽尺寸为：长247cm，宽187cm，高80 cm；八尺捞纸槽尺寸为：长351cm，宽213m，高80cm。

⊙9

⊙7 检验与剪纸 Checking and cutting the paper

⊙8 打浆机 Beating machine

⊙9 宣纸手工捞纸槽 Papermaking trough for making Xuan paper

## 叁 喷浆帘床 3

用来捞喷浆书画纸，木制。实测明星宣纸厂四尺捞纸架尺寸为：长152 cm，宽100 cm；尺八平捞纸架尺寸为：长250 cm，宽73 cm；六尺捞纸架尺寸为：长200 cm，宽133 cm。

⊙10

## 肆 纸帘 4

用于捞纸，用竹丝编织而成，表面很光滑平整，帘纹细而密集。实测明星宣纸厂所用的四尺纸帘尺寸为：长138 cm，宽83 cm；六尺纸帘尺寸为：长200 cm，宽108 cm；尺八屏纸帘尺寸为：长205 cm，宽70 cm；八尺纸帘尺寸为：长312 cm，宽98 cm。

⊙11

## 伍 切帖刀 5

晒纸前用来切帖，钢制。

⊙12

## 陆 松毛刷 6

晒纸时将纸刷上纸焙，刷柄为木制，刷毛为松毛。

⊙13

## 柒 纸焙 7

用来晒纸，用两块长方形钢板焊接而成，中间通有管道，通过锅炉供气加热，可两边晒纸。

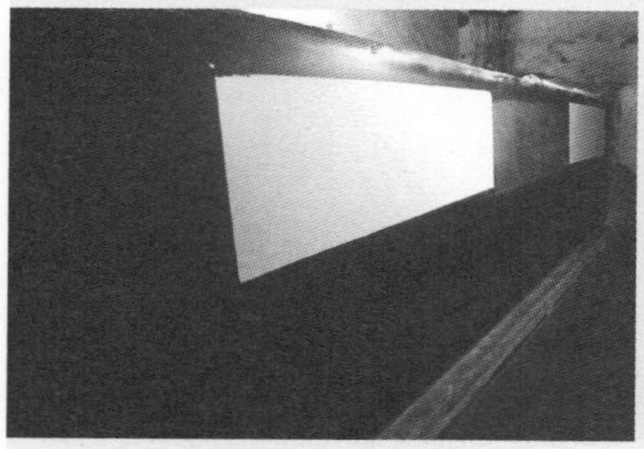

⊙14

## 捌 剪刀 8

检验工序后用来剪纸，剪刀口为钢制，其余部分为铁制。实测明星宣纸厂所使用的剪刀尺寸为：长33 cm，最宽8.5 cm。

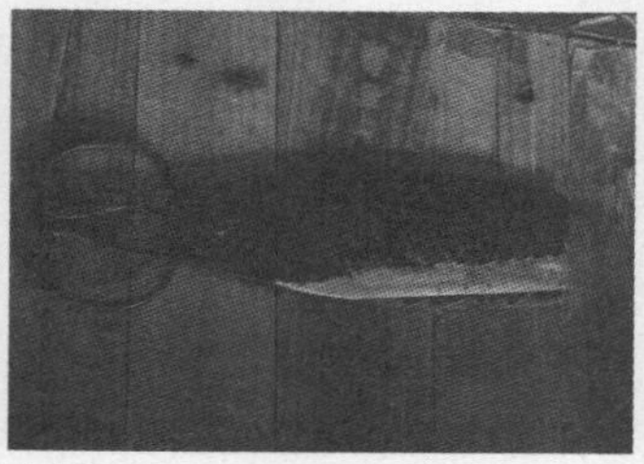

⊙15

## 玖 压纸石 9

剪纸时用来压纸的石头，使纸不易移动。实测明星宣纸厂所使用的压纸石尺寸为：长25 cm，宽17 cm，厚8.5 cm。

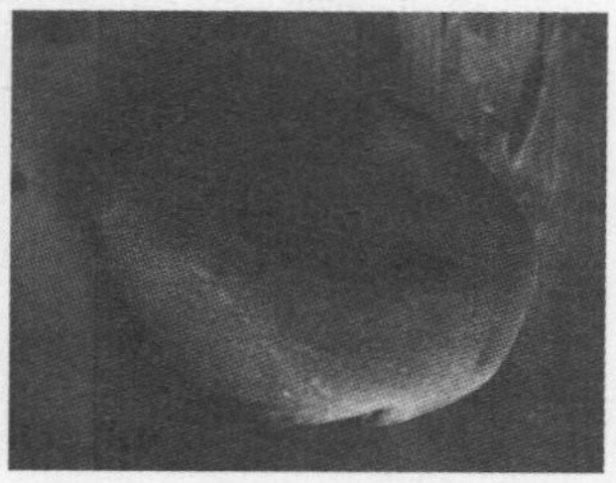

⊙16

⊙10 喷浆捞纸帘床 Papermaking frame for making the pulp-shooting paper
⊙11 挂在墙上的纸帘 Papermaking screen hanging on the wall
⊙12 切帖刀 Paper cutter
⊙13 松毛刷 Brush made of pine needles
⊙14 纸焙 Drying wall
⊙15 剪刀 Shears
⊙16 压纸石 Stone for pressing the paper

Anhui Changchun Paper Co., Ltd.

## 五
## 常春纸业有限公司的市场经营状况

## 5
## Marketing Status of Changchun Paper Co., Ltd.

由于明星宣纸厂在发展过程中有台湾资金注入，境外销售采用常春纸业有限公司的企业名称，因此在日本、韩国和中国台湾等地的销售也成为该厂重要的销售渠道。截至2016年调查组入厂时，明星宣纸厂“明星”宣纸特净市场价为1 068元/刀，喷浆雁皮纸市场价为292元/刀，喷浆檀皮纸市场价为245元/刀。据姚忠华介绍，2016年年初，明星宣纸厂有员工170多人，手工纸年产量40 000多刀，销售额1 000多万元，销售利润平均约为5%。从姚忠华透露的利润信息来看，每年利润在50万～100万元之间，还是比较低的。

⊙17

⊙18

## 六
## 常春纸业有限公司的品牌文化与习俗故事

## 6
## Brand Culture and Stories of Changchun Paper Co., Ltd.

明星宣纸厂建于1986年，先后在两地生产，也曾使用多个企业名称和商标，每一次使用都有一定的缘由。企业初创时，使用的是“包家宣纸厂”和“星球”商标。使用包家宣纸厂厂名，主要是因为该厂在包村创办，当地土语将“包村”叫成“包家”。取商标名的寓意是希望以包村为基地，创制出誉满“星球”的宣纸来。

丁家桥镇是泾县较早成立开发区的乡镇，为贯通丁家桥镇南北经济，打破其发展不均衡状态，由镇政府发动，该镇的企业、个人集资建成

⊙17 出口产品 Paper products for export

⊙18 明星宣纸厂的荣誉墙 Honor wall of Mingxing Xuan Paper Factory

了一座大桥，该大桥是青弋江泾县段第二座公路大桥，也是唯一一座由百姓集资建成的大桥，被命名为“金水桥”。姚文明将厂搬到丁家桥镇开发区后，因紧邻丁家桥镇所建的大桥，便重新将企业命名为“金水桥宣纸厂”，仍使用“星球”为产品商标。

随着20世纪90年代泾县的宣纸、书画纸企业户增多，大多数企业都想挂上“红星”宣纸商标。访谈时姚文明表示：他当时便联想到自己的名字中有一个“明”字，如果挂一个“星”字更好听，既朗朗上口，也有在宣纸品牌中出类拔萃的寓意。随即改品牌名叫“明星”，并完成了新商标的注册。

随着企业规模的不断扩大，特别在产品营销中不断尝试新模式，除了首创“家有厂，外有店”的营销模式外，还以铺货授权方式在北京、天津、沈阳、石家庄、郑州等城市设立了“明星”品牌的宣纸销售代理公司，品牌影响也随着这些代理公司的建成而增大，一时间，确实成为行业中的明星企业了。

姚文明回忆：沈阳的代理公司在经营中，与长期在沈阳生活的新中国文博事业的拓荒者之一杨仁恺相熟，杨老听闻“明星”的成长历史后颇受感动，便专门题写了“明星宣纸，纸中明星”，成为明星宣纸厂的励志名言。



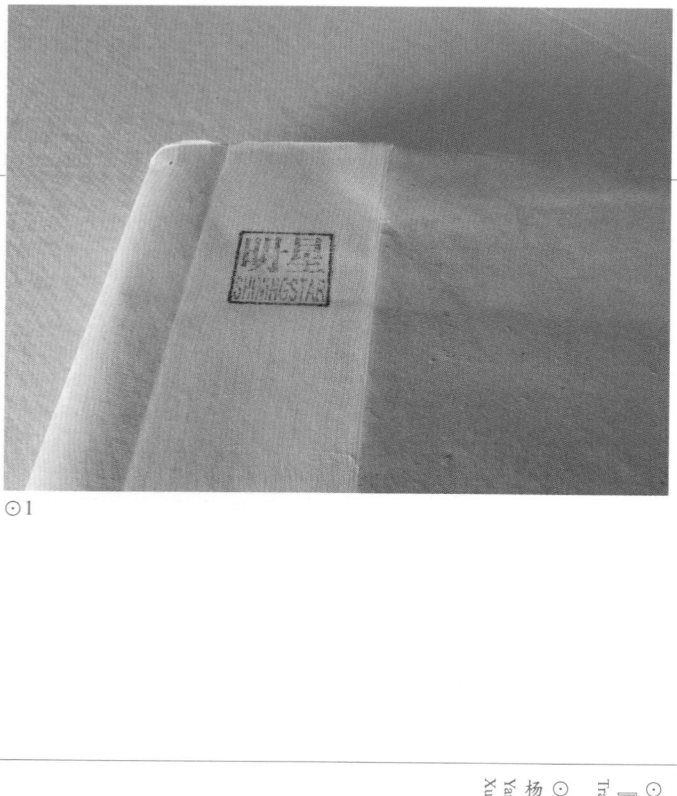


⊙1

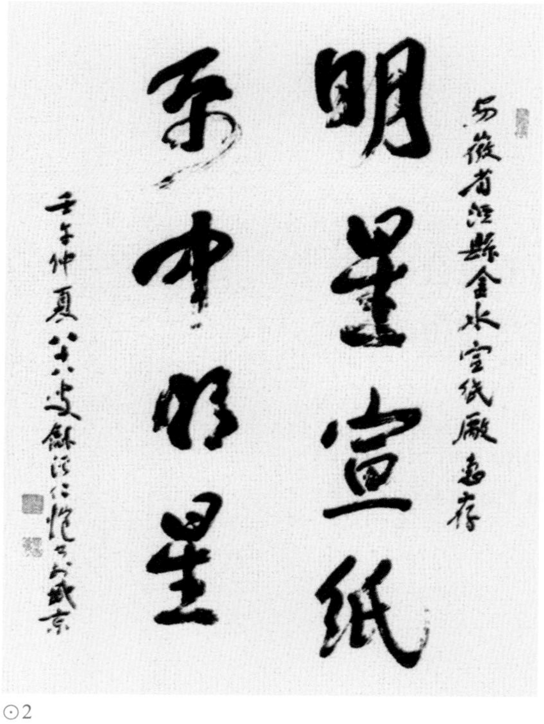


⊙2



⊙1
『明星』宣纸商标
Trademark of "Mingxing" Xuan Paper

⊙2
杨仁恺的题词
Yang Renkai's autography for Mingxing Xuan Paper Factory

# 七
# 常春纸业有限公司的业态传承现状与发展思考

## 7
## Current Status of and Development of Changchun Paper Co., Ltd.

常春纸业有限公司（明星宣纸厂）作为全国第二批宣纸地理保护标志授权使用的宣纸生产厂家，在泾县宣纸行业有着它的特色。

第一，创始人姚文明为外地人，之前并没有接触过宣纸，完全没有经受过宣纸文化的熏陶，甚至姚文明来到泾县后的相当长时间里也只是从事砖窑厂工作或者当司机，但受到泾县当地文化氛围熏陶，姚文明进入了宣纸领域，从门外汉变成了手工造纸专家，并且将这一份对宣纸的热爱和执着传递给了他的子女。

第二，姚文明在创建发展自己宣纸事业过程中，坚持尝新创新的态度是较为突出的。无论是选择与台湾人合作注入台资成立常春纸业有限公司，还是在2000年成为泾县第一家引入喷浆技术生产书画纸的企业，姚文明始终站在行业拓展的前沿。访谈中，姚文明提出了他比较开放的观点：保护宣纸发展不能仅仅靠传承，更需要创新。比如明星宣纸厂在引入喷浆书画纸技术后，又引进机械造纸机，不仅可以缓解明星宣纸厂工人短缺的危机，还可以有效地拓展明星宣纸厂的产品范围，提高市场覆盖率，实现多条腿走路的经营策略。

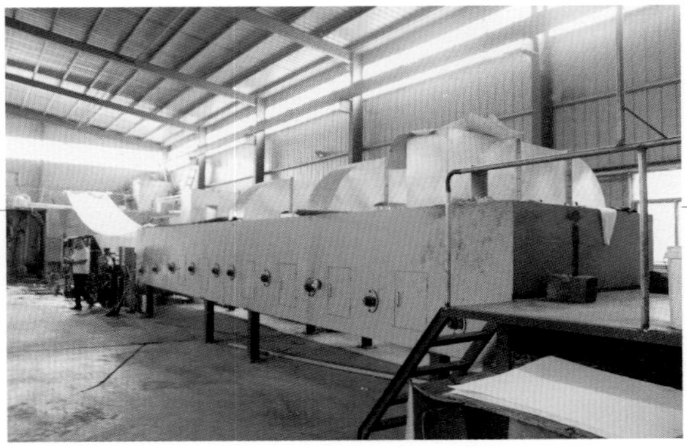

⊙3

第三，在泾县宣纸行业中，明星宣纸厂是较早实现“家有厂，外有店”模式运营的企业。调查时，明星宣纸厂的直营店覆盖全国所有一线城市和大部分二线城市，姚忠华表示“先铺货后付款”的方式有利于造纸企业和直营店合力共赢。

在访谈中，姚文明及继任的负责人姚忠华都明确表示：未来明星宣纸厂在坚持宣纸传统工艺生产的基础上会推进机械化造纸业态的发展，并在发展中尝试将机械化引入宣纸工艺，已想到的方向如批量化生产古籍修复用纸，但目前技术仍未达到。调查组成员认为：面对传统工艺的传承需求，面对非物质文化遗产的积极保护与合理利用原则，明星宣纸厂这种发展方向确实也有争议，但该模式可能也是一种有价值的尝试。如何更好地将现代机械优势与传统工艺结合，已经现实地成为引发行业从业者思考与关注的“大问题”。

⊙4

⊙3 明星宣纸厂的机械造纸机 Papermaking machine of Mingxing Xuan Paper Factory

⊙4 姚忠华 Yao Zhonghua

# 『明星』特净

"Mingxing" Superb-bark Paper

『明星』特净透光摄影图

A photo of "Mingxing" superb-bark paper seen through the light

# 半自动喷浆雁皮纸

"Mingxing" Semi-automatic Pulp-shooting *Wikstroemia pilosa* Cheng Paper

『明星』半自动喷浆雁皮纸透光摄影图

A photo of "Mingxing" semi-automatic pulp-shooting *Wikstroemia pilosa* Cheng bark paper seen through the light

『明星』

523

# 檀皮书画纸

"Mingxing" *Pteroceltis tatarinowii* Maxim.
Bark Calligraphy and Painting Paper

『明星』檀皮书画纸透光摄影图
A photo of "Mingxing" *Pteroceltis tatarinowii* Maxim. bark calligraphy and painting paper seen through the light

# 『明星』构皮云龙纸

"Mingxing" Paper Mulberry Bark Yunlong Paper

『明星』构皮云龙纸透光摄影图
A photo of "Mingxing" paper mulberry bark Yunlong paper seen through the light

# 第十四节

# 泾县玉泉宣纸纸业有限公司

安徽省
Anhui Province

宣城市
Xuancheng City

泾县
Jingxian County

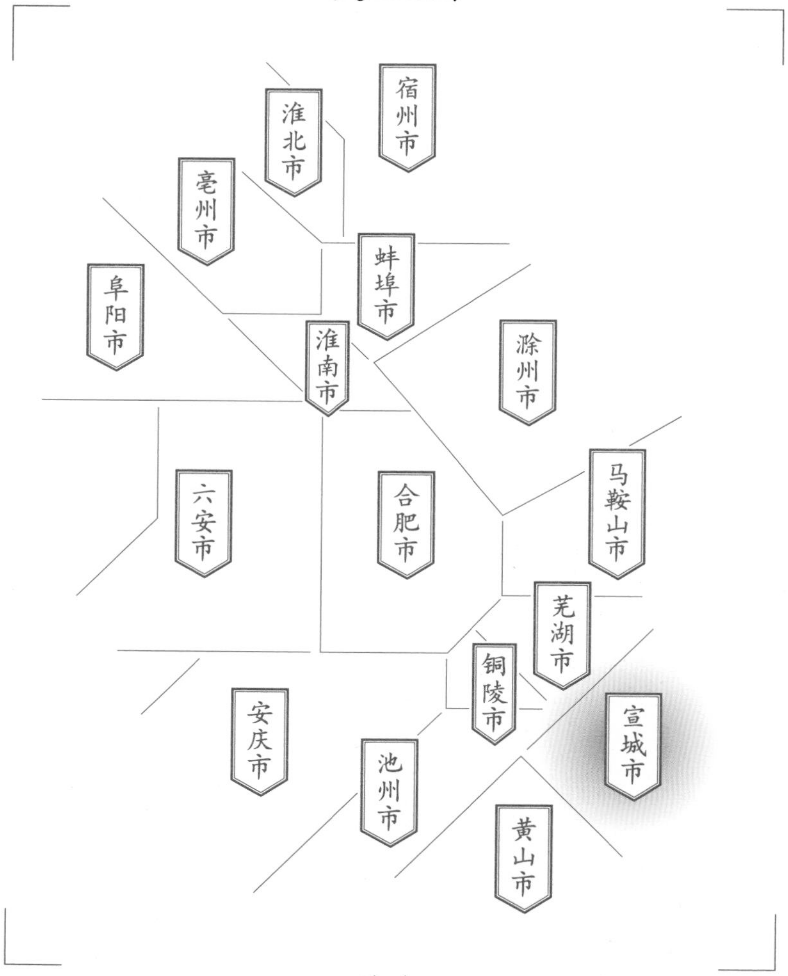


**调查对象**

丁家桥镇
泾县玉泉宣纸纸业有限公司
宣纸

## Section 14
## Yuquan Xuan Paper Co., Ltd. in Jingxian County

**Subject**

Xuan Paper
of Yuquan Xuan Paper Co., Ltd.
in Jingxian County
in Dingjiaqiao Town

一

## 玉泉宣纸纸业有限公司的基础信息与生产环境

1

## Basic Information and Production Environment of Yuquan Xuan Paper Co., Ltd.

玉泉宣纸纸业有限公司位于泾县丁家桥镇李园行政村新建村民组，其前身玉泉宣纸厂创办于1996年，与李园村村委会隔路相邻。地理坐标为东经118° 20′ 5″、北纬30° 39′ 58″。调查时的占地面积为0.03 $km^2$，厂房面积为1.2万$m^2$，主要生产宣纸和书画纸。2015年8月6日、2015年12月12日和2016年4月26日，调查组成员三次前往玉泉宣纸纸业有限公司进行调研，获得的基础信息是：截至2015年12月12日，玉泉宣纸纸业有限公司有员工58人，共有12帘具备生产能力的手工纸槽，其中四尺纸槽6帘，一改二纸槽6帘；12月12日当天正在生产的四尺纸槽有4帘，一改二纸槽4帘。

据泾县丁家桥镇李园村政府网站2016年5月的信息：李园村地处丁家桥镇北部，青弋江西岸，距县城10 km，S322省道穿境而过。李园村原名周家村，为弘扬李园村民组集体致富模式，在“拆乡并镇、拆小村为大村”的大背景下，2004年政府将原来的枫坑村、包村村、周家村、丁渡村、李园村5个自然村合并，成立新李园行政村。

全村总面积11.79 $km^2$，辖28个村民组，人口3 500人，2014年全村经济总收入近8 500万元。李园村是泾县著名的造纸村，全村以宣纸、书画纸生产和加工为主导产业，2014年合并后的新李园村有宣纸、书画纸加工企业100余家，主导产业总收入4 600万元，主导产业从业人口1 800人，占全村总劳力的85%。

⊙1

⊙2

⊙1
厂区内景
Interior view of the factory

⊙2
S322公路旁的玉泉宣纸厂区和标牌
Yuquan Xuan Paper Factory by the Highway S322 with a signpost

路线图
泾县县城
↓
泾县玉泉宣纸纸业有限公司
Road map from Jingxian County centre to Yuquan Xuan Paper Co., Ltd. in Jingxian County

# 泾县玉泉宣纸纸业有限公司位置示意图

# Location map of Yuquan Xuan Paper Co., Ltd. in Jingxian County

考察时间
2015年8月/2015年12月/2016年4月

Investigation Date
Aug. 2015/Dec. 2015/Apr. 2016

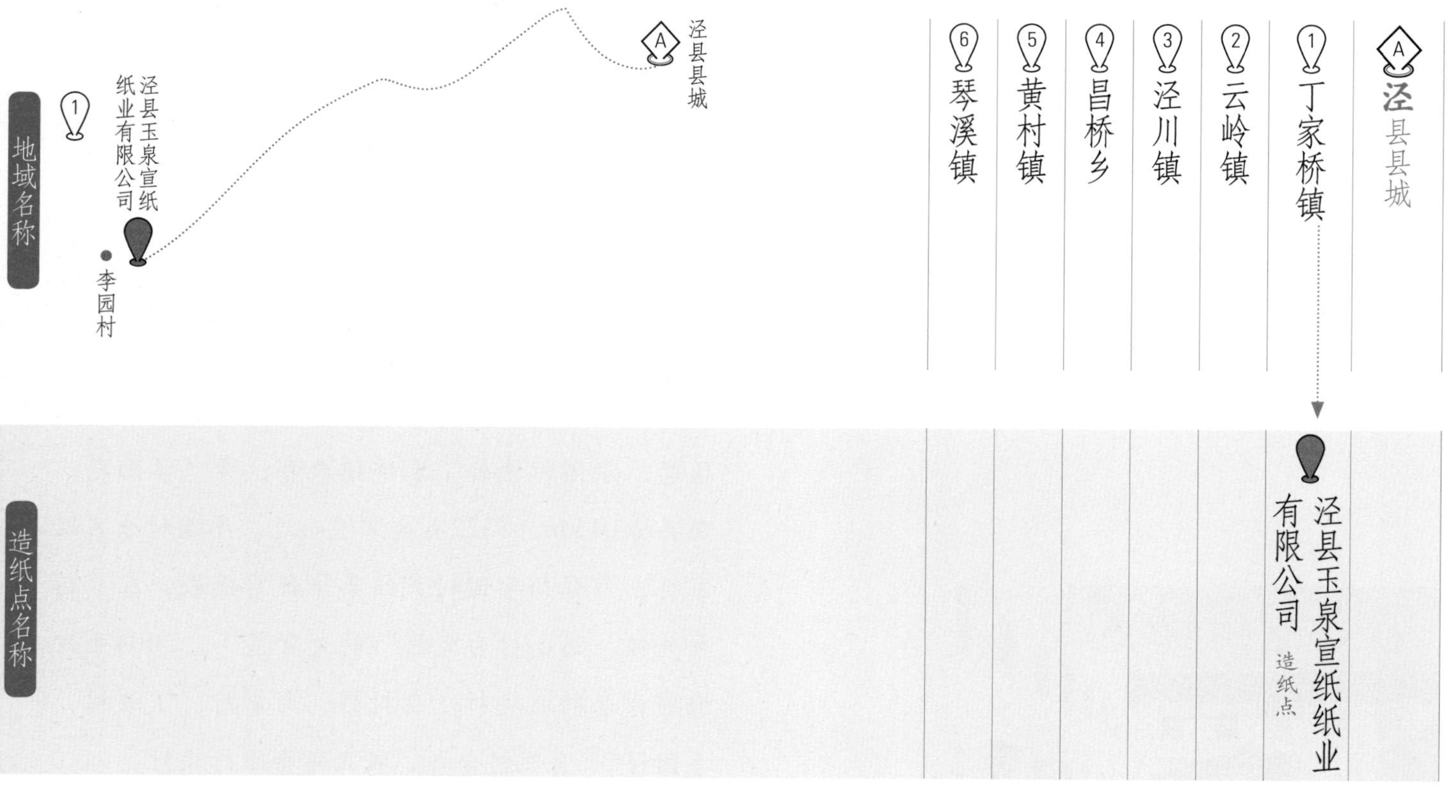


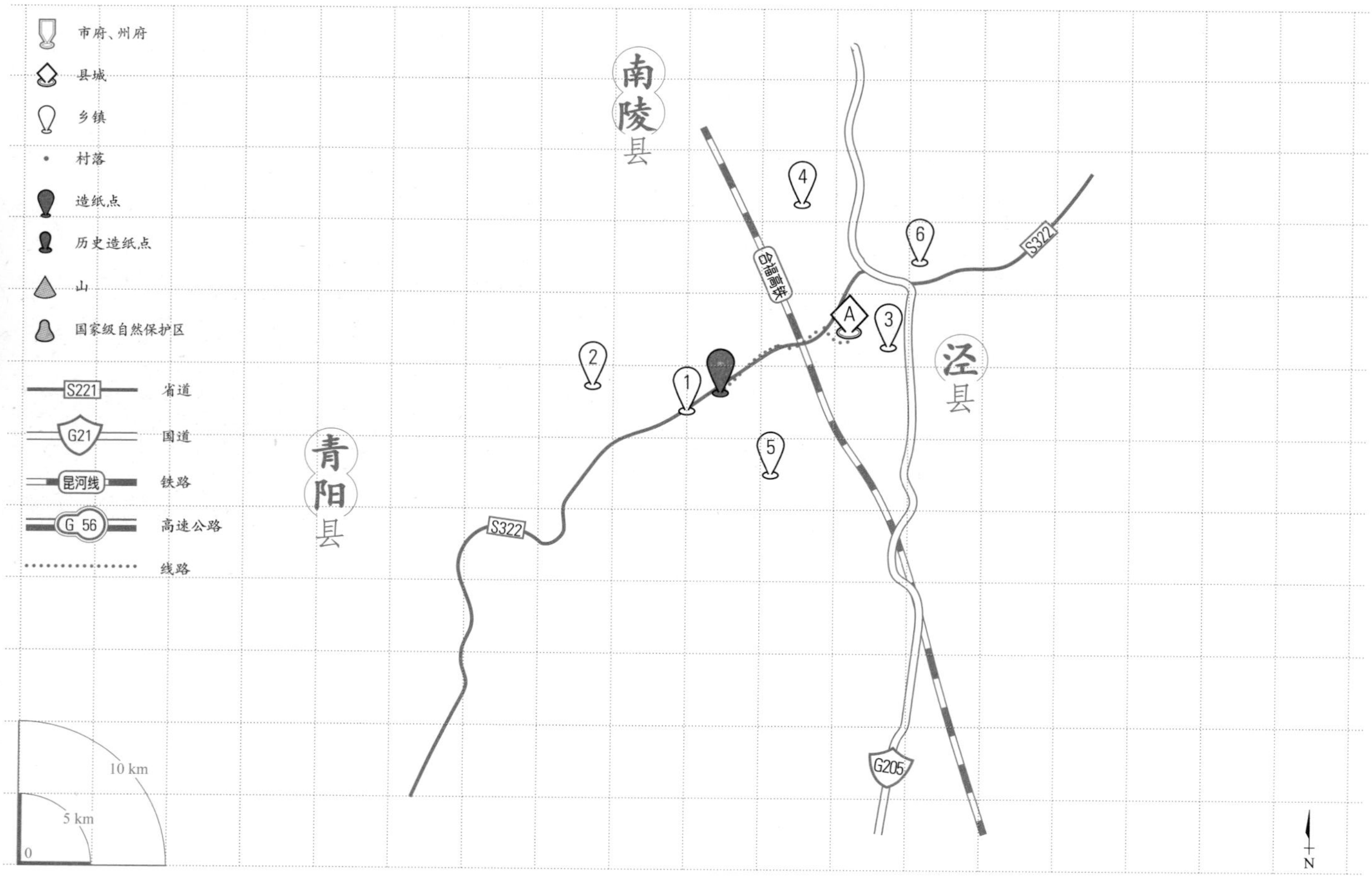

## 二
## 玉泉宣纸纸业有限公司的历史与传承情况

## 2
## History and Inheritance of Yuquan Xuan Paper Co., Ltd.

玉泉宣纸纸业有限公司注册地为安徽省泾县丁家桥镇李园村周家村村民组。登陆国家工商总局注册企业查询系统显示：玉泉宣纸厂于1996年创立，注册资金为880万元。据调查时的公司负责人高玉生介绍：玉泉宣纸纸业有限公司2014年年产值约1 000万元，年产量50 000刀左右，其中宣纸占30%，书画纸占50%，皮纸占20%。目前在使用的有“玉泉”和“玉马”两个注册商标，其中“玉泉”品牌于2004年注册，为宣纸品牌；“玉马”品牌于2009年注册，主要用于中档书画纸。

⊙1

⊙2

玉泉宣纸厂1996年成立时为个人独资企业，创办之初有2帘捞纸槽，主要生产宣纸。1997年下半年增加到4帘捞纸槽，转向为生产书画纸，其中包括出口日本的书画纸，年出口销售收入约100万元。2001年投入500万元建设宣纸生产设备，2002年又开始生产宣纸，主要出口日本、韩国。2003年2月，国家质检总局授予“玉泉”宣纸第二批“国家原产地域保护产品”的专用标志使用权。2004年从个人独资企业变更为股份制公司，同年，“玉泉”宣纸销售开始转为国内市场，书画纸则转为出口市场。

2008年，玉泉宣纸纸业有限公司与中国宣纸

⊙1
『玉泉』注册商标
Registered trademark of "Yuquan"

⊙2
『玉马』注册商标
Registered trademark of "Yuma"

集团公司合作，为该公司进行贴牌生产；一年后终止合作，自产自销“玉泉”独立品牌的宣纸和书画纸。2009年，北京钓鱼台国宾馆与玉泉宣纸纸业有限公司合作定制5 000多刀钓鱼台特种纪念宣纸，从此开启玉泉宣纸纸业有限公司定制宣纸的业务通道。2011年与中国银行合作，生产“百年中行”特种纪念宣纸；2012年与天安门礼品公司研发基地合作生产“天安门专用宣纸”，2015年生产了“十八大纪念宣”；之后还与国家博物馆、吴作人美术馆、安徽省文房四宝协会等机构合作生产专用宣纸。

高玉生，调查时任玉泉宣纸纸业有限公司董事长兼企业法人。1965年出生于泾县丁家桥镇，1984年毕业于安徽省职业技术学校成年班，1984～1986年在丁家桥镇周村小学任代课老师。1987年进入金星宣纸厂（当时名为金竹坑宣纸厂，1984年成立），1987～1989年在厂里从事电工，1989～1992年从事产品供销，1992～1996年担任管理生产的负责人。

在金竹坑宣纸厂工作期间，高玉生经常到在小岭原料社（小岭宣纸厂的前身）工作的丁毛得（高玉生妻子的外婆）那里学习鞭燎草的技艺，逐渐了解和积累了宣纸生产制作相关知识。1996年，高玉生筹集资金18.5万元，创办了玉泉宣纸厂。2016年，高玉生被评为安徽省第四届工艺美术大师。

高骏，1990年出生，2007年高中毕业后在北京做了两年宣纸营销，2009年开始按照高玉生的思路逐步接管企业，调查时为玉泉宣纸厂总经理，父子各占50%的股份。

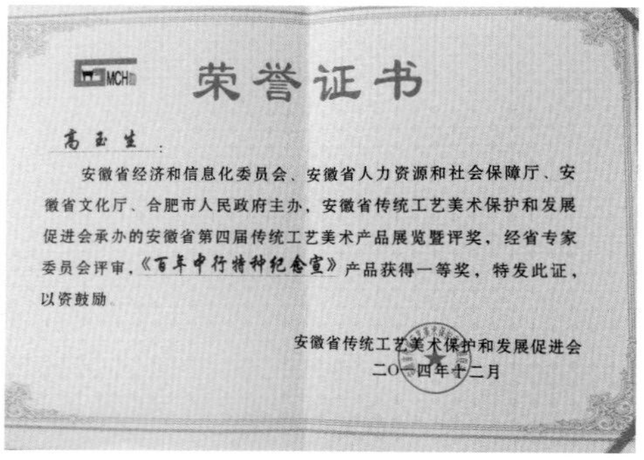

荣誉证书

高玉生：

安徽省经济和信息化委员会、安徽省人力资源和社会保障厅、安徽省文化厅、合肥市人民政府主办，安徽省传统工艺美术保护和发展促进会承办的安徽省第四届传统工艺美术产品展览暨评奖，经省专家委员会评审，《百年中行特种纪念宣》产品获得一等奖，特发此证，以资鼓励。

安徽省传统工艺美术保护和发展促进会
二○一四年十二月

⊙1

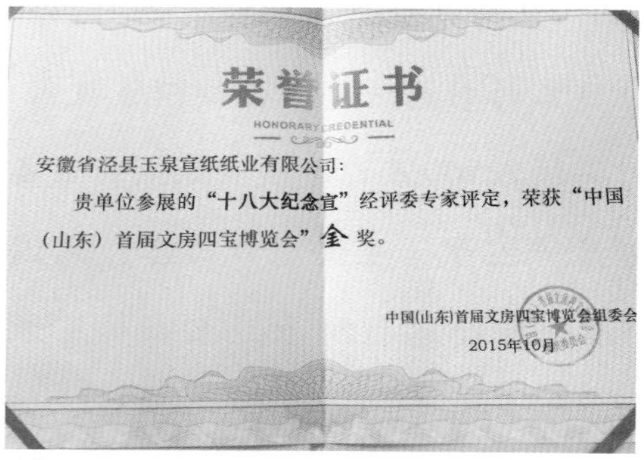

荣誉证书
HONORARY CREDENTIAL

安徽省泾县玉泉宣纸纸业有限公司：

贵单位参展的“十八大纪念宣”经评委专家评定，荣获“中国（山东）首届文房四宝博览会”金奖。

中国(山东)首届文房四宝博览会组委会
2015年10月

⊙2

⊙3

⊙4

⊙1
『百年中行』纪念宣纸荣誉证书
Xuan Paper certificate awarded as "The Centennial Anniversary of Bank of China"

⊙2
『十八大纪念宣』荣誉证书
Xuan Paper certificate awarded as "Commemoration Paper of the 18th National People's Congress"

⊙3
高骏（右二）观看画家试纸
Gao Jun (second from the right) watching a painter testing the paper

⊙4
高玉生
Gao Yusheng

# 三
# 玉泉宣纸纸业有限公司的代表纸品及其用途与技术分析

# 3
# Representative Paper, Its Uses and Technical Analysis of Yuquan Xuan Paper Co., Ltd.

## (一)
## 代表纸品及用途

据2015年8月6日、2015年12月12日调查中获知的信息：玉泉宣纸纸业有限公司纸品种类繁多，品种规格多样，大类上主要生产宣纸和书画纸。按高玉生的说，他们家最具代表性的产品为“玉泉”宣纸。

高玉生在生产现场以四尺宣纸为例介绍：目前生产净皮（配比为65%的檀皮浆和35%的燎草浆，2.9～3.1 kg/刀）和特净（配比为75%的檀皮浆和25%的燎草浆，2.9～3.0 kg/刀）两种。实际在生产的四尺纸槽有4帘，一改二纸槽4帘，以生产四尺为主，也可以随时按照市场需求或客户需求生产六尺、八尺、尺八屏等其他规格宣纸。

“玉泉”宣纸主要为净皮与特净，而且近年来特别重视拓展高级纪念用纸的定制业务，其用途以中国画家绘画为主，辅以纪念纸的收藏与馈赠交流。宣纸系列产品中基本不生产棉料，这也是泾县宣纸生产厂家中的很少数。

## (二)
## 代表纸品技术分析

测试小组对采样自玉泉宣纸纸业有限公司生产的“玉泉”净皮所做的性能分析，主要包括厚度、定量、紧度、抗张力、抗张强度、撕裂度、湿强度、白度、耐老化度下降、尘埃度、吸水性、伸缩性、纤维长度和纤维宽度等。按相应要求，每一指标都需重复测量若干次后求平均值，其中定量抽取5个样本进行测试，厚度抽取10个样本进行测试，拉力抽取20个样本进行测试，撕裂度抽取10个样本进行测试，湿强度抽取20个样本进行测试，白度抽取10个样本进行测试，耐老化度下降抽取10个样本进行测试，尘埃度抽取4个样本进行测试，吸水性抽取10个样本进行测试，伸缩性抽取4个样本进行测试，纤维长度测试200根纤维，纤维宽度测试300根纤维。对“玉泉”净皮进行测试分析所得到的相关性能参数见表2.46。表中列出了各参数的最大值、最小值及测量若干次所得到的平均值或者计算结果。

表2.46 “玉泉”净皮相关性能参数
Table 2.46 Performance parameters of “Yuquan” clean-bark paper

| 指标 | | | 单位 | 最大值 | 最小值 | 平均值 | 结果 |
|---|---|---|---|---|---|---|---|
| 厚度 | | | mm | 0.090 | 0.075 | 0.076 | 0.076 |
| 定量 | | | g/m$^2$ | — | — | — | 29.2 |
| 紧度 | | | g/cm$^3$ | — | — | — | 0.384 |
| 抗张力 | 纵向 | | N | 12.9 | 11.5 | 12.1 | 12.1 |
| | 横向 | | N | 11.6 | 10.2 | 11.0 | 11.0 |
| 抗张强度 | | | kN/m | — | — | — | 0.770 |
| 撕裂度 | 纵向 | | mN | 250 | 240 | 248 | 248 |
| | 横向 | | mN | 340 | 320 | 330 | 330 |
| 撕裂指数 | | | mN·m$^2$/g | — | — | — | 9.71 |
| 湿强度 | 纵向 | | mN | 1 145 | 1 020 | 1 072 | 1 072 |
| | 横向 | | mN | 740 | 635 | 679 | 679 |
| 色度 | | | % | 71.1 | 70.0 | 70.6 | 70.6 |
| 耐老化度下降 | | | % | — | — | — | 2.3 |
| 尘埃度 | 黑点 | | 个/m$^2$ | — | — | — | 76 |
| | 黄茎 | | 个/m$^2$ | — | — | — | 68 |
| | 双浆团 | | 个/m$^2$ | — | — | — | 0 |
| 吸水性 | | | mm | — | — | — | 12.9 |
| 伸缩性 | 浸湿 | | % | — | — | — | 0.25 |
| | 风干 | | % | — | — | — | 0.75 |
| 纤维 | 皮 | 长度 | mm | 4.47 | 0.71 | 2.49 | 2.49 |
| | | 宽度 | μm | 28.0 | 1.0 | 9.0 | 9.0 |
| | 草 | 长度 | mm | 1.42 | 0.34 | 0.74 | 0.74 |
| | | 宽度 | μm | 17.0 | 1.0 | 4.0 | 4.0 |

由表2.46可知，所测“玉泉”净皮的平均定量为29.2 g/m$^2$。“玉泉”净皮最厚约是最薄的1.20倍，经计算，其相对标准偏差为0.005，纸张厚薄较为一致。通过计算可知，“玉泉”净皮紧度为0.384 g/cm$^3$；抗张强度为0.770 kN/m，抗张强度值较大。所测“玉泉”净皮撕裂指数为9.71 mN·m$^2$/g，撕裂度较大；湿强度纵横平均值为885 mN，湿强度较大。

所测“玉泉”净皮平均白度为70.6%，白度较高，白度最大值是最小值的1.015倍，相对标准偏差为0.345，白度差异相对较小。经过耐老化测试后，耐老化度下降为2.3%。

所测“玉泉”净皮尘埃度指标中黑点为76个/m$^2$，黄茎为68个/m$^2$，双浆团为0个/m$^2$。吸水性纵横平均值为12.9 mm，纵横差为2.6 mm。伸缩性指标中浸湿后伸缩差为0.25%，风干后伸缩差为0.75 %，说明“玉泉”净皮伸缩差异不大。

“玉泉”净皮在10倍、20倍物镜下观测的纤维形态分别如图★1、图★2所示。所测“玉泉”净皮皮纤维长度：最长4.47 mm，最短0.71 mm，平均长度为2.49 mm；纤维宽度：最宽17.0 μm，最窄1.0 μm，平均宽度为9.0 μm；草纤维长度：最长1.42 mm，最短0.34 mm，平均长度为0.74 mm；纤维宽度：最宽17.0 μm，最窄1.0 μm，平均宽度为4.0 μm。“玉泉”净皮润墨效果如图⊙1所示。

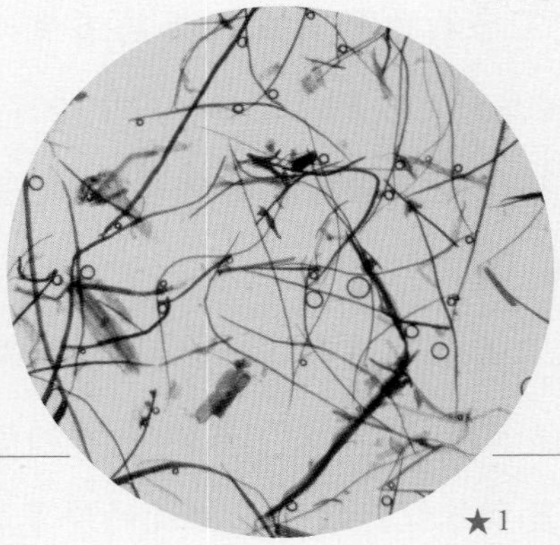

★1

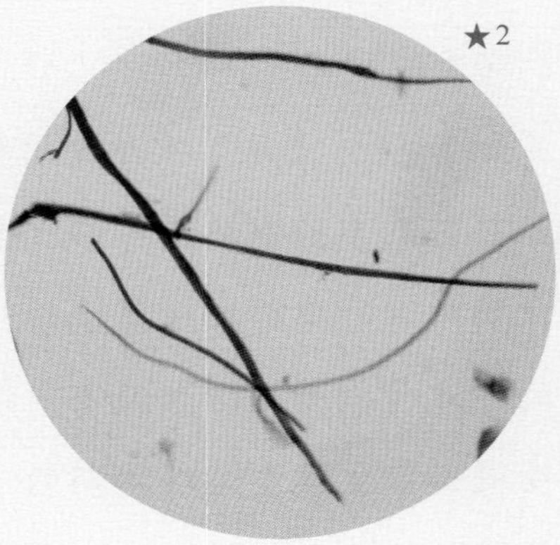

★2

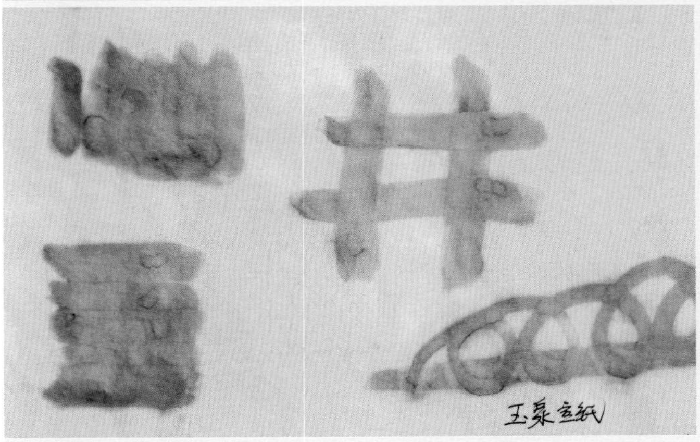


⊙1

★1
『玉泉』净皮纤维形态图
（10×）
Fibers of "Yuquan" clean-bark paper
(10× objective)

★2
『玉泉』净皮纤维形态图
（20×）
Fibers of "Yuquan" clean-bark paper
(20× objective)

⊙1
『玉泉』净皮润墨效果
Writing performance of "Yuquan" clean-bark paper

# 四
# 玉泉宣纸纸业有限公司生产的原料、工艺与设备

4
Raw Materials, Papermaking Techniques and Tools of Yuquan Xuan Paper Co., Ltd.

## (一)
## “玉泉”宣纸生产的原料与辅料

### 1. 主料一：青檀皮

“玉泉”宣纸原料之一是泾县当地青檀树通过蒸煮等工序制作的毛皮。据高玉生介绍：制作“玉泉”宣纸的毛皮都从泾县境内小岭行政村等地购买，2015年12月调研时收购价为800元/50 kg。

### 2. 主料二：燎草

制作“玉泉”宣纸另一主要原料是燎草。高玉生介绍：制作“玉泉”宣纸所需的燎草原料是从泾县汀溪乡苏红行政村七里坑的燎草加工厂购买的，调研时收购的燎草价格为650元/50 kg。

### 3. 辅料一：野生猕猴桃枝

据高玉生介绍：“玉泉”宣纸使用野生猕猴桃枝汁液作纸药，夏季猕猴桃枝不够时也用化学纸药代替。收购回来的猕猴桃枝通过捶打破碎后，浸泡处理的汁液作为纸药搀入纸浆中捞纸。玉泉宣纸厂收购的猕猴桃枝都是从相邻的宁国市购买的，调研时价格为150～200元/50 kg。

### 4. 辅料二：水

“玉泉”宣纸选用井水造纸。据调查组成员在现场的测试，“玉泉”宣纸制作所用水的pH为6.46，偏弱酸性。

⊙1

⊙2

⊙1 厂区仓库里备用的毛皮 Unprocessed bark at the factory warehouse

⊙2 厂区仓库里备用的燎草 Processed straw at the factory warehouse

## （二）

## “玉泉”宣纸生产的工艺流程

据高玉生访谈中的较详细介绍，结合调查组2015年8月6日和2015年12月12日在“玉泉”宣纸生产厂区的实地调研，总结“玉泉”宣纸生产工艺流程为：

### 檀皮浆制作程序

| 毛皮 | 浸泡 | 蒸煮 | 洗皮 | 选黑皮 | 漂皮 | 洗白皮 | 选白皮 | 打浆 | 净化 | → 檀皮浆 |
| --- | --- | --- | --- | --- | --- | --- | --- | --- | --- | --- |

### 燎草浆制作程序

| 燎草 | 鞭草 | 洗草 | 甩干 | 碾草 | 筛选 | 脱水 | 除砂 | 漂白 | 洗浆 | → 燎草浆 |
| --- | --- | --- | --- | --- | --- | --- | --- | --- | --- | --- |

### 后续加工程序

| 壹 | 贰 | 叁 | 肆 | 伍 | 陆 |
| --- | --- | --- | --- | --- | --- |
| 配浆 | 捞纸 | 压榨 | 晒纸 | 剪纸 | 装箱打包 |

## 檀皮浆制作

据高玉生介绍：“玉泉”宣纸对直接收购农户加工好的毛皮进行处理，得到檀皮浆。檀皮浆主要制作过程如下：

### 壹 白皮制作

#### 1 ⊙3～⊙5

(1)

将收购回来的毛皮按照每份1.35 kg左右的标准扎成把，扎把后每捆按照40 kg左右的标准上捆，上捆后晾干。

(2)

将上捆后的毛皮按照每锅400 kg左右的标准浸泡5小时，然后放入75 kg烧碱进行8小时以上高温常压蒸煮。

⊙3

⊙3 毛皮原料 Unprocessed bark materials

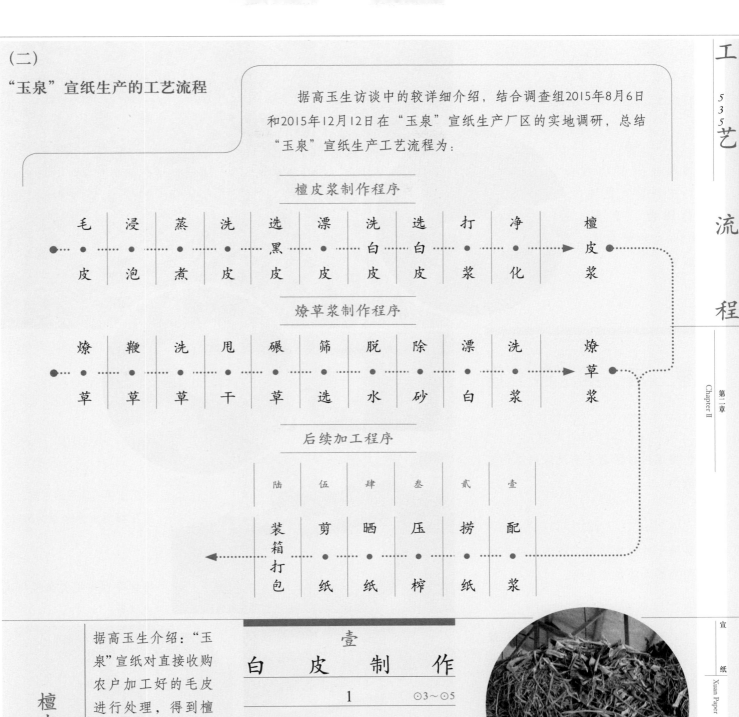

(3)

将蒸煮好的皮料清洗后，用甩干机甩干，送往人工拣选。

(4)

将甩干并拣干净的皮料以次氯酸钠漂白，达到65%左右的白度即可。

⊙4

⊙5

## 贰 檀皮浆制作

2　⊙6～⊙8

(1)

先将漂白后的白皮清洗后用甩干机甩干。

(2)

将甩干的白皮由人工拣选，将杂物和带黑点的白皮去除。

⊙6

⊙7

⊙8

(3)

手工压榨拣选后的白皮，一般压榨后水分含量为5%。

(4)

将纯净白皮用打浆机打成皮料浆。

## 燎草浆制作

据高玉生介绍，燎草浆主要制作过程如下：

⊙9

⊙10

(1)

将收购回来的燎草用清水洗净后用甩干机甩干，通过人工选拣，将草中的杂质挑出来。

(2)

用石碾将纯净燎草碾成草浆，将草浆放入跳筛进行筛选。

⊙4 挑选毛皮 Picking the bark
⊙5 白皮料 White bark materials
⊙6 甩干机 Water extractor
⊙7 挑选白皮 Picking the white bark
⊙8 打浆机 Beating machine
⊙9 洗草池 Pool for cleaning the straw
⊙10 石碾 Stone roller

(3)

将筛选并除砂后的草浆放入漂洗机，用次氯酸钠漂洗8小时，一般按照放入草浆量的5%放入次氯酸钠。此时燎草浆制作完毕，等待配浆。

⊙11

## 后续加工程序

### 壹 配浆

1 ⊙12～⊙15

(1)

将檀皮浆和燎草浆配比后变成混合浆（分净皮和特净两种），然后通过平筛（一种通过振动去掉混合浆中纤维过长的浆料的机械）进入浆池。

⊙12

⊙13

(2)

通过旋翼筛（一种通过旋转可以将混合浆中浆团除去的机械）去掉浆团，再将剩下的浆液在圆筒筛中进行清洗、脱水浓缩后，浆液就可以进入下一步捞纸工序了。

⊙14

⊙15

⊙11 圆筒筛 Cylinder sifter

⊙12 平筛 Flat sifter

⊙13 混合浆池 Pool for the mixing pulp

⊙14 除砂设备 Equipment for removing the grit

⊙15 圆筒筛 Cylinder filter

## 贰 捞纸

### 2 ⊙16～⊙18

（1）搞槽

混合浆进入捞纸车间后，工人按照经验选择放入一定量浆料，用改进后的潜水泵将浆冲融，然后按比例放入杨桃藤汁液。捞纸过程中工人会根据自己经验增减混合浆量。

（2）捞纸

⊙16

⊙17

“玉泉”宣纸常规生产规格有四尺、六尺两种，按照纸槽大小需要两名捞纸工人一起配合工作。两人分别为掌帘工、抬帘工。掌帘工技术稍好，负责整槽的技术引导和责任；抬帘工配合掌帘工完成所有纸张的捞制，并在纸槽内纸浆稀薄时添加纸浆，与帮槽工一道划槽、加纸药等。

（3）放纸

湿纸形成后，捞纸工一起将帘架放在槽架上，掌帘工把纸帘平稳地放在槽旁边的湿纸板上，轻轻地将纸帘与湿纸分离，吸（也可叫掀帘）走纸帘。这个过程中，抬帘工用计数器计数。

⊙18

## 叁 压榨

### 3

捞纸工下班后，由帮槽工用盖纸帘覆盖在湿纸帖上，加上盖纸板。等受压后的湿纸帖滤完一定的水后，再架上榨杆和液压装置，逐步加力，将湿纸帖挤压到不出水为止。

## 肆 晒纸

### 4 ⊙19～⊙23

（1）烘帖

将压榨好的纸帖放在钢板制作的焙墙上烤，让杨桃藤汁液蒸发掉，方便后面晒纸。

（2）鞭帖

在准备晒纸并将浇好的纸帖上架后，用鞭帖板依次敲打纸帖表面，

⊙19

⊙20

⊙16 捞纸 Making the Paper

⊙17 『玉泉』宣纸的捞纸车间 Papermaking workshop of "Yuquan" Xuan paper

⊙18 放纸 Turning the papermaking screen upside down on the board

⊙19 尚未烘烤的纸帖 Paper to be dried

⊙20 烘好的纸帖 Dride paper pile

便于其分张。

(3) 晒纸

晒纸工人用手沿着纸的左上角将纸帖中的纸揭下来，贴上晒纸焙时一边刷一边贴，使纸表面平整。然后下一张继续重复该动作。贴满整个晒纸焙后，从开始晒纸的地方将已经蒸发干燥的纸取下来。

⊙21

⊙22

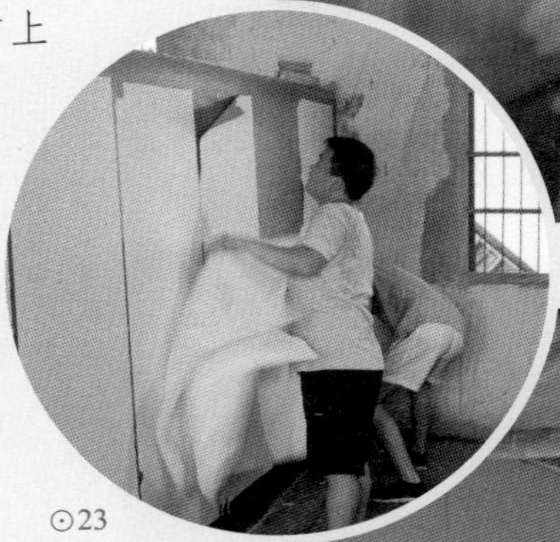

⊙23

## 伍 剪纸

5 ⊙24

检验工对晒好的纸进行人工检验，遇到不合格的纸立即取出或者做上记号，积压到一定数量的残次品或废品后，将这些残次品或废品回笼打浆或者打上副牌出售；而合格的纸整理好，数好数，一般50张为一个刀口，压上石头，剪纸人站成箭步，持平剪刀一气呵成地剪下去。

⊙24

⊙25

## 陆 打包装箱

6 ⊙25～⊙26

剪好后的纸按每刀100张分好，再加盖“玉泉”牌的宣纸章。一般9刀装一箱（件），包装完毕后运入贮纸仓库。

⊙26

⊙21／22 晒纸 Drying the paper

⊙23 揭纸 Peeling the paper down

⊙24 检验与剪纸 Checking and cutting the paper

⊙25 叠纸 Folding the paper

⊙26 宣纸成品 Final products of Xuan paper

## (三)

## “玉泉”宣纸制作中的主要工具

### 壹 打浆机 1

用来制作浆料的设备，使原料横向切断、纵向帚化、压溃、溶胀(润胀)等作用，制成符合捞纸要求的浆料。

⊙1

### 贰 捞纸槽 2

调查时纸槽为水泥浇筑。实测玉泉宣纸纸业有限公司所用的四尺捞纸槽尺寸为：长200 cm，宽184 cm，高80 cm；尺八屏捞纸槽尺寸为：长247 cm，宽187 cm，高80 cm；八尺捞纸槽尺寸为：长351 cm，宽213 cm，高80 cm。

⊙2

⊙3

### 叁 纸帘 3

用于捞纸，用竹丝编织而成，表面光滑平整，帘纹细而密集。实测玉泉宣纸纸业有限公司所用的四尺纸帘尺寸为：长161 cm，宽85 cm。

⊙4

⊙1
打浆机
Beating machine

⊙2
捞纸槽
Papermaking trough

⊙3
纸帘
Papermaking screen

⊙4
帘床
Frame for supporting the papermaking screen

肆
## 擀　棍
4

用于晒纸前做边、做额的小棍。实测玉泉宣纸纸业有限公司所用的擀棍长22 cm。

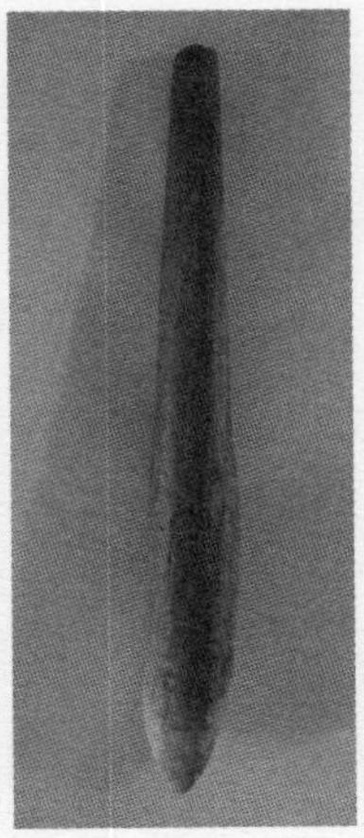
⊙5

伍
## 松毛刷
5

晒纸时将纸刷上晒纸墙，刷柄为木制，刷毛为松毛。实测玉泉宣纸纸业有限公司所用的松毛刷尺寸为：长48 cm，宽13 cm。

⊙6

陆
## 晒纸焙
6

用来晒纸，由两块长方形钢板焊接而成，中间贮水，通过烧火对水加温，既可提升焙温，又可为纸焙保温。纸焙双面，可两边晒纸。

⊙7

柒
## 晒纸夹
7

用来保护松毛刷，实测玉泉宣纸纸业有限公司所用的晒纸夹尺寸为：长55 cm，宽13 cm。

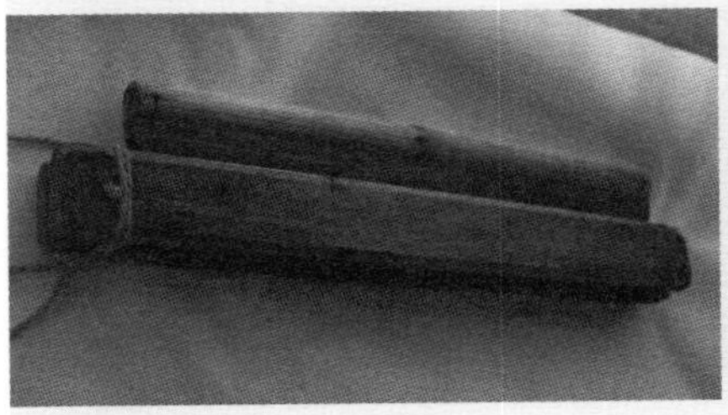
⊙8

捌
## 剪　刀
8

检验后用来剪纸，剪刀口为钢制，其余部分为铁制。实测玉泉宣纸纸业有限公司所用的大剪刀尺寸为：长3.4 cm，宽8.5 cm。

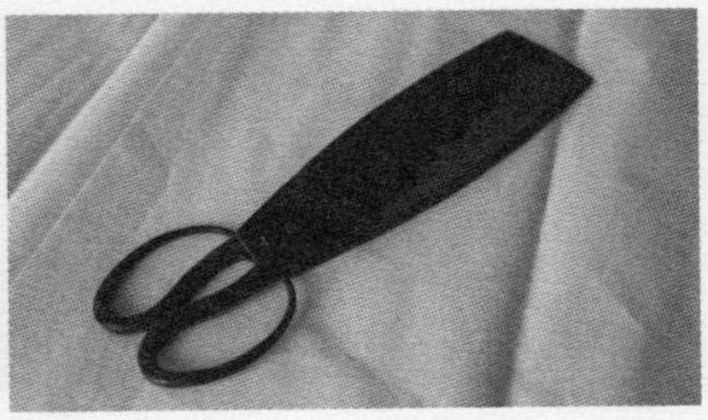
⊙9

⊙5 擀棍 Tool for patting the paper
⊙6 松毛刷 Brush made of pine needles
⊙7 晒纸焙 Drying wall
⊙8 晒纸夹 Clip for drying the paper
⊙9 大剪刀 Shears

## 五 玉泉宣纸纸业有限公司的市场经营状况

## 5 Marketing Status of Yuquan Xuan Paper Co., Ltd.

玉泉宣纸纸业有限公司既生产宣纸，也生产书画纸。宣纸有常规品种，也有定制宣纸的特定规格，主要销往国内市场；书画纸则主要出口外销到日本、韩国等国家。2015年年底调查时，在泾县宣纸和书画纸行业普遍感到销售困难的背景下，该公司资金流动速度较快，资金链比较稳定。提高玉生介绍：玉泉宣纸纸业有限公司每年年销售额为1 800万元左右，其中书画纸年销售额为1 300多万元，宣纸年销售额为500多万元，定制宣纸年销售额可占到宣纸销售额的三分之一。截至调查组调查时的2015年12月底，"玉泉"特净市场价为950元/刀，净皮市场价为850元/刀。公司有员工58人，纯利润为10%左右。

⊙1

## 六 玉泉宣纸纸业有限公司的品牌文化与习俗故事

## 6 Brand Culture and Stories of Yuquan Xuan Paper Co., Ltd.

当访谈中聊到为什么取名"玉泉"时，高玉生兴致勃勃地向调查组成员讲述了来历：当年，在考虑如何给自己创办的宣纸厂及产品品牌取名时，由于独资办厂，自己完全可以做主，于是首

⊙2

⊙1 『玉泉』宣纸的成品纸仓库
Final paper products of "Yuquan" Xuan paper in the warehouse

⊙2 安徽省著名商标牌匾
Plaque of Famous Trademark in Anhui Province

先取了自己名字中的一个“玉”字；又想到自己制作宣纸时好的山泉水是不可缺少的，老人们总是说“无好水就造不成好宣纸”，而自己的选址所在地恰好有从厂区对面的一条山坑中流出来的泉水，经过地下流入厂区境内，感觉特别好的风水，所以选取了泉水的“泉”字 和自己名字中的“玉”字组成了“玉泉”这个品牌。寓意是希望自己造的纸洁白如玉，性柔质坚，源远流长，历代相传，财源不断。

⊙3

⊙4

## 七 玉泉宣纸纸业有限公司的业态传承现状与发展思考

## 7 Current Status and Development of Yuquan Xuan Paper Co., Ltd.

玉泉宣纸纸业有限公司作为全国第二批获准使用宣纸地理保护标志的宣纸厂家，在坚持传承发展宣纸工艺的基础上，逐渐走出了自己的一条特色发展之路——不断拓展与深化自己的定制宣纸市场。高玉生充满信心地介绍，“玉泉”不断开拓高端定制宣纸市场，以订单定产量，在当下总体产能过剩的不利环境下，努力闯出自己的一片天空。

谈及玉泉宣纸纸业有限公司未来发展时，高玉生明确表示：他觉得宣纸未来发展的重要趋势之一就是恢复古法宣纸，因此他已和北京的“一得阁”合作开始做古法宣纸，还处在试验阶段，至于最后效果如何，他让调查员们拭目以待。

⊙3 面对厂区的山泉水 Spring water near the factory

⊙4 书画名家的题词与创作作品 Autograph and painting from celebrities

# 『玉泉』四尺净皮

"Yuquan"
Four-chi Clean-bark Paper

『玉泉』四尺净皮宣纸透光摄影图
A photo of "Yuquan" four-chi clean-bark paper seen through the light

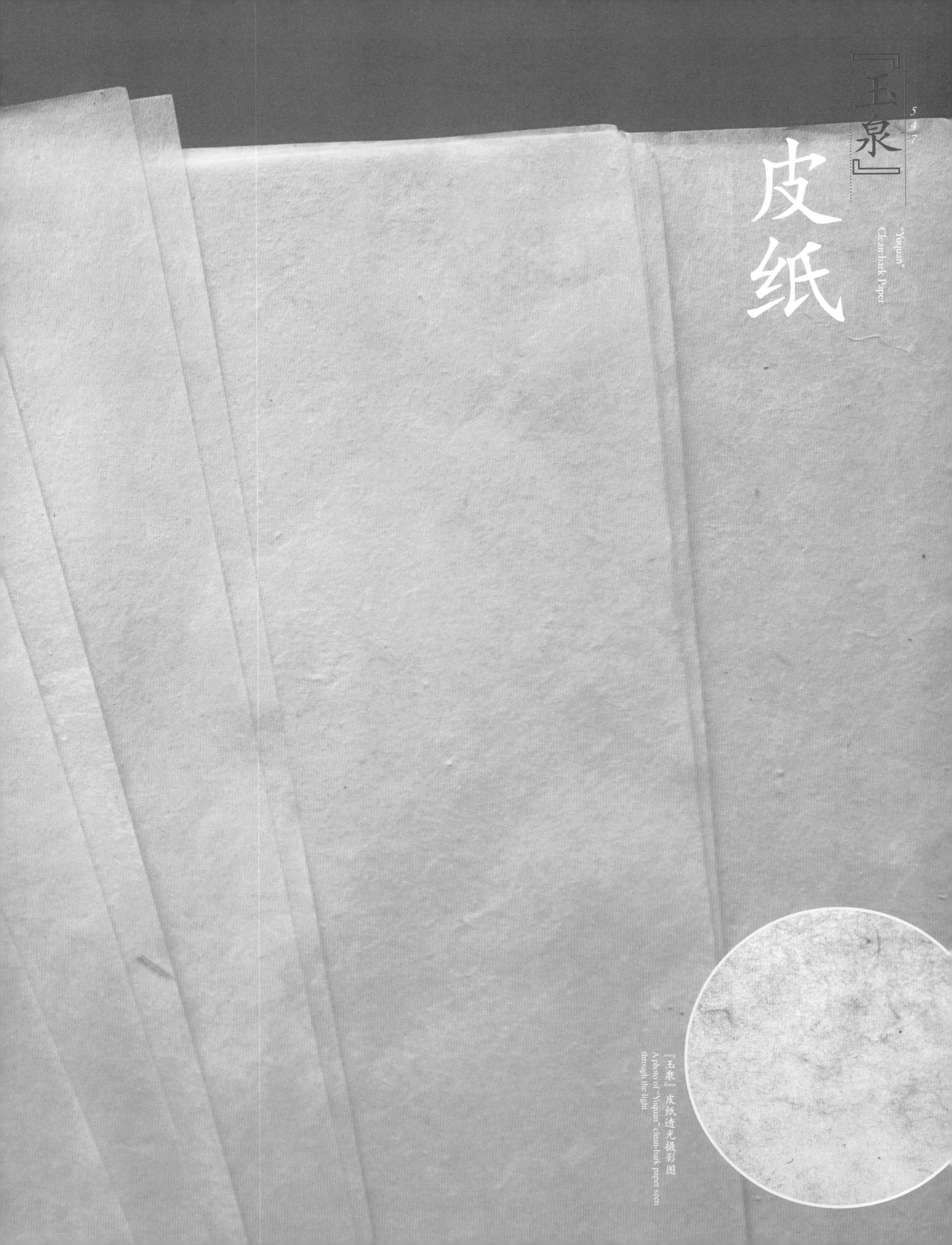

# 『玉泉』皮纸

"Yuquan" Clean-bark Paper

『玉泉』皮纸透光摄影图
A photo of "Yuquan" clean-bark paper seen through the light

# 第十五节

# 泾县吉星宣纸有限公司

安徽省
Anhui Province

宣城市
Xuancheng City

泾县
Jingxian County

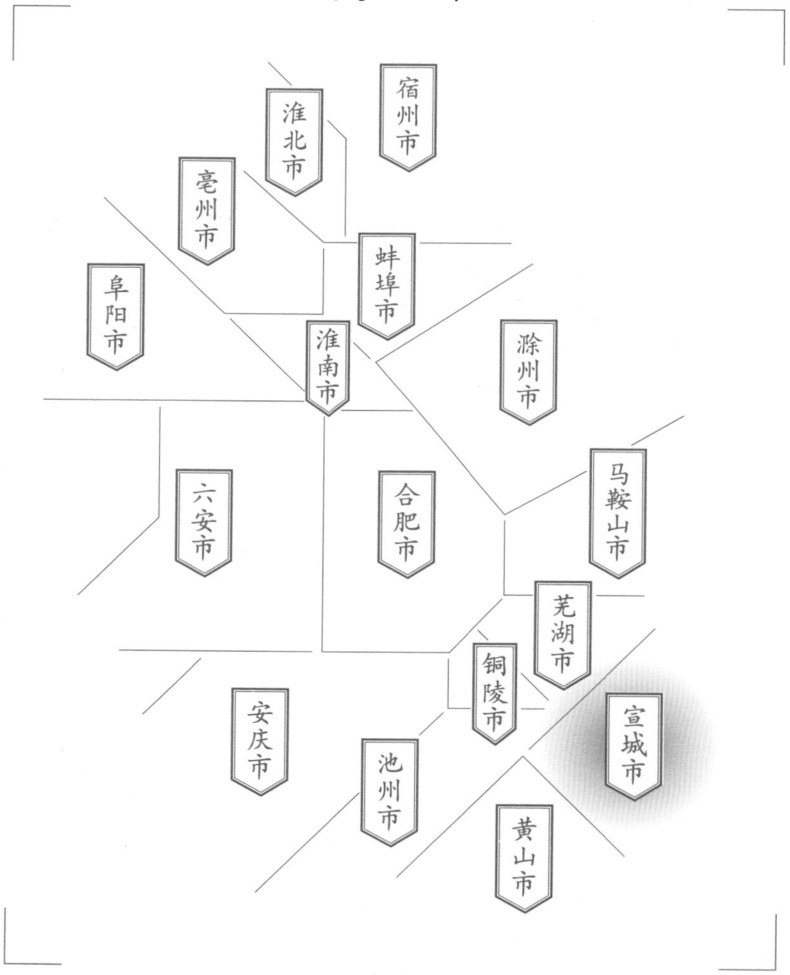


**调查对象**
泾川镇
泾县吉星宣纸有限公司
宣纸

## Section 15
## Jixing Xuan Paper Co., Ltd. in Jingxian County

**Subject**
Xuan Paper
of Jixing Xuan Paper Co., Ltd.
in Jingxian County
in Jingchuan Town

## 一
## 吉星宣纸有限公司的基础信息与生产环境

## 1
## Basic Information and Production Environment of Jixing Xuan Paper Co., Ltd.

泾县吉星宣纸有限公司坐落于泾县西郊的泾川镇上坊村的湖山坑，地理坐标为北纬30° 42′ 1″、东经118° 23′ 22″，介于泾川镇城区、泾川镇城西工业园区和泾川高铁站三点的中间地段，与之分别相距5 km、3 km、5 km。距S322省道约2 km，省道边没有明显的厂区信息标志，须穿过泾川镇上坊赵家村，经泾县地震台方能到达。

吉星宣纸有限公司是于1999年在泾县湖山坑宣纸厂的原址上创建的，2004年更名为泾县吉星宣纸有限公司，是中国宣纸地理标志使用授权的16家企业之一。生产的“日星”宣纸为宣城市知名商标宣纸。

⊙1

⊙2

⊙1/2 吉星宣纸有限公司生产厂区的外围环境 Surrounding environment of the production area of the Jixing Xuan Paper Co., Ltd.

2015年8月上旬与2016年4月下旬，调查组先后两次对吉星宣纸公司进行了考察及访谈。2015年8月10日调查组首次前往调研时，企业设有6帘纸槽、3条焙笼，分别为1帘尺八屏纸槽，1帘六尺捞纸槽，4帘四尺捞纸槽。调研当天只有四尺、六尺各1帘槽生产。

# 泾县吉星宣纸有限公司位置示意图

# Location map of Jixing Xuan Paper Co., Ltd. in Jingxian County

路线图
泾县县城
↓
泾县吉星宣纸有限公司
Road map from Jingxian County centre to Jixing Xuan Paper Co., Ltd. in Jingxian County

考察时间
2015年8月/2016年4月

Investigation Date
Aug. 2015/Apr. 2016

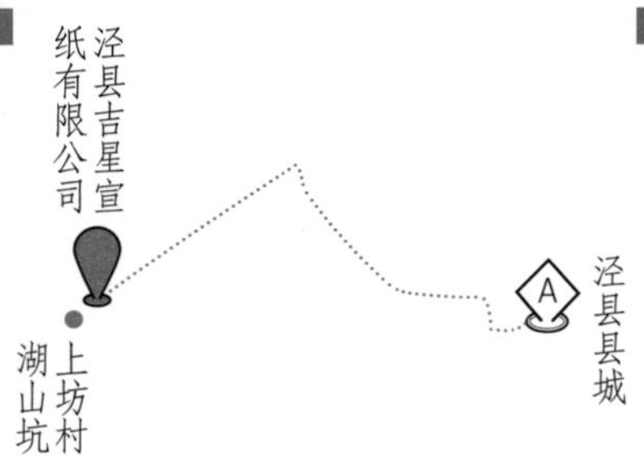


地域名称

| | | | | | | |
|---|---|---|---|---|---|---|
| A 泾县县城 | 1 丁家桥镇 | 2 云岭镇 | 3 泾川镇 | 4 昌桥乡 | 5 黄村镇 | 6 琴溪镇 |

造纸点名称

泾县吉星宣纸有限公司 造纸点

位置分布

⊙1

2015年8月访谈时，据吉星宣纸有限公司负责人胡成忠介绍：该公司年产宣纸量约10 000刀，以生产棉料、净皮、特净三大类宣纸为主，同时还有罗纹、龟纹、极品宣等特殊品种。其中，本色宣是“吉星”宣纸的特色产品。同时，吉星宣纸有限公司也常为国内著名文博与艺术机构生产定制宣纸，例如故宫博物院、荣宝斋、李可染画院等。

⊙2

⊙3



## 二 吉星宣纸有限公司的历史与传承情况

## 2 History and Inheritance of Jixing Xuan Paper Co., Ltd.

吉星宣纸有限公司所处的位置叫湖山坑，据传此地在清代就开始生产宣纸，尽管泾县地方志上没有记载这一信息，但在当地仍能找到不少遗迹。20世纪80年代中期，由当时的太元乡王志银牵头开办了村办宣纸厂，取名为泾县湖山宣纸厂，使用并注册了“双狮”商标，20世纪90年代初期停产。

吉星宣纸有限公司创办人胡业斌，出生于1945年，安徽省含山县人。1961年被招工到泾县宣纸厂（中国宣纸股份有限公司前身）学习捞





⊙1 制浆车间 Workshop for making the pulp

⊙2 捞纸车间 Papermaking workshop

⊙3 胡成忠给调查组成员指示原湖山坑的旧址 Hu Chengzhong introducing the former site Hushankeng area to the researchers

⊙1

⊙2

⊙3

纸，学徒期满后正式走向捞纸岗位，一直从事捞纸工作17年。说起该期间的工作经历，胡业斌津津乐道地对访谈小组成员说道：“在这期间我做掌帘的时间比较多，每天早上三四点便上班，每天工作时间约12个小时，每天工作任务为8刀纸（四尺），每月工资为21.9元。”1978年后，胡业斌先后担任工段长、车间主任、生产科长等职，1984年担任泾县宣纸厂副厂长，分管范围为生产、财务、人事等。胡业斌回忆道：“当时的泾县宣纸厂不像现在有那么多副总，当时的厂里只有一个厂长兼副书记、一个书记兼副厂长，都是正职，副的实际上只有两个，后来又加了一个副厂长，专门分管劳动服务公司。”1992年，中国宣纸集团公司成立，除了总经理兼党委书记外，副总经理有三个，另加一个总工程师。胡业斌是副总经理，分管整个公司的宣纸生产。

1998年，胡业斌退居二线后，开始考虑发挥自己在宣纸管理与技艺方面的特长开办一个宣纸厂，在遍访全县后，最终选择在上坊村的湖山坑办厂。胡业斌在访谈中回顾选址于此的主要原因：一是环境和资源好，二是距离县城近，三是有停产不久的老厂。开办时，东拼西凑了50万元作为启动资金，将原有的湖山宣纸厂厂房、设备进行维修，完善了部分制浆设备，开办了吉星宣纸厂。1999年开业时开了4帘槽的生产，生产工人就近招收熟练工，部分熟练工是从中国宣纸集团

⊙4

公司离退的技工。2000年，开足了6帘槽的生产。2015年调查时只开工了2帘槽。在访谈中，胡业斌说，实际上受到行业大气候不利的影响，2帘槽的状态已维持了数年。

胡业斌回忆：由于办厂当时采用租赁方式租用厂房，每年需要支付一定的租金，还承担村里

⊙5

⊙6

⊙1/4 胡成忠与调查组一起勘察晚清、民国年间的宣纸作坊遗址
Hu Chengzhong and the researchers prospecting the former site of Xuan paper mill during the late Qing Dynasty and the Republican Era

⊙5 宣纸老艺人胡业斌
Hu Yebin, an old Xuan papermaker

⊙6 现任负责人胡成忠
Hu Chengzhong, the present manager

的部分福利责任。胡业斌说："当时没有把厂房买下来，一是我当时没那么多钱，二是如果买了这些厂房，村里人会将这一块单独划开，就意味着厂里利益与村里不相干。租赁的好处是村里人也拿这个地方当作自己的，我们管理起来也方便一些。"

2006年，胡业斌正式从中国宣纸集团公司退休。在从事宣纸的几十年间，他的宣纸技艺获得了业界肯定，1993年被评为宣纸工艺工程师。

目前，胡业斌已将整个厂交由儿子胡成忠管理。胡成忠说："我从小便在捞纸车间长大，每天吃饭都在那儿，时间一长自己便受到潜移默化的影响。"胡成忠生于1967年，1984年进入泾县宣纸厂制帘车间工作，先后任漆帘工、车间主任等职。2000年，胡成忠进入中国宣纸股份有限公司质量检验中心，负责宣纸生产质量检验工作，2004年回到吉星宣纸有限公司，逐步从父亲手上接手家族企业管理。





## 三 吉星宣纸有限公司的代表纸品及其用途与技术分析

## 3 Representative Paper, Its Uses and Technical Analysis of Jixing Xuan Paper Co.,Ltd.

### （一）代表纸品及用途

吉星宣纸有限公司生产的宣纸主要有棉料、净皮和特净三大类。棉料类的檀皮和稻草配比为40%和60%，净皮类宣纸檀皮和稻草配比为70%和30%，特净的檀皮和稻草配比为80%和20%。品类主要有单宣、夹宣、二层、三层和特种单宣5种。

单宣产品规格有四尺类（宽70 cm × 长138 cm）、五尺类（宽84 cm × 长153 cm）、六尺类（宽97 cm × 长180 cm）、尺八屏类（宽53 cm × 长234 cm）。夹宣主要有四尺夹（宽70 cm × 长138 cm）、五尺夹（宽84 cm × 长153 cm）和六尺夹（宽99 cm × 长180 cm）。二层宣纸的规格为四尺二层（宽70 cm × 长138 cm）、五尺二层（宽84 cm × 长153 cm）、六尺二层（宽97 cm × 长180 cm）、尺八二层（宽53 cm × 长

234 cm）；三层则为六尺（宽97 cm×长180 cm）。特种单宣共有7个规格，分别为宽70 cm×长175 cm、宽60 cm×长180 cm、宽105 cm×长135 cm、宽120 cm×长120 cm、宽70 cm×长150 cm、宽90 cm×长120 cm、宽60 cm×长240 cm。

当问及公司的代表纸品时，胡成忠表示："本色宣"是吉星宣纸有限公司的特色产品，其晕墨速度较之于其他品种稍慢，更讲究古法制作。胡业斌认为：相比普通宣纸，"本色宣"由于在漂白上用的次氯酸钠量偏少，因此色泽稍偏黄，这也是宣纸本来的纸色，顾名思义"本色宣"。说到色泽，胡业斌说宣纸有一个衡量纸白度的标准，一般宣纸白度维持在75%～78%，峰值不能超过80%，而"本色宣"因未经过专业测量，肉眼看白度要低得多。目前，公司生产的这些"本色宣"产品主要为故宫博物院和荣宝斋等机构定制，用途以收藏为主。

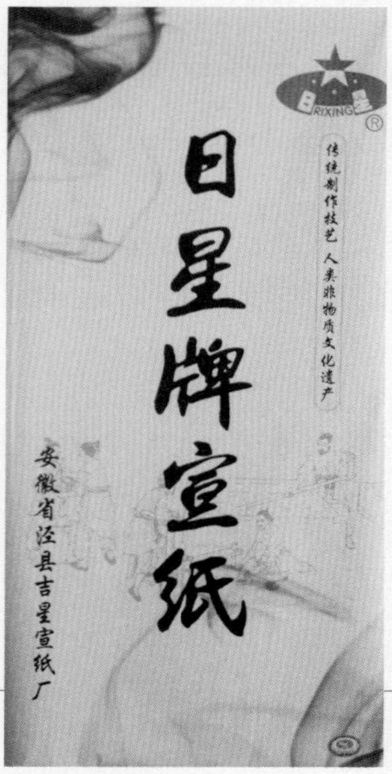

⊙1

⊙2

## （二）代表纸品技术分析

性能分析

测试小组对采样自吉星宣纸有限公司的本色特种净皮宣纸纸样（以下简称吉星本色特净）所做的性能分析，主要包括厚度、定量、紧度、抗张力、抗张强度、撕裂度、湿强度、白度、耐老化度下降、尘埃度、吸水性、伸缩性、纤维长度和纤维宽度等。按相应要求，每一指标都需重复测量若干次后求平均值，其中定量抽取5个样本进行测试，厚度抽取10个样本进行测试，拉力抽取20个样本进行测试，撕裂度抽取10个样本进行测试，湿强度抽取20个样本进行测试，白度抽取10个样本进行测试，耐老化下降抽取10个样本进行测试，尘埃度抽取4个样本进行测试，吸水性抽取10个样本进行测试，伸缩性抽取4个样本进行测试，纤维长度测试200根纤维，纤维宽度测试300根纤维。对吉星本色特净进行测试分析所得到的相关性能参数见表2.47。表中列出了各参数的最大值、最小值及测量若干次所得到的平均值或者计算结果。

⊙1
带包的『日星』宣纸
Packaged "Rixing" Xuan paper

⊙2
吉星宣纸有限公司的代表产品——特别定制『本色宣』
Representative "Jixing" Xuan paper: custom edition of "Xuan paper in original color"

表2.47 “吉星”本色特净相关性能参数
Table 2.47 Performance parameters of “Jixing” superb-bark paper in original color

| 指标 | | | 单位 | 最大值 | 最小值 | 平均值 | 结果 |
|---|---|---|---|---|---|---|---|
| 厚度 | | | mm | 0.110 | 0.085 | 0.100 | 0.100 |
| 定量 | | | g/m² | — | — | 32.3 | 32.3 |
| 紧度 | | | g/cm³ | — | — | — | 0.323 |
| 抗张力 | 纵向 | | N | 24.6 | 21.1 | 22.8 | 22.8 |
| | 横向 | | N | 14.8 | 10.9 | 12.8 | 12.8 |
| 抗张强度 | | | kN/m | — | — | — | 1.187 |
| 撕裂度 | 纵向 | | mN | 870 | 730 | 798 | 798 |
| | 横向 | | mN | 940 | 650 | 808 | 808 |
| 撕裂指数 | | | mN·m²/g | — | — | — | 23.7 |
| 湿强度 | 纵向 | | mN | 920 | 800 | 866 | 866 |
| | 横向 | | mN | 500 | 400 | 434 | 434 |
| 白度 | | | % | 60.1 | 59.9 | 60.0 | 60.0 |
| 耐老化度下降 | | | % | — | — | — | 0.9 |
| 尘埃度 | 黑点 | | 个/m² | — | — | — | 16 |
| | 黄茎 | | 个/m² | — | — | — | 156 |
| | 双浆团 | | 个/m² | — | — | — | 0 |
| 吸水性 | | | mm | — | — | — | 19 |
| 伸缩性 | 浸湿 | | % | — | — | — | 0.53 |
| | 风干 | | % | — | — | — | 0.73 |
| 纤维 | 皮 | 长度 | mm | 5.52 | 0.95 | 2.02 | 2.02 |
| | | 宽度 | μm | 17.0 | 1.0 | 5.0 | 5.0 |
| | 草 | 长度 | mm | 2.06 | 0.48 | 0.92 | 0.92 |
| | | 宽度 | μm | 23.0 | 1.0 | 8.0 | 8.0 |

由表2.47可知，所测吉星本色特净的平均定量为32.3 g/m²。最厚约是最薄的1.294倍，经计算，其相对标准偏差为0.008，纸张厚薄较为一致。通过计算可知，吉星本色特净紧度为0.323 g/cm³；抗张强度为1.187 kN/m，抗张强度值较小。所测撕裂指数为23.7 mN·m²/g，撕裂度较大；湿强度纵横平均值为650 mN，湿强度较大。

所测吉星本色特净平均白度为60.0%，白度较高，是由于其加工过程中进行了漂白工序。白度最大值是最小值的1.003倍，相对标准偏差为0.063，白度差异相对较小。经过耐老化测试后，耐老化度下降0.9%。

所测吉星本色特净尘埃度指标中黑点为16个/m²，黄茎为156个/m²，双浆团为0个/m²；吸水性纵横平均值为19 mm，纵横差为2.6 mm；伸缩性指标中浸湿后伸缩差为0.53%，风干后伸缩差为0.73%，说明吉星本色特净伸缩差异不大。

吉星本色特净在10倍、20倍物镜下观测的纤维形态分别如图★1、图★2所示。所测吉星本色特净皮纤维长度：最长5.52 mm，最短0.95 mm，平均长度为2.02 mm；纤维宽度：最宽23.0 μm，最窄1.0 μm，平均宽度为8.0 μm；草纤维长度：最长2.06 mm，最短0.48 mm，平均长度为0.92 mm；纤维宽度：最宽17.0 μm，最窄1.0 μm，平均宽度为5.0 μm。吉星本色特净润墨效果如图⊙1所示。

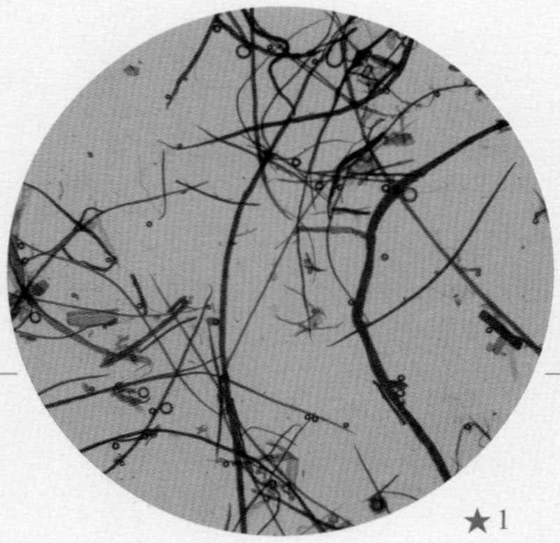

★1

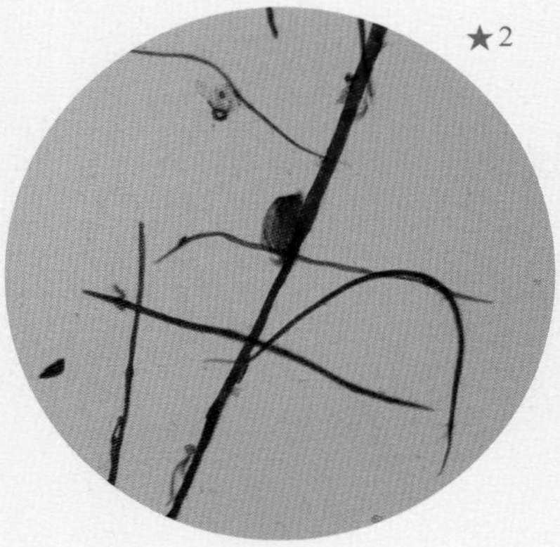

★2

⊙1



## 四 吉星宣纸有限公司生产的原料、工艺与设备

## 4 Raw Materials, Papermaking Techniques and Tools of Jixing Xuan Paper Co., Ltd.

### （一）“日星”宣纸及“本色宣”生产的原料与辅料

#### 1. 主料一：青檀皮

吉星宣纸有限公司收购的青檀皮基本上产自泾县汀溪乡、蔡村镇。访谈中问起青檀皮质量的区别，胡业斌说道：“其实现在国内许多地方都种植青檀树，但还是江南地区生产的青檀皮质量较好，植物纤维较细长，而其他地方的青檀皮纤维较为短粗。”截至2015年7月，青檀皮的收购价格高居不下，维持在900元/50 kg（包括运费），出浆

★1 『吉星』本色特净纤维形态图（10×） Fibers of "Jixing" superb-bark paper in original color (10× objective)

★2 『吉星』本色特净纤维形态图（20×） Fibers of "Jixing" superb-bark paper in original color (20× objective)

⊙1 『吉星』本色特净润墨效果 Writing performance of "Jixing" superb-bark paper in original color

⊙2

率为30%。生产“本色宣”所使用青檀皮量，需要根据品种而定。同其他企业比，“日星”宣纸的青檀皮含量相对要多一点，至于详细的数据，胡业斌笑而不答。

⊙3

⊙4

2. 主料二：燎草

吉星宣纸有限公司的燎草是定点在泾县汀溪乡苏红燎草厂生产的，2015年7月询问时的燎草到户价为570元/50 kg，出浆率为20%左右。依据吉星宣纸有限公司制作纸类差异，每年所需燎草的量也有所不同，维持在10万千克左右。

3. 辅料一：纸药

制作“日星”宣纸与“本色宣”使用的纸药为猕猴桃藤汁或化学制剂。猕猴桃藤多从附近的农户收购，价格为6元/kg。收购回来后纸厂自己

⊙2
吉星宣纸厂区附近的青檀树林
*Pteroceltis tatarinowii* Maxim. woods near the Jixing Xuan Paper Factory

⊙3
吉星宣纸厂区的燎草仓库
Straw warehouse of Jixing Xuan Paper Factory

⊙4
种养在厂部办公室的猕猴桃藤枝叶
*Actinidia chinensis* Planch. planted in the factory

加工，机械去皮。值得注意的是，由于猕猴桃藤含有胶质，影响纸药的发挥效果，为此吉星宣纸有限公司在制作纸药之前，需将收购而来的猕猴桃藤汁从火房过一下，除掉其中的水分。在猕猴桃藤供应不足时，使用化学制剂聚丙烯酰胺（PAM）作为纸药。二者相比，化学纸药损耗小。胡业斌说，这几年，吉星宣纸有限公司使用化学纸药量稍多。吉星宣纸有限公司的化学分张剂多从上海购买，成本相对较高，达96元/kg，按每周工作5天计算需要2 kg左右药剂。

4. 辅料二：水

吉星宣纸有限公司背靠湖山坑，制纸所用水源引自山上的泉水，调查时所采的水样pH经检测为6.71。胡业斌介绍，制造宣纸所采用的水非常关键，湖山坑山上的泉水矿物质少、微生物少、生活污染少，非常适合用于造纸。目前，吉星宣纸有限公司采用两种方法引用山上的泉水，一是铺设管道直接将山泉水引至厂内，二是用水塔储水，使水中的矿物质和微生物等杂质沉淀，用这样的水造纸效果更为理想。

⊙1

⊙2

## （二）

## "日星"宣纸及"本色宣"生产的工艺流程

据胡业斌和胡成忠介绍，综合调查组2015年8月10日在吉星宣纸有限公司的实地调研，归纳"日星"宣纸及"本色宣"生产工艺流程总结如下：

檀皮浆制作程序 → 檀皮浆

燎草浆制作程序 → 燎草浆

后续加工程序

| 壹 | 贰 | 叁 | 肆 | 伍 | 陆 |
| --- | --- | --- | --- | --- | --- |
| 配浆 | 捞纸 | 压榨 | 晒纸 | 检验、剪纸 | 打包装箱 |

⊙1 流经厂区的山溪水 Stream flowing through the factory area

⊙2 从山上引水的管道 Pipe transporting water from the mountain

将青檀皮加工成檀皮浆，主要制作过程为：

## 檀皮浆制作

| 壹 | 贰 | 叁 | 肆 | 伍 | 陆 | 柒 | 捌 | 玖 | |
|---|---|---|---|---|---|---|---|---|---|
| 浸泡 | 蒸煮 | 清洗／洗涤 | 拣选 | 榨干 | 漂白 | 清洗 | 拣白皮 | 打浆 | 檀皮浆 |

### 壹 浸泡

1

从外界购买毛皮后，要放在库房里摆放数月，主要目的是让毛皮沉化。投入生产的皮料需经过清水浸泡8小时左右，使皮料软化易蒸煮。

⊙3

### 贰 蒸煮

2

将浸泡好的檀皮放入蒸锅，为了再次剔出木质素和蒸烂檀皮，蒸煮过程中在蒸锅中放入烧碱。蒸煮时间依据蒸煮方式的不同而不同，共有两种蒸煮方式：一是高压蒸煮，其用时短，但容易蒸碎檀皮。二是常压蒸煮，耗时约8小时，但对檀皮损害偏小。目前吉星宣纸有限公司大多采用后一方式。

### 叁 清洗／洗涤

3

蒸煮完的檀皮放入清水中清洗，洗除檀皮上残留的烧碱，然后用甩干机甩干。

### 肆 拣选

4

檀皮中有时会掺杂黑皮，同时在前期加工过程中也会添加杂质，拣选这一环节的主要目的便是通过人工挑选剔除黑皮和杂质。

### 伍 榨干

5

拣选后的皮料放置甩干机内将水分甩干，一般甩干需要1小时。

⊙3
毛皮仓库
Unprocessed bark in the warehouse

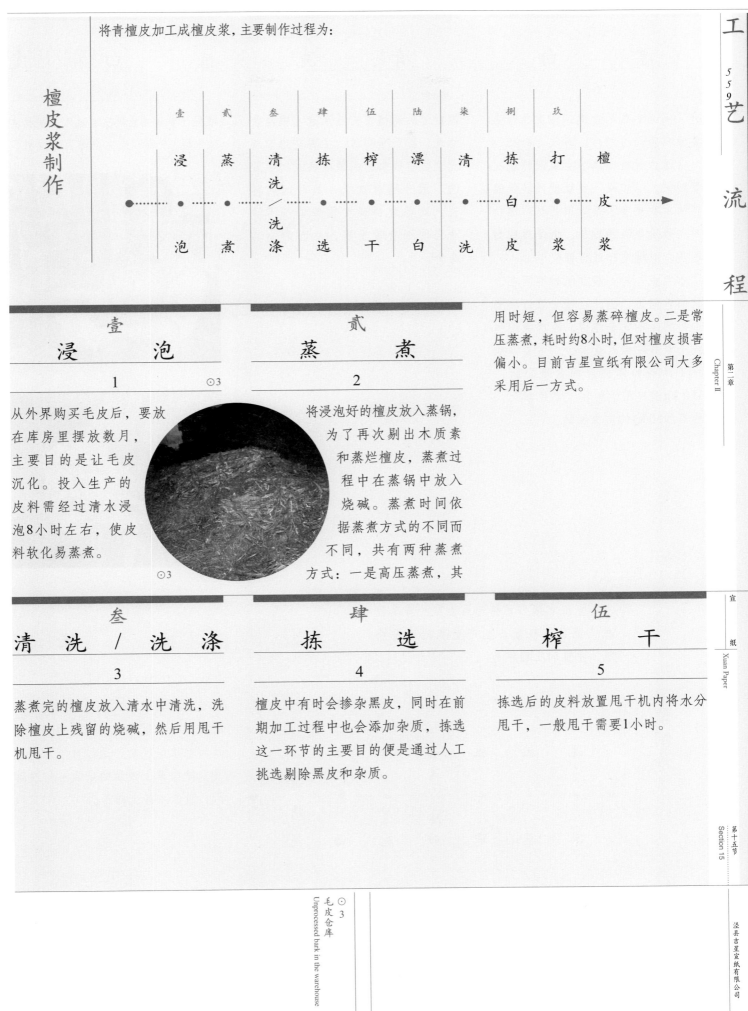

## 陆 漂白

6

为了保证宣纸的白度，檀皮作为主要原料需经过漂白，时长为4～5小时。漂白过程中添加次氯酸钙或次氯酸钠，“吉星”宣纸使用次氯酸钙的次数更多。虽然用此材料漂白时间较次氯酸钠更长，但是残留物易洗，对檀皮纤维伤害较小。

“本色宣”与一般宣纸的不同在于其颜色偏黄，因此在檀皮漂白环节进行的是不完全漂白，即次氯酸钙或次氯酸钠掺入量偏少，主要靠操作工的经验掌握。胡业斌介绍，350 kg檀皮用于制作“本色宣”，约需加50 kg的次氯酸钙。

## 柒 清洗

7

漂白过后的檀皮需放至清水中再次清洗，洗干净即可，主要是为了清洗漂白中残余的次氯酸钙或次氯酸钠。因为随着宣纸存放时间的延长，次氯酸钙或次氯酸钠若不洗净会使纸变黄发脆，从而影响其寿命。

## 玖 打浆

9

将挑拣后的纯净的白皮放入洗漂机进一步清洗，并完成打浆等程序，形成漂白纤维浆料。

## 捌 拣白皮

8

将甩干后的白皮再次通过人工挑拣去除木棍、杂质和未完全漂白的皮料。

⊙4

⊙5

⊙4/5 胡成忠向调查组展示并讲解白皮制作工艺
Hu Chengzhong displaying and explaining the white bark papermaking techniques



## 燎草浆制作

吉星宣纸有限公司将定点生产的燎草收回厂里后，根据日生产量取出适量燎草，主要加工程序为：

| 壹 | 贰 | 叁 | 肆 | 伍 | 陆 | 柒 |
|---|---|---|---|---|---|---|
| 洗草 | 拣草 | 碾草 | 筛选、除砂 | 清洗 | 漂白 | 二次清洗 |

## 壹 洗草

1

取适量燎草浸泡在水池里。浸泡后的燎草自行散开时，用挽钩勾起燎草块在水里摆动，通过自来水的冲洗，使燎草上残留的杂质自行脱落后，放入木榨上榨干。

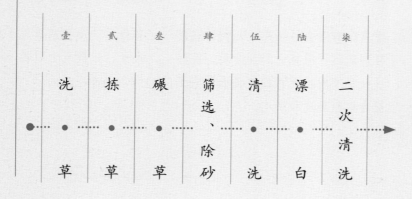

贰

## 拣　　草

2

将榨干的湿燎草通过人工拣选的方式，将草中的草黄筋、杂棍子剔除。

叁

## 碾　　草

3 ⊙6

将纯净燎草放入碾草机，通过石碾分解燎草纤维束。

⊙6

肆

## 筛选、除砂

4 ⊙7

将碾碎的燎草先后放入振框筛、除砂器、圆筒筛中完成筛选、净化、洗涤等工作。

⊙7

伍

## 清　　洗

5 ⊙8

将筛选后的燎草放入水中清洗，在此过程中需在水中加入洗漂剂，将稻草浆料洗干净便可。

⊙8

陆

## 漂　　白

6

自然晾晒后的燎草白度依然不足，还需再次漂白。在漂白过程中，需添加次氯酸钙或次氯酸钠。制作"本色宣"时，在该环节所添加的次氯酸钙或次氯酸钠的量需小于其他类型宣纸的制作所需量。通过洗漂机进行漂洗后形成草纤维料。

柒

## 二次清洗

7 ⊙9

漂白完的燎草需再次放入清水中清洗，主要为洗去其中的次氯酸钙或次氯酸钠。清洗后的燎草可以作为草浆原料与皮浆进行混合配浆。

⊙9

⊙6 石碾 Stone roller
⊙7 筛选 Filtering the material
⊙8 洗料 Cleaning the materials
⊙9 草浆 Pulp

## 后续加工程序

### 壹 配浆

#### 1 ⊙10

将皮纤维浆料和草纤维浆料按照特净、净皮、棉料比例进行混合，先后通过平筛筛选、除砂器除砂、旋翼筛净化和筛选、跳筛除杂后形成混合浆料。

⊙10

### 贰 捞纸

#### 2 ⊙11～⊙18

泾县的宣纸、书画纸行业，都由两人完成捞纸动作，其技术要领基本一致。据胡业斌介绍：吉星宣纸有限公司二人捞纸组合每天能捞10～12刀四尺宣纸。

（1）和浆

配比的混合浆进入捞纸车间后，工人按照自己生产需求和捞纸习惯将混合浆放入纸槽中，先将纸浆搅拌均匀，再按照一定比例放入猕猴桃藤汁或化学分张剂，用搅拌棍（长柄扒子）将纸药与混合浆搅拌均匀便可开始捞纸了。捞纸过程中工人会根据自己的经验和操作习惯增加混合浆和水。

⊙11

（2）捞纸

调查时，“日星”宣纸生产规格共有四尺、六尺和尺八屏三种。从事捞纸的工人分两种：一为掌帘，即掌管捞纸时放帘的速度和整帘槽的质量与进度，一般由经验较为丰富的工人担任；另一种为抬帘，即配合掌帘师傅完成捞纸，一般由新人或学徒担任。每次捞纸时，一位掌帘师傅和一位抬帘师傅分站在捞纸槽两端，手抬纸帘，将其放入捞纸槽的纸浆中。

⊙12

⊙13

⊙10 配浆过程中的各环节及设备 Procedures and tools for making the pulp

⊙11 浆料 Pulp materials

⊙12/13 捞纸 Making the paper

⊙14

根据2015年8月10日调查人员在吉星宣纸有限公司生产车间现场参观四尺纸槽捞纸情况看，放帘时先将帘床按一定倾斜度抬起，这个度数依每位师傅的习惯而不同。参观时正在捞纸的师傅抬帘的度数为60°～70°。抬起后先将帘床一侧插入纸浆中，当纸浆漫过纸帘1/4～1/3处时，再将帘床平端，使纸浆布满整个帘床，稍作停顿，将纸浆从下水的一侧倒入槽中；托起头遍水下水的一侧，由另一侧舀起纸浆，反方向倾倒出。两个回合过后帘上的浆料便形成了一张湿纸。对于两位熟练的捞纸工来说，整个过程持续12～15秒。

（3）放纸

湿纸形成后，捞纸工人一起将帘架放在槽架上，掌帘师傅将帘床上的纸帘拿起，放置在纸槽边搁置捞好湿纸的木板上。师傅会将有湿纸的一面朝下，按照已放好的湿纸边际放置。放置时，师傅会从离其最近的一边开始放置纸帘，然后沿着下方湿纸的边际慢慢放置，当确保整张纸帘放置完毕后，再从离其最近的一边将纸帘抬起。整个过程从现场来看持续约10秒。抬帘师傅则在计数器上计下捞纸的张数。

⊙15

⊙16

⊙17

⊙18

⊙14 捞纸 Making the paper

⊙15 捞纸计数器 Counting apparatus

⊙16/18 放纸 Turning the papermaking srceen upside down on the board

## 叁 压榨 3

吉星宣纸有限公司采用螺旋压榨。这种压榨方法源于中国宣纸股份有限公司，调查时泾县一般的宣纸厂家已经改成液压方式。帮槽工在压榨时，交替做好纸槽清洗工作，将纸槽当天的槽水放干，滤去槽底（槽内残留的纸浆），清洗纸槽四壁后，加上次日第一个槽口的纸浆，将槽内注满清水。

螺旋压榨机器由四个各伸一边的细杆和中间一个杠杆构成。每次压榨时长约1小时，看纸变硬后可停止压榨。一次压榨的纸张数如以四尺纸来算为3块纸，每块纸有4～5刀纸。

## 肆 晒纸 4

⊙19～⊙22

（1）浇帖

将压榨好的纸帖放在晒纸房的纸焙上进行烘烤，将纸帖水分烘烤尽再进行浇帖。根据2015年8月10日调查人员在吉星宣纸有限公司车间的现场流程考察来看，浇贴时，先将一刀纸放置木架上，师傅先往纸的侧面浇水，再由侧面向中间浇淋水。浇帖过程较为讲究，每次浇淋的水量由师傅根据自己经验掌握。如果浇水量偏少则不利于工人揭纸，偏多则使纸张在工人揭纸时易破。浇完后还需将纸醒一醒，保证纸帖吃透水。

⊙19

⊙20

(2) 鞭帖

将浇好的纸帖放在晒纸架上，用鞭帖板由梢部依次向额部敲打，其反作用力使纸帖发松，便于分张。

(3) 做额

鞭帖后，用手将四边翻起，再用额枪将翻过边的地方打松。纸帖最上沿的地方被称为“额”，因此此步骤也被称作“做额”。

(4) 揭纸

晒纸时用左手指尖在纸的左上角一点，便可沾上纸角，然后从左至右揭下整张纸。也有用指尖轻轻刮蹭纸面，揭起一角后揭下整张纸。

⊙21

⊙22

(5) 晒纸

晒纸工人先将揭下来的纸张上方贴在晒纸焙上，然后用刷子将其从上到下刷满，让其完全浮贴在晒纸焙上。晒纸焙分为两面，吉星宣纸有限公司的晒纸焙每一面约可晒8张纸（四尺）。晒纸时，工人会从焙的一端依序晒至另一端，当晒纸焙贴满后，再根据晒纸时的顺序依次揭下，如此往复。

## 伍 检验、剪纸 5

⊙20

人工将晒好的纸进行逐张检验，遇到不合格的纸立即抽取作废；需要改小或稍有瑕疵的纸也要抽取归类另放；纸边有毛病的纸张做上记号或稍微错位摆放，残次品或废品积压到一定数量后，将其回笼打浆或者低价出售。将合格的纸整理好，数好数，按照每100张放上一张套皮纸，整块纸帖压上石头，按照50张一个刀口，持平剪刀四边裁剪，规整纸张。

⊙23

## 陆 打包装箱 6

按每刀100张分好，再加盖“日星”牌的印戳，加上包装后装箱并运入贮纸仓库。

⊙19 纸帖 Paper pile

⊙20 揭纸 Peeling the paper down

⊙21/22 晒纸 Drying the paper

⊙23 工人检查纸张 A worker checking the paper

## (三)

## “日星”宣纸及“本色宣”制作中的主要工具

### 壹 打浆机 1

自动搅拌浆料的机器。

⊙24

打浆机 Beating machine

### 贰 纸槽 2

用水泥浇筑而成。现场实测吉星宣纸有限公司所用的四尺捞纸槽尺寸为：长195 cm，宽180 cm，高50 cm（内）、90 cm（外）；六尺捞纸槽尺寸为：长230 cm，宽205 cm，高50 cm（内）、90 cm（外）；尺八屏捞纸槽尺寸为：长295 cm，宽175 cm，高45 cm（内）、90 cm（外）。

⊙25

尺八屏捞纸槽 Papermaking trough (295cm×175cm×45cm)

### 叁 纸帘 3

用于捞纸，竹丝编织而成，表面光滑平整，帘纹细而密集。调查时吉星宣纸有限公司用的纸帘购买于泾县云岭镇章渡村。由于吉星宣纸有限公司为诸多机构定制宣纸，因此会在其纸帘上缝制该机构名称或图标，有时也为生产一些纪念纸品而缝制某些语句在纸帘上。

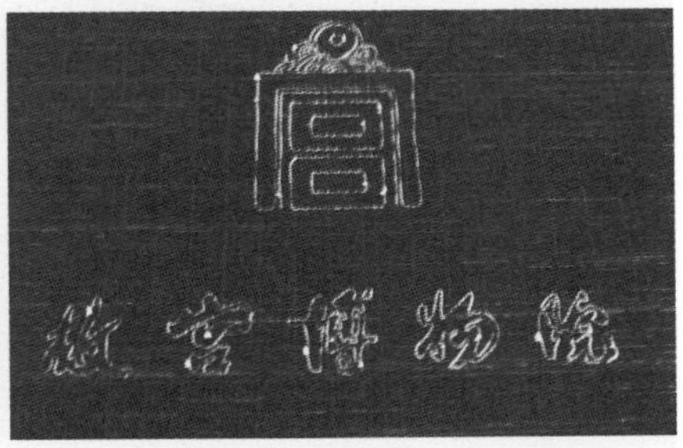

⊙26

绣有『故宫博物院』的纸帘 Papermaking screen embroidered with "The Palace Museum"

### 肆 耙子 4

清洗燎草时用的工具。实测吉星宣纸有限公司所用的耙子柄尺寸为：长约201 cm，齿宽约27 cm。

⊙27

耙子 Rake

### 伍 夹晒纸刷板子 5

用来夹晒纸刷的工具，实测吉星宣纸有限公司所用的夹晒纸刷板子尺寸约为：长57 cm，宽9 cm。

⊙28

夹晒纸刷板子 Board for clipping and drying the paper

陆
### 刷　子
6

用于晒纸时将纸刷上晒纸墙，刷柄为木制，刷毛为松毛。实测吉星宣纸有限公司所用的刷子尺寸约为：长50 cm，宽14 cm。

⊙29

柒
### 晒纸焙
7

用来晒纸，由两块长方形钢板焊接而成，中空贮水，加热后使用。双面墙，可以两边晒纸。

捌
### 剪　刀
8

检验后用来剪纸，剪刀口为钢制，其余部分为铁制。调查时公司所用的剪刀购买于泾县丁家桥镇后山村。实测吉星宣纸有限公司所用的剪刀尺寸为：长33 cm，最宽处约9 cm。

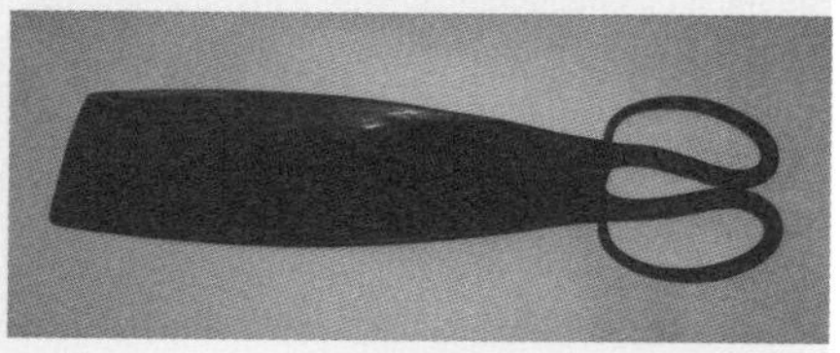

⊙30

## 五　吉星宣纸有限公司的市场经营状况

## 5　Marketing Status of Jixing Xuan Paper Co., Ltd.

2015年调查组走访时，吉星宣纸有限公司已创立16年，其销售模式经历了一次转变。据胡业斌介绍，1999年，公司创立之初产品主要出口外销，那时出口量约占据总销量的80%，日本、东南亚国家为主要的出口市场。日本人喜欢书法，偏爱淡墨，在纸的选择上倾向于薄、软质地的纸，因此棉料便成为众多商品中销量较高的产品。

2011年，日本等其他国家进口中国书画用纸的消费出现低迷，胡成忠快速将市场转向国内，开启了以内销为主的经营模式。吉星宣纸有限公司的具体做法：一是通过在全国各地设立代理经销商打开销路，调查时已设立几十家；与此同时拓展的第二种做法是公司开始与国内具有代表性的文博与书画机构，如故宫博物院、荣宝斋、李可染画院，以及中国美术家协会主席刘大为等艺

⊙29 刷子 Brush made of pine needles

⊙30 后山村特制的大剪刀 Shears made in Houshan village

术名人签订协议，为其提供定制宣纸。转向国内市场后，销量较高的纸品由棉料转为净皮和特净。调查时胡成忠介绍，公司近年来年生产量维持在10 000刀左右，年销售额为400万～500万元。2015年由于整体书画用纸行业的不景气，公司订单相比往年同期减少了约50%。关于公司的利润率，访谈中胡业斌说需看纸的品种，不同品种之间差距较大。

根据调查时吉星宣纸有限公司所提供的价目表，截至2015年8月，其公司所生产的“日星”宣纸棉料类售价约为800元/刀（四尺单）、1 400元/刀（六尺单）、1 280元/刀（尺八屏），净皮类售价为900元/刀（四尺单）、1 540元/刀（六尺单）、1 380元/刀（尺八屏），特净类售价为950元/刀（四尺单）、1 600元/刀（六尺单）、1 460元/刀（尺八屏）。调查组采样的“本色宣”售价为880元/刀（四尺单）。

入厂调查时，工厂共有工人40～50人，其中部分从事制浆生产。工人每周上班5天，一个月约工作22天，一年除去放假约工作11个月。而在生产量上，一个槽位2名工人一天可捞纸10～12刀四尺或8～9刀六尺宣纸，捞纸工人在10人左右。

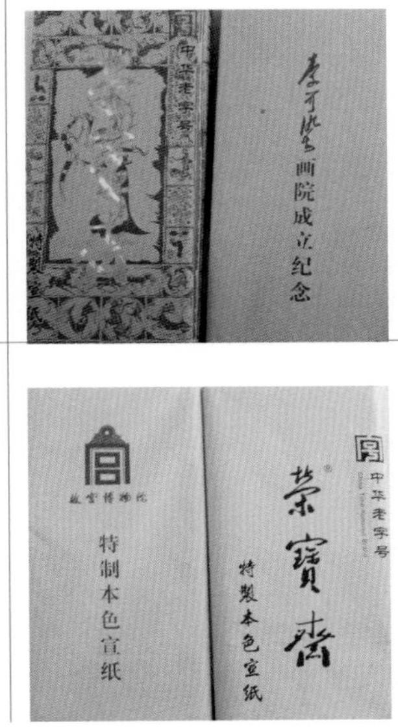


⊙31

泾县吉星宣纸有限公司价格表

| 品名 | 规格cm | 刀/箱 | 出厂价 | 批发价 | |
|---|---|---|---|---|---|
| 棉料三尺单 | 69×100 | | 530 | 560 | |
| 棉料四尺单 | 69×138 | 10 | 750 | 800 | |
| 棉料四尺重单 | 69×138 | 9 | 800 | 850 | |
| 棉料四尺绵连 | 69×138 | 13 | 720 | 768 | |
| 棉料四尺夹宣 | 70×138 | 9 | 930 | 970 | |
| 棉料四尺二层 | 70×138 | 7 | 1100 | 1150 | |
| 棉料四尺三层 | 70×138 | 7 | 1280 | 1330 | |
| 棉料五尺单 | 84×153 | 7 | 950 | 1000 | |
| 棉料五尺夹宣 | 84×153 | 7 | 1200 | 1250 | |
| 棉料六尺单 | 97×180 | 5 | 1350 | 1400 | |
| 棉料六尺夹宣 | 97×180 | 4 | 1750 | 1800 | |
| 棉料六尺二层 | 97×180 | 3 | 1830 | 1880 | |
| 棉料六尺三层 | 97×180 | 3 | 2230 | 2280 | |
| ~~棉料六尺绵连~~ | ~~97×180~~ | 5 | 1300 | 1350 | |
| 棉料尺八屏 | 53×234 | 7 | 1230 | 1280 | |
| 棉料尺八夹宣 | 53×234 | 7 | 1530 | 1580 | |
| 棉料尺八二层 | 53×234 | 4 | 1750 | 1800 | |
| 净皮三尺单 | 69×100 | | 540 | 550 | |
| 特皮三尺单 | 69×100 | | 550 | 600 | |
| 特皮四尺札花 | 69×138 | 17 | 1100 | 1200 | |
| 特皮四尺绵连 | 69×138 | 10 | 830 | 880 | |
| 净皮四尺单 | 69×138 | 9 | 830 | 900 | |
| 特皮四尺单 | 69×138 | 9 | 880 | 950 | |
| 净皮五尺单 | 84×153 | 7 | 1050 | 1100 | |
| 特皮五尺单 | 84×153 | 7 | 1100 | 1168 | |
| 净皮六尺单 | 97×180 | 5 | 1448 | 1540 | |
| 特皮六尺单 | 97×180 | 4 | 1500 | 1600 | |
| 净皮尺八屏 | 53×234 | 7 | 1330 | 1380 | |
| 特皮尺八屏 | 53×234 | 7 | 1380 | 1460 | |
| 八尺匹 | 124.2×248.4 | 1 | 12000 | 12530 | |
| 文魁宣（2米×2米） | 2米×2米 | 1 | 12500 | 13000 | |

此价格自2013年6月1日执行

⊙32

## 六 吉星宣纸有限公司的品牌文化与习俗故事

## 6 Brand Culture and Stories of Jixing Xuan Paper Co., Ltd.

### 1. 厂名与品牌的由来

据胡成忠回忆：由于“红星”宣纸是最有影响力的宣纸品牌，而且一度对日本等国出口时外商会点名索要“红星”纸，因此当年建厂时，泾县许多村镇宣纸厂纷纷效仿泾县宣纸厂的“红星”品牌起名，很多带有“星”字的宣纸厂纷纷成立。吉星宣纸厂创立时也想“傍大牌”，“吉星”取“吉星高照”之吉祥好运意，起初申请商标时也打算用“吉星”牌，但其已被其他企业注册使用，不得已改为“日星”牌。

⊙31
定制宣纸
Custom edition of Xuan paper

⊙32
『日星』宣纸规格与价目表
Specification and price list of “Rixing” Xuan paper

⊙1

2. 开工习俗

吉星宣纸有限公司较注重每年的开工仪式，认为这是预示当年生意是否兴隆的起点。每年过完农历新年后工人开工那天，吉星宣纸有限公司会举行盛大的开工仪式欢迎新生产年的到来。据胡业斌介绍："开工那天，我们纸厂会放火炮，并抬来一个烧香台子，我带着全体工人一起烧香祈祷一年生意兴隆。"这个传统自公司创办之初便有，十几年来一直坚持未变。





## 七 吉星宣纸有限公司的传承现状与发展思考

## 7 Current Status and Development of Jixing Xuan Paper Co., Ltd.

截至调查时间，吉星宣纸有限公司创立了十余年，已经历了胡业斌和胡成忠两代的发展，成为泾县知名的宣纸生产厂家。在经历了一次由外销主导向内销主导的销售模式转变后，公司不断对其销售模式进行新的思考，例如拓展其定制宣纸服务领域，以订单为生产前提。

访谈中胡业斌解释道：过去公司以市场预估为生产导向，面对起伏波动较大的宣纸市场，时常会带来产品过剩的问题，因此近几年公司开始强化以订单为生产前提，不仅节约成本，也有助

⊙1
书画家范扬题写的厂名
Autograph of the name of Jixing Xuan Paper Factory written by the calligrapher and painter Fan Yang

⊙2

于规避现金流的风险。当然，订单生产并不是生产厂家一厢情愿就能做到的，实现订单生产是客户对企业及品牌的较高认可，像为故宫博物院、荣宝斋等享誉很高的文化机构成功展开定制服务，较好地满足标杆客户对品质和文化独特性的要求，这为吉星宣纸有限公司今后订单模式的坚持打下了很好的信誉基础。

谈及公司目前所遇到的困难，胡业斌和胡成忠父子都将2015年视为泾县宣纸与书画纸行业的寒冬之年，他们谈到的主要原因有三点：

首先，机械纸的大量生产和四川夹江低端书画纸对泾县书画纸行业冲击较大。机械纸由于避开手工生产，其价格低廉；而四川夹江书画纸由于价格维持在30～40元/刀（四尺），给价格上百元至几百元的泾县书画纸带来新的挑战。

其次，胡氏父子认为社会风气的变化也是泾县宣纸市场低迷的又一原因。宣纸作为文化内涵深厚但价格昂贵的商品，收藏和送礼是顾客主要的购买目的。但是近年来政府倡导“杜绝奢靡和倡导节俭”并严格督查，人们的送礼观念发生转变，越来越少地将高价格的宣纸作为送礼之选，这在一定程度上对宣纸的销售产生影响。

最后，市场不景气引发经销商与投资收藏者抛售宣纸的负向循环。数年前宣纸市场旺销时，经销商与投资收藏者购买大量宣纸囤货，期待升值，而近3年的市场低迷刺激了人们的经济神经，许多收藏宣纸的机构和个人投资者开始大量售卖宣纸，在一定程度上加剧了供大于求的市场过剩局面，为宣纸生产厂家的市场销售添加了一层障碍。

⊙3

⊙4

⊙2 访谈胡业斌 Interviewing Hu Yebin

⊙3 吉星宣纸厂区旁边的原生产遗址 Former papermaking site near the Jixing Xuan Paper Factory

⊙4 吉星宣纸厂区后的原晒滩 Former drying field behind Jixing Xuan Paper Factory

# 『日星』本色特净

"Rixing" Original Color Superb-bark Paper

『日星』本色特净透光

A photo of "Rixing" superb-b

original color seen through the

# 『日星』棉料

"Rixing" Mianliao Paper

『日星』棉料透光摄影图

A photo of "Rixing" Mianliao paper in original color seen through the light

# 第十六节

# 泾县金宣堂宣纸厂

调查对象

榔桥镇
泾县金宣堂宣纸厂
宣纸

安徽省
Anhui Province

宣城市
Xuancheng City

泾县
Jingxian County

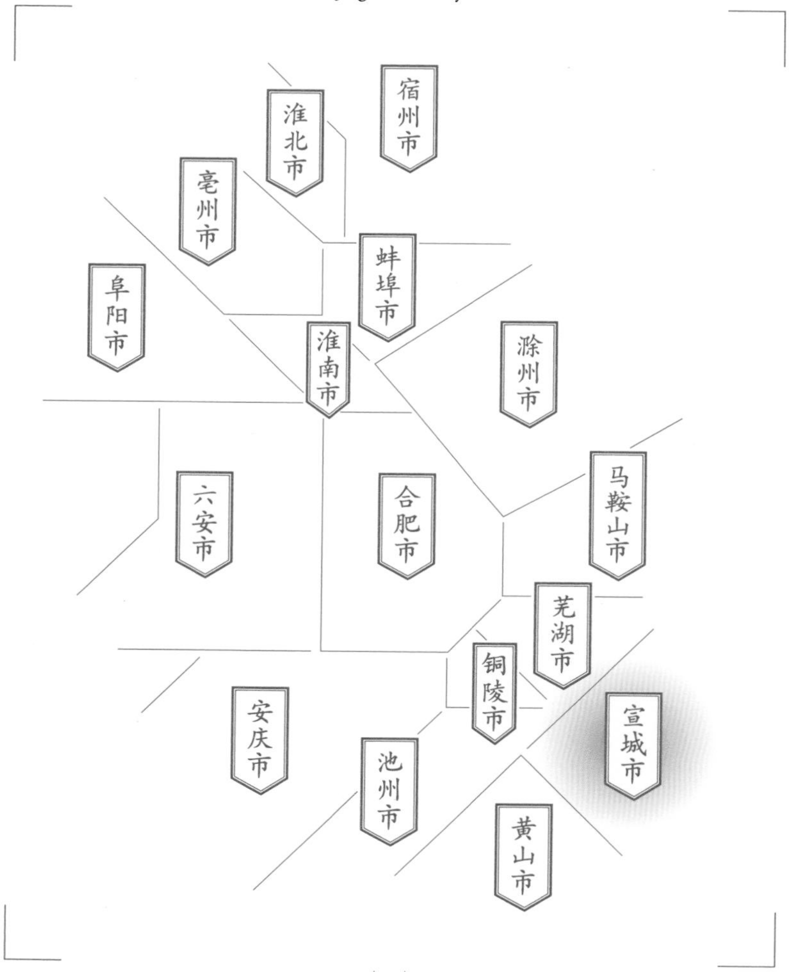


## Section 16
## Jinxuantang Xuan Paper Factory in Jingxian County

**Subject**

Xuan Paper
of Jinxuantang Xuan Paper Factory
in Jingxian County
in Langqiao Town

## 一
## 金宣堂宣纸厂的基础信息与生产环境

## 1
## Basic Information and Production Environment of Jinxuantang Xuan Paper Factory

泾县金宣堂宣纸厂成立于2002年，前身为1982年创设的“浙溪燎草厂”与“浙溪宣纸厂”，是第三批（2015年）获准使用宣纸地理标志保护产品专用标志的企业。

金宣堂宣纸厂生产厂区地处泾县榔桥镇大庄村境内，位于S205省道旁，是泾县与旌德县接壤的村庄。地理坐标为东经118° 27° 51″、北纬30° 27° 16″，距全国重点文物保护单位——泾县黄田村古建筑群行车距离约7 km。

金宣堂宣纸厂是泾县少有的由原料生产基地转向成纸生产的企业，全厂总占地面积十余亩，分为原料加工厂区和宣纸生产厂区。据2015年7月25日、2016年4月26日调查组两次实地调查的数据：该厂有员工40余人，因包装环节全由纸厂总经理和法人代表程玉山自家人完成，未计入员工数。

金宣堂宣纸厂共有纸槽4 个（调查时程玉山解释称，纸槽数量实际上不止4 个，但厂内捞纸工人只有8名，在满工情况下，只能开4个纸槽，故称厂里设有4个纸槽）。2016年4月26日第二次入厂调查时，纸厂正在开工生产的槽位减至2个（捞纸工人数仍为8人）。主产四尺宣纸，纸槽内设有木隔板，可根据需要调节隔板位置，改变纸槽大小，生产六尺或其他规格的宣纸。

金宣堂宣纸厂2012年获得“中国书画家协会重点推荐单位”，2014年获得由中国工业协会颁发的“中国优质产品供应商”荣誉称号。

金宣堂宣纸厂拥有两个宣纸品牌“星月”与“金宣堂”。其中，“星月”为浙溪宣纸厂于1990年代注册的商标，浙溪宣纸厂倒闭后，企业

⊙1

⊙1
金宣堂宣纸厂厂区周边环境
Surrounding environment of Jinxuantang Xuan Paper Factory

路线图
泾县县城
↓
泾县金宣堂宣纸厂
Road map from Jingxian County centre to Jinxuantang Xuan Paper Factory in Jingxian County

# 泾县金宣堂宣纸厂位置示意图

# Location map of Jinxuantang Xuan Paper Factory in Jingxian County

考察时间
2015年7月/2016年4月

Investigation Date
July 2015/Apr. 2016

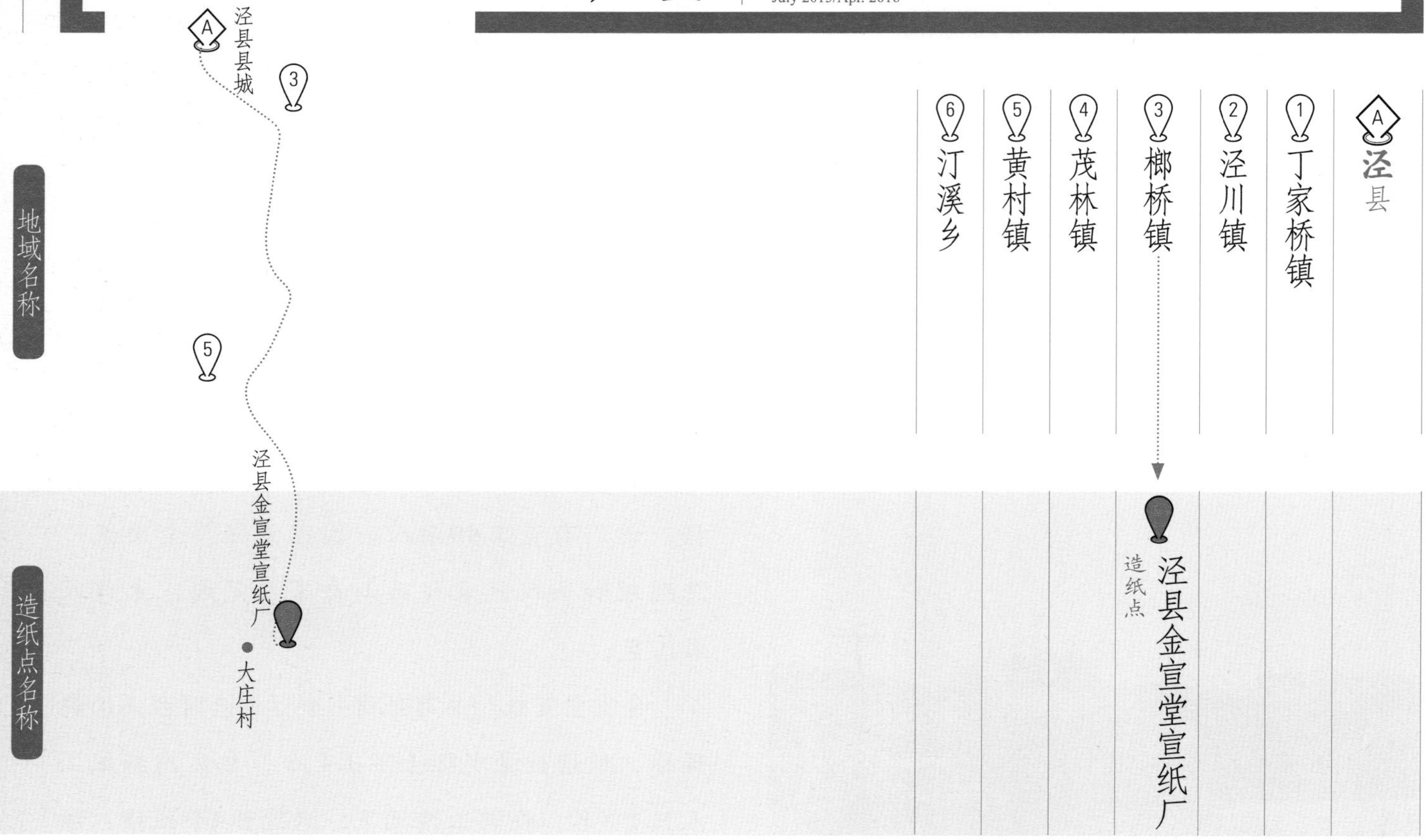


位置分布

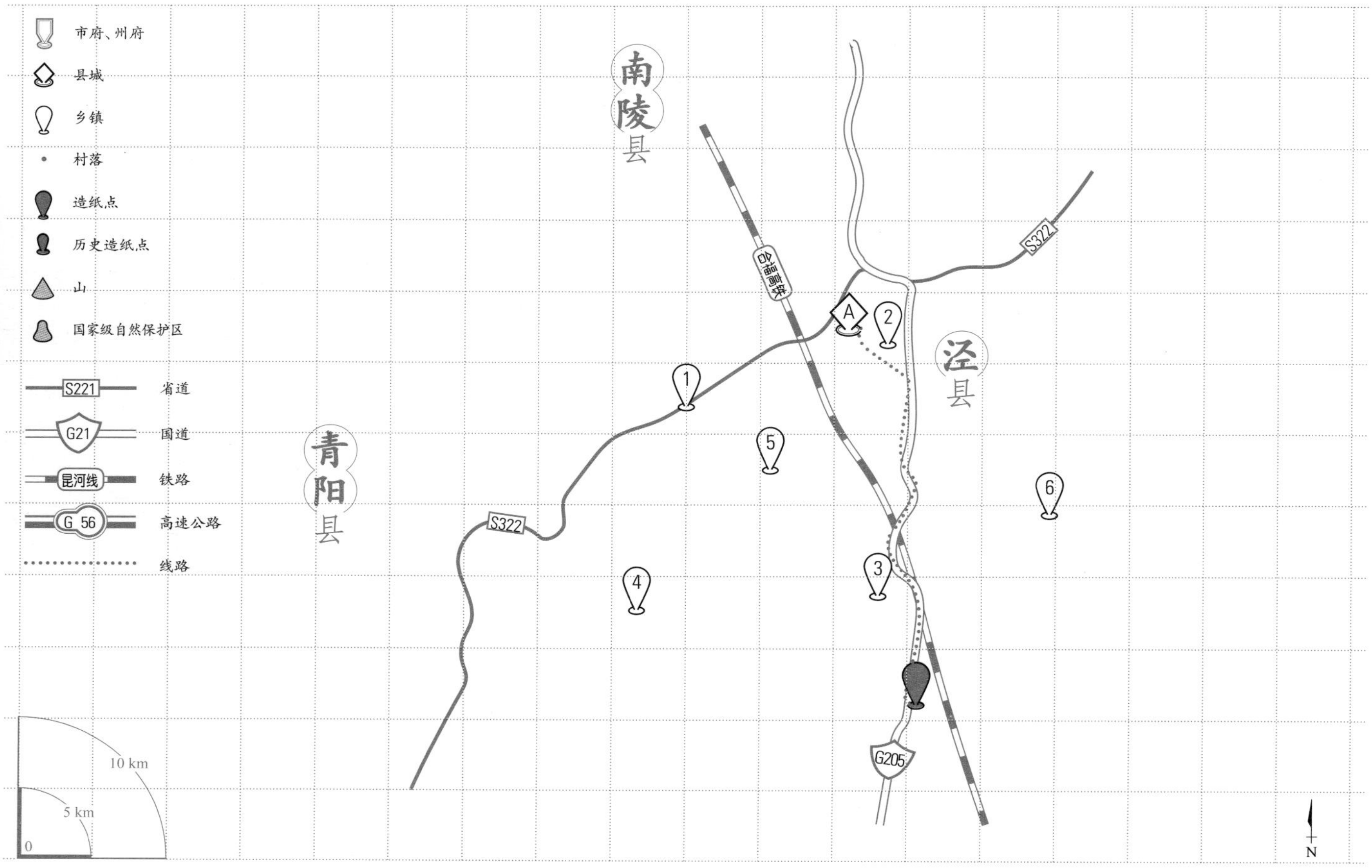

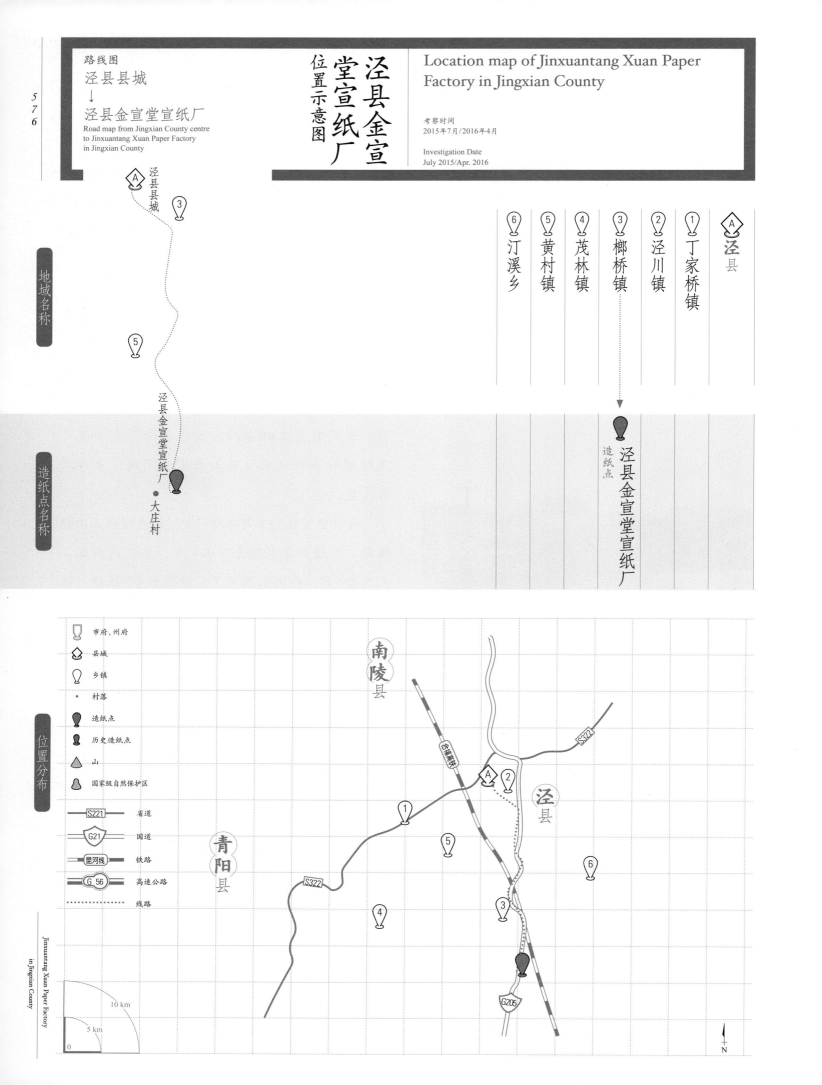

⊙1

⊙2

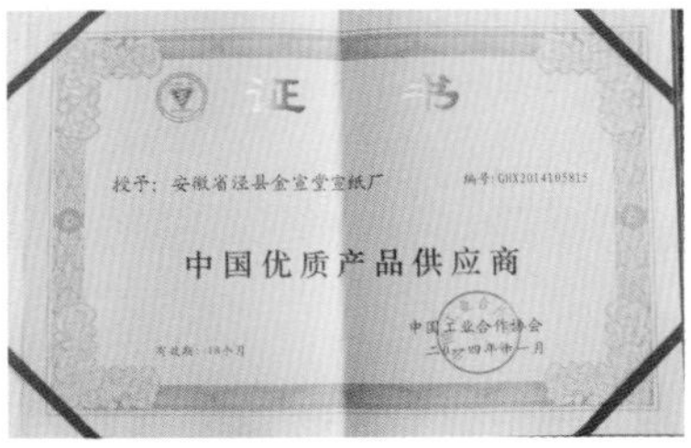


⊙3

归属到程玉山个人，2006年完成“金宣堂”宣纸商标的注册。“金宣堂”产品目前仅在国内销售，除普通宣纸外，在定制宣纸领域也有系列产品。访谈中金宣堂宣纸厂经理、程玉山儿子程洋介绍：纸厂生产过“中共十八大纪念宣纸”“北京奥运会纪念宣纸”等定制纪念宣纸。

## 二
## 金宣堂宣纸厂的历史与传承情况

## 2
## History and Inheritance of Jinxuantang Xuan Paper Factory

调查中程玉山描述纸厂的发展历史：金宣堂宣纸厂前身为“浙溪燎草厂”，1982年由时任浙溪生产队队长朱永炉带领本队28户村民共同创办，生产的燎草出售给泾县宣纸厂（即今日的中国宣纸股份有限公司），由该厂派师傅常年驻在燎草厂中指导加工草坯及燎草的生产。1985～1988年间（具体时间访谈时程玉山已记忆模糊），燎草厂转为乡镇企业。

1988年，朱永炉不满足于仅仅生产燎草，准备自己筹建宣纸厂，于是将村中返乡青年送至泾县宣纸厂和泾县金星宣纸厂（时名“金竹坑宣纸厂”）做学徒。这些工人学徒期满后，回到村里的新建厂工作。“浙溪燎草厂”开始正式生产宣纸后，企业改名为“浙溪宣纸厂”。

金宣堂宣纸厂创建时，由泾县宣纸厂供应纸

⊙1 皮草加工车间 Workshop for bark processing

⊙2 国家地理标志授权证书 Certificate authorized by the National Geographic Symbol

⊙3 中国优质产品供应商证书 Certificate of "The Suppliers of High Quality Products in China"

⊙1

浆，在浙溪宣纸厂完成捞、晒、检三道工艺，生产出的宣纸由泾县宣纸厂派人验收，合格的成品宣纸作为“红星”宣纸销售。1992年，浙溪宣纸厂开始自行制浆后，注册了“星月”商标，不再为泾县宣纸厂代加工“红星”产品。朱永炉在多年与泾县宣纸厂的交往中，逐步积累了一些客户资源，“星月”宣纸不仅销往国内，很快也销至日本、韩国。21世纪初，泾县的乡镇宣纸企业因各种原因纷纷倒闭，浙溪宣纸厂也因负债过高，被抵押给当时的泾县农村信用合作社，企业完全停产。

程玉山，1963年出生于泾县，金宣堂宣纸厂负责人。其从事宣纸工作简历如下：1981年高中毕业后进入“浙溪燎草厂”，和朱永炉的女儿一同从事燎草加工，并与朱永炉的女儿结婚，先在燎草厂上班，后随企业主营业务变更和更名到“浙溪宣纸厂”务工。2002年7月，筹集20余万元加上银行贷款10余万元，从泾县农村信用合作社处购买了“浙溪宣纸厂”，更名为“泾县金宣堂宣纸厂”，开始了为期8年的皮纸生产，产品专销往韩国。

金宣堂宣纸厂第一阶段为韩国生产皮纸，与程玉山1994年后的从业经历有很大的关系。1988～1994年，程玉山一直在“浙溪宣纸厂”从事捞纸工作，月收入能达到800元，高于当地普通人收入。1995年，与“浙溪宣纸厂”曾有业务往来的韩国客户在烟台投资建立烟台“德盛韩纸厂”，邀请朱永炉前去从事管理，朱永炉考虑到自己年龄偏大，便把机会让给女婿程玉山。程玉山前往烟台开始了皮纸制作的技术管理工

⊙2

⊙1
金宣堂宣纸厂外的浙溪村风光
Landscape of Zhexi Village outside Jinxuantang Xuan Paper Factory

⊙2
访谈中的程玉山
Cheng Yushan being interviewed

作，实际相当于皮纸厂的技术总监。1999年，德盛韩纸厂租下陕西临陕县黄金乡粮站的房子，办了黄金乡构皮厂，程玉山又被派去临陕县负责该厂的全面工作，管理手下10余名员工，进行构树皮料的粗加工。

2001年，黄金乡构皮厂停产，德盛韩纸厂欲将技术管理专家程玉山召回烟台。这时程玉山在外漂泊已久，回乡之念日强，便放弃了烟台的职位，欲回乡自立门户。恰巧，家乡传来“浙溪宣纸厂”因经营不善要拍卖的消息，程玉山得知此消息正中下怀，便倾尽全力筹资买下了这个和全家有着多年因缘的宣纸厂。因厂里已几年不生产宣纸，大部分设备、工具已经腐烂或损坏，程玉山实际买下的只是完整的厂房。在不得不投资数万元重新添置设备和维修厂房后，程玉山招收了10多名工人生产起了驾轻就熟的皮纸。

但业务娴熟也挡不住整个市场皮纸利润的持续走低，加上与宣纸的多年情缘，2004年，金宣堂宣纸厂逐步恢复了宣纸生产主业。2004年，金宣堂宣纸厂只设立1个槽捞宣纸，2008年北京奥运会后，宣纸行业整体回暖，金宣堂宣纸厂订单数逐渐增加，纸槽增为2个。2010年，金宣堂宣纸厂结束了皮纸生产，专注宣纸制作，并在恢复“星月”品牌的基础上，创建了“金宣堂”品牌。2012年起，金宣堂宣纸厂请了8名捞纸工人，4个槽位全面开工。2016年调查时，“金宣堂”的宣纸经销商已遍布全国各大城市。

程玉山有长期原料加工和捞纸技艺的亲身实践，在2016年调查时，虽然已经将业务转给了儿子操持，但自己依然亲自操作原料加工工艺方面的工作。

程玉山的儿子程洋2009年高中毕业后，进入金宣堂宣纸厂协助管理企业，儿媳朱慧颖负责经营位于泾县的“金宣堂”品牌产品直营店。调查时，在程玉山的指导下，程洋已学习了半年宣纸制浆工艺，正准备接手全面主持家族企业。

⊙3

⊙4

⊙5

⊙3 调查现场的捞纸工人 Workers making the paper
⊙4 调查现场的晒纸工人 Workers drying the paper
⊙5 访谈中的程洋 Interviewing Cheng Yang

# 三 金宣堂宣纸厂的代表纸品及其用途与技术分析

# 3 Representative Paper, Its Uses and Technical Analysis Jinxuantang Xuan Paper Factory

⊙1

⊙2

⊙3

⊙4

## （一）代表纸品及用途

金宣堂宣纸厂生产的宣纸以原料配比的不同分为棉料、净皮、特净三大类。调查中据程玉山提供的信息，产品中的占比，80%为特净和净皮，20%为棉料；特净与净皮的生产比例又为6∶4。棉料主要供应海外如日本、韩国市场。棉料适用于书法、印刷，净皮适用于小写意绘画，特净适用于大写意绘画。特种规格宣纸主要为定制，多用于收藏或纪念用途。据程洋提供的信息，2008年北京奥运会最早一批纪念宣纸便出自金宣堂宣纸厂，这批纪念宣纸为代加工，2006年便接到订单完成了生产交付。

访谈时程玉山表示：相较其他宣纸厂家，金宣堂宣纸厂的棉料青檀皮和稻草配比约为30∶70，净皮类宣纸青檀皮和稻草配比约为60∶40，特净类宣纸青檀皮和稻草配比约为80∶20。实际操作中，皮浆比例比业内普遍略高出1%至2%。

金宣堂宣纸厂的三类宣纸，根据厚薄不同，可分为单宣、夹宣、二层、三层、扎花等形式；根据纹路不同，又可分出单丝路、双丝路、罗纹、龟纹等；根据尺寸，可生产四尺、六尺、八尺及特定尺寸宣纸。其中，扎花类只在特净宣纸类里生产，罗纹、龟纹也多在特净纸配浆上制作。棉料纸一般不做大尺和超薄纸。

特种规格作为金宣堂宣纸厂另一主打纸类规格，虽然依据订单调整，但是从调查时的生产情况来看主要集中于8种规格，其中棉料类宣纸较为集中的特种规格为5种，净皮与特净可加工的尺寸广泛。各类尺寸见表2.48。

⊙1
剪纸车间堆放的各类待包装宣纸
Different kinds of Xuan paper to be packaged at the cutting workshop

⊙2
『金宣堂』特净成品纸
Final product of "Jinxuantang" superb-bark paper

⊙3
『星月』净皮四尺单宣成品纸
Final product of "Xingyue" four *chi* clean-bark Xuan paper (single-layer)

⊙4
『星月』扎花成品宣纸
Final product of "Xingyue" Zhahua Xuan paper

表2.48　金宣堂宣纸厂特种规格纸品尺寸（2016年4月提供）
Table 2.48　Paper of special specifications in Jinxuantang Xuan Paper Factory (data provided in Apr. 2016)

| 品名 | 规格（宽×长）（cm） | 棉料 | 净皮 | 特净 |
|---|---|---|---|---|
| 特种规格 | 106 × 137 | 有 | 有 | 有 |
| 特种规格 | 70 × 175 | 有 | 有 | 有 |
| 特种规格 | 90 × 240 | 有 | 有 | 有 |
| 特种规格 | 70 × 206 | 有 | 有 | 有 |
| 特种规格 | 60 × 180 | 有 | 有 | 有 |
| 特种规格 | 70 × 280 | 无 | 有 | 有 |
| 特种规格 | 65 × 260 | 无 | 有 | 有 |
| 特种规格 | 80 × 280 | 无 | 有 | 有 |

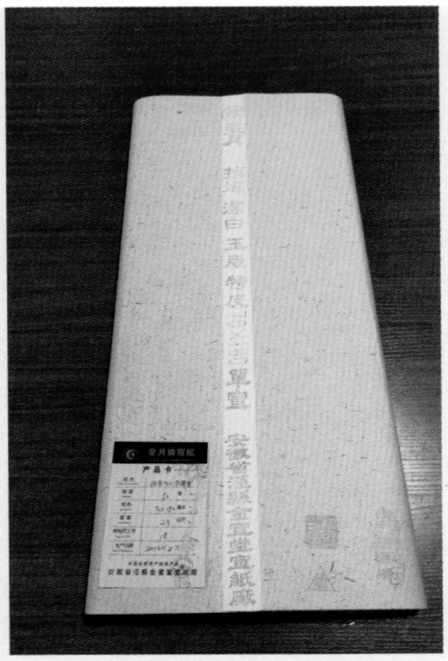

⊙5

## （二）
## 代表纸品技术分析

测试小组对采样自金宣堂宣纸厂的特净所做的性能分析，主要包括厚度、定量、紧度、抗张力、抗张强度、撕裂度、湿强度、白度、耐老化度下降、尘埃度、吸水性、伸缩性、纤维长度和纤维宽度等。按相应要求，每一指标都需重复测量若干次后求平均值，其中定量抽取5个样本进行测试，厚度抽取10个样本进行测试，拉力抽取20个样本进行测试，撕裂度抽取10个样本进行测试，湿强度抽取20个样本进行测试，白度抽取10个样本进行测试，耐老化度下降抽取10个样本进行测试，尘埃度抽取4个样本进行测试，吸水性抽取10个样本进行测试，伸缩性抽取4个样本进行测试，纤维长度测试200根纤维，纤维宽度测试300根纤维。对“金宣堂”特净进行测试分析所得到的相关性能参数见表2.49。表中列出了各参数的最大值、最小值及测量若干次所得到的平均值或者计算结果。

表2.49　“金宣堂”特净相关性能参数
Table 2.49　Performance parameters of “Jinxuantang” superb-bark paper

| 指标 | | 单位 | 最大值 | 最小值 | 平均值 | 结果 |
|---|---|---|---|---|---|---|
| 厚度 | | mm | 0.098 | 0.075 | 0.088 | 0.088 |
| 定量 | | g/m² | — | — | 30.8 | 30.8 |
| 紧度 | | g/cm³ | — | — | — | 0.350 |
| 抗张力 | 纵向 | N | 25.0 | 21.4 | 23.9 | 23.9 |
| | 横向 | N | 14.0 | 11.4 | 12.4 | 12.4 |
| 抗张强度 | | kN/m | — | — | — | 1.210 |
| 撕裂度 | 纵向 | mN | 330 | 320 | 326 | 326 |
| | 横向 | mN | 530 | 500 | 522 | 522 |
| 撕裂指数 | | mN·m²/g | — | — | — | 13.7 |

⊙5
特种规格（70 cm × 280 cm）的特净单宣
Superb-bark Xuan paper (single-layer) with special specification (70cm×280cm)

续表

| 指标 | | | 单位 | 最大值 | 最小值 | 平均值 | 结果 |
|---|---|---|---|---|---|---|---|
| 湿强度 | 纵向 | | mN | 1 220 | 1 000 | 1 159 | 1 159 |
| | 横向 | | mN | 660 | 550 | 636 | 636 |
| 色度 | | | % | 60.1 | 59.9 | 60.0 | 60.0 |
| 耐老化度下降 | | | % | — | — | — | 1.8 |
| 尘埃度 | 黑点 | | 个/m² | — | — | — | 12 |
| | 黄茎 | | 个/m² | — | — | — | 32 |
| | 双浆团 | | 个/m² | — | — | — | 0 |
| 吸水性 | | | % | — | — | — | 13 |
| 伸缩性 | 浸湿 | | % | — | — | — | 0.50 |
| | 风干 | | % | — | — | — | 0.50 |
| 纤维 | 皮 | 长度 | mm | 4.01 | 1.03 | 2.46 | 2.46 |
| | | 宽度 | μm | 27.0 | 4.0 | 11.0 | 11.0 |
| | 草 | 长度 | mm | 2.23 | 0.44 | 0.82 | 0.82 |
| | | 宽度 | μm | 9.0 | 2.0 | 5.0 | 5.0 |

由表2.49可知，所测“金宣堂”特净的平均定量为30.8 g/m²。“金宣堂”特净最厚约是最薄的1.307倍，经计算，其相对标准偏差为0.006 84，纸张厚薄较为一致。通过计算可知，“金宣堂”特净紧度为0.350 g/cm³；抗张强度1.210 kN/m，抗张强度值较大。所测“金宣堂”特净撕裂指数为13.7 mN·m²/g，撕裂度较大；湿强度纵横平均值为898 mN，湿强度较大。

所测“金宣堂”特净平均白度为70.0%。白度最大值是最小值的1.01倍，相对标准偏差为0.187，白度差异相对较小。经过耐老化测试后，耐老化度下降1.82%。

所测“金宣堂”特净尘埃度指标中黑点为12个/m²，黄茎为32个/m²，双浆团为0个/m²。吸水性纵横平均值为13 mm，纵横差为2.2 mm。伸缩性指标中浸湿后伸缩差为0.50%，风干后伸缩差为0.50%，说明“金宣堂”特净伸缩差异不大。

“金宣堂”特净在10倍、20倍物镜下观测的纤维形态分别如图★1、图★2所示。所测“金宣堂”特净皮纤维长度：最长4.01 mm，最短

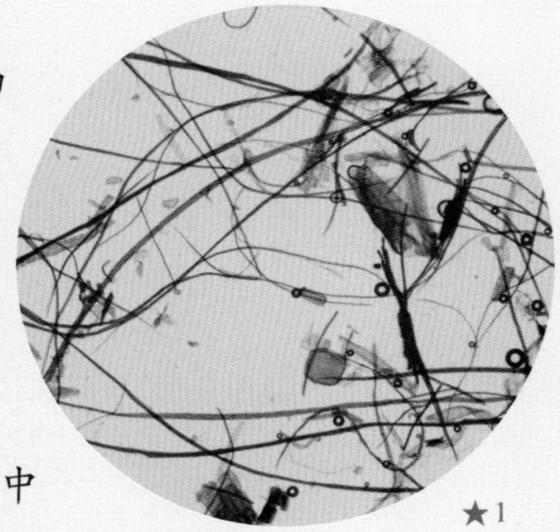

★1

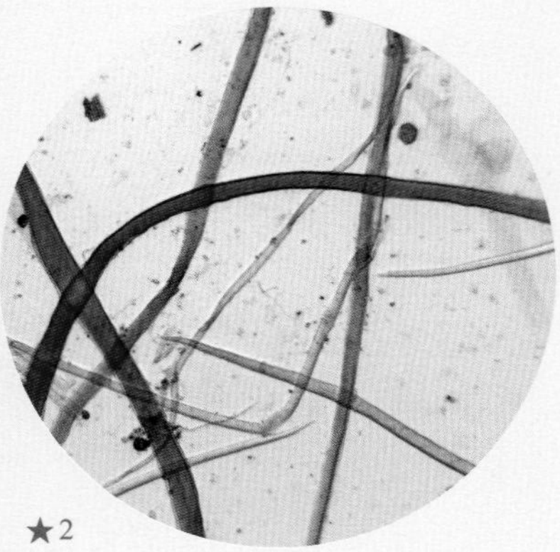

★2

★1
『金宣堂』特净纤维形态图（10×）
Fibers of "Jinxuantang" superb-bark paper (10× objective)

★2
『金宣堂』特净纤维形态图（20×）
Fibers of "Jinxuantang" superb-bark paper (20× objective)

1.03 mm，平均长度为2.46 mm；纤维宽度：最宽27.0 μm，最窄4.0 μm，平均宽度为11.0 μm；草纤维长度：最长2.23 mm，最短0.44 mm，平均长度为0.82 mm；纤维宽度：最宽9.0 μm，最窄2.0 μm，平均宽度为5.0 μm。“金宣堂”特净润墨效果如图⊙1所示。

⊙1

## 四
## 金宣堂宣纸厂生产的原料、工艺与设备

4
Raw Materials, Papermaking Techniques and Tools of Jinxuantang Xuan Paper Factory

### （一）
### “星月”和“金宣堂”宣纸生产的原料与辅料

#### 1. 主料一：青檀皮

金宣堂宣纸厂的青檀树皮（毛皮），主要来自泾县榔桥镇涌溪村。截至2015年7月，毛皮的收购价格为850～900元/50 kg。

⊙2

#### 2. 主料二：沙田稻草

金宣堂宣纸厂直接从本地加工户购买燎草回来制作草浆。2015年7月沙田稻草的收购价为20元/50 kg，但是由于出浆率只有16%～20%，导致燎草价格与青檀皮收购价格相仿。程玉山表示：由于稻

⊙1
『金宣堂』特净润墨效果
Writing performance of "Jinxuantang" superb-bark paper

⊙2
砍伐后来年春天发芽的青檀树
*Pteroceltis tatarinowii* Maxim. with new bud after been cut off

⊙1 ⊙2 ⊙3

草在制作相同分量的宣纸中比皮耗损更大，因此成本上燎草所占比例通常会高于毛皮。说到如今的沙田稻草，访谈中程洋觉得质量明显不如以前，以前多为1 m多高的高杆沙田稻草，现在则是低矮的杂交沙田稻草，比较来说，以前的稻草纤维好，用其制作的宣纸在吸水、定墨性能上都比现在要好。

3. 辅料一：纸药

据程洋的说法：金宣堂宣纸厂所使用的纸药为杨桃藤汁，若每天都使用新鲜的杨桃藤汁，每3～4天就会购买一次杨桃藤。截至2015年7月，金宣堂宣纸厂所收购的杨桃藤约为200元/50 kg，都来自纸厂附近的农户。

4. 辅料二：纸边

纸边为宣纸成品在剪纸过程中裁剪下来的部分。据程洋介绍，金宣堂宣纸厂在混合浆环节中，添加完毛皮和燎草后，会适量添加纸边与皮草一起打浆，通常是将每天剪纸剪剩下来的纸边投入第二天的生产。这样不仅可以省材料，还能使纸的柔软度更好。

5. 辅料三：水

调查时现场勘察发现金宣堂宣纸厂造纸所用的水为当地地下水，所采水样经检测pH为7.06，基本上是中性水。

## （二）

## “星月”和“金宣堂”宣纸生产的工艺流程

据访谈程洋和程玉山获知的信息，综合调查组2015年7月25日在金宣堂宣纸厂的实地工艺流程观察，总结“星月”和“金宣堂”宣纸生产工艺流程为：

檀皮浆制作程序 → 檀皮浆

燎草浆制作程序 → 燎草浆

后续加工程序：

| 壹 | 贰 | 叁 | 肆 | 伍 | 陆 | 柒 |
|---|---|---|---|---|---|---|
| 配浆 | 制作纸药 | 捞纸 | 压榨 | 晒纸 | 剪纸 | 打包装箱 |

⊙1 当地燎草加工户野外堆放的草坯
Straw stack in the outside by local processors

⊙2 杨桃藤枝
Branches of *Actinidia chinensis* Planch.

⊙3 纸巾（残次宣纸、纸边）
Defective Xuan paper, paper edges for recycling

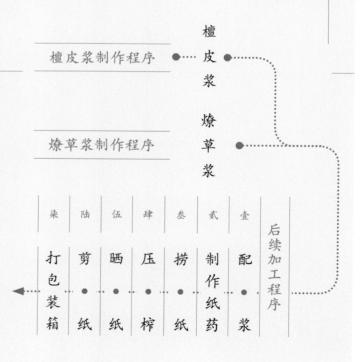

## 檀皮浆制作

金宣堂宣纸厂檀皮浆制作过程为：

| 壹 | 贰 | 叁 | 肆 | 伍 | 陆 | 柒 | 捌 | 玖 | 拾 | 拾壹 |
|---|---|---|---|---|---|---|---|---|---|---|
| 浸泡 | 蒸煮 | 清洗 | 榨干 | 拣黑皮 | 漂白 | 清洗 | 榨干 | 拣白皮 | 压皮 | 制浆 |

### 壹 浸泡

1 ⊙4

将买回来的毛皮放在清水中浸泡，通常浸泡时间为1天，只要让其“吃”透水便可，主要目的为防止皮干不易蒸煮，同时分解其中的果胶。

⊙4

### 贰 蒸煮

2 ⊙5 ⊙6

将浸泡好的毛皮放入蒸锅，再放入一定比例烧碱，通常蒸1天即可熟透。每次放入400～500 kg檀皮，一般加入烧碱的量占毛皮量的20%～25%。

⊙5

⊙6

### 叁 清洗

3 ⊙7

将蒸煮完的毛皮放入清水中清洗5～6次，干净便可，主要清洗毛皮上残留的烧碱。

⊙7

### 肆 榨干

4

将清洗完的毛皮放入木榨中榨干，清除其中多余的水分。

⊙8

### 伍 拣黑皮

5 ⊙8

毛皮中有时会掺杂皮棍、老皮及其他杂质，“拣黑皮”这一环节的主要目的便是通过人工剔除老皮、皮棍子和其他杂质。

⊙4 毛皮浸泡 Soaking the bark

⊙5/6 蒸煮 Steaming and boiling the bark

⊙7 清洗毛皮 Cleaning the bark

⊙8 拣黑皮 Picking out the black bark

⊙9

陆

## 漂白

6 ⊙9

金宣堂宣纸厂为了保证宣纸的白度达到设定的指标，需对毛皮进行漂白。根据不同毛皮的情况，漂白的时长不定。漂白过程中需根据投皮量按一定比例添加次氯酸钙或次氯酸钠。漂白后的毛皮则变成白皮。

柒

## 清洗

7 ⊙10

将漂白过后的毛皮放至清水中再次清洗，洗干净即可，主要清洗漂白过程中残留的次氯酸钙或次氯酸钠。因为随着宣纸存放时间的延长，次氯酸钙或次氯酸钠若不洗净会使纸变黄发脆，从而影响其寿命。

捌

## 榨干

8

将清洗完的檀皮白皮放入木榨中榨干。

⊙10

玖

## 拣白皮

9

人工拣选榨干的白皮，将有杂物和未漂白的黑皮去除。该环节结束后，白皮即成为当地所称的“化学皮”，将其装袋运至制浆车间。

拾

## 压皮

10

将白皮运至制浆车间后，先不急于制浆，将成袋的皮料堆放成摞，约一人多高，利用每袋的重量将皮压一压，通常压1个月左右。压完后的皮制出来的纸较为柔软，否则会显脆。

拾壹

## 制浆

11

先将白皮通过打浆机打碎，然后将打碎的皮通过泵运输至浆池。

⊙9 漂白 Bleaching the bark

⊙10 清洗白皮 Cleaning the white bark

根据访谈中程洋的介绍，金宣堂宣纸厂燎草浆制作过程为：

## 燎草浆制作

| | 壹 | 贰 | 叁 | 肆 | 伍 | 陆 | 柒 |
|---|---|---|---|---|---|---|---|
| 燎草 | 清洗 | 拣草 | 碾压 | 除砂 | 漂白 | 清洗 | 制浆 |

### 壹 清洗

1

将燎草拿出库房，置于清水中清洗，洗净为止。主要清洗草中残留的次氯酸钙或次氯酸钠。

⊙12

⊙11

### 贰 拣草

2

通过人工选拣方式，拣去残存于草料中的杂质。

⊙13

### 叁 碾压

3 ⊙13

将拣完的草运至石碾房碾压，主要目的是分解草中的纤维束，使单根纤维帚化。根据程洋的介绍，金宣堂宣纸厂每天碾压40～50袋草，约500 kg，每次碾压1袋草的时间为7～11分钟。

### 肆 除砂

4

用泵将碾完筛完毕的草抽至除砂机中除砂。

⊙14

⊙11 燎草堆 Processed straw stack

⊙12 清洗燎草 Cleaning the processed straw

⊙13 碾压燎草 Grinding the processed paper

⊙14 正在碾草的石碾 Stone roller grinding the straw

伍
## 漂白
5

按照金宣堂宣纸厂制作宣纸的白度要求，自然晾晒后的燎草白度不足，因此还需后期的补充漂白。在漂白过程中，需添加一定比例的次氯酸钙或次氯酸钠，时间约几个小时。

陆
## 清洗
6

漂白完的燎草需放入洗漂机中清洗，主要洗去其中的次氯酸钙或次氯酸钠。

柒
## 制浆
7

将清洗完后的燎草浆运至放浆池，等待配浆。

# 后续加工程序

壹
## 配浆
1 ⊙15～⊙20

首先将檀皮浆和燎草浆按照一定比例放入制浆池，再加入一定量的纸巾（通过水力碎浆机打碎后的纸巾），然后混合搅拌。需经过筛选机、平筛、旋翼筛、跳筛等设备筛选、净化，形成成熟混合浆，通过管道输送至捞纸槽。

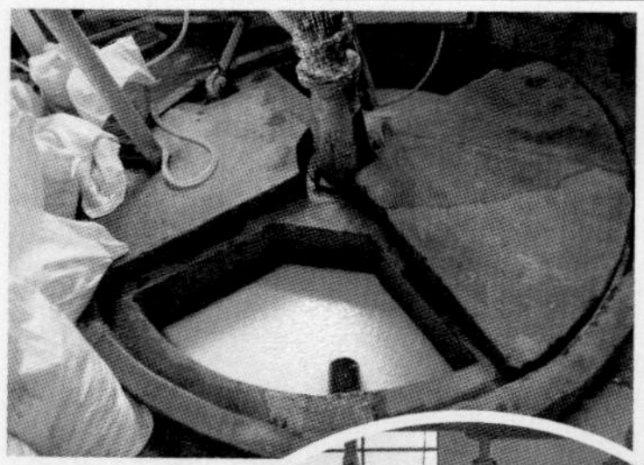
⊙15

⊙16

⊙17

⊙18

⊙19

⊙20

⊙15 水力碎浆机 Hydraulic pulp maker
⊙16 除砂机 Machine for removing the grit
⊙17 滤水机及装机环境 Machine for filtering water and environment of the machine installment
⊙18／19 打浆机 Beating machine
⊙20 浆池 Pulp pool

## 贰 制作纸药 2

⊙21～⊙24

金宣堂宣纸厂的纸药皆用杨桃藤汁，并且自己制作，其过程为：

(1) 撅条

将从附近农户处收来的杨桃藤撅断成长度1 m左右的小条。

⊙21

(2) 碎条

用木榧捶扁杨桃藤枝，方便取液。

⊙22

(3) 取液

将捶破后的杨桃藤枝放在水中浸泡4小时左右，然后踩踏，促使杨桃藤汁快速流出并混合于水，经过滤后形成纯净纸药。

⊙23

⊙24

## 叁 捞纸 3

⊙25～⊙28

(1) 划单槽

混合浆进入纸槽后需经过搅拌才可进行捞纸。泾县宣纸行业中的这种搅拌被称为“搞槽”，由捞纸的抬帘工与帮槽工分站纸槽的两头，各持一把扒头，按逆时针方式在槽底画圈，将槽中水划成旋涡状。通过目测方式判断纸浆融合后即可加入适量纸药，再将纸药充分融入纸浆即可捞纸。等槽中纸浆捞稀薄后，再加入纸浆搞槽、加药，循环往复，以此类推。

⊙25

⊙21 撅条后的杨桃藤枝 Branches of *Actinidia chinensis* Planch. after being cut off

⊙22 碎条捶药 Hammering the papermaking mucilage

⊙23 取液后的杨桃藤枝 Branches of *Actinidia chinensis* Planch. after being pressed

⊙24 备用的纸药 Prepared papermaking mucilage

⊙25 划单槽 Swirling the papermaking pulp

⊙26

（2）捞纸

根据2015年7月25日调查人员在金宣堂宣纸厂车间现场观察四尺纸槽捞纸情况，总结其工序操作要领为：放帘时先将帘床按一定倾斜度抬起，这个度数依每位师傅的习惯而不同，现场正在捞纸的师傅抬帘的度数为70°～80°。

抬起后先将帘床一侧浸入纸浆中，当纸浆漫过纸帘约1/4处时，再将纸帘其余部分放入纸浆中，直至另一侧浸入。

在此过程中，纸浆会顺着帘床面形成的角度从一侧蔓延至另一侧，等另一侧浸满后立即将纸帘抬出。过程中纸帘需保持水平，主要为让帘上多余的浆料从缝隙溢出。

放帘时深度无需太深，纸浆漫过纸帘的1/4处为整个过程中放帘深度的峰值。

将帘床抬出水面后，左右摇晃一次，确保水从帘床缝隙溢出。然后再将帘床从另一方向浸入水中，重复刚才的过程，俗称为“过两帘水”，两个回合过后帘上的浆料便形成了一张湿纸；整个过程持续十几秒。

（3）放帘

掌帘师傅用右手将纸帘的梢竹拿起，左手接住纸帘下端（额竹），上档时需要两头同时，然后将纸帘处理成半圆筒状起斜，先左后右。放帘时只能前进，不能后退，否则会形成断纸。放完帘后，吸帘时注意水洞。掌帘师傅完成这个工序过程中，抬帘师傅则在计数器上计下捞纸的张数。

⊙27

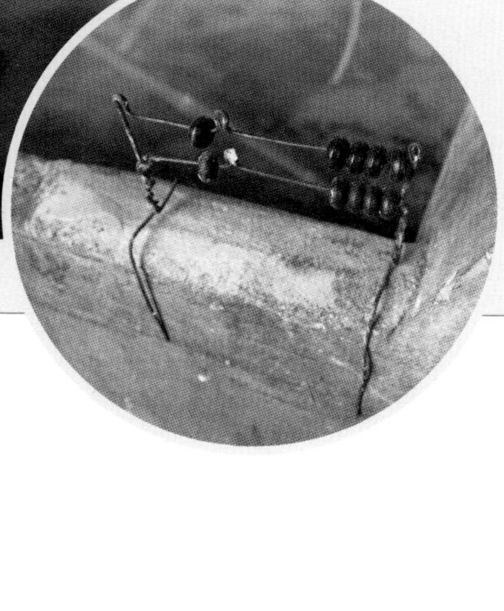

⊙28

⊙26 捞纸 Making the paper

⊙27 放帘 Turning the papermaking screen upside down on the board

⊙28 计数器 Counting apparatus

## 肆
# 压榨

4 ⊙29

捞完纸后将其放置在木板上，捞纸工人下班以后即可进行压榨。压榨时使用螺旋杆和枕木，螺旋杆数量根据纸张尺寸而定。压榨过程需注意轻重缓急，否则会破坏纸张，水分无法充分清除或纸张间粘连过紧都会影响下一工序，而这个完全靠师傅手上掌握。

⊙29

## 伍
# 晒纸

5 ⊙30～⊙34

（1）靠帖

将压榨完的纸当天晚上放在焙墙上烘干，称为靠帖，通常需要2个晚上。一般烘烤完的纸需3天后才可晒纸。

（2）浇帖

每天清晨或上午，将3天前靠帖完毕的纸帖拿出放在木架上，准备用冷水浇淋。浇帖时，纸工师傅手拿水壶从纸张的一侧开始，沿着一定的顺序向纸的正面浇水，逐渐浇到另一侧，确保水浸透每个角落。然后师傅再往纸的侧面浇水。在浇水过程中师傅不断在侧面用手试探，以确保水淋的饱和度。浇水量偏少不利于工人揭纸，偏多则易使纸张在工人拿纸时破损。

（3）鞭帖

在上墙前将纸帖放在纸架上，用鞭帖板敲打纸帖，利于分张。

⊙30

（4）做额

鞭帖后，用木棍或手指甲在纸的上方（约离纸边2 cm）从一侧划至另一侧，疏松每张纸上方的边际，方便下一步揭纸。当地人认为该处相当于额头所在处，称之为“纸额”，因此这一步骤被称作“做额”。

（5）揭纸

工人会在纸的左上角用指尖轻轻地扭转或剐蹭纸面，这样每张纸的指尖剐蹭的缝隙依稀可见，然后挫起纸左上角，将其揭下。

⊙32

⊙29 压榨 Pressing the paper

⊙30 鞭帖 Patting the paper pile

⊙31 做额 Separating the paper layers

⊙32 揭纸 Peeling the paper down

(6) 晒纸

晒纸工人先将揭下来的纸张上方贴在焙面上，然后用刷子将其从上到下刷满，让其完全服贴在晒纸焙上，确保其表面平整。

(7) 收纸

当焙笼贴满后，再根据晒纸时的顺序依次揭下，被称为“收纸”。根据2015年7月25日实地调查的观察，收纸时，工人会先将纸的左上角拈起，慢慢将纸的左上部分从墙上摘下，当撕至一定程度时，一气呵成，迅速将其余部分撕下。

⊙33

⊙34



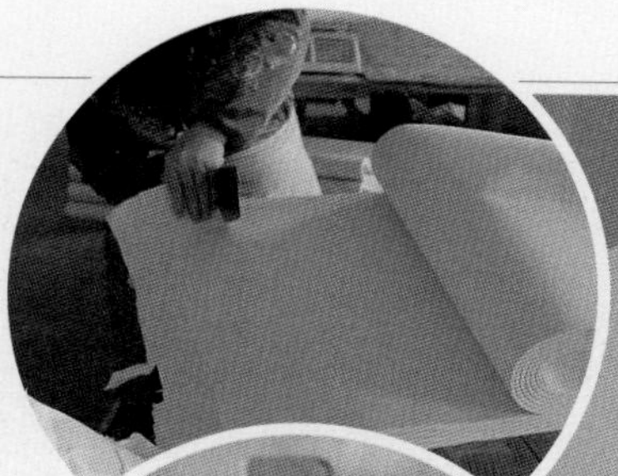

⊙36

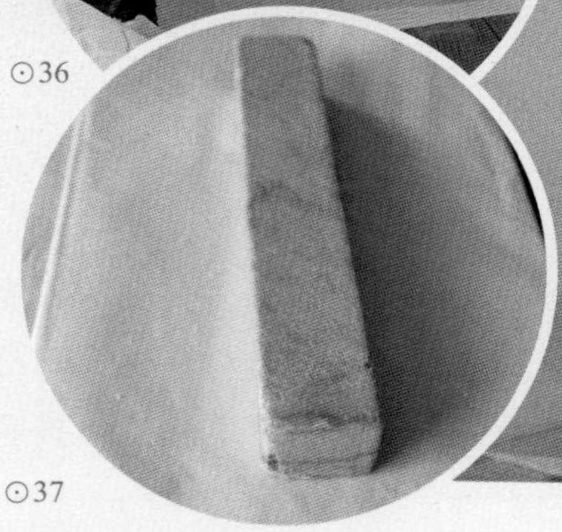

⊙37

⊙35

## 陆 剪纸

6 ⊙35～⊙37

对晒好的纸进行检验，检验工遇到不合格的纸立即取出或者做上记号，积压到一定数量的残次品或废品后，将这些残次品或废品回笼打浆，或者打上副牌出售；而合格的纸整理好，数好数，一般50张为一个刀口，压上石块，剪纸人站成箭步，持平剪刀一气呵成地剪下去。



## 柒 打包装箱

7 ⊙38～⊙40

剪好后的纸按100张一刀折好，再在刀口印上加盖“星月”或“金宣堂”品牌的宣纸系列章。一般根据纸张规格以7～11刀装一箱（件），包装完毕后运入贮纸仓库。

⊙38

⊙39

⊙40



⊙33 晒纸 Drying the paper
⊙34 收纸 Peeling the paper down
⊙35 检纸 Checking the paper
⊙36 剪纸 Cutting the paper
⊙37 压石 Stone for pressing the paper
⊙38 盖印 Sealing the paper
⊙39 打包机 Machine for packaging the paper
⊙40 包装盒 Box for packaging

## (三)

## “星月”和“金宣堂”宣纸制作中的主要工具

### 壹 石碾 1

碾熔草的设备，主要由碾槽、碾磙、传动装置等部分组成。

⊙41

### 贰 打浆装置 2

一组设备，主要用来制浆、漂洗等。

⊙42

### 叁 纸槽 3

捞纸设备，可用作盛浆，金宣堂宣纸厂的纸槽调查时均系由水泥浇筑而成的。

⊙43

### 肆 纸帘 4

用于捞纸，用竹丝编织而成，表面光滑平整，帘纹细而密集。调查时询问到的纸帘购于泾县云岭镇靠山村的马姓制帘户家，单价为1 000余元，虽在价格上偏高，但是竹子纹路较细，分布均匀，中间缝隙偏小。金宣堂宣纸厂所采用的纸帘上有的缝有水印，专为定制类宣纸而作。实测金宣堂宣纸厂四尺纸帘尺寸为：长164 cm，宽85 cm。

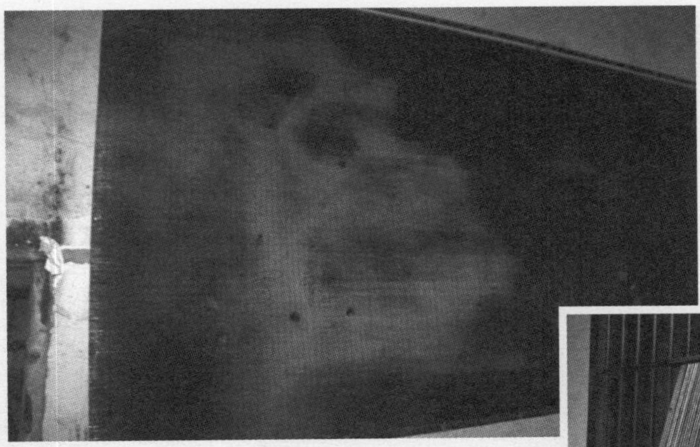
⊙44

### 伍 帘床 5

捞纸时放置纸帘的架子，用木头加芒杆制成。实测金宣堂宣纸厂四尺帘床尺寸为：长172 cm，宽86 cm。

⊙45

⊙41 石碾 Stone roller
⊙42 打浆设备 Beating equipment
⊙43 纸槽 Papermaking trough
⊙44 纸帘 Papermaking screen
⊙45 帘床 Frame for the papermaking screen

## 陆 浇帖架 6

用于浇帖的木架，由木条组装而成。实测金宣堂宣纸厂浇帖架尺寸为：长145 cm，宽92 cm，高12 cm。

⊙46

## 柒 鞭帖鞭 7

晒纸之前将纸打松的工具。实测金宣堂宣纸厂所用的鞭帖鞭尺寸为：长94 cm，宽3.5 cm，厚1 cm。

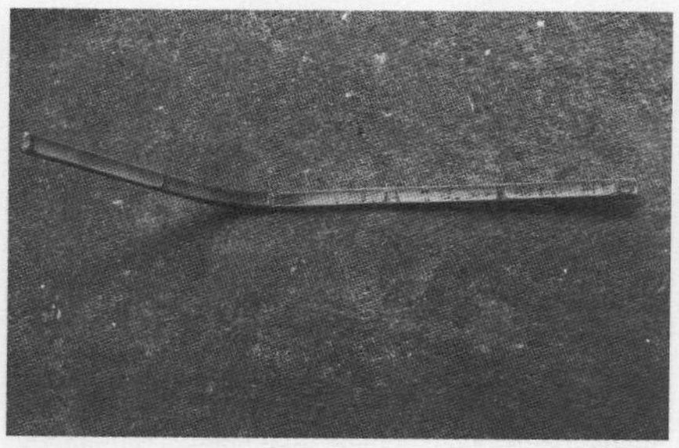

⊙47

## 捌 额 枪 8

揭纸前需用额枪将纸帖和纸边打松，便于揭纸。实测金宣堂宣纸厂额枪尺寸为：长27 cm，宽2.5 cm。

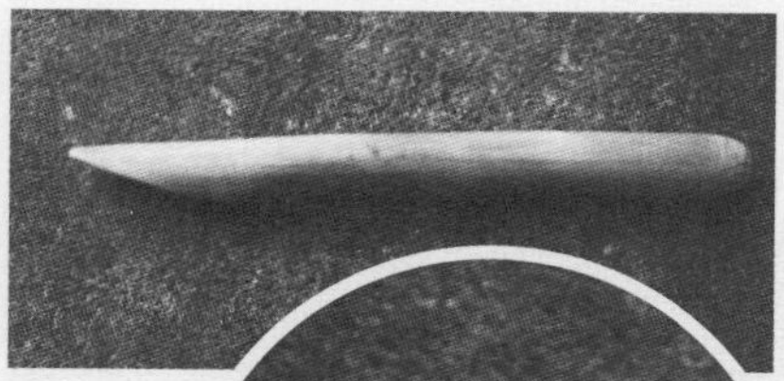

⊙48

⊙49

## 玖 刷 把 9

晒纸时将纸刷上纸焙的工具，刷柄为木制，刷毛为松毛，由工人自己制作，刷不同的纸，会使用软硬程度不同的松毛。实测金宣堂宣纸厂刷把尺寸为：长45 cm，宽13 cm。

⊙50

## 拾 纸 焙 10

亦被俗称为“焙笼”，用来晒纸，由两块长方形钢板焊接而成，中间贮水，加热后提升纸焙温度，双面墙，可以两边晒纸。

⊙51

⊙46 浇帖架 Frame for supporting the paper pile

⊙47 鞭帖鞭 Papermaking stick for patting the paper pile

⊙48/49 额枪 Tool for separating the paper

⊙50 刷子 Brush made of pine needles

⊙51 焙笼 Drying wall

拾壹
### 压纸石
11

晒纸工序中，纸晒干从焙墙上取下放一边，用压纸石压住一边使纸不易移动。实测金宣堂宣纸厂所用的压纸石尺寸为：长17 cm，宽6 cm，高5 cm。

⊙52

拾贰
### 剪　刀
12

检验后用来剪纸，剪刀口为钢制，其余部分为铁制。调查时的剪刀购于泾县丁家桥镇后山村，每把价格在300元左右，一把剪刀通常可以用两年。实测金宣堂宣纸厂所使用的剪刀尺寸为：长33 cm，最宽8 cm。

⊙53

## 五 金宣堂宣纸厂的市场经营状况

## 5 Marketing Status of Jinxuantang Xuan Paper Factory

金宣堂宣纸厂2002年重办之初，专事皮纸生产，所有皮纸产品全部销往韩国。2004年恢复宣纸生产后，经历了两年的“红星”品牌代加工期。2006年，恢复“星月”品牌，开始自有品牌宣纸的生产和销售。

访谈中程洋透露：截至2015年7月，金宣堂宣纸厂生产的宣纸，2/3用于自己品牌销售，1/3为其他宣纸厂代工。

金宣堂宣纸厂生产的宣纸有国内直销、国内分销和出口外销三种销售方式。国内直销主要针

⊙52
压纸石
Stone for pressing the paper

⊙53
后山村所制宣纸剪刀
Shears in Houshan Village

对往来多年的老客户。此外，在泾县县城泾川镇的稼祥南路上设有直营店，由程洋的媳妇朱慧颖主持经营。国内各分销点主要位于四大直辖市和全国各省会城市，其中，北京作为全国文化中心，其分销量（含贴牌）占金宣堂宣纸业务总量的1/3。出口外销主要针对日本、韩国，从2007年起至2016年4月，以棉料宣纸为主，出口业务约占“金宣堂”宣纸销售总量的1/10。

⊙1

金宣堂宣纸厂未开设直营网店，但分销商可自行在网上销售，四尺宣纸的出厂价为500～650元/刀，各分销商可依据自身实际情况定价，但金宣堂宣纸厂对其有一个指导价格。交流时程玉山表达的想法是：不开设直营网店是为了保持市场经营体系的稳定，保障分销商的利益。此外，程玉山对分销商的设置模式，也体现了保护分销商利益的考虑，同一个城市，金宣堂宣纸厂一般只接受一家分销商，最多允许两家；但若是有两家分销商时，则要求分别销售“星月”和“金宣堂”两个品牌，不可交叉。

金宣堂宣纸厂主要通过每年在北京召开的全国文房四宝艺术博览会进行展示，接受订单，并未开展其他销售拓展业务。根据程玉山提供的数据：金宣堂宣纸厂在2012年至2015年上半年，4个纸槽开工情况下，宣纸年产量保持在13 000刀左右，年销售额为1 000余万元，利润率在10%左右。2015年下半年至调查组第二次调研时的2016年4月，受宣纸行业整体下行影响，年产量为7 000～8 000刀，年销售额为700万～800万元，利润率仍保持不变。程玉山认为宣纸行业是一个以

⊙2

⊙3

市场为导向的行业，只能在市场的调控下发展。

根据调查时金宣堂宣纸厂所提供的指导价目表，截至2016年4月，其生产的“星月”宣纸棉料类售价约为1 032.5元/刀（四尺单）、2 013.4元/刀（六尺单）、1 510.1元/刀（尺八屏），净皮类售价为1 125.6元/刀（四尺单）、2 139.3元/刀（六尺单）、1 635.9元/刀（尺八屏），特净类售价为1 209.32元/刀（四尺单，此次调查组采样纸品）、2 265.1元/刀（六尺单）、1 761.8元/刀（尺八屏）。

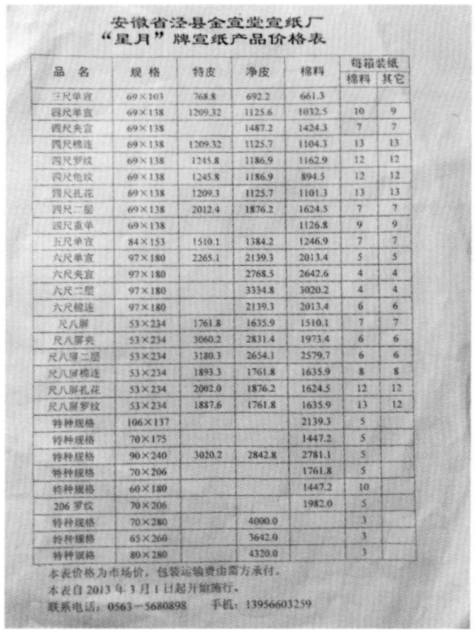

安徽省泾县金宣堂宣纸厂
“星月”牌宣纸产品价格表

| 品名 | 规格 | 特皮 | 净皮 | 棉料 | 每箱装纸 | |
|---|---|---|---|---|---|---|
| | | | | | 棉料 | 其它 |
| 三尺单宣 | 69×103 | 768.8 | 692.2 | 661.3 | | |
| 四尺单宣 | 69×138 | 1209.32 | 1125.6 | 1032.5 | 10 | 9 |
| 四尺夹宣 | 69×138 | | 1487.2 | 1424.3 | 7 | 7 |
| 四尺棉连 | 69×138 | 1209.32 | 1125.7 | 1104.3 | 13 | 13 |
| 四尺罗纹 | 69×138 | 1245.8 | 1186.9 | 1162.9 | 12 | 12 |
| 四尺龟纹 | 69×138 | 1245.8 | 1186.9 | 894.5 | 12 | 12 |
| 四尺扎花 | 69×138 | 1209.3 | 1125.7 | 1101.3 | 13 | 13 |
| 四尺二层 | 69×138 | 2012.4 | 1876.2 | 1624.5 | 7 | 7 |
| 四尺[illegible]单 | 69×138 | | | 1126.8 | 9 | 9 |
| 五尺单宣 | 84×153 | 1510.1 | 1384.2 | 1246.9 | 7 | 7 |
| 六尺单宣 | 97×180 | 2265.1 | 2139.3 | 2013.4 | 5 | 5 |
| 六尺夹宣 | 97×180 | | 2768.5 | 2642.6 | 4 | 4 |
| 六尺二层 | 97×180 | | 3334.8 | 3020.2 | 4 | 4 |
| 六尺棉连 | 97×180 | | 2139.3 | 2013.4 | 6 | 6 |
| 尺八屏 | 53×234 | 1761.8 | 1635.9 | 1510.1 | 7 | 7 |
| 尺八屏夹 | 53×234 | 3060.2 | 2831.4 | 1973.4 | 6 | 6 |
| 尺八屏二层 | 53×234 | 3180.3 | 2654.1 | 2579.7 | 6 | 6 |
| 尺八屏棉连 | 53×234 | 1893.3 | 1761.8 | 1635.9 | 8 | 8 |
| 尺八屏扎花 | 53×234 | 2002.0 | 1876.2 | 1624.5 | 12 | 12 |
| 尺八屏罗纹 | 53×234 | 1887.6 | 1761.8 | 1635.9 | 13 | 12 |
| 特种规格 | 106×137 | | | 2139.3 | 5 | |
| 特种规格 | 70×175 | | | 1447.2 | 5 | |
| 特种规格 | 90×240 | 3020.2 | 2842.8 | 2781.1 | 5 | |
| 特种规格 | 70×206 | | | 1761.8 | 5 | |
| 特种规格 | 60×180 | | | 1447.2 | 10 | |
| 206 罗纹 | 70×206 | | | 1982.0 | 5 | |
| 特种规格 | 70×280 | | 4000.0 | | 3 | |
| 特种规格 | 65×260 | | 3642.0 | | 3 | |
| 特种规格 | 80×280 | | 4320.0 | | 3 | |

本表价格为市场价，包装运输费由需方承付。
本表自2013年3月1日起开始施行。
联系电话：0563—5680898　手机：13956603259

⊙4

⊙1
『金宣堂』直营店内的宣纸产品
Xuan paper products in the direct-sale "Jinxuantang" Xuan Paper Store

⊙2/3
正在工作的剪纸车间
Paper-cutting workshop

⊙4
『星月』宣纸指导价
Referential price list of "Xingyue" Xuan paper

# 六
# 金宣堂宣纸厂的品牌文化与习俗故事

## 6
## Brand Culture and Stories of Jingxuantang Xuan Paper Factory

⊙5

⊙5 赖少其所题『泾县浙溪金宣堂』
"Jinxuantang in Zhexi Village of Jingxian County" written by Lai Shaoqi

### 1. “金宣堂”名称的由来

关于“金宣堂”名称的由来，调查组在2015年7月入厂调查时获知有两个版本的说法。访谈中聊起工厂现名为“金宣堂”，程洋的说法是：其实当初起名没有什么特别的用意，只是2002年在购买该厂时，也收购了一家在地理上位置较好且名为“金宣堂”的宣纸店，这家纸店位于205国道旁，距离厂址不远，因此同时将厂名更改为金宣堂，并注册了“金宣堂”商标。

调查组在2016年4月26日对金宣堂宣纸厂进行回访谈到“金宣堂”的由来时，程玉山提供了另外的说法：当年因为书画大师赖少其使用该厂宣纸时感觉特别好，赖少其因此专门为其题名“金宣堂”，此后才使用“金宣堂”为宣纸厂名的。中国美协主席刘大为、原安徽省书法家协会主席刘夜烽等著名书画家试用“金宣堂”“星月”宣纸后也给予了高度评价，并为金宣堂宣纸厂创作了多幅书法和绘画作品。

### 2. “一个工厂，两个品牌”

“金宣堂”品牌注册后，因新厂是由泾县浙溪宣纸厂延续而来的，为了防止经销商之间因品牌形成的商业战，程玉山决定原属于浙溪宣纸厂的“星月”品牌继续使用，并于2006年重新注册，形成“一个工厂，两个品牌”的格局。“星月”品牌由安徽外贸公司设计，为正式注册品牌。截至2015年7月，两个品牌下的宣纸本身并无区别，但“星月”牌主要供出口，而“金宣堂”牌只在国内销售。访谈中程洋谈及两个品牌未来区隔经营的新设想：未来厂内考虑提升“金宣堂”品牌下的宣纸品质，主打“高端”和“古法”，以区别于平价路线的“星月”宣纸。

# 七
# 金宣堂宣纸厂的传承现状与发展思考

# 7
# Current Status and Development of Jinxuantang Xuan Paper Factory

## 1. 传承现状描述

通过2015年7月和2016年4月两轮调查访谈，调查组综合金宣堂宣纸厂的技艺传承现状：

金宣堂宣纸厂的前身可追溯到1982年村办的“浙溪燎草厂”，是泾县30余年前专业制作宣纸原料的著名基地。金宣堂宣纸厂及此前的浙溪宣纸厂都传承了宣纸原料制作企业的优质基因，始终恪守“原料自然、古法制作”的生产理念，利

⊙1

⊙2

⊙3

⊙1
浙溪村的稻田
Scenery of rice field in Zhexi Village

⊙2
金宣堂宣纸厂的污水处理站
Sewage treatment station in Jinxuantang Xuan Paper Factory

⊙3
金宣堂宣纸厂附近的晒滩
Drying field near Jinxuantang Xuan Paper Factory

用自然资源制作原料的周期与工艺长达一年，使产品品质获得业界好评，品牌已具备较好的技艺内涵。同时，金宣堂宣纸厂的造纸技工团队与市场布局也保持稳定状态，内外销两条线有较为清晰的规划。

### 2. 发展中的挑战问题

访谈中程洋的观点是：虽然从2013年开始的宣纸行业的“寒冬”使宣纸销售出现明显下滑，但纸品行业的非良性竞争对宣纸厂影响更大。程洋的说法：“现在泾县本地有许多伪劣的非宣纸纸品、外地生产的非宣纸纸品都冒充宣纸以低价销售，对包括我们厂在内的许多正宗宣纸厂产生很大威胁。”

即便宣纸的国家标准已有，但由于青檀皮和沙田稻草原料成本较高，纸厂更改原料配比度或用替代原料，例如添加木浆、竹浆等价格低廉的原料制作纸品，打着宣纸的名号低价出售给消费者来牟取利益的却不在少数。例如，四川某些地区通过竹浆等原料制作的纸品以宣纸旗号大批量销售，其价格低廉，瓜分了许多潜在消费群体，不仅对造宣纸的工厂产生冲击，也破坏了宣纸的纯正性声誉。

程洋表示：原因其实也不复杂。首先在于宣纸的国家标准制定后执行力度不强；其次关于宣纸工艺、材料、性能辨别方面的传播跟不上，致使消费者对正宗宣纸的认知与辨识能力远远不够，迫切需要加强宣纸品牌内涵的大众传播。但程洋随后也无奈地表示：这不是一家小厂干得了的事！

⊙4

⊙5

⊙4/5 『金宣堂』牌『中共十八大和十九大纪念宣纸』（内外包装样式）
"Jinxutang" Brand "Commemorating Xuan Paper for the 18th National People's Congress" (exterior and interior look)

601

『金宣堂』特净

"Jinxuantang" Superb-bark Paper

『金宣堂』特净透光摄影图

A photo of "Jinxuantang" superb-bark paper seen through the light

603

# 『金宣堂』棉料

"Jinxuantang" Mianliao Paper

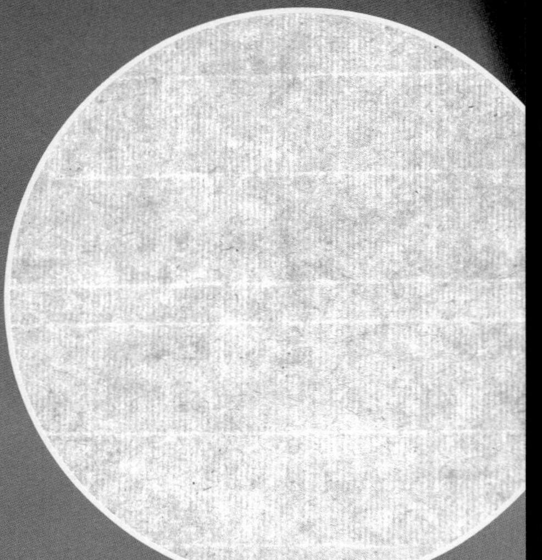

『金宣堂』棉料透光摄影图
A photo of "Jinxuantang" Mianliao paper seen through the light

# 『金宣堂』槽底宣

"Jinxuantang" Caodi Xuan Paper

『金宣堂』槽底宣透光摄影图
A photo of "Jinxuantang" Caodi Xuan paper seen through the light

『金宣堂』

净皮

"Jinxuantang" Clean-bark Paper

『金宣堂』净皮透光摄影图

A photo of "Jinxuantang" clean-bark Xuan paper seen through the light

# 第十七节
# 泾县小岭金溪宣纸厂

安徽省
Anhui Province

宣城市
Xuancheng City

泾县
Jingxian County

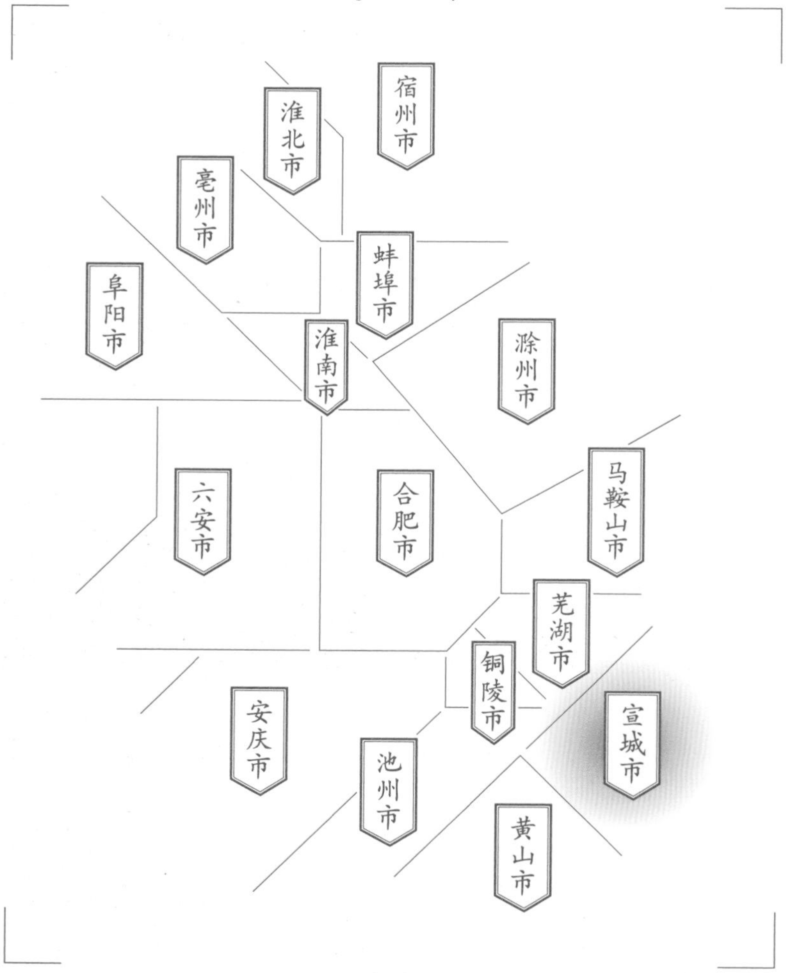




**调查对象**
丁家桥镇
泾县小岭金溪宣纸厂
宣纸

## Section 17
## Xiaoling Jinxi Xuan Paper Factory in Jingxian County

**Subject**

Xuan Paper
of Xiaoling Jinxi Xuan Paper Factory
in Jingxian County
in Dingjiaqiao Town

## 一 小岭金溪宣纸厂的基础信息与生产环境

## 1 Basic Information and Production Environment of Xiaoling Jinxi Xuan Paper Factory

泾县小岭金溪宣纸厂坐落于泾县小岭“九岭十三坑”之一的金坑，现行政区划为丁家桥镇小岭行政村金坑村民组，地理坐标为东经118° 18′ 31″ 、北纬30° 40′ 6″ 。小岭金溪宣纸厂所在地金坑村水源充足，工厂依山而建，是原小岭宣纸厂第六生产区旧址。

调查组分别于2015年12月12日和2016年4月18日进行了两轮入厂调研，获知的基础生产信息是：第一轮调查时，小岭金溪宣纸厂有2帘槽在生产，分别生产四尺和六尺宣纸，在厂生产职工12人；第二轮调研时，有1帘槽在生产。

⊙1
金溪宣纸厂所在金坑村民组路边指示牌
Signpost of Jinkeng Villagers' Group where Jinxi Xuan Paper Factory locates

## 二 小岭金溪宣纸厂的历史与传承情况

## 2 History and Inheritance of XiaoLing Jinxi Xuan Paper Factory

泾县小岭金溪宣纸厂与泾县当地很多从事传统手工宣纸生产的厂家不同的地方是：创办于2014年9月，历史很短，注册了“九岭”与“玉鹤”两个宣纸商标。据调查期间该厂生产负责人曹勇强的说法：小岭金溪宣纸厂所生产的系列宣纸严格按照传统宣纸的标准工艺进行生产，采用宣纸经典产区小岭村境内优质的青檀皮和燎草等为原料，为该厂生产优质宣纸提供了重要保障。

2015年12月12日访谈时，据小岭金溪宣纸厂厂长李松林介绍：小岭金溪宣纸厂的主要业务为传统宣纸的生产制造与加工，注册的业务范围也包括文房四宝等销售，共投资130余万元，租赁原泾县小岭宣纸厂第六生产车间厂房建厂。该厂房原属曹康炎所有，小岭宣纸厂改制后一直处于停产状态，小岭金溪宣纸厂招用的生产员工是原

# 泾县小岭金溪宣纸厂位置示意图

# Location map of Xiaoling Jinxi Xuan Paper Factory in Jingxian County

路线图
泾县县城
↓
泾县小岭金溪宣纸厂
Road map from Jingxian County centre to Xiaoling Jinxi Xuan Paper Factory in Jingxian County

考察时间
2015年12月/2016年4月

Investigation Date
Dec. 2015/Apr. 2016

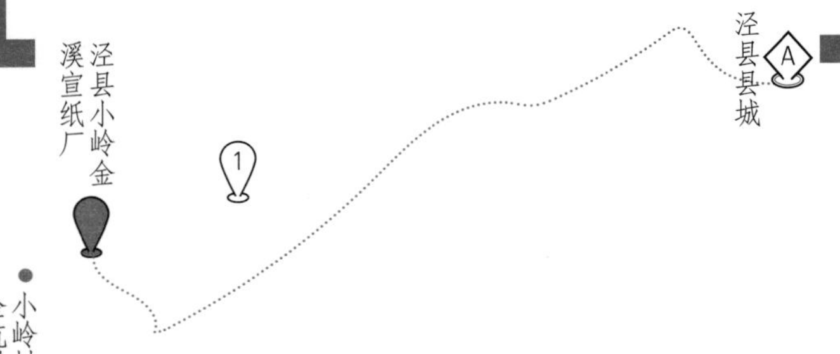


地域名称

A 泾县
1 丁家桥镇
2 云岭镇
3 泾川镇
4 昌桥乡
5 黄村镇
6 琴溪镇

造纸点名称

泾县小岭金溪宣纸厂 造纸点

位置分布

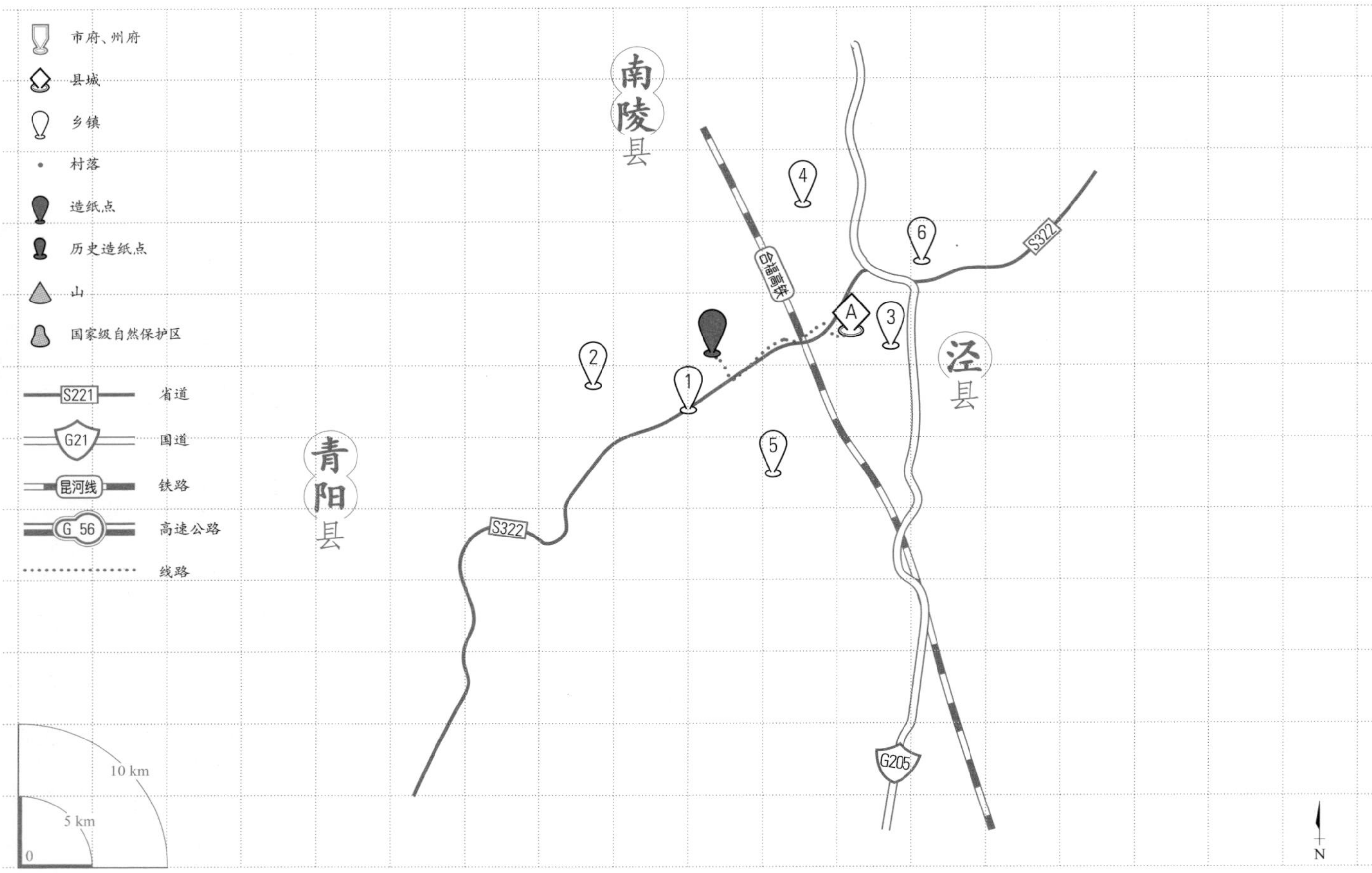

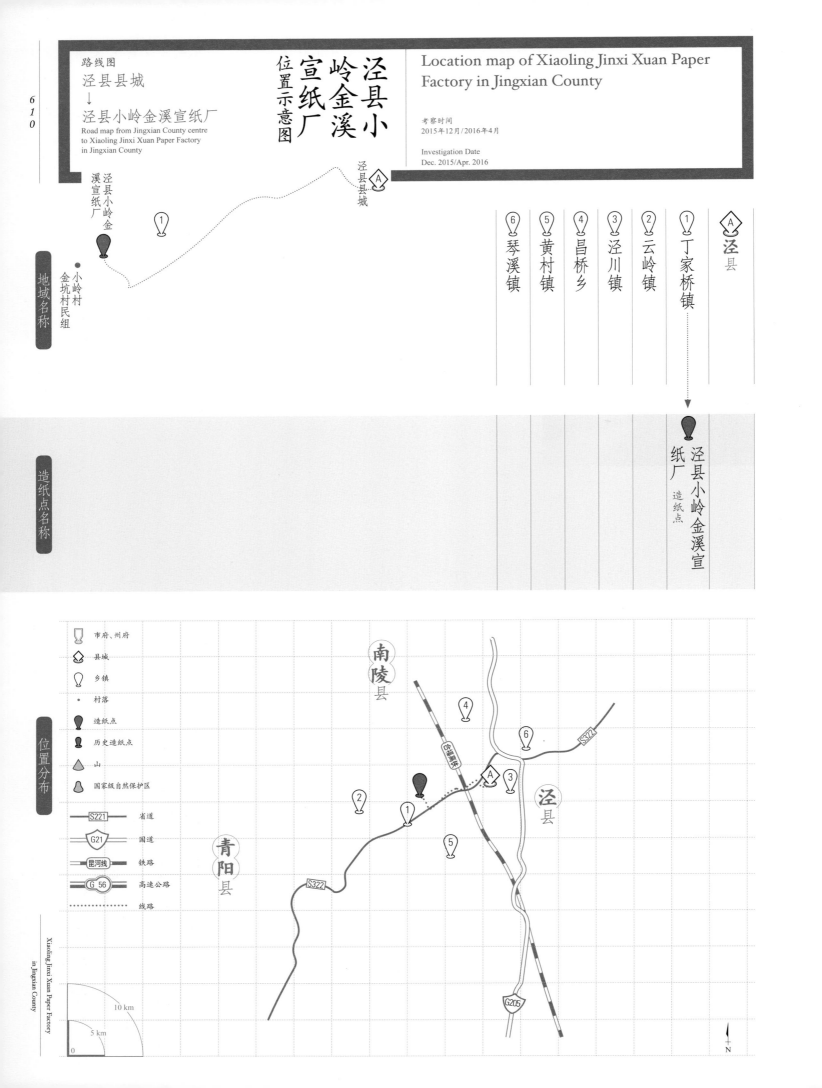

⊙1

厂区拥有多年宣纸生产经验的老职工，聘请曹康炎、曹勇强负责生产与技术。

李松林，1962年生于泾县泾川镇岩潭村，2000年开始做木材生意，后转行在山东滨州从事古建园林修复，2011～2014年间参与黄河三角洲文化产业园项目，多年间结识了大量工艺与书画艺术从业者及爱好者。由于家乡泾县小岭区域的水质好，又是宣纸诞生的原产地，在时任中国美术家协会主席的著名画家刘大为及何家英的动议下，经曹勇强牵线介绍，李松林于2014年在小岭金坑创办小岭金溪宣纸厂并担任厂长。

金坑是“九岭十三坑”最上游的村落，历史上便是著名的宣纸产地。1949年后，泾县成立宣纸联营处，金坑也是最初的生产点之一。公私合营期间到20世纪90年代初，一直没有宣纸生产，历史遗址无存。20世纪90年代，小岭宣纸厂在小岭各地扩大生产，在金坑曹康炎家中生产宣纸，后成为小岭宣纸厂第六生产车间。

小岭金溪宣纸厂成立时，聘请的工人均系当地拥有多年宣纸生产经验的从业者，生产“九岭”和“玉鹤”系列宣纸，“九岭”系列主要为净皮、特净，“玉鹤”系列主要为棉料。据调查组2016年4月18日第二次调研时李松林说，他们正在申请注册的“金溪宣”宣纸商标已进入公告阶段。

曹勇强，1964年生，泾县小岭人，调查时为金溪宣纸工艺厂生产厂长。1981年在小岭宣纸厂捞纸，1982年到象山宣纸厂（泾县宣纸二厂的前

⊙2

⊙3

⊙4

⊙5

⊙1 小岭金溪宣纸厂厂区内的厂牌 Factory plaque of Xiaoling Jinxi Xuan Paper Factory

⊙2/3 金坑风景 Landscape of Jinkeng Villages' Group

⊙4 李松林 Li Songlin

⊙5 曹永强（右）与朱正海 Cao Yongqiang (right) and Zhu Zhenghai

⊙1

身）捞纸。因其父曹金修在金竹坑宣纸厂（金星宣纸厂前身）任厂长，曹勇强1984年到金竹坑宣纸厂捞纸，1987年升任金竹坑宣纸厂生产科长，1988年回小岭宣纸厂担任工艺品车间主任。据曹勇强自述：他们家是有技艺传承的，祖父、父亲都是毕生从事宣纸生产。不过，曹勇强的儿子目前没有承继父业，大学毕业后在邻县任公务员。





## 三
## 小岭金溪宣纸厂的代表纸品及其用途与技术分析

## 3
## Representative Paper, Its Uses and Technical Analysis of Xiaoling Jinxi Xuan Paper Factory

### （一）
### 代表纸品及用途

据李松林自述：小岭金溪宣纸厂生产的“九岭”宣纸选用优质原料，成纸具有光白自然、细薄均匀、润墨层次清晰等特点，而且每张宣纸均有“金溪宣纸”暗纹。产品范围按原料可分为棉料、净皮、特净三种，按规格可分为四尺、五尺等，亦可根据使用者需要生产各种专用宣纸。

2015年12月12日调查组实地调查时获悉，小岭金溪宣纸厂自成立以来的约一年时间里，注重

⊙1
『九岭』宣纸礼盒成品纸
Gift box of "Jiuling" Xuan paper

对质量的调研揣摩，已多次尝试改进材料配比，并多次邀请国内书画名家来厂试笔，征求对纸品书画性能的感受，希望提炼适应不同用户使用特性的配方与工艺要素。

“九岭”宣纸四尺净皮规格是70 cm × 138 cm，一刀为100张纸。由于净皮的原材料青檀皮含量在60%左右，含皮量相对较多，较轻薄，书写作画时不易跑墨，适宜用于花鸟之类的写意表现。

## （二）代表纸品技术分析

测试小组对采样自小岭金溪宣纸厂生产的“九岭”净皮宣纸所做的性能分析，主要包括厚度、定量、紧度、抗张力、抗张强度、撕裂度、湿强度、白度、耐老化度下降、尘埃度、吸水性、伸缩性、纤维长度和纤维宽度等。按相应要求，每一指标都需重复测量若干次后求平均值，其中定量抽取5个样本进行测试，厚度抽取10个样本进行测试，拉力抽取20个样本进行测试，撕裂度抽取10个样本进行测试，湿强度抽取20个样本进行测试，白度抽取10个样本进行测试，耐老化度下降抽取10个样本进行测试，尘埃度抽取4个样本进行测试，吸水性抽取10个样本进行测试，伸缩性抽取4个样本进行测试，纤维长度测试200根纤维，纤维宽度测试300根纤维。对“九岭”净皮宣进行测试分析所得到的相关性能参数，见表2.50。表中列出了各参数的最大值、最小值及测量若干次所得到的平均值或者计算结果。

表2.50 “九岭”净皮宣相关性能参数
Table 2.50 Performance parameters of “Jiuling” clean-bark Xuan paper

| 指标 | | 单位 | 最大值 | 最小值 | 平均值 | 结果 |
|---|---|---|---|---|---|---|
| 厚度 | | mm | 0.070 | 0.060 | 0.066 | 0.066 |
| 定量 | | $g/m^2$ | — | — | 24.5 | 24.5 |
| 紧度 | | $g/cm^3$ | — | — | — | 0.371 |
| 抗张力 | 纵向 | N | 12.6 | 11.2 | 12.0 | 12.0 |
| | 横向 | N | 11.7 | 10.3 | 11.0 | 11.0 |
| 抗张强度 | | kN/m | — | — | — | 0.767 |
| 撕裂度 | 纵向 | mN | 320 | 300 | 304 | 304 |
| | 横向 | mN | 390 | 340 | 370 | 370 |
| 撕裂指数 | | $mN\cdot m^2/g$ | | | | 13.0 |
| 湿强度 | 纵向 | mN | 1 055 | 1 025 | 1 034 | 1 034 |
| | 横向 | mN | 695 | 525 | 605 | 605 |
| 色度 | | % | 66.3 | 61.2 | 65.6 | 65.6 |
| 耐老化度下降 | | % | — | — | — | 1.6 |
| 尘埃度 | 黑点 | 个/$m^2$ | — | — | — | 68 |
| | 黄茎 | 个/$m^2$ | — | — | — | 52 |
| | 双浆团 | 个/$m^2$ | — | — | — | 0 |
| 吸水性 | | mm | — | — | — | 13 |

续表

| 指标 | | | 单位 | 最大值 | 最小值 | 平均值 | 结果 |
|---|---|---|---|---|---|---|---|
| 伸缩性 | 浸湿 | | % | — | — | — | 0.40 |
| | 风干 | | % | — | — | — | 1.08 |
| 纤维 | 皮 | 长度 | mm | 4.61 | 0.85 | 1.96 | 1.96 |
| | | 宽度 | μm | 15.0 | 3.0 | 7.0 | 7.0 |
| | 草 | 长度 | mm | 1.92 | 0.41 | 0.78 | 0.78 |
| | | 宽度 | μm | 10.0 | 2.0 | 5.0 | 5.0 |

由表2.50可知，所测“九岭”净皮的平均定量为24.5 g/m$^2$。“九岭”净皮最厚约是最薄的1.167倍，经计算，其相对标准偏差为0.004，纸张厚薄较为一致。通过计算可知，“九岭”净皮紧度为0.371 g/cm$^3$；抗张强度为0.213 kN/m，抗张强度值较小。所测“九岭”净皮撕裂指数为13.0 mN·m$^2$/g，撕裂度较大；湿强度纵横平均值为820 mN，湿强度较大。

所测“九岭”净皮平均白度为65.6%，白度较高，是由于其加工过程中进行了漂白工序。白度最大值是最小值的1.085倍，相对标准偏差为1.671，白度差异相对较大。经过耐老化测试后，耐老化度下降为1.6%。

所测“九岭”净皮尘埃度指标中黑点为68个/m$^2$，黄茎为52个/m$^2$，双浆团为0个/m$^2$。吸水性纵横平均值为13 mm，纵横差为2.0 mm。伸缩性指标中浸湿后伸缩差为0.40 %，风干后伸缩差为1.08 %，说明“九岭”净皮伸缩差异不大。

“九岭”净皮在10倍、20倍物镜下观测的纤维形态分别如图★1、图★2所示。所测“九岭”净皮皮纤维长度：最长4.61 mm，最短0.85 mm，平均长度为1.96 mm；纤维宽度：最宽15.0 μm，最窄3.0 μm，平均宽度为7.0 μm；草纤维长度：最长1.92 mm，最短0.41 mm，平均长度为0.78 mm；纤维宽度：最宽10.0 μm，最窄2.0 μm，平均宽度为5.0 μm。“九岭”净皮宣润墨效果如图⊙1所示。

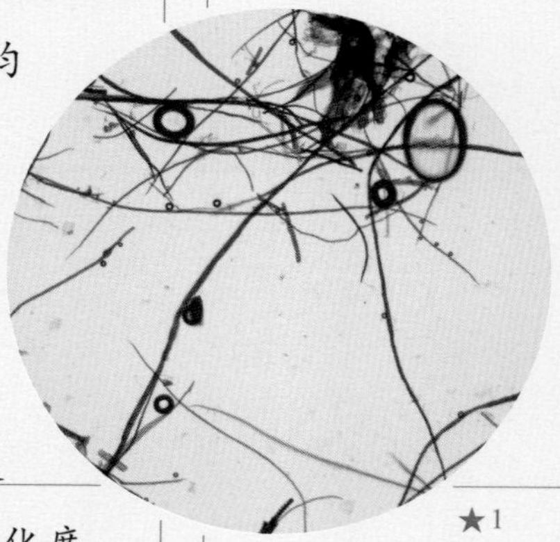

★1

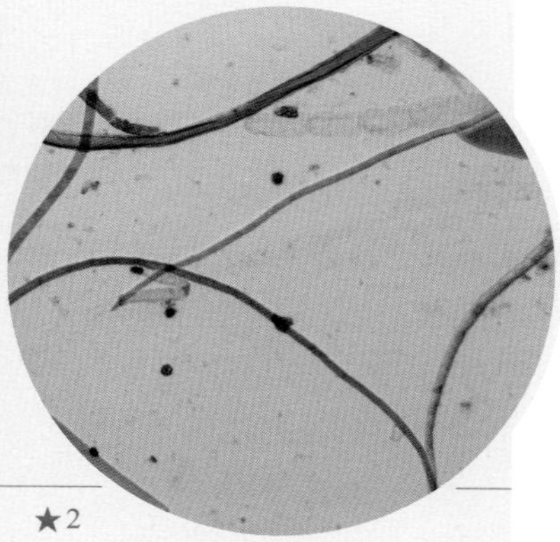

★2

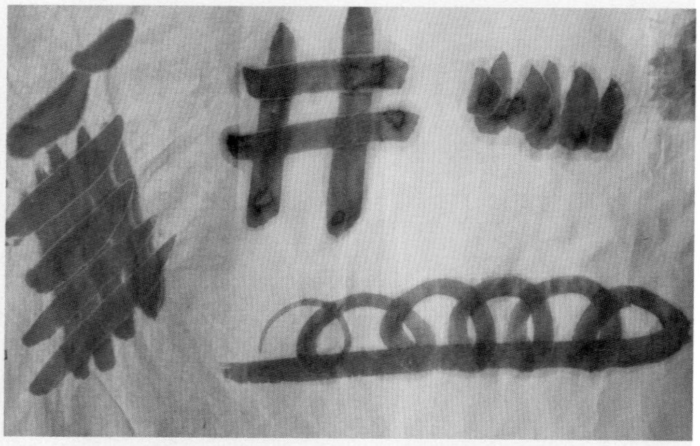

⊙1

★1
『九岭』净皮纤维形态图（10×）
Fibers of "Jiuling" clean-bark paper (10× objective)

★2
『九岭』净皮纤维形态图（20×）
Fibers of "Jiuling" clean-bark paper (20× objective)

⊙1
『九岭』净皮润墨效果
Writing performance of "Jiuling" clean-bark paper

# 四
# 小岭金溪宣纸厂生产的原料、工艺与设备

# 4
# Raw Materials, Papermaking Techniques and Tools of Xiaoling Jinxi Xuan Paper Factory

## （一）
## “九岭”宣纸生产的原料与辅料

### 1. 主料一：青檀皮

小岭金溪宣纸厂从泾县当地的小岭村农户处收购青檀皮。因没有环保治污设备，通常会将自己收购的青檀皮送往泾县泾川镇岩潭村找厂家代加工。2015年加工费为5.6元/kg，100kg毛皮兑回20kg左右白皮，一般白皮的出浆率达到20%～25%。

### 2. 主料二：燎草

燎草是从泾县泾川镇茶冲村购买的，回来以后自己进行鞭洗加工并制浆，燎草的出浆率达到13%～15%。据2015年调查时李松林介绍，青檀皮收购价为850元/50kg，燎草价格为700元/50kg左右，燎皮和燎草的价格经常会受到市场以及人工成本等因素影响，一直处于上下浮动状态。

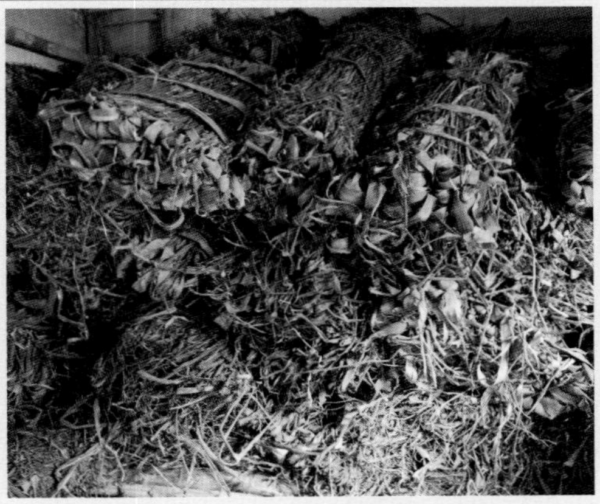

⊙2

⊙3

### 3. 辅料一：纸药——聚丙烯酰胺

小岭金溪宣纸厂捞纸时主要使用化学分张剂聚丙烯酰胺作为纸药。李松林表示：使用化学分张剂，一是因为植物纸药成本高，也难收购；二是植物纸药损耗高。“九岭”宣纸采用的聚丙烯酰胺系从泾县当地的供应商采购的。

### 4. 辅料二：水源

水源的优劣直接影响到宣纸的品质。小岭金溪宣纸厂地处深山，厂区周围山多林密，山涧溪流丰盈。小岭金溪宣纸厂生产所需的用水都是在溪流上游的山上拦坝截水、引渡山泉供生产的。经调查人员取样测试，其捞纸的用水pH为 5.65，偏酸性。

⊙2
仓库里储备的青檀皮料
*Pteroceltis tatarinowii* Maxim. bark in the warehouse

⊙3
仓库里储备的燎草
Processed straw in the warehouse

⊙1

⊙2

## (二)

### “九岭”宣纸生产的工艺流程

调查组于2015年12月12日对小岭金溪宣纸厂“九岭”宣纸的生产工艺进行了实地调查和访谈，总结其主要制造工艺流程如下：

**皮料浆制作程序**

| 壹 | 贰 | 叁 | |
|---|---|---|---|
| 选皮 | 洗漂 | 除砂 | → 皮料浆 |

**燎草浆制作程序**

| | 壹 | 贰 | 叁 | 肆 | 伍 | 陆 | 柒 | |
|---|---|---|---|---|---|---|---|---|
| 燎草 | 洗草 | 洗涤 | 压榨 | 选拣 | 碾草 | 除砂 | 洗漂 | → 草料浆 |

**后续加工程序**

| 壹 | 贰 | 叁 | 肆 | 伍 |
|---|---|---|---|---|
| 配浆 | 捞纸 | 晒纸 | 检验、剪纸 | 封印包装 |







⊙1
过滤纸药
Filtering the papermaking mucilage

⊙2
群山环抱中的小岭金溪宣纸工艺厂
Xiaoling Jinxi Xuan Paper Factory surrounded by mountains

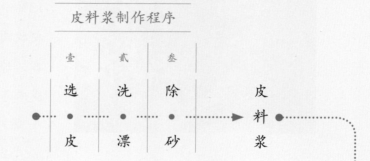

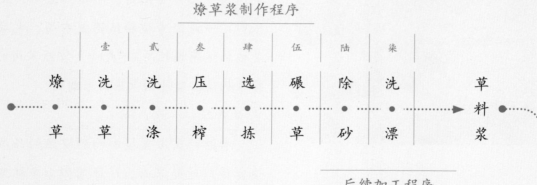

## 皮料浆制作

### 壹 选皮

1

将蒸煮、漂白、清洗后的檀皮运回厂里进行选拣，将未曾漂白的青檀皮和皮棍子等杂质通过人工选拣剔除。

### 贰 洗漂

2

将皮料放入洗漂机进行粉碎和清洗，形成檀皮纤维料。

### 叁 除砂

3

将洗漂后的纸浆通过除砂器进行除砂净化，形成皮料纸浆。

## 燎草浆制作

### 壹 洗草

1

将收购回来的燎草用竹条进行鞭打，将块状的燎草打散，目的是将草中的石灰、石头等杂质驱除抖除，形成松散的燎草。

### 贰 洗涤

2 ⊙3

将鞭好后的燎草放入专门用来洗草的水池中，用流水冲洗，边冲洗边人工辅助，等燎草中所黏附的石灰洗尽后，理成长短一致的圆柱状，送至木榨中榨去水分。

### 叁 压榨

3 ⊙4⊙5

榨去草中水分。

### 肆 选拣

4

将压榨干的单个草团放入拣草筛，人工用竹刀将其打散，边打边抖动，使草充分松散。然后依次进行选拣，将草中所含的杂质和草黄筋摘除。

⊙3

⊙4

⊙5

⊙3 洗草专用水池 Pool for cleaning the straw

⊙4 木榨榨草 Wooden presser pressing the straw

⊙5 榨过的草料 Pressed straw materials

## 伍 碾草

5 ⊙6

将选拣好的燎草通过石碾进行碾压，使得燎草中纤维束得以分解，形成草浆。

⊙6

## 陆 除砂

6

通过除砂设备，进一步除去草中的沙粒等杂质。

## 柒 洗漂

7 ⊙7

加入化学漂白剂次氯酸钙对草浆补充漂白，然后放入洗漂机进行清洗后，形成成熟的草料浆。

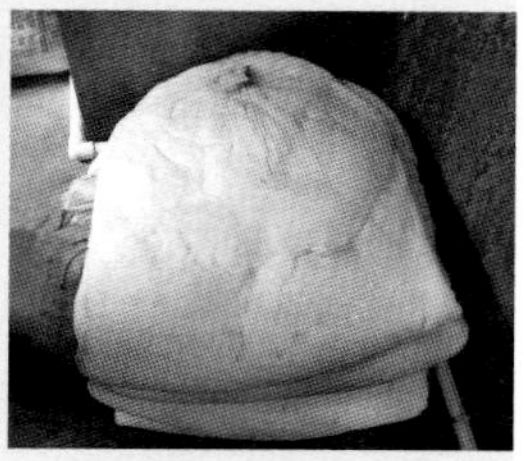
⊙7

# 后续加工程序

## 壹 配浆

1

将皮料浆和燎草浆按照一定比例放入打浆机，通过打浆使之融合。配比方式按棉料（配比为40%皮料和60%燎草）、净皮（配比为60%皮料和40%燎草）和特净（配比为80%皮料和20%燎草）区分。

## 贰 捞纸

2 ⊙8

⊙8

捞纸又称抄纸、滤纸，是由两名工人协同用纸帘将盛放在纸槽内的纸浆连续两次舀起而形成一张湿纸页的过程。捞纸前需要向槽内投放纸浆，并掺入适量的辅助原料纸药浆，然后用划槽杆将纸浆均匀搅拌。捞纸时，将全部纸帘浸入水料中，然后两人左右晃动，帘面呈水平状态时，立即抬出，将余水滤去，纸浆料留在帘上，于是便形成一张湿纸。金溪宣纸工艺厂捞纸工组合每天能捞10～12刀四尺宣纸。

⊙9

## 叁 晒纸

3 ⊙9⊙10⊙11

### （1）烘帖

将压榨好的纸帖置于日光下晾晒，或放在钢板制作的焙墙上烤，使纸中水分蒸发出来。

### （2）浇帖

晒纸之前需要在整个纸帖上浇水，纸帖中水分含量70%左右，抬至焙屋过夜后，纸帖水分第二日还有60%时再进行下一道工序。

### （3）切帖

俗称“杀额”，用切刀将“浇帖”后的纸帖进行人工切边，使纸边变得整齐，然后将切过边的纸帖运入晒纸房晒纸。

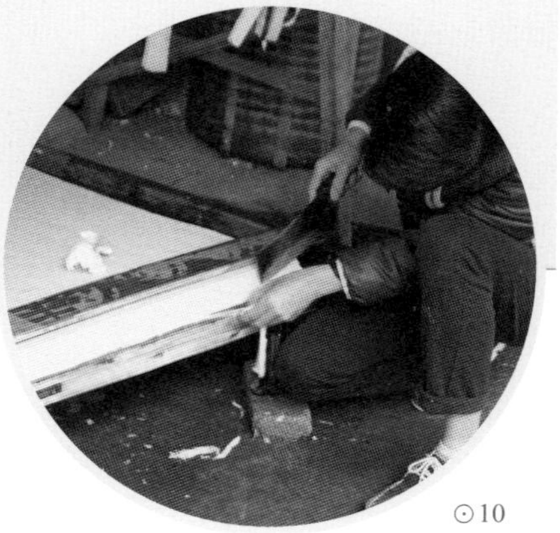
⊙10

⊙6 石碾碾草 Stone rollers grinding the straw
⊙7 漂白后入袋洗涤的燎草 Bleached Straw in bags for cleaning
⊙8 捞纸 Making the paper
⊙9 烘干的纸帖 Dried paper pile
⊙10 切帖 Cutting the paper pile

(4) 晒纸

沿着额的一边将纸一张张牵离，然后置于钢板材质的焙壁上均匀摊晒开。需用松毛刷有秩序地将纸完全贴于壁面，将水分全部蒸发殆尽，然后揭下烘干的纸张，置于一边压纸石下。如此循环往复晒纸。

⊙11

## 肆 检验、剪纸 4

⊙12

将晒好的纸张运到剪纸车间进行裁剪。剪纸前需要对纸张进行检查，将有破损或瑕疵的纸张剔除出来。然后将检验好的纸张放在纸台上，按照一定数量分开，一般按100张为一刀分好。然后剪纸工人用特制大剪刀一气呵成进行裁剪，裁剪出来的纸张要求四边整齐。

⊙12

## 伍 封印包装 5

⊙13

将剪好的纸张及时称重，标明重量，做好记录。对不符合重量要求的产品通知检验工再做其他处理，合格的产品盖上印有金溪宣纸商标以及纸张品种、尺寸的印章，再用特定包装纸包装。

⊙13

## (三) “九岭”宣纸制作中的主要中工具

### 壹 捞纸槽 1

盛浆工具，调查时捞纸槽为水泥浇筑而成。实测小岭金溪宣纸厂所用的四尺纸槽尺寸为：长200 cm，宽199 cm，高57 cm；六尺纸槽尺寸为：长245 cm，宽191 cm，高57 cm。

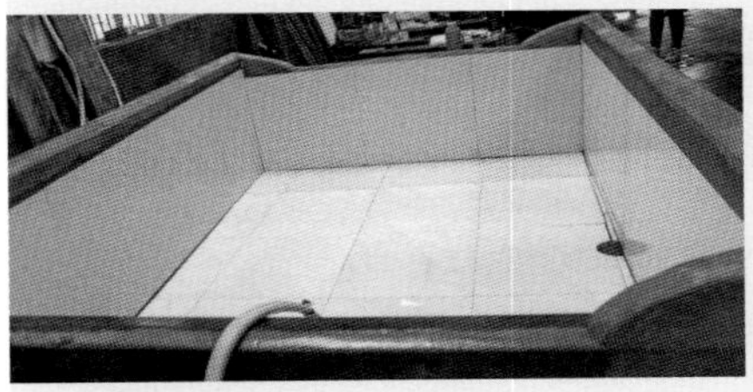
⊙14

### 贰 纸帘 2

用于捞纸。用苦竹丝多根排列，以丝线贯穿其中编连成一个整体，然后涂上生漆，晾干即成纸帘，帘面平整光滑。根据生产宣纸规格不同其尺寸亦不同，实测小岭金溪宣纸厂所用的四尺纸帘尺寸为：长161 cm，宽89 cm；六尺纸帘尺寸为：长207 cm，宽115 cm。

⊙15

⊙11 晒纸 Drying the paper
⊙12 检验 Checking the paper
⊙13 检验完成待包装的宣纸 Xuan paper to be packaged
⊙14 捞纸槽 Papermaking trough
⊙15 纸帘 Papermaking screen

叁
## 额 枪
3

也称“擀棍”，晒纸前“做边”时用来松纸，便于晒纸时分张，实测金溪宣纸工艺厂额枪长约25 cm。

⊙16

肆
## 松毛刷
4

晒纸时将纸刷上晒纸墙，使纸平整充分接触晒纸墙。刷柄为木制，刷毛为松毛。实测金溪宣纸工艺厂所用的刷子尺寸为：长49 cm，宽11 cm。

⊙17

伍
## 杀额刀
5

切帖时用的铁质刀具。实测金溪宣纸工艺厂所用的杀额刀尺寸为：长27 cm，宽9 cm。

⊙18



## 五 小岭金溪宣纸厂的市场经营状况

## 5 Marketing Status of Xiaoling Jinxi Xuan Paper Factory

2016年4月调查中获得的产销信息：小岭金溪宣纸厂2015年生产4 000多刀纸，销售3 000多刀纸，主要供上海、深圳、海南、北京等地高校、画家教学使用。在国内一线城市均有经销商，经销商通常来源于高校美术老师介绍。虽然建厂才2年，但已参加过北京、山东、南京等地的文博会。

据2016年调查时李松林的说法：小岭金溪宣纸厂目前处于试运营生产阶段，主要任务在于提高宣纸质量，生产技艺在保持稳定的基础上刚刚尝试优化改进，人员也在不断扩充中，预计本轮

⊙16 额枪 Tool for separating the paper
⊙17 松毛刷 Brush made of pine needles
⊙18 杀额刀 Knife for cutting the paper

宣纸市场行情企稳复苏后，会根据市场订单情况拓宽销售渠道进行新布局。

⊙19

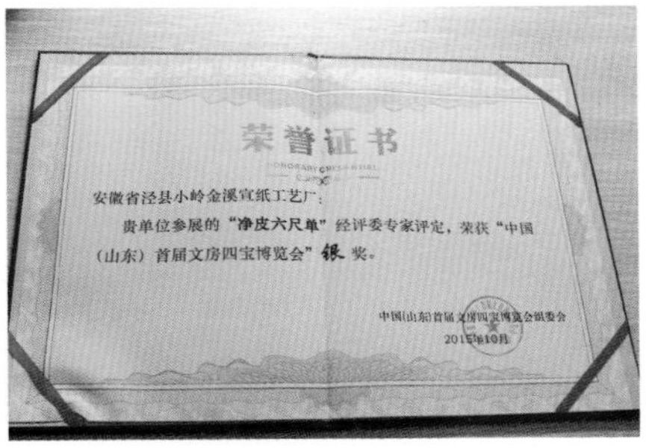
⊙20

⊙21



## 六 小岭金溪宣纸厂的品牌文化与习俗故事

## 6 Brand Culture of Xiaoling Jinxi Xuan Paper Factory

小岭素有“九岭十三坑”之说。九岭分别为小岭、快活岭、乐苏岭、牛颈岭、甘泽岭、门岗岭、苗倪岭、鸡公岭、大岭；十三坑为慈溪坑、尚义坑、汪义坑、长坑、太祖坑、双岭坑、金坑、周坑、牛笼坑、曹祖坑、何家坑、濯坑、百岭坑。曹氏泾县一世祖曹大三定居小岭后，后继者不断改进宣纸生产技艺，宣纸生产规模不断扩大，至清代形成“九岭十三坑，坑坑有纸槽”的盛况。关于“九岭”品牌的得名，访谈中李松林的说法是：按照青弋江流域划分，金坑是“九岭

⊙19/20 『九岭』宣纸获奖证书 Certificates of "Jiuling" Xuan paper

⊙21 『泾县小岭金溪宣纸厂』题字 Autograph of "Xiaoling Jinxi Xuan Paper Factory in Jingxian County"

⊙1

十三坑”最上游的一条坑，百岭坑是最下游的一条坑。因此，取名为“九岭”既因为坐落在“九岭十三坑”中，又因为“九岭十三坑”是宣纸的代表名片之一，所以取名为“九岭”。





## 七 小岭金溪宣纸厂的业态传承现状与发展思考

## 7 Current Status and Development of Xiaoling Jinxi Xuan Paper Factory

小岭金溪宣纸厂在2014年创建时，宣纸市场已经出现下行局面，当泾县有一批宣纸与书画纸企业难以支撑而关门停业时，初创的金溪宣纸厂在生产经营环境不利时，仍能信心很足地投产、扩充、坚持发展，其原因无疑与李松林在初创宣纸厂时就积累了相当优质的人脉、渠道资源和文化产业运营经验有直接关系。这一点与泾县很多的宣纸、书画纸企业在初创阶段拿着生产出的产品找市场有较大区别。

另一重要原因则与李松林在创建企业时就坚守造好宣纸这一底线有一定的关系。小岭金溪宣纸厂聘请的工人均系原小岭宣纸厂有多年经验的从业者，精选精制原料，反复请书画名家试纸，再加上刘大为、何家英等中国画名家的优质渠道资源，形成了一起步就高起点、高品

⊙1 探寻小岭金溪宣纸厂的品牌文化
Investigating the brand culture of Xiaoling Jinxi Xuan Paper Factory

⊙2

质的支撑力量。

但访谈中李松林也表示：值此宣纸行业“寒冬”时期，他和他的团队对当下宣纸企业生存面临的困境，也处于一时难寻阳光道路的迷茫中，如何能够守住把宣纸做精做优的目标是小岭金溪宣纸厂需要思考的大问题。

⊙2 厂区内的历史建筑 Historical building in the factory area

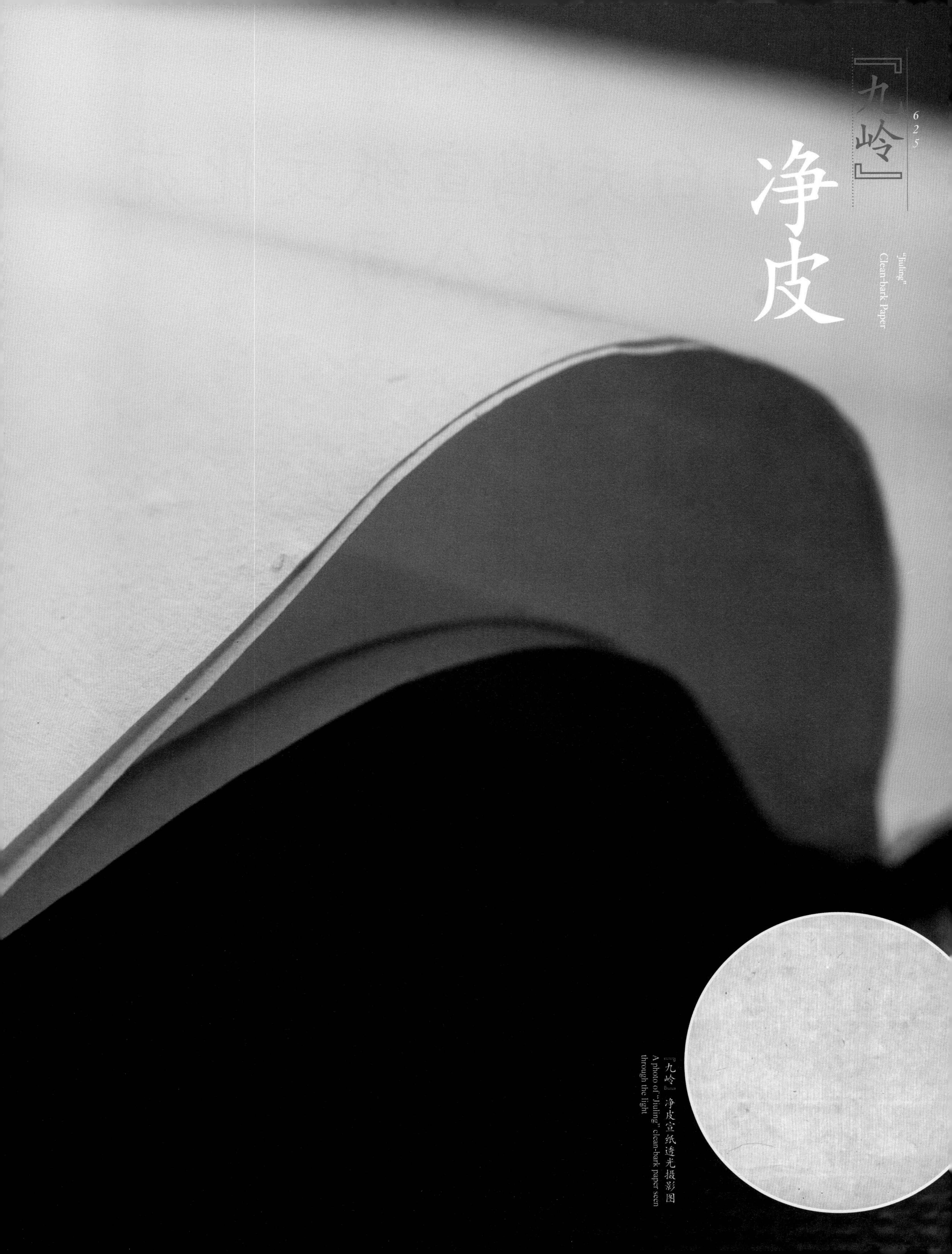

# 『九岭』净皮

625

"Jiuling" Clean-bark Paper

『九岭』净皮宣纸透光摄影图
A photo of "Jiuling" clean-bark paper seen through the light

# 第十八节

# 黄山白天鹅宣纸文化苑有限公司



安徽省
Anhui Province

黄山市
Huangshan City

黄山区
Huangshan District

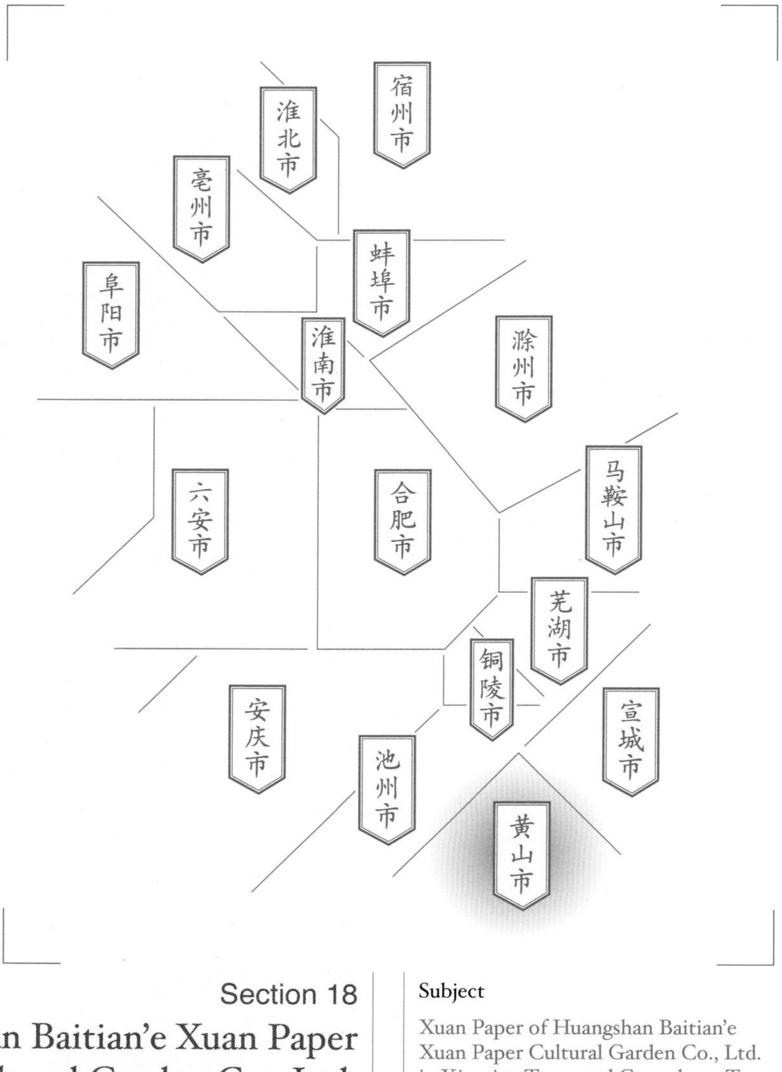




**调查对象**

新明乡、耿城镇黄山白天鹅宣纸文化苑有限公司宣纸

## Section 18

## Huangshan Baitian'e Xuan Paper Cultural Garden Co., Ltd.

**Subject**

Xuan Paper of Huangshan Baitian'e Xuan Paper Cultural Garden Co., Ltd. in Xinming Town and Gengcheng Town

# 一

# 白天鹅宣纸文化苑有限公司的基础信息与生产环境

## 1
## Basic Information and Production Environment of Baitian'e Xuan Paper Caltural Garden Co., Ltd.

黄山白天鹅宣纸文化苑有限公司有两个厂区，老厂坐落于黄山市黄山区（原太平县）新明乡外浮村民组，地理坐标为东经118° 15′ 8″、北纬30° 17′ 49″，创办于1998年；新厂坐落于安徽省黄山市黄山区工业园内，地理坐标为东经118° 7′ 22″、北纬30° 17′ 24″，创办于2002年。

2015年8月25日，调查组前往黄山白天鹅宣纸文化苑有限公司进行田野调查时所获得的基础生产信息是：白天鹅宣纸文化苑有限公司主要生产宣纸、书画纸及出口日本的和纸。截至入厂调查时，两个厂区共有员工60多人，其中老厂30多人，新厂30多人。共有42个纸槽，其中9个手工纸槽和33个喷浆纸槽。手工纸槽中，老厂5个纸槽（3个四尺纸槽、1个六尺纸槽、1个尺八屏纸槽，调查当天有1个四尺纸槽在生产），新厂4个纸槽（调查当天有1个槽在生产）。喷浆纸槽中，有6个尺八屏喷浆纸槽，27个四尺喷浆纸槽，调查当天有20个喷浆纸槽正在生产。2014年，两个厂区年销售额合计达1 000多万元。

⊙1

⊙2

⊙3

⊙1
进入白天鹅宣纸文化苑有限公司老厂区的路
Road to the former factory site of Baitian'e Xuan Paper Cultural Garden Co., Ltd.

⊙2
白天鹅宣纸文化苑有限公司老厂区环境
View of the former Baitian'e Xuan Paper Cultural Garden Co., Ltd.

⊙3
白天鹅宣纸文化苑有限公司新厂区环境
View of the new Baitian'e Xuan Paper Cultural Garden Co., Ltd.

路线图
黄山区
↓
黄山白天鹅宣纸文化苑有限公司

Road map from Huangshan District centre to Huangshan Baitian'e Xuan Paper Cultural Garden Co., Ltd.

# 黄山白天鹅宣纸文化苑有限公司位置示意图

# Location map of Huangshan Baitian'e Xuan Paper Cultural Garden Co., Ltd.

考察时间
2015年8月

Investigation Date
Aug. 2015

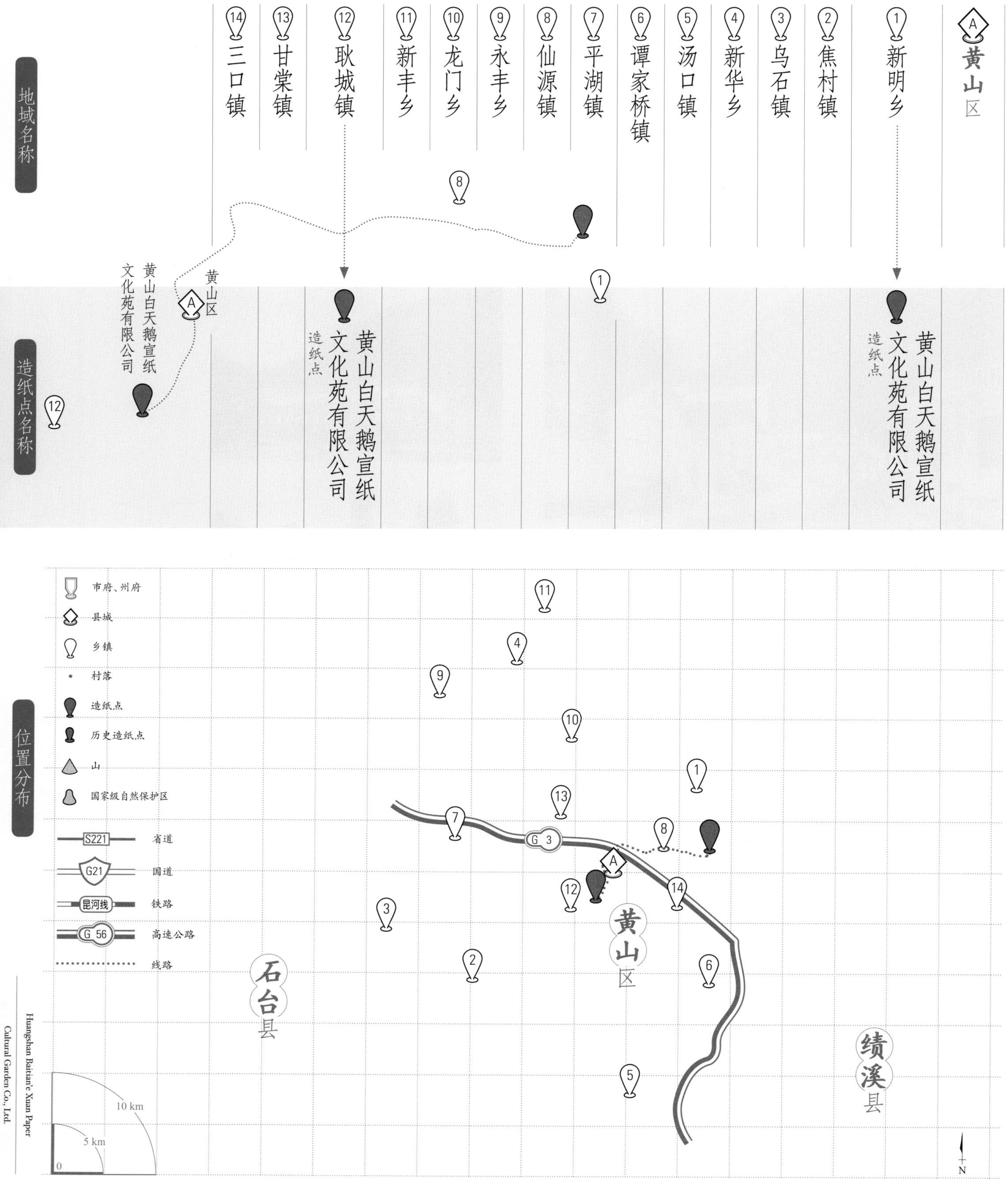

⊙1

据2015年9月搜寻百度百科黄山市黄山区新明乡词条：新明乡地处旌德、泾县、黄山区（原太平县）三区县交界，东与葛湖村、西与三合村、南与招桃村接壤。全村共辖13个村民组、468户、1 667人。白天鹅宣纸文化苑有限公司老厂区位于新明乡黄泥坑（山名）的山谷之间。

据2015年9月查询黄山区人民政府网站信息：黄山区地处南方诸省入皖的要冲位置，是安徽省“两山一湖”（黄山、九华山、太平湖）黄金旅游区的集散地和休闲度假中心。全区国土面积1 775km$^2$，总人口16.3万人，辖9镇5乡和1个街道办事处。

## 二 白天鹅宣纸文化苑有限公司的历史与传承情况

## 2 History and Inheritance of Baitian'e Xuan Paper Cultural Garden Co., Ltd.

黄山白天鹅宣纸文化苑有限公司注册地为安徽省黄山市黄山区。据白天鹅宣纸文化苑有限公司法人代表曹阳明介绍：“白天鹅宣纸厂”创办于1998年，是在黄山宣纸厂原址上创办的。黄山宣纸厂系由原太平县新明公社于1981年创办的社办企业，1983年改成乡办企业，1993～1994年停产。1998年底曹阳明独资收购了该企业，改名为黄山新纪元宣纸厂。2001～2002年，为获自营进出口权，将企业改名为新纪元纸业有限公司。2002年从福建引进喷浆书画纸生产技术，建了6个槽位。期间，因与日商合作，采用和纸生产技术专为日本生产和纸。

2003年注册“千寿”和“白天鹅”商标。其中黄山宣纸厂于1991年即已开始使用“千寿”品牌。2008年为了扩大生产，黄山新纪元纸业有限

⊙1 白天鹅宣纸文化苑有限公司新厂喷浆纸车间 View of the new pulp-shooting workshop in Baitian'e Xuan Paper Cultural Garden Co., Ltd.

⊙1

⊙2

公司在黄山区工业园区另辟土地建设厂房，2009年新厂区开始生产，主要生产喷浆书画纸，开设了15～16个槽。2009年投资建设并更名为黄山白天鹅宣纸文化苑有限公司。2012年黄山白天鹅宣纸文化苑有限公司老厂喷浆书画纸生产线拆除，改为全部生产宣纸。

曹阳明，1963年出生于泾县小岭宣纸世家。父亲生前一直在小岭做纸帘，4个兄弟姐妹至调查时仍在泾县小岭做制作宣纸的原料——燎草。曹阳明1980～1982年在泾县红星宣纸厂制作燎草，1983年进入泾县小岭宣纸厂化验室，在氧-碱法制浆生产线工作；1986～1989年任小岭宣纸厂制浆车间主任，1990～1992年担任安徽农学院化工研究所泾县校办厂厂长。

1993年，曹阳明与胡才玉、吴辉、周乃空一起承包黄山市黄山区谭家桥镇中墩村前门村民组的黄山书画纸厂。据曹阳明介绍，该纸厂为当时安徽最大规模的书画纸厂，从事檀皮加龙须草的书画纸加工,承包后改名为黄山纪元宣纸厂，从事宣纸和书画纸制作。承包时厂里有14个手工捞纸槽位（分别为四尺和尺八屏），年产量为10 000多刀纸。

曹阳明一直与韩国人进行皮纸外销合作，一开始是将皮纸订单发到浙江临安的3个私人造纸厂，由那边用吊帘工序进行皮纸制作，每年外销10 000多刀纸。由于委托生产带来的质量不稳定，曹阳明带领核心成员去浙江临安厂里考察吊帘工艺，并将这项工艺吸收引进泾县，1996～1998年在泾县小岭创办了一个私人小厂生产构皮、楮皮皮纸，年产纸量为10 000多刀。

1998年底独资购买了黄山宣纸厂，1999年前往广西都安纸厂学习引进了钢板制作的晒纸焙（之前一直是用砖头砌成的晒纸墙，使用寿命只有半年左右，而钢板制作的晒纸墙可以较长时间使用）。2015年和北京一家公司合作研发宣纸制浆秸秆新工艺，调查组入老厂调查时正在试验阶段。

⊙3

⊙1
徐邦达为『黄山纪元宣纸厂』题字
Autograph of Xu Bangda for "Jiyuan Xuan Paper Factory in Huangshan City"

⊙2
曹阳明（中）与调查组成员在老厂交流
Cao Yangming (middle) communicating with the researchers in the former factory

⊙3
曹阳明
Cao Yangming

# 三 白天鹅宣纸文化苑有限公司的代表纸品及其用途与技术分析

# 3 Representative Paper, Its Uses and Technical Analysis of Baitian'e Xuan Paper Cultural Garden Co., Ltd.

## （一）代表纸品及用途

2015年8月25日的调查得知：白天鹅宣纸文化苑有限公司主要生产宣纸和喷浆书画纸。据访谈中曹阳明介绍：公司最有代表性的产品为四尺净皮。"白天鹅宣纸厂"所产宣纸分为棉料（配比为30%檀皮浆和70%燎草浆）、净皮（配比为60%檀皮浆和40%燎草浆）和特净（配比为80%檀皮浆和20%燎草浆）三种。调查当天，"白天鹅宣纸厂"正在生产的宣纸只有1个四尺槽。从用途上看，净皮的皮浆和草浆配比居中，适宜用于勾线人物、花鸟等小写意类绘画创作。

⊙4

## （二）代表纸品技术分析

测试小组对采样自"白天鹅宣纸厂"生产的"白天鹅"四尺净皮宣所做的性能分析，主要包括厚度、定量、紧度、抗张力、抗张强度、撕裂度、湿强度、白度、耐老化度下降、尘埃度、吸水性、伸缩性、纤维长度和纤维宽度等。按相应要求，每一指标都需重复测量若干次后求平均值，其中定量抽取5个样本进行测试，厚度抽取10个样本进行测试，拉力抽取20个样本进行测试，撕裂度抽取10个样本进行测试，湿强度抽取20个样本进行测试，白度抽取10个样本进行测试，耐老化度下降抽取10个样本进行测试，尘埃度抽取4个样本进行测试，吸水性抽取10个样本进行测试，伸缩性抽取4个样本进行测试，纤维长度测试了200根纤维，纤维宽度测试了300根纤维。对"白天鹅"净皮进行测试分析所得到的相关性

⊙4
『白天鹅』四尺净皮荣誉证书
Honor certificate of "Baitian'e" four *chi* clean-bark paper

能参数见表2.51。表中列出了各参数的最大值、最小值及测量若干次所得到的平均值或者计算结果。



表2.51 “白天鹅”净皮相关性能参数
Table 2.51 Performance parameters of “Baitian' e” clean-bark paper

| 指标 | | | 单位 | 最大值 | 最小值 | 平均值 | 结果 |
|---|---|---|---|---|---|---|---|
| 厚度 | | | mm | 0.100 | 0.090 | 0.094 | 0.094 |
| 定量 | | | g/m² | — | — | 32.2 | 32.2 |
| 紧度 | | | g/cm³ | — | — | — | 0.343 |
| 抗张力 | 纵向 | | N | 20.6 | 16.5 | 18.3 | 18.3 |
| | 横向 | | N | 11.3 | 9.8 | 10.4 | 10.4 |
| 抗张强度 | | | kN/m | — | — | — | 0.957 |
| 撕裂度 | 纵向 | | mN | 350 | 310 | 328 | 328 |
| | 横向 | | mN | 410 | 380 | 400 | 400 |
| 撕裂指数 | | | mN·m²/g | — | — | — | 11.4 |
| 湿强度 | 纵向 | | mN | 900 | 750 | 814 | 814 |
| | 横向 | | mN | 570 | 440 | 497 | 497 |
| 白度 | | | % | 75.0 | 74.7 | 74.9 | 74.9 |
| 耐老化度下降 | | | % | — | — | — | 3.1 |
| 尘埃度 | 黑点 | | 个/m² | — | — | — | 16 |
| | 黄茎 | | 个/m² | — | — | — | 16 |
| | 双浆团 | | 个/m² | — | — | — | 0 |
| 吸水性 | | | mm | — | — | — | 14 |
| 伸缩性 | 浸湿 | | % | — | — | — | 0.48 |
| | 风干 | | % | — | — | — | 0.75 |
| 纤维 | 皮 | 长度 | mm | 1.21 | 0.40 | 0.62 | 0.62 |
| | | 宽度 | μm | 22.0 | 8.0 | 13.0 | 13.0 |
| | 草 | 长度 | mm | 3.61 | 1.70 | 2.37 | 2.37 |
| | | 宽度 | μm | 14.0 | 1.0 | 8.0 | 8.0 |

由表2.51可知，所测“白天鹅”净皮的平均定量为32.2 g/m²。“白天鹅”净皮最厚约是最薄的1.11倍，经计算，其相对标准偏差为0.005，纸张厚薄较为一致。通过计算可知，“白天鹅”净皮紧度为0.343 g/cm³；抗张强度为0.957 kN/m，抗张强度值较大。所测“白天鹅”净皮撕裂度为11.4 mN·m²/g，撕裂度较大；湿强度纵横平均值为656 mN，湿强度较大。

所测“白天鹅”净皮平均白度为74.9%，白度较高，是由于其加工过程中有漂白工序。白度最大值是最小值的1.004倍，相对标准偏差为0.100，白度差异相对较小。经过耐老化测试后，耐老化度下降为3.1%。

所测“白天鹅”净皮尘埃度指标中黑点为16个/m$^2$，黄茎为16个/m$^2$，双浆团为0个/m$^2$。吸水性纵横平均值为14 mm，纵横差为2.6 mm。伸缩性指标中浸湿后伸缩差为0.48%，风干后伸缩差为0.75%，说明“白天鹅”净皮伸缩差异不大。

“白天鹅”净皮在10倍、20倍物镜下观测的纤维形态分别如图★1、图★2 所示。所测“白天鹅”净皮皮纤维长度：最长3.61 mm，最短1.70 mm，平均长度为2.37 mm；纤维宽度：最宽22.0 μm，最窄8.0 μm，平均宽度为13.0 μm；草纤维长度：最长1.21 mm，最短0.40 mm，平均长度为0.62 mm；纤维宽度：最宽14.0 μm，最窄1.0 μm，平均宽度为8.0 μm。“白天鹅”净皮润墨效果如图⊙1所示。

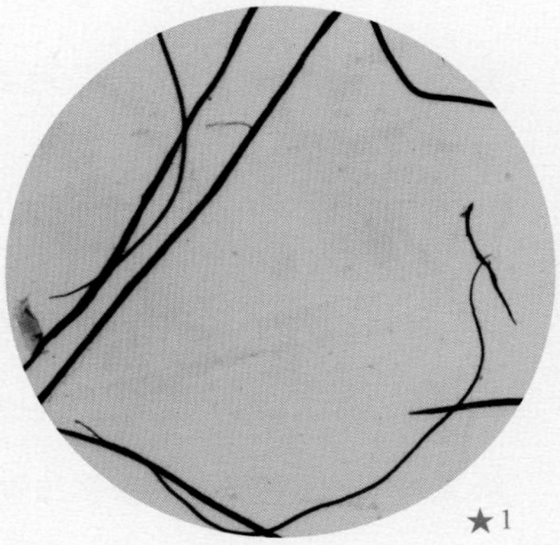
★1

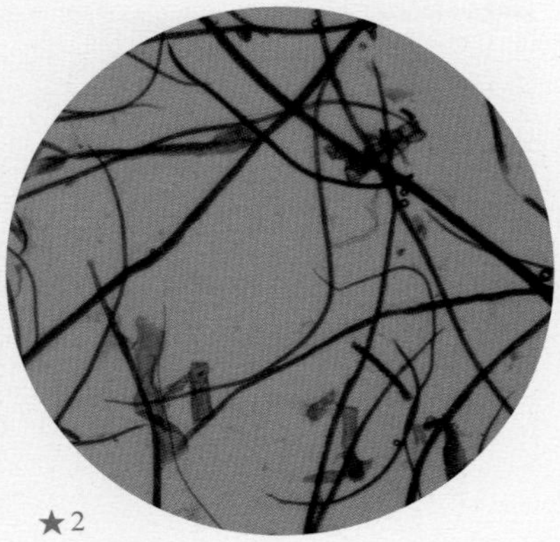
★2

⊙1

★1
『白天鹅』净皮纤维形态图（10×）
Fibers of "Baitian'e" clean-bark paper (10× objective)

★2
『白天鹅』净皮纤维形态图（20×）
Fibers of "Baitian'e" clean-bark paper (20× objective)

⊙1
『白天鹅』净皮润墨效果
Writing performance of "Baitian'e" clean-bark paper

# 四 白天鹅宣纸文化苑有限公司生产的原料、工艺与设备

## 4 Raw Materials, Papermaking Techniques and Tools of Baitian'e Xuan Paper Cultural Garden Co., Ltd.

## （一） “白天鹅”四尺净皮生产原料与辅料

### 1. 主料一：青檀毛皮

据曹阳明介绍：“白天鹅”四尺净皮的青檀毛皮原料是在黄山区当地购买的，2015年调查时白天鹅宣纸文化苑有限公司收购的毛皮价格为17元/kg。

⊙1

### 2. 主料二：燎草

燎草主要采用长杆稻草通过蒸煮等一系列工序制作而成。据曹阳明介绍：由于黄山区当地不制作燎草，“白天鹅”四尺净皮的原料燎草主要从旌德、泾县、宣州区三地购买，调研时收购的燎草价格为660元/50 kg。

### 3. 辅料一：杨桃藤

制作“白天鹅”四尺净皮所需用纸药为杨桃藤汁，通过捶打破碎、浸泡处理后的纸药液掺在纸浆中进行捞纸。据曹阳明的说法：“白天鹅”四尺净皮通常使用植物纸药杨桃藤，该纸药不仅具有让纸浆纤维在水中悬浮、均匀纤维以及杀菌的作用，同时因为其含有的水杨酸高，可以杀菌防蛀，因此也是宣纸“纸寿千年”的重要保障因素。

### 4. 辅料二：水

制作“白天鹅”四尺净皮的水源，老厂使用的是黄泥坑的山泉水，新厂则使用的是地表水。据调查组成员在现场的测试，“白天鹅”四尺净皮制作老厂所用的水pH为6.78。

厚料辅料

⊙1 采购的燎草 Purchased straw

⊙2 黄泥坑的山溪水 Stream in Huangnikeng area

性

能

分

析

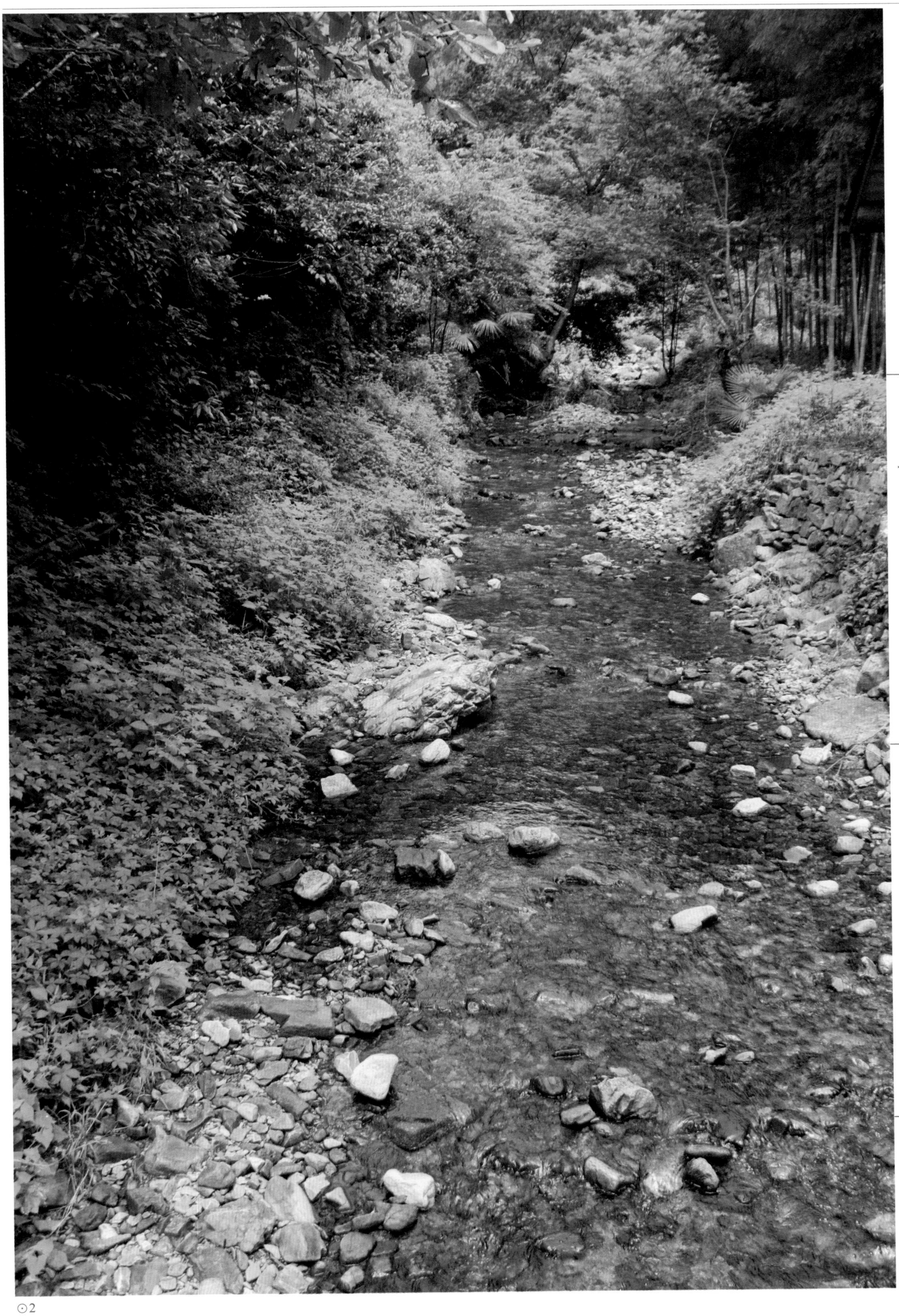

⊙2

## （二）

## “白天鹅”四尺净皮生产的工艺流程

根据曹阳明的介绍以及调查组2015年8月25日在白天鹅宣纸文化苑有限公司新旧厂区的实地观察，总结“白天鹅”四尺净皮生产工艺流程为：

檀皮浆制作程序：檀皮浆

燎草浆制作程序：燎草浆

后续加工程序

| 壹 | 贰 | 叁 | 肆 | 伍 | 陆 |
|---|---|---|---|---|---|
| 配浆 | 捞纸 | 压榨 | 晒纸 | 剪纸 | 打包装箱 |

## 壹 檀皮浆制作

“白天鹅”四尺净皮使用农户加工好的毛皮进行深加工，制作出所需要的檀皮浆。据曹阳明介绍，檀皮浆的主要制作过程如下：

### 白皮制作 1

(1)

首先将收购的毛皮扎把，每把1.35 kg左右；然后再上捆，每捆40 kg左右。

(2)

将上捆的毛皮用清水泡后，拧干水分，加入按照占绝干料重量的（完全去除水分的皮料）17%比例的烧碱后常温蒸煮6~7小时，再保温3~4小时出锅。

(3)

用筛子将皮料的杂质筛选后，用洗漂机漂白皮料，约2小时，如果过熟得浆率就低。此时毛皮变为白皮。

### 贰 檀皮浆制作 2

(1)

用清水将白皮洗干净后榨干。

(2)

将这些榨干的白皮进行人工拣选，去除杂质和有黑点的白皮。

(3)

将合格的白皮用打浆机打浆。此时檀皮浆就制作完毕了。

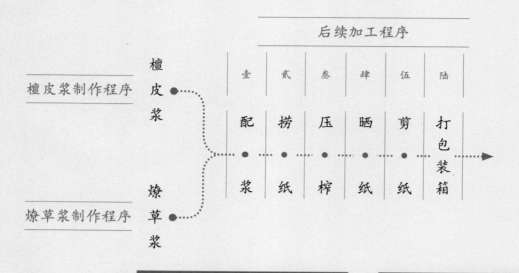

## 燎草浆制作

"白天鹅"四尺净皮直接购买已经加工好的燎草进行燎草浆加工。据曹阳明介绍，燎草浆的主要制作过程如下：

(1)

用棍子将收购来的燎草进行鞭打，将草中的石灰、细石子等杂质去掉。

(2)

用洗草箩将草洗净后榨干，通过人工将草黄筋和杂棍子等杂质选拣出来，用石碾将合格的燎草纤维碾开，形成草浆。

(3)

根据草料多少，用漂洗机放入5%的次氯酸钙漂洗草浆。

⊙1

## 后续加工程序

### 壹 配浆

1 ⊙2～⊙5

据曹阳明介绍，配浆的主要制作过程如下：

⊙2

(1)

按60%檀皮浆和40%燎草浆比例将檀皮浆和燎草浆进行配比。

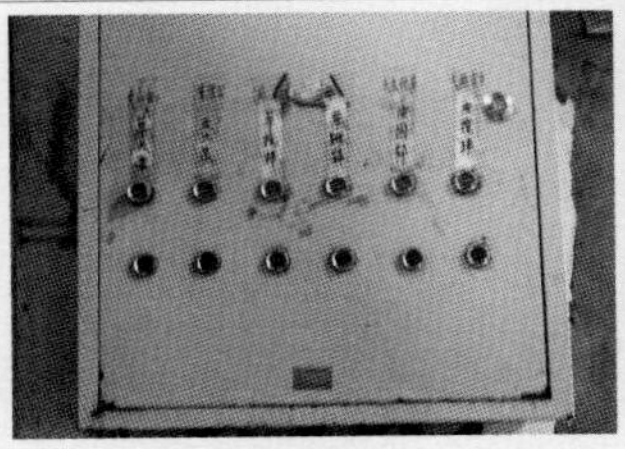

⊙3

⊙4

(2)

通过旋翼筛（一种通过旋转可以将混合浆中浆团除去的机械）去掉浆团、平筛（一种通过振动去掉混合浆中纤维过长的浆料）和跳筛（一种通过高频振动方式去掉薄壁细胞过多的浆液的机械）去掉不适合造纸的浆料。

⊙5

(3)

将剩下的浆液进行脱水浓缩后，浆液就可以进入下一步捞纸工序了。

⊙1 洗燎草 Cleaning the processed straw

⊙2 石碾碾草 Grinding the straw with a stone roller

⊙3 打浆车间各设备控制开关 Control switches of the equipments in the beating workshop

⊙4 振动筛 Sifting device

⊙5 配好的浆料 Prepared pulp materials

## 贰 捞纸

### 2

⊙6⊙7

#### (1) 和浆

配比好的混合浆进入捞纸车间后，工人按照生产需求和自己的捞纸习惯用桶将混合浆放入纸槽中，再用搅拌机器将混合浆搅拌均匀，搅拌后按比例放入杨桃藤汁液，这时工人就可以开始捞纸了。捞纸过程中工人会根据自己的经验增减混合浆量。

⊙6

⊙7

#### (2) 捞纸

“白天鹅”四尺净皮捞纸时，由掌帘师傅和抬帘师傅分工协作完成制作，抬帘主要辅助掌帘师傅完成捞纸工作。捞纸时，掌帘师傅和抬帘师傅分别站在纸槽两侧，帘上帘床，夹紧帘尺，将帘床全部放入槽中，左右轻晃各一次后，端平帘面后立即抬出，将帘上多余的浆料由缝隙滤出，帘上的浆料就形成了一张湿纸。

#### (3) 放纸

湿纸形成后，两位捞纸师傅一起将帘架放在槽架上，掌帘师傅把纸帘平稳地放在槽旁边的湿纸板上，轻轻地将纸帘与湿纸分离，拿走纸帘。在这个过程中，抬帘师傅用计数器计所捞纸的张数。

## 叁 压榨

### 3

捞纸工人一天捞完日工作量后（一般一个槽一天生产10刀左右，一天工作8小时），将这些湿纸放在木榨上，老厂用螺旋杆进行压榨，一天可以压榨2～3帖，500～600张/帖。新厂用千斤顶进行压榨，一天可以压榨6～8帖，800～900张/帖。据曹阳明介绍：使用千斤顶压榨不太好控制纸张密度（纸张密度越高，透气性越差），因此“白天鹅”四尺净皮由老厂进行生产。压榨1～2小时后，湿纸不再出水，即压榨结束。



## 肆 晒纸

### 4

⊙8⊙9⊙10

#### (1) 烘帖

将压榨好的纸帖放在钢板制作的焙墙上烤（根据晒纸墙的温度，一般烤1～2天），目的是让杨桃藤汁蒸发掉，方便后面晒纸。

⊙8

⊙9

#### (2) 鞭帖

在上墙前将纸帖放在纸架上，用小木棍轻轻敲打纸帖的全部上边，便于其分张。



⊙6 捞纸 Making the paper

⊙7 湿纸放在槽架上 Wet paper on the frame

⊙8 烘帖完成的纸帖 Paper pile after drying

⊙9 纸架上的纸帖 Paper pile on the frame

(3) 晒纸

晒纸工人用手沿着纸的左上角将纸帖中的纸揭下来，贴上晒纸焙时一边刷一边贴，使纸表面平整。然后下一张继续重复该动作。贴满整个晒纸焙后，从开始晒纸处将已经蒸发干的纸取下来。据实地观察得知：晒纸焙一面可以晒“白天鹅”四尺净皮10张，比一般的标准焙稍长，一位工人每1.5小时可以晒一刀纸左右，每天工作10小时。

⊙10

## 伍 剪纸

5 ⊙11～⊙15

对晒好的纸进行检验，检验工遇到不合格的纸立即取出或者做上记号，积压到一定数量的残次品或废品后，将这些残次品或废品回笼打浆或者低价出售；而合格的纸则整理好，数好数，按照所需要的尺寸一般5～10刀/次用裁纸机进行裁切。

## 陆 打包装箱

6 ⊙9

剪好后的纸按100张/刀分好，根据纸的情况加盖“白天鹅”四尺净皮单的宣纸章，包装完毕后运入贮纸仓库。

⊙11

⊙12

⊙13

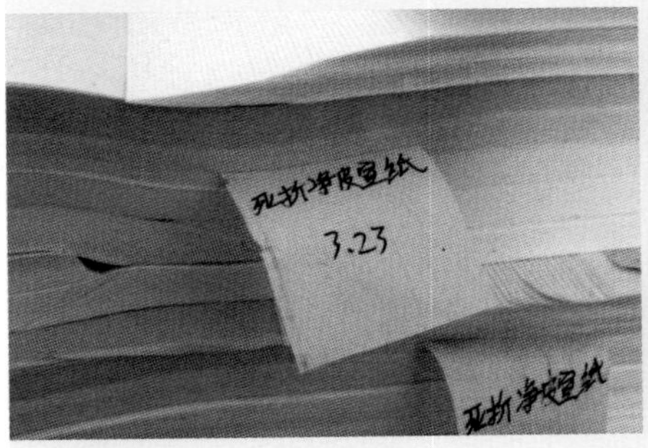

⊙14

⊙15

⊙10 晒纸上焙 Pasting the paper on the drying wall

⊙11 未裁剪的纸 Uncut paper

⊙12 裁剪好放入仓库的纸 Cut paper in the storehouse

⊙13 有缺陷的纸一 Defective paper I

⊙14 有缺陷的纸二 Defective paper II

⊙15 有缺陷的纸三 Defective paper III

## (三)

## “白天鹅”四尺净皮制作中的主要工具

### 壹 打浆机 1

用来制作浆料，机械自动搅拌。

⊙1

### 贰 手工捞纸槽 2

盛浆工具，入厂调查时均系水泥浇筑。实测白天鹅宣纸文化苑有限公司老厂所用的四尺捞纸槽尺寸为：长200 cm，宽 179 cm，高80 cm；六尺捞纸槽尺寸为：长298 cm，宽179 cm，高57 cm。

### 叁 纸 帘 3

用于捞纸，用竹丝编织而成，表面用土漆漆过，光滑平整，帘纹细而密集。据曹阳明介绍，纸帘从泾县购买，一张纸帘1 000元左右，大约可以用半年。

### 肆 帖 架 4

放纸帖的架子，实测白天鹅宣纸文化苑有限公司老厂所用的帖架尺寸为：长150 cm，宽88 cm，高20 cm。

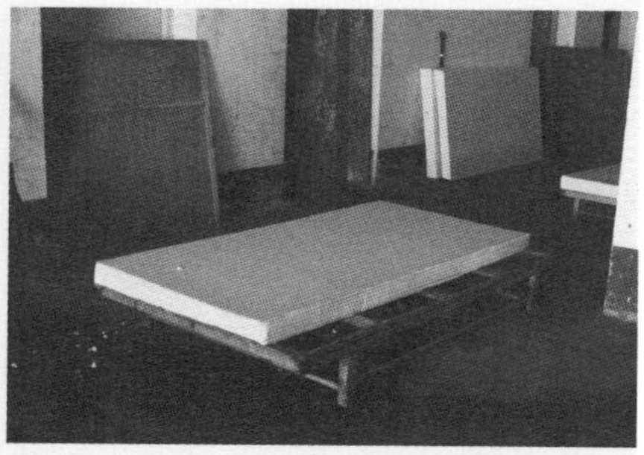
⊙2

### 伍 松毛刷 5

晒纸时将纸刷上晒纸墙，刷柄为木制，刷毛为松毛。据曹阳明介绍，一把刷子约20元。实测白天鹅宣纸文化苑有限公司老厂所用的松毛刷尺寸为：长49 cm，宽15 cm。

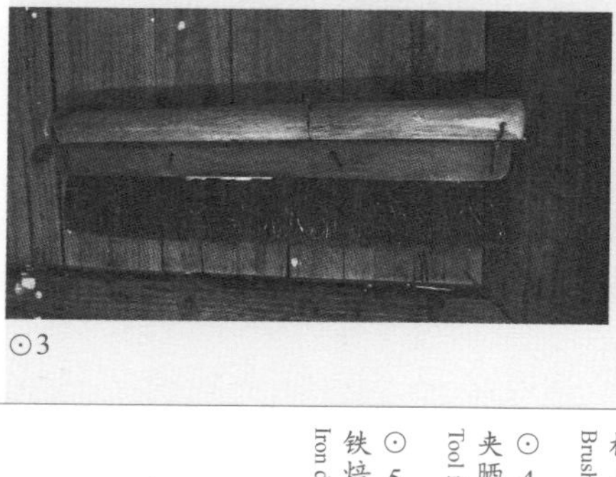
⊙3

### 陆 夹晒纸刷板子 6

用来夹晒纸板刷子的工具，实测白天鹅宣纸文化苑有限公司老厂夹晒纸板板子尺寸为：长60 cm，宽7 cm。

⊙4

### 柒 铁 焙 7

用来晒纸，两块长方形钢板焊接而成，中间用水蒸气加热，双面墙，可以两边晒纸。

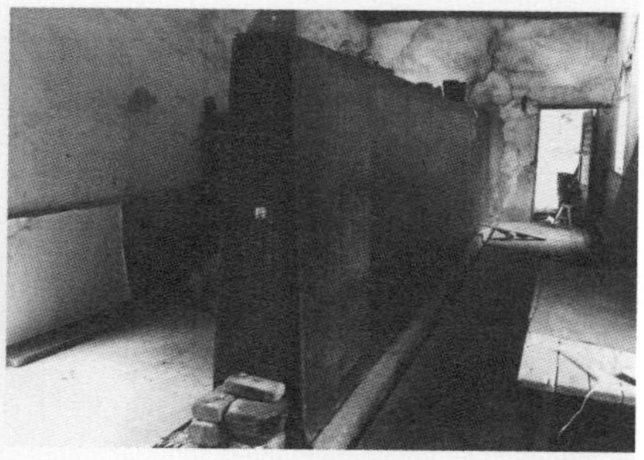
⊙5

⊙1 打浆机 Beating machine
⊙2 帖架 Frame for supporting the paper pile
⊙3 松毛刷 Brush made of pine needles
⊙4 夹晒纸刷板子 Tool for clipping and drying the paper
⊙5 铁焙 Iron drying device

## 五
## 白天鹅宣纸文化苑有限公司的市场经营状况

## 5
## Maketing Status of Baitian'e Xuan Paper Cultural Garden Co., Ltd.

白天鹅宣纸文化苑有限公司老厂在创办之初一直以销定产，100%外销日本和韩国。随着国际市场的变化，2010年起出口外销韩国份额已占非常小一部分，产品主要以外销日本为主，占到总销量的80%，其余为国内销售。国内销售主要是依靠设在北京琉璃厂的公司直营店。

从销售额上看，“白天鹅”宣纸占1/3，书画纸占2/3。截至2015年夏天调查组入厂调查时，“白天鹅”四尺净皮市场价为1 500元/刀。据曹阳明介绍：1998年白天鹅宣纸文化苑有限公司创办之初，每年销售额为200多万元，现在老厂和新厂的每年销售额一共为1 000多万元，利润率为25%～30%。

⊙6

## 六
## 白天鹅宣纸文化苑有限公司的品牌文化与习俗故事

## 6
## Brand Culture and Stories of Baitian'e Xuan Paper Cultural Garden Co., Ltd.

### 1. “白天鹅”的品牌理想

当访谈中问及为什么给自己造的宣纸取“白天鹅”品牌名称，这样一个相当抒情的名称与宣纸的关联关系如何诠释时，曹阳明表示：天鹅在文化艺术作品中代表着高贵、纯洁、美好，比如世界著名的《天鹅湖》（柴可夫斯基创作的芭蕾舞剧）。我们造宣纸从厂名到产品的牌子取名“白天鹅”，是源自对高贵、纯洁、美好的推崇，是宣纸世家后代对自身造纸的品质要求和保证。2015年，曹阳明入选安徽省第四批非物质文化遗

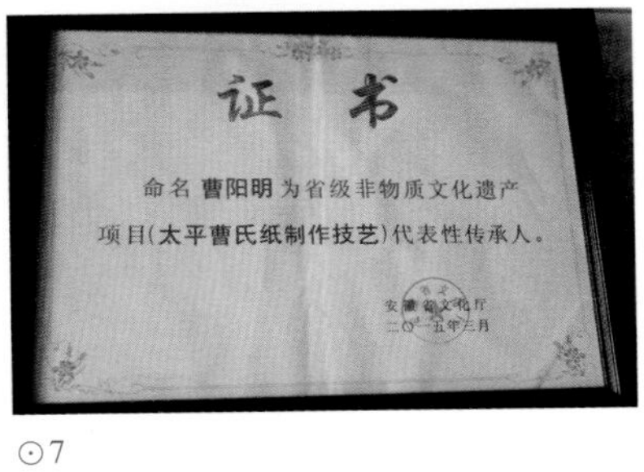

⊙7

⊙6
白天鹅宣纸文化苑有限公司老厂厂房
Former site of Baitian'e Xuan Paper Cultural Garden Co., Ltd.

⊙7
曹阳明的安徽省级『非遗』传承人证书
Intangible Cultural Heritage Inheritor Certificate of Anhui Province owned by Cao Yangming

中国手工纸文库

Library of Chinese Handmade Paper

安

徽 卷·上卷 | Anhui I

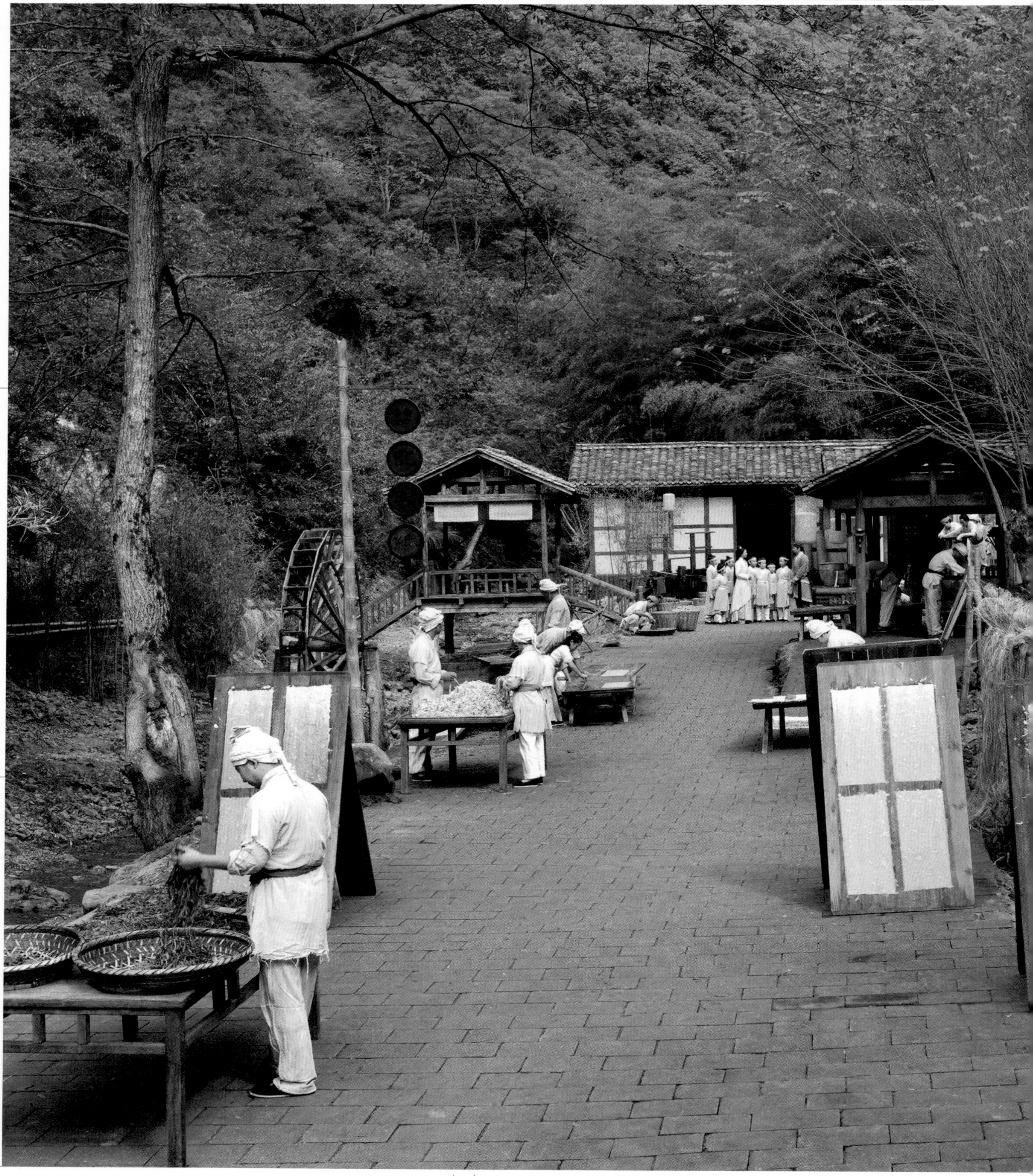

⊙1
《书圣王羲之》拍摄现场
The shooting scene of *Wang Xizhi, the Supreme Calligrapher*

产代表性传承人名录。

### 2. 祭祀仪式

在白天鹅宣纸文化苑有限公司老厂还保留着一项源自曹阳明老家小岭曹氏宣纸世家的传统习俗。虽然是在泾县相邻的黄山区新明乡造纸，但每年过完年开工时，曹阳明会带领着工人们一起祭祖，祭祀小岭曹氏造纸的一世祖曹大三，并且烧香，祈求来年造纸顺利。调查时，白天鹅宣纸文化苑有限公司老厂还一直保留着烧香祭祀的地方。

### 3.《书圣王羲之》电影与“古装版白天鹅”造纸村

令人完全想不到的拓展，地处深山的白天鹅宣纸文化苑有限公司还建立了电影拍摄基地，调查时正在拍摄《书圣王羲之》电影，不仅用到老厂的环境建立了活灵活现的造纸古作坊村落，而且书圣落笔的书房与纸也是在“古装版白天鹅”造纸村中演绎的。

# 七 白天鹅宣纸文化苑有限公司的业态传承现状与发展思考

# 7 Current Status and Development of Baitian'e Xuan Paper Cultural Garden Co., Ltd.

⊙1

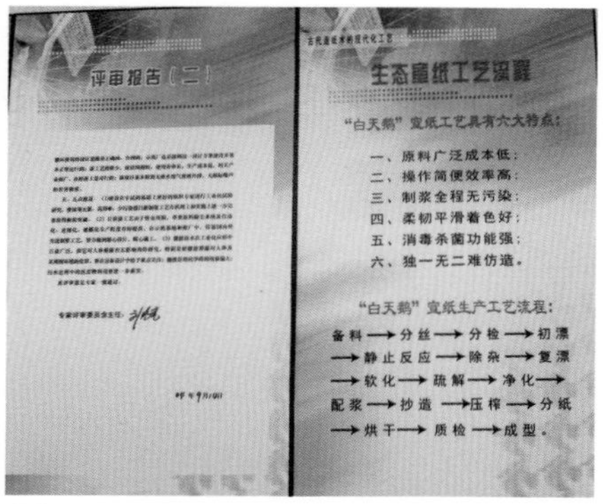


⊙2



⊙1 曹阳明正在做的老化实验
Cao Yangming doing the aging experiment

⊙2 秸秆烧煮制浆新工艺说明
New papermaking techniques of boiling the straw and making the pulp



## 1. 品质血脉相承，工艺不断探索

通过访谈和现场考察发现，曹阳明的一大特点是持续不懈地在坚守与探索两条路径前走。据曹阳明对自己的刻画：作为土生土长的泾县小岭曹氏造纸人，在汲取家乡、家族世代相传的宣纸技艺精髓和文化血脉后，总想着借助现代技术不断探索改进宣纸工艺。曹阳明1983年进入泾县小岭宣纸厂即在氧–碱法制浆生产线工作；1990～1992年担任安徽农学院化工研究所泾县校办厂厂长，探究的是化学方法改进皮草加工；1996年前后，带队去浙江临安考察吊帘工艺，并将这项工艺吸收引进泾县；1998年购买了黄山宣纸厂后，1999年前往广西都安纸厂引进了钢板制作的晒纸焙到泾县。

无论在泾县，还是在泾县以外的黄山区，曹阳明通过外地考察和自身积累相结合，思考并实践改良宣纸工艺。调查组在2015年8月入厂调查时，黄山白天鹅宣纸文化苑有限公司正在与北京的科技公司合作秸秆烧煮制浆新工艺。该工艺的理想目标是这样描述的：不用漂白皮料，即可以分离出活性氧，没有传统制浆的黑液，实现污染零排放，不仅可以解决宣纸制浆的污染问题，还可以缓解全国6万吨秸秆再利用问题。曹阳明的说法是：传统工艺造纸是过去一个时期的先进生产力，而今天已经离"先进"很远，做不到成本更低、效率更高。秸秆烧煮制浆这套新工艺已经成功地被运用到机制纸制浆上，尝试运用到宣纸制浆上也是前景光明的。

另外一个值得一提的拓展是：作为一家不断想着变革的企业，白天鹅宣纸文化苑有限公司不止步于宣纸制作，还建立了电影拍摄基地，拍摄《书圣王羲之》等电影，思考和探索着提高宣纸行业的文化衍生附加值。

## 2. 发展中的挑战问题

在访谈过程中，曹阳明提到：企业存在的问

⊙3

⊙4

题是人员流动性大，且现有造纸人员以中老年为主，特别是2003年后，同在新明乡的中国名茶太平猴魁价格陡然变高，几乎达到每年一次跳跃式涨价。处于猴魁产地的白天鹅宣纸文化苑有限公司老厂工人的人数变少，稳定性大不如前，生产周期也减少了。正是为了应对这一挑战，曹阳明在黄山区工业园区内建立了新厂，希望以这一举措缓解用工难的大问题。

调查期间，白天鹅宣纸文化苑有限公司是泾县境外唯一的宣纸生产厂家。如果按照中国宣纸原产地域保护的严格界定，那么这似乎也是全中国当前唯一符合泾县地域产品生产标准的宣纸厂家，因为白天鹅宣纸文化苑有限公司老厂与泾县一山之隔，不仅历史上即为宣纸产区，而且也是小岭造纸一世祖曹大三的故乡。

⊙5

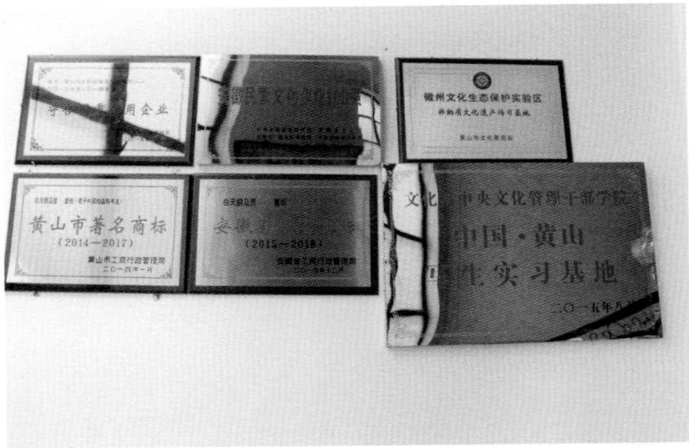


⊙6

⊙3/4
秸秆烧煮制浆新工艺实验现场
Testing the new papermaking techniques of boiling the straw and making the pulp

⊙5
曹阳明与《书圣王羲之》拍摄人员合影（曹阳明供图）
Cao Yangming and the cast of *Wang Xizhi, the Supreme calligrapher* (photo provided by Cao yangming)

⊙6
荣誉牌匾
Various honor plaques

# 『白天鹅』净皮

"Baitian'e" Clean-bark Paper

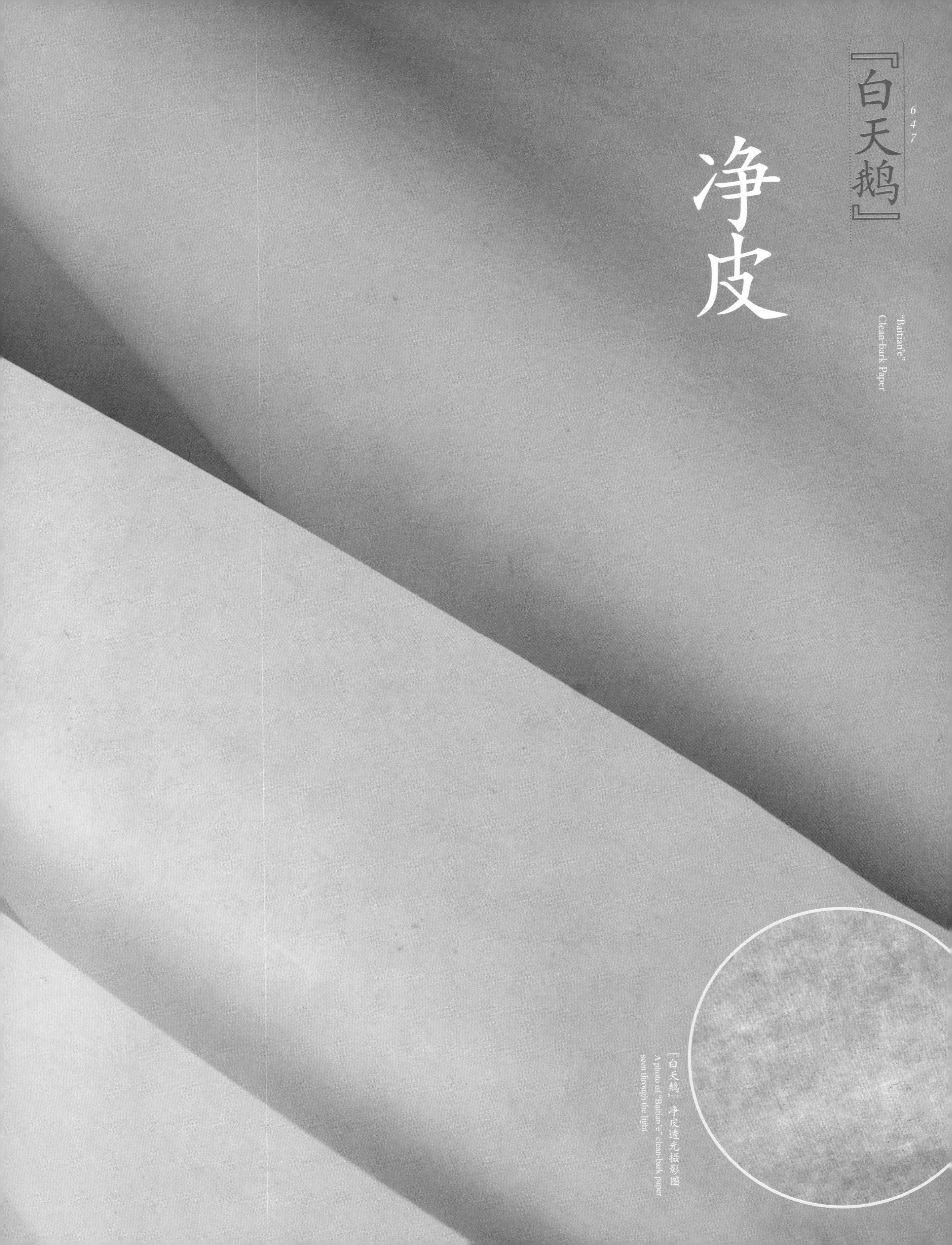

『白天鹅』净皮透光摄影图

A photo of "Baitian'e" clean-bark paper seen through the light

# 后　记





虽然《中国手工纸文库·安徽卷》的撰写工作是在云南、贵州、广西田野调查工作基本完成之后的2014年开始的，但因为《中国手工纸文库》的主持单位中国科学技术大学手工纸研究所在安徽省，中国手工造纸最具代表性的聚集地泾县与云南相比仿佛就在身边，因此不包括团队成员更早的人类学工艺社区调查及文化艺术之旅的积累，对宣纸之都——泾县的田野调查工作实际上从2008年起即已断断续续地在进行着。这部分工作已经带有明确的为《安徽卷》打基础的规划，也采集了若干纸样，形成了若干记录。

因为泾县宣纸、书画纸与加工纸业态的密集，《安徽卷》内容的丰富度几乎超过中国其他所有省份，因此分为上、中、下三卷。统稿的工作前后共进行了5轮，这确实源于素材采集与初步完成稿件的多样化和复杂性，以及不可避免地对若干内容需要多轮补充及优化，需要文献与调查现场反复印证。由于田野调查和文献研究基本上是以多位成员不同组合的方式参与的，而且多数章节前后多次的补充修订也不是由一人从头至尾完成的，因而即便工作展开之前制定了田野调查标准、撰稿标准，并提供了示范样稿，全卷的信息采集方式和初稿的表述风格依然存在诸多不统一、不规范之处。

# Epilogue

Field investigation of *Library of Chinese Handmade Paper*: *Anhui* started officially in the year of 2014, after the research team had finished their explorations in Yunnan, Guizhou Provinces and Guangxi Zhuang Autonomous Region. The grantee of the project, Handmade Paper Research Institute of University of Science and Technology of China locates in Anhui Province. So compared to Yunnan Province, Jingxian County which boasts the representative papermaking gathering place, is closer and more convenient for our investigation. Actually, our fieldworks can be traced back as early as 2008, and have lasted ever since intermittently in Jingxian County, the capital of Xuan paper, not to mention our even earlier anthropological survey of techniques, cultural and art investigation of the area. We had purposefully accumulated data and sample paper as the basis of this volume.

*Library of Chinese Handmade Paper*: *Anhui* is further divided into three sub-volumes for it includes extensive data on Xuan paper in Jingxian County, calligraphy and painting paper, and processed paper, which is unparalleled for all other provinces in China. The researchers have put into five rounds of sedulous efforts to modify the manuscript, and revisit the papermaking sites for more information and verification due to the diverse and complex materials. Field investigation and literature studies

初稿合成后，统稿与补充调查工作由汤书昆、黄飞松、朱赟、朱正海主持。从2016年3月开始，共进行了5轮统稿，到2019年8月才最终形成了现在的定稿。虽然我们感觉安徽手工造纸调查与研究还有不少需要进一步完善之处，但《安徽卷》的工作从2009年7月汤书昆、王祥、陈彪、黄飞松、周先稠几次组队的预调查开始，已历经10年，从2014年9月正式启动调查至定稿也有5年整。其间，纸样测试、英文翻译、编辑与设计等工作团队成员尽心尽力，使《安徽卷》的品质一天天得到改善，变得更有阅读价值和表达魅力。转眼已到2019年底，各界同仁和团队成员对《安徽卷》均有很高的出版期待，若干未尽事宜只能期待今后有修订缘分时再来完善了。

《安徽卷》书稿的完成和完善有赖于团队成员全心全意的投入与持续不懈的努力，在即将出版付印之际，除了向所有参与成员表达衷心的感谢外，特在后记中对各位同仁的工作做如实的记述。



of each section and chapter are accomplished by the cooperative efforts of multiple researchers, and even the modification was undertaken by many. Therefore, investigation rules, writing norms and format set beforehand may still fail to make amends for the possible deviation in our way of information collection and the writing style of the first manuscript.

Modification and supplementary investigation were headed by Tang Shukun, Huang Feisong, Zhu Yun and Zhu Zhenghai. Ten years have passed since Tang Shukun, Wang Xiang, Chen Biao, Huang Feisong and Zhou Xianchou started the preliminary investigation in July 2009; and another 5 years have passed since the formal investigation started in September 2014. Since March 2016, five rounds of modification contributed to the final version in August 2019. Of course, we admit that the volume should never claim perfection, yet finally, through meticulous works in sample testing, translation, editing and designing , the book actually has been increasingly polished day by day. We can be positive that the book, with fluent writing and intriguing pictures, is worth reading, and ready for publication with best wishes from the academia and our researchers, though we still harbor expectation for further and deeper exploration and modification.

This volume acknowledges the consistent efforts and wholehearted contribution of the following researchers:

一、 田野调查、文稿撰写与修订

第一章 安徽省手工造纸概述

| | |
|---|---|
| 撰稿 | 初稿主执笔：黄飞松、朱赟、汤书昆<br>修订与补充完稿：汤书昆、陈敬宇、黄飞松<br>参与撰稿：郑久良、孙舰、尹航、何瑗 |

第二章 宣纸

| | |
|---|---|
| 第一节 | 中国宣纸股份有限公司（地点：泾县榔桥镇乌溪村） |
| 田野调查 | 汤书昆、黄飞松、朱赟、陈彪、郑久良、程曦、许骏、王怡青、何瑗 |
| 撰稿 | 初稿主执笔：黄飞松<br>修订补稿：汤书昆、黄飞松、朱赟<br>参与撰稿：刘伟、王圣融、王怡青 |
| 第二节 | 泾县汪六吉宣纸有限公司（地点：泾县泾川镇茶冲村） |
| 田野调查 | 朱正海、汤书昆、黄飞松、朱赟、郑久良、罗文伯、程曦、何瑗、王圣融、王怡青、沈佳斐 |
| 撰稿 | 初稿主执笔：朱赟<br>修订补稿：黄飞松、汤书昆<br>参与撰稿：王圣融 |
| 第三节 | 安徽恒星宣纸有限公司（地点：泾县丁家桥镇后山村） |
| 田野调查 | 汤书昆、朱正海、黄飞松、朱赟、郑久良、罗文伯、汪梅、程曦、许骏、何瑗、王圣融、王怡青、沈佳斐 |
| 撰稿 | 初稿主执笔：朱赟<br>修订补稿：黄飞松、汤书昆<br>参与撰稿：郑久良、王圣融 |
| 第四节 | 泾县桃记宣纸有限公司（地点：泾县汀溪乡上漕村） |
| 田野调查 | 汤书昆、黄飞松、朱正海、朱大为、朱赟、郑久良、程曦、许骏、刘伟、何瑗、沈佳斐 |
| 撰稿 | 初稿主执笔：刘伟<br>修订补稿：黄飞松、汤书昆<br>参与撰稿：朱赟、沈佳斐 |
| 第五节 | 泾县汪同和宣纸厂（地点：泾县泾川镇古坝村） |
| 田野调查 | 黄飞松、朱正海、朱大为、何瑗、朱赟、郑久良、程曦、许骏、刘伟、王圣融、王怡青、沈佳斐 |
| 撰稿 | 初稿主执笔：程曦<br>修订补稿：黄飞松、汤书昆<br>参与撰稿：朱赟、王圣融 |
| 第六节 | 泾县双鹿宣纸有限公司（地点：泾县泾川镇城西工业集中区） |
| 田野调查 | 汤书昆、黄飞松、朱赟、郑久良、罗文伯、刘伟、何瑗、王圣融、王怡青、沈佳斐 |
| 撰稿 | 初稿主执笔：罗文伯<br>修订补稿：黄飞松、汤书昆<br>参与撰稿：郑久良、王圣融 |
| 第七节 | 泾县金星宣纸有限公司（地点：泾县丁家桥镇工业园区） |
| 田野调查 | 黄飞松、朱正海、汤书昆、郑久良、朱赟、程曦、刘伟、何瑗、王圣融、王怡青、沈佳斐 |
| 撰稿 | 初稿主执笔：郑久良<br>修订补稿：黄飞松、朱正海、朱赟<br>参与撰稿：王圣融、朱赟 |
| 第八节 | 泾县红叶宣纸有限公司（地点：泾县丁家桥镇枫坑村） |
| 田野调查 | 汤书昆、何瑗、朱赟、刘伟、王圣融、沈佳斐 |
| 撰稿 | 初稿主执笔：刘伟、黄飞松<br>修订补稿：汤书昆、黄飞松、朱赟<br>参与撰稿：王圣融、王怡青 |
| 第九节 | 安徽曹氏宣纸有限公司（地点：泾县丁家桥镇枫坑村） |
| 田野调查 | 汤书昆、黄飞松、朱赟、何瑗、郑久良、许骏、刘伟、程曦、王圣融、王怡青、沈佳斐 |
| 撰稿 | 初稿主执笔：许骏、黄飞松、汤书昆<br>修订补稿：汤书昆、黄飞松<br>参与撰稿：王怡青 |

| | |
|---|---|
| 第十节 | 泾县千年古宣宣纸有限公司（地点：泾县丁家桥镇小岭村） |
| 田野调查 | 汤书昆、朱赟、刘伟、何瑗、王圣融、王怡青、沈佳斐 |
| 撰稿 | 初稿主执笔：朱赟、黄飞松<br>修订补稿：黄飞松、汤书昆<br>参与撰稿：王怡青 |
| 第十一节 | 泾县小岭景辉纸业有限公司（地点：泾县丁家桥镇小岭村） |
| 田野调查 | 汤书昆、朱大为、朱赟、郑久良、何瑗、许骏、刘伟、王圣融、王怡青、沈佳斐 |
| 撰稿 | 初稿主执笔：朱赟、汤书昆<br>修订补稿：汤书昆、黄飞松<br>参与撰稿：刘伟、许骏 |
| 第十二节 | 泾县三星纸业有限公司（地点：泾县丁家桥镇李园村） |
| 田野调查 | 汤书昆、黄飞松、朱正海、朱赟、郑久良、许骏、刘伟、何瑗、王圣融、王怡青、沈佳斐 |
| 撰稿 | 初稿主执笔：刘伟、黄飞松<br>修订补稿：汤书昆、黄飞松<br>参与撰稿：朱赟 |
| 第十三节 | 安徽常春纸业有限公司（地点：泾县丁家桥镇工业园区） |
| 田野调查 | 汤书昆、黄飞松、朱赟、郑久良、罗文伯、汪梅、何瑗、王圣融、王怡青、沈佳斐 |
| 撰稿 | 初稿主执笔：朱赟<br>修订补稿：黄飞松、汤书昆<br>参与撰稿：郑久良、王圣融 |
| 第十四节 | 泾县玉泉宣纸纸业有限公司（地点：泾县丁家桥镇李园村） |
| 田野调查 | 汤书昆、黄飞松、朱大为、朱赟、刘伟、郑久良、何瑗、王圣融、王怡青、沈佳斐 |
| 撰稿 | 初稿主执笔：朱赟<br>修订补稿：黄飞松、汤书昆<br>参与撰稿：王圣融 |
| 第十五节 | 泾县吉星宣纸有限公司（地点：泾县泾川镇上坊村） |
| 田野调查 | 朱正海、黄飞松、汤书昆、朱赟、郑久良、程曦、许骏、刘伟、何瑗、沈佳斐 |
| 撰稿 | 初稿主执笔：程曦<br>修订补稿：汤书昆、黄飞松<br>参与撰稿：刘伟、朱赟 |
| 第十六节 | 泾县金宣堂宣纸厂（地点：泾县榔桥镇大庄村） |
| 田野调查 | 汤书昆、朱赟、郑久良、罗文伯、汪梅、何瑗、钟一鸣、王圣融、王怡青 |
| 撰稿 | 初稿主执笔：程曦<br>修订补稿：黄飞松、汤书昆<br>参与撰稿：何瑗、钟一鸣、朱赟 |
| 第十七节 | 泾县小岭金溪宣纸厂（地点：泾县丁家桥镇小岭村金坑村民组） |
| 田野调查 | 黄飞松、汤书昆、郑久良、何瑗、王圣融、朱赟、王怡青、沈佳斐 |
| 撰稿 | 初稿主执笔：刘伟<br>修订补稿：黄飞松、汤书昆<br>参与撰稿：朱赟、王圣融 |
| 第十八节 | 黄山白天鹅宣纸文化苑有限公司（地点：黄山市黄山区新明乡、耿城镇） |
| 田野调查 | 汤书昆、朱赟、郑久良、许骏 |
| 撰稿 | 初稿主执笔：朱赟、汤书昆<br>修订补稿：汤书昆 |

**第三章　书画纸**

| | |
|---|---|
| 第一节 | 泾县载元堂工艺厂（地点：泾县泾川镇城西工业集中区） |
| 田野调查 | 朱正海、朱赟、郑久良、罗文伯、程曦、何瑗、沈佳斐 |
| 撰稿 | 初稿主执笔：郑久良、程曦<br>修订补稿：黄飞松、汤书昆<br>参与撰稿：王圣融、朱赟 |

| | |
|---|---|
| 第二节 | 泾县小岭强坑宣纸厂（地点：泾县丁家桥镇小岭村） |
| 田野调查 | 刘伟、何瑗、钟一鸣、王圣融、郭延龙、沈佳斐 |
| 撰稿 | 初稿主执笔：刘伟<br>修订补稿：黄飞松、汤书昆<br>参与撰稿：何瑗、钟一鸣、郭延龙 |
| 第三节 | 泾县雄鹿纸厂（地点：泾县丁家桥镇李园村） |
| 田野调查 | 汤书昆、黄飞松、朱赟、郑久良、何瑗、王圣融、沈佳斐 |
| 撰稿 | 初稿主执笔：郑久良<br>修订补稿：黄飞松、汤书昆<br>参与撰稿：刘伟、王圣融 |
| 第四节 | 泾县紫光宣纸书画社（地点：泾县丁家桥镇后山村） |
| 田野调查 | 朱正海、黄飞松、朱赟、郑久良、刘伟、沈佳斐 |
| 撰稿 | 初稿主执笔：郑久良<br>修订补稿：黄飞松、汤书昆、朱赟 |
| 第五节 | 泾县小岭西山宣纸工艺厂（地点：泾县丁家桥镇小岭村） |
| 田野调查 | 汤书昆、黄飞松、朱赟、郑久良、程曦、许骏、刘伟、沈佳斐 |
| 撰稿 | 初稿主执笔：朱赟<br>修订补稿：黄飞松、汤书昆<br>参与撰稿：何瑗 |
| 第六节 | 安徽澄文堂宣纸艺术品有限公司（地点：泾县黄村镇九峰村） |
| 田野调查 | 黄飞松、朱赟、王圣融、王怡青、沈佳斐 |
| 撰稿 | 初稿主执笔：黄飞松<br>修订补稿：汤书昆、黄飞松<br>参与撰稿：王怡青 |

第四章　皮纸

| | |
|---|---|
| 第一节 | 泾县守金皮纸厂（地点：泾县泾川镇园林村） |
| 田野调查 | 朱正海、黄飞松、朱赟、郑久良、罗文伯、何瑗、王圣融、郭延龙、沈佳斐 |
| 撰稿 | 初稿主执笔：郑久良<br>修订补稿：黄飞松、汤书昆、朱赟 |
| 第二节 | 泾县小岭驰星纸厂（地点：泾县丁家桥镇小岭村） |
| 田野调查 | 汤书昆、黄飞松、朱正海、朱赟、郑久良、罗文伯、王圣融、沈佳斐 |
| 撰稿 | 初稿主执笔：黄飞松、朱赟<br>修订补稿：汤书昆<br>参与撰稿：罗文伯 |
| 第三节 | 潜山县星杰桑皮纸厂（地点：安庆市潜山县官庄镇坛畈村） |
| 田野调查 | 汤书昆、朱赟、郑久良、刘伟、程曦 |
| 撰稿 | 初稿主执笔：汤书昆、郑久良<br>修订补稿：汤书昆 |
| 第四节 | 岳西县金丝纸业有限公司（地点：安庆市岳西县毛尖山乡板舍村） |
| 田野调查 | 汤书昆、朱赟、汪淳、郑久良、刘伟、王圣融、尹航 |
| 撰稿 | 初稿主执笔：王圣融、汤书昆<br>修订补稿：汤书昆<br>参与撰稿：朱赟、刘伟 |
| 第五节 | 歙县深渡镇棉溪村（地点：黄山市歙县深渡镇棉溪村） |
| 田野调查 | 汤书昆、陈琪、刘靖、朱赟、王秀伟、朱岱、沈佳斐、孙燕、叶婷婷 |
| 撰稿 | 初稿主执笔：汤书昆、朱赟<br>修订补稿：汤书昆 、陈琪 |
| 第六节 | 黄山市三昕纸业有限公司（地点：黄山市休宁县海阳镇晓角村） |
| 田野调查 | 汤书昆、刘靖、陈政、李宪奇、朱赟、王秀伟、郑久良、陈琪、朱岱、沈佳斐 |
| 撰稿 | 初稿主执笔：汤书昆、郑久良<br>修订补稿：汤书昆 |

| | |
|---|---|
| 第七节 | 歙县六合村（地点：黄山市歙县杞梓里镇六合村） |
| 田野调查 | 陈琪、汤书昆、陈政、孙燕、叶婷婷、沈佳斐 |
| 撰稿 | 初稿主执笔：汤书昆、孙燕<br>修订补稿：汤书昆、陈琪 |

第五章　竹纸

| | |
|---|---|
| 第一节 | 歙县青峰村（地点：黄山市歙县青峰村） |
| 田野调查 | 陈琪、汤书昆、贡斌、李宪奇、沈佳斐 |
| 撰稿 | 初稿主执笔：汤书昆、王圣融<br>修订补稿：汤书昆、陈琪<br>参与撰稿：陈琪 |
| 第二节 | 泾县孤峰村（地点：泾县昌桥乡孤峰村、泾川镇古坝村、黄村镇九峰村） |
| 田野调查 | 陈彪、黄飞松、朱正海、沈佳斐 |
| 撰稿 | 初稿主执笔：黄飞松、陈彪<br>修订补稿：黄飞松、汤书昆 |
| 第三节 | 金寨县燕子河镇（地点：金寨县燕子河镇龙马村 / 燕溪村） |
| 田野调查 | 汤书昆、黄飞松、张静明、蓝强 |
| 撰稿 | 初稿主执笔：汤书昆、黄飞松<br>修订补稿：汤书昆、黄飞松 |

第六章　加工纸

| | |
|---|---|
| 第一节 | 安徽省掇英轩书画用品有限公司（地点：巢湖市黄麓镇） |
| 田野调查 | 汤书昆、陈彪、李宪奇、朱赟、郑久良、刘伟、王圣融、程曦、叶珍珍、沈佳斐 |
| 撰稿 | 初稿主执笔：汤书昆、钟一鸣<br>修订补稿：汤书昆、李宪奇<br>参与撰稿：叶珍珍 |
| 第二节 | 泾县艺英轩宣纸工艺品厂（地点：泾县琴溪镇赤滩街道） |
| 田野调查 | 汤书昆、朱赟、刘伟、郑久良、程曦、许骏、王圣融、郭延龙、王怡青、沈佳斐 |
| 撰稿 | 初稿主执笔：朱赟<br>修订补稿：汤书昆 |
| 第三节 | 泾县艺宣阁宣纸工艺品有限公司（地点：泾县泾川镇城西工业集中区） |
| 田野调查 | 黄飞松、朱大为、朱赟、郑久良、程曦、许骏、刘伟、王圣融、沈佳斐 |
| 撰稿 | 初稿主执笔：黄飞松、朱赟<br>修订补稿：黄飞松、汤书昆<br>参与撰稿：王圣融 |
| 第四节 | 泾县宣艺斋宣纸工艺厂（地点：泾县泾川镇城西工业集中区） |
| 田野调查 | 黄飞松、郑久良、程曦、朱赟、王圣融、郭延龙、沈佳斐 |
| 撰稿 | 初稿主执笔：程曦<br>修订补稿：汤书昆、黄飞松<br>参与撰稿：郑久良、刘伟、王圣融 |
| 第五节 | 泾县贡玉堂宣纸工艺厂（地点：泾县黄村镇紫阳村） |
| 田野调查 | 朱正海、朱大为、朱赟、郑久良、程曦、许骏、刘伟、王圣融、郭延龙、沈佳斐 |
| 撰稿 | 初稿主执笔：刘伟<br>修订补稿：汤书昆、黄飞松<br>参与撰稿：郭延龙 |
| 第六节 | 泾县博古堂宣纸工艺厂（地点：泾县丁家桥镇小岭村） |
| 田野调查 | 汤书昆、朱正海、朱赟、郑久良、王圣融、郭延龙、沈佳斐 |
| 撰稿 | 初稿主执笔：朱赟<br>修订补稿：汤书昆、黄飞松 |
| 第七节 | 泾县汇宣堂宣纸工艺厂（地点：泾县泾川镇曹家村） |
| 田野调查 | 汤书昆、朱正海、朱赟、郑久良、刘伟、王圣融、郭延龙、沈佳斐 |
| 撰稿 | 初稿主执笔：郑久良<br>修订补稿：汤书昆、黄飞松<br>参与撰稿：王圣融、朱赟 |

| | |
|---|---|
| 第八节 | 泾县风和堂宣纸加工厂（地点：泾县泾川镇五星村） |
| 田野调查 | 汤书昆、黄飞松、沈佳斐 |
| 撰稿 | 初稿主执笔：沈佳斐、汤书昆、黄飞松<br>修订补稿：汤书昆、黄飞松 |

**第七章　工具**

| | |
|---|---|
| 第一节 | 泾县明堂纸帘工艺厂（地点：泾县丁家桥镇） |
| 田野调查 | 朱赟、刘伟、王圣融、郭延龙、沈佳斐 |
| 撰稿 | 初稿主执笔：刘伟<br>修订补稿：黄飞松、汤书昆<br>参与撰稿：王圣融 |
| 第二节 | 泾县全勇纸帘工艺厂（地点：泾县丁家桥镇工业园区） |
| 田野调查 | 黄飞松、朱赟、刘伟、王圣融、郭延龙、沈佳斐 |
| 撰稿 | 初稿主执笔：刘伟<br>修订补稿：汤书昆、黄飞松<br>参与撰稿：王圣融 |
| 第三节 | 泾县后山大剪刀作坊（地点：泾县丁家桥镇后山村） |
| 田野调查 | 朱正海、朱赟、黄飞松、刘伟、王圣融、廖莹文、沈佳斐 |
| 撰稿 | 初稿主执笔：黄飞松<br>修订补稿：黄飞松、汤书昆<br>参与撰稿：朱赟 |

二、 技术与辅助工作

| | |
|---|---|
| 手工纸分布示意图绘制 | 主持：郭延龙、陈龑<br>参与绘制：郭延龙、朱赟、何瑗、姚的卢、叶珍珍 |
| 实物纸样测试分析 | 主持：朱赟、陈龑<br>测试：朱赟、陈龑、何瑗、郑久良、程曦、汪宣伯、钟一鸣、叶婷婷、郭延龙、王圣融、王怡青、黄立新、赵梦君、王裕玲、宋福星 |
| 实物纸样拍摄 | 黄晓飞 |
| 实物纸样整理 | 汤书昆、朱赟、倪盈盈、郑斌、付成云、蔡婷婷、刘伟、何瑗、王圣融、叶珍珍、陈龑、王怡青 |
| 实物纸样透光纤维图制作 | 朱赟、陈龑、何瑗、刘伟、王怡青、廖莹文 |

三、 总序、编撰说明、附录与后记部分

**总序**

| | |
|---|---|
| 撰稿 | 汤书昆 |

**编撰说明**

| | |
|---|---|
| 撰稿 | 汤书昆、朱赟 |

**附录**

| | |
|---|---|
| 术语整理编制 | 朱赟、陈登航、付成云、秦庆 |
| 图目整理编制 | 朱赟、王怡青、王圣融、叶珍珍、廖莹文 |
| 表目整理编制 | 朱赟、王怡青、王圣融、叶珍珍、廖莹文 |

**后记**

| | |
|---|---|
| 撰稿 | 汤书昆 |

四、 统稿与翻译

| | |
|---|---|
| 统稿主持 | 汤书昆 |
| 统稿规划 | 朱赟、朱正海 |
| 翻译主持 | 方媛媛 |
| 其他参与翻译人员 | 刘丽、汪晓婧、高倩、高丁祎、胡昕、刘惠敏 |

1. Field investigation, writing and modification

## Chapter Ⅰ Introduction to Handmade Paper in Anhui Province

| | |
|---|---|
| Writers | First manuscript written by: Huang Feisong, Zhu Yun, Tang Shukun<br>Modified by: Tang Shukun, Chen Jingyu, Huang Feisong<br>Zheng Jiuliang, Sun Jian, Yin Hang, He Ai have also contributed to the writing |

## Chapter Ⅱ Xuan Paper

| | |
|---|---|
| Section 1 | China Xuan Paper Co., Ltd. (Location: Wuxi Village in Langqiao Town of Jingxian County) |
| Field investigators | Tang Shukun, Huang Feisong, Zhu Yun, Chen Biao, Zheng Jiuliang, Cheng Xi, Xu Jun, Wang Yiqing, He Ai |
| Writers | First manuscript written by: Huang Feisong<br>Modified by: Tang Shukun, Huang Feisong, Zhu Yun<br>Liu Wei, Wang Shengrong, Wang Yiqing have also contributed to the writing |
| Section 2 | Wangliuji Xuan Paper Co., Ltd. in Jingxian County (Location: Chachong Village in Jingchuan Town of Jingxian County) |
| Field investigators | Zhu Zhenghai, Tang Shukun, Huang Feisong, Zhu Yun, Zheng Jiuliang, Luo Wenbo, Cheng Xi, He Ai, Wang Shengrong, Wang Yiqing, Shen Jiafei |
| Writers | First manuscript written by: Zhu Yun<br>Modified by: Huang Feisong, Tang Shukun<br>Wang Shengrong has also contributed to the writing |
| Section 3 | Anhui Hengxing Xuan Paper Co., Ltd. (Location: Houshan Village in Dingjiaqiao Town of Jingxian County) |
| Field investigators | Tang Shukun, Zhu Zhenghai, Huang Feisong, Zhu Yun, Zheng Jiuliang, Luo Wenbo, Wang Mei, Cheng Xi, Xu Jun, He Ai, Wang Shengrong, Wang Yiqing, Shen Jiafei |
| Writers | First manuscript written by: Zhu Yun<br>Modified by: Huang Feisong, Tang Shukun<br>Zheng Jiuliang, Wang Shengrong have also contributed to the writing |
| Section 4 | Taoji Xuan Paper Co., Ltd. in Jingxian County (Location: Shangcao Village in Tingxi Town of Jingxian County) |
| Field investigators | Tang Shukun, Huang Feisong, Zhu Zhenghai, Zhu Dawei, Zhu Yun, Zheng Jiuliang, Cheng Xi, Xu Jun, Liu Wei, He Ai, Shen Jiafei |
| Writers | First manuscript written by: Liu Wei<br>Modified by: Huang Feisong, Tang Shukun<br>Zhu Yun, Shen Jiafei have also contributed to the writing |
| Section 5 | Wangtonghe Xuan Paper Factory in Jingxian County (Location: Guba Village in Jingchuan Town of Jingxian County) |
| Field investigators | Huang Feisong, Zhu Zhenghai, Zhu Dawei, He Ai, Zhu Yun, Zheng Jiuliang, Cheng Xi, Xu Jun, Liu Wei, Wang Shengrong, Wang Yiqing, Shen Jiafei |
| Writers | First manuscript written by: Cheng Xi<br>Modified by: Huang Feisong, Tang Shukun<br>Zhu Yun, Wang Shengrong have also contributed to the writing |
| Section 6 | Shuanglu Xuan Paper Co., Ltd. in Jingxian County (Location: Chengxi Industrial Park in Jingchuan Town of Jingxian County) |
| Field investigators | Tang Shukun, Huang Feisong, Zhu Yun, Zheng Jiuliang, Luo Wenbo, Liu Wei, He Ai, Wang Shengrong, Wang Yiqing, Shen Jiafei |
| Writers | First manuscript written by: Luo Wenbo<br>Modified by: Huang Feisong, Tang Shukun<br>Zheng Jiuliang, Wang Shengrong have also contributed to the writing |
| Section 7 | Jinxing Xuan Paper Co., Ltd. in Jingxian County (Location: Industrial Zone in Dingjiaqiao Town of Jingxian County) |
| Field investigators | Huang Feisong, Zhu Zhenghai, Tang Shukun, Zheng Jiuliang, Zhu Yun, Cheng Xi, Liu Wei, He Ai, Wang Shengrong, Wang Yiqing, Shen Jiafei |
| Writers | First manuscript written by: Zheng Jiuliang<br>Modified by: Huang Feisong, Zhu Zhenghai, Zhu Yun<br>Wang Shengrong, Zhu Yun have also contributed to the writing |
| Section 8 | Hongye Xuan Paper Co., Ltd. in Jingxian County (Location: Fengkeng Village in Dingjiaqiao Town of Jingxian County) |
| Field investigators | Tang Shukun, He Ai, Zhu Yun, Liu Wei, Wang Shengrong, Shen Jiafei |
| Writers | First manuscript written by: Liu Wei, Huang Feisong<br>Modified by: Tang Shukun, Huang Feisong, Zhu Yun<br>Wang Shengrong, Wang Yiqing have also contributed to the writing |
| Section 9 | Anhui Caoshi Xuan Paper Co., Ltd. (Location: Fengkeng Village in Dingjiaqiao Town of Jingxian County) |
| Field investigators | Tang Shukun, Huang Feisong, Zhu Yun, He Ai, Zheng Jiuliang, Xu Juan, Liu Wei, Cheng Xi, Wang Shengrong, Wang Yiqing, Shen Jiafei |
| Writers | First manuscript written by: Xu Jun, Huang Feisong, Tang Shukun<br>Modified by: Tang Shukun, Huang Feisong<br>Wang Yiqing has also contributed to the writing |
| Section 10 | Millennium Xuan Paper Co., Ltd. in Jingxian County (Location: Xiaoling Village in Dingjiaqiao Town of Jingxian County) |
| Field investigators | Tang Shukun, Zhu Yun, Liu Wei, He Ai, Wang Shengrong, Wang Yiqing, Shen Jiafei |
| Writers | First manuscript written by: Zhu Yun, Huang Feisong<br>Modified by: Huang Feisong, Tang Shukun<br>Wang Yiqing has also contributed to the writing |

| | |
|---|---|
| Section 11 | Xiaoling Jinghui Paper Co., Ltd. in Jingxian County (Location: Xiaoling Village in Dingjiaqiao Town of Jingxian County) |
| Field investigators | Tang Shukun, Zhu Dawei, Zhu Yun, Zheng Jiuliang, He Ai, Xu Jun, Liu Wei, Wang Shengrong, Wang Yiqing, Shen Jiafei |
| Writers | First manuscript written by: Zhu Yun, Tang Shukun<br>Modified by: Tang Shukun, Huang Feisong<br>Liu Wei, Xu Jun have also contributed to the writing |
| Section 12 | Sanxing Paper Co., Ltd. in Jingxian County (Location: Liyuan Village in Dingjiaqiao Town of Jingxian County) |
| Field investigators | Tang Shukun, Huang Feisong, Zhu Zhenghai, Zhu Yun, Zheng Jiuliang, Xu Jun, Liu Wei, He Ai, Wang Shengrong, Wang Yiqing, Shen Jiafei |
| Writers | First manuscript written by: Liu Wei, Huang Feisong<br>Modified by: Tang Shukun, Huang Feisong<br>Zhu Yun has also contributed to the writing |
| Section 13 | Anhui Changchun Paper Co., Ltd. (Location: Industrial Zone in Dingjiaqiao Town of Jingxian County) |
| Field investigators | Tang Shukun, Huang Feisong, Zhu Yun, Zheng Jiuliang, Luo Wenbo, Wang Mei, He Ai, Wang Shengrong, Wang Yiqing, Shen Jiafei |
| Writers | First manuscript written by: Zhu Yun<br>Modified by: Huang Feisong, Tang Shukun<br>Zheng Jiulaing, Wang Shengrong have also contributed to the writing |
| Section 14 | Yuquan Xuan Paper Co., Ltd. in Jingxian County (Location: Liyuan Village in Dingjiaqiao Town of Jingxian County) |
| Field investigators | Tang Shukun, Huang Feisong, Zhu Dawei, Zhu Yun, Liu Wei, Zheng Jiuliang, He Ai, Wang Shengrong, Wang Yiqing, Shen Jiafei |
| Writers | First manuscript written by: Zhu Yun<br>Modified by: Huang Feisong, Tang Shukun<br>Wang Shengrong has also contributed to the writing |
| Section 15 | Jixing Xuan Paper Co., Ltd. in Jingxian County (Location: Shangfang Village in Jingchuan Town of Jingxian County) |
| Field investigators | Zhu Zhenghai, Huang Feisong, Tang Shukun, Zhu Yun, Zheng Jiuliang, Cheng Xi, Xu Jun, Liu Wei, He Ai, Shen Jiafei |
| Writers | First manuscript written by: Cheng Xi<br>Modified by: Tang Shukun, Huang Feisong<br>Liu Wei, Zhu Yun have also contributed to the writing |
| Section 16 | Jinxuantang Xuan Paper Factory in Jingxian County (Location: Dazhuang Village in Langqiao Town of Jingxian County) |
| Field investigators | Tang Shukun, Zhu Yun, Zheng Jiuliang, Luo Wenbo, Wang Mei, He Ai, Zhong Yiming, Wang Shengrong, Wang Yiqing |
| Writers | First manuscript written by: Cheng Xi<br>Modified by: Huang Feisong, Tang Shukun<br>He Ai, Zhong Yiming, Zhu Yun have also contributed to the writing |
| Section 17 | Xiaoling Jinxi Xuan Paper Factory in Jingxian County (Location: Jinkeng Villages' Group of Xiaoling Village in Dingjiaqiao Town of Jingxian County) |
| Field investigators | Huang Feisong, Tang Shukun, Zheng Jiuliang, He Ai, Wang Shengrong, Zhu Yun, Wang Yiqing, Shen Jiafei |
| Writers | First manuscript written by: Liu Wei<br>Modified by: Huang Feisong, Tang Shukun<br>Zhu Yun, Wang Shengrong have also contributed to the writing |
| Section 18 | Huangshan Baitian'e Xuan Paper Cultural Garden Co., Ltd. (Location: Xinming Town and Gengcheng Town of Huangshan District in Huangshan City) |
| Field investigators | Tang Shukun, Zhu Yun, Zheng Jiuliang, Xu Jun |
| Writers | First manuscript written by: Zhu Yun, Tang Shukun<br>Modified by: Tang Shukun |

Chapter Ⅲ Calligraphy and Painting Paper

| | |
|---|---|
| Section 1 | Zaiyuantang Xuan Paper Factory in Jingxian County (Location: Chengxi Industrial Zone in Jingchuan Town of Jingxian County) |
| Field investigators | Zhu Zhenghai, Zhu Yun, Zheng Jiuliang, Luo Wenbo, Cheng Xi, He Ai, Shen Jiafei |
| Writers | First manuscript written by: Zheng Jiuliang, Cheng Xi<br>Modified by: Huang Feisong, Tang Shukun<br>Wang Shengrong, Zhu Yun have also contributed to the writing |
| Section 2 | Xiaoling Qiangkeng Xuan Paper Factory in Jingxian County (Location: Xiaoling Village in Dingjiaqiao Town of Jingxian County) |
| Field investigators | Liu Wei, He Ai, Zhong Yiming, Wang Shengrong, Guo Yanlong, Shen Jiafei |
| Writers | First manuscript written by: Liu Wei<br>Modified by: Huang Feisong, Tang Shukun<br>He Ai, Zhong Yiming, Guo Yanlong have also contributed to the writing |
| Section 3 | Xionglu Xuan Paper Factory in Jingxian County (Location: Liyuan Village in Dingjiaqiao Town of Jingxian County) |
| Field investigators | Tang Shukun, Huang Feisong, Zhu Yun, Zheng Jiuliang, He Ai, Wang Shengrong, Shen Jiafei |
| Writers | First manuscript written by: Zheng Jiuliang<br>Modified by: Huang Feisong, Tang Shukun<br>Liu Wei, Wang Shengrong have also contributed to the writing |

| | |
|---|---|
| Section 4 | Ziguang Xuan Paper Factory in Jingxian County (Location: Houshan Village in Dingjiaqiao Town of Jingxian County) |
| Field investigators | Zhu Zhenghai, Huang Feisong, Zhu Yun, Zheng Jiuliang, Liu Wei, Shen Jiafei |
| Writers | First manuscript written by: Zheng Jiuliang<br>Modified by: Huang Feisong, Tang Shukun, Zhu Yun |
| Section 5 | Xiaoling Xishan Xuan Paper Factory in Jingxian County (Location: Xiaoling Village in Dingjiaqiao Town of Jingxian County) |
| Field investigators | Tang Shukun, Huang Feisong, Zhu Yun, Zheng Jiuliang, Cheng Xi, Xu Jun, Liu Wei, Shen Jiafei |
| Writers | First manuscript written by: Zhu Yun<br>Modified by: Huang Feisong, Tang Shukun<br>He Ai has also contributed to the writing |
| Section 6 | Chengwentang Xuan Paper Co., Ltd. in Anhui Province (Location: Jiufeng Village in Huangcun Town of Jingxian County) |
| Field investigators | Huang Feisong, Zhu Yun, Wang Shengrong, Wang Yiqing, Shen Jiafei |
| Writers | First manuscript written by: Huang Feisong<br>Modified by: Tang Shukun, Huang Feisong<br>Wang Yiqing has also contributed to the writing |

## Chapter Ⅳ Bast Paper

| | |
|---|---|
| Section 1 | Shoujin Bast Paper Factory in Jingxian County (Location: Yuanlin Village in Jingchuan Town of Jingxian County) |
| Field investigators | Zhu Zhenghai, Huang Feisong, Zhu Yun, Zheng Jiuliang, Luo Wenbo, He Ai, Wang Shengrong, Guo Yanlong, Shen Jiafei |
| Writers | First manuscript written by: Zheng Jiuliang<br>Modified by: Huang Feisong, Tang Shukun, Zhu Yun |
| Section 2 | Xiaoling Chixing Paper Factory in Jingxian County (Location: Xiaoling Village in Dingjiaqiao Town of Jingxian County) |
| Field investigators | Tang Shunkun, Huang Feisong, Zhu Zhenghai, Zhu Yun, Zheng Jiuliang, Luo Wenbo, Wang Shengrong, Shen Jiafei |
| Writers | First manuscript written by: Huang Feisong, Zhu Yun<br>Modified by: Tang Shukun<br>Luo Wenbo has also contributed to the writing |
| Section 3 | Xingjie Mulberry Bark Paper Factory in Qianshan County (Location: Tanfan Village in Guanzhuang Town of Qianshan County in Anqing City) |
| Field investigators | Tang Shukun, Zhu Yun, Zheng Jiuliang, Liu Wei, Cheng Xi |
| Writers | First manuscript written by: Tang Shukun, Zheng Jiuliang<br>Modified by: Tang Shukun |
| Section 4 | Jinsi Paper Co., Ltd. in Yuexi County (Location: Banshe Village in Maojianshan Town of Yuexi County in Anqing City) |
| Field investigators | Tang Shukun, Zhu Yun, Wang Chun, Zheng Jiuliang, Liu Wei, Wang Shengrong, Yin Hang |
| Writers | First manuscript written by: Wang Shengrong, Tang Shukun<br>Modified by: Tang Shukun<br>Zhu Yun, Liu Wei have also contributed to the writing |
| Section 5 | Mianxi Village in Shendu Town of Shexian County (Location: Mianxi Village in Shendu Town of Shexian County in Huangshan City) |
| Field investigators | Tang Shukun, Chen Qi, Liu Jing, Zhu Yun, Wang Xiuwei, Zhu Dai, Shen Jiafei, Sun Yan, Ye Tingting |
| Writers | First manuscript written by: Tang Shukun, Zhu Yun<br>Modified by: Tang Shukun, Chen Qi |
| Section 6 | Sanxin Paper Co., Ltd. in Huangshan City (Location: Xiaojiao Village in Haiyang Town of Xiuning County in Huangshan City) |
| Field investigators | Tang Shukun, Liu Jing, Chen Zheng, Li Xianqi, Zhu Yun, Wang Xiuwei, Zheng Jiuliang, Chen Qi, Zhu Dai, Shen Jiafei |
| Writers | First manuscript written by: Tang Shukun, Zheng Jiuliang<br>Modified by: Tang Shukun |
| Section 7 | Liuhe Village in Shexian County (Location: Liuhe Village in Qizili Town of Shexian County in Huangshan City) |
| Field investigators | Chen Qi, Tang Shukun, Chen Zheng, Sun Yan, Ye Tingting, Shen Jiafei |
| Writers | First manuscript written by: Tang Shukun, Sun Yan<br>Modified by: Tang Shukun, Chen Qi |

## Chapter Ⅴ Bamboo Paper

| | |
|---|---|
| Section 1 | Qingfeng Village in Shexian County (Location: Qingfeng Village in Shexian County of Huangshan City) |
| Field investigators | Chen Qi, Tang Shukun, Gong Bin, Li Xianqi, Shen Jiafei |
| Writers | First manuscript written by: Tang Shukun, Wang Shengrong<br>Modified by: Tang Shukun, Chen Qi<br>Chen Qi has also contributed to the writing |
| Section 2 | Gufeng Village in Jingxian County (Location: Gufeng Village in Changqiao Town, Guba Village in Jingchuan Town, Jiufeng Village in Huangcun Town, Jingxian County) |
| Field investigators | Chen Biao, Huang Feisong, Zhu Zhenghai, Shen Jiafei |
| Writers | First manuscript written by: Huang Feisong, Chen Biao<br>Modified by: Huang Feisong, Tang Shukun |

| | |
|---|---|
| Section 3 | Yanzihe Town in Jinzhai County (Location: Longma / Yanxi Village in Yanzihe Town of Jinzhai County) |
| Field investigators | Tang Shukun, Huang Feisong, Zhang Jingming, Lan Qiang |
| Writers | First manuscript written by: Tang Shukun, Huang Feisong<br>Modified by: Tang Shukun, Huang Feisong |

Chapter Ⅵ Processed Paper

| | |
|---|---|
| Section 1 | Duoyingxuan Calligraphy and Painting Supplies Co., Ltd. in Anhui Province (Location: Huanglu Town of Chaohu City) |
| Field investigators | Tang Shukun, Chen Biao, Li Xianqi, Zhu Yun, Zheng Jiuliang, Liu Wei, Wang Shengrong, Cheng Xi, Ye Zhenzhen, Shen Jiafei |
| Writers | First manuscript written by: Tang Shukun, Zhong Yiming<br>Modified by: Tang Shukun, Li Xianqi<br>Ye Zhenzhen has also contributed to the writing |
| Section 2 | Yiyingxuan Xuan Paper Craft Factory in Jingxian County (Location: Chitan Street in Qinxi Town of Jingxian County) |
| Field investigators | Tang Shukun, Zhu Yun, Liu Wei, Zheng Jiuliang, Cheng Xi, Xu Jun, Wang Shengrong, Guo Yanlong, Wang Yiqing, Shen Jiafei |
| Writers | First manuscript written by: Zhu Yun<br>Modified by: Tang Shukun |
| Section 3 | Yixuange Xuan Paper Craft Co., Ltd. in Jingxian County (Location: Chengxi Industrial Zone in Jingchuan Town of Jingxian County) |
| Field investigators | Huang Feisong, Zhu Dawei, Zhu Yun, Zheng Jiuliang, Cheng Xi, Xu Jun, Liu Wei, Wang Shengrong, Shen Jiafei |
| Writers | First manuscript written by: Huang Feisong, Zhu Yun<br>Modified by: Huang Feisong, Tang Shukun<br>Wang Shengrong has also contributed to the writing |
| Section 4 | Xuanyizhai Xuan Paper Craft Factory in Jingxian County (Location: Chengxi Industrial Zone in Jingchuan Town of Jingxian County) |
| Field investigators | Huang Feisong, Zheng Jiuliang, Cheng Xi, Zhu Yun, Wang Shengrong, Guo Yanlong, Shen Jiafei |
| Writers | First manuscript written by: Cheng Xi<br>Modified by: Tang Shukun, Huang Feisong<br>Zheng Jiuliang, Liu Wei, Wang Shengrong have also contributed to the writing |
| Section 5 | Gongyutang Xuan Paper Craft Factory in Jingxian County (Location: Ziyang Village in Huangcun Town of Jingxian County) |
| Field investigators | Zhu Zhenghai, Zhu Dawei, Zhu Yun, Zheng Liangjiu, Cheng Xi, Xu Jun, Liu Wei, Wang Shengrong, Guo Yanlong, Shen Jiafei |
| Writers | First manuscript written by: Liu Wei<br>Modified by: Tang Shukun, Huang Feisong<br>Guo Yanlong has also contributed to the writing |
| Section 6 | Bogutang Xuan Paper Craft Factory in Jingxian County (Location: Xiaoling Village in Dingjiaqiao Town of Jingxian County) |
| Field investigators | Tang Shukun, Zhu Zhenghai, Zhu Yun, Zheng Jiuliang, Wang Shengrong, Guo Yanlong, Shen Jiafei |
| Writers | First manuscript written by: Zhu Yun<br>Modified by: Tang Shukun, Huang Feisong |
| Section 7 | Huixuantang Xuan Paper Craft Factory in Jingxian County (Location: Caojia Village in Jingchuan Town of Jingxian County) |
| Field investigators | Tang Shukun, Zhu Zhenghai, Zhu Yun, Zheng Jiuliang, Liu Wei, Wang Shengrong, Guo Yanlong, Shen Jiafei |
| Writers | First manuscript written by: Zheng Jiuliang<br>Modified by: Tang Shukun, Huang Feisong<br>Wang Shengrong, Zhu Yun have also contributed to the writing |
| Section 8 | Fenghetang Xuan Paper Craft Factory in Jingxian County (Locaion: Wuxing Village in Jingchuan Town of Jingxian County) |
| Field investigators | Tang Shukun, Huang Feisong, Shen Jiafei |
| Writers | First manuscript written by: Shen Jiafei, Tang Shukun, Huang Feisong<br>Modified by: Tang Shukun, Huang Feisong |

Chapter Ⅶ Tools

| | |
|---|---|
| Section 1 | Mingtang Papermaking Screen Craft Factory in Jingxian County (Location: Dingjiaqiao Town in Jingxian County) |
| Field investigators | Zhu Yun, Liu Wei, Wang Shengrong, Guo Yanlong, Shen Jiafei |
| Writers | First manuscript written by: Liu Wei<br>Modified by: Huang Feisong, Tang Shukun<br>Wang Shengrong has also contributed to the writing |
| Section 2 | Quanyong Papermaking Screen Craft Factory in Jingxian County (Location: Industrial Zone in Dingjiaqiao Town of Jingxian County) |
| Field investigators | Huang Feisong, Zhu Yun, Liu Wei, Wang Shengrong, Guo Yanlong, Shen Jiafei |
| Writers | First manuscript written by: Liu Wei<br>Modified by: Tang Shukun, Huang Feisong<br>Wang Shengrong has also contributed to the writing |

| | |
|---|---|
| Section 3 | Houshan Shears Workshop in Jingxian County (Location: Houshan Village in Dingjiaqiao Town of Jingxian County) |
| Field investigators | Zhu Zhenghai, Zhu Yun, Huang Feisong, Liu Wei, Wang Shengrong, Liao Yingwen, Shen Jiafei |
| Writers | First manuscript written by: Huang Feisong<br>Modified by: Huang Feisong, Tang Shukun<br>Zhu Yun has also contributed to the writing |

## 2. Technical Analysis and Other Related Works

| | |
|---|---|
| Handmade paper distribution maps | Headed by: Guo Yanlong, Chen Yan<br>Drawn by: Guo Yanlong, Zhu Yun, He Ai, Yao Dilu, Ye Zhenzhen |
| Sample paper test | Headed by: Zhu Yun, Chen Yan<br>Members: Zhu Yun, Chen Yan, He Ai, Zheng Jiuliang, Cheng Xi, Liu Wei, Wang Xuanbo, Zhong Yiming, Ye Tingting, Guo Yanlong, Wang Shengrong, Wang Yiqing, Huang Lixin, Zhao Mengjun, Wang Yuling, Song Fuxing |
| Paper sample pictures | Photographed by: Huang Xiaofei |
| Paper sample | Sorted by: Tang Shukun, Zhu Yun, Ni Yingying, Zheng Bin, Fu Chengyun, Cai Tingting, Liu Wei, He Ai, Wang Shengrong, Ye Zhenzhen, Chen Yan, Wang Yiqing |
| Paper pictures showing the paper fiber | Produced by: Zhu Yun, Chen Yan, He Ai, Liu Wei, Wang Yiqing, Liao Yingwen |

## 3. Preface, Introduction to the Writing Norms, Appendices and Epilogue

### Preface

| | |
|---|---|
| Writer | Tang Shukun |

### Introduction to the Writing Norms

| | |
|---|---|
| Writers | Tang Shukun, Zhu Yun |

### Appendices

| | |
|---|---|
| Terminology | Zhu Yun, Chen Denghang, Fu Chengyun, Qin Qing |
| List of figures | Zhu Yun, Wang Yiqing, Wang Shengrong, Ye Zhenzhen, Liao Yingwen |
| List of tables | Zhu Yun, Wang Yiqing, Wang Shengrong, Ye Zhenzhen, Liao Yingwen |

### Epilogue

| | |
|---|---|
| Writer | Tang Shukun |

## 4. Modification and Translation

| | |
|---|---|
| Director of modification and verification | Tang Shukun |
| Modification planner | Zhu Yun, Zhu Zhenghai |
| Chief translator and director of Translation | Fang Yuanyuan |
| Other translators | Liu Li, Wang Xiaojing, Gao Qian, Gao Dingyi, Hu Xin, Liu Huimin |

在历时3年半的多轮修订、增补与统稿工作中，汤书昆、黄飞松、朱赟、朱正海、方媛媛、陈敬宇、郭延龙等作为主持人或重要内容模块的负责人，对文稿内容、图片与示意图的修订增补，代表性纸样的测试分析，英文翻译，文献注释考订，表述格式的规范化，数据与表述的准确性核实等方面做了大量扎实而辛苦的工作。而责任编辑团队、北京敬人工作室设计团队、北京雅昌艺术印刷有限公司印制团队精益求精、力求完美的反复打磨，都是《安徽卷》书稿从最初的田野记录式提炼整理，到以今天的面貌和质量展现不容忽视的工作。

在《安徽卷》的田野调查过程中，先后得到中国宣纸股份有限公司胡文军先生、黄山市地方志办公室陈政先生、岳西县文化馆汪淳先生、金寨县政府王玉华先生等多位手工造纸传统技艺和非物质文化遗产研究与保护专家的帮助，在《中国手工纸文库·安徽卷》正式出版之际，我谨代表田野调查和文稿撰写团队，向记名与未曾记名的支持者表达真诚的谢意！

**汤书昆**

2019年12月于中国科学技术大学

Tang Shukun, Huang Feisong, Zhu Yun, Zhu Zhenghai, Fang Yuanyuan, Chen Jingyu, Guo Yanlong et al., who were in charge of the writing, modification and other related works, all contributed their efforts to the completion of this book in the past three and half years. Their meticulous efforts in writing, drawing or photographing, mapping, technical analysis, translating, format modifying, noting and proofreading should be recognized and eulogized in the achievement of the high-quality work. The editors of the book, Beijing Jingren Book Design Studio, Bejing Artron Art Printing Co., Ltd. have been dedicated to the polishing and publication of the book, whose efforts enable a field investigation-based research to be presented in a stylish and quality way.

Many experts from the field of handmade paper production and intangible cultural heritage research and protection have helped in our field investigations: Hu Wenjun from China Xuan Paper Co., Ltd., Chen Zheng from the Office of Chronicles in Huangshan City, Wang Chun from Cultural Center in Yuexi County, Wang Yuhua from local government in Jinzhai County, et al. On the verge of publication, sincere gratitude should go to all those who have supported and recognized our efforts!

Tang Shukun
University of Science and Technology of China
December 2019